STM32Cube 高效开发教程（基础篇）

王维波 鄢志丹 王钊 编著

人民邮电出版社
北京

图书在版编目（CIP）数据

STM32Cube高效开发教程. 基础篇 / 王维波, 鄢志丹, 王钊编著. -- 北京 : 人民邮电出版社, 2021.9
ISBN 978-7-115-55177-1

Ⅰ. ①S… Ⅱ. ①王… ②鄢… ③王… Ⅲ. ①微控制器—教材 Ⅳ. ①TP332.3

中国版本图书馆CIP数据核字(2020)第210552号

内 容 提 要

STM32CubeMX 和 STM32CubeIDE 是 ST 公司提供的用于 STM32 开发的免费工具软件，是 STM32Cube 生态系统的核心工具软件。本书首先详细介绍这两个软件的用法，然后以 STM32F407 为研究对象，采用 STM32Cube 开发方式介绍 STM32F407 各种系统功能和常用外设的编程开发，包括外设基本工作原理和接口电路、HAL 驱动程序功能和使用方法，以及针对一个 STM32F407 开发板的完整编程示例。通过阅读本书，读者可以掌握 STM32Cube 开发方式和工具软件的使用，掌握基于 HAL 库的 STM32F407 系统功能和常用外设的编程开发方法。

本书适合具有 C 语言、微机原理或单片机基础，想要学习 STM32 最新开发技术的读者阅读，可以作为高等院校电子、自动化、计算机、测控等专业的教材，也可作为 STM32 应用开发者的参考书。

◆ 编　　著　王维波　鄢志丹　王　钊
　责任编辑　吴晋瑜
　责任印制　王　郁　焦志炜

◆ 人民邮电出版社出版发行　北京市丰台区成寿寺路 11 号
　邮编　100164　电子邮件　315@ptpress.com.cn
　网址　https://www.ptpress.com.cn
　北京天宇星印刷厂印刷

◆ 开本：787×1092　1/16
　印张：31.5　　2021 年 9 月第 1 版
　字数：807 千字　　2025 年 4 月北京第 20 次印刷

定价：119.80 元

读者服务热线：(010) 81055410　印装质量热线：(010) 81055316
反盗版热线：(010) 81055315

前　　言

编写本书的目的和成书历程

STM32 系列 MCU（单片机）是国内应用非常广泛的一种 32 位 MCU。市面上介绍 STM32 开发的图书比较多，基于 STM32 MCU 的开发板也比较多。但是不知不觉中，STM32 的开发方式已经发生了很大的变化。2014 年，ST 公司推出了 HAL 库和 MCU 图形化配置软件 STM32CubeMX。2017 年年底，ST 公司收购了 Atollic 公司，把专业版 TrueSTUDIO 转为免费软件。2019 年 4 月，ST 公司正式推出了自己的 STM32 程序开发 IDE 工具软件 STM32CubeIDE 1.0.0，打造了一个完整的 STM32Cube 生态系统。

STM32Cube 生态系统已经完全抛弃了早期的标准外设库，STM32 系列 MCU 都提供 HAL 固件库以及其他一些扩展库。STM32Cube 生态系统的两个核心软件是 STM32CubeMX 和 STM32CubeIDE，且都是由 ST 官方免费提供的。使用 STM32CubeMX 可以进行 MCU 的系统功能和外设图形化配置，可以生成 STM32CubeIDE 项目框架代码，包括系统初始化代码和已配置外设的初始化代码。如果用户想在生成的 STM32CubeIDE 初始项目的基础上添加自己的应用程序代码，只需把用户代码写在代码沙箱段内，就可以在 STM32CubeMX 中修改 MCU 设置，重新生成代码，而不会影响用户已经添加的程序代码。

本书把使用 STM32CubeMX 和 STM32CubeIDE 的开发方式称为 STM32Cube 开发方式，这种开发方式有如下几个优点。

- 使用的软件都是 ST 公司提供的免费软件，可以及时获取 ST 官方的更新，而且避免了使用商业软件可能出现的知识产权风险。
- 使用 STM32CubeMX 进行 MCU 图形化配置并生成初始化代码，可大大提高工作效率，并且生成的代码准确性高、结构性好，降低了 STM32 开发的学习难度。
- 在 STM32CubeIDE 中基于 HAL 库编程，只需遵循一些基本编程规则（例如中断处理的编程规则、外设初始化与应用分离的规则），就可以编写出高质量的程序，比纯手工方式编写代码效率高、质量高。

HAL 库和 STM32CubeMX 是 2014 年推出的，介绍这方面的书很少，且有的书在介绍 HAL 库编程时还带有标准库的印记，并没有完全发挥 STM32CubeMX 的作用。市面上一些开发板提供的例程甚至还是基于标准库的，学生在购买开发板自学时还在学习标准库开发方式，或者在自学 HAL 开发的过程中因缺乏系统的资料而受阻。

我在 2018 年年初关注到“ST 公司收购 Atollic，并将专业版 TrueSTUDIO 转为免费软件”的消息，意识到使用 STM32CubeMX 和 TrueSTUDIO 进行 STM32 开发是一个良好的组合方式，便计划编写一本系统地介绍如何用 STM32CubeMX 和 TrueSTUDIO 进行 STM32 开发的书。

2019年年初，为准备针对本科生的教学内容，我开始编写本书，并用STM32CubeMX和TrueSTUDIO设计例程。2019年4月，ST公司发布了STM32CubeIDE 1.0.0，最初试用时我发现了较多bug，甚至使用STM32CubeMX生成STM32CubeIDE初始项目就出现构建错误，于是继续用TrueSTUDIO完成全书示例设计。在2020年年初完成全书示例和初稿后，我用STM32CubeIDE的最新版本转换了所有示例程序，没有发现构建和运行错误。于是我用STM32CubeIDE重写了全部示例（不是从TrueSTUDIO示例转换），在重写的过程中，又对程序进行了重构和优化，并且根据最后的STM32CubeIDE示例代码改写了全书内容。

最终成书时锁定的软件版本是：STM32CubeMX 5.6.0；STM32CubeIDE 1.3.0；STM32F4 MCU固件库版本是1.25.0。使用的系统平台是64位Windows 7系统，示例项目均在普中STM32F407开发板上验证测试过，开发板的MCU型号是STM32F407ZGT6。

本书内容和示例程序

两本书（《STM32Cube高效开发教程（基础篇）》，以下称为《基础篇》；《STM32Cube高效开发教程（高级篇）》，以下称为《高级篇》）以STM32CubeMX和STM32CubeIDE作为开发工具，以STM32F407和一个开发板为例，全面介绍STM32Cube开发方式和HAL库的使用，包括STM32F407常用外设的编程使用，以及FreeRTOS、FatFS等中间件的使用。鉴于所涵盖内容较多，故分为《基础篇》和《高级篇》两册。

《基础篇》介绍STM32Cube开发方式所用开发软件的使用，以及STM32F407系统功能和常用外设的用法。《基础篇》共22章，分为以下两大部分。

- 第一部分是软硬件基础，介绍STM32Cube生态系统的组成，STM32CubeMX和STM32CubeIDE软件的使用，STM32F407的基本架构和最小系统电路原理，以及普中STM32F407开发板的功能。两个软件的使用是STM32Cube开发方式的基础。
- 第二部分是系统功能和常用外设的使用，包括中断系统原理和使用、DMA原理和使用、低功耗原理和使用，以及定时器、RTC、ADC、USART、SPI、I2C等常用外设的使用。

《高级篇》介绍固件库中一些中间件的使用，以及一些高级接口的使用。《高级篇》共22章，也从第1章开始编号，内容分为以下三大部分。

- 第一部分是嵌入式操作系统FreeRTOS的使用，包含11章内容。这一部分全面介绍FreeRTOS V10版本几乎全部功能的使用，包括任务管理、中断管理、进程间通信技术、软件定时器、低功耗模式等。其中，进程间通信技术不仅介绍常规的队列、信号量、互斥量、事件组、任务通知等，还介绍V10版本中才引入的流缓冲区和消息缓冲区技术。
- 第二部分是FatFS管理文件系统的使用，包含6章内容。这一部分介绍在SPI-Flash芯片上移植FatFS的过程，在SD卡、U盘上使用FatFS管理文件系统的方法，以及在FreeRTOS中使用FatFS的方法。这部分内容涉及SDIO接口的使用方法，以及USB-OTG作为主机或外设的使用方法。
- 第三部分是图片的获取与显示，包含5章内容。这一部分介绍BMP图片文件的读写和显示，通过中间件LibJPEG实现JPG图片文件的读写和显示，电阻式触摸屏和电容式触摸屏的使用，以及简单的GUI程序设计方法，还介绍通过DCMI接口连接数字摄像头获取图像的方法。

《基础篇》介绍的是STM32开发的基础内容，包括软件使用和常用外设的编程。如果只是学习 STM32 的裸机开发和常用外设的使用，学习《基础篇》就足够了。《高级篇》介绍 FreeRTOS、FatFS、USB_Host、USB_Device、LibJPEG 等中间件，以及 SDIO、USB-OTG、DCMI 等高级接口的使用。《高级篇》的很多示例需要用到《基础篇》中的内容和程序，所以要学习《高级篇》的内容，读者必须先学习《基础篇》的内容。

在介绍具体外设或知识点的每一章中，我们会先介绍技术原理和 HAL 驱动程序，然后通过一个或多个完整的示例演示功能实现，所有示例都在开发板上测试验证过。本书提供所有示例项目的源代码下载，读者可以到人民邮电出版社异步社区网站下载本书的资源。

本书的示例项目都是针对普中 STM32F407 开发板设计的，如果读者使用的开发板与此不同，那么需要根据开发板的实际电路修改 STM32CubeMX 项目文件的 MCU 配置，或修改源代码。在设计本书示例程序时，考虑到不同开发板的移植问题，我尽可能地减少了硬件相关的配置。好在 STM32Cube 开发方式将外设初始化和外设使用分离，涉及硬件的修改基本在 STM32CubeMX 里完成，软件部分的改动较小。

另外，本书的示例项目基本要使用 LCD 显示信息，因此 LCD 驱动程序是所有示例项目设计和运行的基础。本书提供普中 STM32F407 开发板使用的 LCD 的驱动程序，并介绍了用 STM32Cube 方式改写 LCD 标准库驱动程序的方法。如果读者使用的开发板与本书使用的开发板不同，可以根据《基础篇》第 8 章介绍的方法自行改写 LCD 的驱动程序。

本书的示例项目程序结构清晰，代码质量高。即使无法在自己的开发板上运行测试，结合本书的讲解，读者也能很容易地理解程序设计原理。

本书特点和使用约定

阅读本书的读者需要学过“数字电路”“微机原理”“C 语言”等课程，最好还学过 MCS-51 或 MSP430 单片机的相关知识，对单片机开发有一定的基础。本书不会从 STM32 的汇编语言编程讲起，一般也不会具体讲一个寄存器的各个位的作用和设置，因为 HAL 库用函数封装了寄存器级别的操作。

本书侧重于应用软件编程，对 STM32 内部硬件结构和寄存器的分析只是为了解释 HAL 驱动程序的工作原理，一般不会全面、深入地进行内部硬件分析。在介绍 FreeRTOS 的使用时，本书主要介绍 FreeRTOS 的 API 函数的功能和使用，非必要的情况下，不会深入剖析 FreeRTOS 的源代码。当然，对于一些需要理解原理的内容，本书会详细分析，例如，HAL 中断处理程序的一般流程、中断事件与回调函数关联的程序原理、DMA 中断与外设回调函数的关联原理等。

因出现的缩略词比较多，本书不能保证每个缩略词都能在首次出现时就给出解释。有些通用的缩略词无须解释，读者如有需要，可查阅附录 D。

本书的示例程序使用的是 C 语言，未使用 C++语言，虽然 STM32CubeIDE 编程是支持 C++语言的。本书将 STM32CubeMX 简称为 CubeMX，将 STM32CubeIDE 简称为 CubeIDE。

服务与支持

本书由异步社区出品，社区（https://www.epubit.com/）为读者提供后续服务。异步社区为读者提供本书的源代码，读者如有需要，请登录异步社区，在本书详情页下载。为方便读者，异步社区联合本书作者开设了读者交流群（QQ 群号：916369789，群名称：STM32Cube 交流群），欢迎广大读者入群交流。

致谢

我从 2019 年年初开始编写本书，曾将部分内容的初稿作为课程讲义，给中国石油大学（华东）自动化 2016 级和 2017 级、测控 2016 级和 2017 级的学生在“嵌入式系统开发”课程中使用，给测控 2017 级学生在“仪器设计技术基础”课程中使用。不少同学（刘嘉文、赵鲁明、蓝元等）帮忙找错，对书稿内容提出了有益的修改意见，摆海龙同学还为《基础篇》编写了部分示例程序。部分学生在应用所讲授的开发方法完成课程大作业时表现出了很强的创造力，设计出了一些比较好的作品，让我也受到启发。在此一并感谢这些可爱的学生们！

感谢实验室李哲、刘希臣老师为课程实验做的贡献。由于实验内容是新的，他们花了更多的时间做准备，还根据学生完成实验的情况重新设计了实验内容。我相信，在他们的努力下，实验设计会更合理、更有挑战性，实验效果会更好。

非常感谢人民邮电出版社的大力支持，特别要感谢杨海玲编辑和吴晋瑜编辑。人民邮电出版社已经出版了我的两本书，分别是 2018 年 5 月出版的《Qt 5.9 C++开发指南》和 2019 年 9 月出版的《Python Qt GUI 与数据可视化编程》。这两本书都比较成功，这与出版社的支持和编辑们的尽心负责是分不开的。在本书的编辑和出版过程中，杨海玲编辑和吴晋瑜编辑做了大量工作，在此深表感谢。

我常年从事教学工作，知道学生的学习特点，也知道该怎么教他们学习编程和开发。为师者，唯恐学生学不会，唯恐自己讲得不清楚。我把自己擅长的一点东西认认真真写出来，一遍一遍地优化程序，一遍一遍地完善文字，只为写出一本好书。

每次看到读者评价说我的书对他们的学习和工作有帮助，解决了实际问题，我就感到非常高兴。所以，最后要感谢读者们，感谢你们的支持与肯定，也欢迎大家给出反馈（E-mail: wangwb@upc.edu.cn）。

王维波

2021 年 3 月

目　录

第一部分　软硬件基础

第一部分　软硬件基础

第1章　概　　述

STM32 系列单片机是基于 ARM Cortex-M 内核的 32 位单片机，具有系列全、型号多、资料全等众多优点，应用得非常广泛。本章先简要介绍 STM32 系列单片机的分类和特点，以及 STM32 两种驱动库的历史和开发特点，然后介绍 STM32Cube 生态系统及其主要组成部分，最后介绍 STM32Cube 开发方式及其特点。

1.1　STM32 系列单片机

意法半导体公司（STMicroelectronics，ST）基于 ARM 公司的 Cortex-M 内核设计生产的 STM32 系列单片机是目前应用最广泛的 32 位单片机。STM32 的产品线非常丰富，最新的（2020 年 1 月）STM32 系列产品线如图 1-1 所示。

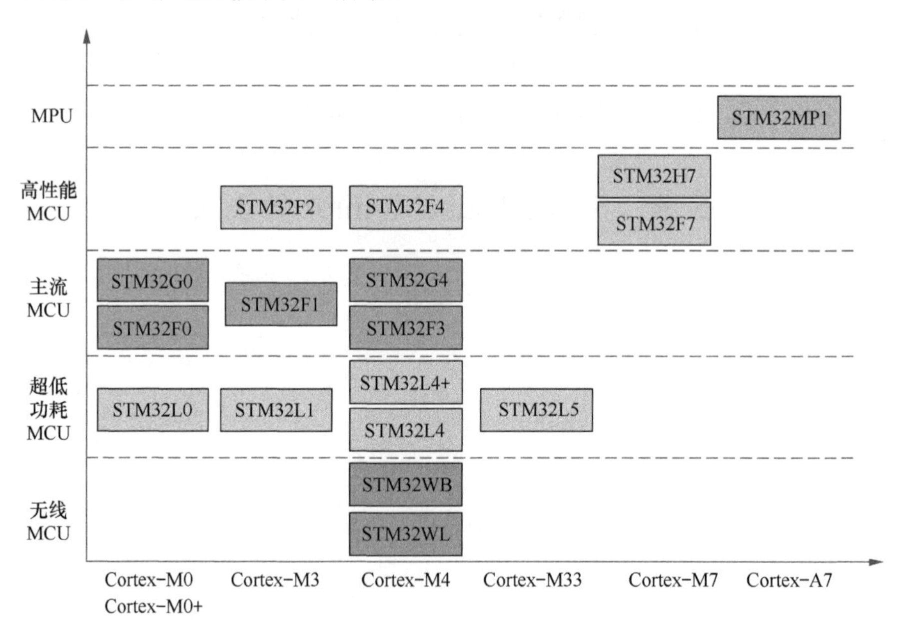

图 1-1　基于 ARM Cortex 内核的 STM32 MCU 和 MPU

图 1-1 中的处理器分为如下两大类。

（1）基于 ARM Cortex-M 系列内核的微控制器单元（Microcontroller Unit，MCU），也就是常说的单片机。MCU 一般只有一个处理器内核，少数型号有两个内核。

（2）具有 Cortex-M4 和双 Cortex-A7 核的微处理器单元（Microprocessor Unit，MPU）。

STM32 MPU 是 ST 公司在 2019 年年初才推出的新产品。它的 Cortex-A7 内核上可以运行

OpenSTLinux 系统，用于实现高级应用程序。它的 Cortex-M4 内核可以面向硬件实现底层功能。

常用的 STM32 器件指的是 STM32 系列 32 位 MCU。STM32 系列 MCU 推出的时间比较久，应用广泛，各类设计资源和资料也比较多。STM32 系列 MCU 是基于 ARM Cortex-M 系列内核设计的，ARM Cortex-M 是面向嵌入式应用的 32 位内核，分为 M0、M0+、M3、M4、M33、M7 等系列（图 1-1 的横坐标）。这些内核的性能逐渐增强，当然，它们的功耗也逐渐增大。

图 1-1 中的 STM32 系列 MCU 在纵轴方向分为以下几个系列。

（1）**无线 MCU**。STM32WL 系列 MCU 集成了 sub-GHz 无线控制单元，支持多种调制模式，能够采用 LoRaWAN 或任何其他合适的协议。STM32WB 系列是 2.4GHz 无线通信双核 MCU，一个 M0+内核作为网络处理器，一个 M4 内核作为应用处理器，支持 Bluetooth 5、802.15.4 网络，支持 BLE 5、ZigBee 3 等无线通信协议栈。

（2）**超低功耗 MCU**。STM32L 系列是超低功耗系列 MCU，使用不同的 Cortex-M 内核，超低功耗系列 STM32 MCU 适用于对功耗敏感的应用。

（3）**主流 MCU**。主流系列 MCU 在功耗和性能方面比较均衡，主频最高能到 72MHz。例如，市面上比较畅销的基于 STM32F103 的开发板，主要是价格便宜，外设丰富。

（4）**高性能 MCU**。高性能系列用于对处理速度和性能要求比较高的应用，比如需要进行数字信号处理或实现图形用户界面的应用。Cortex-M4 和 Cortex-M7 系列内核带有浮点数单元（Float Point Unit，FPU），具有数字信号处理（Digital Signal Processing，DSP）指令集，所以 STM32F4、STM32F7、STM32H7 系列可用于对性能要求较高的应用。

每个系列的 MCU 又有很多具体的型号，具有不同大小的 Flash 存储器和 SRAM 内存，且具有不同的外设，例如，STM32F4 系列有十几个具体的型号，这为设计选型提供了方便。此外，STM32 的系列之间一般还有引脚相容的型号，例如，一个 STM32F2 系列的某个型号可以找到一个引脚相容的 STM32F4 型号，这也为更改设计提供了方便。

因为 STM32 系列 MCU 都是基于 Cortex-M 内核的，所以它们的代码在二进制级别是兼容的。ST 公司为每个系列的 MCU 提供了驱动库，代码级别的兼容性也比较好。STM32 系列有 450 多种具体型号，在将一种型号上的设计迁移到另一种型号上时，代码上的迁移是比较容易的。

STM32 系列 MCU 型号丰富，适用于各种应用场合，可以替代各种传统单片机的功能。此外，STM32 系列的软件开发方式统一，学会一种型号的 STM32 MCU 的开发后，再换用其他型号的 STM32 MCU 进行开发也是类似的，可降低学习的时间成本。

1.2　STM32 的器件驱动库

ST 公司为 STM32 MCU 的软件开发提供了器件的驱动程序，使得 MCU 的软件开发基本不用直接与 MCU 的寄存器打交道。到目前为止，STM32 的器件驱动库有两种：一种是最早随着 STM32 MCU 推出的标准外设库（Standard Peripheral Library，SPL），或简称标准库；另一种是在 2014 年推出的硬件抽象层/底层（Hardware Abstract Layer/Low-layer，HAL/LL）库。

ST 公司已经停止更新 SPL，新型号的 MCU 和 MPU 只有 HAL/LL 库，所以新的设计应该采用 HAL/LL 库。现在学习 STM32 的开发者就没必要再学习基于 SPL 的开发方式了。

1.2.1　标准外设库

ST 公司为一些早期型号的 STM32 MCU 提供标准外设库。标准外设库就是一套基于 ANSI-C

语言的 MCU 驱动程序源代码，它覆盖了如下 3 个抽象层。

（1）用 C 语言定义的全部寄存器的地址映射，包括所有的位、位带（bit field）和寄存器。开发者无须自己再定义寄存器地址映射，减少了工作量，也避免出现底层错误。

（2）覆盖所有外设功能的 API 驱动函数和数据结构定义，还包括具体内核相关的宏定义和数据类型定义。

（3）用于多种开发工具链的项目模板，和众多的覆盖所有可用外设的示例程序。

SPL 中有 ARM 公司为 Cortex-M 内核提供的 Cortex 微控制器软件接口标准（Cortex Microcontroller Software Interface Standard，CMSIS）编程接口，这是 ARM 公司为具体的 Cortex 内核定义的标准编程接口。

SPL 提供了一个 MCU 所有片上资源和外设的基本驱动，如寄存器地址映射，GPIO、ADC、SPI、USART 等外设的驱动。各系列 MCU 的驱动程序都使用基本相同的 API，也就是说，驱动程序的结构、函数名、参数名称基本相同。驱动程序源码是用严格的 ANSI-C 语言编写的，因此与具体的编译工具无关，只有器件的启动文件与具体的编译器有关。

使用 SPL 编程与常规单片机编程不一样，一般不需要直接操作寄存器，而是通过 API 函数进行操作。这降低了编程难度，而且因为采用了相同的 API 函数接口，比较容易将程序从一种器件迁移到另一种器件。

除了标准外设库，ST 公司还提供标准外设库的一些扩展包，如 USB OTG 驱动程序、TCP/IP 协议栈等。还有一些第三方的库，如嵌入式操作系统 FreeRTOS、文件系统 FatFS、图形用户界面等。

相对于传统的单片机从寄存器开始的编程方式，STM32 的标准库编程方式进步了很多。从 MCS-51 或 MSP430 单片机编程转到 STM32 标准库编程的读者，对此会深有体会。

1.2.2　HAL/LL 库

2014 年，ST 公司推出了 STM32 器件的另一种驱动库，即 HAL/LL 库，并推出了一个配套的 MCU 图形化配置软件 STM32CubeMX。每一个 STM32 系列 MCU 有一个 HAL/LL 库，其本质功能与 SPL 是一样的，也是为器件提供硬件驱动程序和各种中间件。HAL/LL 库实际上包含两类驱动程序。

（1）硬件抽象层（Hardware Abstract Layer，HAL）驱动程序。HAL 比 SPL 的抽象性更好，HAL 的所有 API 具有统一的接口，基于 HAL 的程序在 STM32 的整个系列内迁移更容易。由于 HAL 的抽象性更强，封装性更好，因此其代码冗余度更高，运行效率低一些。

（2）底层（Low-layer，LL）驱动程序。LL 驱动程序是面向底层的更快的轻量化编程接口。LL 可以弥补 HAL 的不足，在某些对运行效率要求较高的场合，可以使用 LL 替代 HAL。

在 HAL/LL 库中，所有外设有 HAL 驱动程序，但并不是所有外设都有 LL 驱动程序。

STM32CubeMX 是一个用于 MCU 配置的工具软件，可以对 MCU 的资源和外设进行图形化的配置，并针对不同的 IDE 工具软件生成基于 HAL/LL 库的外设初始化程序和 IDE 项目框架。做过 MCU 开发的人员都知道，MCU 的初始化配置是比较麻烦的，也容易出错，而 STM32CubeMX 能对 MCU 的资源和外设进行图形化的配置并生成初始化代码，这极大地提高了开发效率。

1.3　STM32Cube 生态系统

2014 年推出的 HAL/LL 库和 STM32CubeMX 是 ST 公司 STM32Cube 计划的产物，STM32Cube

计划的目的是提高 STM32 开发的效率。以前，ST 公司有 STM32 器件的 HAL/LL 库和图形化配置软件 STM32CubeMX，但是没有 STM32 程序开发的 IDE 工具软件，STM32 程序开发常用的 IDE 软件是 EWARM 或 MDK-ARM。2019 年 4 月，ST 公司推出了自己的 STM32 开发 IDE 软件 STM32CubeIDE，补齐了这重要的一环，从而形成了一个 STM32Cube 生态系统。

STM32Cube 生态系统包括软件工具和嵌入式软件两大部分，如图 1-2 所示。软件工具就是围绕 STM32 开发提供的一些工具软件，包括 STM32 配置软件、STM32 开发 IDE 软件等；嵌入式软件就是 STM32 的驱动库、中间件等。这些软件工具和嵌入式软件既有 ST 公司的，也有第三方的，既有免费许可的，也有商业许可的。

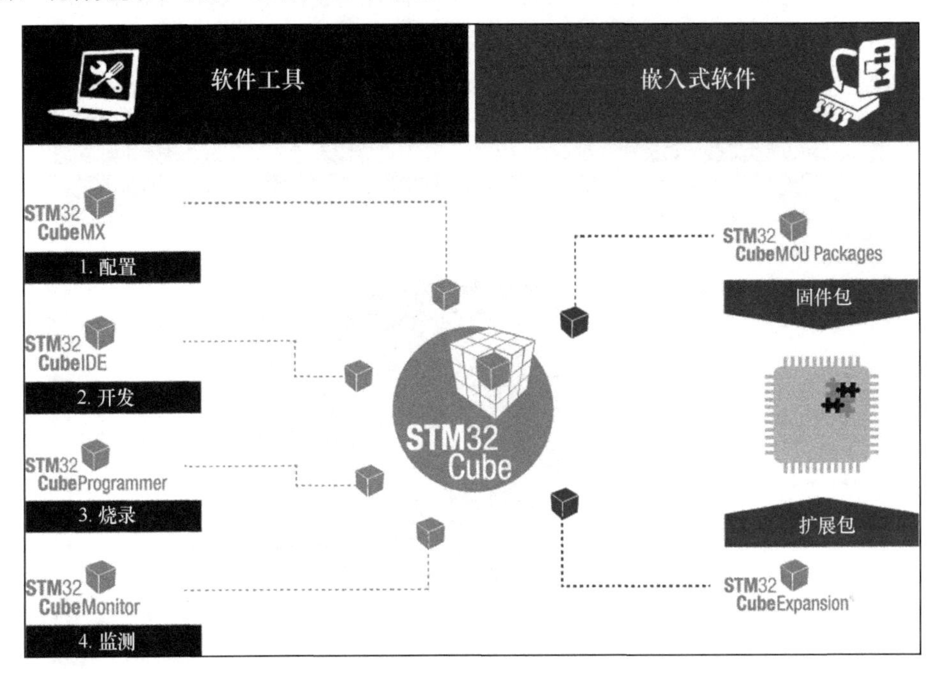

图 1-2 STM32Cube 生态系统

1.3.1 嵌入式软件

1. STM32 器件的 MCU 固件包

一个系列的 STM32 器件提供一个 STM32Cube MCU Package，本书将其称为“MCU 固件包”或简称为“固件包”。例如，STM32F4 系列器件的固件包是 STM32CubeF4，STM32F1 系列器件的固件包是 STM32CubeF1。

一个系列的 MCU 固件包里有这个系列 MCU 的 HAL/LL 库，还有移植好的一些中间件，包括 ST 提供的 USB_Host、USB_Device、STemWin 等中间件，以及 FreeRTOS、FatFS、LwIP、LibJPEG 等第三方中间件。

2. STM32Cube 扩展包

STM32Cube 扩展包是围绕 STM32 开发提供的一些中间件或其他器件的驱动程序，本书将其称为“STM32Cube 扩展包”或简称为“扩展包”，例如，人工智能软件包、蓝牙通信软件包、MEMS 器件驱动、NFC 器件驱动等。用户可以根据需要在 STM32CubeMX 里安装、升级或删除相应的扩展包。

1.3.2　软件工具

1. STM32CubeMX

STM32CubeMX 是一个管理 STM32 器件的固件包和扩展包，可以对一个具体的 MCU 或 MPU 进行外设图形化配置，并生成外设初始化函数和 IDE 项目框架的软件。在 STM32CubeMX 里，我们可以方便地安装、升级或移除某个 STM32 系列器件的固件包和扩展包。

图 1-3 是 STM32CubeMX 运行时界面。在 STM32CubeMX 软件里，我们可以对一个具体型号的 STM32 器件进行时钟树、中断、各种外设和中间件的初始化配置，并针对不同的 STM32 开发 IDE 软件生成初始化代码和项目框架。

图 1-3　STM32CubeMX 运行时界面

STM32CubeMX 支持的开发 IDE 软件有以下几种。

（1）EWARM，IAR 公司的 Embedded Workbench for ARM。

（2）MDK-ARM，Keil 公司的 MDK for Arm。Keil 早在 2005 年就被 ARM 公司收购了。

（3）TrueSTUDIO，Atollic 公司的 STM32 开发 IDE 软件。Atollic 公司在 2017 年年底被 ST 公司收购。

（4）STM32CubeIDE，ST 公司在 2019 年 4 月才推出的 STM32 开发 IDE 软件，STM32CubeMX 5.2 以上版本才支持这个软件。

（5）SW4STM32，一个 STM32 开发社区提供的基于 Eclipse 的 STM32 开发 IDE 软件。

（6）Makefile，直接生成 makefile 文件，无 IDE 环境。

用户可以使用 STM32CubeMX 对一个项目进行重复配置，重新生成代码时不会覆盖自己编写的代码。STM32CubeMX 不支持标准库，只支持 HAL/LL 库。相对于标准库开发方式或基于 HAL/LL 库的纯手工开发方式，使用 STM32CubeMX 可以大大提高编程效率和准确性。

2. STM32CubeIDE

以往进行 STM32 软件开发一般使用的 IDE 软件是 EWARM 或 MDK-ARM，这两个都是商业软件。市场上也有一些免费软件，它们都是基于 Eclipse 和 GCC 编译器的，为 STM32CubeMX 所支持的是 SW4STM32 和 TrueSTUDIO。2018 年之前，TrueSTUDIO 是 Atollic 公司的产品，其专业版并不是免费的。

ST 公司为完善自己的 STM32Cube 生态系统，在 2017 年年底收购了 Atollic 公司，并且将专业版软件 TrueSTUDIO 改为免费软件。ST 公司在 2019 年 4 月推出的 STM32CubeIDE 1.0.0 就是在 TrueSTUDIO 基础上的升级和改进。ST 公司已宣布不再更新 TrueSTUDIO，其最后稳定版本是 9.3.0。

STM32CubeMX 生成代码时支持的几个 STM32 开发 IDE 软件的特点总结如表 1-1 所示。

表 1-1 用于 STM32 开发的 IDE 软件

IDE 软件	公司	许可证类型
EWARM	IAR	商业许可，免费试用版有 30 天限制或功能受限
MDK-ARM	Keil	商业许可，免费版只支持 STM32F0/G0/L0 系列
SW4STM32	AC6	免费，基于 Eclipse，由一个 STM32 社区维护
TrueSTUDIO	Atollic	免费，基于 Eclipse，Atollic 在 2017 年年底被 ST 公司收购，已不再更新
STM32CubeIDE	ST	免费，在 2019 年 4 月推出，是在 TrueSTUDIO 基础上的改进

3. STM32CubeProgrammer

STM32CubeProgrammer 是一个专门用于 STM32 器件程序烧录的 GUI 工具软件，集成了程序烧录的各种功能。使用这个工具软件，用户可以方便而高效地读取、写入、擦除器件及其外部存储器的内容。用户可以通过 ST-LINK 仿真器下载程序，支持 JTAG 和 SWD 调试接口，也可以通过 UART、USB DFU、I2C、SPI、CAN 等通信接口下载程序。

STM32CubeProgrammer 的主要功能是将构建项目后的二进制文件写入器件的 Flash，它支持的二进制文件格式包括.bin、.hex、.elf 等。图 1-4 是通过 ST-LINK 仿真器将一个.elf 文件写入器件的 Flash 程序存储器的工作界面。

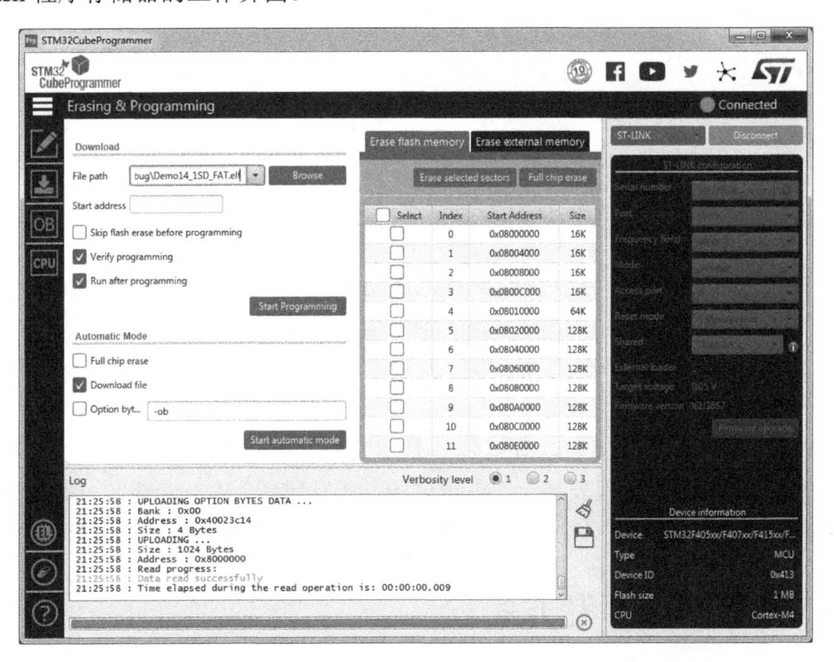

图 1-4 通过 ST-LINK 仿真器将一个.elf 文件写入器件的 Flash 程序存储器的工作界面

4. STM32CubeMonitor

ST 公司提供了一些专门的工具软件，用于 STM32 系统运行时诊断和监测，例如用于功耗监测的软件 STM32CubeMonPwr、用于射频性能监测的软件 STM32CubeMonRF、用于 USB-C 配置和供电监测的软件 STM32CubeMonUCPD 等。

2020 年 2 月，ST 公司推出了一款全新的软件 STM32CubeMonitor 1.0.0。这是一个实时监测变量并将其加以图形化显示的软件。STM32CubeMonitor 是基于 NODE-RED 开发的，使用基于流（Flow）的图形化编程技术，可供用户通过图形化编程方法设计程序，无须编写任何代码。

STM32CubeMonitor 的设计界面如图 1-5 所示。用户设计的 STM32CubeMonitor 程序，可以通过 ST-LINK 仿真器（JTAG 或 SWD 接口）监测 STM32 系统的变量，可以在程序全速运行不被打断的情况下读取监测的变量值，并进行图形化显示，是对传统的断点调试方式的补充。STM32CubeMonitor 监测的变量不仅可以在本机上显示，对于同一个局域网内的其他 PC、手机、平板电脑，还可以通过浏览器查看监测数据，实现远程监测。

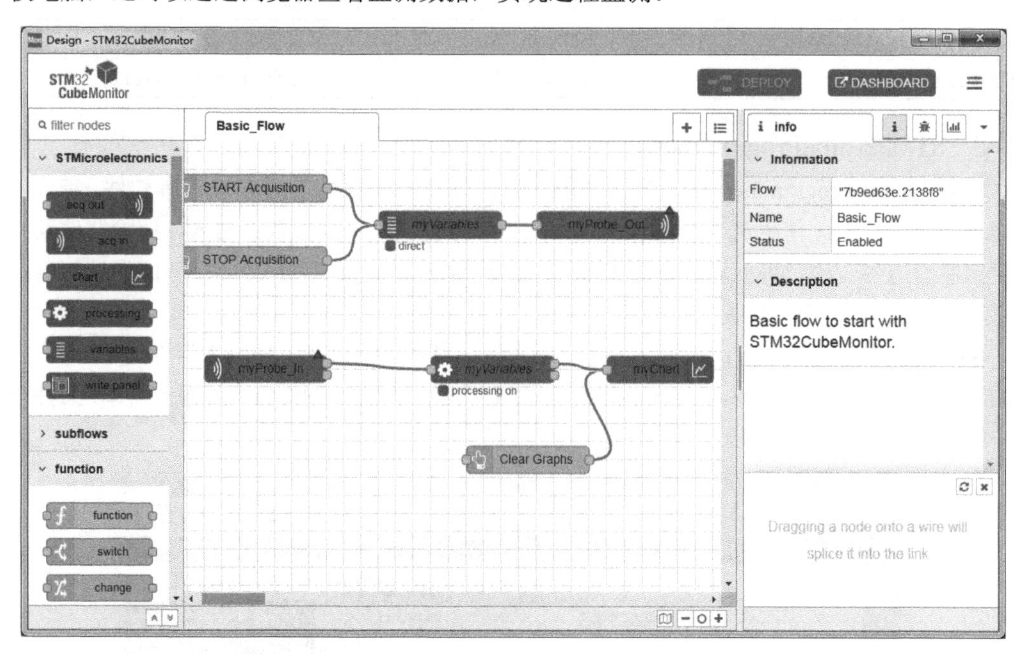

图 1-5 STM32CubeMonitor 的设计界面

使用 STM32CubeMonitor 可以实现断点调试无法实现的一些变量监测功能，例如，连续运行时变量的监测，可以实现简单的类似于示波器的功能。只是，通过 STM32CubeMonitor 和 ST-LINK 监测变量的频率不能太高，单个变量的监测频率不能超过 1000Hz，但这已经非常实用了。

在 STM32Cube 生态系统中，最重要的是 STM32 器件的固件包、STM32CubeMX 和 STM32CubeIDE。其中，固件包安装一次就可以了，在发现新版本时升级即可。在 STM32 开发中，使用最频繁的软件就是 STM32CubeMX 和 STM32CubeIDE，这也是本书要介绍的主要内容。

1.4 STM32Cube 开发方式

我们把基于 STM32Cube 生态系统的开发方式称为 STM32Cube 开发方式，这种开发方式的主要特点如下。

（1）使用 STM32CubeMX 对 STM32 器件的系统资源、外设和中间件进行图形化配置，生成 STM32CubeIDE 项目的外设初始化代码和项目框架。

（2）使用 STM32CubeIDE 在外设初始化代码和项目程序框架的基础上进一步添加用户功能代码，实现应用功能。

（3）在开发过程中，用户可以使用 STM32CubeMX 重新配置 STM32 器件，重新生成外设初始化代码，并且不影响用户已编写的代码。

（4）如果有需要，用户可以使用 STM32CubeMonitor 进行变量监测。

STM32Cube 开发方式有别于基于标准库的开发方式。基于标准库的开发方式无法使用 STM32CubeMX 进行外设的图形化配置，无法自动生成外设初始化代码，而外设的初始化配置往往是 MCU 开发中难度比较大的一个环节。

有些开发者使用 HAL 库全手工开发，并不将 STM32CubeMX 整合到整个开发流程中来。这类开发者要么是因为熟悉了标准库的开发方式，只是用 HAL/LL 库替换原来程序中的 SPL；要么是真正的高手，觉得 STM32CubeMX 生成的 IDE 项目的代码框架冗余度大，采用纯手工方式才能完全驾驭自己的代码。

STM32Cube 开发方式有别于纯手工使用 HAL/LL 库的开发方式。它使用 STM32CubeMX 进行器件图形化配置，生成外设初始化代码和项目程序框架。这种方式可以提高开发效率、减少错误的发生、降低学习门槛，适合初学者。精通 STM32Cube 开发方式后，开发者会习惯这种开发方式，若要追求程序的极致效率，可以通过程序优化或部分外设使用 LL 库驱动来实现。

总结起来，使用 STM32Cube 开发方式有如下优点。

（1）使用的软件都是 ST 公司提供的免费软件，避免了使用商业软件可能出现的知识产权风险。

（2）使用 STM32CubeMX 进行 STM32 器件图形化配置并生成外设初始化代码可极大地提高工作效率，并且生成的代码准确性高、结构性好。

（3）相对于纯手工进行外设初始化配置的编程方式，这种方式的学习门槛降低很多，容易学会。

所以，本书全面介绍基于 STM32CubeMX 和 STM32CubeIDE 的 STM32Cube 开发方式。如果开发者掌握了这种开发方式，就可以抛开其他开发方式了，这就如同学会了使用 STM32 系列 MCU，就可以抛开其他各种单片机了。

第2章 STM32F407和开发板

STM32Cube开发方式适用于所有STM32系列器件，但是在讲解内容时，我们需要挑选一个具体型号的MCU和开发板作为示例。本书以STM32F407ZG为例，介绍MCU的各种系统功能、外设和中间件的使用，并用一个STM32F407开发板来设计和测试示例程序。本章先介绍STM32F407的主要功能结构和最小系统电路，再介绍所用的STM32F407开发板的基本功能结构和电路。

2.1 STM32F407简介

2.1.1 功能特性

STM32F4系列是基于ARM Cortex-M4内核，带有FPU和支持DSP指令集的高性能32位MCU。STM32F4系列又根据性能划分为多个兼容的产品线，包括入门级产品线、基础产品线和高级产品线。本书使用的开发板上用的是STM32F407ZG，属于基础产品线。STM32F407ZG的一些主要功能和参数如下，详细的功能列表见STM32F407数据手册。

（1）CPU的最高主频为168MHz，带有浮点数单元FPU，支持DSP指令集。

（2）1024KB Flash存储器，192KB SRAM，4KB备用SRAM。

（3）FSMC存储控制器，支持Compact Flash、SRAM、PSRAM、NOR Flash存储器，支持8080/6800接口的TFT LCD。

（4）3个12位ADC，最多24个通道；2个12位DAC。

（5）2个DMA控制器，共16个DMA流，具有FIFO和突发支持。

（6）10个通用定时器，2个高级控制定时器，2个基础定时器。

（7）具有独立看门狗（IWDG）和窗口看门狗（WWDG）。

（8）具有RTC，亚秒级精度，硬件日历。

（9）具有随机数生成器（RNG）。

（10）具有8到14位并行数字摄像头接口（DCMI），最高传输速率54MB/s。

（11）具有多种通信接口，包括3个SPI或2个I2S接口、3个I2C接口、4个USART或2个UART接口、2个CAN接口以及1个SDIO接口。

（12）具有符合USB 2.0规范的1个USB-OTG FS控制器和1个USB-OTG HS控制器。

（13）具有10/100Mbit/s Ethernet MAC接口，使用专用的DMA。

2.1.2 内部结构

STM32F407的内部功能分块结构如图2-1所示，由此可以看出STM32F407的内部基本组成。

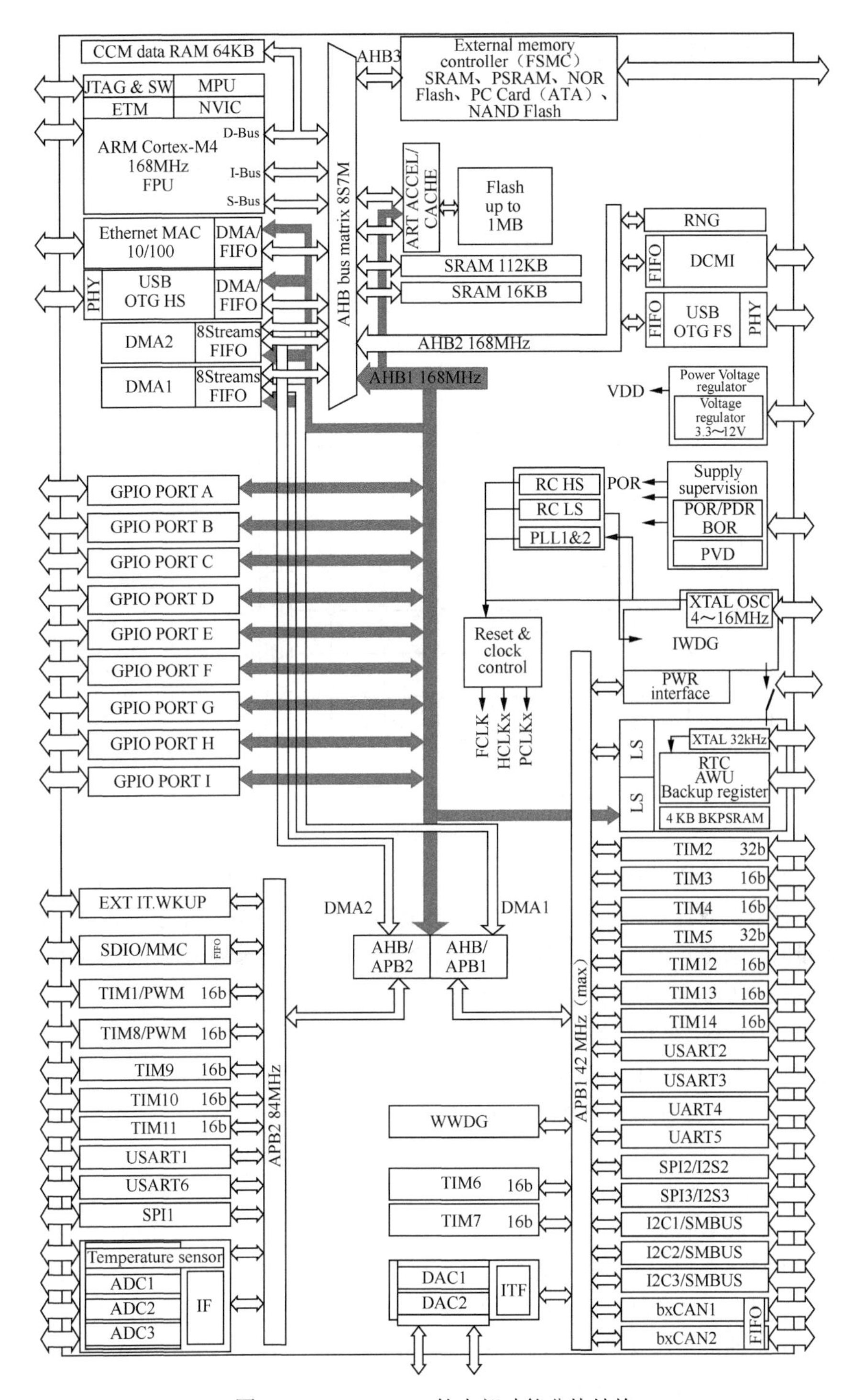

图 2-1 STM32F407 的内部功能分块结构

- STM32F407 的内核是 ARM Cortex-M4 内核，CPU 最高频率为 168MHz，带有 FPU。除了这个 Cortex-M4 内核，STM32F407 上的其他部分都是 ST 公司设计的。
- Cortex-M4 内核有 3 条总线，即数据总线（D-Bus）、指令总线（I-Bus）和系统总线（S-Bus）。这 3 条总线通过总线矩阵（bus matrix）与片上的各种资源和外设连接。

- 32 位的总线矩阵将系统里的所有主设备（CPU、DMA、Ethernet 和 USB HS）以及从设备（Flash 存储器、RAM、FSMC、AHB 和 APB 外设）无缝连接起来，能确保即使有多个高速外设同时工作也能高效地运行。

总线矩阵的连接示意如图 2-2 所示。结合图 2-1，我们可以看到 MCU 内各条总线和外设的连接关系。

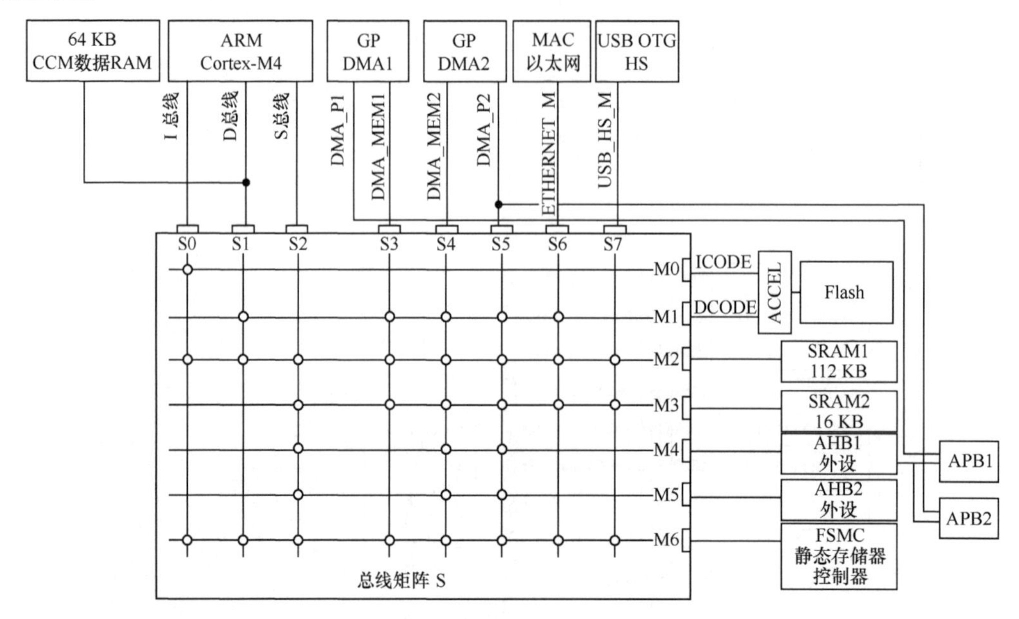

图 2-2　总线矩阵的连接示意

- 两个通用的双端口 DMA（DMA1 和 DMA2），每个 DMA 有 8 个流（stream），可用于管理存储器到存储器、外设到存储器、存储器到外设的传输。用于 APB/AHB 总线上的外设时，有专用的 FIFO 存储器，支持突发传输，用来为外设提供最大的带宽。
- Ethernet MAC 接口用于有线以太网连接。
- USB OTG HS 接口，速度达到 480Mbit/s，支持设备/主机/OTG 外设模式。
- 通过 ACCEL 接口连接的内部 Flash 存储器，使用了自适应实时加速器（Adaptive Real-Time Accelerator，ART Accelerator）技术。
- AHB3 总线上是 FSMC 接口，可连接外部的 SRAM、PSRAM、NOR Flash、PC Card、NAND Flash 等存储器。
- AHB2 总线最高频率为 168MHz，连接在此总线上的有 RNG、DCMI 和 USB OTG FS。
- AHB1 总线最高频率为 168MHz，各 GPIO 端口连接在 AHB1 总线上，共有 8 个 16 位端口（从 Port A 到 Port H）和一个 12 位端口（Port I）。
- AHB1 总线分出两条外设总线 APB2 和 APB1，并且 DMA2 和 DMA1 与这两条外设总线结合，为外设提供 DMA。
- APB2 总线最高频率为 84MHz，是高速外设总线，上面连接的外设有外部中断 EXTI、SDIO/MMC、TIM1、TIM8～TIM11、USART1、USART6、SPI1 和 3 个 ADC。
- APB1 总线最高频率为 42MHz，是低速外设总线，上面连接的外设有 RTC、WWDG、TIM2～TIM7、TIM12～TIM14、USART2、USART3、UART4、UART5、SPI2/I2S2、SPI3/I2S3、I2C1～I2C3、2 个 DAC 和 2 个 bxCAN。

不同外设总线上的同类型外设的最高频率不一样。例如，对于 SPI 接口，APB2 总线上的 SPI1 最高频率是 84MHz，而 APB1 总线上的 SPI2 和 SPI3 的最高频率是 42MHz。开发者在设计硬件电路时要注意这些区别。

Cortex-M4 是 32 位处理器内核，32 位总线矩阵寻址空间是 4GB。在 STM32F407 内，程序存储器、数据存储器、寄存器和 I/O 端口在同一个顺序的 4GB 地址空间内，采用的是小端字节序。

STM32F407 内的所有寄存器都有地址，在 HAL 库内有所有寄存器的定义。Flash 程序存储空间、SRAM 寻址空间也有其地址段的定义，HAL 库针对具体的 MCU 型号有相应的定义，这在后面用到时会给出具体介绍。

2.1.3 引脚定义

STM32F407 系列的不同型号芯片有不同的封装，本书所用开发板上的芯片 STM32F407ZGT6 采用的是 LQFP144 封装，其引脚如图 2-3 所示。各引脚的详细定义见 STM32F407 数据手册第 47 页的表格。这些引脚主要分为三大类。

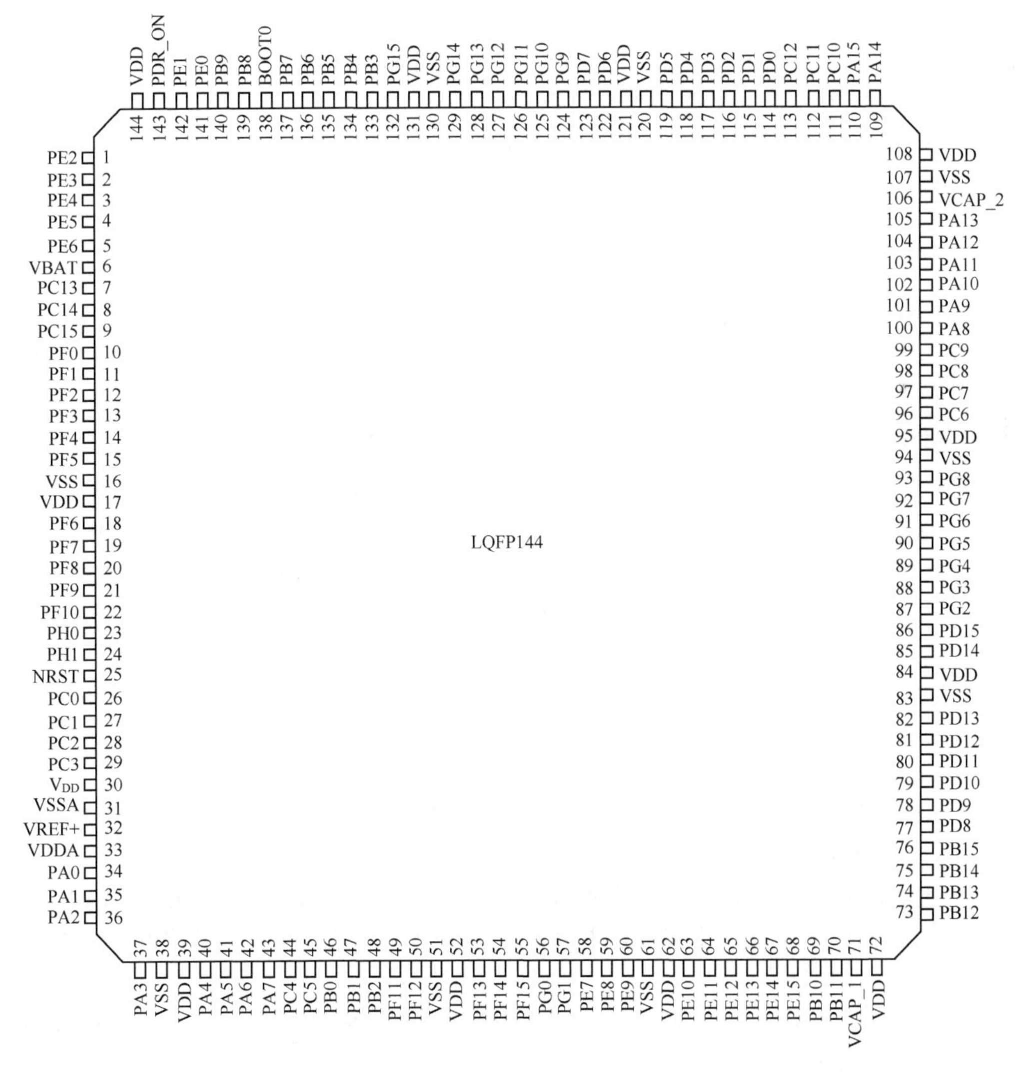

图 2-3 LQFP144 封装的芯片 STM32F407ZGT6 的引脚

（1）电源引脚，连接各种电源和地的引脚，如下所示。

- 数字电源引脚 VDD，数字电源地引脚 VSS，数字部分使用+3.3V 供电。
- 模拟电源引脚 VDDA，模拟电源地引脚 VSSA，模拟电源为 ADC 和 DAC 供电，简化的电源电路设计中用 VDD 连接 VDDA。模拟地和数字地必须共地。
- ADC 参考电压引脚 VREF+，简化的电源电路设计中用 VDD 连接 VREF+。这里也可以使用专门的参考电压芯片为 VREF+供电。
- 备用电源引脚 VBAT，为系统提供备用电源，可以在主电源掉电的情况下为备用存储器和 RTC 供电，一般使用 1 个纽扣电池作为备用电源。
- VCAP_1 和 VCAP_2 是芯片内部 1.2V 域调压器用到的两个引脚，需要分别接 1 个 2.2μF 电容后接地。

（2）GPIO 引脚，可以作为普通输入或输出引脚，也可以复用为各种外设的引脚。在 144 个引脚中，大部分是 GPIO 引脚，分为 8 个 16 位端口（从 PA 到 PH），还有 1 个 12 位端口 PI。所有 GPIO 引脚在复位后都是悬浮输入状态。

（3）系统功能引脚，除了电源和 GPIO 引脚，还有其他一些具有特定功能的引脚。

- 系统复位引脚 NRST，低电平复位。
- 自举配置引脚 BOOT0。
- PDR_ON 引脚接高电平，将开启内部电源电压监测功能。有的封装上没有这个引脚，默认就是开启内部电源电压监测功能。

2.1.4　最小系统参考设计

一个 STM32F407 芯片需要一些基础的外围电路才能正常工作，这样的一个系统称为最小系统，最小系统需要供电、复位、晶振、启动设置等电路。最小系统参考设计可以参考文件 *Getting started with STM32F4xxxx MCU hardware development*。

1．供电

STM32F407 的典型供电电路如图 2-4 所示，分为数字电源、模拟电源、备用电源等几个部分。

- 数字电源 VDD 的电压范围是 1.8V～3.6V，芯片内部的调压器会稳压到 1.2V 为数字电路供电。每个 VDD 引脚附近需要连接 1 个 100nF 的陶瓷退耦电容，整个器件的 VDD 再连接 1 个最小 4.7μF（典型值为 10μF）的钽电容或陶瓷电容作为退耦电容。
- VCAP_1 和 VCAP_2 是内部 1.2V 域调压器用到的两个引脚，需要分别外接 1 个 2.2μF 陶瓷电容后接地。某些封装上只有 VCAP_1 引脚，则使用 1 个 4.7μF 陶瓷电容。
- 模拟电源 VDDA 必须连接两个退耦电容，即 1 个 100nF 陶瓷电容和 1 个 1μF 钽电容或陶瓷电容。
- ADC 参考电压 VREF+可以连接 VDDA。如果使用独立的外部参考电压，VREF+的电压值必须保持在 VDDA−1.2V 和 VDDA 之间，且最低为 1.7V。
- 主电源 VDD 断电时，RTC、备份寄存器可以由 VBAT 引脚的电池供电。电池电压范围为 1.65～3.6 V。若不使用备用电池，VBAT 可连接电源 VDD，需要使用 1 个 100nF 的陶瓷退耦电容。

芯片上还有两个电源控制引脚，即 BYPASS_REG 和 PDR_ON，但并不是所有封装的 STM32F407 器件上都有这两个引脚。

- BYPASS_REG 引脚是内部 1.2V 域调压器的使能引脚，将此引脚接低电平可开启内部 1.2V 域调压器。如果没有这个引脚，内部 1.2V 域调压器总是打开的。STM32F407ZG 上没有这个引脚。
- PDR_ON 是电源监测引脚，将此引脚接高电平可以开启对电源的监测功能，如上电复位、掉电复位等，没有此引脚的器件总是开启电源监测功能。STM32F407ZG 上有这个引脚，应该接 VDD。

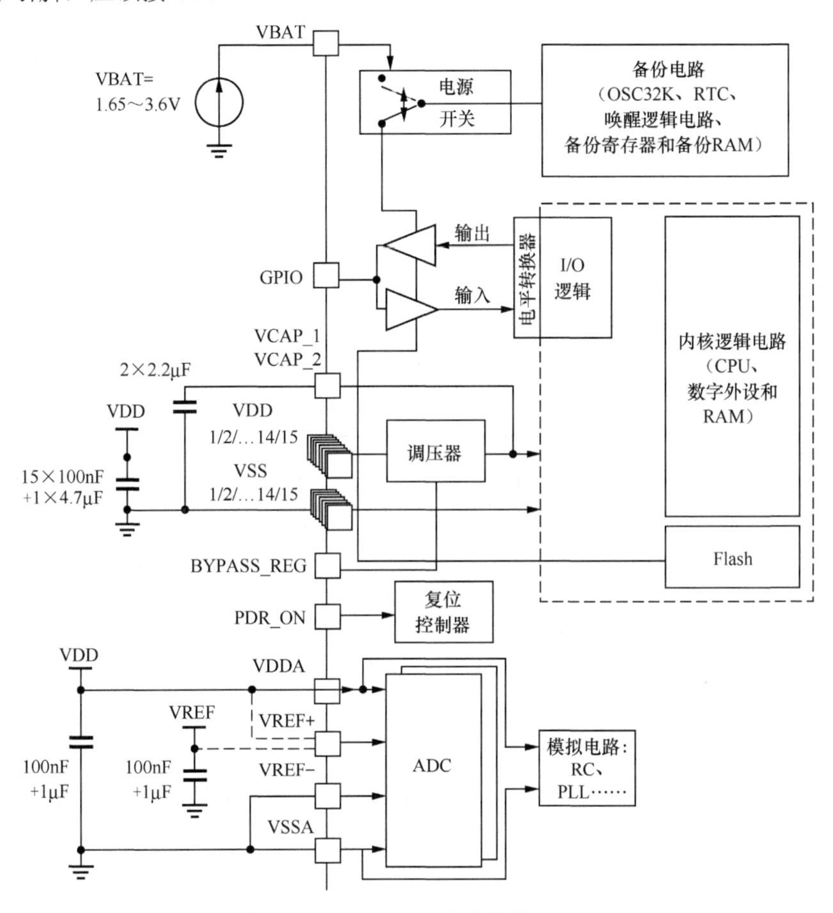

图 2-4 STM32F407 的典型供电电路

2. 外部复位

NRST 引脚是系统的外部复位引脚，该引脚输入低电平使系统复位，一般使用复位按键电路。除了外部复位信号 NRST 可使系统复位，还有一些内部复位信号可使系统复位，如 WWDG 复位、IWDG 复位、软件复位、低功耗管理复位等。

3. 时钟源

STM32F407 可以完全不依赖外部的时钟源，而使用内部的 HSI 和 LSI 时钟源工作，也可以使用外部的 HSE 和 LSE 时钟源。使用外部时钟源时一般使用无源晶振振荡电路，如图 2-5 和图 2-6 所示。

HSE 可使用 4～26MHz 的晶振，用于为 MCU 提供系统时钟信号；LSE 一般使用 32.768kHz 的晶振，用于为 RTC 提供时钟信号。STM32F407ZG 内部时钟树的结构和各个时钟信号的配置见第 3 章。

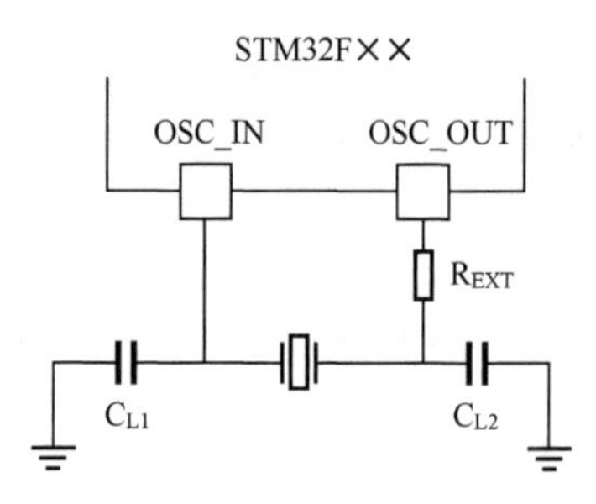

图 2-5 外部 HSE 晶振电路

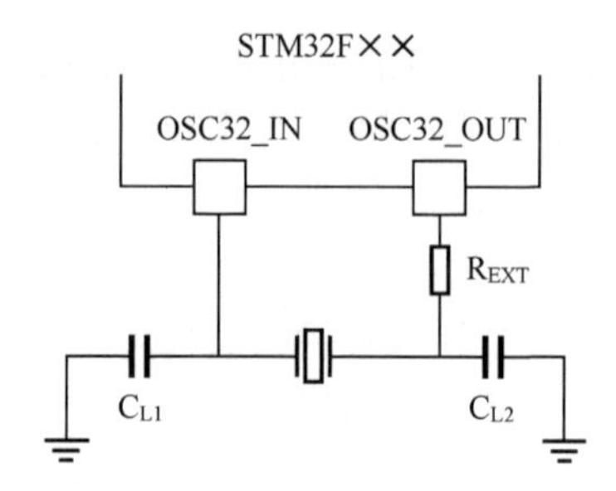

图 2-6 外部 LSE 晶振电路

4. 自举设置

STM32F4 系列器件有两个引脚 BOOT0 和 BOOT1，可用于设置复位时启动程序的搜索空间，称为自举设置。通过 BOOT1 和 BOOT0 引脚，用户可以设置 3 种不同的自举模式，如表 2-1 所示。

- BOOT0 = 0 时，不管 BOOT1 是什么，都从主 Flash 空间启动用户程序，这是正常的启动模式。
- BOOT1 = 0，BOOT0 = 1 时，从系统存储器里启动。如果用户程序出现了严重错误，例如，禁用了 JTAG 引脚导致无法正常下载程序，可以使用这种方式启动下载新的用户程序。
- BOOT1 = 1，BOOT0 = 1 时，从内嵌 SRAM 里启动，该模式一般用于调试。

表 2-1 自举模式

引脚 BOOT1	引脚 BOOT0	自举模式	自举空间
X	0	主 Flash	选择主 Flash 作为自举空间
0	1	系统存储器	选择系统存储器作为自举空间
1	1	内嵌 SRAM	选择内嵌 SRAM 作为自举空间

BOOT0 是系统功能引脚，而 BOOT1 与 GPIO 引脚共用。系统复位后，会在 SYSCLK 的第 4 个上升沿锁存 BOOT 引脚的值。所以复位后，BOOT1 作为启动引脚就不再有用了，可以当作普通的 GPIO 引脚重新配置用途。

5. 调试接口

STM32F4xx 的内核包含用于高级调试功能的硬件。利用这些调试功能，用户可以在程序断点处停止内核。内核停止时，可以查询内核的内部状态和系统的外部状态。查询完成后，将恢复内核和系统并恢复程序执行。

STM32F4xx 为使用仿真器进行程序调试提供了两种调试接口：2 线的串行调试接口 SW 和 5 线的 JTAG 调试接口，如图 2-7 所示。这些调试接口与 GPIO 引脚复用。STM32F407ZG 的调试接口引脚定义如表 2-2 所示。

表 2-2 STM32F407ZG 的调试接口引脚定义

SWJ-DP 引脚名称	JTAG 调试接口		SW 调试接口		引脚分配
	类型	说明	类型	调试分配	
JTMS/SWDIO	I	JTAG 测试模式选择	I/O	串行线数据输入/输出	PA13
JTCK/SWCLK	I	JTAG 测试时钟	I	串行线时钟	PA14
JTDI	I	JTAG 测试数据输入	—	—	PA15
JTDO/TRACESWO	O	JTAG 测试数据输出	—	TRACESWO（如果开启了异步跟踪）	PB3
NJTRST	I	JTAG 测试 nReset	—	—	PB4

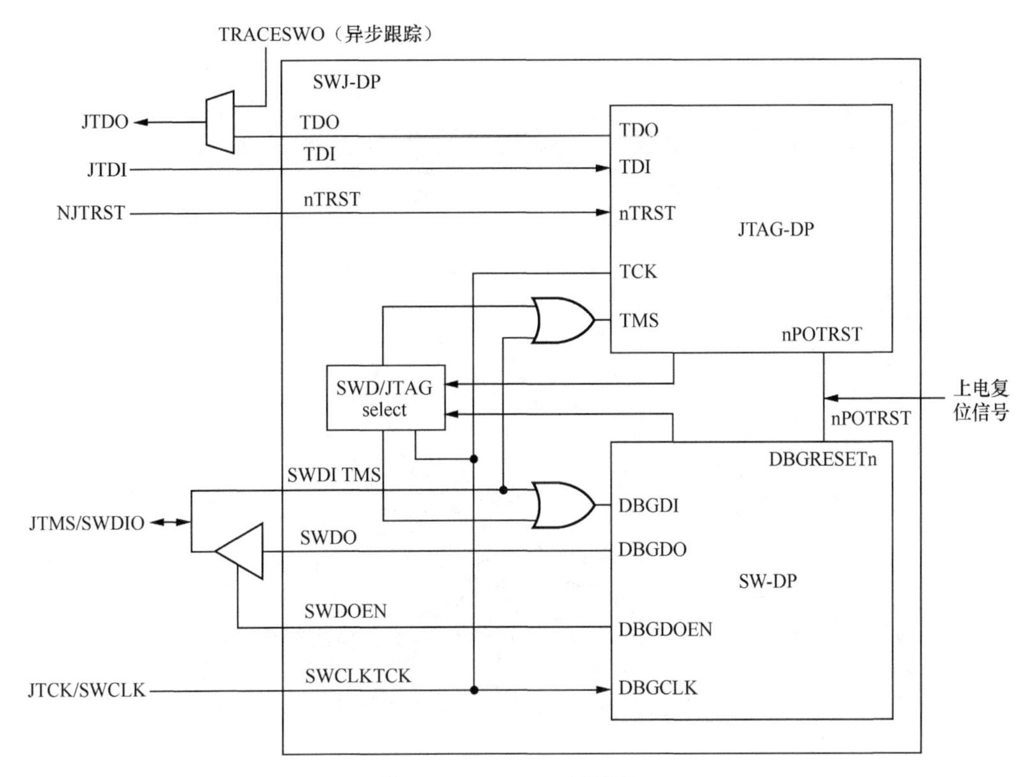

图 2-7 JTAG/SW 调试接口

2.2 STM32F407 开发板

2.2.1 开发板功能

本书的示例程序都是基于普中 STM32F407 开发板开发和测试的，不带 LCD 的开发板如图 2-8 所示。开发板上有两个 MCU，一个是 STM32F407ZGT6 芯片（FPU+DSP，LQFP144 封装，1024KB Flash，196KB SRAM），另一个是 STM32F103C8T6 芯片（LQFP48 封装，64KB Flash，20KB SRAM）。开发板上有两个 MCU，适合于做一些双机主从通信的开发实验，如 USART 通信、SPI 主从通信。

在图 2-8 中，STM32F407 芯片的上方有一个 SRAM 芯片，下方有一个纽扣电池安装座。SRAM 使用的芯片是 IS62WV51216，容量为 1024KB，适合用于需要大量内存的设计。纽扣电池用于给 STM32F407 的备份域提供电源，维持 RTC 运行。

SRAM 芯片的上方有一个 LCD 插座，可以使用各种尺寸的带触摸面板的 TFT LCD，如 3.5/3.6 英寸[①]电阻式触摸屏或 4.3/4.5 英寸电容式触摸屏。插上 3.5 英寸 TFT LCD 后的开发板如图 2-9 所示。

图 2-9 上标出了开发板上的各个主要功能模块和接口，下面按逆时针方向介绍标注的模块功能。

① 为便于描述，书中此类描述保留以英寸为单位。1 英寸等于 2.54 厘米。——编辑注

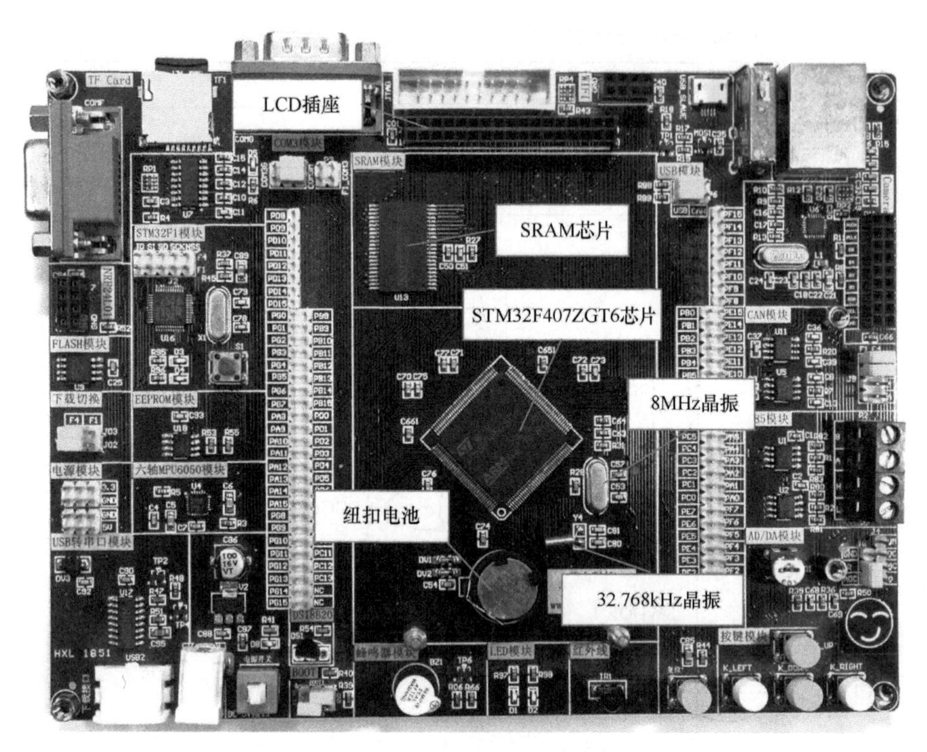

图 2-8　不带 LCD 的开发板

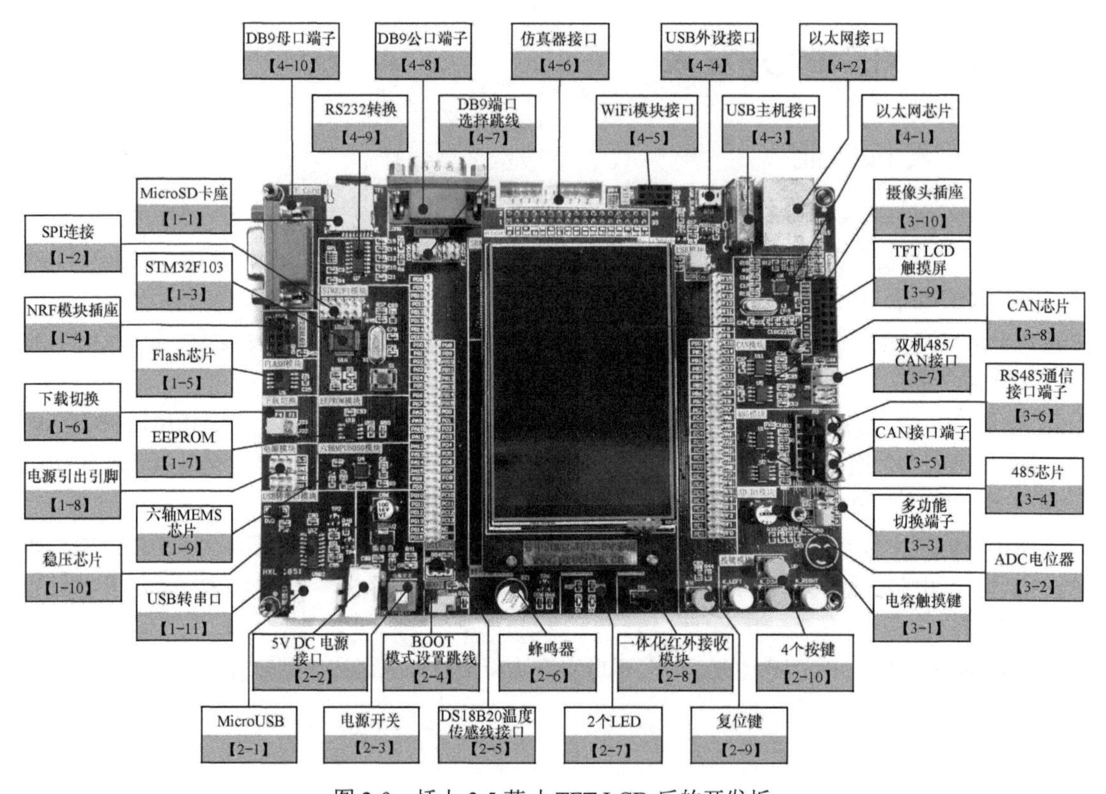

图 2-9　插上 3.5 英寸 TFT LCD 后的开发板

（1）左侧标注的各模块如下。

- 【1-1】MicroSD 卡座，可以插入 MicroSD 卡（也就是 TF 卡），一般用作外扩文件存储器使用。
- 【1-2】STM32F103 和 STM32F407 之间的 SPI 接口互连跳线设置，使用跳线帽进行短接，可以实现双机 SPI 通信。
- 【1-3】STM32F103C8T6 芯片，中等容量的 STM32F1 MCU，用于与 STM32F407 MCU 之间进行双机通信。STM32F103C8T6 芯片附近有晶振和复位按键。
- 【1-4】NRF24L01 无线模块插座，可以直接插入一个 NRF24L01 2.4GHz 无线模块（需单独购买），用于无线通信应用。
- 【1-5】Flash 芯片，使用的芯片是 W25Q128，是一个 16MB 的 SPI 接口 Flash 存储芯片。
- 【1-6】下载切换。使用 USB 数据线通过【2-1】的 MicroUSB 接口连接计算机，可以使用普中专用的软件向 STM32F407 或 STM32F103 下载编译后的程序。这个跳线座用于选择向哪个 MCU 下载程序。注意，这个跳线设置对于仿真器接口【4-6】无效，通过仿真器只能向 STM32F407 下载程序。
- 【1-7】EEPROM 芯片，使用的是 I2C 接口的芯片 AT24C02，存储容量为 256 字节。EEPROM 存储的数据掉电不丢失，通常用于存储重要的数据，如电阻式触摸屏的计算参数。
- 【1-8】电源引出引脚，提供 5V、3.3V、GND 接口，可用于为外接模块供电。
- 【1-9】六轴 MEMS 芯片 MPU6050，芯片里集成了一个三轴加速度传感器和一个三轴陀螺仪，并且带有 DMP（Digital Motion Processor）功能。
- 【1-10】稳压芯片，使用的是 AMS1117-3.3 芯片，将 5V 电源转换为 3.3V 稳定电压为电路板上的各器件供电。5V 电源可来自于接口【2-2】、【2-1】或【4-4】。
- 【1-11】USB 转串口，使用芯片 CH340，计算机上需要安装驱动程序。通过 MicroUSB 接口【2-1】和 USB 数据线与计算机相连后，可在计算机端发现一个虚拟串口，可以通过串口调试软件与开发板上 STM32F407 或 STM32F103 的串口直接通信，或者向某个 MCU 下载程序。

（2）下方标注的各模块如下。

- 【2-1】MicroUSB 接口。通过 USB 数据线连接计算机的 USB 接口后，可以给开发板供电，可以在计算机端发现一个虚拟串口，可以实现 PC 与开发板之间的串口通信，可以通过普中提供的专用工具软件向 MCU 下载编译后的程序。
- 【2-2】5V DC 电源接口，用于使用外部 5V 电源给开发板供电。
- 【2-3】电源开关，用于打开或关闭开发板的电源。此开关对【2-1】和【2-2】接入的电源有效，对【4-4】接入的电源无效。
- 【2-4】BOOT 模式设置跳线，默认选择为系统存储器启动模式，即 BOOT1 短接 GND，BOOT0 短接 3.3V。BOOT0 和 BOOT1 的组合与自举模式的关系如表 2-1 所示。
- 【2-5】DS18B20 温度传感器接口，可以插入一个 TO-92 封装的 DS18B20 器件做温度采集实验。注意 DS18B20 芯片的插入方向，器件的弧形面与电路板上的弧形线对应。
- 【2-6】蜂鸣器模块，使用的是有源蜂鸣器，控制简单，可以用于发出提示音。
- 【2-7】2 个 LED 与 STM32F407 的 GPIO 引脚连接，用于信号显示。
- 【2-8】一体化红外接收模块，用于红外通信。
- 【2-9】STM32F407 芯片的外部复位按键，按下可使系统复位。

- 【2-10】4 个按键，其中 KeyUp 可作为待机唤醒功能或普通按键。

（3）右侧标注的各模块如下。

- 【3-1】电容触摸键，利用定时器的输入捕获功能和电容充放电时间的不同，实现类似于普通机械按键的功能。
- 【3-2】ADC 电位器，用于调节 STM32F407 的 ADC1 输入电压的可调电位器。
- 【3-3】多功能切换端子，使用跳线帽短接不同的端子可实现多种功能的切换。
- 【3-4】485 芯片，STM32F407 和 STM32F103 都扩展了 RS485 模块，因此有 2 个 MAX3485 转换芯片，可在 STM32F407 和 STM32F103 之间进行 RS485 主机和从机之间的通信。
- 【3-5】CAN 接口端子，STM32F407 的 CAN 接口引出端子，可与外界的 CAN 设备通信。
- 【3-6】RS485 通信接口端子，可与外界的 RS485 设备通信。
- 【3-7】双机 485/CAN 接口，STM32F407 和 STM32F103 之间进行 485/CAN 通信的接口，通过跳线选择 485 或 CAN。
- 【3-8】CAN 芯片，STM32F407 和 STM32F103 都扩展了 CAN 模块，因此有 2 个 TJA1040 转换芯片，可用于 CAN 主机与从机之间通信。
- 【3-9】TFT LCD 触摸屏，可以是各种尺寸，如 3.5 英寸、3.6 英寸、4.3 英寸等，可以是电阻式触摸屏或电容式触摸屏。
- 【3-10】摄像头插座，可以连接配套的摄像头模块，如 OV7670 摄像头模块。

（4）上方标注的各模块如下。

- 【4-1】以太网芯片，STM32F407 内含 MAC 控制，但还需要外部 PHY（Physical Layer，物理层）芯片，使用的 PHY 芯片是 LAN8720A，实现 10/100M 网络支持。
- 【4-2】以太网接口，使用网线与路由器或计算机的以太网端口连接，就可以进行以太网应用开发。
- 【4-3】USB 主机接口，Type A 型 USB 母口。开发板用作 USB 主机，可接 U 盘、USB 鼠标、USB 键盘等设备。
- 【4-4】USB 外设接口，MicroUSB 母口。开发板用作 USB 外设，例如，通过 USB 线连接计算机后，将开发板用作 SD 卡读卡器。
- 【4-5】WiFi 模块接口，可插入 WIFI-ESP8266 模块（需单独购买），用于 WiFi 网络通信程序开发。
- 【4-6】仿真器接口，可连接 ST-LINK 或 JLINK 仿真器，进行程序的下载和调试。
- 【4-7】DB9 端口选择跳线。有 2 个 DB9 接口，即公口【4-8】和母口【4-10】，都连接到 STM32F407 的 USART3，需要通过跳线选择当前连接的 DB9 端口。
- 【4-8】DB9 公口端子，需设置跳线与【4-9】的输出端连接。
- 【4-9】RS232 电平转换芯片 SP3232，用于 STM32F407 的 USART3 接口逻辑电平与 RS232 电平之间的转换。SP3232 的 RS232 电平一侧接【4-8】或【4-10】。
- 【4-10】DB9 母口端子，需设置跳线与【4-9】的输出端连接。

2.2.2　开发板基本电路

在编写本书的过程中，我们根据开发板提供的电路图，用软件 KiCad 重新绘制了电路原理图。KiCad 是一个开源的电路设计软件，可免费下载和使用。用 KiCad 重新绘制电路原理图，我们可以为本书提供清晰的截图，更好地帮助读者理解开发板电路。KiCad 原理图上主要器件的标号尽量做到了与开发板提供的电路图一致，但是对电阻、电容等小的器件使用了自动标号。

下面我们简单介绍开发板的几个基本电路，包括电源电路、仿真调试器接口电路、晶振电路、复位电路等。其他电路在后续各章讲到时再介绍。

1. 电源电路

开发板上的 DC-5V 直流电源接口【2-2】用于接入外部 5V 电源，图 2-10 中开关 SW6 之前的 VCC 电源来自 MicroUSB 接口【2-1】。电路板上使用一个 AMS1117-3.3 芯片将 5V 电压转换为 3.3V 稳定电压，稳压芯片输入端的+5V 电源还可以来自于 USB 接口【4-4】。所以，开关 SW6 能控制【2-1】和【2-2】的电源输入，但是不能开关控制【4-4】接入的电源。

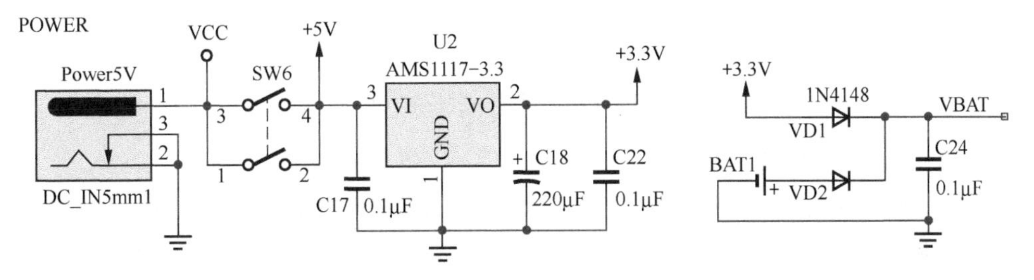

图 2-10 3.3V 稳压电路和备用电源电路

AMS1117-3.3 输出的 3.3V 电压作为 STM32F407 的数字电源、模拟电源和 ADC 参考电压，也为其他使用 3.3V 的数字器件供电。

电路板上还有一个纽扣电池作为备用电源 VBAT，这个电源接 STM32F407 的 VBAT 引脚，作为 RTC 和备份寄存器的备用电源。

2. 晶振电路

外接晶振电路如图 2-11 所示。电路板上有 HSE 晶振电路作为外部时钟源，晶振频率为 8MHz；还有一个 LSE 晶振电路作为 LSE 时钟源，晶振频率为 32.768kHz。

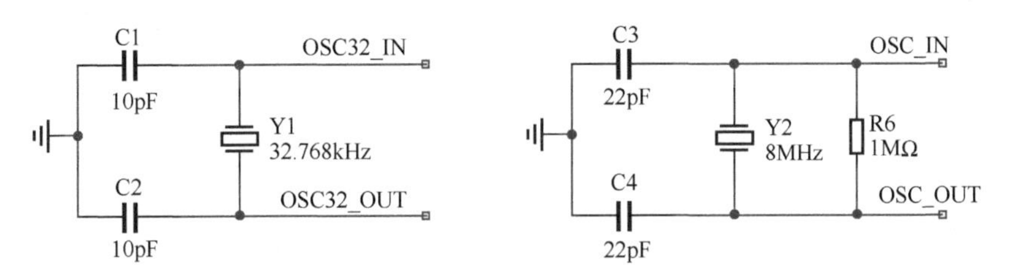

图 2-11 LSE 和 HSE 晶振电路

3. 调试、复位和 BOOT 电路

调试、复位和 BOOT 电路如图 2-12 所示。电路板上仿真器接口是一个 20 针插座【4-6】，它与 STM32F407 的 JTAG/SW 调试接口连接，可以通过软件设置为 JTAG 接口或 SW 接口。注意，尽量使用 2 线的 SW 调试接口，因为 JTAG 接口的几个引脚与 SDIO 接口和 SPI1 接口复用，使用 JTAG 接口时容易出现冲突和错误。

STM32F407 是低电平复位，按复位键【2-9】可使 STM32F407 系统复位。

STM32F407 由 BOOT0（Pin138）和 BOOT1（Pin48）两个引脚设置自举模式，一般将 BOOT1 短接 GND，将 BOOT0 短接 3.3V，选择从系统存储器启动（见表 2-1）。

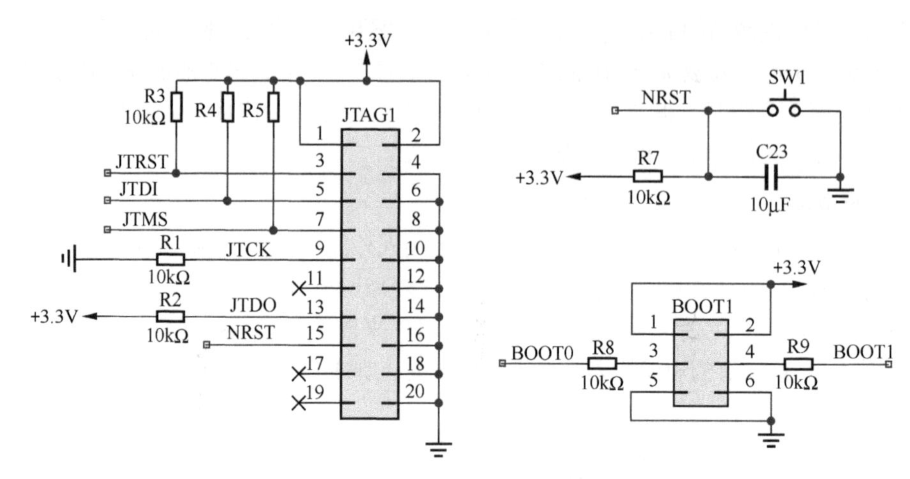

图 2-12　JTAG/SW 调试、复位和 BOOT 电路

4. STM32F407 的基本电路

STM32F407 的基本电路如图 2-13 所示，因为整个图太大，没有截取与 OSC32_IN 和 OSC32_OUT 连接的引脚部分。

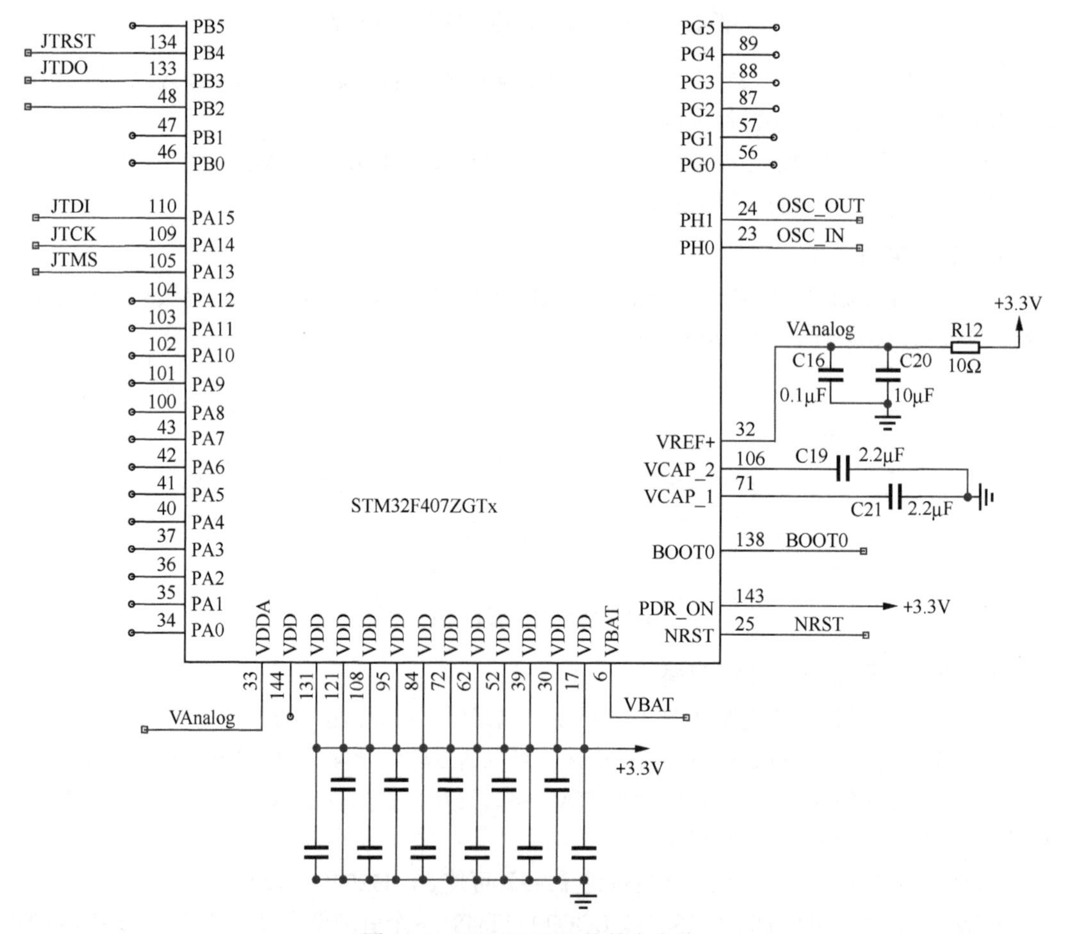

图 2-13　STM32F407 的基本电路

+3.3V 电源经过一个 10Ω的电阻后作为 ADC 的参考电压 VREF+和模拟电压 VDDA。备用电源 VBAT 连接了 Pin6 引脚，为 MCU 提供备用电源。PDR_ON 引脚接 3.3V，开启内部电源监控。

在系统复位后，MCU 在 SYSCLK 的第 4 个上升沿锁存 BOOT1 和 BOOT0 引脚的状态，以确定自举模式。BOOT0（Pin138）是专用引脚，不能用于其他用途；BOOT1（Pin48）是 GPIO 共用引脚，在复位完成 BOOT1 的状态锁存后就可以用于其他用途，所以在图 2-13 中并没有标出 BOOT1 引脚。

2.3 仿真器

要对开发板进行编程和调试，还需要有一个仿真器。仿真器需要单独购买，不在 STM32F407 开发板的套件内。常用的有 ST-LINK 仿真器、J-LINK 仿真器，且 STM32CubeIDE 和 TrueSTUDIO 只支持这两种仿真器。

本书示例程序开发中使用的是 ST-LINK V2 仿真器，ST-LINK 仿真器支持 JTAG 和 SW 接口。在开发板上有一个 20 针的仿真器插座【4-6】，仿真器通过 USB 线连接计算机的 USB 口，通过 20 针的排线连接到开发板上的仿真器插座。开发板连接电源后，通过 ST-LINK 仿真器与计算机连接，如图 2-14 所示。

图 2-14　开发板与仿真器、计算机的连接

ST-LINK 仿真器需要安装驱动程序，此驱动程序可以从 ST 官网下载。安装程序分 32 位平台和 64 位平台版本，根据自己计算机操作系统选择执行合适的安装程序。在安装程序运行过程中，用户会看到界面上出现了多个图 2-15 所示的提示安装设备软件的对话框，此时单击“安装”按钮即可。

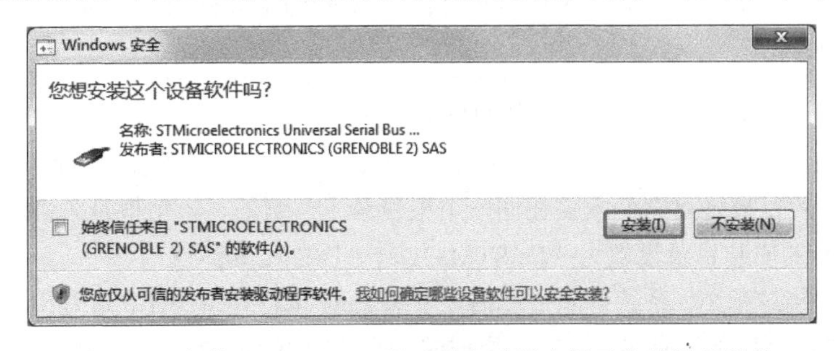

图 2-15　安装 ST-LINK V2 驱动程序过程中提示安装设备软件

第3章 STM32CubeMX的使用

STM32CubeMX是STM32Cube开发方式中不可或缺的一个软件。本章介绍STM32CubeMX的安装、配置和基本使用，并根据STM32F407开发板的电路创建一个示例项目，进行最小系统的配置，根据开发板上LED的电路进行GPIO的配置，生成STM32CubeIDE项目代码。

3.1 安装STM32CubeMX

从ST公司官网可下载STM32CubeMX软件最新版本的安装包，本书使用的最后锁定版本是5.6.0。安装包解压后，运行其中的安装程序，按照安装向导的提示进行安装。安装过程中会出现图3-1所示的界面，需要勾选第一个复选框后才可以继续安装。第二个复选框不用勾选。

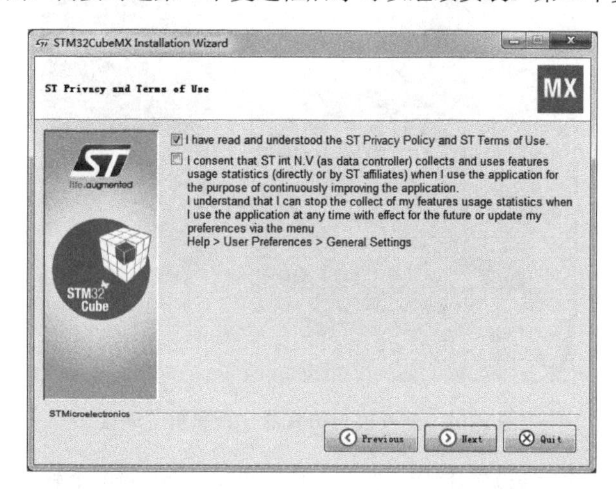

图3-1 需要同意ST的隐私政策和使用条款才可以继续安装

从本章开始，我们将STM32CubeMX简称为CubeMX，将STM32CubeIDE简称为CubeIDE。

在安装过程中，用户要设置软件安装的目录。安装目录不能带有汉字、空格和非下划线的符号，因为CubeMX对中文的支持不太好。STM32Cube开发方式还需要安装器件的MCU固件包和CubeIDE软件，所以最好将它们安装在同一个根目录下，例如，一个根目录“D:\STM32Dev\”，然后将CubeMX的安装目录设置为“D:\STM32Dev\STM32CubeMX”。

CubeMX安装过程中，系统可能提示需要安装Java运行环境JRE，这是因为CubeMX需要用到JRE。如果计算机上没有JRE，就需要安装一个64位版本的JRE，安装完JRE之后才可以继续安装CubeMX。

3.2 安装 MCU 固件包

3.2.1 软件库文件夹设置

在安装完 CubeMX 后，若要进行后续的各种操作，必须在 CubeMX 中设置一个软件库文件夹（Repository Folder），在 CubeMX 中安装 MCU 固件包和 STM32Cube 扩展包时都安装到此目录下。

双击桌面上的 STM32CubeMX 图标运行该软件，软件启动后的界面如图 3-2 所示。

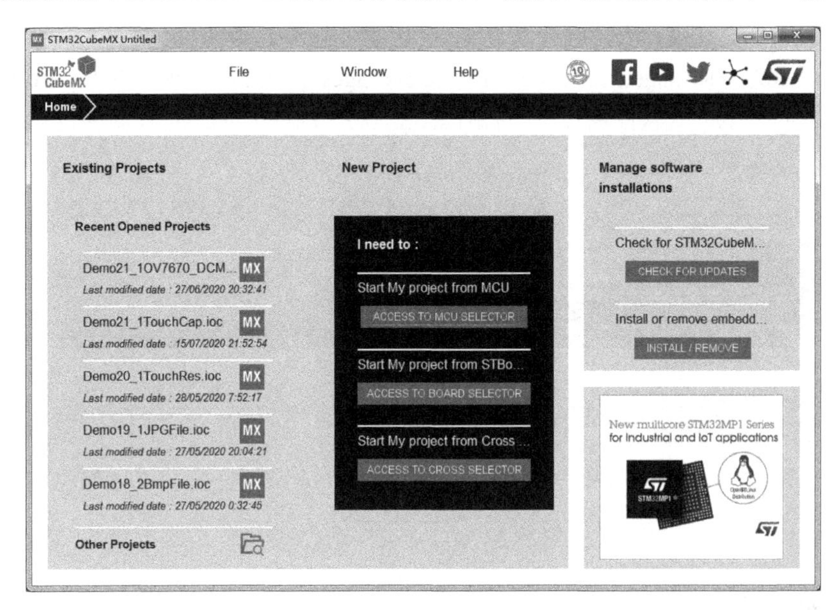

图 3-2　软件启动后的界面

在图 3-2 界面的最上方有 3 个主菜单项，单击菜单项 Help→Updater Settings，会出现图 3-3 所示的对话框。首次启动 CubeMX 后，立刻单击这个菜单项可能提示软件更新已经在后台运行，需要稍微等待一段时间后再单击此菜单项。

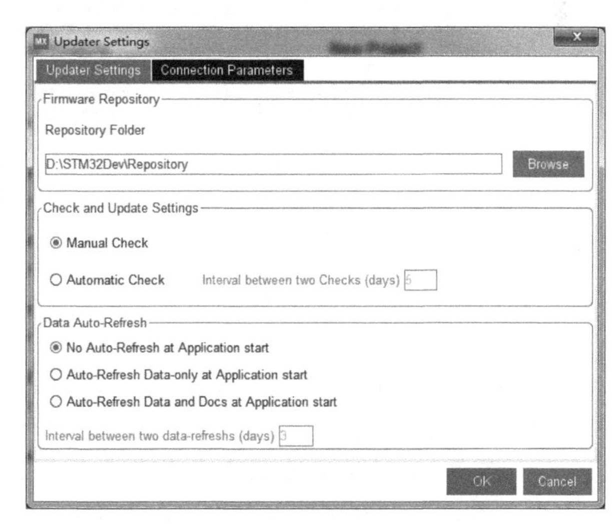

图 3-3　Updater Settings 对话框

在图 3-3 中，Repository Folder 就是需要设置的软件库文件夹，所有 MCU 固件包和扩展包要安装到此目录下。这个文件夹一经设置并且安装了一个固件包之后就不能再更改。不要使用默认的软件库文件夹，因为默认的是用户工作目录下的文件夹，可能带有汉字或空格，安装后会导致使用出错。设置软件库文件夹为“D:\STM32Dev\Repository”，与 CubeMX 软件在同一个根目录下，以便查看。

图 3-3 界面上的 Check and Update Settings 单选框用于设置 CubeMX 软件的更新方式，Data

Auto-Refresh 单选框用于设置在 CubeMX 启动时是否自动刷新已安装软件库的数据和文档。为了加快软件启动速度，我们可以将其设置为 Manual Check（手动检查更新软件）和 No Auto-Refresh at Application start（不在 CubeMX 启动时自动刷新）。CubeMX 启动后，用户可以通过相应的菜单项来检查 CubeMX 软件，更新或刷新数据。

图 3-3 所示的对话框还有一个 Connection Parameters 页面，用于设置网络连接参数。如果没有网络代理，就直接选择 No Proxy（无代理）即可；如果有网络代理，就设置自己的网络代理参数。

3.2.2　管理嵌入式软件包

设置了软件库文件夹，我们就可以安装 MCU 固件包和扩展包了。在图 3-2 所示的界面上，单击主菜单项 Help→Manage embedded software packages，出现图 3-4 所示的 Embedded Software Packages Manager（嵌入式软件包管理）对话框。这里将 STM32Cube MCU 固件包和 STM32Cube 扩展包统称为嵌入式软件包。

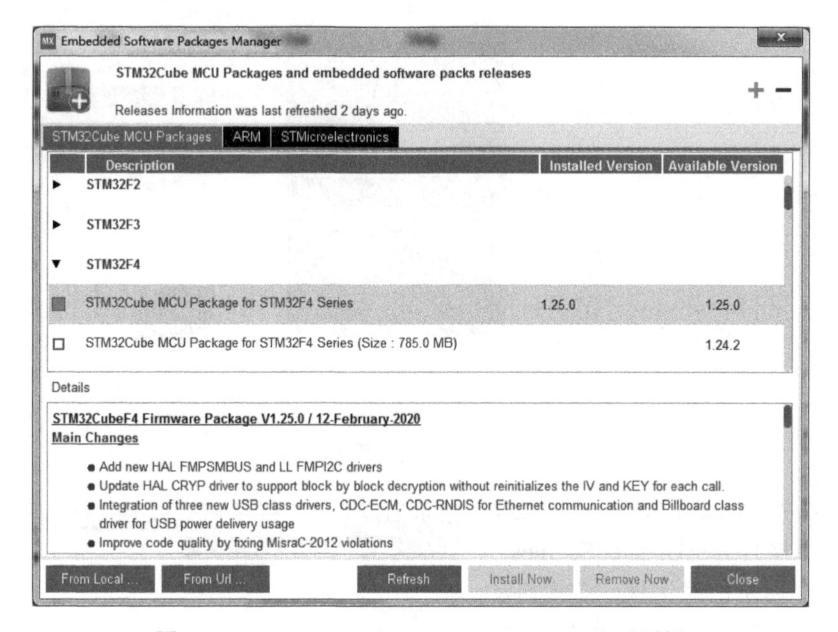

图 3-4　Embedded Software Packages Manager 对话框

图 3-4 所示的界面有 3 个页面，STM32Cube MCU Packages 页面管理 STM32 所有系列 MCU 的固件包。每个系列对应一个节点，节点展开后是这个系列 MCU 不同版本的固件包。固件包经常更新，在 CubeMX 里最好只保留一个最新版本的固件包。如果在 CubeMX 里打开一个用旧的固件包设计的项目，会有对话框提示将项目迁移到新的固件包版本，一般都能成功自动迁移。

在图 3-4 界面的下方有几个按钮，它们可用于完成不同的操作功能。

- From Local 按钮，从本地文件安装 MCU 固件包。如果从 ST 官网下载了固件包的压缩文件，如 en.stm32cubef4_v1-25-0.zip 是 1.25.0 版本的 STM32CubeF4 固件包压缩文件，那么单击 From Local 按钮后，选择这个压缩文件（无须解压），就可以安装这个固件包。但是要注意，这个压缩文件不能放置在软件库根目录下。
- From Url 按钮，需要输入一个 URL 网址，从指定网站上下载并安装固件包。一般不使用这种方式，因为不知道 URL。

- Refresh 按钮，刷新目录树，以显示是否有新版本的固件包。应该偶尔刷新一下，以保持更新到最新版本。
- Install Now 按钮，在目录树里勾选一个版本的固件包，如果这个版本的固件包还没有安装，这个按钮就可用。单击这个按钮，将自动从 ST 官网下载相应版本的固件包并安装。
- Remove Now 按钮，在目录树里选择一个版本的固件包，如果已经安装了这个版本的固件包，这个按钮就可用。单击这个按钮，将删除这个版本的固件包。

本书示例都是基于 STM32F407ZG 开发的，所以需要安装 STM32CubeF4 固件包。在图 3-4 的界面上选择最新版本的 STM32Cube MCU Package for STM32F4 Series，然后单击 Install Now 按钮，将会联网自动下载和安装 STM32CubeF4 固件包。固件包自动安装到所设置的软件库目录下，并自动建立一个子目录。将固件包安装后目录下的所有程序称为固件库，例如，1.25.0 版本的 STM32CubeF4 固件包安装后的固件库目录如下：

```
D:\STM32Dev\Repository\STM32Cube_FW_F4_V1.25.0
```

在图 3-4 的窗口上还有两个页面。ARM 页面上是 ARM 公司提供的 CMSIS 包，如图 3-5 所示。这个 CMSIS 包是 ARM 发布的面向所有 Cortex 内核的编程接口库，如果安装了这个 5.6.0 版本的 CMSIS 包，会在软件库文件夹下建立 CMSIS 库的文件夹，安装后 CMSIS 库的目录如下：

```
D:\STM32Dev\Repository\Packs\ARM\CMSIS\5.6.0
```

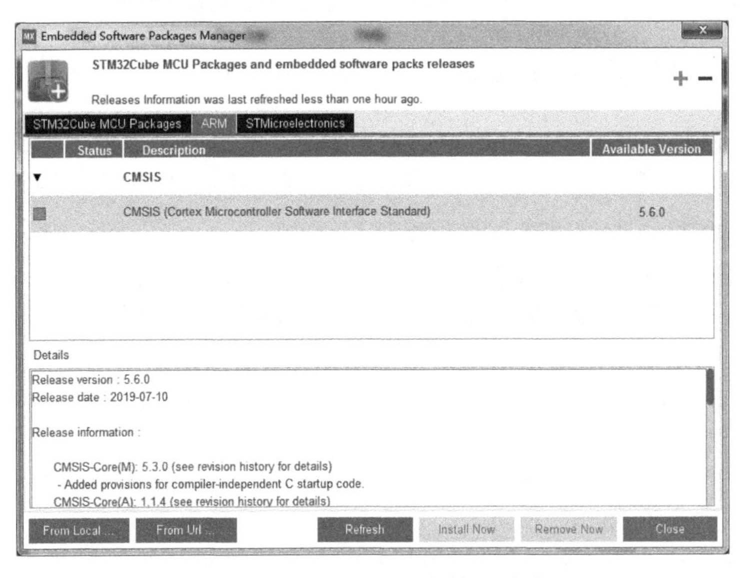

图 3-5 ARM CMSIS 包管理页面

在 MCU 固件库里就有 CMSIS 库，只是版本可能没有单独安装的 CMSIS 库的版本新，例如，1.25.0 版本 STM32CubeF4 固件库里的 CMSIS 版本是 5.0.8。在 CubeMX 里，生成代码时使用的是 MCU 固件库里的 CMSIS，而不是单独安装的这个 CMSIS 库。所以这个单独的 CMSIS 库一般不需要安装，如果需要用最新版本的 CMSIS 文件替换 CubeMX 自动生成项目里面的 CMSIS 相关文件，需要自己手动替换相关文件。

STMicroelectronics 页面的管理内容如图 3-6 所示，这个页面是 ST 公司提供的一些 STM32Cube 扩展包，包括人工智能库 X-CUBE-AI、图形用户界面库 X-CUBE-TOUCHGFX 等，以及一些芯片的驱动程序，如 MEMS、BLE、NFC 芯片的驱动库。用户可以根据设计需要安装相应的扩展包，例如，安装 4.13.0 版本的 TouchGFX 后，TouchGFX 库保存在如下的目录之下：

```
D:\STM32Dev\Repository\Packs\STMicroelectronics\X-CUBE-TOUCHGFX\4.13.0
```

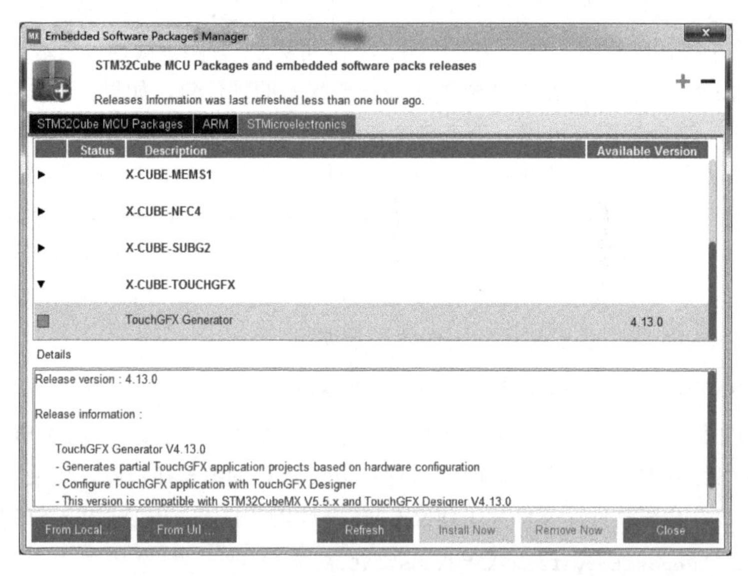

图 3-6　STMicroelectronics 嵌入式软件包管理页面

3.2.3　MCU 固件库文件组成

安装某个 STM32 系列 MCU 的固件包后，CubeMX 会在软件库目录下建立一个子目录存放 MCU 固件库的所有文件，例如，1.25.0 版本的 STM32CubeF4 固件库的目录如下：

```
D:\STM32Dev\Repository\STM32Cube_FW_F4_V1.25.0
```

这个目录下的子目录构成如图 3-7 所示。每个系列的 MCU 固件库的目录和文件组成基本相似，STM32F4 MCU 固件库包括如下的一些内容。

（1）STM32F4 系列 MCU 的驱动程序，在\Drivers 子目录下。驱动程序包括几个部分。

- 板级支持包（Board Support Package，BSP）驱动，包括 ST 官方评估板的 BSP 驱动。
- CMSIS 驱动，CMSIS 标准的一些定义文件，包括 Cortex-M 内核定义、具体的 MCU 寄存器、中断地址等核心定义、DSP 相关定义、RTOS 相关定义等。
- STM32F4xx 的 HAL/LL 驱动程序，MCU 上各种系统功能和外设的 HAL/LL 驱动程序，每一种外设的驱动程序由一个.h/.c 文件对组成，分别存放在\Inc 和\Src 目录下，如 ADC 的 HAL 驱动程序文件是 stm32f4xx_hal_adc.h 和 stm32f4xx_hal_adc.c。

（2）中间件，在\Middlewares 子目录下，包括 ST 提供的中间件和第三方中间件。

ST 提供的中间件有以下几种。

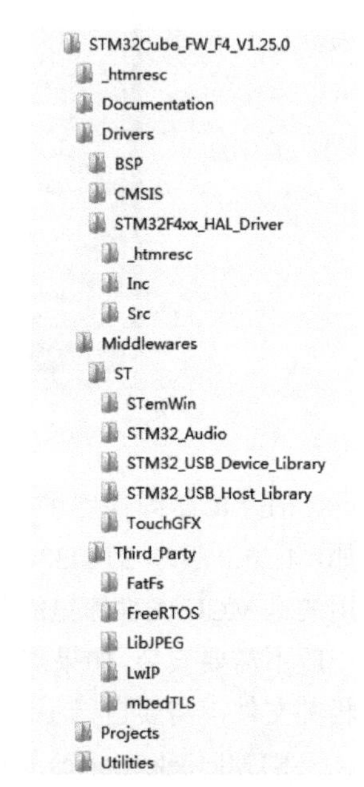

图 3-7　STM32F4 系列 MCU 固件库的目录组成

- STemWin，用于 GUI 设计的一个库，是比较老式的 GUI 库。
- STM32_Audio，用于音频采集和播放的库。
- STM32_USB_Device_Library，USB 设备的驱动程序库。
- STM32_USB_Host_Library，USB 主机的驱动程序库。
- TouchGFX，另一个设计 GUI 界面的库，可以设计类似于手机 App 的 GUI。

第三方中间件是一些应用非常广泛且性能稳定的中间件，有以下几种。

- FatFs，一个管理 FAT 文件系统的库，可在 SD 卡、U 盘、Flash 芯片等存储介质上创建 FAT 文件系统，以文件形式管理数据。
- FreeRTOS，一个嵌入式实时操作系统。
- LibJPEG，一个处理 JPG 图片的库，可以解压 JPG 图片，或将图像压缩为 JPG 图片。
- LwIP，是一个轻量级的 TCP/IP 协议库。
- mbedTLS，实现了 TLS（安全传输层）和 SSL（安全套接层）协议，进行加密的程序库。

这些驱动程序和中间件基本都是以源程序方式提供的，用户可以在 CubeMX 中进行图形化设置，生成初始化配置代码，然后在 CubeIDE 里从源代码级别编译。

（3）示例项目，在\Projects 子目录下有丰富的示例项目。针对每种评估板有一个目录，又有针对不同外设的示例。

（4）实用工具，在\Utilities 目录下，包括一些字体文件、示例图片等。

MCU 固件库的文件很多，从固件库手动复制必要的文件组成一个项目是比较复杂的，使用标准库进行开发时就是这么做的。但是在 STM32Cube 开发方式下，我们可以用 CubeMX 对 MCU 和中间件进行图形化配置，自动生成外设初始化代码和 CubeIDE 项目框架。自动生成的 CubeIDE 项目包含了必要的驱动程序文件，并且以统一而清晰的方式组织这些源文件，用户只需在初始代码的基础上专注于实现用户功能，这就是 STM32Cube 开发方式高效的原因。

3.3 软件功能和基本使用

在设置了软件库文件夹并安装了 STM32CubeF4 固件包之后，我们就可以开始用 CubeMX 创建项目并进行操作了。在开始针对开发板开发实际项目之前，我们需要先熟悉 CubeMX 的一些界面功能和操作。

3.3.1 软件界面

1. 初始主界面

启动 CubeMX 之后的初始界面如图 3-2 所示。CubeMX 从 5.0 版本开始使用了一种比较新颖的用户界面，与一般的 Windows 应用软件界面不太相同，也与 4.x 版本的 CubeMX 界面相差很大。还要注意，CubeMX 从 5.2.0 版本开始才支持 CubeIDE。

图 3-2 的界面主要分为 3 个功能区，分别描述如下。

（1）主菜单栏。窗口最上方是主菜单栏，有 3 个主菜单项，分别是 File、Window 和 Help。这 3 个菜单项有下拉菜单，可供用户通过下拉菜单项进行一些操作。主菜单栏右端是一些快捷按钮，单击这些按钮就会用浏览器打开相应的网站，如 ST 社区、ST 官网等。

（2）标签导航栏。主菜单栏下方是标签导航栏。在新建或打开项目后，标签导航栏可以在 CubeMX 的 3 个主要视图之间快速切换。这 3 个视图如下。

- Home（主页）视图，即图 3-2 所示的界面。
- 新建项目视图，新建项目时显示的一个对话框，用于选择具体型号的 MCU 或开发板创建项目。
- 项目管理视图，用于对创建或打开的项目进行 MCU 图形化配置、中间件配置、项目管理等操作。

（3）工作区。窗口其他区域都是工作区。CubeMX 使用的是单文档界面，工作区会根据当前操作的内容显示不同的界面。

图 3-2 的工作区显示的是 Home 视图，Home 视图的工作区可以分为如下 3 个功能区域。

- Existing Projects 区域，显示最近打开过的项目，单击某个项目就可以打开此项目。
- New Project 区域，有 3 个按钮用于新建项目，选择 MCU 创建项目，选择开发板创建项目，或交叉选择创建项目。
- Manage software installations 区域，有两个按钮：CHECK FOR UPDATES 按钮用于检查 CubeMX 和嵌入式软件包的更新信息；INSTALL/REMOVE 按钮用于打开图 3-4 所示的对话框。

Home 视图上的这些按钮的功能都可以通过主菜单里的菜单项实现操作。

2. 主菜单功能

CubeMX 的 3 个主菜单项的下拉菜单如图 3-8 所示，软件的很多功能操作都是通过这些菜单项实现的。

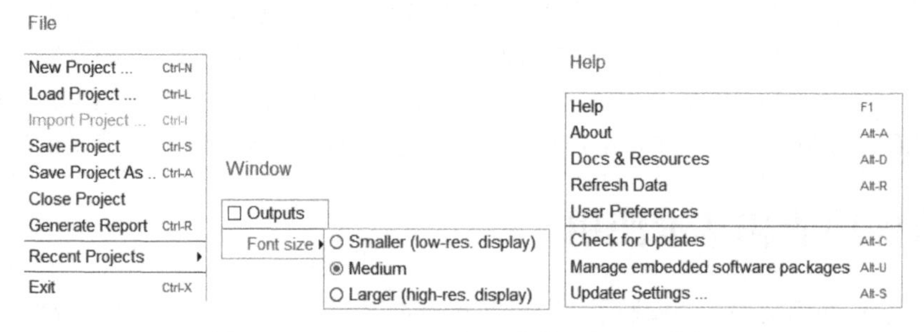

图 3-8　CubeMX 的 3 个主菜单项的下拉菜单

（1）File 菜单。该菜单主要包括如下菜单项。

- New Project（新建项目），打开选择 MCU 新建项目对话框，用于创建新的项目。CubeMX 的项目文件后缀是.ioc，一个项目只有一个文件。新建项目对话框是软件的 3 个视图之一，界面功能比较多，在后面具体介绍。
- Load Project（加载项目），通过打开文件对话框选择一个已经存在的.ioc 项目文件并载入项目。
- Import Project（导入项目），选择一个.ioc 项目文件并导入其中的 MCU 设置到当前项目。注意，只有新项目与导入项目的 MCU 型号一致且新项目没有做任何设置，才可以导入其他项目的设置。
- Save Project（保存项目），保存当前项目。如果新建的项目第一次保存，会提示选择项目名称，需要选择一个文件夹，项目会自动以最后一级文件夹的名称作为项目名称。
- Save Project As（项目另存为），将当前项目保存为另一个项目文件。
- Close Project（关闭项目），关闭当前项目。

- Generate Report（生成报告），为当前项目的设置内容生成一个 PDF 报告文件，PDF 报告文件名称与项目名称相同，并自动保存在项目文件所在的文件夹里。
- Recent Projects（最近的项目），显示最近打开过的项目列表，用于快速打开项目。
- Exit（退出），退出 CubeMX。

（2）Window 菜单。该菜单主要包括如下菜单项。

- Outputs（输出），一个复选的菜单项，被勾选时，在工作区的最下方显示一个输出子窗口，显示一些输出信息。
- Font size（字体大小）。有 3 个子菜单项，用于设置软件界面字体大小，需重启 CubeMX 后才生效。

（3）Help 菜单。该菜单主要包括如下菜单项。

- Help（帮助），显示 CubeMX 的英文版用户手册 PDF 文档，文档有 300 多页，是个很齐全的使用手册。
- About（关于），显示关于本软件的对话框。
- Docs & Resources（文档和资源），只有在打开或新建一个项目后此菜单项才有效。会打开一个图 3-9 所示的对话框，显示与项目所用 MCU 型号相关的技术文档列表，包括数据手册、参考手册、编程手册、应用笔记等。这些都是 ST 官方的资料文档，单击即可打开 PDF 文档。首次单击一个文档时会自动从 ST 官网下载文档并保存到软件库根目录下，例如，目录“D:\STM32Dev\Repository”。这避免了每次查看文档都要上 ST 官网搜索的麻烦，也便于管理。
- Refresh Data（刷新数据），会显示图 3-10 所示的 Data Refresh 对话框，用于刷新 MCU 和开发板的数据，或下载所有官方文档。

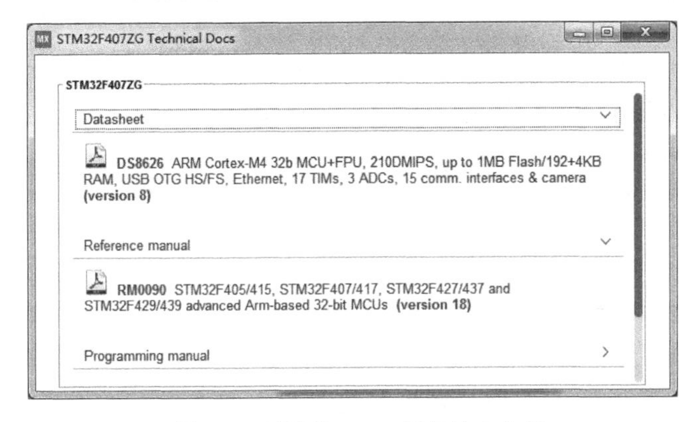

图 3-9 项目的 MCU 相关技术文档

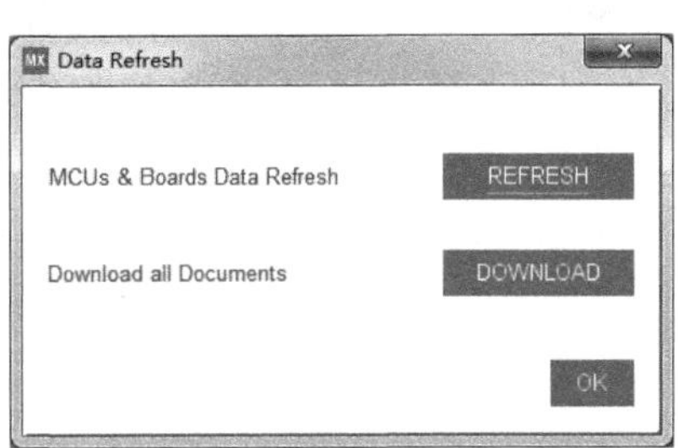

图 3-10 Data Refresh 对话框

- User Preferences（用户选项），会打开一个对话框用于设置用户选项，只有一个需要设置的选项，即是否允许软件收集用户使用习惯。
- Check for Updates（检查更新），会打开一个对话框，用于检查 CubeMX 软件、各系列 MCU 固件包、STM32Cube 扩展包是否有新版本需要更新。
- Manage embedded software packages（管理嵌入式软件包），会打开图 3-4 所示的对话框，对嵌入式软件包进行管理。
- Updater Settings（更新设置），会打开图 3-3 所示的对话框，用于设置软件库文件夹，设置软件检查更新方式和数据刷新方式。

3.3.2　新建项目

1. 选择 MCU 创建项目

单击主菜单项 File→New Project，或 Home 视图上的 ACCESS TO MCU SELECTOR 按钮，都可以打开图 3-11 所示的 New Project from a MCU/MPU 对话框。该对话框用于新建项目，是 CubeMX 的 3 个主要视图之一，用于选择 MCU 或开发板以新建项目。

CubeMX 界面上一些地方使用了“MCU/MPU”，是为了表示 STM32 系列 MCU 和 MPU。因为 STM32MP 系列推出较晚，型号较少，STM32 系列一般就是指 MCU。除非特殊说明或为与界面上的表示一致，为了表达的简洁，本书后面一般用 MCU 统一表示 MCU 和 MPU。

New Project from a MCU/MPU 对话框有 3 个页面，MCU/MPU Selector 页面用于选择具体型号的 MCU 创建项目；Board Selector 页面用于选择一个开发板创建项目；Cross Selector 页面用于对比某个 STM32 MCU 或其他厂家的 MCU，选择一个合适的 STM32 MCU 创建项目。图 3-11 所示的是 MCU/MPU Selector 页面，用于选择 MCU。

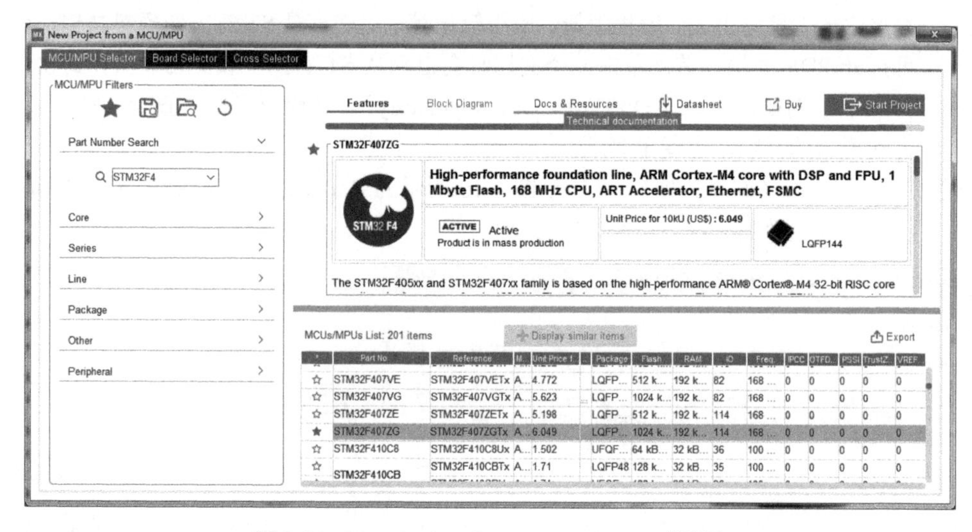

图 3-11　New Project from a MCU/MPU 对话框

图 3-11 的界面有如下几个功能区域。

（1）MCU/MPU Filters 区域，用于设置筛选条件，缩小 MCU 的选择范围。有一个局部工具栏，一个型号搜索框，以及各组筛选条件，如 Core、Series、Package 等，单击某个条件可以展开其选项。

（2）MCUs/MPUs List 区域，通过筛选或搜索的 MCU 列表，列出了器件的具体型号、封装、Flash、RAM 等参数。在这个区域可以进行如下的一些操作。

- 单击列表项左端的星星图标，可以收藏条目（★）或取消收藏（☆）。
- 单击列表上方的 Display similar items 按钮，可以将相似的 MCU 添加到列表中显示，然后按钮切换标题为 Hide similar items，再单击就隐藏相似条目。
- 单击右端的 Export 按钮，可以将列表内容导出为一个 Excel 文件。
- 在列表上双击一个条目时就以所选的 MCU 新建一个项目，关闭此对话框进入项目管理视图。

- 在列表上单击一个条目时，将在其上方的资料区域里显示该 MCU 的资料。

（3）MCU 资料显示区域，在 MCU 列表里单击一个条目时，就在此区域显示这个具体型号 MCU 的资料，有多个页面和按钮操作。

- Features 页面，显示选中型号 MCU 的基本特性参数，页面左侧的星星图标表示是否收藏此 MCU。
- Block Diagram 页面，会显示 MCU 的功能模块图，如果是第一次显示某 MCU 的模块图，会自动从网上下载模块图片并保存到软件库根目录下。
- Docs & Resources 页面，这个页面显示 MCU 相关的文档和资源列表，包括数据手册、参考手册、编程手册、应用笔记等。单击某个文档时，如果没有下载，就会自动下载并保存到软件库根目录下；如果已经下载，就会用 PDF 阅读器打开文档。
- Datasheet 按钮，如果数据手册未下载，会自动下载数据手册然后显示，否则会用 PDF 阅读器打开数据手册。数据手册自动保存在软件库根目录下。
- Buy 按钮，用浏览器打开 ST 网站上的购买页面。
- Start Project 按钮，用选择的 MCU 创建项目。

图 3-11 左侧的 MCU/MPU Filters 框内是用于 MCU 筛选的一些功能操作，上方有一个工具栏，有 4 个按钮。

- Show favorites 按钮，显示收藏的 MCU 列表。单击 MCU 列表条目前面的星星图标，可以收藏或取消收藏某个 MCU。
- Save Search 按钮，保存当前搜索条件为某个搜索名称。在设置了某种筛选条件后可以保存为一个搜索名称，然后在单击 Load Searches 按钮时选择此搜索名称，就可以快速使用以前用过的搜索条件。
- Load Searches 按钮，会显示一个弹出菜单，列出所有保存的搜索名称，单击某一项就可以快速载入以前设置的搜索条件。
- Reset all filters 按钮，复位所有筛选条件。

在此工具栏的下方有一个 Part Number Search 编辑框，用于设置器件型号进行搜索。我们可以在文本框里输入 MCU 的型号，例如 STM32F407，就会在 MCU 列表里看到所有 STM32F407xx 型号的 MCU。

MCU 的筛选主要通过下方的几组条件进行设置。

- Core（内核），筛选内核，选项中列出了 STM32 支持的所有 Cortex 内核，如图 3-12 所示。

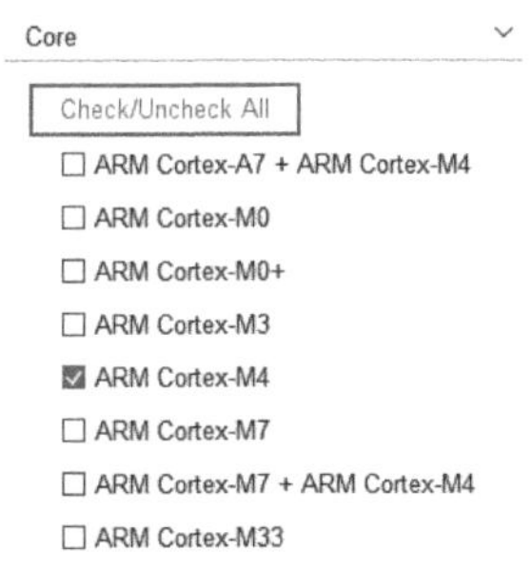

图 3-12 选择 Cortex 内核

- Series（系列），选择内核后会自动更新可选的 STM32 系列列表，图 3-13 只显示了列表的一部分。
- Line（产品线），选择某个 STM32 系列后会自动更新产品线列表中的可选范围。例如，选择了 STM32F4 系列之后，产品线列表中只有 STM32F4xx 的器件可选。图 3-14 是产品线列表的一部分。
- Package（封装），根据封装选择器件。用户可以根据已设置的其他条件缩小封装的选择范围。图 3-15 是封装列表的一部分。
- Other（其他），还可以设置价格、IO 引脚数、Flash 大小、RAM 大小、主频等筛选条件。

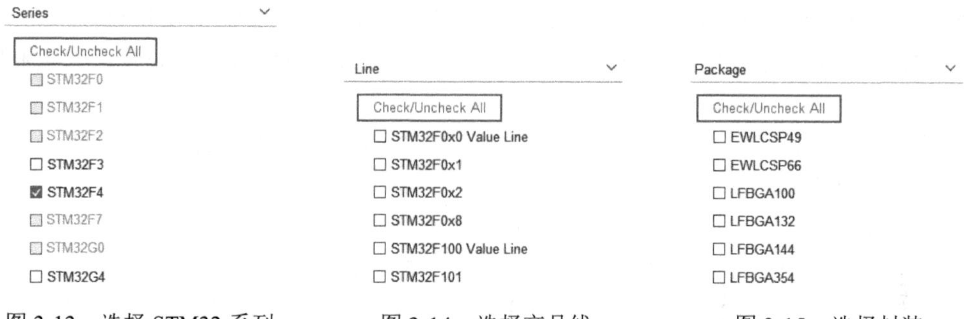

图 3-13　选择 STM32 系列　　　图 3-14　选择产品线　　　图 3-15　选择封装

- Peripheral（外设），根据支持的外设进行筛选，如图 3-16 所示。软件会自动检测设置冲突，缩小选择范围。例如，在图 3-16 中，选择 Ethernet 和 FSMC 之后，很多其他外设前面的图标就会变为⊘，表示没有 MCU 在满足 Ethernet 和 FSMC 之后再具有这种外设。

MCU 筛选的操作非常灵活，并不需要按照条件顺序依次设置，可以根据自己的需要进行设置。例如，如果已知 MCU 的具体型号，可以直接在器件型号搜索框里输入型号；如果是根据外设选择 MCU，可以直接在外设里进行设置后筛选，如果得到的 MCU 型号比较多，再根据封装、Flash 容量等进一步筛选。设置好的筛选条件可以保存为一个搜索名，通过 Load Searches 按钮选择保存的搜索名，可以重复执行搜索。

2. 选择开发板新建项目

用户还可以在 New Project from a MCU/MPU 窗口里选择开发板新建项目，其界面如图 3-17 所示。CubeMX 目前仅支持 ST 官方的开发板。图 3-17 的界面和操作与图 3-11 类似，这里就不再详细介绍了。

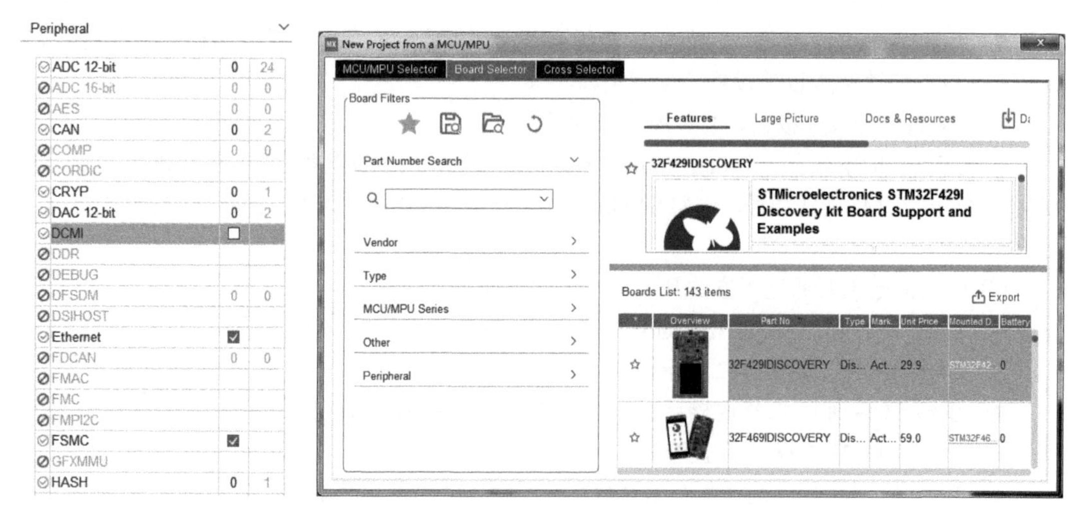

图 3-16　根据支持的外设进行筛选　　　图 3-17　选择开发板新建项目

3. 交叉选择 MCU 新建项目

New Project from a MCU/MPU 对话框的第三个页面是 Cross Selector，用于交叉选择 MCU 新建项目，界面如图 3-18 所示。

交叉选择就是针对其他厂家的一个 MCU 或一个 STM32 具体型号的 MCU，选择一个性能和外设资源相似的 MCU。交叉选择对于在一个已有设计基础上选择新的 MCU 重新设计非常有用，例如，原有一个设计用的是 TI 的 MSP430 5529 单片机，需要换用 STM32 MCU 重新设计，就可以通过交叉选择找到一个性能、功耗、外设资源相似的 STM32 MCU。再如，一个原有的设计是用 STM32F107 做的，但是发现 STM32F107 的 SRAM 和处理速度不够，需要选择一个性能更高，而引脚和 STM32F107 完全兼容的 STM32 MCU，就可以使用交叉选择。

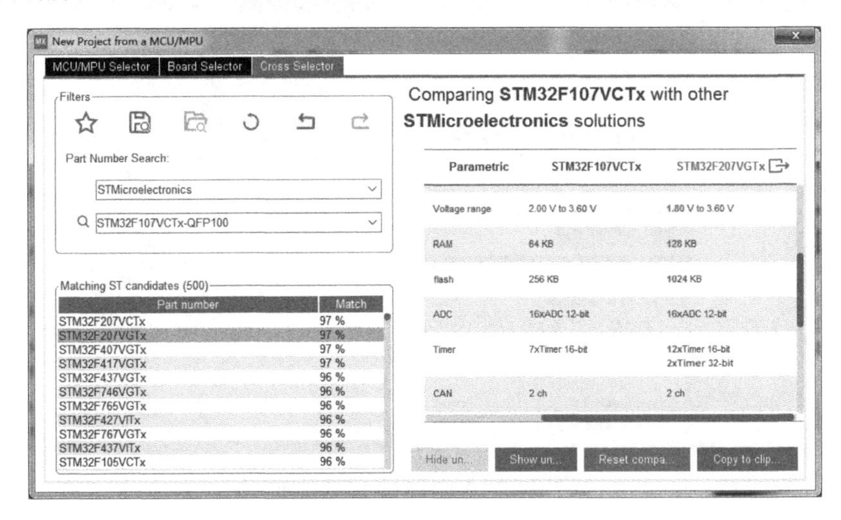

图 3-18 交叉选择 MCU 新建项目

在图 3-18 中，左上方的 Part Number Search 部分用于选择原有 MCU 的厂家和型号，厂家有 NXP、Microchip、ST、TI 等，选择厂家后会在第二个下拉列表框中列出厂家的 MCU 型号。选择厂家和 MCU 型号后，会在下方的 Matching ST candidates（500）框中显示可选的 STM32 MCU，并且有一个匹配百分比表示了匹配程度。

在候选 STM32 MCU 列表上可以选择一个或多个 MCU，然后在右边的区域会显示原来的 MCU 与候选 STM32 MCU 的具体参数的对比。通过这样的对比，用户可以快速地找到能替换原来 MCU 的 STM32 MCU。图 3-18 界面上的一些按钮的功能操作就不具体介绍了，请读者自行尝试使用。

3.3.3 MCU 图形化配置界面总览

选择一个 MCU 创建项目后，界面上显示的是项目操作视图。因为本书所用开发板上的 MCU 型号是 STM32F407ZGT6，所以选择 STM32F407ZG 新建一个项目进行操作。这个项目只是用于熟悉 CubeMX 软件的基本操作，并不需要下载到开发板上，所以可以随意操作。读者选择其他型号的 MCU 创建项目也是可以的。

新建项目后的工作界面如图 3-19 所示，界面主要由主菜单栏、标签导航栏和工作区三部分组成。

窗口最上方的主菜单栏一直保持不变，标签导航栏现在有 3 个层级，最后一个层级显示了当前工作界面的名称。导航栏的最右侧有一个 GENERATE CODE 按钮，用于图形化配置 MCU 后生成 C 语言代码。工作区是一个多页界面，有 4 个工作页面。

（1）Pinout & Configuration（引脚与配置）页面，这是对 MCU 的系统内核、外设、中间件和引脚进行配置的界面，是主要的工作界面。

（2）Clock Configuration（时钟配置）页面，通过图形化的时钟树对 MCU 的各个时钟信号频率进行配置的界面。

（3）Project Manager（项目管理）页面，对项目进行各种设置的界面。

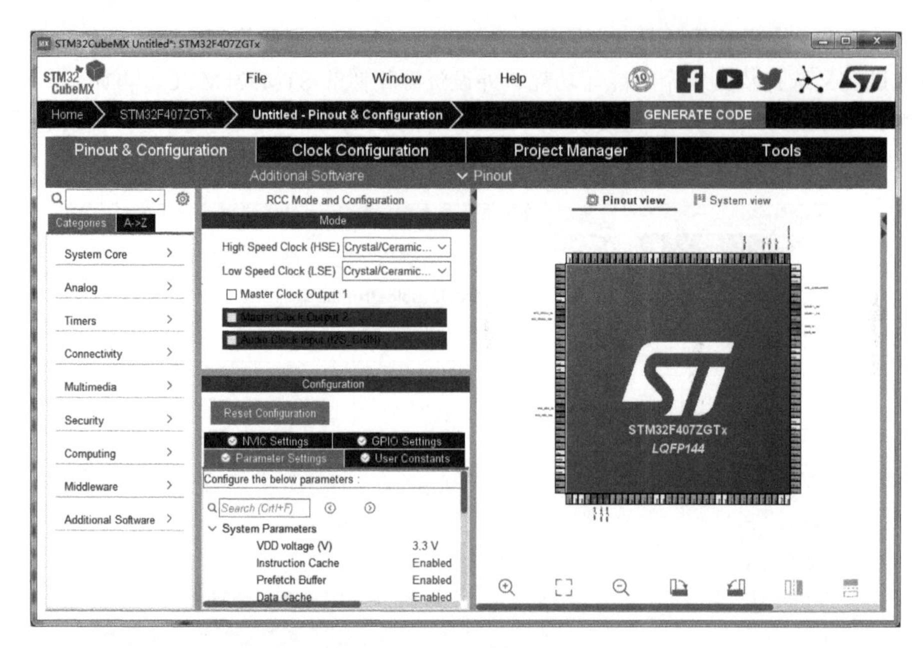

图 3-19　MCU 引脚配置界面

（4）Tools（工具）页面，进行功耗计算、DDR SDRAM 适用性分析（仅用于 STM32MP1 系列）的操作界面。

3.3.4　MCU 配置

引脚与配置界面是 MCU 图形化配置的主要工作界面，如图 3-19 所示。这个界面包括 Component List（组件列表）、Mode & Configuration（模式与配置）、Pinout view（引脚视图）、System view（系统视图）和一个工具栏。

1. 组件列表

位于工作区左侧的是 MCU 可以配置的系统内核、外设和中间件列表，每一项称为一个组件（Component）。组件列表有两种显示方式：分组显示和按字母顺序显示。单击界面上的 Categories 或 A->Z 页标签就可以在这两种显示方式之间切换。

在列表上方的搜索框内输入文字，按回车键就可以根据输入的文字快速定位某个组件，例如，搜索“RTC”。搜索框右侧的一个图标按钮有两个弹出菜单项，分别是 Expand All 和 Collapse All，在分组显示时可以展开全部分组或收起全部分组。

在分组显示状态下，主要有如下的一些分组（每个分组的具体条目与 MCU 型号有关，这里选择的 MCU 是 STM32F407ZG）。

- System Core（系统内核），有 DMA、GPIO、IWDG、NVIC、RCC、SYS 和 WWDG。
- Analog（模拟），片上的 ADC 和 DAC。
- Timers（定时器），包括 RTC 和所有定时器。
- Connectivity（通信连接），各种外设接口，包括 CAN、ETH、FSMC、I2C、SDIO、SPI、UART、USART、USB_OTG_FS、USB_OTG_HS 等接口。
- Multimedia（多媒体），各种多媒体接口，包括数字摄像头接口 DCMI 和数字音频接口 I2S。
- Security（安全），只有一个 RNG（随机数发生器）。

- Computing（计算），计算相关的资源，只有一个 CRC（循环冗余校验）。
- Middleware（中间件），MCU 固件库里的各种中间件，主要有 FatFS、FreeRTOS、LibJPEG、LwIP、PDM2PCM、USB_Device、USB_Host 等。
- Additional Software（其他软件），组件列表里默认是没有这个分组的。如果在嵌入式软件管理窗口里安装了 STM32Cube 扩展包，例如在 3.2.2 节演示安装了 TouchGFX，那么就可以通过图 3-19 中 Pinout & Configuration 页标签下菜单栏上的 Additional Software 按钮打开一个对话框，将 TouchGFX 安装到组件面板的 Additional Software 分组里。

当鼠标指针在组件列表的某个组件上面停留时，界面中显示的是这个组件的上下文帮助（Contextual help），如图 3-20 所示。上下文帮助显示了组件的简单信息，如果需要知道更详细信息，可以单击上下文帮助里的 details and documentation（细节和文档），显示其数据手册、参考手册、应用笔记等文档的连接。单击就可以下载并显示 PDF 文档，而且会自动定位文档中的相应页面。

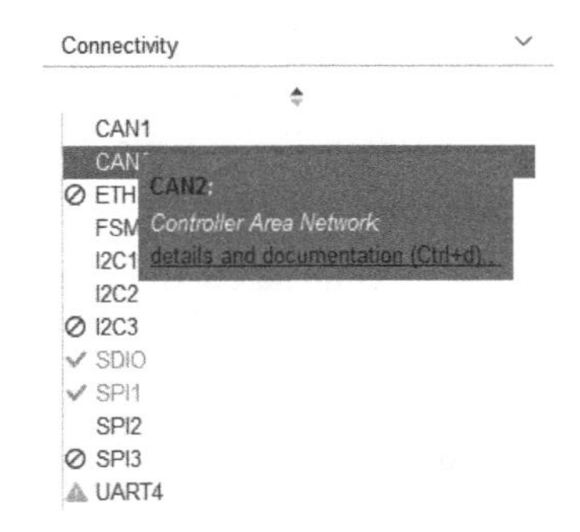

图 3-20　组件的上下文帮助功能和可用标记

在初始状态下，组件列表的各个项前面没有任何图标，在对 MCU 的各个组件做一些设置后，组件列表的各个项前面会出现一些图标（见图 3-20），表示组件的可用性信息。因为 MCU 的引脚基本都有复用功能，设置某个组件可用后，其他一些组件可能就不能使用了。这些图标的意义如表 3-1 所示。

表 3-1　组件列表条目前图标的意义

图标示例	意义
CAN1	组件前面没有任何图标，黑色字体，表示这个组件还没有被配置，其可用引脚也没有被占用
✔ SPI1	表示这个组件的模式和参数已经配置好了
⊘ UART5	表示这个组件的可用引脚已经被其他组件占用，不能再配置这个组件了
⚠ ADC2	表示这个组件的某些可用引脚或资源被其他组件占用，不能完全随意配置，但还是可以配置的。例如，ADC2 有 16 个可用输入引脚，当部分引脚被占用后不能再被配置为 ADC2 的输入引脚，就会显示这样的图标
USB_HOST	灰色字体，表示这个组件因为一些限制不能使用。例如，要使用中间件 USB_HOST，需要启用 USB_OTG 接口并配置为 Host 后，才可以使用中间件 USB_HOST

2. 组件的模式和配置

在图 3-19 的组件列表中单击一个组件后，就会在其右侧显示模式与配置（Mode and Configuration）界面。这个界面分为上下两个部分，上方是模式设置界面，下方是参数配置界面，这两个界面的显示内容与选择的具体组件有关。

例如，图 3-19 显示的是 System Core 分组里 RCC 组件的模式和配置界面。RCC 用于设置 MCU 的两个外部时钟源，模式选择界面上高速外部（High Speed External，HSE）时钟源的下拉列表框有如下 3 个选项。

- Disable，禁用外部时钟源。
- BYPASS Clock Source，使用外部有源时钟信号源。
- Crystal/Ceramic Resonator，使用外部晶体振荡器作为时钟源。

当 HSE 的模式选择为 Disable 时，MCU 使用内部高速 RC 振荡器产生的 16MHz 信号作为时钟源。其他的两项要根据实际的电路进行选择。例如，普中 STM32F407 开发板上使用了 8MHz 的无源晶体振荡电路产生 HSE 时钟信号，就可以选择 Crystal/Ceramic Resonator。

低速外部（Low Speed External，LSE）时钟可用作 RTC 的时钟源，其下拉列表框的选项与 HSE 的相同。若 LSE 模式设置为 Disable，RTC 就使用内部低速 RC 振荡器产生的 32kHz 时钟信号。开发板上有外接的 32.768kHz 晶体振荡电路，所以可以将 LSE 设置为 Crystal/Ceramic Resonator。如果设计中不需要使用 RTC，不需要提供 LSE 时钟，就可以将 LSE 设置为 Disable。

在模式设置界面中，当某些设置不能使用时其底色会显示为紫红色，如图 3-19 中的 Master Clock Output 2 复选框，这是因为这个功能用到的引脚 PC9 被其他功能占用了。

下半部分的 Configuration 界面用于对组件的一些参数进行配置，分为多个页面，且页面内容与选择的组件有关，一般有如下的一些页面。

- Parameter Settings（参数设置），组件的参数设置。例如，对于 USART1，参数设置包括波特率、数据位数（8 位或 9 位）、是否有奇偶校验位等。
- NVIC Settings（中断设置），能设置是否启用中断，但不能设置中断的优先级，只能显示中断优先级设置结果。中断的优先级需要在 System Core 分组的 NVIC 组件里设置。
- DMA Settings（DMA 设置），是否使用 DMA，以及 DMA 的具体设置。DMA 流的中断优先级需要到 System Core 分组的 NVIC 组件里设置。
- GPIO Settings（GPIO 设置），显示组件的 GPIO 引脚设置结果，不能在此修改 GPIO 设置。外设的 GPIO 引脚是自动设置的，GPIO 引脚的具体参数，如上拉或下拉、引脚速率等需要在 System Core 分组的 GPIO 组件里设置。
- User Constants（用户常量），用户自定义的一些常量，这些自定义常量可以在 CubeMX 中使用，生成代码时，这些自定义常量会被定义为宏，放入 main.h 文件中。

每一种组件的模式和参数设置界面都不一样，我们在后续章节介绍各种系统功能和外设时会具体介绍它们的模式和参数设置操作。

3. MCU 引脚视图

图 3-19 工作区的右侧显示了 MCU 的引脚图，在图上直观地表示了各引脚的设置情况。通过组件列表对某个组件进行模式和参数设置后，系统会自动在引脚图上标识出使用的引脚。例如，设置 RCC 组件的 HSE 使用外部晶振后，系统会自动将 Pin23 和 Pin24 引脚设置为 RCC_OSC_IN 和 RCC_OSC_OUT，这两个名称就是引脚的信号（signal）。

在 MCU 的引脚视图上，亮黄色的引脚是电源或接地引脚，黄绿色的引脚是只有一种功能的系统引脚，包括系统复位引脚 NRST（Pin25）、BOOT0 引脚（Pin138）和 PDR_ON 引脚（Pin143），这些引脚不能进行配置。其他未配置功能的引脚为灰色，已经配置功能的引脚为绿色。

引脚视图下方有一个工具栏，通过工具栏按钮可以进行放大、缩小、旋转等操作，通过鼠标滚轮也可以缩放，按住鼠标左键可以拖动 MCU 引脚图。

对引脚功能的分配一般通过组件的模式设置进行，CubeMX 会根据 MCU 的引脚使用情况自动为组件分配引脚。例如，USART1 可以定义在 PA9 和 PA10 上，也可以定义在 PB6 和 PB7 上。如果 PA9 和 PA10 未被占用，定义 USART1 的模式为 Asynchronous（异步）时，就自动定义在 PA9 和 PA10 上。如果这两个引脚被其他功能占用了，例如，定义为 GPIO 输出引脚用于驱动 LED，那么定义 USART1 为异步模式时就会自动使用 PB6 和 PB7 引脚。

所以，如果是在电路的初始设计阶段，可以根据电路的外设需求在组件里设置模式，让软件自动分配引脚，这样可以减少工作量，而且更准确。当然，用户也可以直接在引脚图上定义某个引脚的功能。

在 MCU 的引脚图上，当鼠标指针移动到某个引脚上时会显示这个引脚的上下文帮助信息，主要显示的是引脚编号和名称。在引脚上单击鼠标左键时，会出现一个引脚功能选择菜单。图 3-21 是单击引脚 PA9 时出现的引脚功能选择菜单。这个菜单里列出了引脚 PA9 所有可用的功能，其中的几个解释如下。

- Reset_State，恢复为复位后的初始状态。
- GPIO_Input，作为 GPIO 输入引脚。
- GPIO_Output，作为 GPIO 输出引脚。
- TIM1_CH2，作为定时器 TIM1 的通道 2。
- USART1_TX，作为 USART1 的 TX 引脚。
- GPIO_EXTI9，作为外部中断 EXTI9 的输入引脚。

图 3-21　引脚 PA9 的引脚功能选择菜单

引脚功能选择菜单的菜单项由具体的引脚决定，手动选择了功能的引脚上会出现一个图钉图标，表示这是绑定了信号的引脚。不管是软件自动设置的引脚还是手动设置的引脚，都可以重新为引脚手动设置信号。例如，通过设置组件 USART1 为 Asynchronous 模式，软件会自动设置引脚 PA9 为 USART1_TX，引脚 PA10 为 USART1_RX。但是如果电路设计需要将 USART1_RX 改用引脚 PB7，就可以手动将 PB7 设置为 USART1_RX，这时 PA10 会自动变为复位初始状态。

手动设置引脚功能时，容易引起引脚功能冲突或设置不全的错误，出现这类错误的引脚会自动用橘黄色显示。例如，直接手动设置 PA9 和 PA10 为 USART1 的两个引脚，但是引脚会显示为橘黄色。这是因为在组件里没有启用 USART1 并为其选择模式，在组件列表里选择 USART1 并设置其模式为 Asynchronous 之后，PA9 和 PA10 引脚就变为绿色了。

用户还可以在一个引脚上单击鼠标右键调出一个快捷菜单，如图 3-22 所示。不过，只有设置了功能的引脚，才有右键快捷菜单。此快捷菜单有 3 个菜单项。

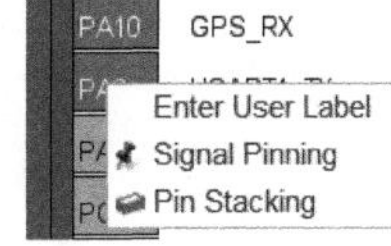

图 3-22　引脚的快捷菜单

- Enter User Label（输入用户标签），用于输入一个用户定义的标签，这个标签将取代原来的引脚信号名称显示在引脚旁边。例如，在将 PA10 设置为 USART1_RX 引脚后，可以再为其定义标签 GPS_RX，这样在实际的电路中更容易看出引脚的功能。
- Signal Pinning（信号绑定），单击此菜单项后，引脚上将会出现一个图钉图标，表示将这个引脚与功能信号（如 USART1_TX）绑定了，这个信号就不会再自动改变引脚，只可以手动改变引脚。对于已经绑定信号的引脚，此菜单项会变为 Signal Unpinning，就是解除绑定。对于未绑定信号的引脚，软件在自动分配引脚时可能会重新为此信号分配引脚。
- Pin Stacking/Pin Unstacking（引脚叠加/引脚解除叠加），这个菜单项的功能不明确，手册里没有任何说明，ST 官网上也没有明确解答。不要单击此菜单项，否则影响生成的 C 语言代码。

4. Pinout 菜单

在引脚视图的上方还有一个工具栏，上面有两个按钮：Additional Software 和 Pinout。单击

Additional Software 按钮会打开一个对话框，用于选择已安装的 STM32Cube 扩展包，添加到组件面板的 Additional Software 组里。

单击 Pinout 按钮会出现一个下拉菜单，菜单项如图 3-23 所示。各菜单项的功能描述如下。

- Undo Mode and pinout，撤销上一次的模式设置和引脚分配操作。
- Redo Mode and pinout，重做上一次的撤销操作。
- Keep Current Signals Placement（保持当前信号的配置）。如果勾选此项，将保持当前设置的各个信号的引脚配置，也就是在后续自动配置引脚时，前面配置的引脚不会再改动。这样有时会引起引脚配置困难，如果是在设计电路阶段，可以取消此选项，让软件自动分配各外设的引脚。
- Show User Label（显示用户标签）。如果勾选此项，将显示引脚的用户定义标签，否则显示其已设置的信号名称。
- Disable All Modes（禁用所有模式），取消所有外设和中间件的模式设置，复位全部相关引脚。但是不会改变设置的普通 GPIO 输入或输出引脚，例如，不会复位用于 LED 的 GPIO 输出引脚。
- Clear Pinouts（清除引脚分配），可以让所有引脚变成复位初始状态。
- Clear Single Mapped Signals（清除单边映射的信号），清除那些定义了引脚的信号，但是没有关联外设的引脚，也就是橘黄色底色标识的引脚。必须先解除信号的绑定后才可以清除，也就是去除引脚上的图钉图标。
- Pins/Signals Options（引脚/信号选项），会打开一个图 3-24 所示的对话框，显示 MCU 已经设置的所有引脚名称、关联的信号名称和用户定义标签。可以按住 Shift 键或 Ctrl 键选择多个行，然后单击鼠标右键调出快捷菜单，通过菜单项进行引脚与信号的批量绑定或解除绑定。

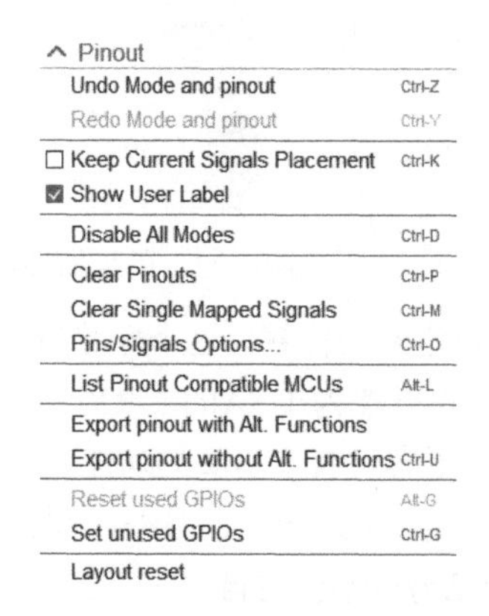

图 3-23　引脚视图上方的 Pinout 菜单

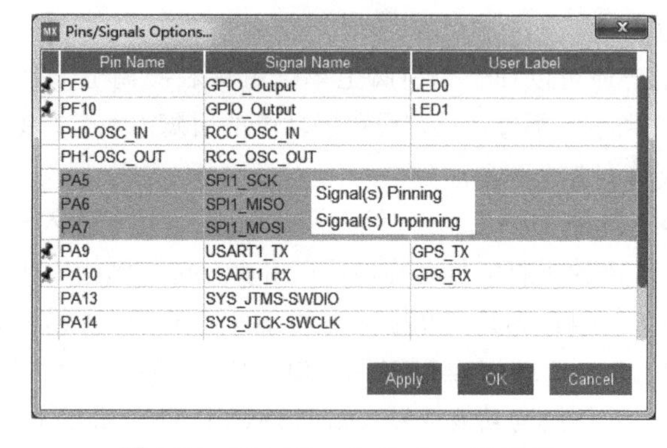

图 3-24　Pins/Signals Options 对话框

- List Pinout Compatible MCUs（列出引脚分配兼容的 MCU），会打开一个对话框，显示与当前项目的引脚配置兼容的 MCU 列表。此功能可用于电路设计阶段选择与电路兼容的不同型号的 MCU，例如，可以选择一个与电路完全兼容，但是 Flash 更大，或主频更高的 MCU。
- Export pinout with Alt. Functions，将具有复用功能的引脚的定义导出为一个.csv 文件。

- Export pinout without Alt. Functions，将没有复用功能的引脚的定义导出为一个.csv 文件。
- Set unused GPIOs（设置未使用的 GPIO 引脚），用于打开一个图 3-25 所示的对话框，对 MCU 未使用的 GPIO 引脚进行设置，可设置为 Input、Output 或 Analog 模式。一般设置为 Analog，以降低功耗。注意，要进行此项设置，必须在 SYS 组件中设置了调试引脚，例如，设置为 5 线 JTAG。

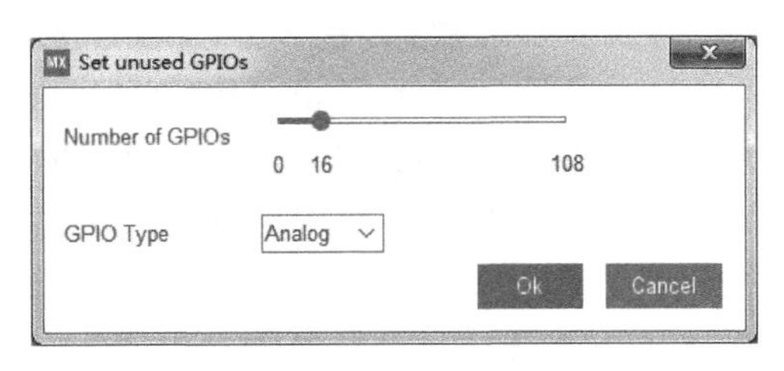

图 3-25　设置未使用 GPIO 引脚的对话框

- Reset used GPIOs（复位已用的 GPIO 引脚），打开一个对话框，复位那些通过 Set unused GPIOs 对话框设置的 GPIO 引脚，可以选择复位的引脚个数。
- Layout reset（布局复位），将 Pinout & Configuration 界面的布局恢复为默认状态。

5. 系统视图

在图 3-19 所示的芯片图片的上方有两个按钮：Pinout view（引脚视图）和 System view（系统视图），单击这两个按钮可以在引脚视图和系统视图之间切换显示。图 3-26 是系统视图界面，界面上显示了 MCU 已经设置的各种组件，便于对 MCU 已经设置的系统资源和外设有一个总体的了解。

图 3-26　系统视图界面

在图 3-26 中单击某个组件时，在工作区的组件列表里就会显示此组件，在模式与配置视图里就会显示此组件的设置内容，以便进行查看和修改。

3.3.5　时钟配置

MCU 图形化设置的第二个工作界面是时钟配置界面。为了充分演示时钟配置的功能，我们先设置 RCC 的模式，将 HSE 和 LSE 都设置为 Crystal/Ceramic Resonator，并且启用 Master Clock Output 2（MCO2），如图 3-27 所示。

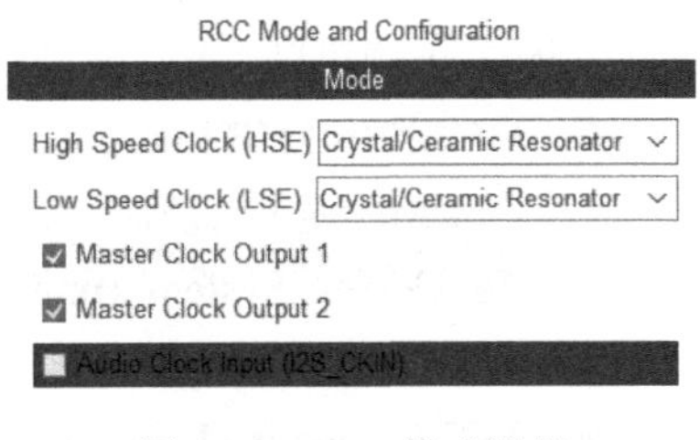

图 3-27　RCC 模式设置

MCO（Master Clock Output）是 MCU 向外部提供时钟信号的引脚，其中 MCO2 与音频时钟输入（Audio Clock Input，I2S_CKIN）共用引脚 PC9，所以使用

MCO2 之后就不能再使用 I2S_CKIN 了。此外，我们需要启用 RTC，以便演示设置 RTC 的时钟源。

在 CubeMX 的工作区单击 Clock Configuration 页面，时钟配置的界面如图 3-28 所示，它非常直观地显示了 STM32F407 MCU 的时钟树，使得各种时钟信号的配置变得非常简单。

图 3-28 中各个标号表示的时钟源、时钟信号或选择器的作用如下。

（1）HSE（高速外部）时钟源。当设置 RCC 的 HSE 模式为 Crystal/Ceramic Resonator 时，用户可以设置外部振荡电路的晶振频率。比如开发板上使用的是 8MHz 晶振，在其中输入 8 之后按回车键，软件就会根据 HSE 的频率自动计算所有相关时钟频率并刷新显示。注意，HSE 的频率设置范围是 4～26MHz。

（2）HSI（高速内部）RC 振荡器。MCU 内部的高速 RC 振荡器，可产生频率为 16MHz 的时钟信号。

（3）PLL 时钟源选择器和主锁相环。锁相环（Phase Locked Loop，PLL）时钟源选择器可以选择 HSE 或 HSI 作为锁相环的时钟信号源，PLL 的作用是通过倍频和分频产生高频的时钟信号。图 3-28 中带有除号（/）的下拉选择框是分频器，用于将一个频率除以一个系数，产生分频的时钟信号；带有乘号（×）的下拉列表框是倍频器，用于将一个频率乘以一个系数，产生倍频的时钟信号。

主锁相环（Main PLL）输出两路时钟信号，一路是 PLLCLK，进入系统时钟选择器，另一路输出 48MHz 时钟信号。USB-OTG FS、USB-OTG HS、SDIO、RNG 都需要使用这个 48MHz 时钟信号。还有一个专用的锁相环 PLLI2S，用于产生精确时钟信号供 I2S 接口使用，以获得高品质的音效。

（4）系统时钟选择器。系统时钟 SYSCLK 是直接或间接为 MCU 上的绝大部分组件提供时钟信号的时钟源，系统时钟选择器可以从 HSI、HSE、PLLCLK 这 3 个信号中选择一个作为 SYSCLK。

系统时钟选择器的下方有一个 Enable CSS 按钮，CSS（Clock Security System）是时钟安全系统，只有直接或间接使用 HSE 作为 SYSCLK 时，此按钮才有效。如果开启了 CSS，MCU 内部会对 HSE 时钟信号进行监测，当 HSE 时钟信号出现故障时，会发出一个 CSSI（Clock Security System Interrupt）中断信号，并自动切换到使用 HSI 作为系统时钟源。

（5）系统时钟 SYSCLK。STM32F407 的 SYSCLK 最高频率是 168MHz，但是在图 3-28 的 SYSCLK 文本框中不能直接修改 SYSCLK 的值。从图 3-28 可以看出，SYSCLK 直接作为 Ethernet 精确时间协议（Precision Time Protocol，PTP）的时钟信号，经过 AHB Prescaler（AHB 预分频器）后生成 HCLK 时钟信号。

（6）HCLK 时钟。SYSCLK 经过 AHB 分频器后生成 HCLK 时钟，HCLK 就是 CPU 的时钟信号，CPU 的频率就由 HCLK 的频率决定。HCLK 还为 APB1 总线和 APB2 总线等提供时钟信号。HCLK 最高频率为 168MHz。用户可以在 HCLK 文本框中直接输入需要设置的 HCLK 频率，按回车键后软件将自动配置计算。

在图 3-28 中可以看到，HCLK 为其右侧的多个部分直接或间接提供时钟信号。

- **HCLK to AHB bus, core, memory and DMA**。HCLK 直接为 AHB 总线、内核、存储器和 DMA 提供时钟信号。
- **To Cortex System timer**。HCLK 经过一个分频器后作为 Cortex 系统定时器（也就是 Systick 定时器）的时钟信号。
- **FCLK Cortex clock**。直接作为 Cortex 的 FCLK（free-running clock）时钟信号。
- **APB1 peripheral clocks**。HCLK 经过 APB1 分频器后生成外设时钟信号 PCLK1，为外设总线 APB1 上的外设提供时钟信号。PCLK1 的最高频率为 42MHz。

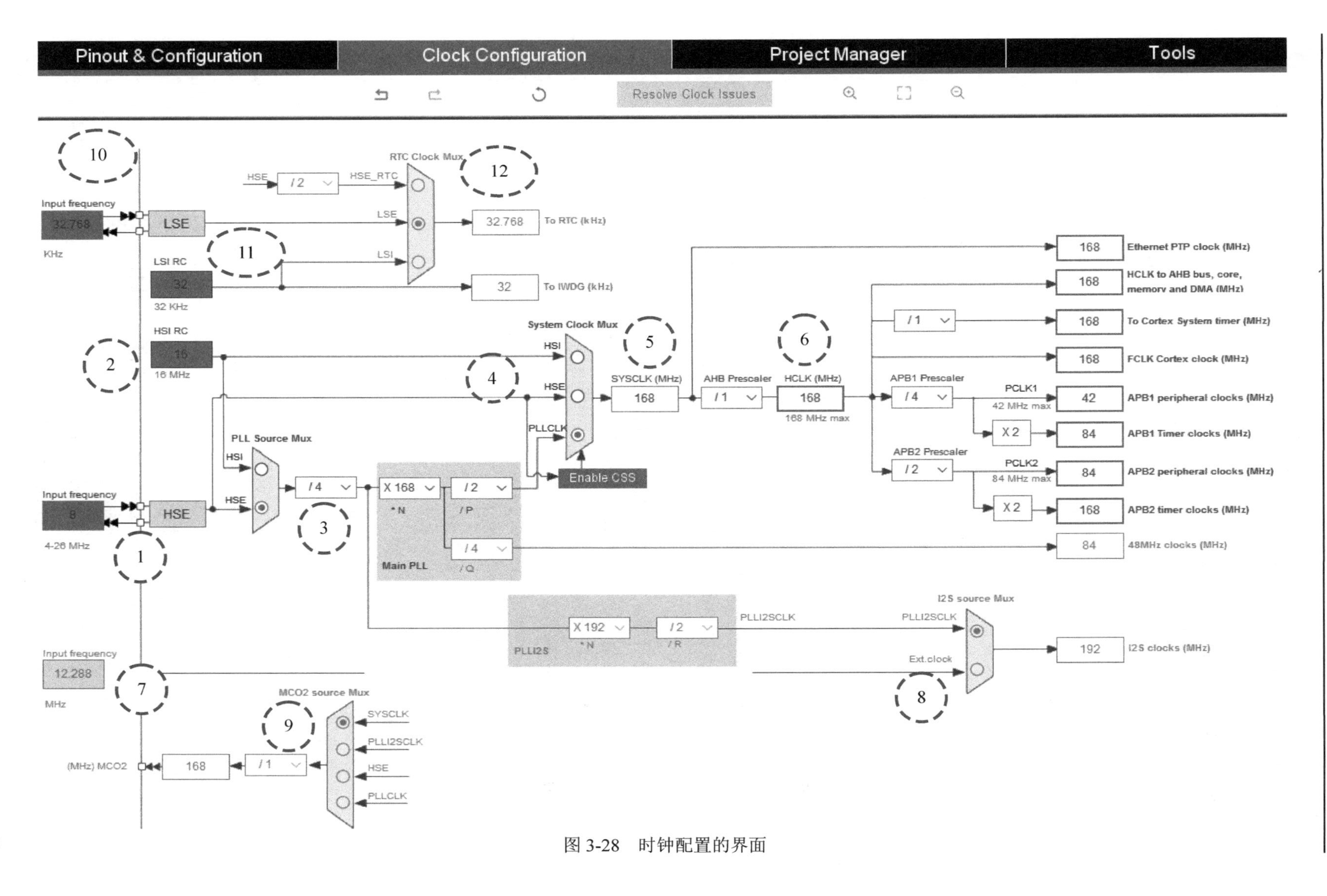

图 3-28 时钟配置的界面

- **APB1 Timer clocks**。PCLK1 经过 2 倍频后生成 APB1 定时器时钟信号，为 APB1 总线上的定时器提供时钟信号。
- **APB2 peripheral clocks**。HCLK 经过 APB2 分频器后生成外设时钟信号 PCLK2，为外设总线 APB2 上的外设提供时钟信号。PCLK2 的最高频率为 84MHz。
- **APB2 timer clocks**。PCLK2 经过 2 倍频后生成 APB2 定时器时钟信号，为 APB2 总线上的定时器提供时钟信号。

（7）音频时钟输入。如果在图 3-27 所示的 RCC 模式设置中勾选了 Audio Clock Input (I2S_CKIN) 复选框，就可以在此输入一个外部的时钟源，作为 I2S 接口的时钟信号。

（8）I2S 接口时钟源选择器。可以从两个时钟信号中选择一个作为 I2S 接口的时钟信号，一个是锁相环 PLLI2S 输出的时钟 PLLI2SCLK，另一个就是外部输入的音频时钟 I2S_CKIN。

（9）MCO 时钟输出和选择器。MCO 是 MCU 为外部设备提供的时钟源，当在图 3-27 的界面上勾选 Master Clock Output 1 或 Master Clock Output 2 后，就可以在相应引脚输出时钟信号。注意，Master Clock Output 2 和 I2S_CKIN 不能同时使用。

图 3-28 显示了 MCO2 的时钟源选择器和输出分频器，另一个 MCO1 的选择器和输出通道也与此类似，由于幅面限制没有显示出来。MCO2 的输出可以从 4 个时钟信号源中选择，还可以再分频后输出。

（10）LSE（低速外部）时钟源。如果在 RCC 模式设置中启用 LSE，就可以选择 LSE 作为 RTC 的时钟源。LSE 固定为 32.768kHz，因为经过多次分频后，可以得到精确的 1Hz 信号。

（11）LSI（低速内部）RC 振荡器。MCU 内部的 LSI RC 振荡器产生频率为 32kHz 的时钟信号，它可以作为 RTC 的时钟信号，也直接作为 IWDG（独立看门狗）的时钟信号。

（12）RTC 时钟选择器。如果启用 RTC，就可以通过 RTC 时钟选择器为 RTC 设置一个时钟源。RTC 时钟选择器有 3 个可选的时钟源：LSI、LSE 和 HSE 经分频后的时钟信号 HSE_RTC。要使 RTC 精确度高，应该使用 32.768kHz 的 LSE 作为时钟源，因为 LSE 经过多次分频后可以产生 1Hz 的精确时钟信号。

搞清楚图 3-28 中的这些时钟源和时钟信号的作用后，进行 MCU 上的各种时钟信号的配置就很简单了，因为都是图形化界面的操作，不用像传统编程那样搞清楚相关寄存器并计算寄存器的值了，这些底层的寄存器设置将由 CubeMX 自动完成，并生成代码。

在图 3-28 所示的界面上，我们可以进行如下的一些操作。

- 直接在某个时钟信号的编辑框中输入数值，按回车键后由软件自动配置各个选择器、分频器、倍频器的设置。例如，如果希望设置 HCLK 为 50MHz，在 HCLK 的编辑框里输入 50 后按回车键即可。
- 可以手动修改选择器、分频器、倍频器的设置，以便手动调节某个时钟信号的频率。
- 当某个时钟的频率设置错误时，其所在的编辑框会以紫色底色显示。例如，手动修改 APB1 分频器的值后，PCLK1 的频率达到 84MHz，而 PCLK1 最高频率是 42MHz，这就出现错误了。出现错误时，单击图 3-28 上方工具栏的 Resolve Clock Issues 按钮，软件就会自动更改设置，修正错误。
- 在某个时钟信号编辑框上单击鼠标右键，会弹出一个快捷菜单，其中包含 Lock 和 Unlock 两个菜单项，用于对时钟频率进行锁定和解锁。如果一个时钟频率被锁定，其编辑框会以灰色底色显示。在软件自动计算频率时，系统会尽量不改变已锁定时钟信号的频率，如果必须改动，会出现一个对话框提示解锁。

- 单击工具栏上的 Reset Clock Configuration 按钮，会将整个时钟树复位到初始默认状态。
- 工具栏上的其他一些按钮可以进行撤销、重复、缩放等操作。

用户所做的这些时钟配置都涉及寄存器的底层操作，CubeMX 在生成代码时会自动生成时钟初始化配置的程序。

3.3.6 项目管理

1. 功能概述

对 MCU 系统功能和各种外设的图形化配置，主要是在引脚配置和时钟配置两个工作界面完成的，完成这些工作后，一个 MCU 的配置就完成了。CubeMX 的重要作用就是将这些图形化的配置结果导出为 C 语言代码。

CubeMX 工作区的第 3 个页面是 Project Manager 页面，如图 3-29 所示。这个界面是一个多页界面，有如下 3 个工作页面。

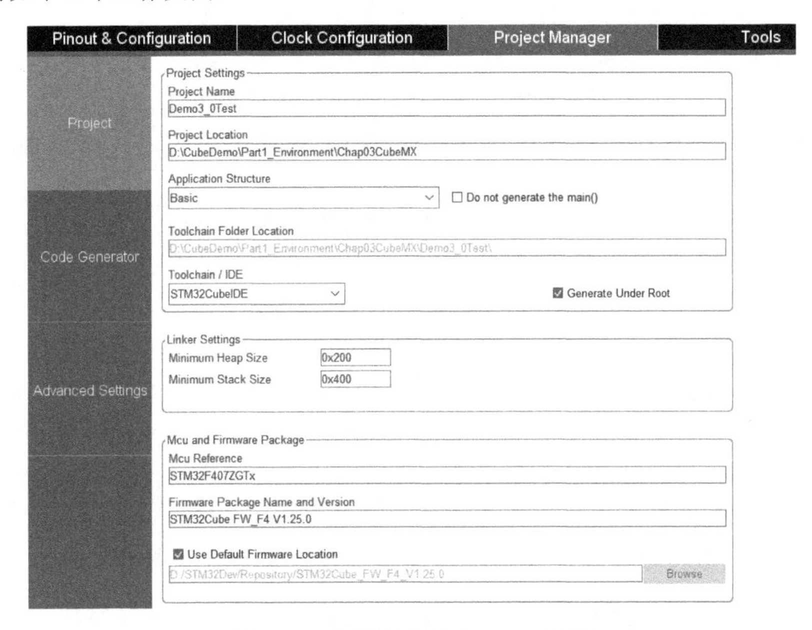

图 3-29 项目管理器的 Project 页面

（1）Project 页面，用于设置项目名称、保存路径、导出代码的 IDE 软件等。

（2）Code Generator 页面，用于设置生成 C 语言代码的一些选项。

（3）Advanced Settings 页面，生成 C 语言代码的一些高级设置，例如，外设初始化代码是使用 HAL 库还是 LL 库。

2. 项目基本信息设置

新建的 CubeMX 项目首次保存时会出现一个选择文件夹的对话框，用户选择一个文件夹后，项目会被保存到文件夹下，并且项目名称与最后一级文件夹的名称相同。例如，保存项目时选择的文件夹是“D:\CubeDemo\Part1_Environment\Chap03CubeMX\Demo3_0Test\”，那么，项目会被保存到此目录下，并且项目文件名是 Demo3_0Test.ioc。

对于保存过的项目，就不能再修改图 3-29 中的 Project Name 和 Project Location 两个文本框中的内容了。图 3-29 的界面上还有如下一些设置项。

- Application Structure（应用程序结构），有 Basic 和 Advanced 两个选项。
  - Basic：建议用于只使用一个中间件，或者不使用中间件的项目。在这种结构里，IDE 配置文件夹与源代码文件夹同级，用子目录组织代码。
  - Advanced：当项目里使用多个中间件时，建议使用这种结构，这样对于中间件的管理容易一点。
- Do not generate the main()复选框，如果勾选此项，导出的代码将不生成 main()函数。但是 C 语言的程序肯定是需要一个 main()函数的，所以不勾选此项。
- Toolchain Folder Location，也就是导出的 IDE 项目所在的文件夹，默认与 CubeMX 项目文件在同一个文件夹。
- Toolchain/IDE，从一个下拉列表框里选择导出 C 语言程序的工具链或 IDE 软件，下拉列表的选项如图 3-30 所示。

本书使用的 IDE 软件是 STM32CubeIDE。当选择 IDE 为 STM32CubeIDE 时，其右侧的 Generate Under Root 复选框可用，勾选此项时，生成的 CubeIDE 项目文件与 CubeMX 项目文件将保存在同一个目录里，否则需要在 Toolchain Folder Location 编辑框里设置用于保存 CubeIDE 项目文件的目录。一般选择勾选 Generate Under Root 复选框，使 CubeIDE 项目文件和 CubeMX 项目文件在同一目录里。

EWARM
MDK-ARM
SW4STM32
TrueSTUDIO
STM32CubeIDE
Makefile
Other Toolchains (GPDSC)

图 3-30　可选的工具链/IDE 软件列表

- Linker Settings（链接器设置），用于设置应用程序的堆（Heap）和栈（Stack）的最小大小，默认值是 0x200 和 0x400。如果使用了中间件，这两个值要适当增大，一般增大 1 到 2 倍。
- Mcu and Firmware Package（MCU 和固件包），MCU 固件库默认使用已安装的最新固件库版本。如果系统中有一个 MCU 系列多个版本的固件库，就可以在此重选固件库。如果勾选 Use Default Firmware Location 复选框，则表示使用默认的固件库路径，也就是所设置的软件库目录下的相应固件库目录。

3. 代码生成器设置

Code Generator 页面如图 3-31 所示，用于设置生成代码时的一些特性。

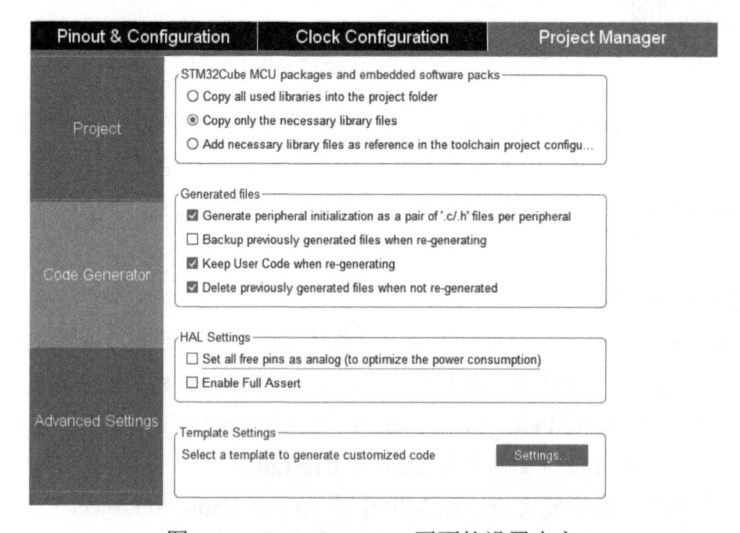

图 3-31　Code Generator 页面的设置内容

（1）STM32Cube MCU packages and embedded software packs 选项，用于设置固件库和嵌入式软件库复制到 IDE 项目里的方式，有如下 3 种方式。

- Copy all used libraries into the project folder，将所有用到的库都复制到项目文件夹下。
- Copy only the necessary library files，只复制必要的库文件，即只复制与用户配置相关的库文件，默认选择这一项。
- Add necessary library files as reference in the toolchain project configuration file，将必要的库文件以引用的方式添加到项目的配置文件中。

（2）Generated files 选项，生成 C 语言代码文件的一些选项。

- Generate peripheral initialization as a pair of '.c/.h' files per peripheral，勾选此项后，为每一种外设生成的初始化代码将会有.c 和.h 两个文件，例如，对于 GPIO 引脚的初始化程序将有 gpio.h 和 gpio.c 两个文件，否则所有外设初始化代码在 main.c 文件里。虽然默认是不勾选此项的，但推荐勾选此项，特别是当项目用到的外设比较多时，而且使用.c/.h 文件对更方便，也是更好的编程习惯。
- Backup previously generated files when re-generating，如果勾选此项，CubeMX 在重新生成代码时，就会将前面生成的文件备份到一个名为 Backup 的子文件夹里，并在.c/.h 文件名后面再增加一个.bak 扩展名。
- Keep User Code when re-generating，重新生成代码时保留用户代码。这个选项只应用于 CubeMX 自动生成的文件中代码沙箱段（在后面会具体介绍此概念）的代码，不会影响用户自己创建的文件。
- Delete previously generated files when not re-generated，删除那些以前生成的不需要再重新生成的文件。例如，前一次配置中用到了 SDIO，前次生成的代码中有文件 sdio.h 和 sdio.c，而重新配置时取消了 SDIO，如果勾选了此项，重新生成代码时就会删除前面生成的文件 sdio.h 和 sdio.c。

（3）HAL Settings 选项，用于设置 HAL。

- Set all free pins as analog (to optimize power consumption)，设置所有自由引脚的类型为 Analog，这样可以优化功耗。
- Enable Full Assert，启用或禁用 Full Assert 功能。在生成的文件 stm32f4xx_hal_conf.h 中有一个宏定义 USE_FULL_ASSERT，如果禁用 Full Assert 功能，这行宏定义代码就会被注释掉：

```
#define  USE_FULL_ASSERT    1U
```

如果启用 Full Assert 功能，那么 HAL 库中每个函数都会对函数的输入参数进行检查，如果检查出错，会返回出错代码的文件名和所在行。

（4）Template Settings 选项，用于设置自定义代码模板。一般不用此功能，直接使用 CubeMX 自己的代码模板就很好。

4. 高级设置

Advanced Settings 页面如图 3-32 所示，分为上下两个列表。

（1）Driver Selector 列表，用于选择每个组件的驱动库类型。该列表列出了所有已配置的组件，如 USART、RCC 等，第 2 列是组件驱动库类型，有 HAL 和 LL 两种库可选。

HAL 是高级别的驱动程序，MCU 上所有的组件都有 HAL 驱动程序。HAL 的代码与具体硬件的关联度低，易于在不同系列的器件之间移植。

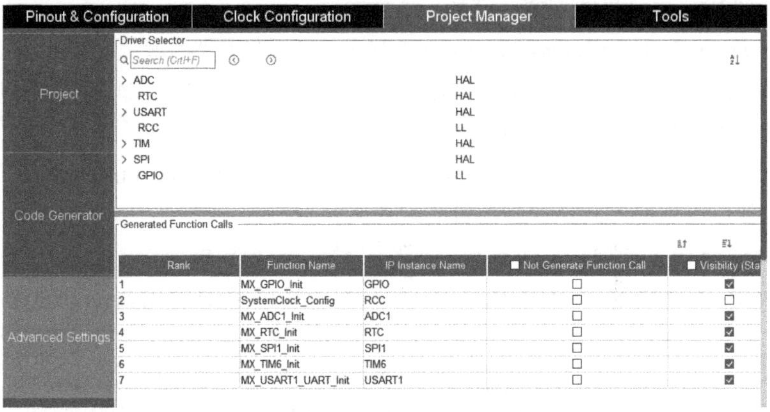

图 3-32　Advanced Settings 页面的设置内容

LL 是进行寄存器级别操作的驱动程序，它的性能更加优化，但是需要对 MCU 的底层和外设比较熟悉，与具体硬件的关联度高，在不同系列之间进行移植时工作量大。并不是 MCU 上所有的组件都有 LL 驱动程序，软件复杂度高的外设没有 LL 驱动程序，如 SDIO、USB-OTG 等。

本书完全使用 HAL 库进行示例程序设计，不会混合使用 LL 库，以保持总体的统一。

（2）Generated Function Calls 列表，对生成函数的调用方法进行设置。图 3-32 下方的表格列出了 MCU 配置的系统功能和外设的初始化函数，列表中的各列如下。

- Function Name 列，是生成代码时将要生成的函数名称，这些函数名称是自动确定的，不能修改。
- IP Instance Name 列，是函数所属 IP 名称，即系统功能、外设或中间件名称。
- Not Generate Function Call 列，如果勾选了此项，在 main()函数的外设初始化部分不会调用这个函数，但是函数的完整代码还是会生成的，如何调用由编程者自己处理。
- Visibility (Static)列，用于指定是否在函数原型前面加上关键字 static，使函数变为文件内的私有函数。如果在图 3-31 中勾选了 Generate peripheral initialization as a pair of '.c/.h' files per peripheral 复选框，则无论是否勾选 Visibility (Static)复选框，外设的初始化函数原型前面都不会加 static 关键字，因为在.h 文件里声明的函数原型对外界就是可见的。

3.3.7　生成报告和代码

在对 MCU 进行各种配置以及对项目进行设置后，用户就可以生成报告和代码。

单击主菜单项 File→Generate Report，会在 CubeMX 项目文件目录下生成一个同名的 PDF 文件。这个 PDF 文件里有对项目的基本描述、MCU 型号描述、引脚配置图、引脚定义表格、时钟树、各种外设的配置信息等，是对 CubeMX 项目的一个很好的总结性报告。

保存 CubeMX 项目并在项目管理界面做好生成代码的设置后，用户随时可以单击导航栏右端的 GENERATE CODE 按钮，为选定的 IDE 软件生成代码。如果是首次生成代码，将自动生成 IDE 项目框架，生成项目所需的所有文件；如果 IDE 项目已经存在，再次生成代码时只会重新生成初始化代码，不会覆盖用户在沙箱段内编写的代码，也不会删除用户在项目中创建的程序文件。

CubeMX 软件的工作区还有一个 Tools 页面，用于进行 MCU 的功耗计算，这会涉及 MCU 的低功耗模式。我们将在第 22 章详细介绍这部分功能的使用。

3.4 项目示例：LED 初始输出

3.4.1 硬件电路

为了测试 CubeMX 的功能，并且生成 CubeIDE 项目的代码用于第 4 章讲解 CubeIDE 软件的使用，我们根据开发板上两个 LED 的电路创建一个 CubeMX 示例项目 Demo3_1LED.ioc。

两个 LED 与 MCU 的连接电路如图 3-33 所示，两个 LED 分别连接在 PF9 和 PF10 引脚上。根据电路原理，PF9 和 PF10 应该作为 GPIO 输出引脚，且输出为低电平时 LED 点亮，输出为高电平时 LED 不亮。

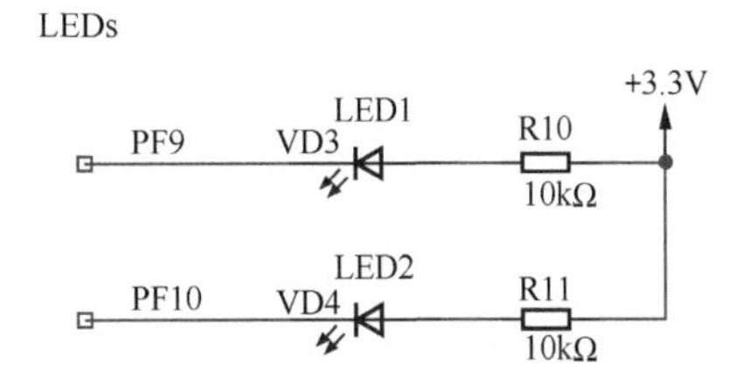

图 3-33 两个 LED 与 MCU 的连接电路

3.4.2 CubeMX 项目设置

我们在 CubeMX 中选择 STM32F407ZG 创建一个项目，做如下的设置。

- 在组件 RCC 中，HSE 设置为 Crystal/Ceramic Resonator，无须启用 LSE。
- 在时钟配置页面将 HSE 设置为 8MHz，选择 HSE 作为主锁相环的时钟源，将 HCLK 设置为 168 MHz，由软件自动设置时钟树各种参数，如图 3-34 所示。

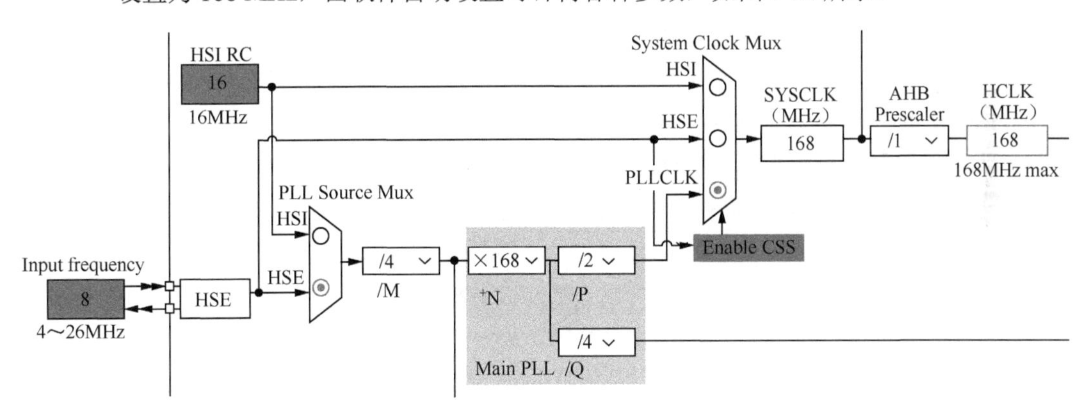

图 3-34 时钟树的主要设置

除非特别说明，本书后面的示例都使用图 3-34 所示的时钟树设置。HSE 的外部晶振频率比内部 HSI 的振荡电路频率精度高，所以如果电路板上有 HSE，应尽量使用 HSE，但是要注意设置正确的 HSE 晶振频率。如果不知道实际电路的 HSE 晶振频率，就使用 HSI 作为主锁相环的时钟源。

- 在组件 SYS 的模式设置中，将 Debug 接口设置为 Serial Wire，也就是串行调试接口，如图 3-35 所示。普中 STM32F407 开发板上的 JTAG 接口有几根线和其他外设共用 GPIO 引脚，使用 JTAG 时容易出错，所以本书所有示例项目都设置使用串行调试接口。
- 在引脚视图上将 PF9 和 PF10 引脚功能设置为 GPIO_Output，并修改用户标签为 LED1 和 LED2。

- 在组件 GPIO 的配置页面对引脚 PF9 和 PF10 的 GPIO 属性进行设置，如图 3-36 所示。设置 PF9 的输出电平（GPIO output level）为高电平（High），PF10 的输出电平为低电平（Low），其他设置暂时不用修改。我们会在第 6 章详细介绍 GPIO 的具体内部结构和这些设置的意义。

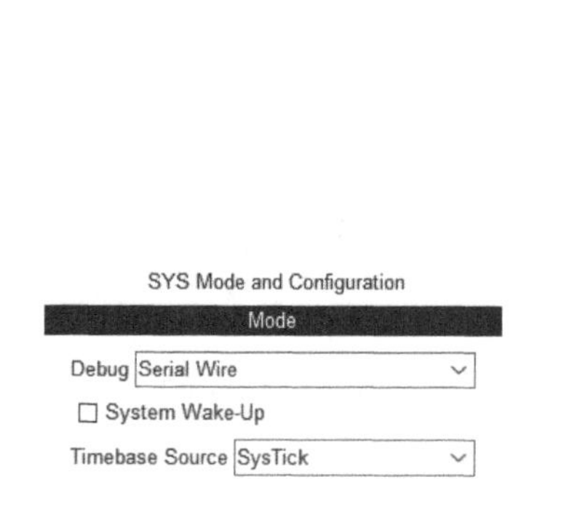

图 3-35　将 Debug 接口设置为 Serial Wire

GPIO　RCC　SYS

Search Signals

Search (Crtl+F)　　Show only Modified Pins

Pin Name	User Label	GPIO output...	GPIO mode	GPIO Pull-up/Pul...	Maximu...	Sig...	Mod...
PF9	LED1	High	Output Push Pull	No pull-up and no pu...	Low	n/a	☑
PF10	LED2	Low	Output Push Pull	No pull-up and no pu...	Low	n/a	☑

PF9 Configuration :

GPIO output level	High
GPIO mode	Output Push Pull
GPIO Pull-up/Pull-down	No pull-up and no pull-down
Maximum output speed	Low
User Label	LED1

图 3-36　对引脚 PF9 和 PF10 进行 GPIO 属性设置

3.4.3　生成 CubeIDE 项目代码

我们将此项目保存为 Demo3_1LED.ioc，保存路径的最后一级文件夹名称就是 Demo3_1LED。在项目管理器里，选择导出项目的 IDE 软件为 STM32CubeIDE，代码生成的设置按图 3-31 设置，生成.c/.h 文件对，然后单击 GENERATE CODE 按钮生成代码。

生成代码后，界面上会显示图 3-37 所示的对话框，提示打开文件夹或打开项目。一般不要单击 Open Project 按钮，因为打开 CubeIDE 项目需要设置正确的工作空间路径，最好在 CubeIDE 里打开工作空间后再导入项目。我们在第 4 章会详细介绍 CubeIDE 的使用。

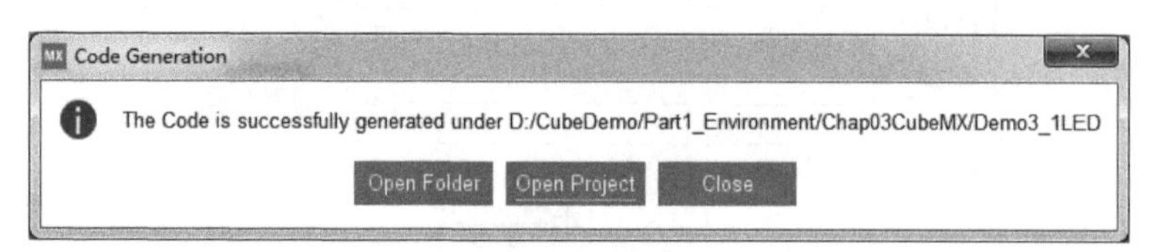

图 3-37　生成代码完成后出现的对话框

生成代码后，项目 Demo3_1LED 目录下的文件组成如图 3-38 所示。

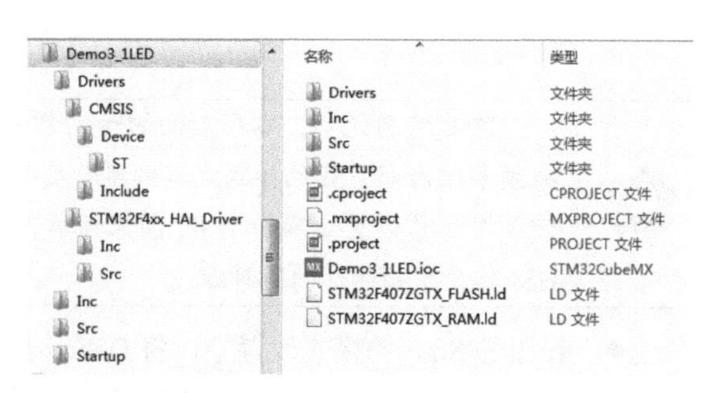

图 3-38　项目 Demo3_1LED 目录下的文件组成

CubeMX 软件的主要功能是对 MCU 进行图形化设置，生成 MCU 各系统功能和已配置外设的初始化代码，并针对选择的 IDE 软件生成项目框架。要对 MCU 进行进一步的编程，增加代码实现用户需要的功能，以及程序的下载和调试，还要在 IDE 软件里操作。

在第 4 章中，我们将介绍 CubeIDE 软件的使用、项目 Demo3_1LED 的文件组成，以及构建和下载调试的完整过程。

第 4 章 STM32CubeIDE 的使用

STM32CubeIDE 是 ST 官方提供的 STM32 MCU/MPU 程序开发 IDE 软件，是 STM32Cube 生态系统中的一个重要软件工具。本章介绍 STM32CubeIDE 软件的基本使用方法，包括软件界面的基本功能操作，STM32 MCU 项目的文件组成，以及程序编辑、构建、下载调试的完整流程。

4.1 安装 STM32CubeIDE

STM32CubeIDE 是 STM32Cube 生态系统中的一个重要软件工具，是 ST 官方免费提供的 STM32 MCU/MPU 程序开发 IDE 软件。ST 公司最初并没有自己的 STM32 开发 IDE 软件，为了完善 STM32Cube 生态系统中的这重要一环，ST 公司在 2017 年年底收购了 Atollic 公司，将专业版 TrueSTUDIO 改为免费的。2019 年 4 月，ST 公司正式推出了 STM32CubeIDE 1.0.0。

CubeIDE 就是在 TrueSTUDIO 基础上改进和升级得来的，有如下一些特点。

- CubeIDE 使用的是 Eclipse IDE 环境，具有强大的编辑功能，其使用习惯与 TrueSTUDIO 相同。
- CubeIDE 使用的是 GNU C/C++编译器，支持在 STM32 项目开发中使用 C++编程。
- CubeIDE 内部集成了 CubeMX，在 CubeIDE 里就可以进行 MCU 图形化配置和代码生成，然后在初始代码基础上继续编程。当然，CubeIDE 也可以和独立的 CubeMX 配合使用。

正式推出 CubeIDE 后，ST 公司就不再更新 TrueSTUDIO 了，新的设计推荐使用 CubeIDE。

用户可以从 ST 公司网站下载最新版 CubeIDE 的安装文件。安装文件中只有一个可执行文件，双击运行就可以开始安装。在安装过程中，选择安装路径的界面如图 4-1 所示，将 CubeIDE 与 CubeMX 安装到同一个根目录下，在图 4-1 中单击 Browse 按钮，选择路径“D:\STM32Dev”，安装程序会自动设置安装目录为“D:\STM32Dev\STM32CubeIDE_1.3.0”。

在安装向导执行过程中，界面上还会出现图 4-2 所示的界面，用于选择安装仿真器驱动程序，有 J-Link 和 ST-LINK 仿真器的驱动程序以及 ST-LINK 服务程序，全部选择安装即可。注意，CubeIDE 只支持 ST-LINK 和 J-LINK 仿真器，不能使用其他仿真器。

其他步骤按照安装向导的提示操作即可，安装完成后，CubeIDE 软件图标会出现在桌面上。

CubeIDE 是英文界面，但是界面中夹杂少量汉字，为了使 CubeIDE 使用全英文界面，需要在 CubeIDE 启动主程序后面加参数“–nl en”。这可以通过修改桌面快捷方式来实现。方法是打开桌面上 CubeIDE 软件图标的属性对话框，在“快捷方式”页的“目标”文本框里，可执行文件的后面添加“–nl en”。如此设置后，“目标”文本框里完整的内容如下：

```
D:\STM32Dev\STM32CubeIDE_1.3.0\STM32CubeIDE\stm32cubeide.exe -nl en
```

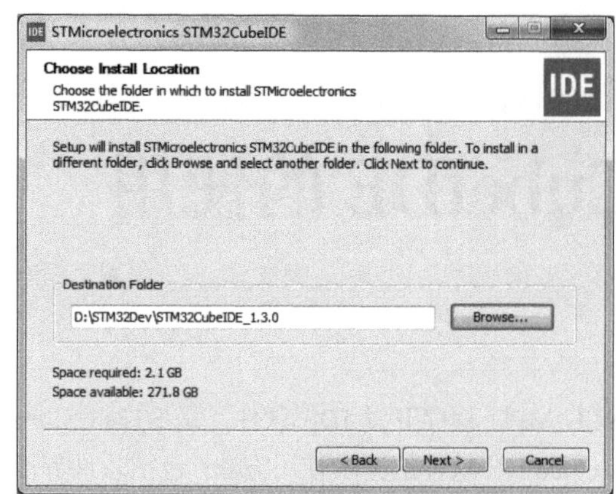

图 4-1　设置 CubeIDE 的安装路径

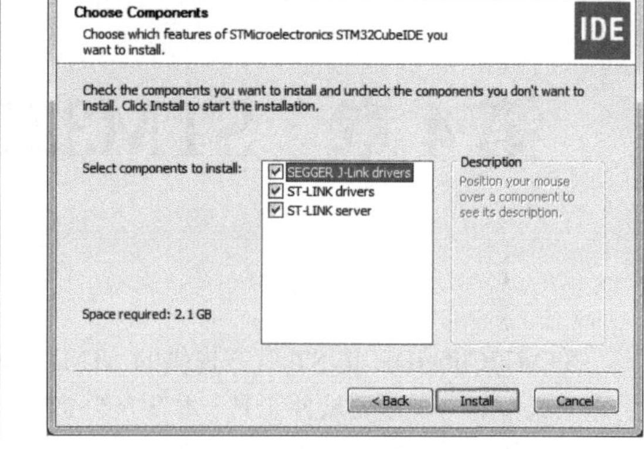

图 4-2　选择安装仿真器驱动程序

4.2　基本概念和 MCU 固件库设置

4.2.1　启动软件

双击桌面上 CubeIDE 软件的图标启动软件。在 CubeIDE 启动时，会出现图 4-3 所示的对话框，要求设置一个工作空间目录。本书组织示例项目时，每一章的所有示例项目都放在一个目录下，这个目录就是工作空间目录。例如，第 4 章示例的根目录是“D:\CubeDemo\Part1_Environment\Chap04CubeIDE”，就在图 4-3 的对话框中单击 Browse 按钮选择这个目录，然后单击 Launch 按钮启动软件。

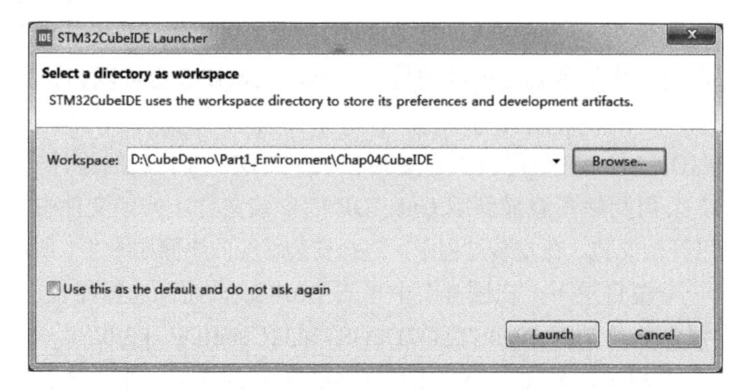

图 4-3　CubeIDE 启动时设置工作空间（Workspace）目录

打开一个新的工作空间启动 CubeIDE 后，图 4-4 所示的信息中心页面会显示在界面上。这个页面中有创建 CubeIDE 项目的 3 个快捷按钮，这些功能的具体操作在后面会介绍。

- Start new STM32 project，开始创建一个新的 STM32 项目。
- Start new project from STM32CubeMX.ioc file，从 CubeMX 的.ioc 文件开始创建一个项目。
- Import SW4STM32 or TrueSTUDIO project，导入 SW4STM32 或 TrueSTUDIO 项目。

在图 4-4 中，右侧的 Support & Community 是一些支持和社区网站的链接，单击后可在系统默认的浏览器中打开。

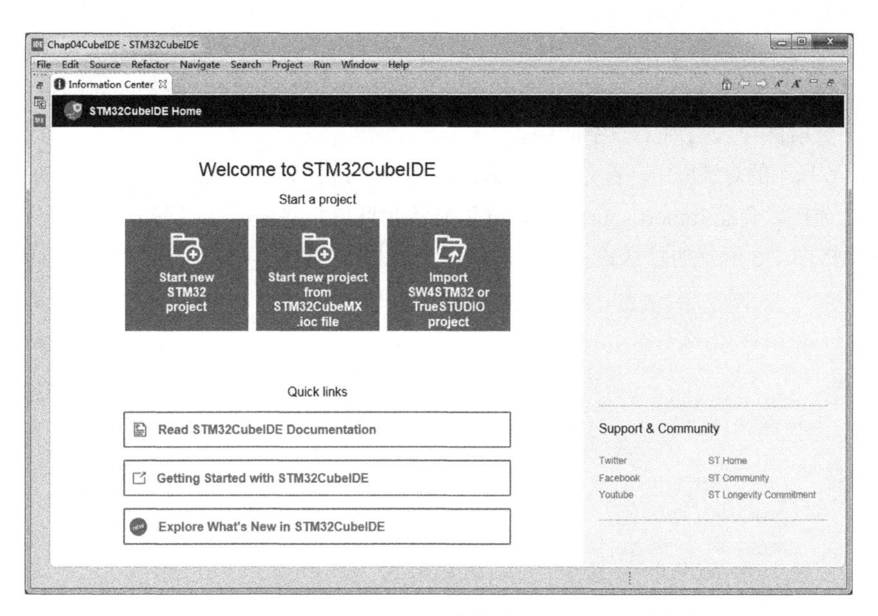

图 4-4　CubeIDE 的信息中心页面

Quick links 下面是一些技术资料的 PDF 文档或 HTML 网页的链接，单击 Read STM32CubeIDE Documentation 后会打开一个文档列表页面，有更多有用的技术文档，包括 CubeIDE 的用户手册、C 语言数学函数库手册、C 语言运行库手册等（见图 4-5）。用户在编程时可以查阅这些资料文档，例如，查阅某个数学函数的函数原型，或找一个合适的字符串处理函数。

TOOLCHAIN MANUALS (GNU-ARM-EMBEDDED.7-2018-Q2-UPDATE)

Description

Assembler
The GNU Assembler

Binary Utilities
The GNU Binary Utilities

C Math Library
The Red Hat newlib C Math Library

C Preprocessor
The GNU C Preprocessor

C Runtime Library
The Red hat newlib C Library

C++ Library Manual
The GNU C++ Library Manual

C/C++ Compiler
GNU Compiler Collection

图 4-5　信息中心里部分技术资料的列表

4.2.2　打开项目

本章先以第 3 章创建的项目 Demo3_1LED 为例，讲解 CubeIDE 软件的基本使用方法以及 CubeIDE 项目的文件组成。为此，我们先将第 3 章示例目录下的文件夹 Demo3_1LED 整个复制到第 4 章示例目录下，但是暂不更改项目名称。

在图 4-4 所示的界面上，单击 Information Center 页面的关闭按钮，关闭信息中心页面。然后，单击主菜单项 File→Open projects from file system，会显示图 4-6 所示的对话框，这个对话框用于将一个项目导入当前工作空间中。

在图 4-6 所示的对话框中，首先单击 Directory 按钮，选择第 4 章示例目录下项目 Demo3_1LED 的根目录。选择后会在 Import source 文本框里显示此目录，并将项目名称显示在下方的列表里。其他设置保持图 4-6 所示的默认设置，最后单击 Finish 按钮，就可以打开项目 Demo3_1LED 了。

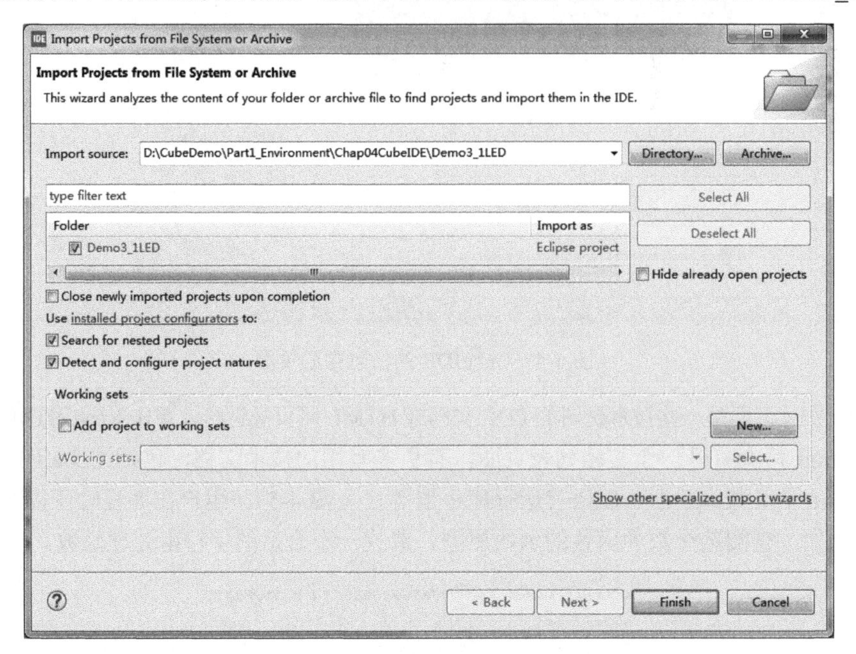

图 4-6　从文件系统导入项目的对话框

打开项目 Demo3_1LED 后的 CubeIDE 界面如图 4-7 所示。

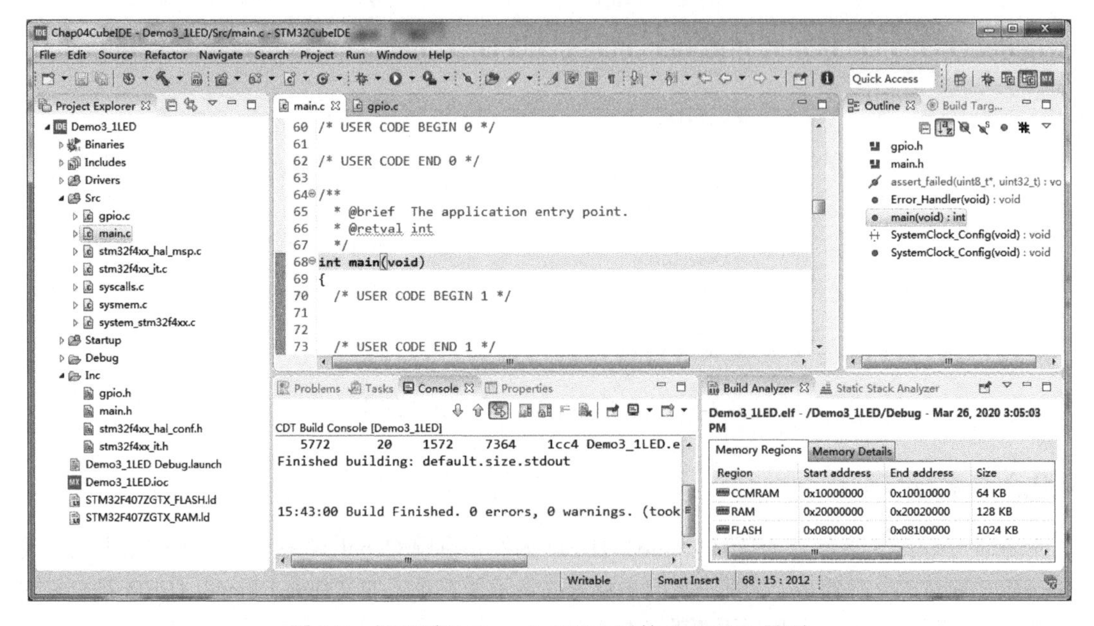

图 4-7　打开项目 Demo3_1LED 后的 CubeIDE 界面

4.2.3 CubeIDE 的一些基本概念

CubeIDE 是基于 Eclipse 的 IDE 软件，与一般的编程开发 IDE 界面类似。如果读者对 Eclipse 比较熟悉，那么对 CubeIDE 的操作也就很容易上手了；如果没有使用过 Eclipse，需要对 Eclipse 中的一些基本概念有所了解。

Eclipse 是一个使用广泛的编程开发 IDE 环境，通过使用插件可以支持不同编程语言的开发，如 C/C++、Java、Python 等。Eclipse 的项目管理和界面组织有一些基本的概念，包括工作空间、项目、视图、场景。

1. 工作空间

工作空间（Workspace）是多个项目（Project）的集合，一个工作空间对应一个实际的目录。例如，在图 4-3 中设置了一个工作空间为目录“D:\CubeDemo\Part1_Environment\Chap04CubeIDE”，这个目录下的子目录的构成如图 4-8 所示。

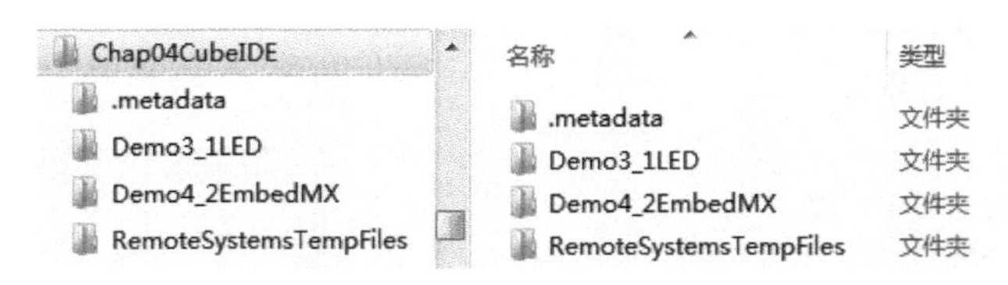

图 4-8　一个工作空间的目录组成

在这个工作空间目录下，有 CubeIDE 为工作空间自动创建的两个文件夹.metadata 和 RemoteSystemsTempFiles。其中，.metadata 用于存放工作空间 IDE 的各种配置文件，以及工作空间所管理的项目的信息文件。RemoteSystemsTempFiles 用于存放远程系统的临时文件。

在工作空间目录下，可以有多个 CubeIDE 项目文件夹，CubeIDE 项目名称就是文件夹名称。例如，在图 4-8 中有 2 个项目文件夹。一个项目需要在 CubeIDE 软件中导入当前工作空间里，才可以在 CubeIDE 中管理这个项目。例如，在图 4-8 中有 2 个项目的文件夹，但是在图 4-7 中，只有 Demo3_1LED 导入了工作空间中，另一个项目会在后面介绍示例时导入。

一个工作空间管理的项目最好就放在这个工作空间的目录下，虽然也可以将非工作空间目录下的项目导入工作空间中。本书的示例程序组织形式是：每章一个文件夹，作为工作空间目录，这一章的示例项目都在这个工作空间目录下，即使只有一个示例项目。

在 CubeIDE 中，任何时候只能打开一个工作空间。用户可以在 CubeIDE 启动时的对话框里选择工作空间，也可以在运行时通过主菜单项 File→Switch Workspace 切换当前工作空间。

2. 项目

一个 CubeIDE 项目（Project）就是一个文件夹下的所有子目录和文件的集合，项目的名称就是文件夹的名称。一个项目包含很多文件和子目录，例如，项目 Demo3_1LED 根目录下的文件和子目录构成如图 4-9 所示。

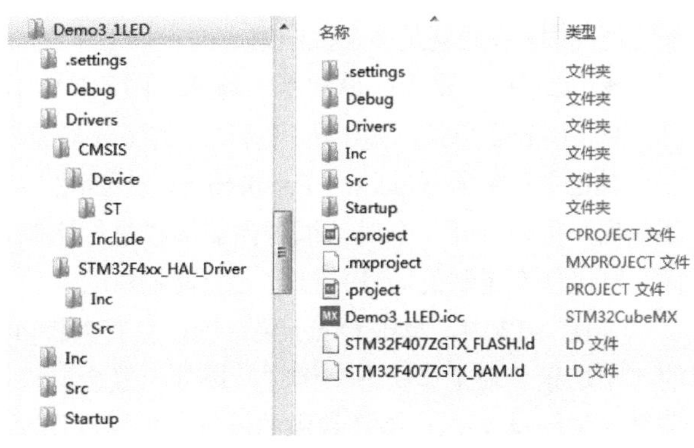

图 4-9　一个 CubeIDE 项目下的文件夹和文件

项目目录下的子目录\.settings 是自动生成的用于管理项目信息的子目录，几个没有名称只有扩展名的文件是项目管理的相关文件，如.cproject、.mxproject 和.project。文件 Demo3_1LED.ioc 是 CubeMX 项目文件。其他文件和子目录就是 STM32 编程相关的用户程序文件和驱动程序文件，这些子目录和文件的功能参见后文。

3. 视图

在图 4-7 的界面上有很多子界面，这些子界面称为视图（View）。例如，窗口左侧显示项目目录和文件组成的 Project Explorer 视图，窗口右侧多页界面上显示文件概览的 Outline 视图。一个视图就是实现一些功能的界面，通常显示在一个多页组件上，右上角有关闭视图的按钮。

CubeIDE 是功能强大的 IDE 环境，有很多视图，可供用户根据需要选择显示各种视图。单击主菜单项 Window→Show View，会显示图 4-10 所示的子菜单，其中会显示一些常用的视图。例如，SFRs 是显示 MCU 的特殊寄存器内容的视图，在调试程序时有用；Outline 是显示一个文件内代码概览的视图，可以显示文件内的函数、宏、类型、变量等各种定义，在浏览程序时特别有用。

如果单击图 4-10 最后的 Other 菜单项，还会看到图 4-11 所示的 Show View 对话框，这个对话框里分类列出了所有视图。

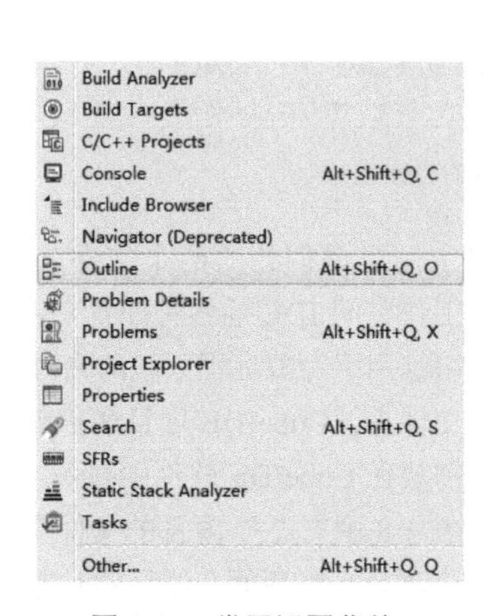

图 4-10　常用视图菜单

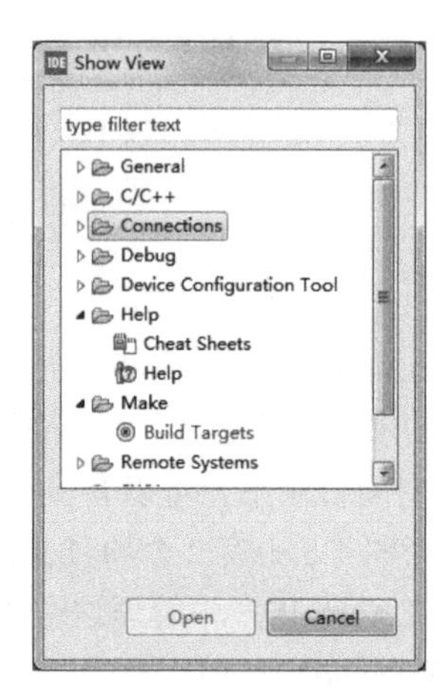

图 4-11　Show View 对话框

4. 场景

CubeIDE 的视图非常多，都显示出来会很杂乱，在工作状态切换时逐个打开或关闭视图又效率低下。例如，编程状态和调试状态要用到不同的视图。为此，Eclipse 使用场景（Perspective）来管理视图。场景就是多个视图组成的一种工作界面，一个场景一般对应于一种工作需求，例如：

- C/C++场景，是最常用的场景，图 4-7 显示的就是这个场景；
- Debug 场景，用于程序调试时的工作场景。

单击主菜单项 Window→Perspective，会显示图 4-12 所示的子菜单。单击 Customize Perspective 菜单项，可以打开一个对话框对当前场景进行定制，定制内容包括工具栏按钮和菜单项的可见性，可以保存定制的场景并自定义场景名称。

在图 4-12 中，单击 Other 菜单项，会打开图 4-13 所示的对话框，其中有 CubeIDE 预定义的 4 个场景。在工作状态变化时，场景一般会自动切换。例如，CubeIDE 启动后就处于 C/C++场景（见图 4-7），这是最常用的场景；如果在图 4-7 左侧的项目浏览器里双击 CubeMX 文件 Demo3_1LED.ioc，会自动切换到 Device Configuration Tool 场景，也就是内置的 CubeMX 操作界面；如果下载程序开始调试，会自动切换到 Debug 场景。

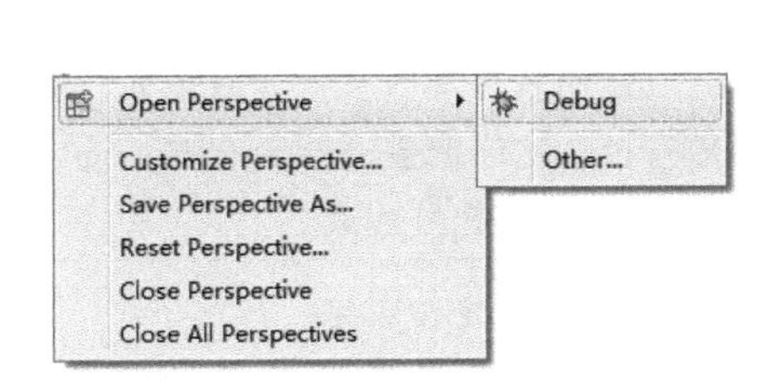

图 4-12 场景管理子菜单

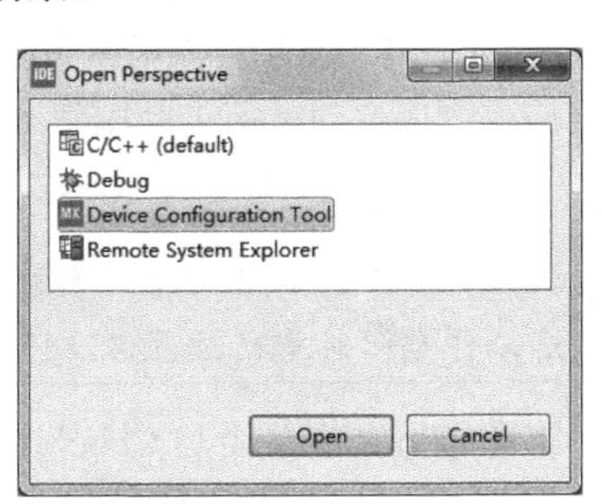

图 4-13 Open Perspective 对话框

4.2.4 STM32Cube 软件库设置

CubeIDE 中集成了 CubeMX 的功能，因为需要用到 STM32Cube MCU 固件库和扩展库（统称为软件库），所以要设置软件库的存储路径和升级方式。单击主菜单项 Window→Preferences，打开 Preferences 设置对话框。用户在这个对话框里可以对软件的各种特性进行设置，包括界面配色方案、字体等。STM32Cube 软件库相关的设置在 STM32Cube\Firmware Updater 页面，设置结果如图 4-14 所示。主要的设置内容包括以下几项。

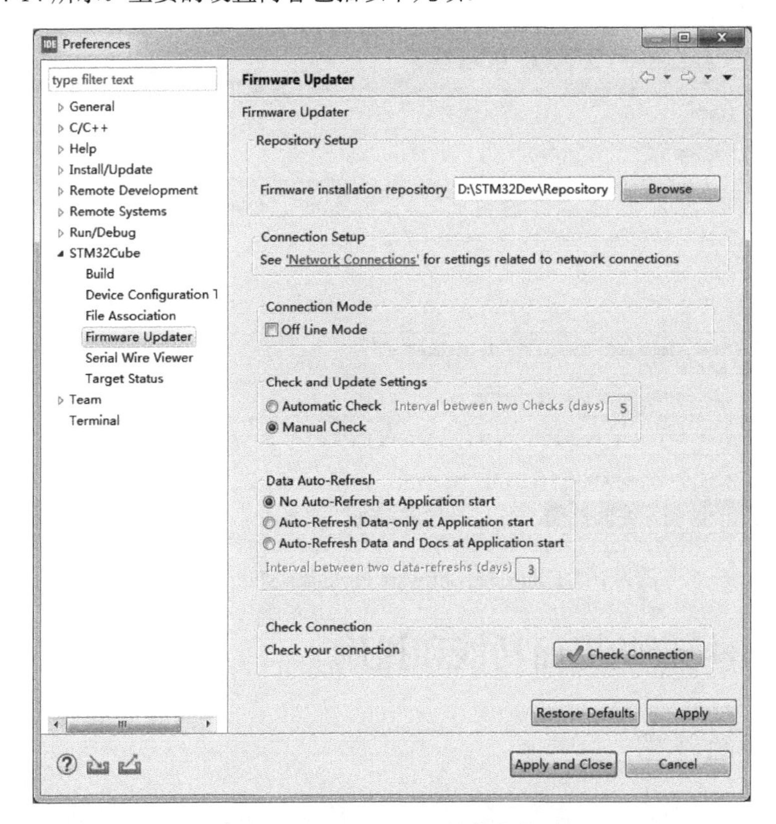

图 4-14 STM32Cube 软件库设置

- 将软件库目录设置为“D:\STM32Dev\Repository”，也就是与独立的 CubeMX 软件共用软件库。

- Check and Update Settings 是软件库的更新检查方式，设置为 Manual Check（手动检查）。
- Data Auto-Refresh 是数据和文档的刷新方式，设置为 No Auto-Refresh at Application start（应用程序启动时不自动刷新）。

每次新建一个工作空间时，其 STM32Cube 的软件库位置和升级方式将恢复为默认值。所以，如果要使用内置的 CubeMX 修改 MCU 配置并生成代码，要注意在新建工作空间时重新设置 STM32Cube 的软件库位置和升级方式。

主菜单项 Help 下有几个与 CubeMX 相关的菜单项，包括以下几项。

- Data Refresh（数据刷新），会打开一个与图 3-10 相同的对话框，用于刷新数据和文档。
- Check for Updates（检查更新），会打开一个对话框，用于检查 STM32Cube MCU 固件包和嵌入式软件包的更新。
- Manage embedded software packages（管理嵌入式软件包），打开图 4-15 所示的 Embedded Software Packages Manager（嵌入式软件包管理）对话框，对 MCU 固件包和其他嵌入式软件包进行管理。这个窗口的功能与独立的 CubeMX 软件中的嵌入式软件包管理窗口的功能相同，可参考 3.2.2 节的详细介绍，这里不再赘述。

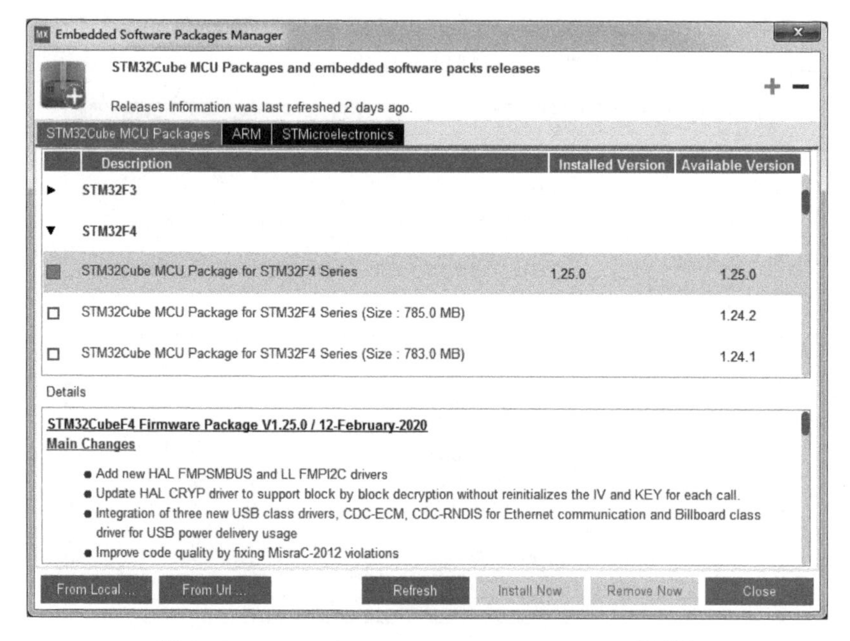

图 4-15　Embedded Software Packages Manager 对话框

4.3　C/C++场景的界面功能和操作

4.3.1　主要的视图

C/C++场景是 CubeIDE 中最常用的一个场景，图 4-7 就是 C/C++场景的典型界面，主要有如下几个视图。

- Project Explorer 视图，显示项目目录下的所有文件夹和文件，用于对项目的文件夹和文件进行管理。

- 文本编辑器，位于界面中间，用于显示和编辑各种文本文件，主要是程序文件。在 Project Explorer 视图中双击一个文本文件时就可以打开这个文件，并以多页界面显示多个文件。
- Outline 视图，显示文本编辑器当前页面中的程序的提纲，例如，程序中的类型、常量、变量、函数等。在 Outline 视图上单击一个符号时，文本编辑器中就会将输入焦点定位到这个符号定义处。Outline 中有一个工具栏，工具栏上的按钮可以实现排序、符号过滤等功能。
- Console 视图，可以显示编译过程和编译结果信息。
- Problems 视图，可以显示编译过程中出现的警告、错误等信息，双击一个提示信息就可以在文本编辑器中定位到出错误的程序行。
- Build Analyzer 视图，可以显示项目构建后 Flash、RAM 等存储空间的使用情况。

还有其他一些有用的视图，如 Tasks、Bookmark 等，用户尝试使用一下就知道其功能了。

4.3.2 工具栏功能

CubeIDE 的主工具栏按钮会根据场景的变化而变化，例如，C/C++场景的主工具栏按钮和 Debug 场景的差别就较大。图 4-7 界面上的主工具栏分为左端和右端两大部分，左端的工具栏是与文件操作、项目构建和界面操作相关的按钮，右端的工具栏是场景切换操作的按钮。

图 4-16 所示的是工具栏上左端的按钮，这些按钮的简要功能说明如表 4-1 所示，其中标注了备注序号的见表后面的详细说明。工具栏上某些按钮并不适合于 C/C++场景，或极少使用，用户可以定制工具栏按钮。单击主菜单项 Window→Perspective→Customize Perspective，我们就会看到一个对话框，可供用户自定义场景，设计更适合自己使用习惯的工具栏。

图 4-16 C/C++场景主工具栏左端的按钮

表 4-1 图 4-16 中工具栏上左端的按钮的功能说明

图标	提示文字	快捷键	功能说明	备注
	New	—	出现一个下拉菜单，用于新建各种项目和文件	(1)
	Save	Ctrl+S	保存文本编辑器里当前页面的文件	—
	Save All	Ctrl+Shift+S	保存文本编辑器里所有页面的文件	—
	Manage configurations for the current project	—	选择项目的配置模式，Debug 模式或 Release 模式	(2)
	Build project	—	构建当前项目的当前配置模式	(3)
	Build all	Ctrl+B	完全重新构建当前项目	—
	New C/C++ project	—	出现一个下拉菜单，用于新建 C/C++项目	—
	New C/C++ Source Folder	—	出现一个下拉菜单，用于新建源代码文件夹	—
	New C/C++ Source File	—	出现一个下拉菜单，用于新建头文件或源程序文件	—
	New C++ Class	—	新建 C++类	—
	Debug	—	出现一个下拉菜单，用于启动项目调试	—
	Run	—	出现一个下拉菜单，用于启动项目运行	—
	External Tools	—	启动外部工具	—

续表

图标	提示文字	快捷键	功能说明	备注
	Skip All Breakpoints	Ctrl+Alt+B	忽略所有断点，在程序调试时有用	—
	Open Element	Ctrl+Shift+T	打开一个对话框，对元素（Element）进行查找	（4）
	Search	—	打开一个查找对话框，有 3 种类型的搜索	—
	Toggle Mark Occurences	Alt+Shift+O	切换标记同类项，例如一个函数内一个变量所有出现的实例	—
	Toggle Word Wrap	Alt+Shift+Y	切换文本自动换行功能	—
	Toggle Block Selection Mode	Alt+Shift+A	切换文本块选择方式	—
	Show Whitespace Character	—	切换显示空格符号	—
	Next Annotation	Ctrl+.	移动到下一标注处，标注包括书签、断点、编译错误、编译警告等。有一个下拉菜单可以选择标记类型	（5）
	Previous Annotation	Ctrl+,	移动到上一标注处	（5）
	Last Edit Location	Ctrl+Q	定位到最后一次修改的代码处	—
	Back to	Alt+Left	代码追踪时回到上一级	—
	Forward to	Alt+Right	代码追踪时回到下一级	—
	Pin Editor	—	在文本编辑器当前页面设置或取消图钉标记	—
	Information Center	—	显示信息中心页面，也就是图 4-4 中的界面	—

（1）New 按钮的下拉菜单如图 4-17 所示。其中，菜单项 STM32 Project 会打开一个向导，创建基于 STM32 MCU/MPU 的嵌入式项目；菜单项 STM32 Project From STM32CubeMX .ico File 用于从一个已有的 CubeMX 文件创建项目。

（2）一个项目有 Debug 和 Release 两种配置，这个按钮用于设置项目当前的配置。若单击按钮右侧的箭头图标，会出现 Debug 和 Release 两个菜单项，单击菜单项就可以选择。若直接单击按钮，会出现图 4-18 所示的对话框，用于设置项目的当前配置。

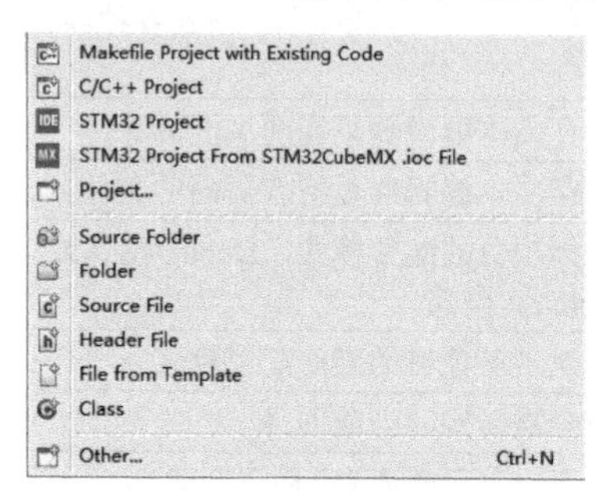

图 4-17　New 按钮的下拉菜单

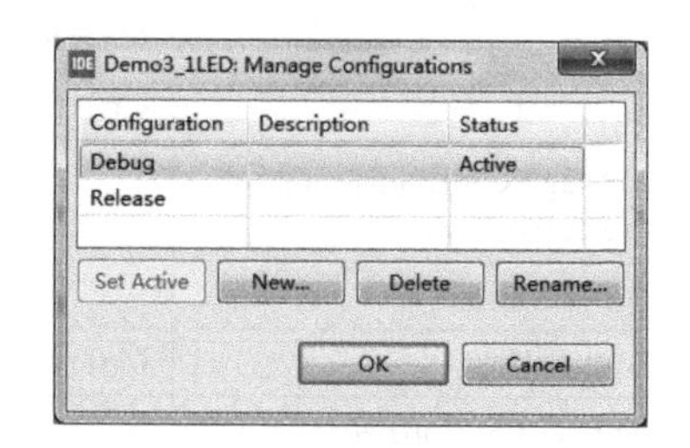

图 4-18　设置项目的当前配置

（3）如果直接单击这个按钮，会构建项目的当前配置版本。这个按钮也有 Debug 和 Release 两个菜单项，可以选择构建其中某个版本。

（4）Open Element 对话框（见图 4-19）可以在整个项目源代码和驱动库源代码中按关键词搜索，并且限定元素类型，如函数、结构体、类、宏定义等。例如，图 4-19 中输入了“GPIO”，可以找到结构体 GPIO_InitTypeDef，双击匹配结果里的这一项，就可以打开其定义所在的源文件，并定位到这个结构体定义的源代码处。

（5）Next Annotation 和 Previous Annotation 这两个按钮有相同的下拉菜单，菜单如图 4-20 所示。每个菜单项是一个复选项，用于选择标注的类型。

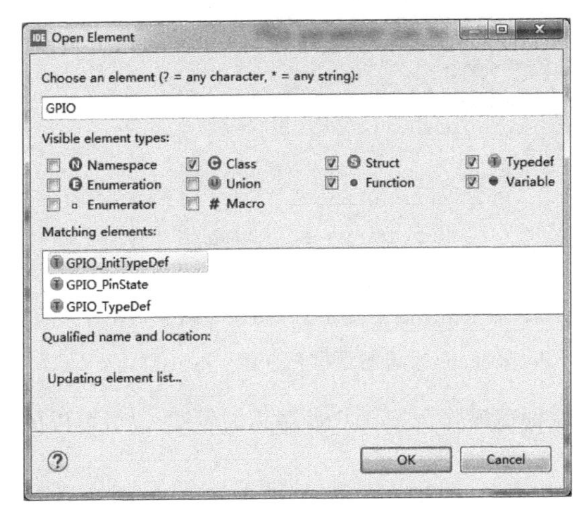

图 4-19　Open Element 对话框

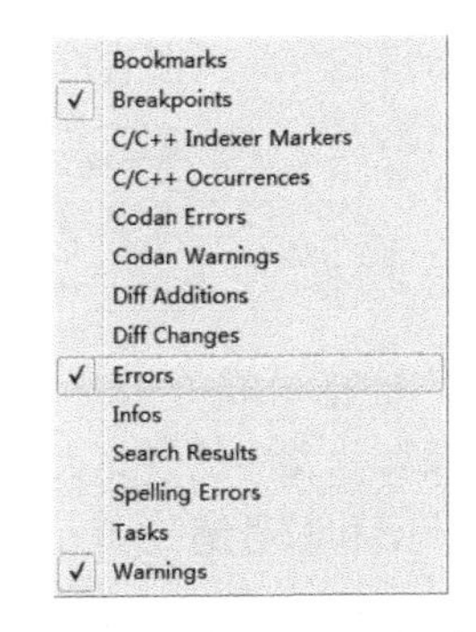

图 4-20　标注类型选择菜单

主窗口右端的工具栏显示最近打开过的场景，通过这些按钮可以快速切换到某个场景。例如，工具栏的按钮可能如图 4-21 所示。第一个按钮是 Open Perspective，用于打开图 4-13 所示的对话框选择场景。后面的 3 个按钮是最近打开过的 3 个场景，单击即可切换场景。切换到某个场景后，主窗口工具栏左端的工具栏按钮会相应调整。

图 4-21　场景切换工具栏按钮

图 4-21 工具栏上的 Quick Access 编辑框用于快速搜索某个功能。例如，在其中输入“Debug”，显示的内容如图 4-22 所示，它列出了所有包含“Debug”的视图、场景、命令、菜单项等，单击某一项就可以快速执行其功能。

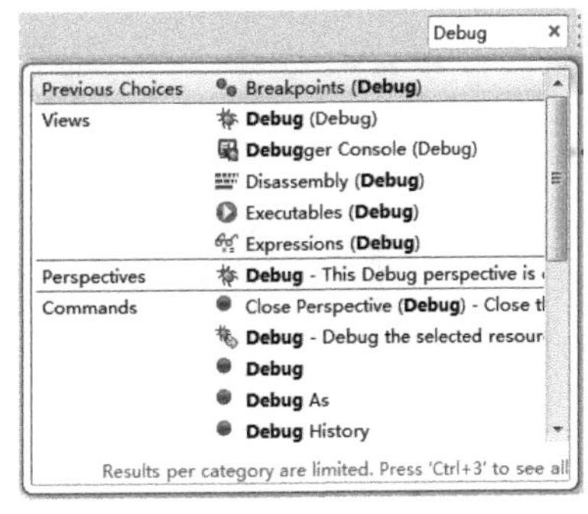

图 4-22　Quick Access 搜索结果

4.3.3　文本编辑器功能和操作

图 4-7 窗口中间的区域是文本编辑器，主要用于编辑程序文件。CubeIDE 的这个编辑器具有强大的编辑功能，下面我们介绍一些实用的操作功能。

1. 界面主题和编辑器字体

单击主菜单项 Window→Preferences，会打开 Preferences 设置对话框（见图 4-23），位于对话框左侧的是一个目录树，单击某个节点就会在右边显示具体的设置界面。

图 4-23 是 General\Apperance 节点的设置界面，在这个界面上可以选择软件的界面主题（Theme）、颜色和字体主题（Color and Font theme）。单击 Apply 按钮，可立刻应用所设置的选项；单击 Restore Defaults 按钮可以恢复为默认值。

General\Apperance\Color and Fonts 节点用于设置各种类型文字的字体，如 C 语言程序文件、各种视图界面的字体。颜色和字体设置的操作比较直观和简单，自己尝试操作即可，界面上都有 Restore Defaults 按钮，可以恢复默认值。

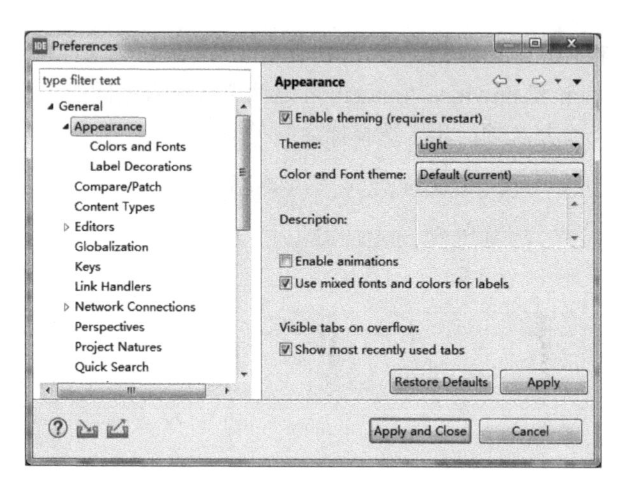

图 4-23　Preferences 设置对话框

编辑器里文字的字体大小可以通过快捷键操作，按住 Ctrl 键和加号键（+）可以放大字体，按住 Ctrl 键和减号键（−）可以缩小字体。

2. 代码追踪和导航

在程序编辑器里，当鼠标指针在某个类型、变量、函数名称等元素上停留时，会出现一个悬浮的文本框，显示该元素定义的源代码（见图 4-24）。按 F2 键或单击此文本框，就会变成一个具有滚动条的窗口，可以查看完整的代码。这个功能有助于就地查看某个类型、变量、函数等元素的定义。

```
main.c
 89
 90   /* USER CODE END SysInit */
 91
 92   /* Initialize all configured peripherals */
 93   MX_GPIO_Init();
 94   /** Configure pins as
 95           * Analog
 96           * Input
 97           * Output
 98           * EVENT_OUT
 99           * EXTI
100   */
101   void MX_GPIO_Init(void)
102   {
103
104     GPIO_InitTypeDef GPIO_InitStruct = {0};
105
106                                             Press 'F2' for focus
107   }
108   /* USER CODE END 3 */
109 }
```

图 4-24　元素定义的就地显示

若要跳转到某个类型、变量、函数名称等元素定义的源代码处，只需将鼠标指针停留在这个元素上按 F3 键，就会打开其程序文件并定位到定义的代码处。

F3 键可以在头文件的函数原型定义和源代码文件的函数实现代码之间跳转。例如，鼠标指针停留在文件 gpio.h 中的函数 MX_GPIO_Init()的函数原型定义处，按 F3 键就会跳转到文件 gpio.c 中此函数的实现代码处。若只是要在.h 文件和.c 文件之间切换，可以用快捷键 Ctrl+Tab。

要在一个文件中快速定位到某个元素处，使用 Outline 视图是最方便的。Outline 视图列出了当前编辑文件中的变量、类型、函数等元素，在 Outline 中单击这个元素就能在编辑器中定位到这个元素处。

3. 编辑功能快捷操作

编辑器的一些有用的快捷操作总结如表 4-2 所示。这些快捷操作在编辑器的快捷菜单或主菜单 Edit 或 Source 的下拉菜单里可以找到。注意，表中没有最常用的撤销、剪切、复制等编辑操作。

表 4-2 编辑器的快捷操作

标题	快捷键	功能说明
Toggle Comment	Ctrl+7 或 Ctrl+/	在选中的文本行前面加//使其变为注释，或解除注释
Add Block Comment	Ctrl+Shift+/	将选中的代码用/* */进行块注释
Remove Block Comment	Ctrl+Shift+\	移除块注释的注释符号
Shift Left	Shift+TAB	选中的代码行向左移动，减少缩进
Correct Indentation	Ctrl+I	自动修正选中代码行的缩进格式
Format	Ctrl+Shift+F	自动调整所选行的格式
Toggle Source/Header	Ctrl+TAB	在源代码文件和头文件之间切换
Toogle Breakpoint	Ctrl+Shift+B	在当前行设置或取消断点

4.4 CubeMX 生成项目的文件组成

我们在第 3 章介绍了如何在 CubeMX 中为 Demo3_1LED.ioc 生成 CubeIDE 项目的代码，在 4.2.2 节又介绍了如何将项目 Demo3_1LED 导入 CubeIDE 的工作空间，在本节中将介绍 CubeIDE 项目的文件组成。

CubeIDE 的一个项目就是一个文件夹，项目名称就是文件夹的名称。在图 4-9 中，除了根目录下的 Demo3_1LED.ioc 是 CubeMX 的文件，其他都是 CubeIDE 项目的文件夹和文件。

CubeIDE 的项目中包含所选型号 MCU 必要的驱动程序，包括 CMSIS 驱动程序和 HAL 驱动程序，还有用户应用相关的程序文件。这些驱动程序是 CubeMX 根据 MCU 的配置自动从安装的嵌入式软件库中复制过来的，用户应用程序包括所用外设的初始化程序。

图 4-25 所示的是 Project Explorer 视图中项目 Demo3_1LED 的文件夹和文件，这个视图显示的就是该项目硬盘目录下的所有文件夹和文件。本示例选用的 MCU 是 STM32F407ZG，结合图 4-9 和图 4-25，我们就可以分析这个项目的目录结构和文件组成。

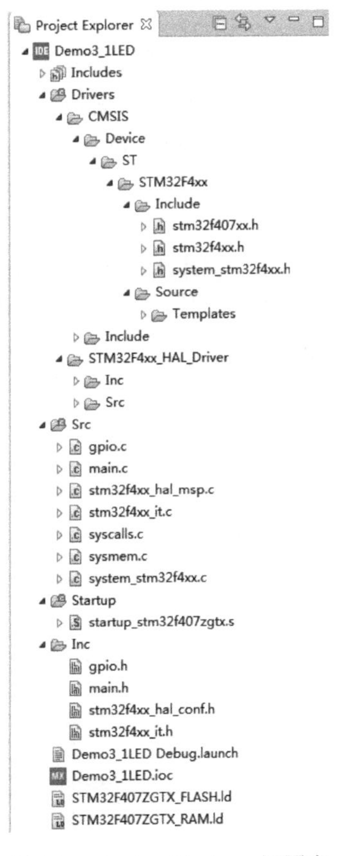

图 4-25 Project Explorer 视图中项目的文件夹和文件

4.4.1 CMSIS 驱动程序文件

目录\Drivers\CMSIS 下是 CMSIS 标准的驱动程序，包括 Cortex 内核的驱动程序和具体 MCU 器件的基础定义头文件，它有两个子目录。

（1）目录\Drivers\CMSIS\Device\ST\STM32F4xx\Include，这

个目录下是具体型号 MCU 的相关定义文件，如图 4-25 中的几个文件。

- stm32f407xx.h，这是 CMSIS 标准的 STM32F407xx 系列器件的外设访问头文件，这个文件里包含所有外设的地址映射和数据结构定义，外设寄存器的定义，用于访问外设寄存器的宏定义等。
- stm32f4xx.h，这是 STM32F4xx 系列器件的配置文件，它根据项目的编译符号定义，在条件编译中包含具体的 MCU 定义头文件（如 stm32f407xx.h），这个文件中有如下的代码段：

```
#if defined(STM32F405xx)
  #include "stm32f405xx.h"
#elif defined(STM32F415xx)
  #include "stm32f415xx.h"
#elif defined(STM32F407xx)
  #include "stm32f407xx.h"      //本例用到的具体型号 MCU
#elif defined(STM32F417xx)
  #include "stm32f417xx.h"
```

  文件 stm32f4xx.h 中还有如下的条件编译语句，用于确定是否包含 HAL 驱动的基础头文件 stm32f4xx_hal.h。

```
#if defined (USE_HAL_DRIVER)
 #include "stm32f4xx_hal.h"
#endif   /* USE_HAL_DRIVER */
```

  文件 stm32f4xx.h 中用到的条件编译符号 STM32F407xx 和 USE_HAL_DRIVER 是在项目的编译设置中定义的。单击主菜单项 Project→Properties，打开 Properties for Demo3_1LED（项目属性设置）对话框，在 C/C++ Build\Settings 节点的 Tool Settings 页面，单击 MCU GCC Compiler\Preprocessor，就可以看到这两个预处理符号，如图 4-26 所示。
- system_stm32f4xx.h，这个文件里定义了系统初始化函数 SystemInit()，这个函数是在系统复位之后，执行 main()函数之前调用的。SystemInit()函数对 SRAM 的向量表重定位，配置 FSMC/FMC 外设以使用外部的 SRAM 或 SDRAM 存储器。

（2）目录\Drivers\CMSIS\Include，这个目录下都是与 Cortex-M 内核相关的一些文件（见图 4-27），是 ARM 公司提供的定义文件，与具体的 MCU 型号无关。

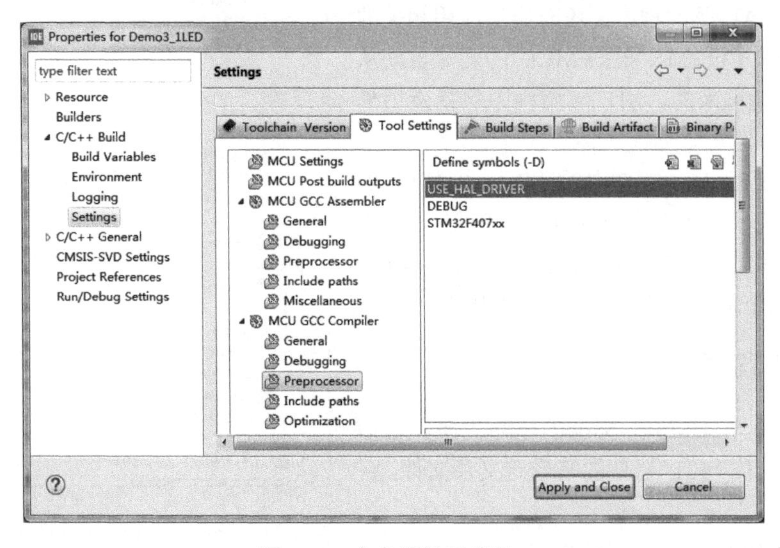

图 4-26　定义预处理符号

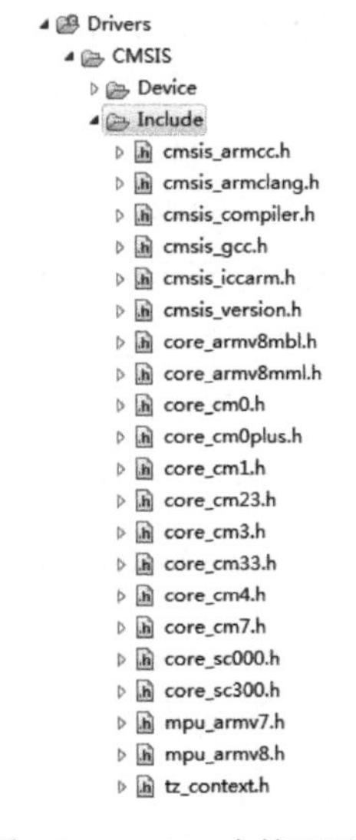

图 4-27　ARM 内核驱动文件

4.4.2 HAL 驱动程序文件

1. 外设驱动程序

目录\Drivers\STM32F4xx_HAL_Driver 下是 STM32F4xx 系列器件的 HAL 驱动程序。该目录下有两个子目录：\Inc 目录和\Src 目录。\Inc 目录下是头文件，\Src 目录下是源代码文件。一个.h 头文件对应一个.c 程序文件，分别保存在这两个目录下（见图 4-28）。每一种外设有一个基本驱动文件，有的还有一个扩展驱动文件。

- stm32f4xx_hal_ppp.h 是外设 ppp 的基本驱动程序头文件，如 GPIO 的驱动头文件 stm32f4xx_hal_gpio.h，定时器的驱动头文件 stm32f4xx_hal_tim.h 等。
- stm32f4xx_hal_ppp_ex.h 是外设 ppp 的扩展驱动程序头文件，包括某个型号或某个系列 MCU 的特定 API 函数，或重新定义的用于替换基本驱动程序的一些 API 函数。如 stm32f4xx_hal_gpio_ex.h、stm32f4xx_hal_tim_ex.h 等。

目录\Drivers\STM32F4xx_HAL_Driver 里除了外设的驱动程序文件，还有 HAL 库的几个基础文件。

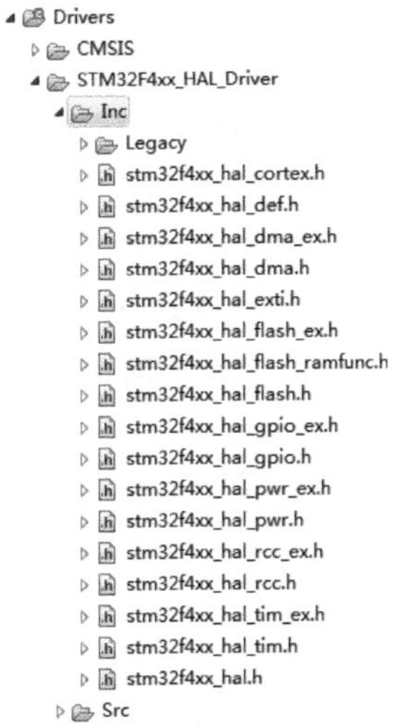

```
Drivers
  CMSIS
  STM32F4xx_HAL_Driver
    Inc
      Legacy
      stm32f4xx_hal_cortex.h
      stm32f4xx_hal_def.h
      stm32f4xx_hal_dma_ex.h
      stm32f4xx_hal_dma.h
      stm32f4xx_hal_exti.h
      stm32f4xx_hal_flash_ex.h
      stm32f4xx_hal_flash_ramfunc.h
      stm32f4xx_hal_flash.h
      stm32f4xx_hal_gpio_ex.h
      stm32f4xx_hal_gpio.h
      stm32f4xx_hal_pwr_ex.h
      stm32f4xx_hal_pwr.h
      stm32f4xx_hal_rcc_ex.h
      stm32f4xx_hal_rcc.h
      stm32f4xx_hal_tim_ex.h
      stm32f4xx_hal_tim.h
      stm32f4xx_hal.h
    Src
```

图 4-28 HAL 驱动文件

2. HAL 驱动头文件 stm32f4xx_hal.h

文件 stm32f4xx_hal.h 里有 HAL 驱动的一些宏定义和函数定义。最主要的一个函数是 HAL_Init()，用于 HAL 库的初始化，其功能是复位所有外设、初始化 Flash 接口、配置系统定时器 Systick 周期为 1ms。main()函数里首先执行的就是这个函数，HAL_Init()函数的代码如下：

```
HAL_StatusTypeDef HAL_Init(void)
{
    /* 配置 Flash prefetch, Instruction cache, Data cache */
    #if (INSTRUCTION_CACHE_ENABLE != 0U)
        __HAL_FLASH_INSTRUCTION_CACHE_ENABLE();
    #endif /* INSTRUCTION_CACHE_ENABLE */

    #if (DATA_CACHE_ENABLE != 0U)
        __HAL_FLASH_DATA_CACHE_ENABLE();
    #endif /* DATA_CACHE_ENABLE */

    #if (PREFETCH_ENABLE != 0U)
        __HAL_FLASH_PREFETCH_BUFFER_ENABLE();
    #endif /* PREFETCH_ENABLE */

    /* 设置中断优先级分组策略 */
    HAL_NVIC_SetPriorityGrouping(NVIC_PRIORITYGROUP_4);

    /* 使用 systick 作为基础时钟，配置 systick 定时周期为 1ms */
    HAL_InitTick(TICK_INT_PRIORITY);

    /* 初始化底层硬件，与 MCU 相关 */
    HAL_MspInit();
    return HAL_OK;
}
```

这个函数中调用的两个函数 HAL_InitTick()和 HAL_MspInit()都是用__weak 修饰符定义的。

例如，文件 stm32f4xx_hal.c 中 HAL_MspInit()函数的代码如下（保留了英文注释）：

```
__weak void HAL_MspInit(void)
{
  /* NOTE : This function should not be modified, when the callback is needed,
            the HAL_MspInit could be implemented in the user file
    注意：这个函数不应该被修改，需要调用时，可以在用户文件里重新实现 HAL_MspInit()函数
   */
}
```

这个函数的前面使用了__weak 修饰符，这种函数称为“弱函数”。这个弱函数里没有任何代码，注释表明，如果用户需要在 HAL 初始化时做一些针对 MCU 的初始化操作，可以在自己的程序文件里重新定义这个函数。之后，在项目编译时，编译的就是用户重新实现的 HAL_MspInit()函数，而不是 HAL 库中的弱函数 HAL_MspInit()。在 HAL 库中有大量的弱函数，本书后文会介绍更多弱函数的使用。

stm32f4xx_hal.h 中还有一个常用的延时函数 HAL_Delay()，它基于系统定时器 SysTick 实现精确的毫秒级延时。

3. HAL 通用定义文件 stm32f4xx_hal_def.h

文件 stm32f4xx_hal_def.h 里有 HAL 的一些通用定义，包括枚举类型、宏定义、结构体等。例如，HAL 库中很多函数的返回值类型是 HAL_StatusTypeDef，就是在这个文件里定义的一个枚举类型，定义代码如下：

```
typedef enum
{
     HAL_OK           = 0x00U,
     HAL_ERROR        = 0x01U,
     HAL_BUSY         = 0x02U,
     HAL_TIMEOUT      = 0x03U
} HAL_StatusTypeDef;
```

4. Cortex HAL 驱动文件 stm32f4xx_hal_cortex.h

文件 stm32f4xx_hal_cortex.h 是 Cortex HAL 驱动文件，它提供 HAL 驱动中用到的 Cortex 内核的一些常量、结构体和函数定义，如中断优先级定义、中断优先级设置函数等。

\Drivers 目录下的驱动程序文件都来自于 STM32CubeF4 固件库。在 CubeMX 里，生成 CubeIDE 项目代码时，系统会自动根据 MCU 型号和用到的外设将需要的驱动程序文件复制到 CubeIDE 项目里，并组织好目录结构。\Drivers 目录下的文件都不要修改，只有极少数情况下需要修改，但是修改后如果用 CubeMX 再次生成代码，所做的修改会丢失。

Demo3_1LED
Includes
Drivers
Src
gpio.c
main.c
stm32f4xx_hal_msp.c
stm32f4xx_it.c
syscalls.c
sysmem.c
system_stm32f4xx.c
Startup
Inc
gpio.h
main.h
stm32f4xx_hal_conf.h
stm32f4xx_it.h

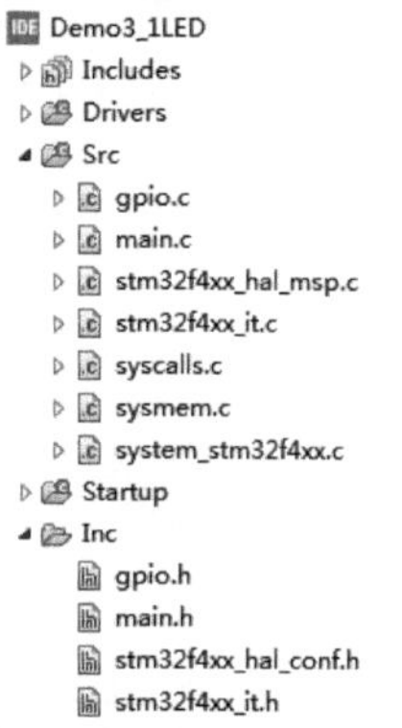

图 4-29　用户程序文件

4.4.3　用户程序文件

用户的程序文件分布在项目根目录下的\Inc 和\Src 两个子目录下（见图 4-29），因为我们在 CubeMX 里设置导出代码选项时，选择了生成.c/.h 文件对（见图 3-31）。

1. 外设的初始化程序文件

在生成代码时，CubeMX 会为启用的外设都生成一个外设初始化程序文件。例如，在本例中，我们使用 PF9 和 PF10 引脚作为输出引脚

驱动两个 LED，就用到了 GPIO 外设，所以生成了 GPIO 初始化程序文件 gpio.c 和 gpio.h。文件 gpio.h 定义了 GPIO 外设初始化函数原型。

```
void MX_GPIO_Init(void);
```

在文件 gpio.c 中，有 MX_GPIO_Init()函数的实现代码，对用到的两个 GPIO 引脚进行了初始化设置。MX_GPIO_Init()函数的实现代码如下。对于代码的具体实现原理暂时不解释，我们在第 6 章介绍 GPIO 时再详细介绍 GPIO 的原理和程序代码。

```
void MX_GPIO_Init(void)
{
     GPIO_InitTypeDef GPIO_InitStruct = {0};
     /* GPIO 端口和时钟使能 */
     __HAL_RCC_GPIOF_CLK_ENABLE();
     __HAL_RCC_GPIOH_CLK_ENABLE();
     __HAL_RCC_GPIOA_CLK_ENABLE();

     /* 配置 GPIO 引脚输出电平，输出 1 */
     HAL_GPIO_WritePin(LED1_GPIO_Port, LED1_Pin, GPIO_PIN_SET);
     /*配置 GPIO 引脚输出电平，输出 0 */
     HAL_GPIO_WritePin(LED2_GPIO_Port, LED2_Pin, GPIO_PIN_RESET);

     /* 配置 GPIO 引脚 : LED1_Pin 和 LED2_Pin 在 main.h 中定义*/
     GPIO_InitStruct.Pin = LED1_Pin|LED2_Pin;
     GPIO_InitStruct.Mode = GPIO_MODE_OUTPUT_PP;
     GPIO_InitStruct.Pull = GPIO_NOPULL;
     GPIO_InitStruct.Speed = GPIO_SPEED_FREQ_LOW;
     HAL_GPIO_Init(GPIOF, &GPIO_InitStruct);
}
```

2. HAL 配置文件 stm32f4xx_hal_conf.h

文件 stm32f4xx_hal_conf.h 是对 HAL 驱动程序的一些配置。例如，启用 MCU 上的哪些外设模块，对 RCC 的 HSE、HSI、LSE、LSI 等时钟频率的设置等。例如，此文件中的部分代码如下：

```
/* ######## 模块选择 ################# */
#define HAL_MODULE_ENABLED

/* #define HAL_ADC_MODULE_ENABLED    */
/* #define HAL_CAN_MODULE_ENABLED    */
/* #define HAL_LPTIM_MODULE_ENABLED    */
/* #define HAL_EXTI_MODULE_ENABLED    */
#define HAL_GPIO_MODULE_ENABLED
#define HAL_EXTI_MODULE_ENABLED
#define HAL_DMA_MODULE_ENABLED
#define HAL_RCC_MODULE_ENABLED
#define HAL_FLASH_MODULE_ENABLED
#define HAL_PWR_MODULE_ENABLED
#define HAL_CORTEX_MODULE_ENABLED

/* ####### HSE/HSI 频率设置 ############## */
#if !defined  (HSE_VALUE)
      #define HSE_VALUE    ((uint32_t)8000000U)     /* HSE 晶振频率，单位 Hz */
#endif /* HSE_VALUE */
```

代码段中的模块选择部分未显示完整代码，注释掉了未使用模块的定义语句。代码段中定义了宏 HSE_VALUE 为 8000000，也就是在 CubeMX 的时钟树中设置的 HSE 晶振频率为 8MHz。

文件 stm32f4xx_hal_conf.h 的内容是根据 CubeMX 中的配置自动生成的，一般不要直接修改此文件，而是在 CubeMX 里修改配置后重新生成代码。

3. 中断服务例程文件

文件 stm32f4xx_it.h 是中断服务例程（Interrupt Service Routine，ISR）的定义，文件 stm32f4xx_it.c 中是 ISR 的实现代码。文件 stm32f4xx_it.h 中有如下的一些函数原型定义：

```
/*----- 导出的函数原型 ----------*/
void NMI_Handler(void);
void HardFault_Handler(void);
void MemManage_Handler(void);
void BusFault_Handler(void);
void UsageFault_Handler(void);
void SVC_Handler(void);
void DebugMon_Handler(void);
void PendSV_Handler(void);
void SysTick_Handler(void);
/* USER CODE BEGIN EFP */

/* USER CODE END EFP */
```

本示例的功能只是简单地用 GPIO 引脚驱动 LED，并没有显式地使用中断，但是文件里已经定义了一些 ISR。这些是系统用到的一些中断的 ISR，它们的函数实现代码里一般没有做什么处理，只有 SysTick_Handler()函数有实现代码。

SysTick_Handler()是系统定时器 Systick 的 ISR，系统定时器 Systick 每 1ms 中断一次，产生周期为 1ms 的嘀嗒信号。HAL 使用它实现毫秒级精确延时函数 HAL_Delay()。

各种中断的 ISR 名称是固定的，文件 startup_stm32f407zgtx.s 中定义了这些 ISR 名称。使用 STM32Cube 开发方式时，我们可以在 CubeMX 里图形化地设置和管理所有中断，在 CubeMX 生成代码时，会自动在文件 stm32f4xx_it.h 和 stm32f4xx_it.c 中生成已开启中断的 ISR 声明和代码框架，用户一般不需要直接修改文件 stm32f4xx_it.h 和 stm32f4xx_it.c 的内容。我们会在第 7 章专门介绍中断系统的特点和中断的编程处理方法。

4. HAL 的 MSP 初始化程序文件

stm32f4xx_hal_msp.c 是 HAL 库的 MSP 程序文件。MSP 是 MCU Specific Package，即 MCU 特定程序包。这个文件定义了 HAL 库的 MSP 初始化函数和反初始化（Deinitialization）函数。本示例中在这个文件里有 MSP 初始化函数 HAL_MspInit()，其代码如下：

```
void HAL_MspInit(void)
{
	/* USER CODE BEGIN MspInit 0 */

	/* USER CODE END MspInit 0 */
	__HAL_RCC_SYSCFG_CLK_ENABLE();
	__HAL_RCC_PWR_CLK_ENABLE();
	/* System interrupt init*/
	/* USER CODE BEGIN MspInit 1 */

	/* USER CODE END MspInit 1 */
}
```

函数 HAL_MspInit()的功能是针对具体 MCU 的一些初始化工作。这个函数实际上是对文件 stm32f4xx_hal.c 中用__weak 修饰符定义的弱函数 HAL_MspInit()的重新实现。在主程序里调用

HAL 初始化函数 HAL_Init()时，实际就是调用了这个文件里重新实现的函数 HAL_MspInit()。

5. 处理器系统初始化文件 system_stm32f4xx.c

文件 system_stm32f4xx.c 是\Drivers\CMSIS\Device\ST\STM32F4xx\Include 目录下的系统初始化定义头文件 system_stm32f4xx.h 的程序实现文件，主要实现了 SystemInit()和 SystemCoreClockUpdate()两个函数。

SystemInit()函数在系统复位之后、main()函数执行之前执行。其功能是初始化 FPU 设置、向量表重定位、外部存储器配置。这个文件的代码是由 CubeMX 根据配置自动生成的，不要手动修改。

6. 最小系统调用文件

文件 syscalls.c 和 sysmem.c 是 CubeIDE 最小系统需要用到的文件，syscalls.c 定义了一些底层函数，sysmem.c 定义了内存管理函数。这两个文件里的函数是被 CubeIDE 调用的，用户程序不会直接用到。

7. 主程序文件

主程序文件就是 main.h 和 main.c。文件 main.h 的完整代码如下。为使代码更容易阅读，我们剔除了程序中的注释和条件编译不成立的部分：

```
/*  文件： main.h -----------------------------------------------------------*/
#include "stm32f4xx_hal.h"
/* Exported functions prototypes,导出的函数原型  ---------------------------*/
void Error_Handler(void);

/* Private defines,私有定义  ---------------------------------------------*/
#define LED1_Pin            GPIO_PIN_9
#define LED1_GPIO_Port      GPIOF
#define LED2_Pin            GPIO_PIN_10
#define LED2_GPIO_Port      GPIOF
```

文件 main.h 定义了几个宏，这是因为在 CubeMX 中设置了 PF9 引脚的用户标签为 LED1，设置了 PF10 引脚的用户标签为 LED2。CubeMX 生成代码时自动在文件 main.h 中为这些定义了用户标签的引脚创建宏定义。

文件 main.c 的完整代码如下。为使代码更容易阅读，我们剔除了程序中的注释和条件编译不成立的部分，并且将部分关键注释译为中文：

```
/*  文件： main.c -----------------------------------------------------------*/
#include "main.h"
#include "gpio.h"
/* Private function prototypes,私有函数原型  -------------------------------*/
void SystemClock_Config(void);

int main(void)
{
     HAL_Init();      //HAL 初始化，包括 MCU 配置，复位所有外设，初始化 Flash 接口和 Systick
     SystemClock_Config();      //系统时钟配置
     MX_GPIO_Init();            //GPIO 初始化
     while (1)
     {
     }
}

/* 系统时钟配置 */
void SystemClock_Config(void)
```

```
{
    RCC_OscInitTypeDef RCC_OscInitStruct = {0};
    RCC_ClkInitTypeDef RCC_ClkInitStruct = {0};
    /**  配置内部稳压器的输出电压    */
    __HAL_RCC_PWR_CLK_ENABLE();
    __HAL_PWR_VOLTAGESCALING_CONFIG(PWR_REGULATOR_VOLTAGE_SCALE1);

    /** 初始化 CPU、AHB 和 APB 总线的时钟频率 */
    RCC_OscInitStruct.OscillatorType = RCC_OSCILLATORTYPE_HSE;   //使用 HSE
    RCC_OscInitStruct.HSEState = RCC_HSE_ON;                     //开启 HSE
    RCC_OscInitStruct.PLL.PLLState = RCC_PLL_ON;                 //开启主锁相环
    RCC_OscInitStruct.PLL.PLLSource = RCC_PLLSOURCE_HSE;   //PLL 时钟源设置为 HSE
    RCC_OscInitStruct.PLL.PLLM = 4;                       //PLLM 分频器系数=4
    RCC_OscInitStruct.PLL.PLLN = 168;                     //PLLN 倍频器系数=168
    RCC_OscInitStruct.PLL.PLLP = RCC_PLLP_DIV2;          //PLLP 分频器系数=2
    RCC_OscInitStruct.PLL.PLLQ = 4;                       //PLLQ 分频器系数=4
    if (HAL_RCC_OscConfig(&RCC_OscInitStruct) != HAL_OK)
    {
        Error_Handler();
    }

    /**  初始化 CPU、AHB 和 APB 总线的时钟频率  */
    RCC_ClkInitStruct.ClockType = RCC_CLOCKTYPE_HCLK|RCC_CLOCKTYPE_SYSCLK
            |RCC_CLOCKTYPE_PCLK1|RCC_CLOCKTYPE_PCLK2;
    RCC_ClkInitStruct.SYSCLKSource = RCC_SYSCLKSOURCE_PLLCLK;
    RCC_ClkInitStruct.AHBCLKDivider = RCC_SYSCLK_DIV1;      //AHB 分频器系数=1
    RCC_ClkInitStruct.APB1CLKDivider = RCC_HCLK_DIV4;       //APB1 分频器系数=4
    RCC_ClkInitStruct.APB2CLKDivider = RCC_HCLK_DIV2;       //APB2 分频器系数=2

    if (HAL_RCC_ClockConfig(&RCC_ClkInitStruct, FLASH_LATENCY_5) != HAL_OK)
    {
        Error_Handler();
    }
}

/**  错误处理函数  */
void Error_Handler(void)
{
    /* USER CODE BEGIN Error_Handler_Debug */
    /*  用户可编写代码报告 HAL 错误信息   */
    /* USER CODE END Error_Handler_Debug */
}
```

文件 main.c 定义了一个函数 SystemClock_Config()，用于系统时钟配置，包括 CPU、AHB 和 APB 总线时钟频率的定义。这个函数的代码是根据 CubeMX 里 RCC 和时钟树的设置自动生成的，读者可以对照图 3-28 理解代码的功能，例如，主锁相环中各个分频器和倍频器的系数设置。这个函数的代码是 CubeMX 自动生成的，所以若需要修改某个时钟信号频率，应该在 CubeMX 里修改时钟树后重新生成代码。

再看主函数 main()的代码功能，它依次调用了如下的 3 个函数，然后进入 while()死循环。

- HAL_Init()，这是在 stm32f4xx_hal.h 文件中定义的 HAL 库初始化函数。函数 HAL_Init()里又调用了重新实现的 MSP 函数 HAL_MspInit()，用于特定 MCU 的初始化。
- SystemClock_Config()，这是在文件 main.c 中定义的函数，用于对系统时钟进行配置。
- MX_GPIO_Init()，这是 GPIO 外设的初始化函数，也就是对两个 LED 引脚的 GPIO 初始化，定义在文件 gpio.h 中。

在 CubeIDE 文本编辑器中，因为条件编译的条件不成立而不会被编译的代码会以灰色底色显示，这样容易看出条件编译的影响代码范围。

4.4.4 启动文件

目录\startup 下的文件 startup_stm32f407zgtx.s 是处理器的启动文件，这是一个汇编语言程序文件，是 MCU 复位后首先执行的程序。它初始化堆栈指针 SP 和代码指针 PC，设置中断程序向量表，执行 system_stm32f4xx.c 文件中的函数 SystemInit()，然后执行主函数 main()。

所有中断的 ISR 名称都在 startup_stm32f407zgtx.s 文件里定义。例如，下面是系统中断和部分可屏蔽中断 ISR 名称的定义：

```
g_pfnVectors:
  .word  _estack
  .word  Reset_Handler
  .word  NMI_Handler
  .word  HardFault_Handler
  .word  MemManage_Handler
  .word  BusFault_Handler
  .word  UsageFault_Handler
  .word  0
  .word  0
  .word  0
  .word  0
  .word  SVC_Handler
  .word  DebugMon_Handler
  .word  0
  .word  PendSV_Handler
  .word  SysTick_Handler

/* External Interrupts */
  .word     WWDG_IRQHandler             // Window WatchDog
  .word     RTC_WKUP_IRQHandler         // RTC Wakeup through the EXTI line
  .word     RCC_IRQHandler              // RCC
  .word     EXTI0_IRQHandler            // EXTI Line0
  .word     EXTI1_IRQHandler            // EXTI Line1
  .word     DMA1_Stream5_IRQHandler     // DMA1 Stream 5
  .word     ADC_IRQHandler              // ADC1, ADC2 and ADC3s
  .word     TIM1_BRK_TIM9_IRQHandler    // TIM1 Break and TIM9
  .word     SPI1_IRQHandler             // SPI1
  .word     SPI2_IRQHandler             // SPI2
  .word     USART1_IRQHandler           // USART1
```

在文件 stm32f4xx_it.h 和 stm32f4xx_it.c 中定义和实现 ISR 时，函数名必须与 startup_-stm32f407zgtx.s 文件中定义的函数名一致。

4.4.5 根目录下的文件

项目根目录下还有两个扩展名为.ld 的文件，这两个文件是存储器的编译链接脚本文件。

- 文件 STM32F407ZGTX_FLASH.ld，用于设置堆的大小、栈的大小和位置、默认的各种程序段和数据段的地址和长度等。如果使用了外部存储器，还要设置存储器的位置和大小。
- 文件 STM32F407ZGTX_RAM.ld，与前一个文件的功能基本相同，但只是在 RAM 中调试时才用。

这两个文件是根据 CubeMX 中最小堆栈大小的设置，以及 MCU 内部存储空间的分布自动分配而生成的，是比较底层的内容，一般不用去管它们。

如果项目成功用仿真器下载到开发板上调试过，还会在根目录下生成一个后缀为.launch 的文件，如 Demo3_1LED Debug.launch，这个文件保存了仿真调试器的启动配置参数。

4.4.6　Include 搜索路径

在 Project Explorer 视图的项目节点下，有一个虚拟的文件夹\Includes，这个文件夹不是硬盘上项目里的实际文件夹，而是项目的 Include 搜索路径。图 4-30 是项目虚拟目录\Includes 下的内容。前 3 条路径是 CubeIDE 的编译工具链标准库的路径，后 5 条是本项目的 Include 搜索路径。

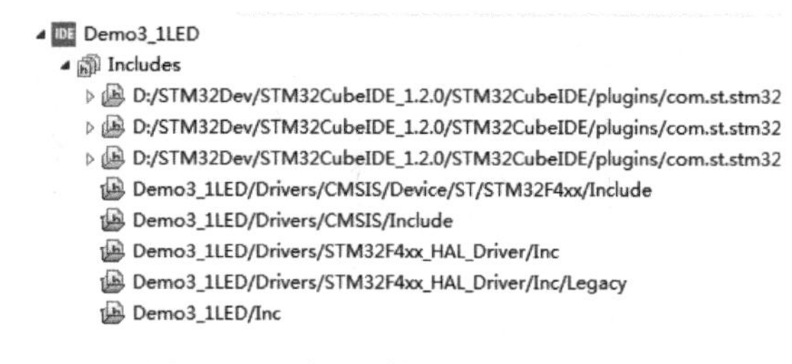

图 4-30　项目下的虚拟目录\Includes

4.5　项目管理、构建和下载调试

4.5.1　项目管理

一个工作空间可以管理多个项目，工作空间里的项目有打开和关闭两种状态。图 4-31 所示的是第 4 章工作空间管理的本章的两个示例项目，项目 Demo3_1LED 是打开的状态，项目 Demo4_2EmbedMX 是关闭的状态。在项目浏览器里，双击一个项目的节点就可以打开项目，在项目节点上单击鼠标右键，在快捷菜单里单击 Close Project，就可以关闭这个项目。

当工作空间里有多个项目处于打开状态时，只有一个项目是当前项目，鼠标单击一个项目的任何一个文件夹或文件节点，这个项目就变成当前项目。构建、项目属性设置、下载和调试等项目操作都是针对当前项目的。所以，在工作空间中最好只打开一个当前需要处理的项目，其他项目都关闭。这样可以减少内存占用，并且可以避免未切换到真正需要处理的项目而导致操作失误。

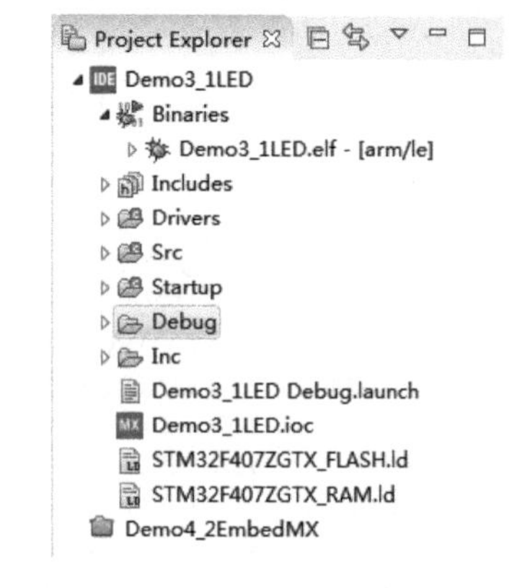

图 4-31　工作空间里管理的多个项目

项目的管理可以通过主工具栏按钮、主菜单 Project 下的菜单项或项目浏览器中项目节点的快捷菜单实现。图 4-32 所示的是主菜单 Project 下的菜单项，图 4-33 是项目节点快捷菜单中的部分菜单项。常用的项目管理操作包括以下几项。

- Build All（全部构建），构建工作空间中所有已打开的项目。所以，不要打开工作空间中不需要处理的项目。
- Build Project（构建项目），构建工作空间中的当前项目。构建后会在项目里生成 Debug 或 Release 目录（由项目当前配置决定）和一个虚拟文件夹 Binaries，这个虚拟文件夹里是编译生成的二进制文件，如图 4-31 中显示的文件 Demo3_1LED.elf。
- Clean Project（清理项目），清除项目构建生成的中间文件和二进制文件。
- Close Project（关闭项目），关闭当前项目。
- Close Unreleated Projects（关闭不相关项目），关闭工作空间中所有与本项目无关的项目。

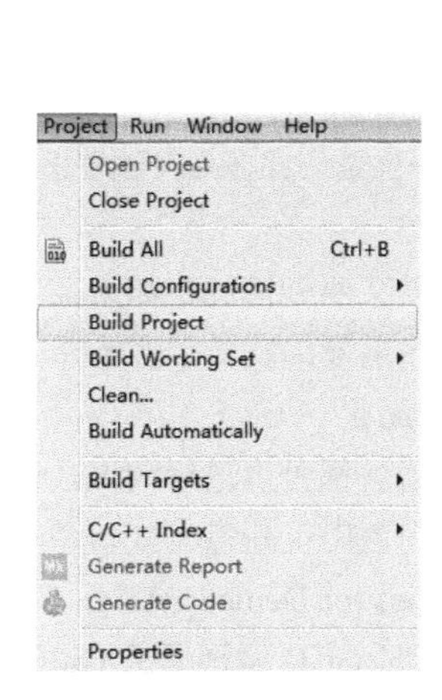

图 4-32 主菜单 Project 下的菜单项

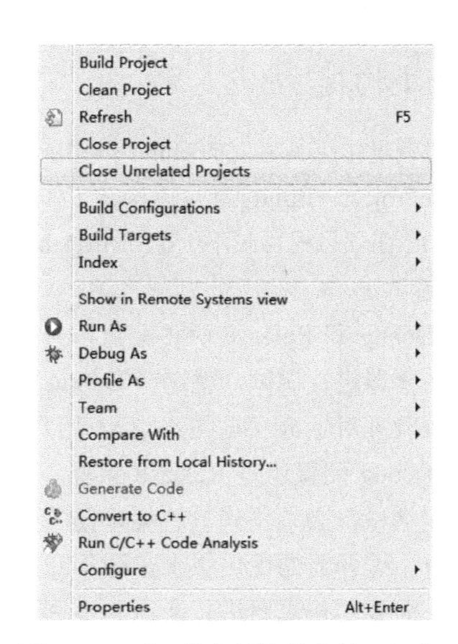

图 4-33 项目节点的快捷菜单（部分项）

- Refresh（刷新），在使用独立的 CubeMX 重新生成代码后，用户可能需要手动刷新项目的文件。
- Build Automatically（自动构建）。这是一个复选项，如果打开这个选项，在项目程序文件被修改，或 CubeMX 重新生成代码后就会自动构建。一般应关闭此选项，自行控制构建时机。
- Properties（属性），项目属性设置，快捷键为 Alt+Enter，可用于打开一个属性设置对话框，对项目的很多属性进行设置。例如，项目的 Include 搜索路径设置界面如图 4-34 所示，如果用户在项目中新建了子目录，或者需要添加使用其他目录下的驱动程序，就需要在此添加 Include 搜索路径。项目属性设置对话框的一些设置内容会在用到时具体介绍。

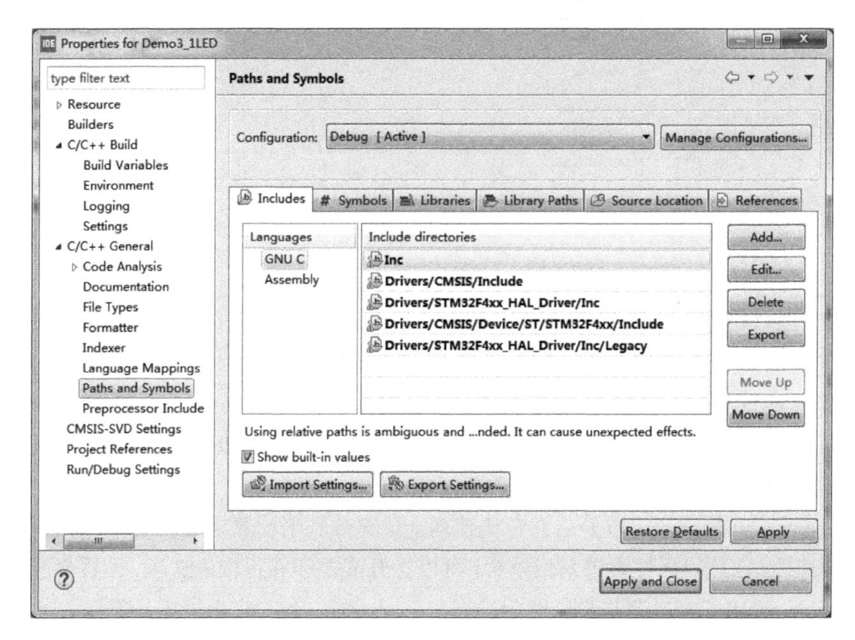

图 4-34 项目属性设置对话框中管理 Include 搜索路径

4.5.2　项目构建

用户可以通过主工具栏上的 Build 按钮或快捷菜单里的 Build Project，对当前项目进行构建。选择主菜单项 Project→Build All 可以构建工作空间中所有已打开的项目，但一般不使用此功能。构建后，CubeIDE 在项目根目录下创建一个 Debug 或 Release 子目录，并在项目浏览器中创建一个虚拟目录 Binaries。

项目有 Debug 和 Release 两种配置，分别用于调试和发布两种情况。如果需要将程序下载到电路板用仿真器进行调试，就选择 Debug 配置；如果程序是最终发布，就选择 Release 配置。通过项目配置管理对话框（见图 4-18），用户可以选择当前配置。

不管是 Debug 配置还是 Release 配置，构建的程序下载后都可以进行调试。但是要想正常进行断点单步调试，必须正确设置编译器的优化级别，否则会出现断点无效、调试程序的当前行乱跳等情况。编译器的优化级别在图 4-35 所示的 Properties for Demo3_1LED（项目属性）对话框里设置。若要用仿真器进行断点单步调试，需要将 MCU GCC 编译器的 Optimization level（优化级别）设置为 None 或 Optimize for Debug。如果设置为其他级别，在单步调试时就会出现问题，这是因为在其他优化级别下，调试器的反汇编程序不能与 C 语言程序一一对应。在 CubeIDE 中，这个优化级别默认设置为 None。

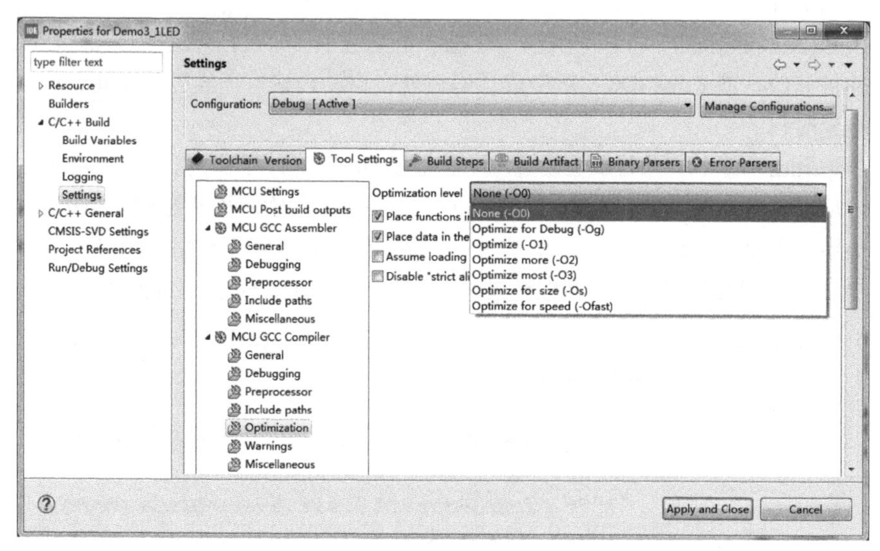

图 4-35　设置代码编译优化级别

CubeIDE 项目构建后生成的二进制文件的扩展名是.elf，还可以选择生成.bin 或.hex 扩展名的二进制文件——因为一些程序烧录软件需要这些格式的二进制文件。用户可以在 Properties for Demo3_1LED（项目属性）对话框里进行设置，设置界面如图 4-36 所示。勾选 Convert to binary file 复选框可以生成.bin 二进制文件，勾选 Convert to Intel Hex file 复选框可以生成.hex 二进制文件。在 CubeIDE 中，这两个选项默认是关闭的。

在 CubeIDE 中，用户还可以开启并行构建功能，充分利用计算机 CPU 的多核功能进行并行处理，提高构建速度。在项目属性设置对话框中，可以打开或关闭并行构建选项，设置界面如图 4-37 所示。勾选 Enable parallel build 复选框，然后选择 Use optimal jobs，它会根据计算机 CPU 的内核个数自动设置并行构建线程个数。经测试，在一个 4 核 8 线程 CPU 的计算机上，启用并行构建后完全重新构建一个项目，耗时只有原来的30%左右。在CubeIDE中，并行构建的选项默认是打开的。

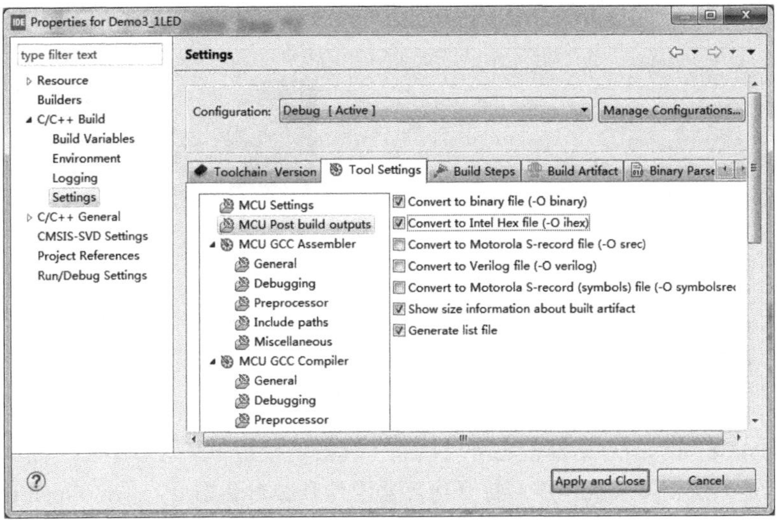

图4-36 选择项目构建输出二进制文件的类型

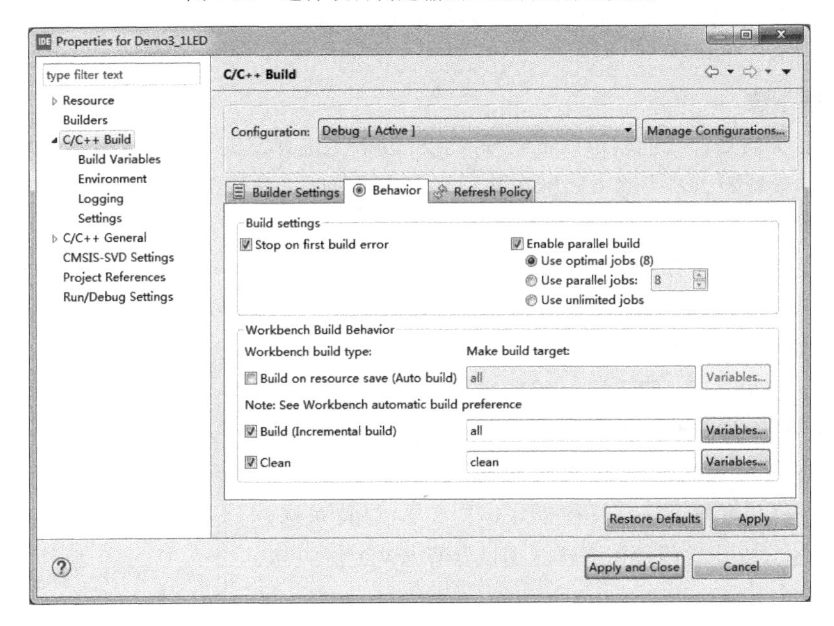

图4-37 并行构建设置

4.5.3 下载和调试

1. 仿真器检测和固件升级

下载程序之前，我们需要用仿真器连接计算机和开发板（见图2-14），还要在计算机上安装仿真器的驱动程序。CubeIDE只支持J-LINK和ST-LINK仿真器，在首次使用仿真器之前，用户还需要检查仿真器固件版本是否符合CubeIDE的要求。方法是单击主菜单项Help→ST-LINK Upgrade，打开图4-38所示的对话框。在此对话框中，软件会显示自动发现的仿真器类型，如图中下拉列表框里的ST-LINK/V2。单击Open in update mode按钮，如果仿真器与计算机连接正常，会显示仿真器类型和当前版本，以及可以升级到的固件版本。如果当前版本低于可升级版本，就需要升级仿真器的固件，单击 Upgrade 按钮就可以开始升级。仿真器固件升级一次即可，除非有新的固件版本需要升级。

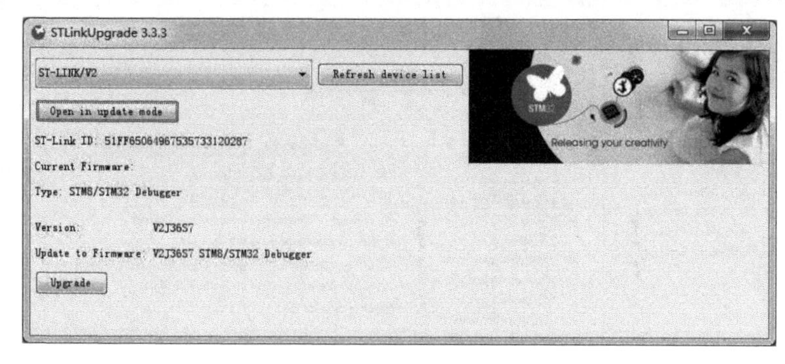

图 4-38　升级仿真器固件

用户在图 4-38 所示的对话框里还可以检测仿真器连接是否正常。有时候，仿真器虽然连接着计算机，但是无法正常下载程序。打开仿真器固件升级对话框后，单击 Open in update mode 按钮，如果软件无法检测到仿真器固件版本，并且在窗口下方显示信息“ST-Link is not in the DFU mode. Please restart it”，这就说明仿真器连接出现了问题。这种情况下，从 USB 接口拔掉仿真器，然后重新插上就可以了。

2. 程序下载

构建项目无误后，我们就可以下载程序到开发板上进行调试了。下载程序之前，我们可以先在源代码中设置断点，当输入光标在某一有效代码行时，按快捷键 Ctrl+Shift+B 就可以在当前行设置或取消断点。

单击主工具栏上的 Debug 按钮就可以启动程序下载和调试。一个项目在首次启动调试时，会出现图 4-39 所示的 Debug As 对话框，用于选择调试类型。因为程序是需要连接硬件进行调试的，所以选择 STM32 Cortex-M C/C++ Application，然后单击 OK 按钮，界面上会出现图 4-40 所示的 Edit Configuration 对话框。

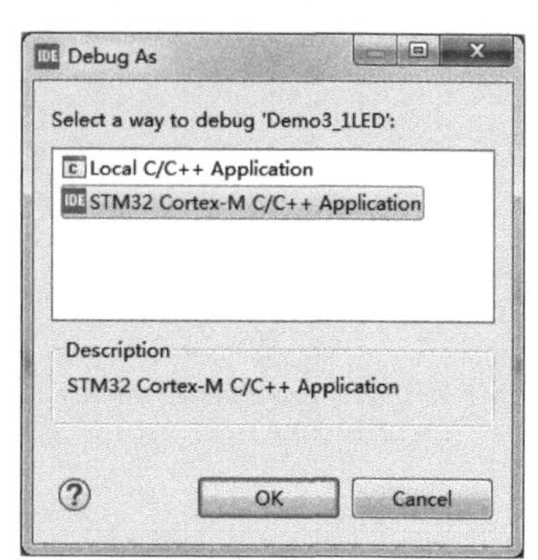

图 4-39　设置调试类型

图 4-40 所示的对话框用于设置调试相关的一些参数，所显示的 Debugger 页面的设置都是默认设置。Debug probe 下拉列表框用于选择仿真器类型，只有 ST-LINK 和 J-LINK 可选，因为 CubeIDE 只支持这两种仿真器。调试器有 SWD 和 JTAG 两种接口，这个会自动与 CubeMX 里设置的调试接口一致。对于普中 STM32F407 开发板，我们应该使用 SWD 接口。Reset behaviour 下拉列表框用于设置下载程序时的复位方式，使用默认的 Connect under reset 即可，而且在调试低功耗程序时，必须使用这种方式。

图 4-40 其他页面的设置也都保持默认设置即可，然后单击 OK 按钮，会再出现一个提示对话框，提示会切换到 Debug 场景，确认后软件界面就会切换为 Debug 场景。

首次启动调试后，系统会在项目根目录下创建一个扩展名为.launch 的文件，这是记录调试配置的启动文件。下次再单击工具栏上的 Debug 按钮，就可以直接下载程序并进入调试状态，无须再经过图 4-39 和图 4-40 的设置。若要再进行调试设置，单击工具栏上的 Debug 按钮下拉菜单中的 Debug Configurations 菜单项，就可以打开一个与图 4-40 类似的对话框进行调试设置。

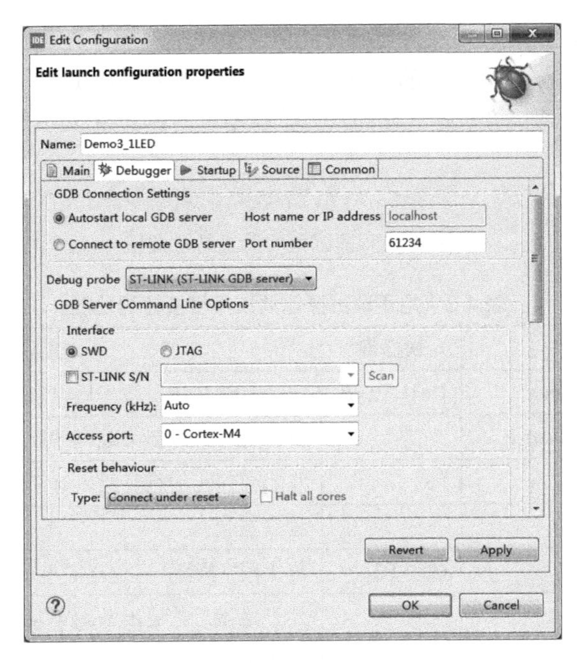

图 4-40　调试设置

3. Debug **场景界面和调试操作**

下载程序后，软件自动切换到 Debug 场景界面，如图 4-41 所示。主工具栏的按钮自动更换了一批，界面上出现了一些调试时用的视图。例如，Variables（变量）视图可以自动显示当前函数内的变量的值，Expressions（表达式）视图可以自己添加观察变量，Breakpoints（断点）视图可以添加或移除断点，Registers（寄存器）视图会显示 CPU 寄存器的内容，SFRs（特殊功能寄存器）视图会显示 MCU 上的各种特殊功能寄存器的内容。这些视图的操作就不具体介绍了，用户自己摸索操作一下就可以掌握。

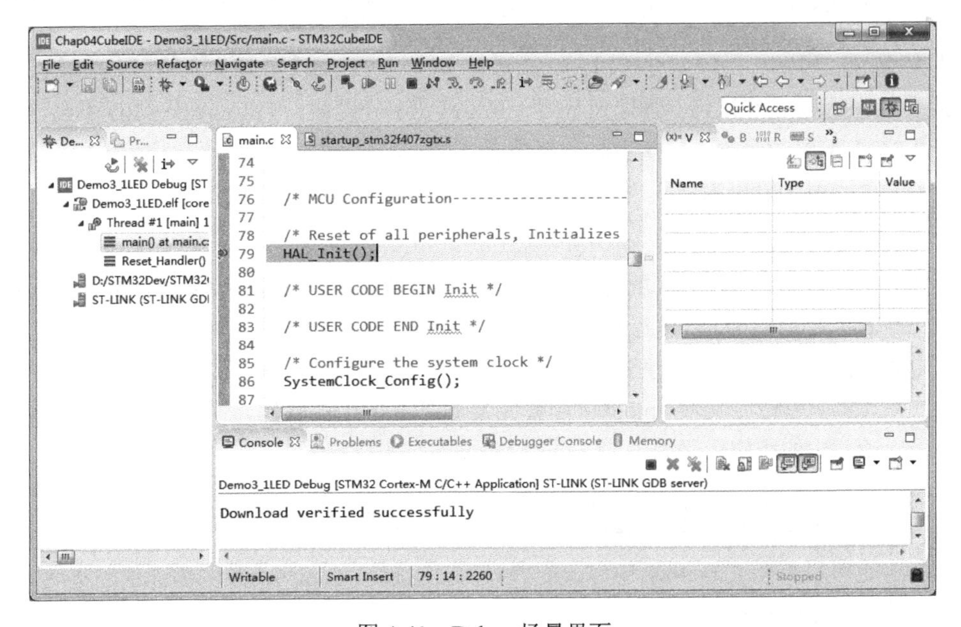

图 4-41　Debug 场景界面

在 Debug 场景里，主菜单 Run 包含所有的调试操作菜单项，主工具栏上也有一些常用的调试操作按钮（见图 4-42），这些按钮的功能如表 4-3 所示。程序单步调试和断点调试的方法与一般的 IDE 软件里的程序调试方法是一样的，这里就不再具体介绍这些按钮的使用了。

图 4-42 调试相关的工具栏按钮

表 4-3 用于调试操作的工具栏按钮的功能

图标	提示文字	快捷键	功能说明
	Skip All Breakpoints	Ctrl+Alt+B	一个复选按钮，按下后将忽略所有断点
	Terminate and relaunch	—	终止程序，重新下载程序后开始调试
	Resume	F8	从当前停止的行开始，继续连续运行
	Suspend	—	程序挂起
	Terminate	Ctrl+F2	终止程序执行，并退出 Debug 场景，返回 C/C++场景
	Disconnect	—	断开连接，并退出 Debug 场景，返回 C/C++场景
	Step Into	F5	若当前行是一个函数调用，将会跳转进入此函数的代码内执行
	Step Over	F6	一步执行当前行程序，不管是否有函数调用。如果执行的函数里有断点定义，会执行到断点处暂停
	Step Return	F7	如果当前代码段是跳转进来的一个函数，按此键可以执行完此函数的代码，返回到上一层
	Run to Line	Ctrl+R	运行到光标所在的行
	Instruction stepping mode	—	进入反汇编视图（Disassembly），单步调试汇编语言指令
	Reset the chip and restart debug session	—	芯片复位，重新开始调试过程

进入 Debug 场景后，程序会停在 main()函数的第一行代码处。用户可以单步调试，也可以按快捷键 F8 使程序连续运行。连续运行时，开发板上一个 LED 点亮，一个 LED 不亮，这是因为在图 3-36 中配置的两个 GPIO 引脚一个输出高电平，一个输出低电平。根据 LED 的电路图（见图 3-33），当引脚输出为低电平时 LED 点亮，引脚输出为高电平时 LED 不亮。

4. 修改 LED 引脚的输出

如果要改变两个 GPIO 引脚的初始输出状态，可以在独立的 CubeMX 软件中打开本项目目录下的文件 Demo3_1LED.ioc 进行修改。例如，将 PF9 和 PF10 的初始输出都设置为低电平，然后再次生成代码，在 CubeIDE 里再构建、下载和运行，就可以看到两个 LED 都点亮了。重新生成的代码其实只修改了文件 gpio.c 中函数 MX_GPIO_Init()的代码，使两个引脚的初始输出都为低电平，函数中的相应代码如下：

```
/*Configure GPIO pin Output Level */
HAL_GPIO_WritePin(GPIOF, LED1_Pin|LED2_Pin, GPIO_PIN_RESET);
```

当然，也可以不在 CubeMX 中修改配置，而是直接在 main()函数中添加代码实现 LED 的控制，这种方式将在第 6 章介绍。

4.6 使用内置的 CubeMX

CubeIDE 是基于 Eclipse 的软件，Eclipse 可以安装各种插件扩展功能。用户可以在 TrueSTUDIO 中安装 STM32CubeMX 插件，实现在 TrueSTUDIO 中使用 CubeMX。CubeIDE 中集成了 CubeMX，实际上就是预装了 STM32CubeMX 插件。

示例 Demo3_1LED 结合使用了独立的 CubeMX 和 CubeIDE，也可以直接使用 CubeIDE 内置的 CubeMX，其用法基本也是一样的。但是在实际使用中，使用内置的 CubeMX 不如使用独立的 CubeMX 方便，因为使用独立的 CubeMX 软件，界面更大一些，在两个软件之间切换和对比也方便，而且内置的 CubeMX 只能导出 CubeIDE 项目代码，而独立的 CubeMX 可以生成各种 IDE 软件的项目代码。

但是作为一个功能，我们也介绍一下内置 CubeMX 的使用。要在 CubeIDE 中使用内置的 CubeMX 配置 MCU 和生成代码，也需要配置软件库目录，安装 MCU 固件库。在 4.2.4 节，我们介绍了配置软件库目录的方法，与独立的 CubeMX 使用同一个软件库即可。

4.6.1 创建项目

我们从头开始在 CubeIDE 中创建一个使用 STM32 MCU 的项目 Demo4_2EmbedMX，实现与项目 Demo3_1LED 相同的功能。

在 CubeIDE 主工具栏 New 按钮的下拉菜单中，单击菜单项 STM32 Project，首先打开一个图 4-43 所示的对话框。这个对话框与图 3-11 的对话框功能类似，用于选择一个 MCU 或 MPU 创建项目。

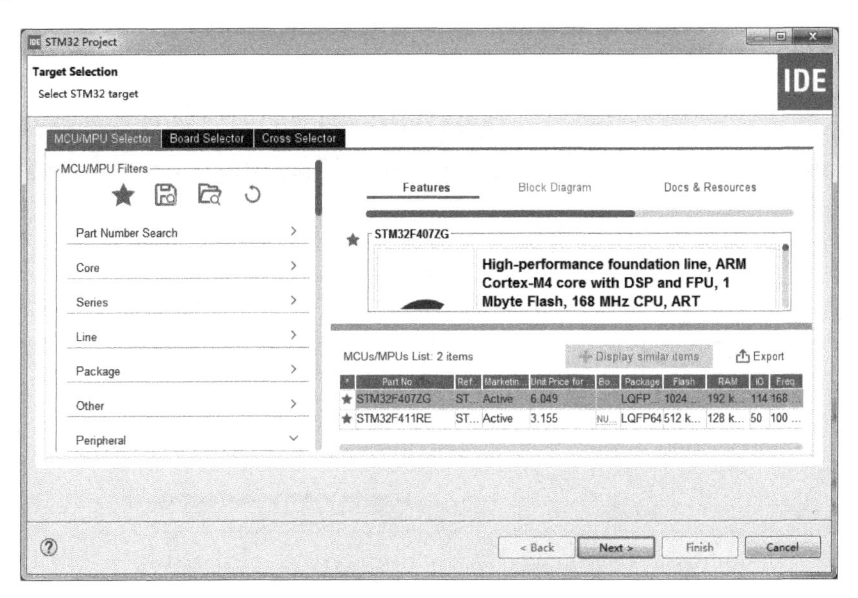

图 4-43　选择 MCU/MPU 用于新建项目

在这个对话框中，选择 STM32F407ZG，然后单击 Next 按钮，出现图 4-44 所示的对话框。在这个对话框里设置项目名称，例如，设置为 Demo4_2EmbedMX。如果勾选了 Use default location 复选框，就会在当前工作空间的目录下创建与项目名称同名的子目录。Options 框中有 3 个选项，使用图 4-44 所示的设置即可，如果需要使用 C++编程，可以选择 C++。

在图 4-44 的对话框中，用户可以单击 Finish 按钮直接创建项目，也可以单击 Next 按钮，然后在出现的图 4-45 所示的界面中设置固件版本和生成代码的选项。在图 4-45 所示的界面中，单击 Finish 按钮后将创建项目 Demo4_2EmbedMX，并在项目浏览器中打开这个项目，自动切换到 Device Configuration Tool 场景，如图 4-46 所示。

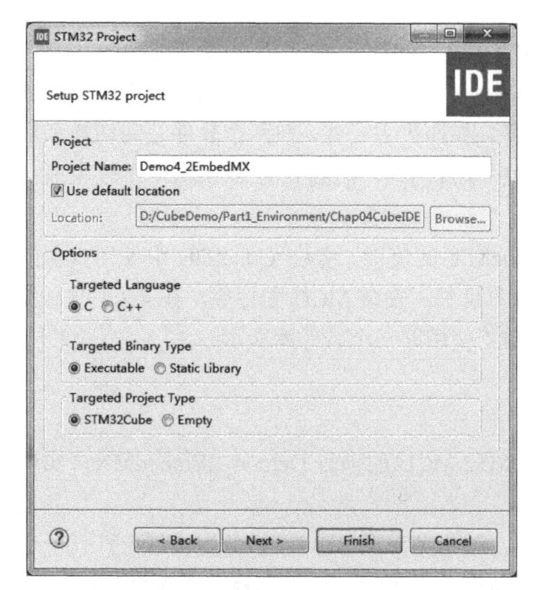

图 4-44　设置项目名称

图 4-45　固件版本和生成代码选项设置

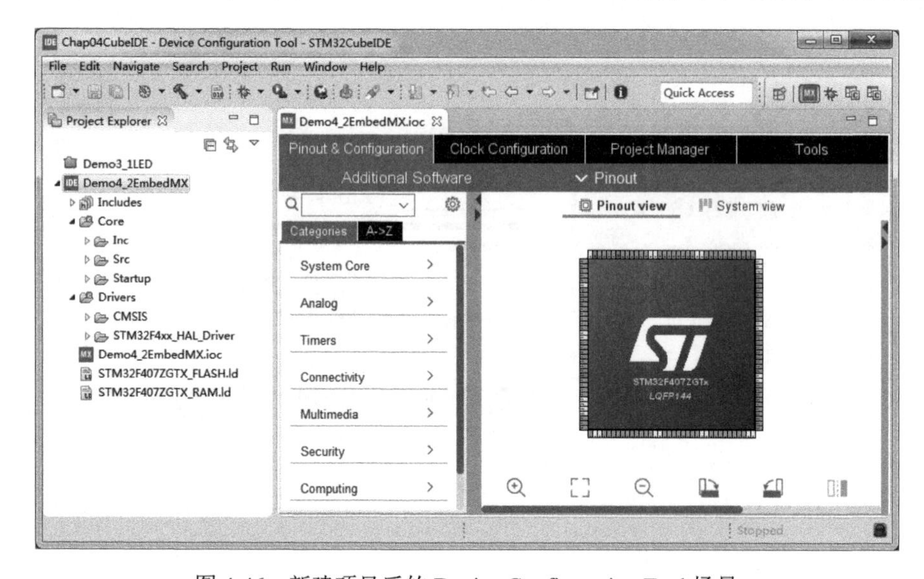

图 4-46　新建项目后的 Device Configuration Tool 场景

4.6.2　配置 MCU 和生成代码

图 4-46 所示的项目浏览器显示了项目 Demo4_2EmbedMX 的目录结构，这个项目的目录结构与项目 Demo3_1LED 稍微有些不同。这个项目的根目录下有一个\Core 目录，这个目录下有 3

个子目录\Inc、\Src 和\Startup，而在项目 Demo3_1LED 中，这 3 个目录就在项目根目录下，没有\Core 目录。这是因为项目 Demo4_2EmbedMX 在 CubeMX 的项目管理页面中，项目应用程序的结构自动设置为了 Advanced，而项目 Demo3_1LED 的应用程序结构为 Basic。虽然目录结构稍有不同，但是各目录下的组成文件是相同的，这里就不再重复分析了。

图 4-46 中的工作区是 STM32CubeMX 视图，用于配置文件 Demo4_2EmbedMX.ioc。STM32CubeMX 视图的界面和操作功能与独立的 CubeMX 软件基本相同，只是这里没有生成代码的按钮，项目管理器里生成项目的 IDE 软件固定为 STM32CubeIDE，不能选择其他 IDE 软件。

此处不再赘述在 STM32CubeMX 视图中进行 MCU 配置的操作，请参考第 3 章的内容。本项目 MCU 的具体设置与项目 Demo3_1LED 的完全相同，设置内容如下。

- 组件 RCC 的 HSE 设置为 Crystal/Ceramic Resonator，不启用 LSE。
- 在时钟配置页面，将 HSE 设置为 8MHz，选择 HSE 作为主锁存器的时钟源，将 HCLK 设置为 168 MHz，由软件自动设置时钟树各种参数。
- 在组件 SYS 的模式设置中，将 Debug 接口设置为 Serial Wire。
- 在引脚视图上，直接将 PF9 和 PF10 引脚设置为 GPIO_Output，并修改用户标签为 LED1 和 LED2。
- 在组件 GPIO 的配置页面，对引脚 PF9 和 PF10 的 GPIO 属性进行设置。设置 PF9 的输出为高电平，PF10 的输出为低电平。

在单击保存文件时，用户会收到是否生成代码的提示，可以选择生成代码，也可以单击主菜单项 Project→Generate Code（快捷键 Alt+K）或工具栏上的按钮生成代码。生成代码后再进行构建、下载和调试，就与 4.5 节介绍的操作一样了。

对于使用独立的 CubeMX 软件生成的项目 Demo3_1LED，在 CubeIDE 的项目浏览器里，双击项目里的文件 Demo3_1LED.ioc 时，也会用 STM32CubeMX 视图打开这个文件，也可以进行配置和生成代码，生成代码时不会破坏项目原来的文件组织结构。

虽然可以使用内置的 CubeMX 在 CubeIDE 里创建 STM32 项目，但是笔者更习惯于使用独立的 CubeMX 软件。本书后面所有示例项目将使用独立的 CubeMX 进行 MCU 配置和代码生成，而不再使用内置的 CubeMX。

4.7 CubeIDE 使用偏好设置

CubeIDE 是个比较庞大的 IDE 软件，单击主菜单项 Window→Preferences，打开 Preferences 对话框，就可以对软件环境进行很多设置。我们之前在这个对话框里设置过软件库目录和更新方式，这里再介绍几个比较有用的设置。

在 Preferences 对话框左侧目录树上方的文本框里，用户可以输入搜索关键字。图 4-47 所示的是输入“startup”进行搜索，并单击 Startup and Shutdown 节点时的界面。这里设置软件启动时启动的插件，这些插件默认是都启动的。启动的插件越多，软件启动越慢，占用的内存越多。用户可以将一些不常用的插件设置为不启动。例如，图 4-47 中只保留了两个插件启动，这两个插件是构建和调试 STM32 项目必需的。STM32CubeMX 插件也没有设置为启动，在 CubeIDE 里双击一个.ioc 文件时，STM32CubeMX 插件才会启动。

图 4-48 所示的是最近使用工作空间的设置，可以设置保存最近使用工作空间的个数，是否在软件启动时提示选择工作空间，也可以清空最近使用的工作空间列表。

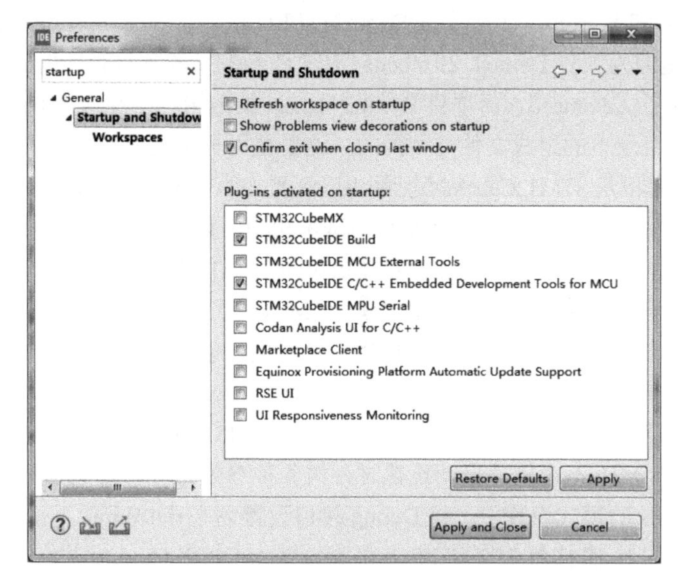

图 4-47　软件启动插件设置

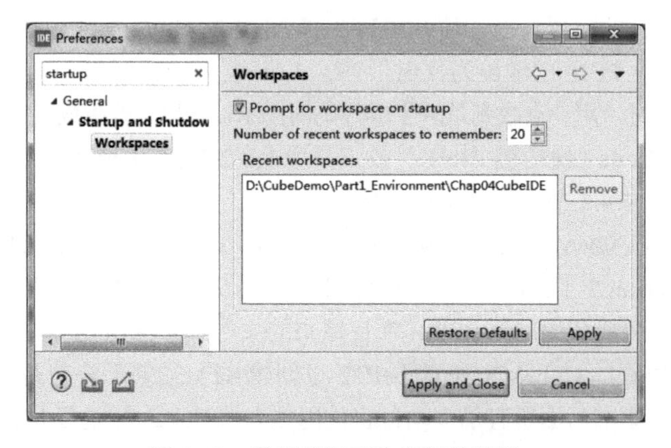

图 4-48　最近使用工作空间的设置

图 4-49 是代码折叠设置，图中勾选的第 2 个和第 3 个复选框默认是不勾选的，勾选这两个复选框对于查看和分析代码比较有用。

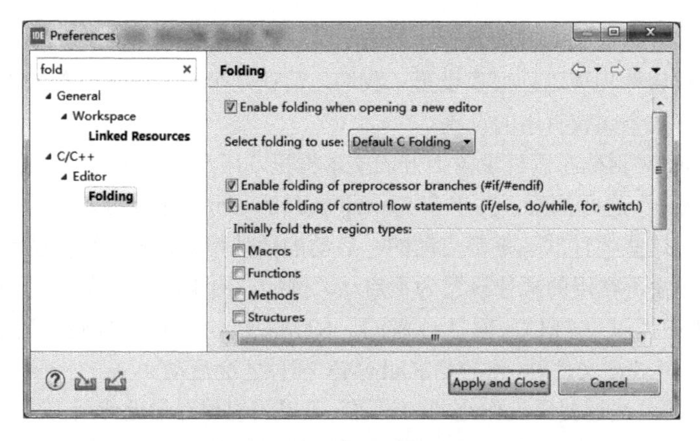

图 4-49　代码折叠设置

Preferences 对话框还有很多设置功能，主菜单里也还有很多功能，无法在此全部介绍，读者可以自己在使用中逐步摸索和发现。

4.8　HAL 库的一些基本问题

4.8.1　基本数据类型

对 STM32 系列 MCU 编程使用的是 C 语言或 C++语言。C 语言整数类型的定义比较多，STM32 编程中一般使用简化的定义符号，这些常用整数类型的类型符号及其等效定义如表 4-4 所示。

表 4-4　STM32 编程中的数据类型简化定义符号

数据类型	C 语言等效定义	数据长度/字节
int8_t	signed char	1
uint8_t	unsigned char	1
int16_t	signed short	2
uint16_t	unsigned short	2
int32_t	signed int	4
uint32_t	unsigned int	4
int64_t	long long int	8
uint64_t	unsigned long long int	8

4.8.2　一些通用定义

在 HAL 库中，有一些类型或常量是经常用到的，包括如下的一些。

- 文件 stm32f4xx_hal_def.h 中定义的表示函数返回值类型的枚举类型 HAL_StatusTypeDef，定义如下：

```
typedef enum
{
      HAL_OK                   = 0x00U,
      HAL_ERROR                = 0x01U,
      HAL_BUSY                 = 0x02U,
      HAL_TIMEOUT              = 0x03U
} HAL_StatusTypeDef;
```

很多函数返回值的类型是 HAL_StatusTypeDef，以表示函数运行是否成功或其他状态。

- 文件 stm32f4xx.h 中定义的几个通用的枚举类型和常量，定义如下：

```
typedef enum
{
      RESET = 0U,
      SET = !RESET
} FlagStatus, ITStatus;               //一般用于判断标志位是否置位

typedef enum
{
      DISABLE = 0U,
      ENABLE = !DISABLE
} FunctionalState;                    //一般用于设置某个逻辑型参数的值

typedef enum
```

```
{
    SUCCESS = 0U,
    ERROR = !SUCCESS
} ErrorStatus;                    //一般用于函数返回值，表示成功或失败两种状态
```

4.8.3 获取 HAL 库帮助信息

要概略性地掌握 HAL 库的内容，可以查看 ST 官方文档 *Description of STM32F4 HAL and LL drivers*。这个文档有 1800 多页，详细地介绍了 HAL 库和 LL 库的内容，可以当作手册查询某种外设相关的 HAL 或 LL 驱动程序的信息。

由于 HAL 驱动程序都是有源代码的，在 CubeIDE 中编程时，可以跟踪到某个函数所在的源程序文件，直接通过源程序查看函数的输入参数定义和返回数据类型。HAL 的源代码中有比较详细的注释，对于理解函数原型定义很有帮助。

第5章 STM32CubeMonitor的使用

STM32CubeMonitor 1.0.0是ST公司在2020年2月发布的一款全新的软件。通过ST-LINK仿真器连接STM32系统，它能在STM32系统全速运行时，连续监测其内部变量的值，并通过曲线等方式显示变量的变化过程。用户通过STM32CubeMonitor可以修改STM32系统内变量的值，还可以在局域网内其他计算机、手机或平板电脑上，通过浏览器访问监测结果界面。STM32CubeMonitor是一款非常实用的调试工具软件，可以实现断点调试无法实现的一些功能，例如，用作一个简单的数字示波器，只不过监测的是STM32内部的变量。在本章中，我们将用到第14章和第15章的示例。读者可以在学过后续章节的内容后再来学习本章的内容。

5.1 STM32CubeMonitor功能简介

STM32CubeMonitor是基于Node-RED开发的一款软件，而Node-RED是IBM公司在2013年年末开发的一个开源项目，用于实现硬件设备与Web服务或其他软件的快速连接。Node-RED已经发展成为一种通用的物联网编程开发工具，用户数迅速增长，具有活跃的开发人员社区。

本章后面将STM32CubeMonitor简称为CubeMonitor。

Node-RED是一种基于流程（flow）的图形化编程工具，类似于LabView或MATLAB中的SimuLink。Node-RED中的功能模块称为节点（node），通过节点之间的连接构成流程。Node-RED有一些预定义的节点，也可以导入别人开发的一些节点。

CubeMonitor是基于Node-RED开发的，它增加了一些专用节点，用于STM32运行时数据监测和可视化。CubeMonitor具有如下功能和特性。

（1）基于流程的图形化编辑器，无须编程就可创建监测程序，设计显示面板。

（2）通过ST-LINK仿真器与STM32系统连接，可使用SWD或JTAG调试接口。

（3）在STM32上的程序全速运行时，CubeMonitor可以即时（on-the-fly）读取或修改STM32内存中的变量或外设寄存器的值。

（4）可以解读STM32应用程序文件中的调试信息。

（5）具有两种读取数据的模式：直接（direct）模式和快照（snapshot）模式。

（6）可以设置触发条件触发数据采集。

（7）可以将监测的数据存储到文件中，以便后期分析。

（8）具有可定制的数据可视化显示组件，如曲线、仪表板（gauge）、柱状图等。

（9）支持多个ST-LINK仿真器同步监测多个STM32设备。

（10）在同一个局域网内的其他计算机、手机或平板电脑上，通过浏览器就可以实现远程监测。

（11）可以通过公用云平台和 MQTT 协议实现远程网络监测。

（12）支持多种操作系统，包括 Windows、Linux 和 macOS。

简单地说，CubeMonitor 能使用图形化编程方式设计监测程序，通过 ST-LINK 仿真器连接 STM32 系统后，就可以实时监测和显示所监测的变量或外设寄存器的值。图 5-1 是 CubeMonitor 的图形化编辑器界面，可供用户使用各种节点连接组成流程，实现变量监测和显示的程序。

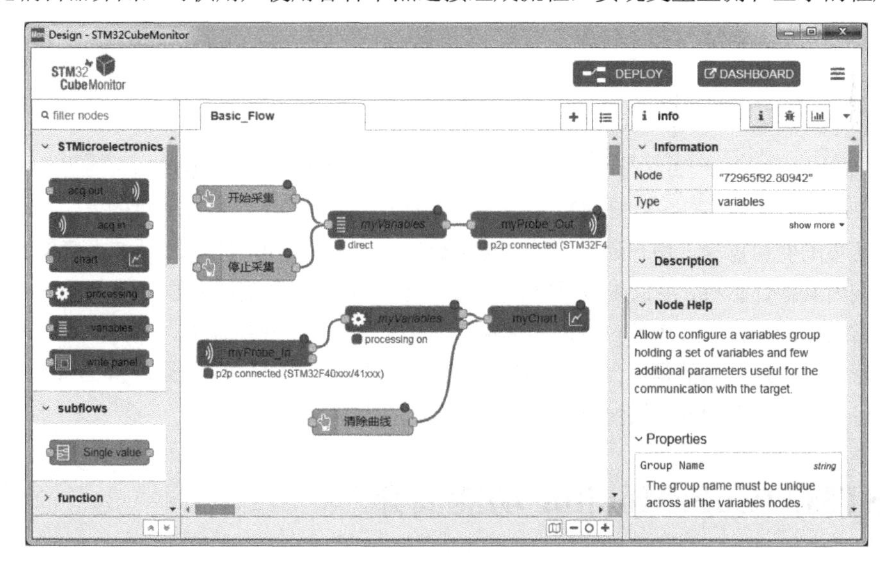

图 5-1　CubeMonitor 的图形化编辑器界面

完成图形化程序设计后，单击图 5-1 右上角的 DEPLOY 按钮就可以部署程序，然后单击图 5-1 右上角的 DASHBOARD 按钮，可以打开 Dashboard 窗口，也就是监测结果显示图形界面，如图 5-2 所示。

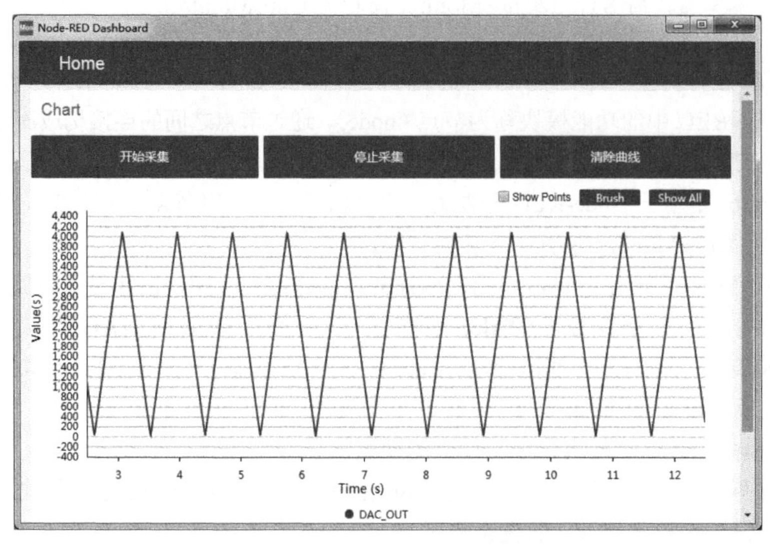

图 5-2　数据监测的 Dashboard 窗口

使用 CubeMonitor，用户可以实现断点调试无法实现的一些功能，可以将 CubeMonitor 当作一个简单的示波器使用，只不过它监测的是 STM32 内存中的变量或外设寄存器的值。监测采样频率不能太高，一般不超过 1000Hz。例如，在第 15 章的示例 2 中，使用 DAC1 输出三角波时，使用断点调试是无法观察输出波形的，需要使用实际的示波器连接 DAC1 的输出引脚 PA4 来观察三角波的波形。使用 CubeMonitor 设计图形化程序后，用户通过 ST-LINK 仿真器就可以连续监测 DAC1 数据输出寄存器 DAC_DOR1 的内容并绘制曲线，如图 5-2 所示，从而可以确定输出的三角波的幅度、周期等参数是否与设计的一致。

CubeMonitor 目前只支持 ST-LINK 仿真器，不支持其他的仿真器。

从 ST 官网可以下载 CubeMonitor 的最新版安装文件，CubeMonitor 1.0.0 是在 2020 年 2 月才发布的。CubeMonitor 有多个平台的版本，在 Windows 上的安装过程与一般软件的安装过程一样，没有什么特殊的设置，用户自行下载安装即可。

5.2 CubeMonitor 基本操作

5.2.1 Node-RED 中的一些基本概念

CubeMonitor 是基于 Node-RED 开发的，要掌握 CubeMonitor 的使用，需要了解 Node-RED 中的一些基本概念。下面是 Node-RED 中一些基本概念的解释，如果一时不能理解这些概念，也不要紧，在后面具体使用 CubeMonitor 的过程中，这些概念会逐渐清晰起来。

1. Node（节点）

节点就是构建一个流程的基本模块。一个节点至多有一个输入端口（port），但是可以有多个输出端口。节点之间通过连线连接，传递的数据称为消息（message）。

一个节点在接收到流程中前一节点的消息，或 HTTP 请求、定时器或 GPIO 硬件变化等外部事件后触发。节点对接收的消息或事件进行处理，然后向流程中后面的节点发出消息。

图 5-1 窗口左侧是节点面板，有各种可用的常规节点；窗口中间工作区有一个流程图，多个节点之间通过连线组成了 2 个流程。

2. Configuration node（配置节点）

配置节点是一类特殊类型的节点，它们存储一些可重用的配置信息，可以由流程图中的常规节点共享使用。例如，仿真器（probe）节点存储了 ST-LINK 仿真器的连接配置信息，可被流程图中需要使用仿真器连接的常规节点使用。

配置节点不会出现在工作区的流程图中，但是在侧边栏（sidebar）的 Configuration nodes 页面可以看到所有配置节点。

3. Flow（流程）

在 Node-RED 的定义中，图 5-1 中间工作区的一个标签页面（tab）称为一个流程，是组织节点的主要方式。“流程”也用于非正式地描述一组连接的节点，例如，图 5-1 中有一个流程页面，这个流程页面里有 2 个流程，都用同一个单词“flow”来描述。

如果使用 Node-RED 的这种定义，极易造成混淆，也不容易描述两者的区别。为此，在本书中，我们使用“流程图”和“流程”两个术语分别描述这两种对象。流程图是指图 5-1 中工作区的一个标签页面的内容，标签页面的标题就是流程图的名称；流程是指一组连接的节点组成的传输过程。一个流程图可以包含多个流程，所以，图 5-1 中的流程图 Basic_Flow 有 2 个流程。

4. Context（上下文）

上下文是无须在流程中传递消息，而在节点间共享存储信息的一种方式。上下文有如下 3 种类型。

- Node，只对设置上下文的节点可见。
- Flow，对同一个流程，或一个流程图中的所有节点可见。
- Global，对于所有节点可见。

默认情况下，上下文数据只存在于内存中，软件重启后，上下文数据就丢失。

5. Message（消息）

消息就是流程中节点间传递的数据。消息是 JavaScript 对象，可以设置任何属性。软件中通常用 msg 表示消息。消息有一个 payload 属性，包含了消息大部分有用的信息。

6. Subflow（子流程）

子流程就是用一个节点表示一个流程的所有节点，是对一个流程的封装。子流程类似于常规程序设计中的函数，使用子流程可以减少流程的视觉复杂度，还可以作为可重复使用的组件在多处使用。

7. Wire（连线）

连线就是节点之间的连接，表示了流程中消息的传递过程。

关于 Node-RED 的这些概念的详细解释，以及 Node-RED 的开发方法、使用示例等，读者可以登录 Node-RED 的官方网站获得。Node-RED 的官方网站上有比较详细的帮助文档信息。

5.2.2　设计模式界面和基本操作

CubeMonitor 有两种工作模式：设计模式和 Dashboard（显示面板）模式。

CubeMonitor 启动后的界面是设计模式界面，如图 5-1 所示。在设计模式下，通过图形化编程方法设计流程图，用户还可以设计 Dashboard 界面布局。

Dashboard 模式是监测程序运行时的监测数据显示窗口，如图 5-2 所示。Dashboard 窗口的布局可以在设计模式中设计，可以使用曲线、仪表板、文本框等各种界面组件显示数据，还可以使用按钮、下拉列表框等基本输入组件向 STM32 发送数据，例如，修改变量或外设寄存器的值。

1. 设计模式界面组成

CubeMonitor 软件启动后就是设计模式工作界面，CubeMonitor 初次启动时的界面如图 5-3 所示。初始的界面语言是中文，但是界面的汉化不彻底，还有一些翻译不准确。为了界面语言的统一，也为了表达的准确性，这里将软件界面语言设置为了英文。

图 5-3 的界面分为几个主要的部分。

- 主工具栏，窗口上方是一个工具栏，上面有 DEPLOY 和 DASHBOARD 两个按钮，最右侧还有一个图标按钮，单击后会显示系统的主菜单，如图 5-4 所示。这里暂时不对这些菜单项进行解释，在后面用到某个菜单项时再解释。
- Palette（节点面板），主窗口左侧的面板里有多组用于流程设计的节点，这个面板称为节点面板。
- Workspace（工作区），主窗口中间是流程图工作区，工作区是一个多页界面，一个页面就是一个流程图或一个打开的子流程图。单击多页标签右侧的“+”图标按钮，可以新建一个流程图页面，双击流程图的页面标签，可以打开流程图属性设置对话框。

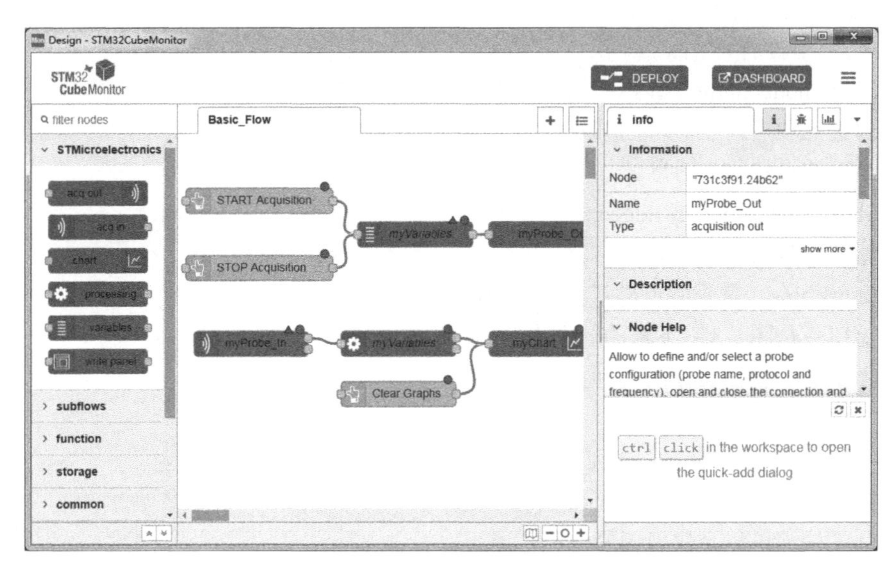

图 5-3 设计模式主窗口

- Sidebar（侧边栏），主窗口右侧是一个多页界面。侧边栏有 5 个页面，通过 5 个图标按钮或最右侧的下拉菜单可以切换显示的页面，如图 5-5 所示。侧边栏各页面的显示内容和功能在后面具体介绍。

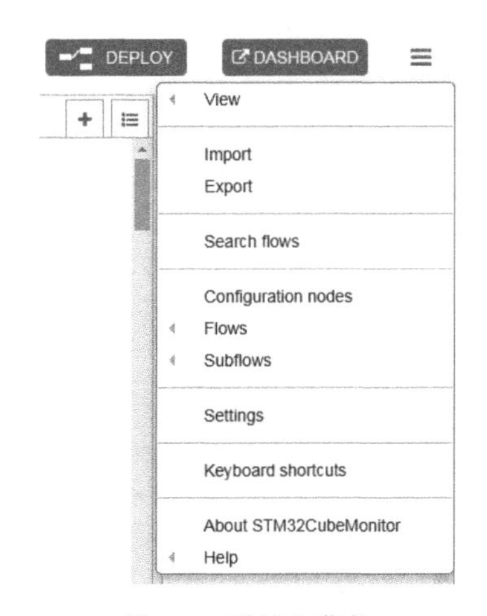

图 5-4 系统主菜单

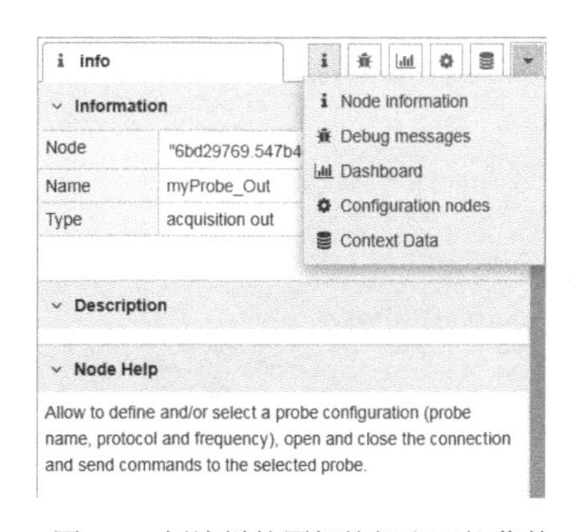

图 5-5 侧边栏的图标按钮和下拉菜单

2. 软件设置

单击图 5-4 所示主菜单中的 Settings 项，可以打开 User Settings 界面，然后即可对软件的全局特性和快捷键进行设置，如图 5-6 所示。

CubeMonitor 使用了一种比较新颖的界面效果，具有对话框功能的界面没有传统的对话框窗口，而且使用弹出式显示方式，但是本书还是将这种功能界面称为“对话框”。

图 5-6 的 User Settings 界面有两个页面，View 页面设置软件的显示特性，主要有以下几项。

- Language，设置软件界面语言。可以选择中文界面，但是设置为中文时，界面的汉化并不彻底，还有一些翻译错误或不准确的地方，所以本书直接使用英文界面。
- Grid，在工作区是否显示网格（Show grid），是否将节点与网格对齐（Snap to grid），以及设置网格大小。

- Show node status，显示节点的状态，勾选此项后，在流程的节点下方，会显示节点的状态信息。
- Show label of newly added nodes，显示新加入节点的标签。
- Show tips，是否显示提示窗口。提示窗口就是图 5-3 右下角的一个小窗口，用于显示软件操作的各种技巧，特别是快捷键操作。

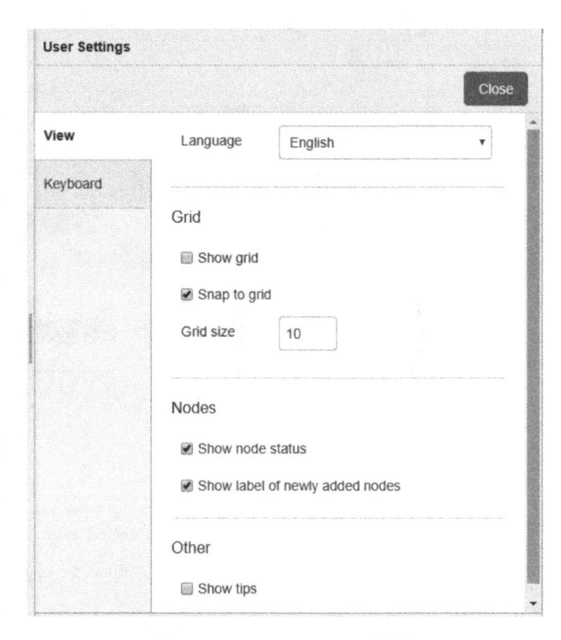

图 5-6　User Settings 界面

图 5-6 中还有一个 Keyboard 页面，用于设置软件中各种操作的快捷键。用户可以自行定义每个操作的快捷键以及快捷键的使用范围。

3. 各种节点

主窗口左侧的节点面板分组管理所有可以用于流程设计的节点，图 5-7 所示的是其中几组节点。STMicroelectronics 分组中的节点是 ST 公司为实现 CubeMonitor 的功能而设计的专用节点，function 分组中的节点是一些函数或功能节点，common 分组中的节点是一些通用节点，dashboard 分组中的节点是用于设计 Dashboard 显示界面的节点。

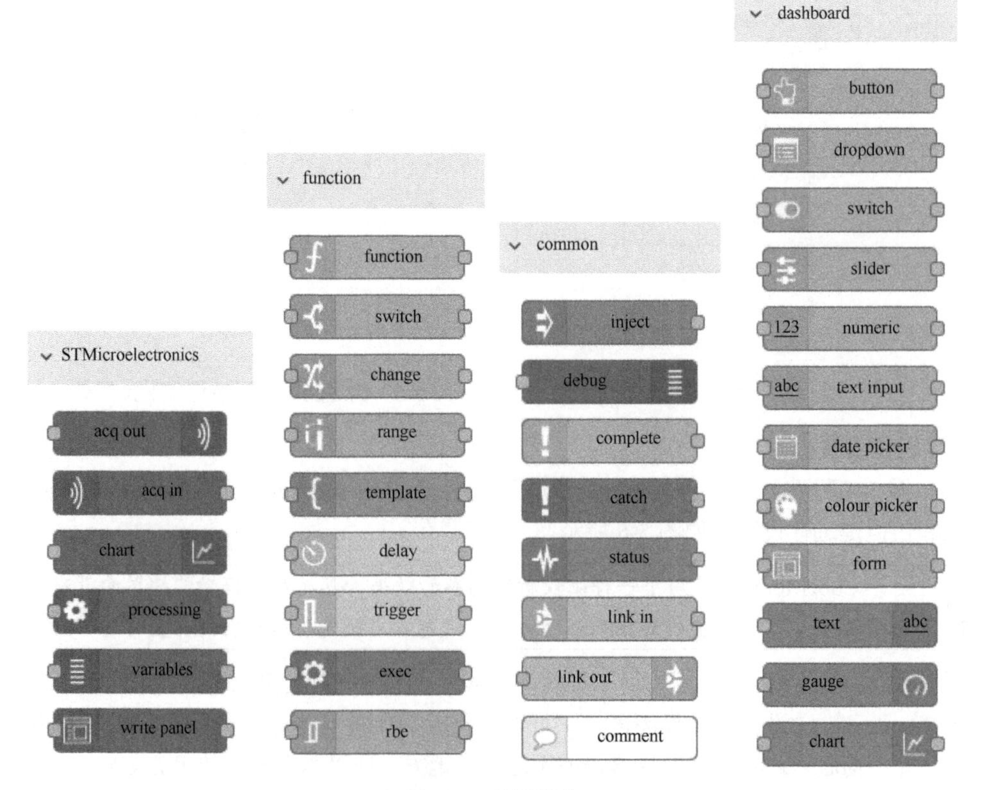

图 5-7　几组节点

STMicroelectronics 分组中的节点是 CubeMonitor 中特有的节点，其他节点是 Node-RED 的通用节点。下面我们简单介绍一下 STMicroelectronics 分组中各节点的功能，节点的具体使用在后面示例里再介绍。

- acq out 节点，即采集输出（acquisition out）节点。该节点用于配置或选择一个仿真器，包括仿真器名称、协议类型和频率。通过该节点可以打开或关闭与仿真器的连接，可以向仿真器发送指令。
- acq in 节点，即采集输入（acquisition in）节点。该节点用于配置或选择一个仿真器，用于通过仿真器接收数据。acq in 节点之后一般连接一个或多个 processing 节点。
- chart 节点，即图表节点。这个节点是 Dashboard 界面组件，用于在图表上显示输入数据，图表可以是曲线或柱状图。
- processing 节点，即处理节点。processing 节点一般在 acq in 节点之后，用于处理仿真器输入的一个变量组的测量值。processing 节点可以在变量测量值的基础上进行计算或统计，还可以将测量数据记录到文件中。
- variables 节点，即变量节点。用于定义一个变量组（variable group），可以包含多个变量。变量是目标 STM32 系统中的全局变量或外设寄存器。
- write panel 节点，即写入面板节点。这个节点是 Dashboard 界面组件，作为修改变量时的输入组件，会自动显示一个 WRITE 按钮，用于向 MCU 的变量写入数据。

本章在说到某个类型的节点时，将直接使用节点类型的英文名称，如 acq in 节点、processing 节点等，而不使用中文节点名称。

5.2.3 程序部署和 Dashboard 界面

1. 程序部署

在设计完流程图后，我们需要先进行部署，然后才能进行变量监测和显示。单击主工具栏上的 DEPLOY 按钮进行部署，就是将流程图部署到 Node-RED 的运行时环境（runtime）。Node-RED 的运行时环境是基于 Node.js 的。

Node-RED 中的流程图是用 JSON 格式保存的，部署时就会保存流程图。CubeMonitor 中没有项目文件，部署时会将当前流程图保存到默认文件中，因为如果未部署时退出 CubeMonitor，会出现对话框，提示对流程图的修改将丢失。

部署完流程图后，Node-RED 的运行时环境就可以执行流程图的功能，通过仿真器与 STM32 系统通信。用户可以在本机上运行监测程序，即单击主工具栏上的 DASHBOARD 按钮，就可以显示类似于图 5-2 所示的 Dashboard 界面，实时显示监测变量的曲线。

2. 远程访问

用户还可以通过局域网内其他计算机、手机或平板电脑的浏览器访问 CubeMonitor，只需要输入主机的 IP 地址和 1880 端口即可。假设用 ST-LINK 连接 STM32 系统的计算机主机 IP 地址是 192.168.1.42，那么通过“192.168.1.42:1880”可以访问主机上 CubeMonitor 的设计模式界面，通过“192.168.1.42:1880/ui”可以访问主机上 CubeMonitor 的 Dashboard 界面（见图 5-8）。

3. Dashboard 界面操作

图 5-2 和图 5-8 所示的是图 5-1 的流程图部署之后的 Dashboard 界面，用于监测 DAC1 输出

的三角波的波形。

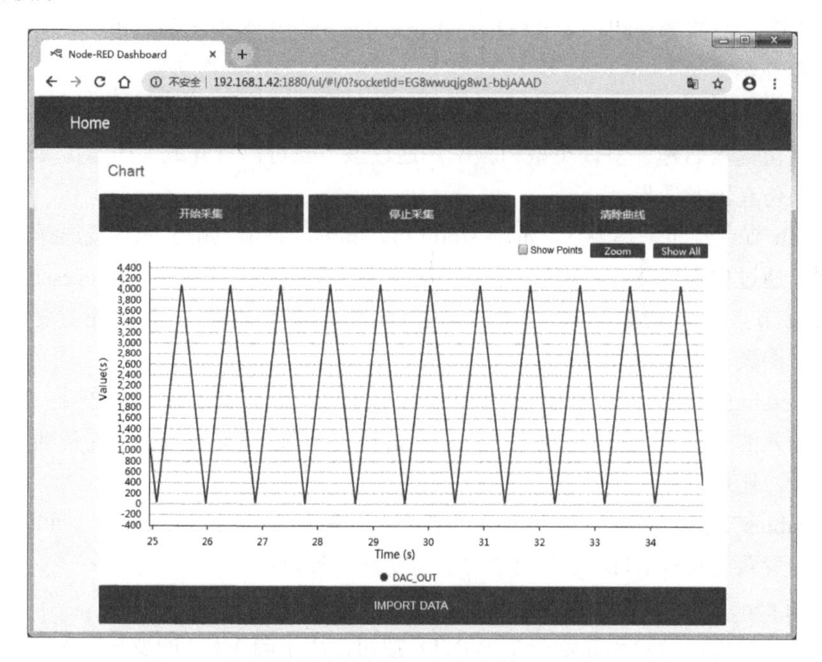

图 5-8　在浏览器中访问 PC 主机上的 Dashboard 界面

Dashboard 界面的布局和显示内容在设计模式下设计。图 5-2 是一个比较典型的 Dashboard 窗口。在图 5-2 中有 3 个按钮，即“开始采集”“停止采集”和“清除曲线”，对应于图 5-1 中的 3 个 button 节点。图 5-2 中间显示曲线的图表就是图 5-1 中的标题为 myChart 的 chart 节点。

在图 5-2 的界面中，3 个按钮的功能不言而喻。对于曲线，可以勾选 Show Points 复选框显示曲线上的数据点。如果 Show Points 右侧的小按钮显示为 Brush，可以通过鼠标滚轮进行缩放；如果按钮显示为 Zoom，可以通过鼠标画矩形框进行缩放；单击 Show All 按钮，可以恢复原始显示。

5.3　CubeMonitor 基本功能使用示例

5.3.1　STM32 MCU 项目

在本节中，我们将通过一个示例来演示 CubeMonitor 的一些常用功能的使用。示例的 STM32 项目 Demo5_1ADC 从第 14 章的项目 Demo14_2TimTrigger 复制而来，用定时器 TIM3 触发 ADC1 进行数据采集。在示例 Demo14_2TimTrigger 中，我们只能在 LCD 上显示当前采样点的值，而在本示例中，可以通过 CubeMonitor 监测 ADC1 采集数据的曲线，而且可以改变 TIM3 的定时周期，从而改变 ADC1 的采样率。

本章要用到后面章节里的 MCU 示例项目，如果读者对 ADC、DAC、定时器等不熟悉，也许能看懂 CubeMonitor 的功能和基本操作，但要完全理解其中一些设置的原理，最好还是先看完第 15 章再来看本章。

我们将项目 Demo14_2TimTrigger 复制为项目 Demo5_1ADC。复制项目的方法见附录 B。CubeMX 项目的设置基本无须修改，但是需要知道主要设置的意义。

1. TIM3 的设置

定时器TIM3的模式和参数设置如图5-9所示。本项目的时钟树中，HCLK 已经设置为 100MHz，APB1 和 APB2 的定时器时钟频率为 50MHz。图 5-9 中参数 Prescaler 设置为 49999，所以 TIM3 的计数器的时钟频率为 1000Hz。参数 Counter Period 就是自动重载寄存器 TIM3_ARR 的值，设置为 99 时 TIM3 的定时周期就是 100ms。将 Trigger Event Selection（TRGO 信号源）设置为 Update Event，就是用 UEV 事件信号作为 TRGO 信号。

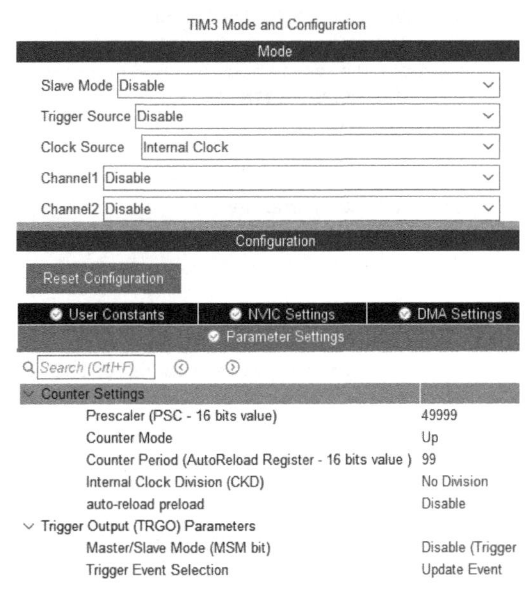

图 5-9 定时器 TIM3 的模式和参数设置

2. ADC1 的设置

ADC1 的模式设置中使用通道 IN5，参数设置如图 5-10 所示。使用 12 位精度，右对齐格式，参数 External Trigger Conversion Source（外部触发转换源）选择为 Timer 3 Trigger Out event。开启 ADC1 的全局中断。ADC1 这些参数设置的意义详见 14.4 节。

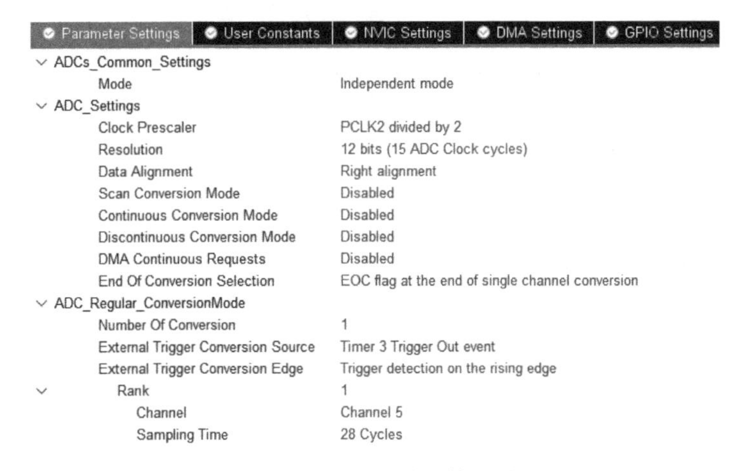

图 5-10 ADC1 的参数设置

3. 程序代码

我们在 CubeMX 中完成设置后生成代码，在 CubeIDE 中打开项目，将 PublicDrivers 目录下的 TFT_LCD 目录添加到项目搜索路径（操作方法见附录 A）。在主程序中添加用户代码，完成后的主程序代码如下：

```
/* 文件： main.c-----------------------------------------------------------------*/
#include "main.h"
#include "adc.h"
#include "tim.h"
#include "gpio.h"
#include "fsmc.h"
/* USER CODE BEGIN Includes */
#include "tftlcd.h"
```

```
/* USER CODE END Includes */

/* Private variables ---------------------------------------------------------*/
/* USER CODE BEGIN PV */
uint16_t orgX, orgY;              //LCD 上的显示位置
uint16_t voltX,voltY;             //LCD 上的显示位置
uint32_t ADCValue, ADCVoltage;    //ADC 原始值和 mV 电压值
/* USER CODE END PV */

int main(void)
{
    HAL_Init();
    SystemClock_Config();
    /* Initialize all configured peripherals */
    MX_GPIO_Init();
    MX_FSMC_Init();
    MX_ADC1_Init();               //ADC1 初始化
    MX_TIM3_Init();               //TIM3 初始化

    /* USER CODE BEGIN 2 */
    TFTLCD_Init();
    LCD_ShowStr(10,10, (uint8_t *)"Demo5_1:ADC by TIM3 Trigger");
    LCD_ShowStr(10,LCD_CurY+LCD_SP10, (uint8_t *)"Please set jumper at first");
    LCD_ShowStr(10,LCD_CurY+LCD_SP10, (uint8_t *)"Tune potentiometer for input");

    LCD_ShowStr(10,LCD_CurY+LCD_SP20, (uint8_t *)"ADC 12-bits Value= ");
    orgX=LCD_CurX;                //记录 LCD 显示位置
    orgY=LCD_CurY;
    LCD_ShowStr(10,LCD_CurY+LCD_SP20, (uint8_t *)"Voltage(mV)= ");
    voltX=LCD_CurX;               //记录 LCD 显示位置
    voltY=LCD_CurY;

    LcdFRONT_COLOR=lcdColor_WHITE;
    HAL_ADC_Start_IT(&hadc1);     //启动 ADC，中断模式
    HAL_TIM_Base_Start(&htim3);   //启动定时器
    /* USER CODE END 2 */

    /* Infinite loop */
    while (1)
    {
    }
}

/* USER CODE BEGIN 4 */
/*  ADC 的转换完成 EOC 事件中断回调函数    */
void HAL_ADC_ConvCpltCallback(ADC_HandleTypeDef* hadc)
{
    if (hadc->Instance == ADC1)
    {
        ADCValue=HAL_ADC_GetValue(hadc);        //读取转换结果
        LCD_ShowUintX(orgX,orgY,ADCValue, 5);

        ADCVoltage=3300*ADCValue;               //mV
        ADCVoltage = ADCVoltage >>12;           //除以 2^12
        LCD_ShowUintX(voltX,voltY, ADCVoltage, 4);
    }
}
/* USER CODE END 4 */
```

这里不显示和解释 ADC1、TIM3 等外设的初始化函数代码，请查看 14.4 节的示例代码。

ADC 的转换完成（EOC）事件中断的回调函数是 HAL_ADC_ConvCpltCallback()，我们直接在文件 main.c 的一个代码沙箱段内实现了这个回调函数。在回调函数里，读取 ADC1 的转换结果数据，即 12 位的转换值，并赋值给变量 ADCValue；再将 ADC 转换值转换为 mV 电压值，赋值给变量 ADCVoltage。我们准备用 CubeMonitor 监测这两个变量值，所以将这两个变量定义为全局变量，因为 CubeMonitor 是通过变量在内存中的地址来监测变量的，所以要监测的变量必须是全局变量。

这个回调函数还在 LCD 上显示了变量 ADCValue 和 ADCVoltage 的值。设置的 TIM3 定时周期是 100ms，所以程序运行时，会看到 LCD 上数值刷新很快。本示例项目构建后下载到开发板上，如果不使用 CubeMonitor 进行变量监测，这个项目就与本书其他章的示例一样，只能通过 LCD 显示观察结果，或进行断点调试。如果要改变 TIM3 的定时周期，需要修改程序后重新构建和下载。

5.3.2 变量监测的基本操作

下面我们使用 CubeMonitor 对 MCU 项目 Demo5_1ADC 运行时的全局变量 ADCValue 和 ADCVoltage 进行监测，并显示曲线。

1. Basic_Flow 流程图

假设读者是首次使用 CubeMonitor，启动软件后，将看到图 5-3 所示的界面，还可以看到工作区显示了一个 Basic_Flow 流程图页面。这是 CubeMonitor 的一个基本流程图，提供了使用 ST-LINK 仿真器进行变量监测和显示曲线的基本功能。将原始的 Basic_Flow 流程图页面单独截图，如图 5-11 所示。

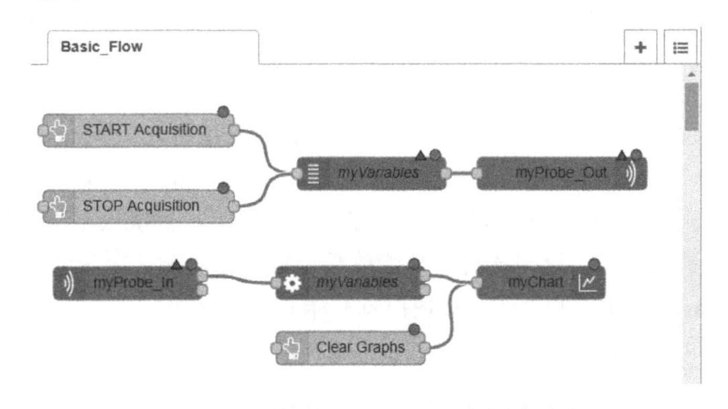

图 5-11 原始的 Basic_Flow 流程图页面

双击一个流程图的页面标签，如图 5-11 中的页标签 Basic_Flow，会在界面上看到 Edit flow: Basic_Flow（编辑流程图）对话框，如图 5-12 所示。在这个对话框中，用户可以设置流程图的名称和描述文字，例如，可以将此流程图的名称修改为 Flow_ADC_Vars；在描述文字的定义中，还可以使用一些简单的格式定义。

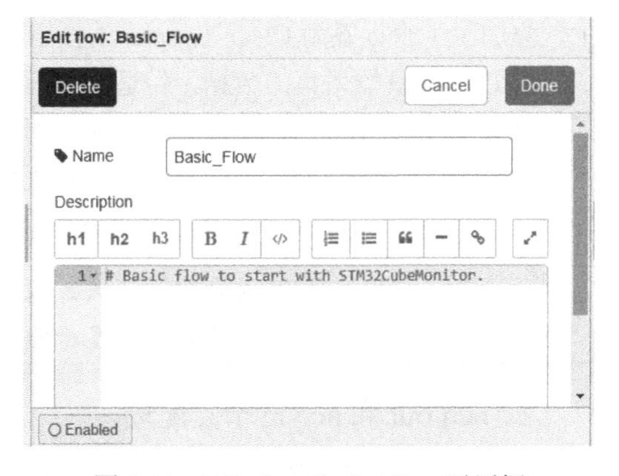

图 5-12 Edit flow:Basic_Flow 对话框

CubeMonitor 的工作区可以显示多个流程图页面，在 Edit flow 对话框中，单击 Delete 按钮可以删除该流程图。但是如果工作区只有一个流程图页面，这个流程图是不能被删除的。单击图 5-11 右上角的“+”按钮，可以在工作区新建一个空的流程图。

Basic_Flow 是 CubeMonitor 中的一个流程图模板，如果用户需要基于 Basic_Flow 新建一个流程图，可以单击 CubeMonitor 主菜单（见图 5-4）中的 Import 菜单项，打开图 5-13 所示的对话框。此对话框的 Library 页面有两个流程图的 JSON 文件，其中的 STM32CubeMonitor_BasicFlow.json 就是 Basic_Flow 流程图的定义文件，单击 Import 按钮后，即可新建一个 Basic_Flow 流程图页面。

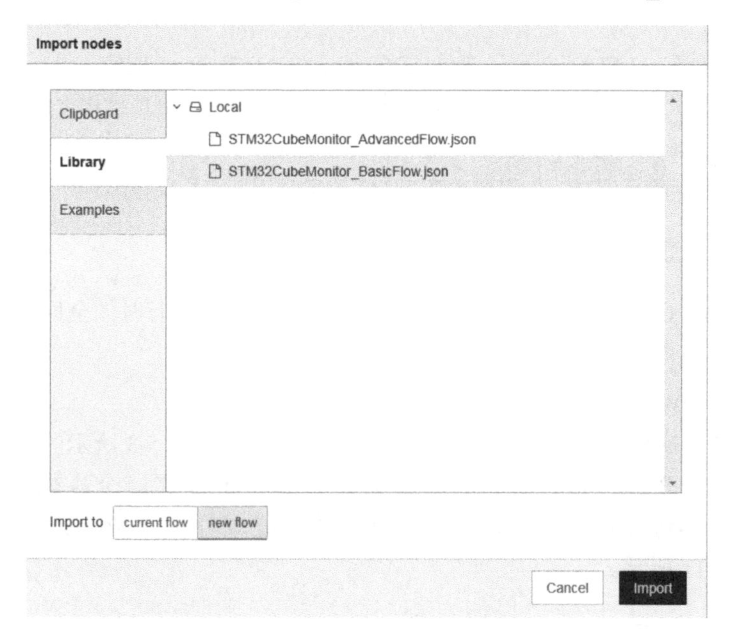

图 5-13　Import nodes 对话框

在图 5-11 的 Basic_Flow 流程图中有 2 个流程。上面的流程中有 2 个 button 节点、1 个 variables 节点和 1 个 acq out 节点，我们称之为数据采集流程。在 acq out 节点中，设置连接的 ST-LINK 仿真器，在 variables 节点中，设置需要监测的变量的地址，2 个 button 节点是在 Dashboard 上控制开始和停止采集的按钮。这个流程的功能就是设置需要监测的变量的地址，这些变量构成一个变量组，在 Dashboard 上通过两个按钮控制开始和停止采集。

下面的流程由 1 个 acq in 节点、1 个 processing 节点、1 个 chart 节点和 1 个 button 节点组成，我们称之为数据处理和显示流程。acq in 节点获取 ST-LINK 仿真器采集的变量的数据，processing 节点对仿真器采集的数据进行处理，然后发送到 chart 节点进行显示。在 Dashboard 上，添加了 1 个标签为 Clear Graphs 的按钮，用于清除图表显示内容。这个流程的作用就是获取 ST-LINK 仿真器采集的数据，做适当处理后在图表上显示。

在使用 CubeMonitor 和 ST-LINK 仿真器进行变量监测时，ST-LINK 仿真器相当于是一个数据采集器。如果用户使用 LabView 做过数据采集的程序设计，对于 CubeMonitor 的流程图设计就比较容易理解了。下面我们分别介绍这两个流程中各节点的设置，以及 Dashboard 布局设计等内容。

如果一个节点未完成设置或设置有错误，节点的上方会显示一个红色三角形符号。正确设置后的节点上方显示的是蓝色圆形符号。

2. acq out 和 acq in 节点配置

首先设置 acq out 节点，配置所连接的 ST-LINK 仿真器。双击图 5-11 中第 1 个流程中标题为 myProbe_Out 的节点，打开图 5-14 所示的 Edit acq out node 对话框。

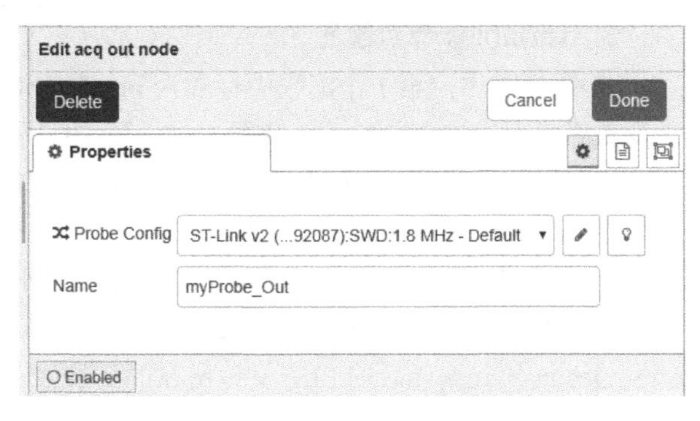

图 5-14 Edit acq out node 对话框

在此对话框中，Name 是这个节点的名称，可以修改节点名称。Probe Config 旁边的下拉列表框中是可用的 ST-LINK 仿真器配置。如果没有配置过仿真器，可以单击下拉列表框右侧的笔形图标按钮，打开图 5-15 所示的对话框，创建或修改仿真器的配置。

在图 5-15 中，单击 Probe Name 下拉列表框的下拉按钮，就会看到已经连接在计算机上的 ST-LINK 仿真器。选择一个仿真器，就可以配置其参数：Protocol（通信协议）和 Frequency（频率）。其中，通信协议的配置就是选择 SWD 或 JTAG 调试接口。单击图 5-15 中的 Add 按钮，就可以添加一个仿真器配置，如果是修改一个仿真器的配置，这个按钮的标题会变成 Update。

对仿真器进行的配置，实际上会生成一个配置节点（见 5.2.1 节 configuration node 的定义），配置节点在流程图中是不可见的，但是它存储了一些可重用的配置信息，可以被流程图中的常规节点共享使用。在图 5-15 的右下方，还有一个下拉列表框，用于设置仿真器配置适用的范围，默认设置为 On all flows，即所有流程图可以使用这个仿真器配置节点。

在主窗口侧边栏的 configuration nodes 页面中，会看到图 5-16 所示的界面，这里显示了 CubeMonitor 中的配置节点，并且按照适用范围进行了分组。例如，On all flows 分组里显示的就是对于所有流程图都可用的配置节点；Flow_ADC_Vars 分组里显示的就是只在流程图 Flow_ADC_Vars 中可用的配置节点（已经将图 5-11 中的流程图 Basic_Flow 更名为 Flow_ADC_Vars）。在图 5-16 中，除了刚才配置的仿真器配置节点（probe），还有其他几个配置节点，详见后文。

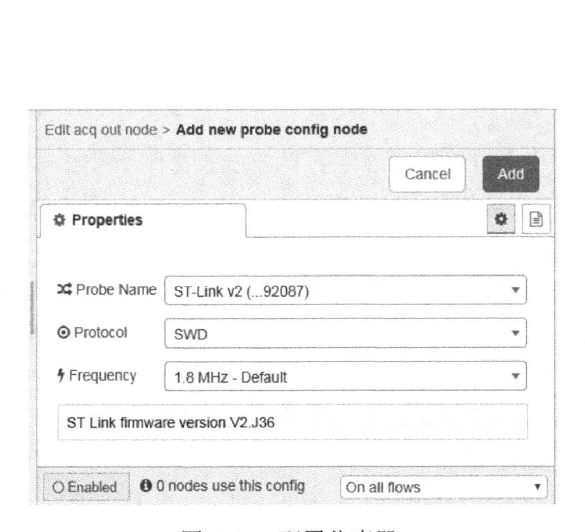

图 5-15 配置仿真器

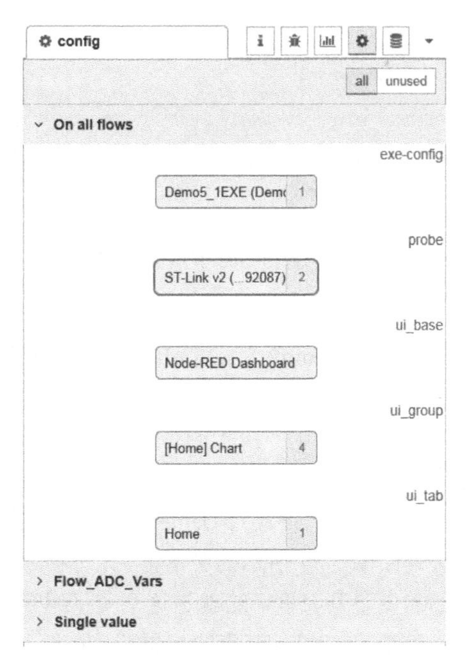

图 5-16 侧边栏的 configuration nodes 页面

3. variables 节点配置

在图 5-11 中，第 1 个流程中标题为 myVariables 的节点是一个 variables 节点，用于定义一个变量组。双击这个节点，打开图 5-17 所示的界面。在这个界面中，Group Name 是变量组名称，是可以修改的。Executable 是 STM32 可执行文件，即编译后的 ELF 文件，就是从 ELF 文件中选择需要监测的变量。

首次配置 variables 节点时，单击 Executable 列表框右侧的图标按钮，打开图 5-18 所示的界面。在 Folder 编辑框中，将 STM32 项目构建后 ELF 文件所在的文件夹复制到此处，例如，本项目 Debug 模式编译后的 ELF 文件所在的目录如下：

```
D:\CubeDemo\Part1_Environment\Chap05CubeMonitor\Demo5_1ADC\Debug
```

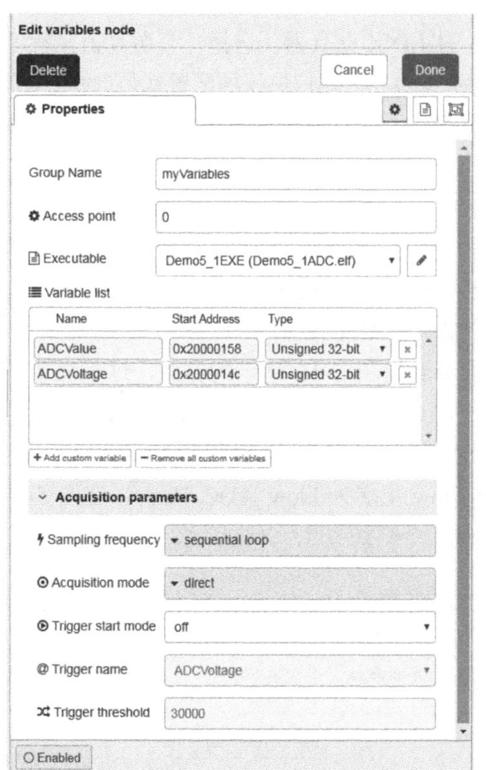

图 5-17　variables 节点的设置

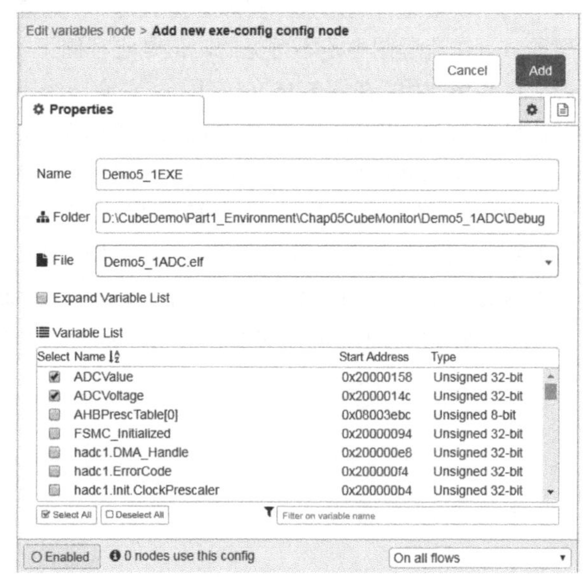

图 5-18　在 STM32 可执行文件中选择变量的对话框

设置文件夹后，在下方的 File 下拉列表框中会自动列出该目录下的 ELF 文件，例如，本示例的文件是 Demo5_1ADC.elf。然后，在下方的变量列表（Variable List）中，会列出该 ELF 文件中的所有变量，包括 STM32 项目中定义的全局变量，每个变量都有起始地址和类型。

我们只对项目中的全局变量 ADCValue 和 ADCVoltage 进行监测，在图 5-18 中，勾选这两个变量。图 5-18 实际上新增了一个 exe-config 配置节点，还需要在 Name 编辑框中为此配置节点命名，例如，设置为 Demo5_1EXE。在图 5-18 所示的对话框中，设置完成后单击 Add 按钮，就会返回图 5-17 所示的对话框，此时会看到，变量 ADCValue 和 ADCVoltage 被添加到了图 5-17 所示的变量列表里，这就是这个变量组需要监测的变量。

完成 variables 节点的配置后，在侧边栏中显示 Configurations nodes 页面，会看到增加了一个标题为 Demo5_1EXE 的 exe-config 类型的配置节点（见图 5-16），这就是在图 5-18 所示的对话框中创建的 exe-config 配置节点。

在图 5-17 对话框的下半部分，还有几个采集参数（Acquisition parameters）需要设置。

- Sampling frequency，采样频率。默认设置为 sequential loop（顺序循环），CubeMonitor 会以尽量快的速度采样，也可以设置 0.1 和 1000Hz 之间的某个采样频率。
- Acquisition mode，采样模式。有 direct 和 snapshot 两种采样模式。direct 模式是非侵入式的，通过 SWD 或 JTAG 协议读取 STM32 内存中变量的值，不需要在 MCU 程序中添加任何代码。snapshot 模式需要在 MCU 程序中添加特定代码，由 MCU 定时采样并将结果保存在内存中，再由 CubeMonitor 定期读出。snapshot 模式可以提供更精确的采样频率，本示例采用 direct 模式。
- Trigger start mode，触发启动模式。可以在某个信号的上跳沿或下跳沿发生多少次后触发监测。默认设置为 off。
- Trigger name，触发信号名称。从已设置的监测变量中选择触发信号源。
- Trigger threshold，触发阈值。例如，设置为 3000，表示触发信号的边沿事件发生 3000 次后开始监测。

4. processing 节点配置

在图 5-11 中，第 2 个流程中标题为 myVariables 的节点是一个 processing 节点，这个节点的输入是 acq in 节点的输出，也就是 ST-LINK 仿真器采集到的数据。processing 节点可以对采集的原始数据进行处理，例如，重新计算或统计。processing 节点每 50ms 输出一次，可能包含一次采样或多次采样的数据。processing 节点的输出作为 chart 节点的输入，在曲线上显示。

双击图 5-11 中的 processing 节点，可以看到图 5-19 所示的对话框。在此对话框中，Group Name 下拉列表框用于选择变量组，也就是前面设置的 variables 节点的名称。processing 节点和 variables 节点的标题都是变量组的名称，所以在图 5-11 中看到两个标题为 myVariables 的节点。

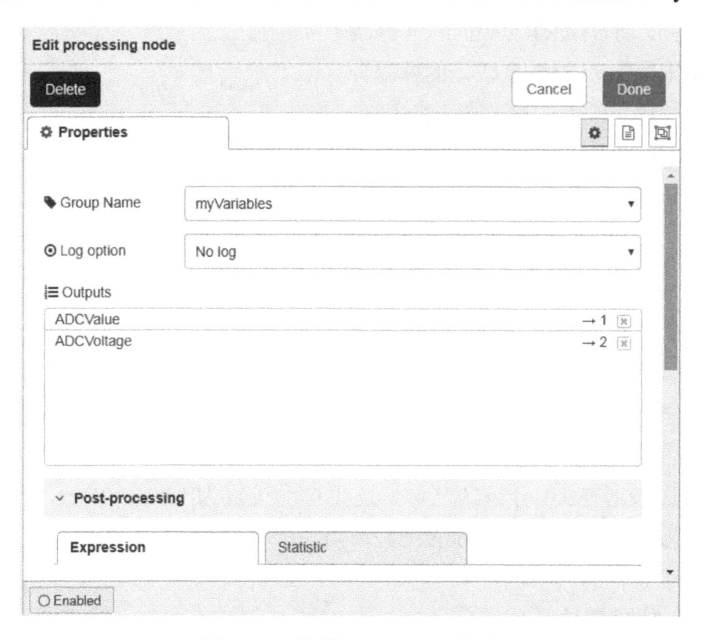

图 5-19 设置 processing 节点

Log option 下拉列表框中是记录选项，表示是否将数据记录到文件中。如果设置为 Log all

values，CubeMonitor 会将监测数据记录到文件中，后期可以在 Dashboard 界面载入记录的数据进行显示。可以设置为记录全部数据，同时关闭 chart 的实时显示，这样可以提高实际采样频率。

Outputs 列表中已经有 ADCValue 和 ADCVoltage 两个变量，这是从变量组 myVariable 中导入的变量，这 2 个变量总是会被输出到 chart 上显示。

在图 5-19 界面的下方，还有一个 Post-processing 分组，有 Expression 和 Statistic 两个页面。在 Expression 页面，用户可以添加输出变量，就是基于监测变量计算新的输出变量，在后面会演示此功能的使用。在 Statistic 页面，用户可以基于监测数据进行统计，生成新的输出变量，例如，统计 ADCValue 在最近 100 个采样点的平均值。这里先不做任何处理，单击 Done 按钮即可。

5. button 节点配置

在图 5-11 中，有 3 个 button 节点，这 3 个 button 节点在 Dashboard 上显示为 3 个按钮。双击图 5-11 中标题为 START Acquisition 的按钮，打开图 5-20 所示的对话框。Group、Size 和 Label 这 3 个参数的意义如下。

- Group 是按钮所在 UI 分组的名称，这里自动设置为[Home]Chart，也就是图 5-16 中的标题为[Home]Chart 的 ui_group 类型节点。
- Size 是按钮的大小，5×1 表示按钮宽度为 5 个网格，高度为 1 个网格。Dashboard 界面上各组件的大小都是用网格个数表示的。
- Label 是按钮的标题，可以修改为中文标题，例如，将 START Acquisition 修改为“开始采集”。另外 2 个按钮的标题分别修改为“停止采集”和“清除曲线”。

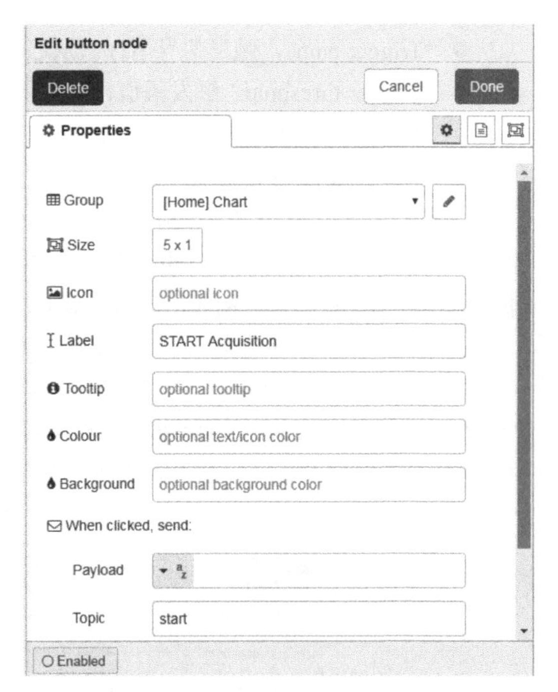

图 5-20 设置 button 节点

如果按钮被单击，会发出一个 msg，它有 msg.payload 和 msg.topic 两个属性。按钮的 payload 自动设置为按钮节点的 ID，按钮的 msg.topic 表示了按钮的作用类型，流程图中 3 个按钮的 msg.topic 分别是 start、stop 和 clear。

6. chart 节点配置

在图 5-11 所示的第 2 个流程中，chart 节点的输入是 processing 节点的输出，就是用图表显示监测的数据。双击图 5-11 中标题为 myChart 的节点，打开图 5-21 所示的 Edit chart node 对话框。其中几个参数的意义如下。

- Group 是图表所在 UI 分组的名称，这里自动设置为[Home]Chart，也就是图 5-16 中的标题为[Home]Chart 的 ui_group 类型节点。
- Size 是图表组件的大小，这里设置为 15×9，表示图表宽度为 15 个网格，高度为 9 个网格。
- Chart type 是图表类型，有 Line chart（线图）和 Bar chart（柱状图）两种。
- Curve type 是曲线类型，有 linear（相邻两点之间用直线连接）、natural（相邻多点间光滑拟合），还有可用于绘制阶梯状图的 step、step after、step before。

- Duration 是图表 X 轴的时间长度，默认是 10s。
- Name 是图表的名称。

7. Dashboard 设计

Dashboard 就是显示监测结果的 UI 界面——用户可以在设计模式下对其进行设置。位于侧边栏的 Dashboard 页面显示了 Dashboard 界面上的节点组成，如图 5-22 所示。这里已经将 3 个按钮的标题修改为汉字。

图 5-21 设置 chart 节点

图 5-22 位于侧边栏的 Dashboard 页面

与图 5-16 中的配置节点对应，有助于理解图 5-22 中 Dashboard 界面元素的组成。Home 是一个 ui_tab 类型的配置节点，表示一个标签页。Chart 是一个 ui_group 类型的配置节点，表示界面上的一个分组。3 个按钮和 myChart 节点在 Chart 分组里显示。

鼠标指针落在图 5-22 中 Dashboard 的某个元素节点上时，节点的右侧会显示几个按钮，例如，图 5-22 中 Home 节点右侧有 3 个按钮：group 按钮，可以在界面上新增一个分组；edit 按钮，可以打开 Home 节点的属性设置对话框；layout 按钮，可以打开 Dashboard 的布局设计界面，如图 5-23 所示。

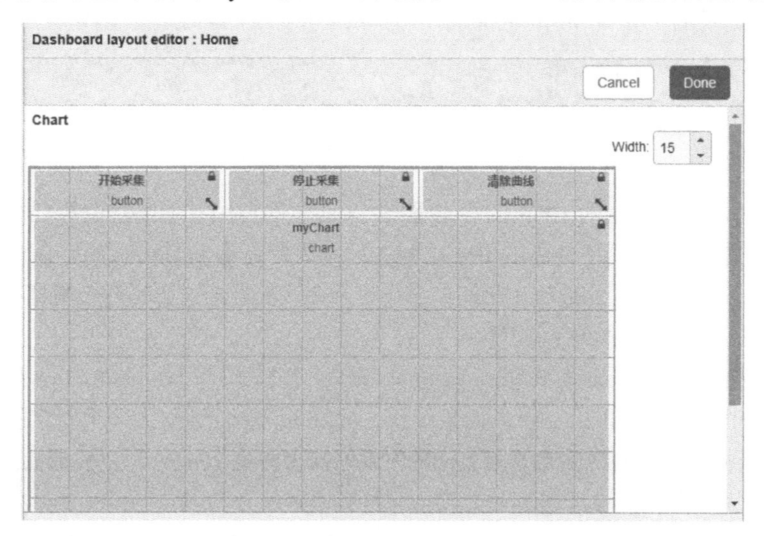

图 5-23 Dashboard 的布局设计界面

图 5-23 是本示例中 3 个按钮和 1 个图表的界面布局，它们在一个 Chart 界面分组里。注意界面上的网格，Dashboard 上界面元素的大小就是用网格个数定义的。在右上角的 Width 输入框中可以设置 Chart 界面分组的宽度。在图 5-23 的布局设计界面上，可以移动按钮或 myChart 的位置，可以修改它们的大小。

8. 部署和运行

完成以上这些设置后，我们就可以单击主工具栏上的 DEPLOY 按钮进行部署，如果有错误，会出现提示，流程图上配置有错误的节点下方会出现红色的小圆点。如果流程图的设置没有问题，就可以完成部署，部署就是要保存当前的设计并发布给 CubeMonitor 的运行时环境。

完成部署后，再单击主窗口工具栏上的 DASHBOARD 按钮，就可以进入 Dashboard 模式，显示图 5-24 所示的界面。在图 5-24 中，单击“开始采集”按钮就可以开始采集，图表中会显示 ADCValue 和 ADCVoltage 两个变量的曲线。图 5-24 是已停止采集并且勾选了 Show Points 复选框之后的显示效果，鼠标移动时，会显示曲线上数据点的时间和数值。

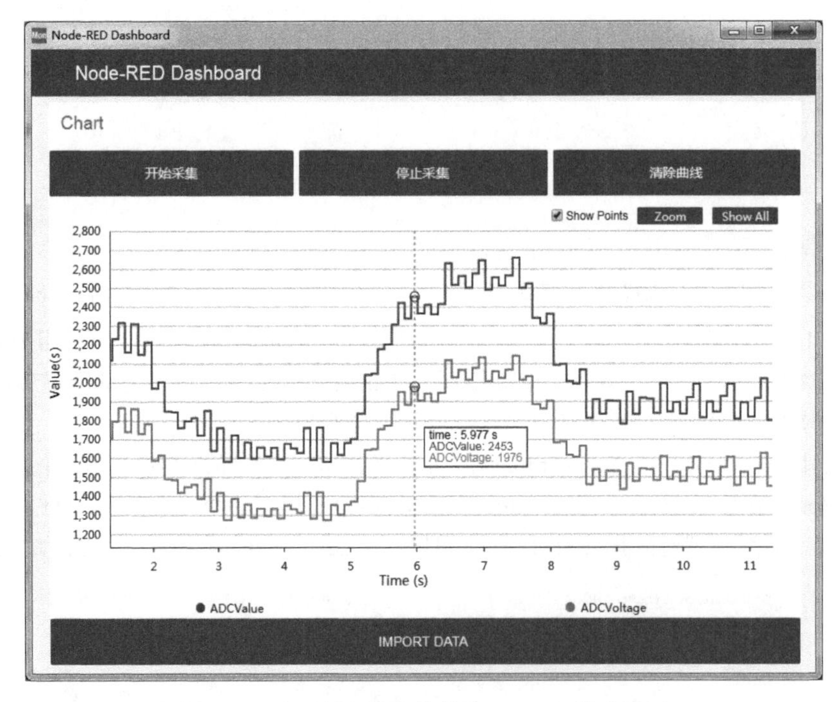

图 5-24　本示例监测变量的 Dashboard 模式界面

设置 TIM3 的定时周期为 100ms，所以图 5-24 所示的曲线有明显的阶梯状，会看到一条横线段上有多个数据点，说明 CubeMonitor 监测的采样周期是小于 100ms 的。鼠标指针停留在某个数据点上时，这个数据点的数值和时间信息会显示在一侧。通过查看两个数据点的时间差，用户可以知道 CubeMonitor 采样时间间隔。

实际监测发现，在 direct 模式和 sequential loop 采样模式下，CubeMonitor 采集的数据点之间不是等时间间隔的。在图 5-17 中，如果设置 Sampling frequency 为一个固定的频率，例如，设置为 100Hz，那么会看到 2 个数据点之间的时间间隔大约是 20ms，所以设置的采样频率是单个变量时的采样频率，如果是 2 个变量，则实际采样频率降低为 50Hz。另外，在数据实时显示的情况下，Sampling frequency 最高可设置为 1000Hz，但是实际的数据点之间的采样间隔是 10ms 左右。

图 5-24 底部的 IMPORT DATA 按钮是 Dashboard 界面自带的。有一种方法可以稍微提高 CubeMonitor 采样的频率和准确性，就是在 processing 节点的属性设置（见图 5-19）中将 Log option 设置为 Log all values，然后在流程图上断开 processing 节点和 chart 节点的连接，也就是不实时显示曲线。在 Dashboard 模式下，单击按钮“开始采集”后，CubeMonitor 开始采集数据，并记录到数据文件中。停止采集后，单击 IMPORT DATA 按钮，可以导入记录的数据文件，这些数据文件自动存储在系统的\user\log 目录下。这样，记录的数据点采样间隔会均匀一些，但是，采样周期设置为 1000Hz 时，数据点采样周期也只能达到 8ms。

有一点需要特别注意，CubeMoitor 对 MCU 中全局变量的监测是通过变量的地址来实现的，图 5-17 显示了 2 个变量的地址。如果 MCU 程序被修改，重新编译后，变量的地址可能就变了，如果直接运行原来的流程图，就可能无法显示变量的数据。例如，在本示例中，如果将 main.c 中记录 LCD 显示位置的全局变量 orgX 和 orgY 注释掉，再注释掉 LCD 上显示数据的语句，那么编译后，变量 ADCValue 和 ADCVoltage 的地址就变了。这时，我们需要在图 5-18 的对话框中重新读取 ELF 文件，更新变量的地址。

9. 保存流程

在设计好一个流程图并运行测试无误后，我们可以将当前流程图导出为一个文件。单击图 5-4 所示系统主菜单中的 Export 菜单项，会显示图 5-25 所示的 Export nodes（导出节点）对话框。

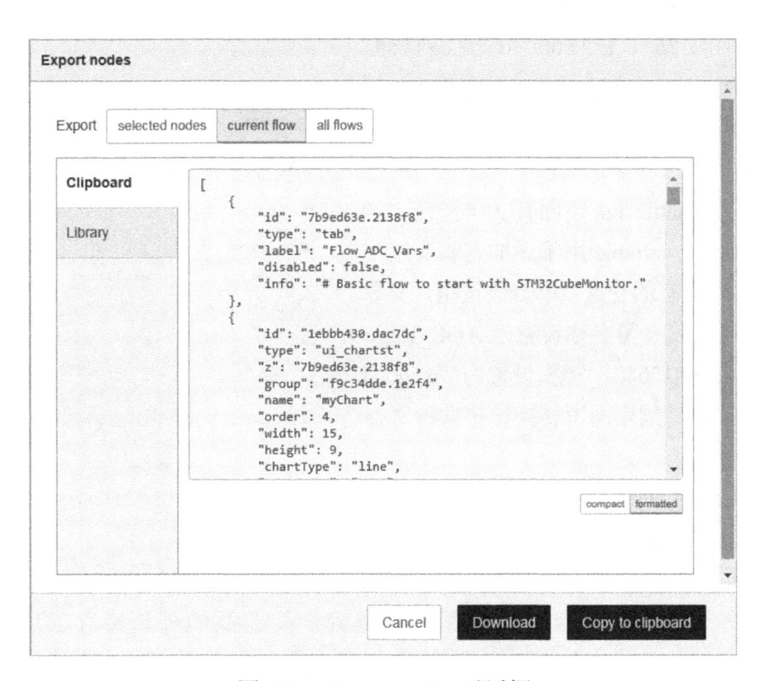

图 5-25 Export nodes 对话框

界面上方有 3 个页面标签，分别是 selected nodes（选择的节点）、current flow（当前流程图）和 all flows（全部流程图）。节点和流程是用 JSON 格式定义的，单击 Download 按钮，就可以将当前页面上的定义保存为一个 JSON 文件。我们在项目根目录下已创建一个 Flows 文件夹，本示例的当前流程图已导出为文件 flows01_Vars.json。在需要重复使用这些节点或流程定义时，我们可以通过 Import 对话框导入 JSON 文件中的定义。

5.3.3　监测外设寄存器的值

1. CubeMonitor 示例功能

在前一示例中，我们使用 CubeMonitor 对 STM32 MCU 中的全局变量进行监测，为此，将 ADCValue 和 ADCVoltage 定义为全局变量。在示例 Demo14_2TimTrigger 中，这 2 个变量实际是局部变量。此外，通过前一个 CubeMonitor 监测示例已知：如果 MCU 程序在修改后被重新编译，全局变量的地址可能会改变，需要重新配置变量组。

CubeMonitor 还可以对外设寄存器进行监测，因为外设寄存器相当于有固定地址的全局变量。在本节中，我们再创建一个 CubeMonitor 监测示例，用于监测 ADC 的转换结果寄存器 ADC_DR 的值，并通过 processing 节点的计算功能添加一个输出变量，计算出 mV 电压值。其实现的监测功能与流程图 flows01_Vars.json 完全相同。

对项目的 MCU 程序，我们无须做任何修改。CubeMonitor 没有新建或打开文件等操作，启动 CubeMonitor 后显示的就是上次部署的流程图，所以在上一个流程图的基础上进行修改。

2. variables 节点配置

双击流程图中的 variables 节点，去除对变量 ADCValue 和 ADCVoltage 的监测，在其中添加对外设寄存器 ADC_DR 的监测，如图 5-26 所示。要去除对变量 ADCValue 和 ADCVoltage 的监测，只需要单击图 5-26 中 Executable 下拉列表框右侧的按钮，打开 exe-config 节点配置窗口（见图 5-18），取消对变量 ADCValue 和 ADCVoltage 的选择，更新即可。

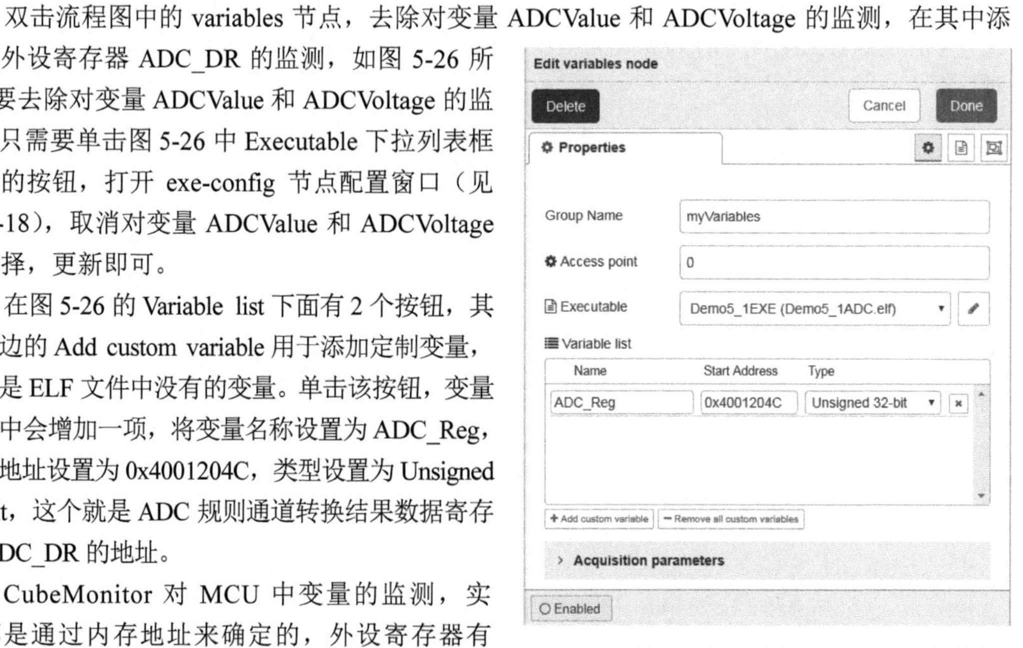

图 5-26　添加对外设寄存器 ADC_DR 的监测

在图 5-26 的 Variable list 下面有 2 个按钮，其中左边的 Add custom variable 用于添加定制变量，也就是 ELF 文件中没有的变量。单击该按钮，变量列表中会增加一项，将变量名称设置为 ADC_Reg，起始地址设置为 0x4001204C，类型设置为 Unsigned 32-bit，这个就是 ADC 规则通道转换结果数据寄存器 ADC_DR 的地址。

CubeMonitor 对 MCU 中变量的监测，实际都是通过内存地址来确定的，外设寄存器有固定的地址，所以可以直接输入外设寄存器的地址来实现对外设寄存器的监测。这里关键是确定要监测的外设寄存器的地址。寄存器 ADC_DR 的地址是如何确定的呢？一种简单的方法是，在 CubeIDE 中，找到 ADC 的外设初始化函数 MX_ADC1_Init()的代码，将鼠标指针停留在外设基址赋值语句的赋值量上，如图 5-27 所示，也就是鼠标指针停留在 ADC1 上，这时会出现图 5-27 中的提示，这表示 ADC1 的基址是：

```
ADC1_BASE = (0x40000000 + 0x00010000) + 0x2000
```

如果跟踪代码，会发现括号中的(0x40000000 + 0x00010000)是 APB2PERIPH_BASE，也就是 APB2 外设总线基址，继续跟踪，会发现 0x40000000 是外设基址（PERIPH_BASE）。

```
27 ADC_HandleTypeDef hadc1;
28
29 /* ADC1 init function */
30⊖void MX_ADC1_Init(void)
31 {
32   ADC_ChannelConfTypeDef sConfig = {0};
33
34⊖  /** Configure the global features of the ADC (Clock, Resolution, Data Alignment
35   */
36   hadc1.Instance = ADC1;
37   hadc1.Init.ClockP Macro Expansion
38   hadc1.Init.Resolu ((ADC_TypeDef *) ((0x40000000UL + 0x00010000UL) + 0x2000UL))
39   hadc1.Init.ScanCo                          Press "F2" for macro expansion steps
40   hadc1.Init.ContinuousConvMode = DISABLE;
41   hadc1.Init.DiscontinuousConvMode = DISABLE;
42   hadc1.Init.ExternalTrigConvEdge = ADC_EXTERNALTRIGCONVEDGE_RISING;
43   hadc1.Init.ExternalTrigConv = ADC_EXTERNALTRIGCONV_T3_TRGO;
```

图 5-27　通过代码提示获取 ADC1 的基址

读者在后面介绍各种外设的示例中会看到，每一种外设都有类似的外设基址赋值语句，可以通过这种方法快速确定某个外设的基址。在 MCU 的参考手册中，外设的某个寄存器的地址是用偏移地址表示的，例如，STM32F407 的参考手册中，ADC 规则数据寄存器 ADC_DR 的定义部分如图 5-28 所示，即 ADC_DR 的偏移地址是 0x4C。所以，ADC_DR 的绝对地址如下：

```
ADC1_BASE+ 0x4C= (0x40000000 + 0x00010000) + 0x2000 + 0x4C = 0x4001204C
```

11.13.14　ADC 规则数据寄存器 (ADC_DR)

ADC regular data register

偏移地址：0x4C

复位值：0x0000 0000

图 5-28　外设的某个寄存器的偏移地址定义

因为一个 MCU 中某个外设寄存器的地址是固定的，所以即使修改了 MCU 的程序，重新编译，图 5-26 中设置的监测地址也无须修改，这是比监测全局变量方便的地方。

3. processing 节点配置

在 variables 节点中，我们设置了对 ADC_DR 寄存器的监测，能够获取 ADC 的 12 位原始数据，即监测变量 ADC_Reg。但是，我们还希望转换为毫伏电压信号进行显示，这可以在 processing 节点配置中，通过添加计算表达式来得到。

双击流程图中的 processing 节点，在对话框下半部分的 Expression 页面，添加一个自定义输出变量，如图 5-29 所示。将 Expression name（表达式名称）设置为输出变量名 ADC_mV。

在 Formula（公式）文本框中，定义计算表达式。在计算表达式中，可以使用 variables 节点中配置的监测变量，即 ADC_Reg。根据 ADC 的 12 位转换结果转换为毫伏电压的计算方法，这个表达式应该设置为

```
(3300*ADC_Reg)>>12
```

配置后单击 Formula 文本框下面的 add 按钮，就可以将变量 ADC_mV 添加到 processing 节点的输出变量列表。若是编辑已经创建的自定义输出变量，这个按钮标题会变成 update。

添加自定义输出变量后，processing 节点设置对话框的上半部分如图 5-30 所示。在输出变量列表中，ADC_Reg 是在 variables 节点中设置的监测变量，不能删除；ADC_mV 是在 processing 节点通过计算自定义的输出变量，可以修改和删除。

图 5-29　通过计算添加输出变量

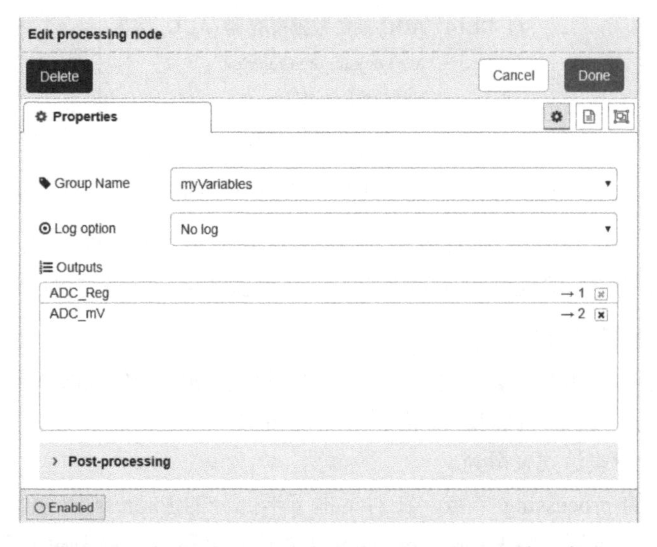

图 5-30　在 processing 节点配置中添加自定义输出变量

4. 部署和运行

我们对 Dashboard 界面不做任何修改，完成这些设置后部署流程图，然后启动 Dashboard 模式。数据监测的界面与图 5-24 所示的相似，只是本示例显示的是变量 ADC_Reg 和 ADC_mV 的数据曲线。

最后，我们将本示例的流程图导出为文件 flows02_RegRead.json。

5.3.4　监测变量的数值显示

1. 示例功能和运行效果

在前面两个流程图中，我们都是用 chart 显示两个监测变量的曲线，但有时可能需要直接显示监测变量的数值。在节点面板的 Dashboard 分组里，还有其他一些用于显示数据的节点，如 text 节点、gauge 节点。在前一示例流程图基础上，我们添加了单个变量的显示功能。完成的流程图如图 5-31 所示，可以看到，添加了虚线框中的几个节点。

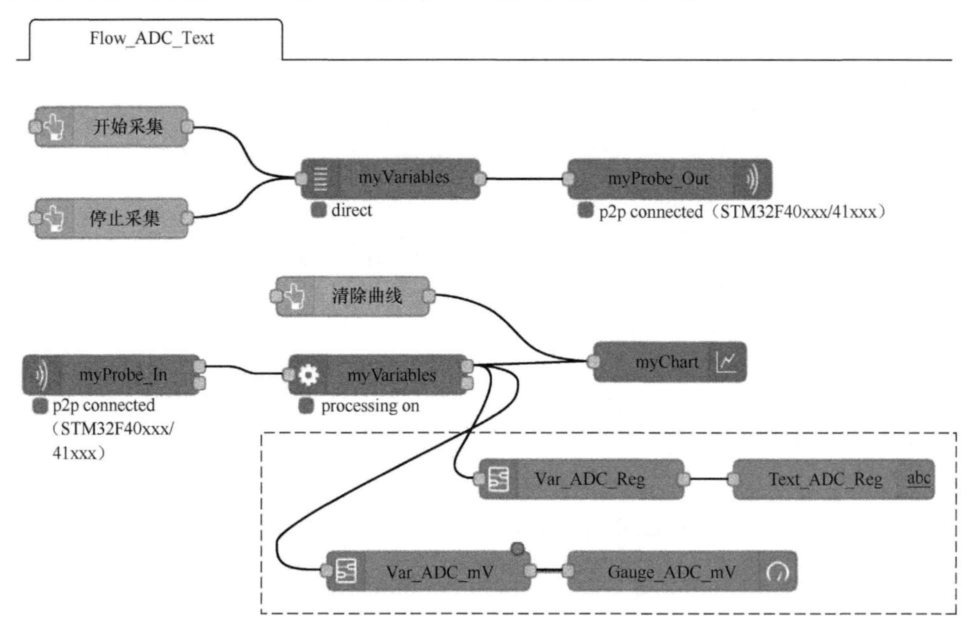

图 5-31 增加了变量数值显示的流程图

我们还修改了 Dashboard 布局。部署流程图后，Dashboard 模式的运行界面如图 5-32 所示。在界面上，添加了一个名称为 Display 的界面分组，用一个 text 节点显示了变量 ADC_Reg 的值，用一个 gauge 节点显示了变量 ADC_mV 的值。这样，不仅可以看到两个监测变量的曲线，还可以看到变量当前的数值。

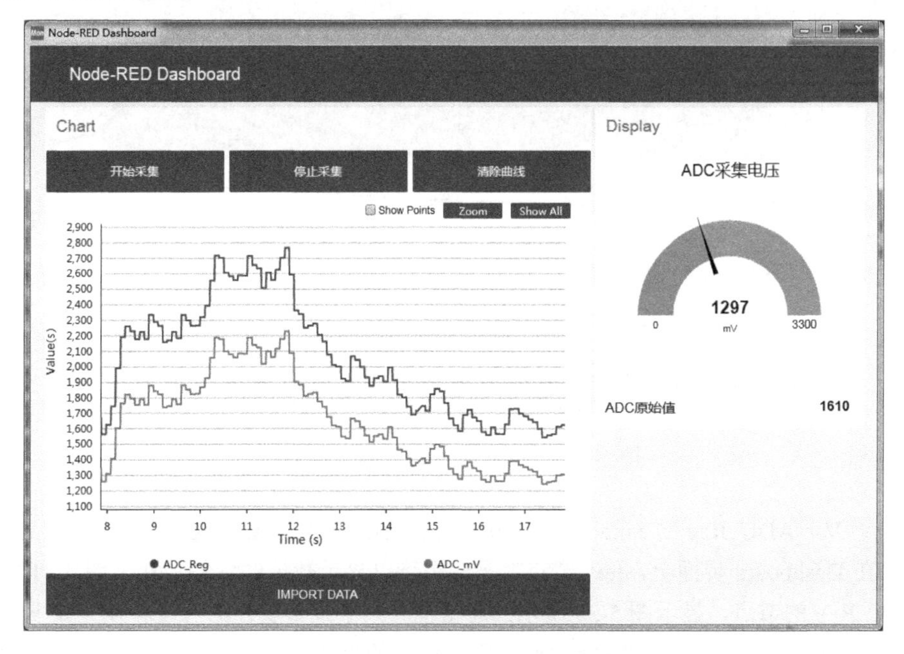

图 5-32 本节示例的 Dashboard 模式界面

2. 流程图设计

流程图中新增的部分是图 5-31 中虚线框中的几个节点，包括 2 个 Single value 节点、1 个 text 节点和 1 个 gauge 节点。每个节点都有一个特有的图标，在主窗口左侧的节点面板里可找到相应的节点。

Single value 节点用于从 processing 节点的输出变量中获取某个变量，就是图 5-31 的虚线框中标题为 Var_ADC_Reg 和 Var_ADC_mV 的两个节点。Single value 节点实际上是一个子流程节点。双击图 5-31 中标题为 Var_ADC_Reg 的节点，其 Properties（属性设置）如图 5-33 所示。Name 是节点的名称，可以任意命名；varfilter 是需要获取的变量名称，这里设置为 ADC_Reg，就是获取 processing 输出中的变量 ADC_Reg。

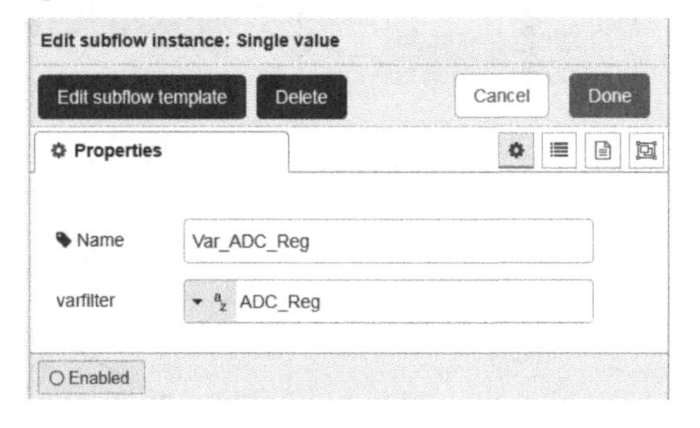

图 5-33　设置 Single value 节点的属性

Single value 节点实际上是一个子流程，子流程就相当于一般程序设计中的函数，是可以被重复使用的流程。单击图 5-33 中的 Edit subflow template 按钮，可以打开图 5-34 所示的界面。这个子流程也是用一些节点设计的，其功能就是从输入的消息中获取 msg.payload.variablename 等于参数 varfilter 指定名称的变量，然后输出该变量的值。

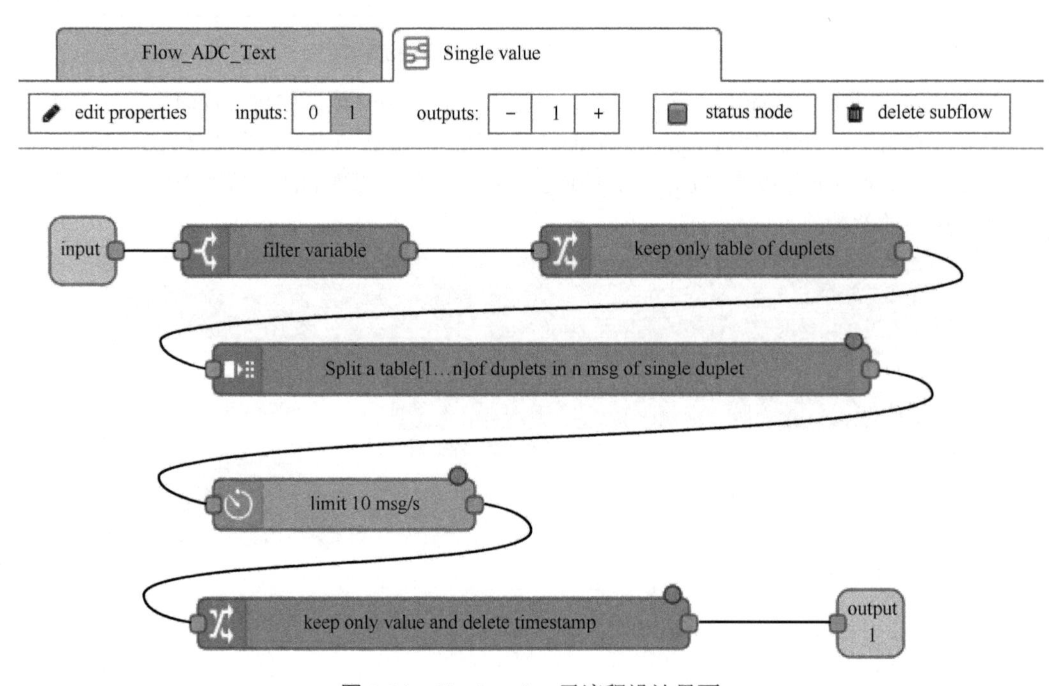

图 5-34　Single value 子流程设计界面

标题为 Var_ADC_Reg 的 Single value 节点用于获取变量 ADC_Reg，其输出连接到一个 text 节点上。在 Dashboard 界面上，text 节点就是一个可以显示数据的标签，双击图 5-31 中标题为 Text_ADC_Reg 的节点，显示图 5-35 所示的对话框。其中几个属性的意义和设置如下。

- Group 是 text 组件在 Dashboard 界面上所属的界面分组。这里设置为[Home]Display，

是因为我们在 Dashboard 布局设计中创建了一个新的分组 Display，在后面会介绍 Dashboard 的界面设计。

- Size 是组件大小，用网格表示。
- Label 是固定部分的文字标签。
- Value format 是数据格式，msg.payload 就是变量的实时数据。
- Layout 是 text 组件的 label 和 value 两部分的布局方式。

在图 5-31 中，标题为 Var_ADC_mV 的 single value 节点获取变量 ADC_mV，其输出连接到一个 gauge 节点上。gauge 节点的属性设置对话框如图 5-36 所示。几个主要属性的意义和设置如下。

- Group 是 gauge 组件在 Dashboard 界面上所属的界面分组，也设置为[Home]Display。
- Type 是 gauge 的类型，有 Gauge、Donut、Compass、Level 等几种类型。
- Value format 是数据格式，{{Value}}就是直接显示数据。
- Units 是数据的单位符号。
- Range 是仪表盘的数据范围，这里设置为 0 到 3300，因为 ADC 最大值为 3300mV。

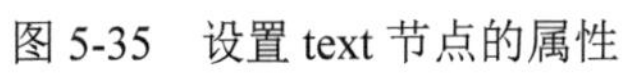
图 5-35 设置 text 节点的属性

图 5-36 设置 gauge 节点的属性

3. Dashboard 布局设计

在流程图中，我们添加了 text 节点和 gauge 节点，这两个是 UI 组件，会在 Dashboard 界面上显示。为了获得图 5-32 所示的显示效果，我们对 Dashboard 界面布局进行了修改。侧边栏中 Dashboard 页面的结果如图 5-37 所示。在 Home 页面上，我们新增了一个名称为 Display 的分组，并将这个界面分组的宽度设置为 6 个网格。我们将 text 节点和 gauge 节点都放在 Display 分组里，也就是在图 5-35 和图 5-36 中设置 Group 属性为 Home[Display]。

Dsahboard 界面布局设计如图 5-38 所示。可以看到，每个组件所占的网格数直观地显示了出来。本示例中 Chart 分组的宽度修改为 12 个网格，“开始采集”“停止采集”和“清除曲线”这 3 个按钮的宽度都设置为 4 个网格。在部署流程图后，Dashboard 模式界面如图 5-32 所示。

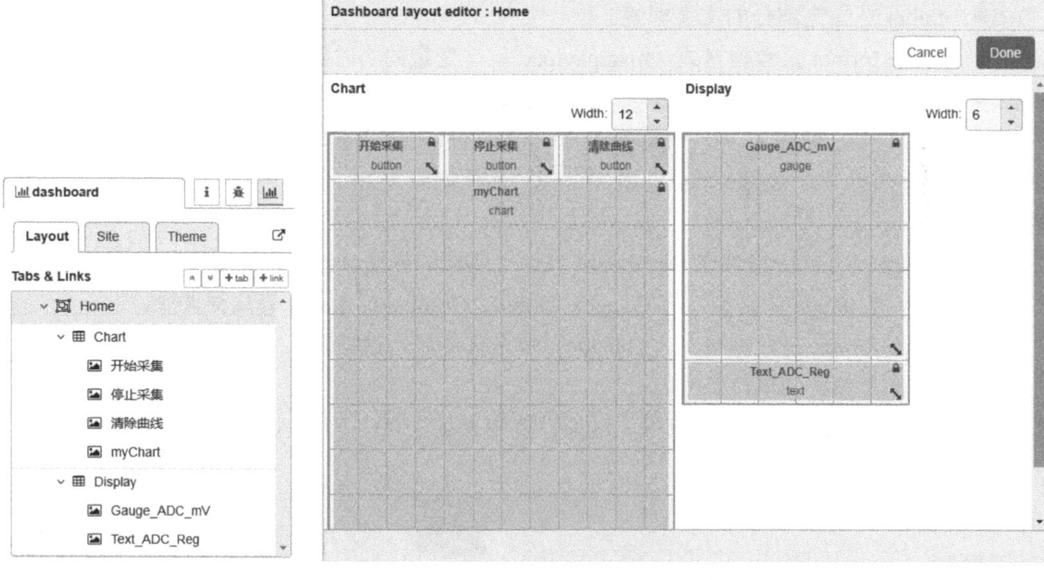

图 5-37　Dashboard 界面组件的布局层次关系

图 5-38　Dashboard 界面布局设计

最后，我们将本示例的流程图导出为文件 flows03_TextGauge.json。

5.3.5　修改变量的值

1. 示例功能和运行效果

使用 CubeMonitor 不仅可以监测 MCU 中变量的值，还可以修改变量的值。我们在前一示例的基础上修改流程图，使得在 Dashboard 模式下，可以修改寄存器 TIM3_ARR 的值，也就是修改 ADC1 的采样频率。设计好的流程图如图 5-39 所示，已导出为文件 flows04_WriteARR.json。读者可以直接导入后查看该示例的流程图。

相对于前一示例的流程图，这个流程图新增了虚线框中的几个节点，其功能是修改 TIM3 的自重载寄存器 TIM3_ARR 的值，也就是修改 ADC1 的采样周期。虚线框中的 3 个节点分别是 inject 节点、variables 节点和 write panel 节点。其中，write panel 节点是 Dashboard 界面组件，为此我们将其设置到 Display 分组里，并设置合适的大小。

部署流程图后，Dsahboard 模式运行时界面如图 5-40 所示。图中右下角虚线框中是 write panel 节点的显示内容，Un-Select All 是自动添加的，TIM3_ARR 是我们设置的标签，在其右侧的文本框中可以输入需要设置的数值，例如 499。WRITE 按钮是自动添加的，单击这个按钮就可以将界面上的值写入所对应的变量，例如，将 499 写入 TIM3_ARR，而这个寄存器决定了 ADC1 的采样频率。MCU 程序中 ADC1 原来的采样周期是 100ms，在曲线中虚线表示的时刻将 TIM3_ARR 的值设置为 500ms，可以看到不同采样周期的明显区别。

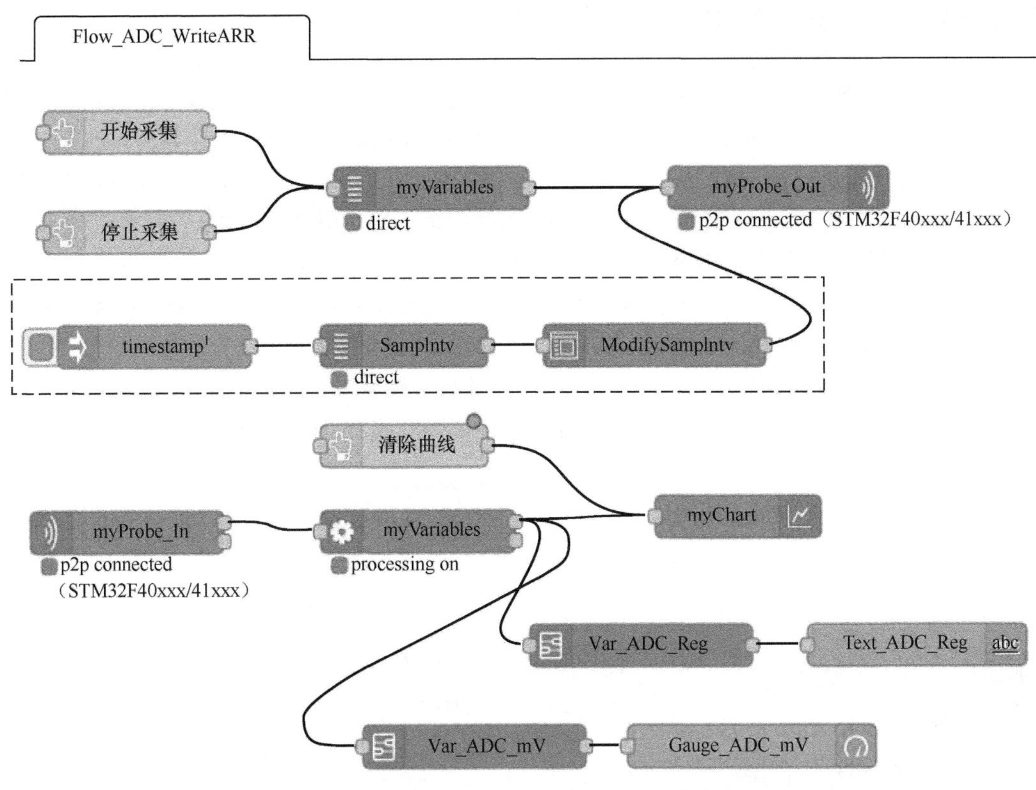

图 5-39 增加修改 TIM3_ARR 值功能的流程图

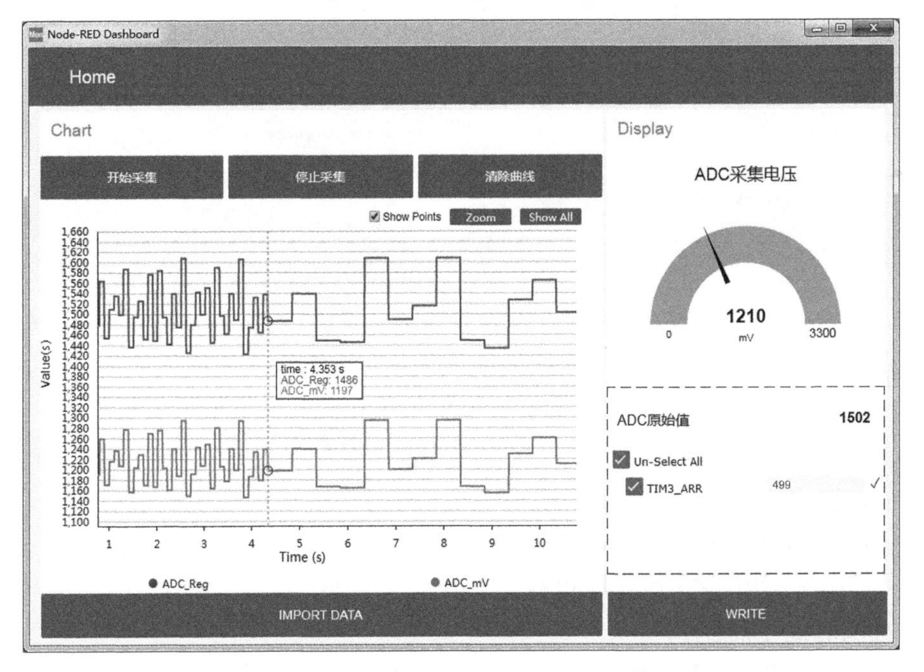

图 5-40 本示例 Dashboard 模式运行时界面

2. 流程图设计

在图 5-39 的虚线框中，第一个节点是一个 inject 节点，inject 节点的功能是向流程注入消息。双击这个节点，其属性设置对话框如图 5-41 所示。

Payload 是注入消息的数据，可以选择多种数据类型，这里设置为 timestamp（时间戳），即当前时间。在这个流程中，这个 inject 节点的作用就是触发在流程中传输一次消息，Payload 具体设置为什么并不影响后续节点消息的传递，例如，设置为 boolean 总是传递 true，也是没有问题的。

勾选标题为 inject once after 0.1 seconds, then 的复选框后，单击图 5-40 中的 WRITE 按钮就会使这个 inject 节点注入一次消息，并且 repeat 属性设置了重复模式。如果 repeat 设置为 none，就是不重复注入消息，只在单击 WRITE 按钮 0.1 秒之后注入一次消息。

inject 节点的输出连接一个 variables 节点，其属性设置如图 5-42 所示。这个 variables 节点用于设置需要修改的 MCU 全局变量或外设寄存器，可以从 ELF 文件中选择全局变量，也可以直接添加外设寄存器地址，可以设置多个变量。在图 5-42 中，我们直接添加了定时器 TIM3 的自重载寄存器 TIM3_ARR 作为要修改的变量，TIM3_ARR 的地址是 0x4000042C。确定地址的方法可参考图 5-27。

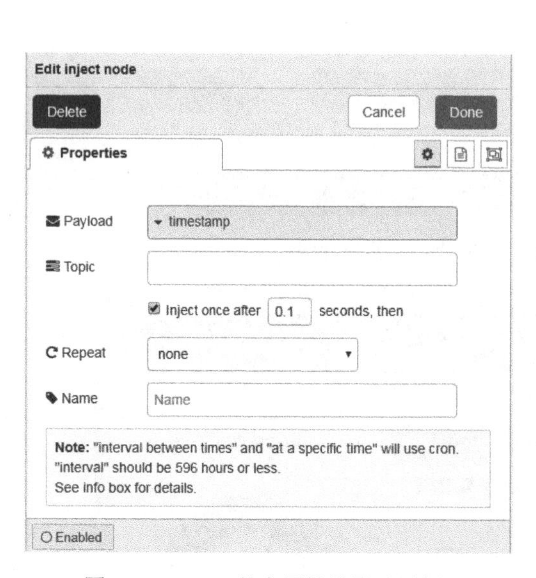

图 5-41　inject 节点属性设置对话框

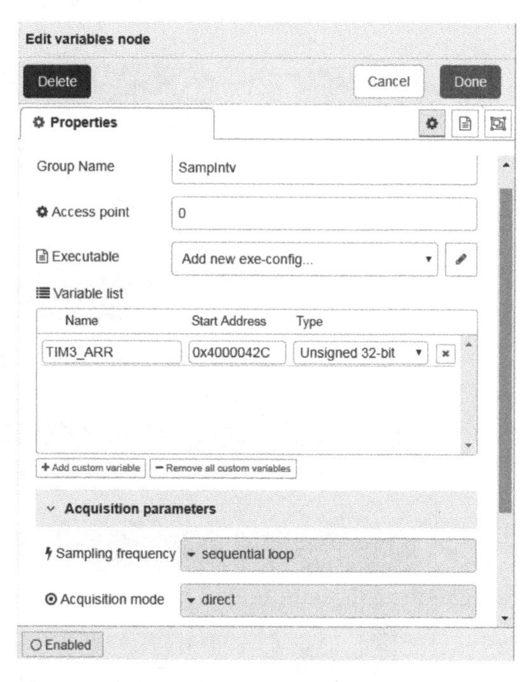

图 5-42　设置标题为 SampIntv 的 variables 节点属性

设置 write panel 节点属性的对话框如图 5-43 所示。write panel 节点是 Dashboard 的一个界面组件，即图 5-40 中右下角虚线框中的部分。它用于获取要修改变量的输入值，单击 WRITE 按钮就触发一次消息传递，将界面输入的变量值，通过 ST-LINK 仿真器写入 MCU 相应的地址，实现变量修改的功能。

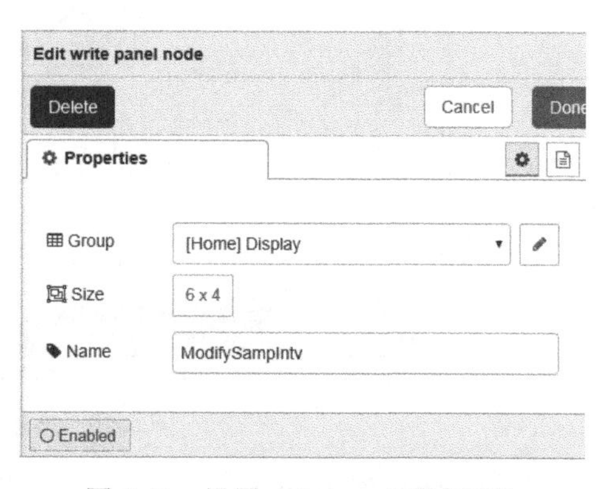

图 5-43　设置 write panel 节点属性

3. Dashboard 布局设计

将 write panel 节点设置到[Home]Display 分组，并设置合适的大小，使其位于 Dashboard 窗口的右下角。Dashboard 模式运行时界面如图 5-40 所示。

5.4 CubeMonitor 的使用小结

CubeMonitor 有两种采样模式，即 direct 模式和 snapshot 模式。前面的示例使用的都是 direct 模式，即非侵入模式，不需要对 MCU 程序做任何修改。这种模式的使用比较简单，但是采样频率不高，采样周期也不是严格固定的。snapshot 模式可以实现比较精确的采样频率，但是需要在 MCU 程序中嵌入代码，是一种侵入式监测模式。

要使用 snapshot 模式，需要解压 CubeMonitor 安装包中的压缩文件 snapshot_embedded_SW.zip，将其中的文件 dataAcq.h/.c 和 acqTrigger.h/.c 添加到 MCU 项目中。按照 ST 官方的教程，在 CubeIDE 项目中加入代码后有编译错误，笔者尝试解决，但是没有成功。在 ST 官网的社区里，也有人提出遇到同样的错误，但是没有得到官方解答。这应该是 CubeMonitor 的一个 bug，毕竟这只是 CubeMonitor 1.0.0 版本，在以后的版本中，可能会修正这些错误。由于无法在 CubeIDE 中实现 snapshot 采样模式，本书就不介绍这个模式的示例了，如果读者需要使用，可查阅网上的资料，等 CubeMonitor 版本更新后，可能就可以在 CubeIDE 中使用 snapshot 模式了。

CubeMonitor 是个比较实用的工具，可以实现断点调试无法实现的一些功能。在本章示例目录下，还有一个项目 Demo5_2TriangWave，是从第 15 章的项目 Demo15_2TriangWave 复制而来的，用 CubeMonitor 监测 DAC 输出的三角波的波形，该示例的流程图保存在项目的\Flows 目录下，导入流程图文件 flows01_TriAng.json，运行时就可以监测到 DAC1 输出的三角波的波形，如图 5-2 所示。这个流程图的功能就是监测 DAC1 数据输出寄存器 DAC_DOR1 的值，其地址是 0x4000742C。这个流程图很简单，这里就不具体介绍了。

使用 CubeMonitor 时，一定要注意其实际采样率问题。CubeMonitor 的采样率是比较低的，官方资料说，单变量监测时可以达到 1000Hz，但是实际中基本达不到。当然，这还与计算机的速度、运行环境等有关。所以，CubeMonitor 不能监测信号频率比较高的变量。

CubeMonitor 是个图形化工具软件，很多使用技巧需要用户在实际使用中自己摸索。随着版本的更新，CubeMonitor 会越来越完善，功能会越来越强。在开发中，用户应该根据实际需要灵活使用这个工具软件。

第二部分　系统功能和常用外设的使用

- ✦ 第 6 章　GPIO 输入/输出
- ✦ 第 7 章　中断系统和外部中断
- ✦ 第 8 章　FSMC 连接 TFT LCD
- ✦ 第 9 章　基础定时器
- ✦ 第 10 章　通用定时器
- ✦ 第 11 章　实时时钟
- ✦ 第 12 章　USART/UART 通信
- ✦ 第 13 章　DMA
- ✦ 第 14 章　ADC
- ✦ 第 15 章　DAC
- ✦ 第 16 章　SPI 通信
- ✦ 第 17 章　I2C 通信
- ✦ 第 18 章　CAN 总线通信
- ✦ 第 19 章　FSMC 连接外部 SRAM
- ✦ 第 20 章　独立看门狗
- ✦ 第 21 章　窗口看门狗
- ✦ 第 22 章　电源管理和低功耗模式

第 6 章　GPIO 输入/输出

STM32F4 系列 MCU 一般有多个 GPIO 端口，每个端口有 16 个 GPIO 引脚。作为 GPIO 引脚使用时，我们可以输入或输出数字信号，例如，检测按键输入信号，输出信号点亮或熄灭 LED。在本章中，我们将介绍 STM32F407 的 GPIO 硬件特点和 HAL 驱动函数，并通过一个示例演示 GPIO 引脚的使用。

6.1　GPIO 功能概述

STM32F407ZG 最多有 8 个 16 引脚的 GPIO 端口（PA 到 PH），以及一个 12 引脚的 PI 端口。这些 GPIO 端口都连接在 AHB1 总线上，最高时钟频率为 168MHz（见图 2-1），GPIO 引脚能承受 5V 电压。

一个端口的 16 个 GPIO 引脚的功能可以单独设置，每个引脚的输入/输出数据可以单独读取或输出。一个 GPIO 引脚的内部结构如图 6-1 所示，其内部有双向保护二极管，有可配置的是否使用的上拉和下拉电阻。每个 GPIO 引脚可以配置为多种工作模式。

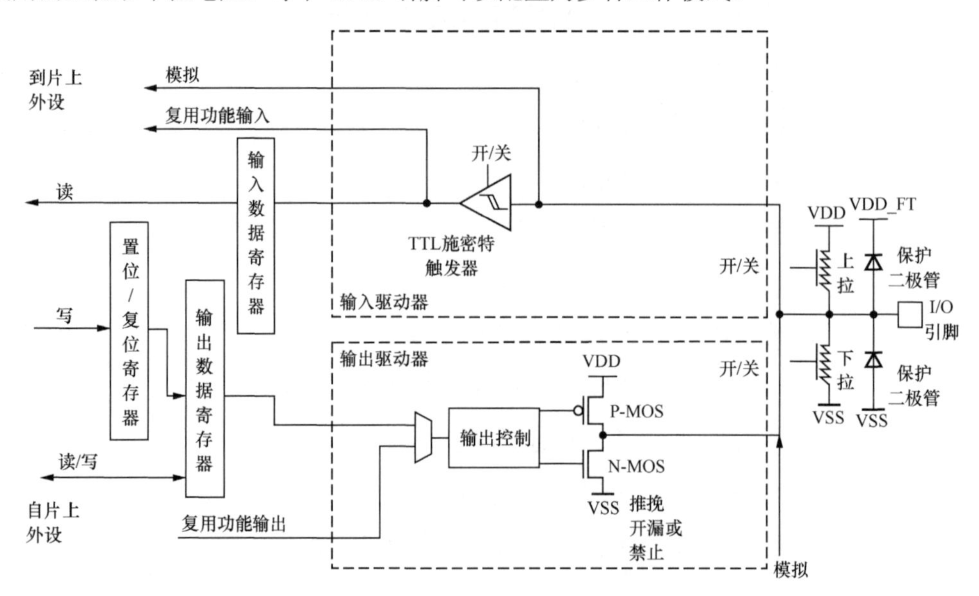

图 6-1　一个 GPIO 引脚的内部结构

（1）输入浮空（input floating），作为 GPIO 输入引脚，不使用上拉或下拉电阻。

（2）输入上拉（input pull-up），作为 GPIO 输入引脚，使用内部上拉电阻，引脚外部无输入时读取的引脚输入电平为高电平。

（3）输入下拉（input pull-down），作为 GPIO 输入引脚，使用内部下拉电阻，引脚外部无输入时读取的引脚输入电平为低电平。

（4）模拟（analog），作为 GPIO 模拟引脚，用于 ADC 输入引脚或 DAC 输出引脚。

（5）具有上拉或下拉的开漏输出（output open-drain）。如果不使用上拉或下拉电阻，开漏输出 1 时引脚是高阻态，输出 0 时引脚是低电平，这种模式可用于共用总线的信号。

（6）具有上拉或下拉的推挽输出（output push-pull）。如果不使用上拉或下拉电阻，推挽输出 1 时引脚为高电平，输出 0 时引脚为低电平。若需要增强引脚输出驱动能力，就可以使用上拉，例如，需要 GPIO 引脚输出高电平点亮 LED 时。

（7）具有上拉或下拉的复用功能推挽（alternate function push-pull）。

（8）具有上拉或下拉的复用功能开漏（alternate function open-drain）。

每个 GPIO 端口有 4 个 32 位寄存器，用于配置 GPIO 引脚的工作模式，1 个 32 位输入数据寄存器和 1 个 32 位输出数据寄存器，还有复用功能选择寄存器等。所有未进行任何配置的 GPIO 引脚，在系统复位后处于输入浮空模式。

在本书中，我们使用 CubeMX 进行 MCU 的图形化配置，可以自动生成 GPIO 初始化程序，而且 HAL 库函数操作也不用直接操作寄存器，所以不会像一般介绍单片机编程的书那样，讲寄存器的定义和每个位的意义，而是直接讲 HAL 操作函数。当然，了解寄存器的具体定义有助于更深入地理解 HAL 函数的工作原理。STM32F407 参考手册的每一章都有相关寄存器的详细定义，读者如有需要，可以自行查阅。

6.2　GPIO 的 HAL 驱动程序

GPIO 引脚的操作主要包括初始化、读取引脚输入和设置引脚输出，相关的 HAL 驱动程序定义在文件 stm32f4xx_hal_gpio.h 中，主要的操作函数如表 6-1 所示，表中只列出了函数名，省略了函数参数。

表 6-1　GPIO 操作相关函数

函数名	功能描述
HAL_GPIO_Init()	GPIO 引脚初始化
HAL_GPIO_DeInit()	GPIO 引脚反初始化，恢复为复位后的状态
HAL_GPIO_WritePin()	使引脚输出 0 或 1
HAL_GPIO_ReadPin()	读取引脚的输入电平
HAL_GPIO_TogglePin()	翻转引脚的输出
HAL_GPIO_LockPin()	锁定引脚配置，而不是锁定引脚的输入或输出状态

使用 CubeMX 生成代码时，GPIO 引脚初始化的代码会自动生成，用户常用的 GPIO 操作函数是进行引脚状态读写的函数。

1. 初始化函数 HAL_GPIO_Init()

函数 HAL_GPIO_Init()用于对一个端口的一个或多个相同功能的引脚进行初始化设置，包括输入/输出模式、上拉或下拉等。其原型定义如下：

```
void  HAL_GPIO_Init(GPIO_TypeDef  *GPIOx, GPIO_InitTypeDef *GPIO_Init);
```

其中，第 1 个参数 GPIOx 是 GPIO_TypeDef 类型的结构体指针，它定义了端口的各个寄存器的偏移地址，实际调用函数 HAL_GPIO_Init()时使用端口的基地址作为参数 GPIOx 的值，在文件 stm32f407xx.h 中定义了各个端口的基地址，如：

```
#define  GPIOA        ((GPIO_TypeDef *) GPIOA_BASE)
#define  GPIOB        ((GPIO_TypeDef *) GPIOB_BASE)
#define  GPIOC        ((GPIO_TypeDef *) GPIOC_BASE)
#define  GPIOD        ((GPIO_TypeDef *) GPIOD_BASE)
```

第 2 个参数 GPIO_Init 是一个 GPIO_InitTypeDef 类型的结构体指针，它定义了 GPIO 引脚的属性，这个结构体的定义如下：

```
typedef struct
{
     uint32_t Pin;            //要配置的引脚，可以是多个引脚
     uint32_t Mode;           //引脚功能模式
     uint32_t Pull;           //上拉或下拉
     uint32_t Speed;          //引脚最高输出频率
     uint32_t Alternate;      //复用功能选择
}GPIO_InitTypeDef;
```

这个结构体的各个成员变量的意义及取值如下。

- Pin 是需要配置的 GPIO 引脚，在文件 stm32f4xx_hal_gpio.h 中定义了 16 个引脚的宏。如果需要同时定义多个引脚的功能，就用这些宏的或运算进行组合。

```
#define GPIO_PIN_0         ((uint16_t)0x0001)  /* Pin 0 selected    */
#define GPIO_PIN_1         ((uint16_t)0x0002)  /* Pin 1 selected    */
#define GPIO_PIN_2         ((uint16_t)0x0004)  /* Pin 2 selected    */
#define GPIO_PIN_3         ((uint16_t)0x0008)  /* Pin 3 selected    */
#define GPIO_PIN_4         ((uint16_t)0x0010)  /* Pin 4 selected    */
#define GPIO_PIN_5         ((uint16_t)0x0020)  /* Pin 5 selected    */
#define GPIO_PIN_6         ((uint16_t)0x0040)  /* Pin 6 selected    */
#define GPIO_PIN_7         ((uint16_t)0x0080)  /* Pin 7 selected    */
#define GPIO_PIN_8         ((uint16_t)0x0100)  /* Pin 8 selected    */
#define GPIO_PIN_9         ((uint16_t)0x0200)  /* Pin 9 selected    */
#define GPIO_PIN_10        ((uint16_t)0x0400)  /* Pin 10 selected   */
#define GPIO_PIN_11        ((uint16_t)0x0800)  /* Pin 11 selected   */
#define GPIO_PIN_12        ((uint16_t)0x1000)  /* Pin 12 selected   */
#define GPIO_PIN_13        ((uint16_t)0x2000)  /* Pin 13 selected   */
#define GPIO_PIN_14        ((uint16_t)0x4000)  /* Pin 14 selected   */
#define GPIO_PIN_15        ((uint16_t)0x8000)  /* Pin 15 selected   */
#define GPIO_PIN_All       ((uint16_t)0xFFFF)  /* All pins selected */
```

- Mode 是引脚功能模式设置，其可用常量定义如下：

```
#define  GPIO_MODE_INPUT          0x00000000U   //输入浮空模式
#define  GPIO_MODE_OUTPUT_PP      0x00000001U   //推挽输出模式
#define  GPIO_MODE_OUTPUT_OD      0x00000011U   //开漏输出模式
#define  GPIO_MODE_AF_PP          0x00000002U   //复用功能推挽模式
#define  GPIO_MODE_AF_OD          0x00000012U   //复用功能开漏模式
#define  GPIO_MODE_ANALOG         0x00000003U   //模拟信号模式

#define  GPIO_MODE_IT_RISING            0x10110000U   //外部中断，上跳沿触发
#define  GPIO_MODE_IT_FALLING           0x10210000U   //外部中断，下跳沿触发
#define  GPIO_MODE_IT_RISING_FALLING    0x10310000U   //上、下跳沿触发
```

- Pull 定义是否使用内部上拉或下拉电阻，其可用常量定义如下：

```
#define  GPIO_NOPULL        0x00000000U    //无上拉或下拉
#define  GPIO_PULLUP        0x00000001U    //上拉
```

```
#define  GPIO_PULLDOWN      0x00000002U    //下拉
```

- Speed 定义输出模式引脚的最高输出频率，其可用常量定义如下：

```
#define  GPIO_SPEED_FREQ_LOW          0x00000000U  //2MHz
#define  GPIO_SPEED_FREQ_MEDIUM       0x00000001U  //12.5-50MHz
#define  GPIO_SPEED_FREQ_HIGH         0x00000002U  //25-100MHz
#define  GPIO_SPEED_FREQ_VERY_HIGH    0x00000003U  //50-200MHz
```

- Alternate 定义引脚的复用功能，在文件 stm32f4xx_hal_gpio_ex.h 中定义了这个参数的可用宏定义，这些复用功能的宏定义与具体的 MCU 型号有关，下面是其中的部分定义示例：

```
#define GPIO_AF1_TIM1            ((uint8_t)0x01)  // TIM1 复用功能映射
#define GPIO_AF1_TIM2            ((uint8_t)0x01)  // TIM2 复用功能映射
#define GPIO_AF5_SPI1            ((uint8_t)0x05)  // SPI1 复用功能映射
#define GPIO_AF5_SPI2            ((uint8_t)0x05)  // SPI2/I2S2 复用功能映射
#define GPIO_AF7_USART1          ((uint8_t)0x07)  // USART1 复用功能映射
#define GPIO_AF7_USART2          ((uint8_t)0x07)  // USART2 复用功能映射
#define GPIO_AF7_USART3          ((uint8_t)0x07)  // USART3 复用功能映射
```

2. 设置引脚输出的函数 HAL_GPIO_WritePin()

使用函数 HAL_GPIO_WritePin()向一个或多个引脚输出高电平或低电平，其原型定义如下：

```
void HAL_GPIO_WritePin(GPIO_TypeDef* GPIOx, uint16_t GPIO_Pin, GPIO_PinState PinState);
```

其中，参数 GPIOx 是具体的端口基地址；GPIO_Pin 是引脚号；PinState 是引脚输出电平，是枚举类型 GPIO_PinState，在 stm32f4xx_hal_gpio.h 文件中的定义如下：

```
typedef enum
{
     GPIO_PIN_RESET = 0,
     GPIO_PIN_SET
}GPIO_PinState;
```

枚举常量 GPIO_PIN_RESET 表示低电平，GPIO_PIN_SET 表示高电平。例如，要使 PF9 和 PF10 输出低电平，可使用如下代码：

```
HAL_GPIO_WritePin(GPIOF, GPIO_PIN_9|GPIO_PIN_10, GPIO_PIN_RESET);
```

若要输出高电平，只需修改为如下代码：

```
HAL_GPIO_WritePin(GPIOF, GPIO_PIN_9|GPIO_PIN_10, GPIO_PIN_SET);
```

3. 读取引脚输入的函数 HAL_GPIO_ReadPin()

函数 HAL_GPIO_ReadPin()用于读取一个引脚的输入状态，其原型定义如下：

```
GPIO_PinState HAL_GPIO_ReadPin(GPIO_TypeDef* GPIOx, uint16_t GPIO_Pin);
```

函数的返回值是枚举类型 GPIO_PinState。常量 GPIO_PIN_RESET 表示输入为 0（低电平），常量 GPIO_PIN_SET 表示输入为 1（高电平）。

4. 翻转引脚输出的函数 HAL_GPIO_TogglePin()

函数 HAL_GPIO_TogglePin()用于翻转引脚的输出状态。例如，引脚当前输出为高电平，执行此函数后，引脚输出为低电平。其原型定义如下，只需传递端口号和引脚号：

```
void HAL_GPIO_TogglePin(GPIO_TypeDef* GPIOx, uint16_t GPIO_Pin)
```

6.3　GPIO 使用示例

6.3.1　示例功能和 CubeMX 配置

开发板有 2 个 LED、4 个按键和 1 个有源蜂鸣器，它们都通过 GPIO 引脚控制，电路如图 6-2 所示，图上标识了连接的 MCU 引脚。

- LED 电路，是由外接+3.3V 电源驱动的。当 GPIO 引脚输出为 0 时，LED 点亮，输出为 1 时，LED 熄灭。因此，与 LED 连接的引脚 PF9 和 PF10 要设置为推挽输出。
- 对于 KeyUp 键，它的外端接的是+3.3V。在按键按下时，输入 PA0 引脚的是高电平，所以引脚 PA0 应该设置为输入下拉。在按键未按下时，输入是 0。
- 另外 3 个连接在 PE2、PE3、PE4 上的按键，外端接地。按键按下时，输入低电平，所以使用输入上拉。
- 蜂鸣器的控制端接 PF8，应设置为推挽输出。当 PF8 输出为 0 时，蜂鸣器响，输出为 1 时，蜂鸣器不响。

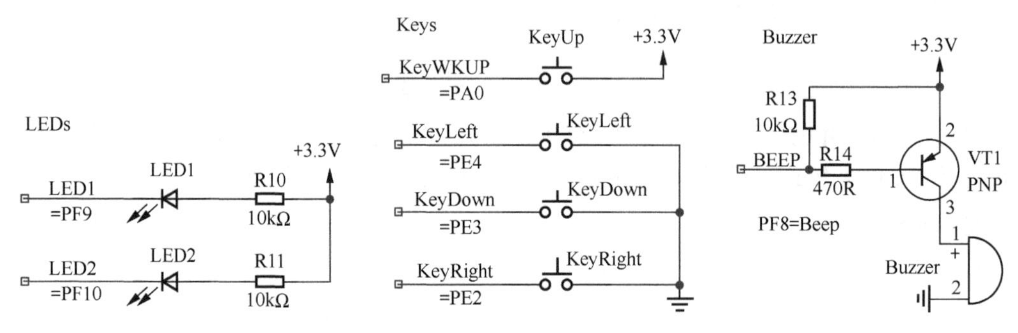

图 6-2　LED、按键和蜂鸣器电路

在本节中，我们根据图 6-2 所示的电路设计一个示例 Demo6_1KeyLED，其功能和操作流程如下。

- 按下 KeyLeft 键时，使 LED1 的输出翻转。
- 按下 KeyRight 键时，使 LED2 的输出翻转。
- 按下 KeyUp 键时，使 LED1 和 LED2 的输出都翻转。
- 按下 KeyDown 键时，蜂鸣器输出翻转。

根据按键、LED 和蜂鸣器的电路，整理出 MCU 连接的 GPIO 引脚的输入/输出配置，如表 6-2 所示，根据表 6-2 的配置在 CubeMX 里进行设置。

表 6-2　与按键、LED、蜂鸣器连接的 MCU 引脚的配置

用户标签	引脚名称	引脚功能	GPIO 模式	上拉或下拉
LED1	PF9	GPIO_Output	推挽输出	无
LED2	PF10	GPIO_Output	推挽输出	无
KeyRight	PE2	GPIO_Input	输入	上拉
KeyDown	PE3	GPIO_Input	输入	上拉
KeyLeft	PE4	GPIO_Input	输入	上拉

续表

用户标签	引脚名称	引脚功能	GPIO 模式	上拉或下拉
KeyUp	PA0	GPIO_Input	输入	下拉
Buzzer	PF8	GPIO_Output	推挽输出	无

在 CubeMX 里，我们选择 STM32F407ZG 新建一个项目，做如下一些初始设置。

- 在 SYS 组件中，设置 Debug 接口为 Serial Wire。
- 在 RCC 组件中，设置 HSE 为 Crystal/Ceramic Resonator。
- 在时钟树上，设置 HSE 频率为 8MHz，这是开发板上实际晶振的频率。主锁相环选择 HSE 作为时钟源，设置 HCLK 频率为 168MHz，由软件自动配置时钟树。

再根据表 6-2 进行 GPIO 引脚设置。在引脚视图上，单击相应的引脚，在弹出的菜单中，选择引脚功能（见图 6-3）。与 LED 和蜂鸣器连接的引脚是输出引脚，设置引脚功能为 GPIO_Output；与按键连接的引脚是输入引脚，设置引脚功能为 GPIO_Input。按照表 6-2 的内容设置引脚的用户标签。

在 GPIO 组件的模式和配置界面，对每个 GPIO 引脚进行更多的设置，例如，GPIO 输入引脚是上拉还是下拉，GPIO 输出引脚是推挽输出还是开漏输出，按照表 6-2 的内容在图 6-4 的界面里进行设置。我们为引脚设置了用户标签，在生成代码时，CubeMX 会在文件 main.h 中为这些引脚定义宏定义符号，然后在 GPIO 初始化函数中会使用这些符号。

在图 6-4 中，对于 GPIO 输入引脚，只需设置上拉/下拉；对于 GPIO 输出引脚，需要设置输出电平、输出模式（推挽输出或开漏输出）、上拉/下拉、最高输出速率，所有设置是通过下拉列表选择的。GPIO 输出引脚的最高输出速率指的是引脚输出变化的最高频率。蜂鸣器的音调一般用输出 PWM 波的频率控制，所以其最高输出速率可以设置为 High。为避免开发板一复位时蜂鸣器就响，我们将其初始输出设置为高电平。

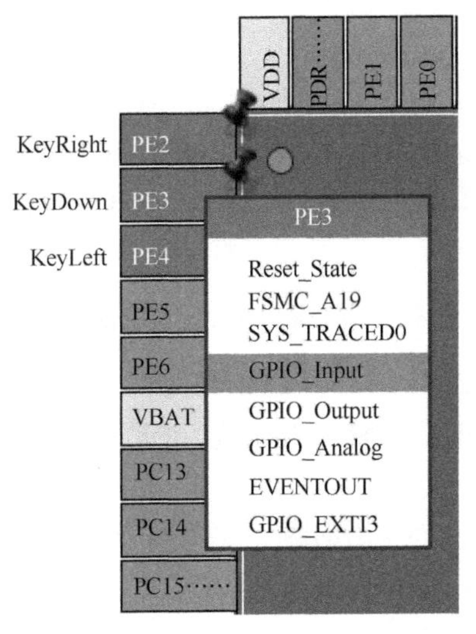

图 6-3 在引脚视图上设置引脚的功能

Pin Name	User Label	GPIO mode	GPIO Pull-up/Pull-down	GPIO output...	Maximum...	Sign...	Mo...
PF8	Buzzer	Output Push Pull	No pull-up and no pull-down	High	High	n/a	☑
PF9	LED1	Output Push Pull	No pull-up and no pull-down	Low	Medium	n/a	☑
PF10	LED2	Output Push Pull	No pull-up and no pull-down	Low	Medium	n/a	☑
PA0-WKUP	KeyUp	Input mode	Pull-down	n/a	n/a	n/a	☑
PE3	KeyDown	Input mode	Pull-up	n/a	n/a	n/a	☑
PE4	KeyLeft	Input mode	Pull-up	n/a	n/a	n/a	☑
PE2	KeyRight	Input mode	Pull-up	n/a	n/a	n/a	☑

PE3 Configuration :

GPIO mode	Input mode
GPIO Pull-up/Pull-down	Pull-up
User Label	KeyDown

图 6-4 在 GPIO 组件配置界面对引脚进行更多设置

我们将此项目保存为 Demo6_1KeyLED.ioc。在项目管理器中，设置导出项目类型为 STM32CubeIDE，设置外设初始化文件生成.c/.h 文件对，且只复制必要的库文件（见图 3-31 的设置）。完成这些设置后生成代码，这里将生成 CubeIDE 项目 Demo6_1KeyLED。

6.3.2　项目初始化代码分析

1. 主程序

在 CubeIDE 中，我们先选择第 6 章示例根目录作为当前工作空间的路径，然后再导入项目 Demo6_ 1KeyLED。文件 main.c 定义了系统主函数 main()。文件 main.c 的代码如下，省略了程序中的一些注释，没有显示函数 SystemClock_Config()的定义和实现代码：

```
/* 文件： main.c    ---------------------------------------------------------------*/
#include "main.h"
#include "gpio.h"
int main(void)
{
    HAL_Init();                    // 复位所有外设，初始化 Flash 接口和 Systick
    SystemClock_Config();          // 配置系统时钟
    /* 所有已配置外设的初始化 */
    MX_GPIO_Init();                // GPIO 引脚初始化
    while (1)
    {
    }
}
```

函数 main()依次调用了如下的 3 个函数。

- 函数 HAL_Init()，是 HAL 库的初始化函数，用于复位所有外设，初始化 Flash 接口和 Systick 定时器。HAL_Init()是在文件 stm32f4xx_hal.c 中定义的函数，它的代码里调用了 MSP 函数 HAL_MspInit()，用于对具体 MCU 的初始化处理。HAL_MspInit()函数在项目的用户程序文件 stm32f4xx_hal_msp.c 中重新实现，重新实现的代码如下，功能是开启各个时钟系统。

```
void HAL_MspInit(void)
{
    __HAL_RCC_SYSCFG_CLK_ENABLE();
    __HAL_RCC_PWR_CLK_ENABLE();
}
```

- 函数 SystemClock_Config()，是在文件 main.c 里定义和实现的，它是根据 CubeMX 里的 RCC 和时钟树的配置自动生成的代码，用于配置各种时钟信号频率。4.4.3 节展示过这个函数的代码。

本书后面的示例中，在展示文件 main.c 的代码时，我们一般会省略函数 SystemClock_Config()的定义和实现代码，也不会对这个函数再做任何说明。

- 函数 MX_GPIO_Init()，是在文件 gpio.h 中定义的 GPIO 引脚初始化函数，它是 CubeMX 中 GPIO 引脚图形化配置的实现代码。

在函数 main()中，HAL_Init()和 SystemClock_Config()是必然调用的两个函数，再根据使用的外设情况，会调用各个外设的初始化函数，然后进入 while 死循环。

2. 文件 main.h 中的引脚用户标签

在 CubeMX 中，我们为与按键、LED 和蜂鸣器连接的 GPIO 引脚设置了用户标签，这些用户标签的宏定义在文件 main.h 里。文件 main.h 的代码如下：

```
/* 文件：main.h  ---------------------------------------------------------------*/
#include "stm32f4xx_hal.h"
```

```
/* Exported functions prototypes ---------------------------------------------*/
void Error_Handler(void);

/* Private defines -----------------------------------------------------------*/
#define KeyRight_Pin            GPIO_PIN_2          //KeyRight=PE2
#define KeyRight_GPIO_Port      GPIOE

#define KeyDown_Pin             GPIO_PIN_3          //KeyDown=PE3
#define KeyDown_GPIO_Port       GPIOE

#define KeyLeft_Pin             GPIO_PIN_4          //KeyLeft=PE4
#define KeyLeft_GPIO_Port       GPIOE

#define KeyUp_Pin               GPIO_PIN_0          //KeyUp=PA0
#define KeyUp_GPIO_Port         GPIOA

#define LED1_Pin                GPIO_PIN_9          //LED1=PF9，引脚号 Pin9
#define LED1_GPIO_Port          GPIOF               //LED1 的端口 PF

#define LED2_Pin                GPIO_PIN_10         //LED2=PF10
#define LED2_GPIO_Port          GPIOF

#define Buzzer_Pin              GPIO_PIN_8          //Buzzer=PF8
#define Buzzer_GPIO_Port        GPIOF
```

在 CubeMX 中设置的一个 GPIO 引脚用户标签，会在此生成两个宏定义，分别是端口宏定义和引脚号宏定义，如 PF9 设置的用户标签为 LED1，就生成了 LED1_GPIO_Port 和 LED1_Pin 两个宏定义。

头文件在开头和结尾一般用预编译指令将整个文件内容限定起来，以免这个文件被重复编译，例如，头文件 main.h 的预编译结构如下：

```
#ifndef __MAIN_H
#define __MAIN_H
/*    文件内代码和内容

*/
#endif /* __MAIN_H */
```

为了使程序结构更简洁和清晰，本书在显示头文件的代码时，会省略这些预编译指令。

3. GPIO 引脚初始化

文件 gpio.c 和 gpio.h 是 CubeMX 生成代码时自动生成的用户程序文件。注意，必须在图 3-31 的界面中勾选生成.c/.h 文件对选项，才会为一个外设生成.c/.h 文件对。头文件 gpio.h 定义了一个函数 MX_GPIO_Init()，这是在 CubeMX 中图形化设置的 GPIO 引脚的初始化函数。文件 gpio.h 的代码如下，就是定义了 MX_GPIO_Init()的函数原型：

```
/* 文件：gpio.h  ------------------------------------------------------------*/
#include "main.h"
void MX_GPIO_Init(void);
```

文件 gpio.c 包含了函数 MX_GPIO_Init()的实现代码。文件 gpio.c 的完整代码如下，这里省略了部分注释：

```
/* 文件:gpio.c  -------------------------------------------------------------*/
#include "gpio.h"
```

```
void MX_GPIO_Init(void)
{
    GPIO_InitTypeDef GPIO_InitStruct = {0};    //GPIO 初始化类型定义结构体
    /* GPIO 端口时钟使能 */
    __HAL_RCC_GPIOE_CLK_ENABLE();
    __HAL_RCC_GPIOF_CLK_ENABLE();
    __HAL_RCC_GPIOH_CLK_ENABLE();
    __HAL_RCC_GPIOA_CLK_ENABLE();

    /* 配置 GPIO 引脚输出电平 */
    HAL_GPIO_WritePin(Buzzer_GPIO_Port, Buzzer_Pin, GPIO_PIN_SET);
    HAL_GPIO_WritePin(GPIOF, LED1_Pin|LED2_Pin, GPIO_PIN_RESET);

    /* 配置 GPIO 引脚 : KeyRight, KeyDown, KeyLeft */
    GPIO_InitStruct.Pin = KeyRight_Pin|KeyDown_Pin|KeyLeft_Pin;    //3 个同类型引脚
    GPIO_InitStruct.Mode = GPIO_MODE_INPUT;        //GPIO 输入模式
    GPIO_InitStruct.Pull = GPIO_PULLUP;            //输入上拉
    HAL_GPIO_Init(GPIOE, &GPIO_InitStruct);

    /* 配置 GPIO 引脚 : Buzzer */
    GPIO_InitStruct.Pin = Buzzer_Pin;
    GPIO_InitStruct.Mode = GPIO_MODE_OUTPUT_PP;        //推挽输出模式
    GPIO_InitStruct.Pull = GPIO_NOPULL;                //无上拉或下拉
    GPIO_InitStruct.Speed = GPIO_SPEED_FREQ_HIGH;      //输出速率
    HAL_GPIO_Init(Buzzer_GPIO_Port, &GPIO_InitStruct);

    /* 配置 GPIO 引脚 : LED1, LED2 */
    GPIO_InitStruct.Pin = LED1_Pin|LED2_Pin;
    GPIO_InitStruct.Mode = GPIO_MODE_OUTPUT_PP;        //推挽输出模式
    GPIO_InitStruct.Pull = GPIO_NOPULL;                //无上拉或下拉
    GPIO_InitStruct.Speed = GPIO_SPEED_FREQ_MEDIUM;    //输出速率
    HAL_GPIO_Init(GPIOF, &GPIO_InitStruct);

    /* 配置 GPIO 引脚 : KeyUp */
    GPIO_InitStruct.Pin = KeyUp_Pin;
    GPIO_InitStruct.Mode = GPIO_MODE_INPUT;            //GPIO 输入模式
    GPIO_InitStruct.Pull = GPIO_PULLDOWN;              //输入下拉
    HAL_GPIO_Init(KeyUp_GPIO_Port, &GPIO_InitStruct);
}
```

GPIO 引脚初始化需要开启引脚所在端口的时钟，然后使用一个 GPIO_InitTypeDef 结构体变量设置引脚的各种 GPIO 参数，再调用函数 HAL_GPIO_Init()进行 GPIO 引脚初始化配置。

使用函数 HAL_GPIO_Init()可以对一个端口的多个相同配置的引脚进行初始化，而不同端口或不同功能的引脚需要分别调用 HAL_GPIO_Init()进行初始化。

在函数 MX_GPIO_Init()的代码中，我们使用了文件 main.h 中为各个 GPIO 引脚定义的宏。这样编写代码的好处是程序可以很方便地移植到其他开发板上。如果读者使用的是与本书不同的开发板，只需在 CubeMX 中按照开发板实际的电路配置 GPIO，然后将引脚的用户标签设置为与本示例相同，程序部分就基本不用手动改动了。

6.3.3　编写按键和 LED 的驱动程序

检测按键输入、控制 LED 显示和蜂鸣器发声是后面很多示例程序里要用到的功能，将按键、LED 和蜂鸣器的常用操作封装为几个函数，定义到一个专门的文件里，方便在其他示例项目里调用，这就是按键和 LED 的驱动程序。

在项目根目录下，我们创建一个文件夹 KEY_LED，然后创建文件 keyled.h 和 keyled.c 保存到这个文件夹下。头文件 keyled.h 的完整代码如下：

```
/* 文件:keyled.h ---------------------------------------------------------------*/
#include "main.h"    //在 main.h 中定义了 Keys、LEDs 和 Buzzer 引脚的宏
//表示 4 个按键的枚举类型
typedef enum {
      KEY_NONE=0,           //没有按键被按下
      KEY_LEFT,             //KeyLeft 键
      KEY_RIGHT,            //KeyRight 键
      KEY_UP,               //KeyUp 键
      KEY_DOWN              //KeyDown 键
}KEYS;

#define     KEY_WAIT_ALWAYS   0   //作为函数 ScanPressedKeys()的一种参数，表示一直等待按键输入
//轮询方式扫描按键，timeout=KEY_WAIT_ALWAYS 时一直扫描，否则等待时间 timeout，单位 ms
KEYS  ScanPressedKey(uint32_t timeout);

#ifdef   LED1_Pin              //LED1 的控制
      #define LED1_Toggle()    HAL_GPIO_TogglePin(LED1_GPIO_Port, LED1_Pin) //输出翻转
      #define LED1_ON()        HAL_GPIO_WritePin(LED1_GPIO_Port, LED1_Pin, GPIO_PIN_RESET)
      #define LED1_OFF()       HAL_GPIO_WritePin(LED1_GPIO_Port, LED1_Pin, GPIO_PIN_SET)
#endif

#ifdef   LED2_Pin              //LED2 的控制
      #define LED2_Toggle()    HAL_GPIO_TogglePin(LED2_GPIO_Port, LED2_Pin) //输出翻转
      #define LED2_ON()        HAL_GPIO_WritePin(LED2_GPIO_Port, LED2_Pin, GPIO_PIN_RESET)
      #define LED2_OFF()       HAL_GPIO_WritePin(LED2_GPIO_Port, LED2_Pin, GPIO_PIN_SET)
#endif

#ifdef   Buzzer_Pin            //蜂鸣器的控制
      #define Buzzer_Toggle()         HAL_GPIO_TogglePin(Buzzer_GPIO_Port, Buzzer_Pin)
      #define Buzzer_ON()             HAL_GPIO_WritePin(Buzzer_GPIO_Port, Buzzer_Pin,
GPIO_PIN_RESET)  //输出 0，蜂鸣器响
      #define Buzzer_OFF()            HAL_GPIO_WritePin(Buzzer_GPIO_Port, Buzzer_Pin,
GPIO_PIN_SET)    //输出 1，蜂鸣器不响
#endif
```

这个文件包含了头文件 main.h，因为要用到 main.h 中 GPIO 引脚标签的宏。

LED 和蜂鸣器的操作定义为宏函数，例如，LED1_Toggle()使 LED1 输出翻转，LED1_ON()点亮 LED1，LED1_OFF()熄灭 LED1。只有定义了 GPIO 引脚的宏之后，才会编译这些宏函数，所以一个项目里如果用不到蜂鸣器，CubeMX 中不定义蜂鸣器的 GPIO 引脚即可。

文件定义了表示按键的枚举类型 KEYS，函数 ScanPressedKey(uint32_t timeout)用于检测按键输入，参数 timeout 是等待时间，如果 timeout 为 KEY_WAIT_ALWAYS，就表示无限等待时间。函数的返回值是按下的按键的枚举值。

文件 keyled.c 的完整代码如下，其中只有函数 ScanPressedKey()的实现代码：

```
/* 文件:keyled.c ---------------------------------------------------------------*/
#include "keyled.h"
//轮询方式扫描 4 个按键，返回按键值
//timeout 的单位为 ms，若 timeout=0 表示一直扫描，直到有键按下
KEYS ScanPressedKey(uint32_t timeout)
{
      KEYS  key=KEY_NONE;
      uint32_t  tickstart = HAL_GetTick();    //当前计数值
```

```
        const uint32_t  btnDelay=20;             //按键按下阶段的抖动，延时再采样时间
        GPIO_PinState keyState;                  //引脚输入状态
        while(1)
        {
#ifdef      KeyLeft_Pin      //如果定义了宏 KeyLeft_Pin，就可以检测 KeyLeft 键输入，低输入有效
            keyState=HAL_GPIO_ReadPin(KeyLeft_GPIO_Port, KeyLeft_Pin);
            if (keyState==GPIO_PIN_RESET)
            {
                HAL_Delay(btnDelay);     //延时跳过前抖动期
                keyState=HAL_GPIO_ReadPin(KeyLeft_GPIO_Port, KeyLeft_Pin);  //再采样
                if (keyState ==GPIO_PIN_RESET)
                    return  KEY_LEFT;
            }
#endif

#ifdef      KeyRight_Pin  //如果定义了宏 KeyRight_Pin，就可以检测 KeyRight 键输入，低输入有效
            keyState=HAL_GPIO_ReadPin(KeyRight_GPIO_Port, KeyRight_Pin);
            if (keyState==GPIO_PIN_RESET)
            {
                HAL_Delay(btnDelay);     //延时跳过前抖动期
                keyState=HAL_GPIO_ReadPin(KeyRight_GPIO_Port, KeyRight_Pin);  //再采样
                if (keyState ==GPIO_PIN_RESET)
                    return  KEY_RIGHT;
            }
#endif

#ifdef      KeyDown_Pin    //如果定义了宏 KeyDown_Pin，就可以检测 KeyDown 键输入，低输入有效
            keyState=HAL_GPIO_ReadPin(KeyDown_GPIO_Port, KeyDown_Pin);
            if (keyState==GPIO_PIN_RESET)
            {
                HAL_Delay(btnDelay);    //延时跳过前抖动期
                keyState=HAL_GPIO_ReadPin(KeyDown_GPIO_Port, KeyDown_Pin);  //再采样
                if (keyState ==GPIO_PIN_RESET)
                    return  KEY_DOWN;
            }
#endif

#ifdef      KeyUp_Pin           //如果定义了宏 KeyUp_Pin，就可以检测 KeyUp 键输入，高输入有效
            keyState=HAL_GPIO_ReadPin(KeyUp_GPIO_Port, KeyUp_Pin);
            if (keyState==GPIO_PIN_SET)
            {
                HAL_Delay(btnDelay);    //延时跳过前抖动期
                keyState=HAL_GPIO_ReadPin(KeyUp_GPIO_Port, KeyUp_Pin);    //再采样
                if (keyState ==GPIO_PIN_SET)
                    return  KEY_UP;
            }
#endif

            if (timeout != KEY_WAIT_ALWAYS)  //没有按键按下时会计算超时，timeout 时退出
            {
                if ((HAL_GetTick() - tickstart) > timeout)
                    break;
            }
        }
        return  key;
}
```

函数 ScanPressedKey()用轮询方式检测按键输入，也就是用函数 HAL_GPIO_ReadPin()不断

地读取 4 个按键引脚的输入，如果某个按键引脚的输入信号有效，就表示检测到按键输入了，将这个按键的枚举值作为函数返回值。前面的代码使用了条件编译，只有一个按键的引脚宏被定义后，才编译相应代码段。所以，如果一个项目里不需要用到哪个按键，在 CubeMX 里不定义这个按键的 GPIO 引脚即可。

函数参数 timeout 定义了一个超时，单位是 ms。在程序中，首先用函数 HAL_GetTick()获取系统嘀嗒信号当前计数值，赋值给 tickstart，系统嘀嗒信号计数值增大 1，就表示过了 1ms，所以用 HAL_GetTick()减去 tickstart 可以得到程序运行的时间。如果 timeout 设置为 0，就表示一直等待，直到有按键按下。

使用轮询方式检测按键输入时，要考虑按键抖动问题。按键抖动是指机械按键在按下和弹起的时候由于机械接触会产生很多毛刺信号。假设按键是低输入有效，如 KeyLeft 键，按键按下和释放时的输入端电平变化过程如图 6-5 所示。

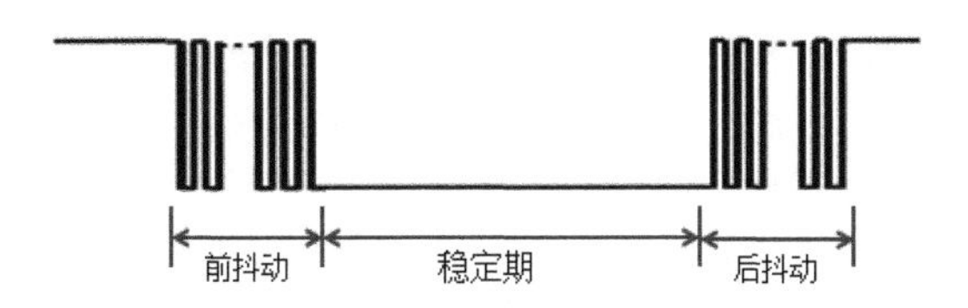

图 6-5　按键抖动现象

由于 MCU 处理速度很快，任务处理也可能很快完成，再次读取按键状态时，按键可能还处于前抖动或后抖动阶段，若再检测按键输入，就会又检测到按键事件。一般情况下，按下一次按键只当作一次有效按键事件。所以用轮询方式检测按键输入时，应该在首次检测到有效输入后延时一段时间（如 20ms），跳过前抖动阶段，再对按键采样，若还是有效输入，就认为是稳定期的有效按键输入，当作一次有效按键事件，执行相应的处理程序。处理程序如果很快结束，并且需要再次检测按键输入，应该再延时一段时间（如 300ms），跳过后抖动阶段，再检测下次有效按键事件。

函数 ScanPressedKey()用轮询方式检测按键输入，处理了前抖动的问题，检测到有效按键事件后就退出函数，返回按键值。按键后抖动期的处理应该由调用函数 ScanPressedKey()的程序去处理。

6.3.4　使用驱动程序实现示例功能

编写好文件 keyled.h 和 keyled.c 之后，我们就可以在主程序中使用驱动程序实现程序的功能了。这两个文件是在项目的子目录\KEY_LED 里的，首先要将这个目录添加到项目的头文件搜索路径和源程序搜索路径里。

打开项目属性对话框，再单击 C/C++ General\Paths and Symbols 节点，在 Includes 页面设置头文件搜索路径。单击右侧的 Add 按钮，在出现的对话框里直接输入“KEY_LED”即可。添加完成后，项目的头文件搜索路径如图 6-6 所示。

在图 6-6 中，再切换到 Source Location 页面，添加源程序搜索路径，添加后的结果如图 6-7 所示。添加方法就是单击右侧的 Add Folder 按钮，在出现的对话框里选择 KEY_LED 目录节点即可。

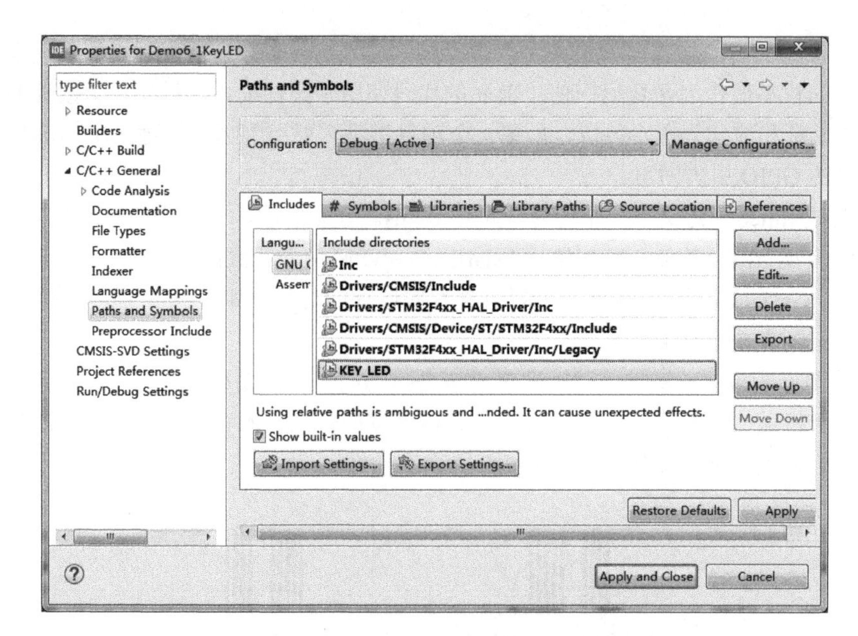

图 6-6　在项目属性对话框里添加头文件搜索路径

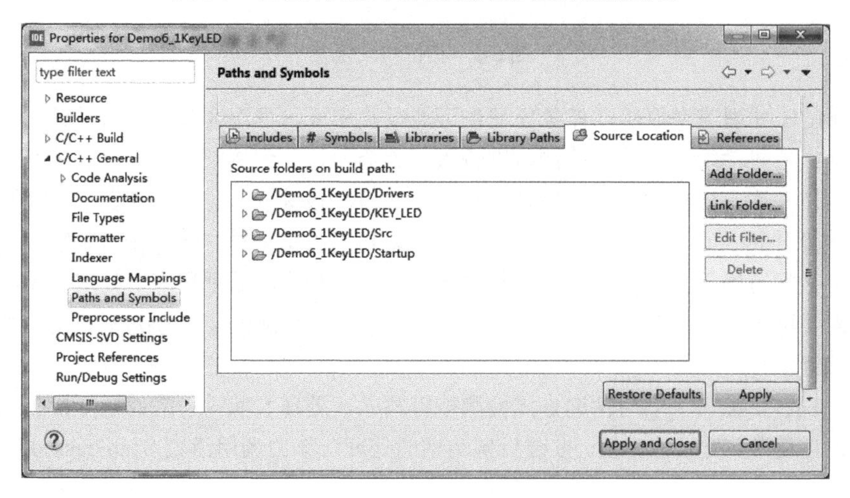

图 6-7　添加源程序搜索路径

CubeMX 导出的代码只是实现了 MCU 系统和外设的初始化，若要实现用户要求的功能，需要在导出代码的基础上自行编写代码。例如，这个示例需要实现用按键控制 LED 和蜂鸣器，可以在 main()函数里添加代码实现设计功能。完成后的文件 main.c 的内容如下，此处保留了部分注释：

```
/* 文件：main.c ---------------------------------------------------------------*/
#include  "main.h"
#include  "gpio.h"
/* Private includes ----------------------------------------------------------*/
/* USER CODE BEGIN Includes */
#include  "keyled.h"
/* USER CODE END Includes */

/* Private typedef  私有类型定义沙箱  ----------------------------------------*/
/* USER CODE BEGIN PTD */

/* USER CODE END PTD */
```

```
/* Private macro    私有宏沙箱  ------------------------------------------------*/
/* USER CODE BEGIN PM */

/* USER CODE END PM */

/* Private variables 私有变量沙箱  --------------------------------------------*/
/* USER CODE BEGIN PV */

/* USER CODE END PV */

/* Private function prototypes  私有函数原型沙箱-----------------------------*/
void SystemClock_Config(void);
/* USER CODE BEGIN PFP */

/* USER CODE END PFP */

int main(void)
{
     HAL_Init();     //复位所有外设，初始化 Flash 接口和 Systick
     SystemClock_Config();    //配置系统时钟
     /*  初始化所有已配置的外设  */
     MX_GPIO_Init();
     /* USER CODE BEGIN 2 */

     /* USER CODE END 2 */

     /* Infinite loop */
     /* USER CODE BEGIN WHILE */
     while (1)
     {
          KEYS  curKey=ScanPressedKey(KEY_WAIT_ALWAYS);    //检测按键输入，一直等待
          switch(curKey)
          {
          case KEY_LEFT:           //keyLeft
               LED1_Toggle();
               break;

          case KEY_RIGHT:          //KeyRight
               LED2_Toggle();
               break;

          case KEY_UP:             //KeyUp
               LED1_Toggle();
               LED2_Toggle();
               break;

          case KEY_DOWN:           //KeyDown
               Buzzer_Toggle();
          }
          HAL_Delay(200);          //按键弹起阶段的消抖动延时
     /* USER CODE END WHILE */

     /* USER CODE BEGIN 3 */
     }
     /* USER CODE END 3 */
}
```

要在 CubeMX 导出代码生成的文件里添加自己编写的代码，就必须把这些代码写在规定的范围内。在文件 main.c 里，有很多的注释对，例如在文件开头的部分有如下代码：

```
/* USER CODE BEGIN Includes */
#include  "keyled.h"
/* USER CODE END Includes */
```

这里有两行注释语句，“/* USER CODE BEGIN Includes */”和“/* USER CODE END Includes */”，这表示用户使用#include 包含头文件的语句，必须写在这两行注释之间的位置。这样定义的代码书写范围称为沙箱（sand box）。

在整个文件 main.c 中，有很多这样的沙箱，供用户添加各种代码段。例如，实现按键状态检测和 LED 控制的代码填写在“/* USER CODE BEGIN WHILE */”和“/* USER CODE END WHILE */”限定的沙箱内。在使用 CubeMX 再次生成代码时，在沙箱内编写的用户代码不会被覆盖，而如果写在其他地方，代码会丢失。

本书在显示代码时，会将添加了用户代码的沙箱段的 BEGIN 和 END 两个注释语句用粗体显示。

main()函数中添加的用户代码比较简单，就是在 while()循环里用函数 ScanPressedKey()一直等待按键输入，检测到某个有效按键后，函数返回按键值，程序根据按键值做出相应的处理。在 while()循环的最后执行 HAL_Delay(200)延时 200ms，这是为了消除按键弹起阶段的抖动影响。这个延时时间可以调整，要既能消除按键抖动，又不至于使程序响应迟钝。

构建项目无误后，我们将其下载到开发板并加以测试，连续运行时分别按 4 个按键，就会看到开发板上的 LED 和蜂鸣器的变化符合设计预期。

6.4　作为公共驱动程序

本示例编写的按键、LED 和蜂鸣器的驱动程序在后面很多示例里都会用到，所以 KEY_LED 目录下的文件可作为全书示例的公共驱动程序。在本书中还有其他一些公共驱动程序，为便于在其他项目里使用这些驱动程序，我们在全书的示例根目录下建立一个 PublicDrivers 文件夹。

我们将本项目里的 KEY_LED 文件夹复制到\PublicDrivers 目录下，再将本项目的 CubeMX 文件 Demo6_1KeyLED.ioc 复制到\PublicDrivers\CubeMX_Template 目录下作为 CubeMX 模板项目，并且复制为如下 2 个文件。

- M1_KeyLED.ioc，去掉了蜂鸣器的 GPIO 引脚配置。
- M2_KeyLED_Buzzer.ioc，与本示例的文件 Demo6_1KeyLED.ioc 完全相同的配置。

将 CubeMX 文件复制和整理为模板项目的目的是：在新建项目时，可以使用 CubeMX 的导入功能，或者直接复制模板项目文件，避免重复配置的工作。

本书配套资源的\PublicDrivers 目录下的文件夹组成如图 6-8 所示，详细介绍见附录 A。

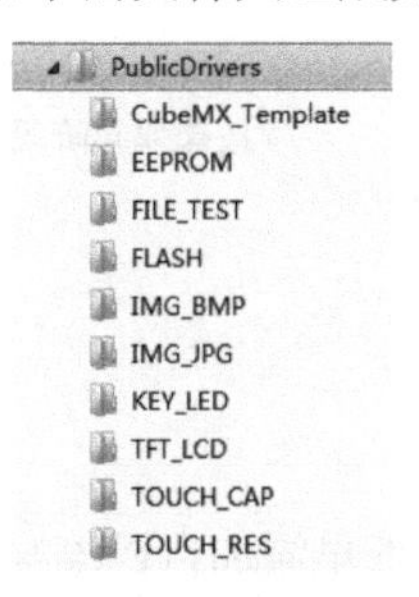

图 6-8　公共驱动程序目录\PublicDrivers 下面的文件夹

第 7 章　中断系统和外部中断

中断处理是 MCU 的一个基本功能，STM32F407 的中断处理功能非常强大。在本章中，我们先介绍 STM32F407 的中断向量表和中断优先级，再介绍外部中断（EXTI）的结构和功能，然后针对开发板上的按键和 LED 设计一个示例，以外部中断方式检测按键输入并控制 LED 亮灭。

7.1　STM32F407 的中断

7.1.1　中断向量表

STM32F407 的嵌套向量中断控制器（Nested Vectored Interrupt Controller，NVIC）管理所有中断，它有 82 个可屏蔽中断，还有 13 个系统中断。82 个可屏蔽中断和部分系统中断可以配置优先级，总共有 16 个优先级。

如果要对某个中断进行响应和处理，就需要编写一个中断服务例程（Interrupt Service Routine，ISR）。HAL 驱动库已经定义了各个中断的 ISR，在 MCU 的启动文件（项目中的一个汇编语言程序文件 startup_stm32f407xx.s）中有这些 ISR 名称的定义。

STM32F407 的系统中断如表 7-1 所示。某些系统中断的优先级是固定的，如 Reset 中断，部分系统中断的优先级是可设置的，如 SysTick 中断。优先级数字越小表示优先级越高。

表 7-1　STM32F407 的系统中断

优先级	优先级类型	中断名称	说明	ISR 名称
−3	固定	Reset	复位	—
−2	固定	NMI	不可屏蔽中断，RCC 时钟安全系统连接到 NMI	NMI_Handler
−1	固定	HardFault	所有类型的错误	HardFault_Handler
0	可设置	MemManage	存储器管理	MemManage_Handler
1	可设置	BusFault	预取指失败，存储器访问失败	BusFault_Handler
2	可设置	UsageFault	未定义指令或非法状态	UsageFault_Handler
3	可设置	SVCall	通过 SWI 指令调用的系统服务	SVC_Handler
4	可设置	DebugMonitor	调试监控器	DebugMon_Handler
5	可设置	PendSV	可挂起的系统服务请求	PendSV_Handler
6	可设置	SysTick	系统嘀嗒定时器	SysTick_Handler

在表 7-1 中，除了 Reset 中断，其他中断都有 ISR。中断响应程序的头文件 stm32f4xx_it.h 中定义了这些 ISR，但它们在文件 stm32f4xx_it.c 中的函数实现代码要么为空，要么就是 while

死循环。如果用户需要对某个系统中断进行处理，就需要在其 ISR 内编写功能实现代码。

SysTick 是个比较有用的中断，它是系统 SysTick 定时器的定时中断，默认定时周期是 1ms，产生周期为 1ms 的系统嘀嗒信号。HAL 库中的延时函数 HAL_Delay()就是使用 SysTick 中断实现毫秒级精确延时的。

STM32F407 的 82 个可屏蔽中断如表 7-2 所示。可屏蔽中断的优先级都是可以设置的。每个中断有一个中断号和一个对应的 ISR 名称。

表 7-2　STM32F407 的可屏蔽中断

中断号	中断名称	说明	ISR 名称
0	WWDG	窗口看门狗中断	WWDG_IRQHandler
1	PVD	连接到 EXTI 线的可编程电压检测（PVD）中断	PVD_IRQHandler
2	TAMP_STAMP	连接到 EXTI 线的 RTC 入侵和时间戳中断	TAMP_STAMP_IRQHandler
3	RTC_WKUP	连接到 EXTI 线的 RTC 唤醒中断	RTC_WKUP_IRQHandler
4	FLASH	Flash 全局中断	FLASH_IRQHandler
5	RCC	RCC 全局中断	RCC_IRQHandler
6	EXTI0	EXTI 线 0 中断	EXTI0_IRQHandler
7	EXTI1	EXTI 线 1 中断	EXTI1_IRQHandler
8	EXTI2	EXTI 线 2 中断	EXTI2_IRQHandler
9	EXTI3	EXTI 线 3 中断	EXTI3_IRQHandler
10	EXTI4	EXTI 线 4 中断	EXTI4_IRQHandler
11	DMA1_Stream0	DMA1 流 0 全局中断	DMA1_Stream0_IRQHandler
12	DMA1_Stream1	DMA1 流 1 全局中断	DMA1_Stream1_IRQHandler
13	DMA1_Stream2	DMA1 流 2 全局中断	DMA1_Stream2_IRQHandler
14	DMA1_Stream3	DMA1 流 3 全局中断	DMA1_Stream3_IRQHandler
15	DMA1_Stream4	DMA1 流 4 全局中断	DMA1_Stream4_IRQHandler
16	DMA1_Stream5	DMA1 流 5 全局中断	DMA1_Stream5_IRQHandler
17	DMA1_Stream6	DMA1 流 6 全局中断	DMA1_Stream6_IRQHandler
18	ADC	ADC1、ADC2 和 ADC3 全局中断	ADC_IRQHandler
19	CAN1_TX	CAN1 TX 中断	CAN1_TX_IRQHandler
20	CAN1_RX0	CAN1 RX0 中断	CAN1_RX0_IRQHandler
21	CAN1_RX1	CAN1 RX1 中断	CAN1_RX1_IRQHandler
22	CAN1_SCE	CAN1 SCE 中断	CAN1_SCE_IRQHandler
23	EXTI9_5	EXTI 线[9:5]中断	EXTI9_5_IRQHandler
24	TIM1_BRK_TIM9	TIM1 刹车中断和 TIM9 全局中断	TIM1_BRK_TIM9_IRQHandler
25	TIM1_UP_TIM10	TIM1 更新中断和 TIM10 全局中断	TIM1_UP_TIM10_IRQHandler
26	TIM1_TRG_COM_TIM11	TIM1 触发中断和换相中断，TIM11 全局中断	TIM1_TRG_COM_TIM11_IRQHandler
27	TIM1_CC	TIM1 捕获比较中断	TIM1_CC_IRQHandler
28	TIM2	TIM2 全局中断	TIM2_IRQHandler
29	TIM3	TIM3 全局中断	TIM3_IRQHandler

续表

中断号	中断名称	说明	ISR 名称
30	TIM4	TIM4 全局中断	TIM4_IRQHandler
31	I2C1_EV	I2C1 事件中断	I2C1_EV_IRQHandler
32	I2C1_ER	I2C1 错误中断	I2C1_ER_IRQHandler
33	I2C2_EV	I2C2 事件中断	I2C2_EV_IRQHandler
34	I2C2_ER	I2C2 错误中断	I2C2_ER_IRQHandler
35	SPI1	SPI1 全局中断	SPI1_IRQHandler
36	SPI2	SPI2 全局中断	SPI2_IRQHandler
37	USART1	USART1 全局中断	USART1_IRQHandler
38	USART2	USART2 全局中断	USART2_IRQHandler
39	USART3	USART3 全局中断	USART3_IRQHandler
40	EXTI15_10	EXTI 线[15:10]中断	EXTI15_10_IRQHandler
41	RTC_Alarm	连接到 EXTI 线的 RTC 闹钟（A 和 B）中断	RTC_Alarm_IRQHandler
42	OTG_FS_WKUP	连接到 EXTI 线的 USB-OTG FS 唤醒中断	OTG_FS_WKUP_IRQHandler
43	TIM8_BRK_TIM12	TIM8 刹车中断和 TIM12 全局中断	TIM8_BRK_TIM12_IRQHandler
44	TIM8_UP_TIM13	TIM8 更新中断和 TIM13 全局中断	TIM8_UP_TIM13_IRQHandler
45	TIM8_TRG_COM_TIM14	TIM8 触发和换相中断，TIM14 全局中断	TIM8_TRG_COM_TIM14_IRQHandler
46	TIM8_CC	TIM8 捕获比较中断	TIM8_CC_IRQHandler
47	DMA1_Stream7	DMA1 流 7 全局中断	DMA1_Stream7_IRQHandler
48	FSMC	FSMC 全局中断	FSMC_IRQHandler
49	SDIO	SDIO 全局中断	SDIO_IRQHandler
50	TIM5	TIM5 全局中断	TIM5_IRQHandler
51	SPI3	SPI3 全局中断	SPI3_IRQHandler
52	UART4	UART4 全局中断	UART4_IRQHandler
53	UART5	UART5 全局中断	UART5_IRQHandler
54	TIM6_DAC	TIM6 全局中断，DAC1 和 DAC2 下溢错误中断	TIM6_DAC_IRQHandler
55	TIM7	TIM7 全局中断	TIM7_IRQHandler
56	DMA2_Stream0	DMA2 流 0 全局中断	DMA2_Stream0_IRQHandler
57	DMA2_Stream1	DMA2 流 1 全局中断	DMA2_Stream1_IRQHandler
58	DMA2_Stream2	DMA2 流 2 全局中断	DMA2_Stream2_IRQHandler
59	DMA2_Stream3	DMA2 流 3 全局中断	DMA2_Stream3_IRQHandler
60	DMA2_Stream4	DMA2 流 4 全局中断	DMA2_Stream4_IRQHandler
61	ETH	以太网全局中断	ETH_IRQHandler
62	ETH_WKUP	连接到 EXTI 线的以太网唤醒中断	ETH_WKUP_IRQHandler
63	CAN2_TX	CAN2 TX 中断	CAN2_TX_IRQHandler
64	CAN2_RX0	CAN2 RX0 中断	CAN2_RX0_IRQHandler

续表

中断号	中断名称	说明	ISR 名称
65	CAN2_RX1	CAN2 RX1 中断	CAN2_RX1_IRQHandler
66	CAN2_SCE	CAN2 SCE 中断	CAN2_SCE_IRQHandler
67	OTG_FS	USB OTG FS 全局中断	OTG_FS_IRQHandler
68	DMA2_Stream5	DMA2 流 5 全局中断	DMA2_Stream5_IRQHandler
69	DMA2_Stream6	DMA2 流 6 全局中断	DMA2_Stream6_IRQHandler
70	DMA2_Stream7	DMA2 流 7 全局中断	DMA2_Stream7_IRQHandler
71	USART6	USART6 全局中断	USART6_IRQHandler
72	I2C3_EV	I2C3 事件中断	I2C3_EV_IRQHandler
73	I2C3_ER	I2C3 错误中断	I2C3_ER_IRQHandler
74	OTG_HS_EP1_OUT	USB OTG HS 端点 1 输出全局中断	OTG_HS_EP1_OUT_IRQHandler
75	OTG_HS_EP1_IN	USB OTG HS 端点 1 输入全局中断	OTG_HS_EP1_IN_IRQHandler
76	OTG_HS_WKUP	连接到 EXTI 线的 USB OTG HS 唤醒中断	OTG_HS_WKUP_IRQHandler
77	OTG_HS	USB OTG HS 全局中断	OTG_HS_IRQHandler
78	DCMI	DCMI 全局中断	DCMI_IRQHandler
79	CRYP	CRYP 加密全局中断	—
80	HASH_RNG	哈希和随机数发生器全局中断	HASH_RNG_IRQHandler
81	FPU	FPU 全局中断	FPU_IRQHandler

很多中断都是来自外设的，例如 USART 接口的中断、SPI 接口的中断等。在后面各章介绍到某种外设的使用时，我们会具体介绍其中断的使用。

7.1.2　中断优先级

STM32F407 有 82 个可屏蔽中断，这些中断可能同时发生，也可能在执行一个中断的 ISR 时又发生了另外一个中断。按照什么样的顺序执行中断的 ISR 就是中断优先级管理的问题。

STM32F 系列 MCU 的 NVIC 采用 4 位二进制数设置中断优先级，并且分为抢占优先级（preemption priority）和次优先级（subpriority）。优先级的数字越小表示优先级别越高。这 4 位二进制数可以分为两段，一段用于设置抢占优先级，另一段用于设置次优先级。分段的组合可以是以下几种。

- 0 位用于抢占优先级，4 位用于次优先级。
- 1 位用于抢占优先级，3 位用于次优先级。
- 2 位用于抢占优先级，2 位用于次优先级。
- 3 位用于抢占优先级，1 位用于次优先级。
- 4 位用于抢占优先级，0 位用于次优先级。

假设使用 2 位设置抢占优先级，2 位设置次优先级，抢占优先级和次优先级的执行有如下的规律。

- 如果两个中断的抢占优先级和次优先级都相同，哪个中断先发生，就执行哪个中断的 ISR。
- 高抢占优先级的中断可以打断正在执行的低抢占优先级的 ISR 的执行。例如，中断 A 的抢占优先级为 0，中断 B 的抢占优先级为 1，那么在中断 B 的 ISR 正在执行时，如果发生了中断A，就会立即去执行中断A的ISR，等中断A的ISR执行完后，再返回到中断B的ISR继续执行。

- 抢占优先级相同时，次优先级高的中断不能打断正在执行的次优先级低的ISR的执行。例如，中断A和中断B的抢占优先级相同，但是中断A的次优先级为0，中断B的次优先级为1。那么，在中断B的ISR正在执行时，如果发生了中断A，那么中断A不能打断中断B的ISR的执行，只能等待中断B的ISR执行结束，才能执行中断A的ISR。

充分理解中断优先级的这些概念非常重要。在设计一个实际系统时，我们可能用到多个中断，如果中断优先级的设置不正确，可能会导致系统工作不正常，甚至完全无法工作。

在CubeMX中，用户可以方便地管理各个中断，可以设置中断优先级4位二进制数的分组策略，可以开启某个外设的中断并设置其抢占优先级和次优先级。

7.1.3 中断设置相关HAL驱动程序

中断管理相关驱动程序的头文件是stm32f4xx_hal_cortex.h，其常用函数如表7-3所示。

表7-3 中断管理常用函数

函数名	功能
HAL_NVIC_SetPriorityGrouping()	设置4位二进制数的优先级分组策略
HAL_NVIC_SetPriority()	设置某个中断的抢占优先级和次优先级
HAL_NVIC_EnableIRQ()	启用某个中断
HAL_NVIC_DisableIRQ()	禁用某个中断
HAL_NVIC_GetPriorityGrouping()	返回当前的优先级分组策略
HAL_NVIC_GetPriority()	返回某个中断的抢占优先级、次优先级数值
HAL_NVIC_GetPendingIRQ()	检查某个中断是否被挂起
HAL_NVIC_SetPendingIRQ()	设置某个中断的挂起标志，表示发生了中断
HAL_NVIC_ClearPendingIRQ()	清除某个中断的挂起标志

表7-3中前面的3个函数用于CubeMX自动生成的代码，其他函数用于用户代码。几个常用的函数详细介绍如下，其他一些函数的详细定义和功能可查看源程序里的注释。

1. 函数HAL_NVIC_SetPriorityGrouping()

函数HAL_NVIC_SetPriorityGrouping()用于设置优先级分组策略，其函数原型定义如下：

```
void HAL_NVIC_SetPriorityGrouping(uint32_t PriorityGroup);
```

其中，参数PriorityGroup是优先级分组策略，可使用文件stm32f4xx_hal_cortex.h中定义的几个宏定义常量，如下所示，它们表示不同的分组策略。

```
#define NVIC_PRIORITYGROUP_0   0x00000007U     // 0位用于抢占优先级，4位用于次优先级
#define NVIC_PRIORITYGROUP_1   0x00000006U     // 1位用于抢占优先级，3位用于次优先级
#define NVIC_PRIORITYGROUP_2   0x00000005U     // 2位用于抢占优先级，2位用于次优先级
#define NVIC_PRIORITYGROUP_3   0x00000004U     // 3位用于抢占优先级，1位用于次优先级
#define NVIC_PRIORITYGROUP_4   0x00000003U     // 4位用于抢占优先级，0位用于次优先级
```

2. 函数HAL_NVIC_SetPriority()

函数HAL_NVIC_SetPriority()用于设置某个中断的抢占优先级和次优先级，其函数原型定义如下：

```
void HAL_NVIC_SetPriority(IRQn_Type IRQn, uint32_t PreemptPriority, uint32_t SubPriority);
```

其中，参数 IRQn 是中断的中断号，为枚举类型 IRQn_Type。枚举类型 IRQn_Type 的定义在文件 stm32f407xx.h 中，它定义了表 7-1 和表 7-2 中所有中断的中断号枚举值。在中断操作的相关函数中，都用 IRQn_Type 类型的中断号表示中断，这个枚举类型的部分定义如下：

```
typedef enum
{
/******  Cortex-M4 Processor Exceptions Numbers*********************************/
     NonMaskableInt_IRQn          = -14,  // Non Maskable Interrupt
     MemoryManagement_IRQn        = -12,  // Cortex-M4 Memory Management Interrupt
     BusFault_IRQn                = -11,  // Cortex-M4 Bus Fault Interrupt
     UsageFault_IRQn              = -10,  // Cortex-M4 Usage Fault Interrupt
     SVCall_IRQn                  = -5,   // Cortex-M4 SV Call Interrupt
     DebugMonitor_IRQn            = -4,   // Cortex-M4 Debug Monitor Interrupt
     PendSV_IRQn                  = -2,   // Cortex-M4 Pend SV Interrupt
     SysTick_IRQn                 = -1,   // Cortex-M4 System Tick Interrupt
/******  STM32 specific Interrupt Numbers ***********************************/
     WWDG_IRQn                    = 0,    // Window WatchDog Interrupt
     PVD_IRQn                     = 1,    // PVD through EXTI Line detection Interrupt
     EXTI0_IRQn                   = 6,    // EXTI Line0 Interrupt
     EXTI1_IRQn                   = 7,    // EXTI Line1 Interrupt
     EXTI2_IRQn                   = 8,    // EXTI Line2 Interrupt
     RNG_IRQn                     = 80,   // RNG global Interrupt
     FPU_IRQn                     = 81    // FPU global interrupt
} IRQn_Type;
```

由这个枚举类型的定义代码可以看到，对于表 7-2 中的可屏蔽中断，其中断号枚举值就是在中断名称后面加了“_IRQn”。例如，中断号为 0 的窗口看门狗中断 WWDG，其中断号枚举值就是 WWDG_IRQn。

函数中的另外两个参数，PreemptPriority 是抢占优先级数值，SubPriority 是次优先级数值。这两个优先级的数值范围需要在设置的优先级分组策略的可设置范围之内。例如，假设使用了分组策略 2，对于中断号为 6 的外部中断 EXTI0，设置其抢占优先级为 1，次优先级为 0，则执行的代码如下：

```
HAL_NVIC_SetPriority(EXTI0_IRQn, 1, 0);
```

3. 函数 HAL_NVIC_EnableIRQ()

函数 HAL_NVIC_EnableIRQ()的功能是在 NVIC 控制器中开启某个中断，只有在 NVIC 中开启某个中断后，NVIC 才会对这个中断请求做出响应，执行相应的 ISR。其原型定义如下：

```
void HAL_NVIC_EnableIRQ(IRQn_Type IRQn);
```

其中，枚举类型 IRQn_Type 的参数 IRQn 是中断号的枚举值。

7.2 外部中断 EXTI

7.2.1 外部中断功能和外部中断线

基本的外部中断是 MCU 上的 GPIO 引脚作为输入引脚时，由引脚上的电平变化所产生的中断，例如，连接按键输入的引脚就可以由按键产生外部中断信号。此外，还有一些内部信号作为 EXTI 中断线的输入，例如，RTC 唤醒事件信号连接在 EXTI 线 22 上。

STM32F407 有 23 个外部中断，每个输入线都可以单独配置触发事件，如上跳沿触发、下跳沿触发或边沿触发。每个 EXTI 中断可以单独屏蔽，有独立的中断标志，可以单独清除或保持其中断标志。图 7-1 是外部中断控制器框图，每个 EXTI 线都有单独的边沿检测器。

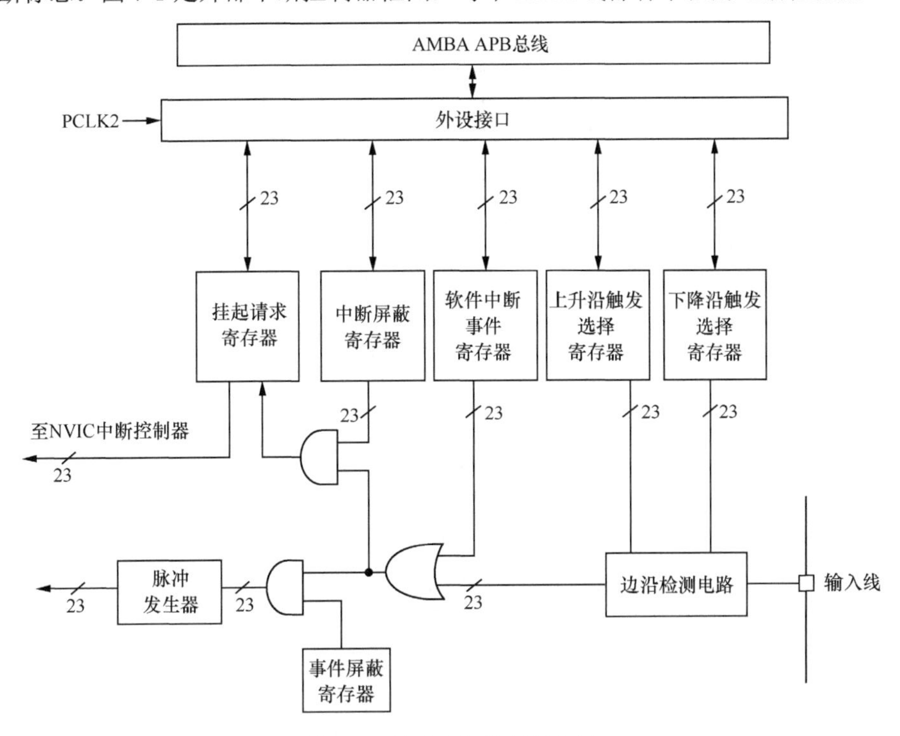

图 7-1　外部中断控制器框图

EXTI0 至 EXTI15 这 16 个外部中断以 GPIO 引脚作为输入线，每个 GPIO 引脚都可以作为某个 EXTI 的输入线，其映射结构如图 7-2 所示。从图中可以看出，EXTI0 可以选择 PA0、PB0 至 PI0 中的某个引脚作为输入线。如果设置了 PA0 作为 EXTI0 的输入线，那么 PB0、PC0 等就不能再作为 EXTI0 的输入线。

以 GPIO 引脚作为输入线的 EXTI 可以用于检测外部输入事件，例如，按键连接的 GPIO 引脚，通过外部中断方式检测按键输入比查询方式更有效。

EXTI0 至 EXTI4 的每个中断有单独的 ISR，EXTI 线[9:5]中断共用一个中断号，也就共用 ISR，EXTI 线[15:10]中断也共用 ISR（见表 7-2）。若是共用的 ISR，需要在 ISR 里再判断具体是哪个 EXTI 线产生的中断，然后做相应的处理。

另外 7 个 EXTI 线连接的不是某个实际的 GPIO 引脚，而是其他外设产生的事件信号。这 7 个 EXTI 线的中断有单独的 ISR，如表 7-2 所示。

- EXTI 线 16 连接 PVD 输出。
- EXTI 线 17 连接 RTC 闹钟事件。
- EXTI 线 18 连接 USB OTG FS 唤醒事件。
- EXTI 线 19 连接以太网唤醒事件。
- EXTI 线 20 连接 USB OTG HS 唤醒事件。
- EXTI 线 21 连接 RTC 入侵和时间戳事件。
- EXTI 线 22 连接 RTC 唤醒事件。

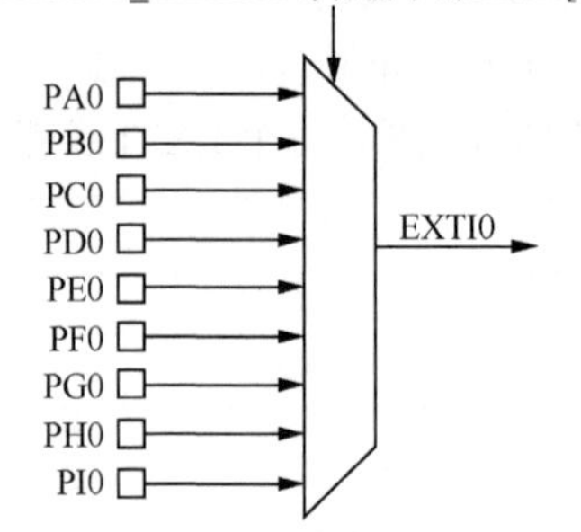

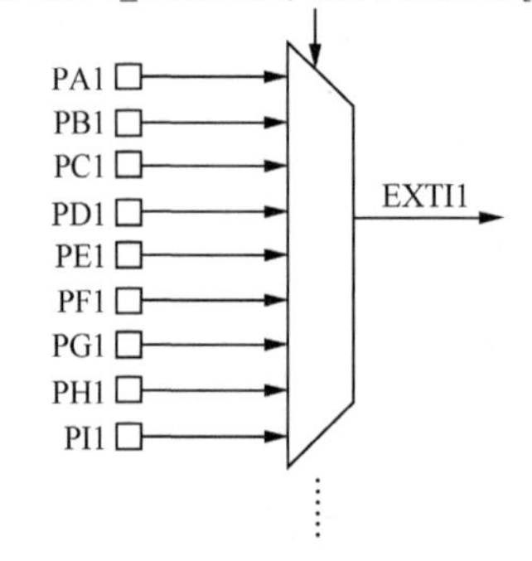

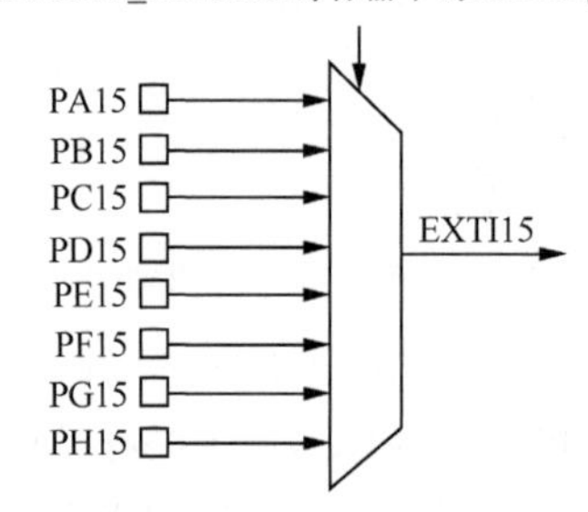

图 7-2　外部中断与 GPIO 引脚的映射结构

7.2.2　外部中断相关 HAL 函数

外部中断相关函数的定义在文件 stm32f4xx_hal_gpio.h 中，函数列表如表 7-4 所示。

表 7-4　外部中断相关函数

函数名	功能描述
__HAL_GPIO_EXTI_GET_IT()	检查某个外部中断线是否有挂起（Pending）的中断
__HAL_GPIO_EXTI_CLEAR_IT()	清除某个外部中断线的挂起标志位
__HAL_GPIO_EXTI_GET_FLAG()	与__HAL_GPIO_EXTI_GET_IT()的代码和功能完全相同
__HAL_GPIO_EXTI_CLEAR_FLAG()	与__HAL_GPIO_EXTI_CLEAR_IT()的代码和功能完全相同
__HAL_GPIO_EXTI_GENERATE_SWIT()	在某个外部中断线上产生软中断
HAL_GPIO_EXTI_IRQHandler()	外部中断 ISR 中调用的通用处理函数
HAL_GPIO_EXTI_Callback()	外部中断处理的回调函数，需要用户重新实现

1. 读取和清除中断标志

在 HAL 库中，以“__HAL”为前缀的都是宏函数，表 7-4 中前几个函数都是宏函数。例如，函数__HAL_GPIO_EXTI_GET_IT()的定义如下：

```
#define __HAL_GPIO_EXTI_GET_FLAG(__EXTI_LINE__) (EXTI->PR & (__EXTI_LINE__))
```

它的功能就是检查外部中断挂起寄存器（EXTI_PR）中某个中断线的挂起标志位是否置位。参数__EXTI_LINE__是某个外部中断线，用 GPIO_PIN_0、GPIO_PIN_1 等宏定义常量表示。

函数的返回值只要不等于 0（用宏 RESET 表示 0），就表示外部中断线挂起标志位被置位，有未处理的中断事件。

函数__HAL_GPIO_EXTI_CLEAR_IT()用于清除某个中断线的中断挂起标志位，其定义如下：

```
#define __HAL_GPIO_EXTI_CLEAR_IT(__EXTI_LINE__) (EXTI->PR = (__EXTI_LINE__))
```

向外部中断挂起寄存器（EXTI_PR）的某个中断线位写入 1，就可以清除该中断线的挂起标志。在外部中断的 ISR 里处理完中断后，我们需要调用这个函数清除挂起标志位，以便再次响应下一次中断。

2. 在某个外部中断线上产生软中断

函数__HAL_GPIO_EXTI_GENERATE_SWIT()的功能是在某个中断线上产生软中断，其定义如下：

```
#define __HAL_GPIO_EXTI_GENERATE_SWIT(__EXTI_LINE__) (EXTI->SWIER |= (__EXTI_LINE__))
```

它实际上就是将外部中断的软件中断事件寄存器（EXTI_SWIER）中对应于中断线__EXTI_LINE__的位置 1，通过软件的方式产生某个外部中断。

3. 外部中断 ISR 以及中断处理回调函数

对于 0 到 15 线的外部中断，从表 7-2 可以看到：EXTI0 至 EXTI4 有独立的 ISR，EXTI[9:5]共用一个 ISR，EXTI[15:10]共用一个 ISR。在启用某个中断后，在 CubeMX 自动生成的中断处理程序文件 stm32f4xx_it.c 中会生成 ISR 的代码框架。这些外部中断 ISR 的代码都是一样的，下面是几个外部中断的 ISR 代码框架，只保留了其中一个 ISR 的完整代码，其他的删除了代码沙箱注释。

```
void EXTI0_IRQHandler(void)              //EXTI0 的 ISR
{
    /* USER CODE BEGIN EXTI0_IRQn 0 */

    /* USER CODE END EXTI0_IRQn 0 */
    HAL_GPIO_EXTI_IRQHandler(GPIO_PIN_0);
    /* USER CODE BEGIN EXTI0_IRQn 1 */

    /* USER CODE END EXTI0_IRQn 1 */
}

void EXTI9_5_IRQHandler(void)            //EXTI[9:5]的 ISR
{
    HAL_GPIO_EXTI_IRQHandler(GPIO_PIN_5);
}

void EXTI15_10_IRQHandler(void)          //EXTI[15:10]的 ISR
{
    HAL_GPIO_EXTI_IRQHandler(GPIO_PIN_11);
}
```

可以看到，这些 ISR 都调用了函数 HAL_GPIO_EXTI_IRQHandler()，并以中断线作为函数参数。所以，函数 HAL_GPIO_EXTI_IRQHandler()是外部中断处理通用函数，这个函数的代码如下：

```
void HAL_GPIO_EXTI_IRQHandler(uint16_t GPIO_Pin)
{
    /* EXTI line interrupt detected */
    if(__HAL_GPIO_EXTI_GET_IT(GPIO_Pin) != RESET)      //检测中断挂起标志
    {
        __HAL_GPIO_EXTI_CLEAR_IT(GPIO_Pin);           //清除中断挂起标志
        HAL_GPIO_EXTI_Callback(GPIO_Pin);             //执行回调函数
    }
}
```

这个函数的代码很简单，如果检测到中断线 GPIO_Pin 的中断挂起标志不为 0，就清除中断挂起标志位，然后执行函数 HAL_GPIO_EXTI_Callback()。这个函数是对中断进行响应处理的回调函数，它的代码框架在文件 stm32f4xx_hal_gpio.c 中，代码如下（原来的英文注释翻译为中文了）：

```
__weak void HAL_GPIO_EXTI_Callback(uint16_t GPIO_Pin)
{
    /* 使用 UNUSED()函数避免编译时出现未使用变量的警告 */
    UNUSED(GPIO_Pin);
    /* 注意：不要直接修改这个函数，如需使用回调函数，可以在用户文件中重新实现这个函数 */
}
```

这个函数的前面有个修饰符__weak，这是用来定义弱函数的。所谓弱函数，就是 HAL 库中预先定义的带有__weak 修饰符的函数，如果用户没有重新实现这些函数，编译时就编译这些弱函数，如果在用户程序文件里重新实现了这些函数，就编译用户重新实现的函数。用户重新实现一个弱函数时，要舍弃修饰符__weak。

弱函数一般用作中断处理的回调函数，例如这里的函数 HAL_GPIO_EXTI_Callback()。如果用户重新实现了这个函数，对某个外部中断做出具体的处理，用户代码就会被编译进去。

在 CubeMX 生成的代码中，所有中断 ISR 采用下面这样的处理框架。

- 在文件 stm32f4xx_it.c 中，自动生成已启用中断的 ISR 代码框架，例如，为 EXTI0 中断生成 ISR 函数 EXTI0_IRQHandler()的代码框架。
- 在中断的 ISR 里，执行 HAL 库中为该中断定义的通用处理函数，例如，外部中断的通用处理函数是 HAL_GPIO_EXTI_IRQHandler()。通常，一个外设只有一个中断号，一个 ISR 有一个通用处理函数，也可能多个中断号共用一个通用处理函数，例如，外部中断有多个中断号，但是 ISR 里调用的通用处理函数都是 HAL_GPIO_EXTI_IRQHandler()。
- ISR 里调用的中断通用处理函数是 HAL 库里定义的，例如，HAL_GPIO_EXTI_IRQHandler()是外部中断的通用处理函数。在中断的通用处理函数里，会自动进行中断事件来源的判断（一个中断号一般有多个中断事件源）、中断标志位的判断和清除，并调用与中断事件源对应的回调函数。
- 一个中断号一般有多个中断事件源，HAL 库中会为一个中断号的常用中断事件定义回调函数，在中断的通用处理函数里判断中断事件源并调用相应的回调函数。外部中断只有一个中断事件源，所以只有一个回调函数 HAL_GPIO_EXTI_Callback()。定时器就有多个中断事件源，所以定时器的 HAL 驱动程序中，针对不同的中断事件源，定义了不同的回调函数（见第 10 章）。
- HAL 库中定义的中断事件处理的回调函数都是弱函数，需要用户重新实现回调函数，从而实现对中断的具体处理。

在 STM32Cube 编程方式中，用户只需搞清楚与中断事件对应的回调函数，然后重新实现回调函数即可。对于外部中断，只有一个中断事件源，所以只有一个回调函数 HAL_GPIO_EXTI_Callback()。

在对外部中断进行处理时，只需重新实现这个函数即可，在本章的示例里会具体讲到。

7.3 外部中断使用示例

7.3.1 示例功能和 CubeMX 项目设置

我们创建一个示例 Demo7_1EXTI，采用外部中断方式检测 4 个按键的输入，然后控制两个 LED。4 个按键和 2 个 LED 的电路如图 6-2 所示。示例的功能和操作流程如下。

- 采用外部中断方式检测 4 个按键的输入，在外部中断里对按键事件进行相应处理。
- KeyLeft 键按下时，使 LED1 输出翻转；KeyRight 键按下时，使 LED2 输出翻转。
- KeyUp 键按下时，使 LED1 和 LED2 输出翻转。
- KeyDown 键按下时，产生 EXTI0 软中断，模拟 KeyUp 键按下。

在 CubeMX 中，选择 STM32F407ZG 创建一个项目，将其保存为 Demo7_1EXTI.ioc。首先配置 Debug 接口为 Serial Wire、在时钟树上设置 HCLK 为 168MHz。

与按键和 LED 连接的 GPIO 引脚的设置如表 7-5 所示。连接 4 个按键的引脚都设置为外部中断输入，在引脚视图上单击某个引脚，在弹出的引脚功能选择菜单中选择 GPIO 外部中断，如 PE2 引脚设置为 GPIO_EXTI2。在引脚视图上修改引脚的用户标签为表 7-5 中对应的用户标签。

表 7-5 与按键和 LED 连接的 GPIO 引脚的配置

用户标签	引脚名称	引脚功能	GPIO 模式	上拉或下拉	抢占优先级	次优先级
LED1	PF9	GPIO_Output	推挽输出	无	—	—
LED2	PF10	GPIO_Output	推挽输出	无	—	—
KeyRight	PE2	GPIO_EXTI2	下跳沿触发外部中断	上拉	2	0
KeyDown	PE3	GPIO_EXTI3	下跳沿触发外部中断	上拉	1	2
KeyLeft	PE4	GPIO_EXTI4	下跳沿触发外部中断	上拉	1	1
KeyUp	PA0	GPIO_EXTI0	上跳沿触发外部中断	下拉	1	0

在 GPIO 组件的模式和配置页面，对引脚的外部中断触发方式、上拉/下拉等进行设置，如图 7-3 所示。根据按键的实际电路，PA0 使用了输入下拉，正常输入为低电平，按键按下后输入是高电平，所以设置 EXTI0 为上跳沿触发外部中断。另外 3 个按键是输入上拉，所以设置为下跳沿触发外部中断。

Pin Name	User Label	GPIO mode	GPIO Pull-up/Pull-down	GPIO output level
PA0-WKUP	KeyUp	External Interrupt Mode with Rising edge ...	Pull-down	n/a
PE2	KeyRight	External Interrupt Mode with Falling edge ...	Pull-up	n/a
PE3	KeyDown	External Interrupt Mode with Falling edge ...	Pull-up	n/a
PE4	KeyLeft	External Interrupt Mode with Falling edge ...	Pull-up	n/a
PF9	LED1	Output Push Pull	No pull-up and no pull-down	Low
PF10	LED2	Output Push Pull	No pull-up and no pull-down	Low

图 7-3 按键和 LED 的 GPIO 引脚配置结果

在 CubeMX 组件面板 System Core 分组里，单击 NVIC，在其模式与配置界面进行中断设置，如图 7-4 所示。首先在 Priority Group 下拉列表框里选择优先级分组，也就是 4 个二进制位的分配。这里选择的是 2 bits for pre-emption priority 2 bits for subpriority，即选择 2 位用于抢占优先级，2 位用于次优先级。

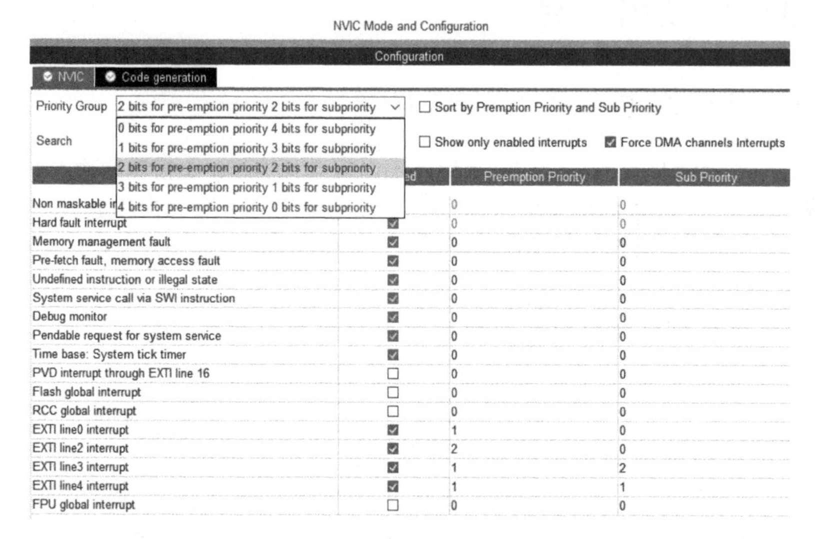

图 7-4　组件 NVIC 的模式和配置界面

位于图 7-4 界面下方的是所有系统中断和可用的可屏蔽中断的列表，可以启用或禁用某个中断，可以设置某个中断的抢占优先级和次优先级，按照表 7-5 的内容设置 4 个外部中断的优先级。

这 4 个外部中断的抢占优先级不能设置为 0，因为在后面编写这 4 个外部中断的回调函数程序时，需要用到函数 HAL_Delay()，这个延时函数会用到 Systick 定时器中断，而这个中断（图 7-4 中的 Time base: System tick timer）的抢占优先级是 0。如果某个外部中断的抢占优先级为 0，执行外部中断的 ISR 时调用 HAL_Delay()，则 Systick 中断无法抢占，函数 HAL_Delay()的执行就会陷入死循环。如果将所有外部中断的抢占优先级设置为 1 或 2，在外部中断的 ISR 里调用 HAL_Delay()时，Systick 中断就可以抢占外部中断，正常执行。

7.3.2　项目初始代码分析

1. 主程序

我们在 CubeMX 中完成配置后生成 CubeIDE 项目的代码，然后在 CubeIDE 中切换工作空间到本章示例根目录，导入项目 Demo7_1EXTI。所生成的代码已经完成了 GPIO 引脚的初始化，包括外部中断的初始化设置，还生成了外部中断 ISR 的代码框架。

文件 main.c 中的主程序代码如下所示（省略了全部的注释），它调用函数 MX_GPIO_Init()进行 GPIO 引脚的初始化：

```
/* 文件：main.c  ---------------------------------------------------------------*/
#include "main.h"
#include "gpio.h"

int main(void)
{
	HAL_Init();				//HAL 初始化，调用 HAL_MspInit()进行中断优先级分组设置
	SystemClock_Config();		//系统时钟配置
	MX_GPIO_Init();			//GPIO 设置和 EXTI 设置
```

```
	while (1)
	{
	}
}
```

HAL_Init()函数用于 HAL 初始化，在 CubeMX 中设置的中断优先级分组策略是在这个函数里用代码实现的。HAL_Init()调用了一个弱函数 HAL_MspInit()，在 CubeMX 生成的代码中有一个文件 stm32f4xx_hal_msp.c，在这个文件里重新实现了函数 HAL_MspInit()，其代码如下：

```
void HAL_MspInit(void)
{
	__HAL_RCC_SYSCFG_CLK_ENABLE();
	__HAL_RCC_PWR_CLK_ENABLE();
	HAL_NVIC_SetPriorityGrouping(NVIC_PRIORITYGROUP_2);    //设置中断优先级分组策略
}
```

我们在 CubeMX 中为 LED 和按键的引脚都定义了用户标签，因此文件 main.h 中生成了这些引脚的引脚号、端口的宏定义，并且对于 4 个外部中断引脚，还有中断号的宏定义，全部定义如下：

```
/* 文件：main.h，CubeMX 中定义 GPIO 引脚标签的宏定义------------------------*/
#define KeyRight_Pin             GPIO_PIN_2
#define KeyRight_GPIO_Port       GPIOE
#define KeyRight_EXTI_IRQn       EXTI2_IRQn

#define KeyDown_Pin              GPIO_PIN_3
#define KeyDown_GPIO_Port        GPIOE
#define KeyDown_EXTI_IRQn        EXTI3_IRQn

#define KeyLeft_Pin              GPIO_PIN_4
#define KeyLeft_GPIO_Port        GPIOE
#define KeyLeft_EXTI_IRQn        EXTI4_IRQn

#define LED1_Pin                 GPIO_PIN_9
#define LED1_GPIO_Port           GPIOF
#define LED2_Pin                 GPIO_PIN_10
#define LED2_GPIO_Port           GPIOF

#define KeyUp_Pin                GPIO_PIN_0
#define KeyUp_GPIO_Port          GPIOA
#define KeyUp_EXTI_IRQn          EXTI0_IRQn
```

2. GPIO 和 EXTI 中断初始化

文件 gpio.c 中的函数 MX_GPIO_Init()实现了 GPIO 引脚和 EXTI 中断的初始化，代码如下：

```
/* 文件：gpio.c      ---------------------------------------------------------*/
#include "gpio.h"

void MX_GPIO_Init(void)
{
	GPIO_InitTypeDef GPIO_InitStruct = {0};
	/* GPIO 端口时钟使能 */
	__HAL_RCC_GPIOE_CLK_ENABLE();
	__HAL_RCC_GPIOF_CLK_ENABLE();
	__HAL_RCC_GPIOH_CLK_ENABLE();
	__HAL_RCC_GPIOA_CLK_ENABLE();

	/* 配置两个 LED 引脚输出电平 */
	HAL_GPIO_WritePin(GPIOF, LED1_Pin|LED2_Pin, GPIO_PIN_RESET);
```

```
    /* 配置 GPIO 引脚，3 个上拉输入、下跳沿触发的按键 */
    GPIO_InitStruct.Pin = KeyRight_Pin|KeyDown_Pin|KeyLeft_Pin;
    GPIO_InitStruct.Mode = GPIO_MODE_IT_FALLING;
    GPIO_InitStruct.Pull = GPIO_PULLUP;
    HAL_GPIO_Init(GPIOE, &GPIO_InitStruct);

    /* 配置 GPIO 引脚：两个 LED 引脚 */
    GPIO_InitStruct.Pin = LED1_Pin|LED2_Pin;
    GPIO_InitStruct.Mode = GPIO_MODE_OUTPUT_PP;
    GPIO_InitStruct.Pull = GPIO_NOPULL;
    GPIO_InitStruct.Speed = GPIO_SPEED_FREQ_LOW;
    HAL_GPIO_Init(GPIOF, &GPIO_InitStruct);

    /* 配置 GPIO 引脚：KeyUp，下拉输入，上跳沿触发 */
    GPIO_InitStruct.Pin = KeyUp_Pin;
    GPIO_InitStruct.Mode = GPIO_MODE_IT_RISING;
    GPIO_InitStruct.Pull = GPIO_PULLDOWN;
    HAL_GPIO_Init(KeyUp_GPIO_Port, &GPIO_InitStruct);

    /* EXTI 中断初始化设置 */
    HAL_NVIC_SetPriority(EXTI0_IRQn, 1, 0);     //设置中断优先级
    HAL_NVIC_EnableIRQ(EXTI0_IRQn);             //启用中断

    HAL_NVIC_SetPriority(EXTI2_IRQn, 2, 0);
    HAL_NVIC_EnableIRQ(EXTI2_IRQn);

    HAL_NVIC_SetPriority(EXTI3_IRQn, 1, 2);
    HAL_NVIC_EnableIRQ(EXTI3_IRQn);

    HAL_NVIC_SetPriority(EXTI4_IRQn, 1, 1);
    HAL_NVIC_EnableIRQ(EXTI4_IRQn);
}
```

这个函数的前半部分是对 LED 和按键 GPIO 引脚的初始化设置，与第 6 章示例 Demo6_1KeyLED 的函数 MX_GPIO_Init()的代码相同。函数代码的后半部分是对 4 个外部中断的设置，主要是设置中断的优先级和开启中断，用到了函数 HAL_NVIC_SetPriority()和 HAL_NVIC_EnableIRQ()。

3. EXTI 中断的 ISR

EXTI0 至 EXTI4 都有独立的 ISR，在文件 stm32f4xx_it.c 中自动生成了这 4 个 ISR 的代码框架，代码如下。这里只保留了第一个 ISR 的全部注释，没有显示其他 ISR 的注释。

```
void EXTI0_IRQHandler(void)
{
    /* USER CODE BEGIN EXTI0_IRQn 0 */

    /* USER CODE END EXTI0_IRQn 0 */
    HAL_GPIO_EXTI_IRQHandler(GPIO_PIN_0);
    /* USER CODE BEGIN EXTI0_IRQn 1 */

    /* USER CODE END EXTI0_IRQn 1 */
}

void EXTI2_IRQHandler(void)
{
    HAL_GPIO_EXTI_IRQHandler(GPIO_PIN_2);
}
void EXTI3_IRQHandler(void)
{
```

```
        HAL_GPIO_EXTI_IRQHandler(GPIO_PIN_3);
}
void EXTI4_IRQHandler(void)
{
        HAL_GPIO_EXTI_IRQHandler(GPIO_PIN_4);
}
```

我们在前文分析了外部中断 ISR 的执行原理，这些 ISR 最终都要调用回调函数 HAL_GPIO_EXTI_Callback()，因此用户需要重新实现这个回调函数，实现设计功能。

7.3.3 编写用户功能代码

1. 重新实现中断回调函数

我们要处理外部中断，只需要重新实现回调函数 HAL_GPIO_EXTI_Callback()。此外，我们可以在任何一个文件内重新实现这个回调函数（例如，可以在文件 main.c 内实现，也可以在文件 gpio.c 内实现），并且无须在头文件中声明其函数原型。

我们在文件 gpio.c 中重新实现这个函数，但需要注意，这个函数的代码必须写在一个代码沙箱内。在文件 gpio.c 中重新实现这个函数的代码如下：

```
/* 文件：gpio.c，重新实现回调函数 HAL_GPIO_EXTI_Callback()------------------- */
/* USER CODE BEGIN 2 */
void HAL_GPIO_EXTI_Callback(uint16_t GPIO_Pin)
{
        if  (GPIO_Pin ==KeyUp_Pin)           //PA0=KeyUp，使两个 LED 输出翻转
        {
            HAL_GPIO_TogglePin(LED1_GPIO_Port,LED1_Pin);
            HAL_GPIO_TogglePin(LED2_GPIO_Port,LED2_Pin);
            HAL_Delay(500);     //软件消除按键抖动的影响
        }
        else if(GPIO_Pin == KeyRight_Pin)    //PE2=KeyRight，使 LED2 输出翻转
        {
            HAL_GPIO_TogglePin(LED2_GPIO_Port,LED2_Pin);
            HAL_Delay(1000);    //软件消除按键抖动的影响，观察优先级的作用
        }
        else if (GPIO_Pin ==KeyDown_Pin)     //PE3=KeyDown，产生 EXTI0 软中断
        {
            __HAL_GPIO_EXTI_GENERATE_SWIT(GPIO_PIN_0);     //产生 EXTI0 软中断
            HAL_Delay(1000);    //这个延时也是必要的，否则由于按键抖动，会触发两次
        }
        else if (GPIO_Pin ==KeyLeft_Pin)     //PE4=KeyLeft，使 LED1 输出翻转
        {
            HAL_GPIO_TogglePin(LED1_GPIO_Port,LED1_Pin);
            HAL_Delay(1000);    //软件消除按键抖动的影响，观察优先级的作用
        }
}
/* USER CODE END 2 */
```

函数的参数 GPIO_Pin 是触发外部中断的中断线，可用于判断发生了哪个外部中断。函数代码的功能很直观，就是实现以下预想的示例功能。

- 按下 KeyUp 键时，使两个 LED 输出翻转，后面的延时是为了消除按键抖动的影响。
- 按下 KeyRight 键时，使 LED2 输出翻转。
- 按下 KeyDown 键时，产生 EXTI0 软中断，模拟 KeyUp 键按下。
- 按下 KeyLeft 键时，使 LED1 输出翻转。

2. 改写函数 HAL_GPIO_EXTI_IRQHandler()的代码

完成回调函数的代码后，我们就可以构建项目，并将其下载到开发板上进行测试了。但是运行时，按键按下后的响应并不如预期，例如，按下 KeyUp 键后，两个 LED 会亮灭两次，虽然已经加了延时进行按键消抖处理，但还是有按键抖动的影响。分析后发现，这是由 ISR 中调用的外部中断通用处理函数 HAL_GPIO_EXTI_IRQHandler()的代码引起的，这个函数的代码如下：

```
void HAL_GPIO_EXTI_IRQHandler(uint16_t GPIO_Pin)
{
      /* EXTI line interrupt detected */
      if(__HAL_GPIO_EXTI_GET_IT(GPIO_Pin) != RESET)      //检测中断挂起标志
      {
            __HAL_GPIO_EXTI_CLEAR_IT(GPIO_Pin);            //清除中断挂起标志
            HAL_GPIO_EXTI_Callback(GPIO_Pin);              //执行回调函数
      }
}
```

它在检测到中断挂起标志后，先清除中断挂起标志，然后再执行回调函数。一般的中断通用处理函数都是这样的处理流程，是为了硬件能及时响应下一次中断。但是对于检测按键输入的外部中断，这是有问题的，因为清除中断挂起标志后，按键的抖动就会触发下一次中断，并将中断挂起标志置位。虽然在回调函数里使用了延时，但是回调函数退出后，NVIC 检测到中断挂起标志被置位，就会再执行一次回调函数。

所以，对于外部中断方式的按键输入检测，我们需要修改一下 HAL_GPIO_EXTI_IRQHandler()的代码，将清除中断挂起标志位的功能放在后面，即修改为如下的代码，这样修改后的程序运行就没有问题了。

```
void HAL_GPIO_EXTI_IRQHandler(uint16_t GPIO_Pin)
{
      /* EXTI line interrupt detected */
      if(__HAL_GPIO_EXTI_GET_IT(GPIO_Pin) != RESET)      //检测中断挂起标志
      {
            HAL_GPIO_EXTI_Callback(GPIO_Pin);             //执行回调函数
            __HAL_GPIO_EXTI_CLEAR_IT(GPIO_Pin);           //清除中断挂起标志
      }
}
```

但是要注意，函数 HAL_GPIO_EXTI_IRQHandler()是文件 stm32f4xx_hal_gpio.c 中的，这是 HAL 驱动的原始文件，这个函数里并没有代码沙箱。修改这个函数的代码后，在 CubeMX 重新生成代码时，这个函数的代码又会变成原来的样子。所以，在使用 CubeMX 时，用户一定要将代码写在沙箱内，如果实在要修改 HAL 的原始代码，在 CubeMX 重新生成代码后又会还原，要记得再次改回去。

7.3.4 中断优先级的测试

在示例中，我们为 4 个按键的中断设置了不同的优先级（具体的设置如表 7-5 所示），通过回调函数的代码以及运行时的效果，可以测试中断优先级的效果。

1. 抢占优先级不同

KeyLeft 键使用 EXTI4 线，抢占优先级为 1，其 ISR 功能是控制 LED1 交替亮灭；KeyRight 键使用 EXTI2 线，抢占优先级为 2，其 ISR 功能是控制 LED2 交替亮灭。在这两个 EXTI 线的 ISR 中软件消抖延时都是延时 1000ms。由于 KeyLeft 键的抢占优先级高于 KeyRight 键的抢占优先级，因此测试中会出现如下的现象。

- 按下 KeyLeft 键后，再快速按下 KeyRight 键，KeyRight 键控制的 LED2 并不会立刻变化，需等待约 1000ms 后才变化。这是因为 KeyRight 键的抢占优先级低，只能等待 KeyLeft 键的 ISR 执行完之后才能执行其 ISR，而 KeyLeft 键的 ISR 执行需要 1000ms。
- 按下 KeyRight 键后，快速再按下 KeyLeft 键，KeyLeft 键控制的 LED1 会立刻变化。这是因为 KeyLeft 的抢占优先级高于 KeyRight 的抢占优先级，会打断 KeyRight 键 ISR 的执行而立即去执行 KeyLeft 键的 ISR。

2. 抢占优先级相同

KeyUp（EXTI0）和 KeyDown（EXTI3）的抢占优先级都是 1，运行时会发现：按下 KeyUp 键两个 LED 输出翻转，按下 KeyDown 键一秒后两个 LED 输出翻转，而不是立刻变化。这是因为按下 KeyDown 键时，执行的代码如下：

```
__HAL_GPIO_EXTI_GENERATE_SWIT(GPIO_PIN_0);        //产生 EXTI0 软中断
HAL_Delay(1000);
```

它产生了一个 EXTI0 软中断，但是因为 EXTI0 和 EXTI3 的抢占优先级是相同的，所以并不能立刻执行 EXTI0 的 ISR，而是要等 EXTI3 的 ISR 执行完（有 1000ms 的延时）后再去执行 EXTI0 的 ISR，这与观察到的现象是吻合的。

第 8 章　FSMC 连接 TFT LCD

FSMC 接口用于驱动外部存储器，也可以用于驱动 8080 接口的 TFT LCD。因为后面很多示例都需要用到 LCD 显示，所以我们在本章中介绍 TFT LCD 的接口设置和驱动程序的用法：先介绍 FSMC 接口与 TFT LCD 的硬件连接原理，再介绍在 CubeMX 中配置 FSMC 连接 TFT LCD 的方法；对开发板提供的 TFT LCD 的标准库驱动程序用 HAL 库改写，分析了 LCD 驱动程序的基本原理，新增了一些非常实用的变量和函数，通过示例演示 LCD 驱动程序的使用。

8.1　FSMC 连接 TFT LCD 的原理

8.1.1　FSMC 接口

可变静态存储控制器（Flexible Static Memory Controller，FSMC）是 STM32F407 的一种接口，它能够连接同步或异步存储器、16 位 PC 存储卡和 LCD 模块。FSMC 连接的所有外部存储器共享地址、数据和控制信号，但有各自的片选信号，所以，FSMC 一次只能访问一个外部器件。

从 FSMC 的角度来看，外部存储器被划分为 4 个固定大小的存储区域，每个存储区域大小为 256MB（见图 8-1），各个存储区域的作用描述如下。

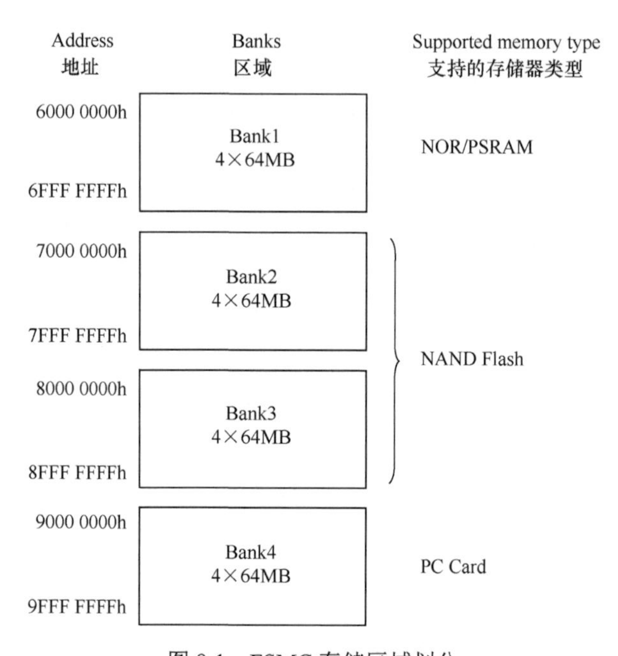

图 8-1　FSMC 存储区域划分

- Bank 1 可连接多达 4 个 NOR Flash 或 PSRAM/SRAM 存储器件，因为它被分为 4 个子区（subbank），每个子区容量为 64MB，有专用的片选信号。这些子区适合于连接 TFT LCD，本章的示例使用子区 4 连接 TFT LCD。在第 19 章，我们还会介绍使用子区 3 连接外部的 SRAM。
  - Bank 1-NOR/PSRAM 1，片选信号 NE1。
  - Bank 1-NOR/PSRAM 2，片选信号 NE2。
  - Bank 1-NOR/PSRAM 3，片选信号 NE3（开发板上用于连接外部 SRAM）。
  - Bank 1-NOR/PSRAM 4，片选信号 NE4（开发板上用于连接 TFT LCD）。
- Bank 2 和 Bank 3 用于访问 NAND Flash 存储器，每个存储区域连接一个设备。
- Bank 4 用于连接 PC 卡设备。

FSMC 连接 PSRAM/SRAM 设备时，接口线的功能如表 8-1 所示。

表 8-1 非复用 PSRAM/SRAM 接口信号

FSMC 信号名称	I/O	功能描述
CLK	O	时钟（仅用于 PSRAM 同步突发）
A[25:0]	O	26 位地址总线，寻址空间 64 MB，也就是一个子区的空间
D[15:0]	I/O	16 位数据双向总线
NE[x]	O	片选信号，x 的取值为 1～4，即 NE1、NE2、NE3 和 NE4，用于选择子区
NOE	O	输出使能（output enable），低有效
NWE	O	写入使能（write enable），低有效
NL(=NADV)	O	仅用于 PSRAM 输入的地址有效信号（存储器信号名称为 NADV）
NWAIT	I	PSRAM 发送给 FSMC 的等待输入信号
NBL[1]	O	高字节使能（存储器信号名称为 NUB）
NBL[0]	O	低字节使能（存储器信号名称为 NLB）

8.1.2 TFT LCD 接口

TFT LCD 即薄膜晶体管（Thin Film Transistor）LCD，具有辐射低、功耗低、全彩色等优点，是各种电子设备常用的一种显示设备。TFT LCD（后面也会简称为 LCD）通常使用标准的 8080 并口，这种接口有 16 位数据线，还有几根控制线。TFT LCD 的 8080 并行接口线的功能如表 8-2 所示。

表 8-2 TFT LCD 的 8080 并行接口线的功能

TFT LCD 信号	I/O	功能
RST	I	复位信号，低电平复位
CS	I	片选信号，低有效
RS	I	LCD 寄存器选择（register select），RS = 0 时，指向控制寄存器；RS = 1 时，指向数据寄存器
RD	I	读操作，低有效
WR	I	写操作，低有效
D15-D0	I/O	16 位数据线

对于 TFT LCD 模块，除了 RST 信号，其他信号都可以由 FSMC 接口提供，所以，FSMC 连接 PSRAM/SRAM 的工作模式适合于连接 TFT LCD 模块。

8.1.3　FSMC 与 TFT LCD 的连接

图 8-2 是 FSMC 接口连接 TFT LCD 的接口示意图，只要有 FSMC 接口的 STM32 MCU 都可以连接具有 8080 并口的 TFT LCD。具体的接口连线如表 8-3 所示。

FSMC 有多种时序模型用于 NOR Flash/PSRAM/SRAM 的访问，对 LCD 的访问，使用模式 A 比较方便，因为模式 A 支持独立的读写时序控制。对 LCD 来说，读取操作比较慢，写入操作比较快，所以使用模式 A 的读写分离的时序控制比较方便，也可以满足速度要求。

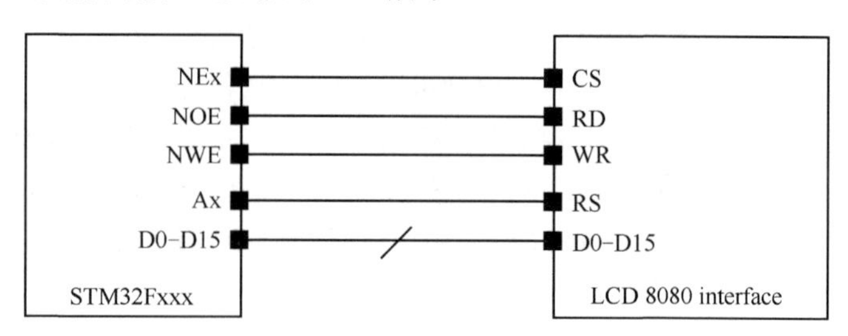

图 8-2　FSMC 与 TFT LCD 的连接示意

表 8-3　TFT LCD 与 FSMC 的接口连线

TFT LCD 信号	功能	连接的 FSMC 信号
RST	复位信号，低电平复位	由 MCU 控制，或连接 MCU 的 NRST 信号
CS	片选信号，低有效	NEx，使用 NE1、NE2、NE3、NE4 中的某个信号
RS	LCD 寄存器选择	Ax，使用 A[25:0]中的某根地址线
RD	读操作，低有效	NOE，FSMC 的输出使能就是读取 LCD
WR	写操作，低有效	NWE，FSMC 的写入使能就是写入 LCD
D15–D0	16 位数据线	D[15:0]数据线

访问 SRAM/PSRAM 的模式 A 的读取时序如图 8-3 所示，写入时序如图 8-4 所示。在这两

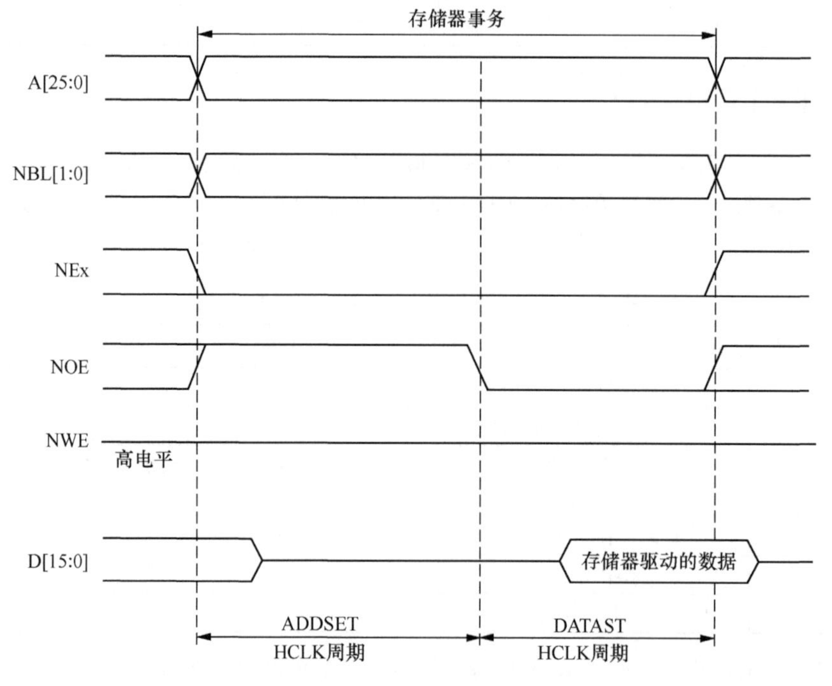

图 8-3　SRAM/PSRAM 模式 A 的读取时序

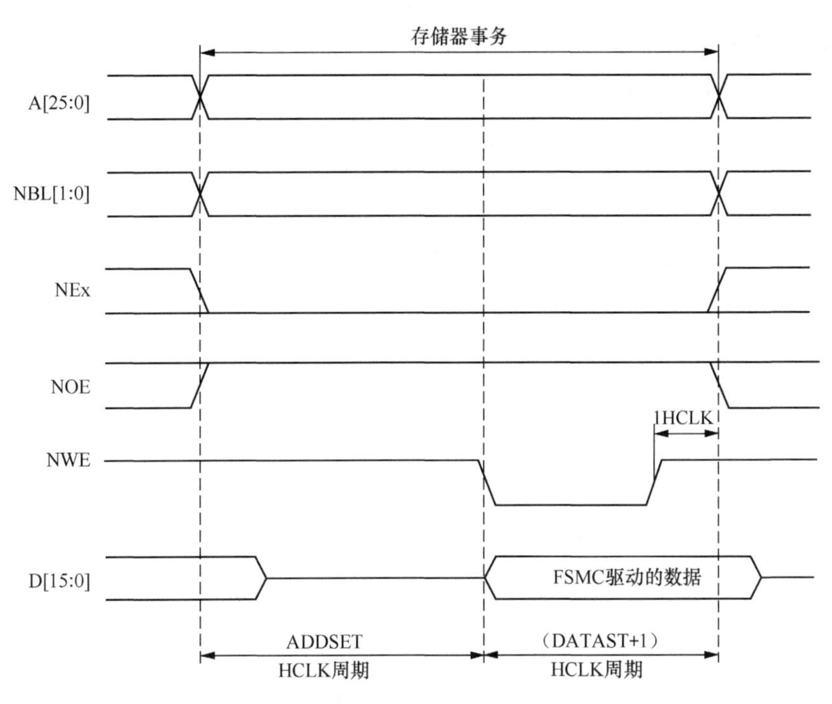

图 8-4 SRAM/PSRAM 模式 A 的写入时序

个时序中都只需要设置两个参数：地址建立时间 ADDSET 和数据建立时间 DATAST，它们都用 HCLK 的时钟周期个数表示。其中地址建立时间 ADDSET 最小值为 0，最大值为 15，数据建立时间最小值为 1，最大值为 256。

完成 FSMC 和 LCD 的硬件连接和初始化后，我们就可以编写驱动程序来控制 LCD 了。LCD 的驱动程序的底层实现与 LCD 的显示控制芯片有关，需要根据实际的控制芯片的寄存器操作规则编写驱动程序。为 LCD 编写底层驱动程序是比较复杂的，LCD 显示模块的厂家一般会提供驱动程序，例如，各种 STM32 开发板一般都会提供配套的 LCD 驱动程序。

8.2 FSMC 连接 LCD 的电路和接口初始化

8.2.1 电路连接

普中 STM32F407 开发板上有一个 34 针的 LCD 插座（见图 2-8），可以连接各种型号的 LCD 模块。LCD 模块通常带有触摸面板，触摸面板分为电阻式和电容式，所以将 LCD 模块称为电阻式触摸屏或电容式触摸屏。不同型号的 LCD 模块的区别在于屏幕尺寸、屏幕分辨率、LCD 驱动芯片型号，以及触摸面板类型。例如，笔者在实际中使用过如下几种 LCD 模块。

- 3.6 英寸电阻式触摸屏，LCD 驱动芯片是 HX8352，分辨率是 400×240。
- 3.5 英寸电阻式触摸屏，LCD 驱动芯片是 ILI9486，分辨率是 480×320。
- 3.5 英寸电阻式触摸屏，LCD 驱动芯片是 ILI9481，分辨率是 480×320。
- 4.3 英寸电容式触摸屏，LCD 驱动芯片是 NT35510，分辨率是 800×480。

LCD 模块通过一个 34 针插座插到开发板上（见图 2-9），34 针接口线定义如图 8-5 所示。这个 34 针接口包含 LCD 和触摸面板的接口，两者是独立的。电阻式触摸面板使用 SPI 接口，电容式触摸面板使用 I2C 接口。在《高级篇》第 20 章和第 21 章中，我们会介绍触摸面板操作，这里先不考虑触摸面板接口。

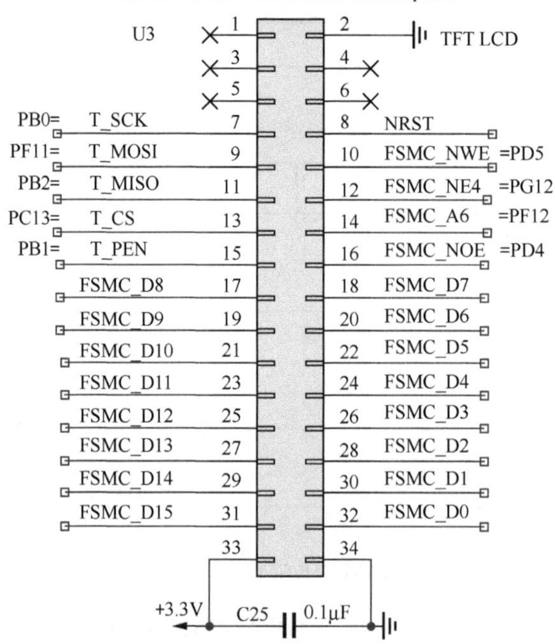

图 8-5　开发板上 TFT LCD 模块的接口线定义

LCD 模块通过 FSMC 接口与 MCU 连接。FSMC 使用 Bank 1 的子区 4 访问 LCD，使用 FSMC_NE4 连接 LCD 的片选信号，FSMC_A6 作为 LCD 的 RS 信号。LCD 与 FSMC 的具体连接配置如表 8-4 所示。

表 8-4　开发板上 LCD 与 FSMC 的具体连接配置

LCD 信号	功能	连接的 FSMC 信号
RST	复位信号，低电平复位	与 MCU 共用 NRST 信号，即按键复位
CS	片选信号，低有效	FSMC_NE4，使用 Bank 1 的子区 4
RS	LCD 寄存器选择	FSMC_A6
RD	读操作，低有效	FSMC_NOE
WR	写操作，低有效	FSMC_NWE
D15-D0	16 位数据线	FSMC_D[15:0]

电路板上与 LCD 连接的 FSMC 接口的具体 GPIO 引脚配置如表 8-5 所示，所有引脚的 GPIO 模式是复用推挽，无须上拉或下拉。

表 8-5　FSMC 与 TFT LCD 实际电路连接的具体 GPIO 引脚配置

信号名称	引脚号	GPIO 引脚	GPIO 模式	上拉或下拉	备注
FSMC_NOE	Pin118	PD4	复用推挽	无	读使能 RD
FSMC_NWE	Pin119	PD5	复用推挽	无	写使能 WR
FSMC_NE4	Pin127	PG12	复用推挽	无	片选 CS

续表

信号名称	引脚号	GPIO 引脚	GPIO 模式	上拉或下拉	备注
FSMC_A6	Pin50	PF12	复用推挽	无	寄存器选择 RS
FSMC_D0	Pin85	PD14	复用推挽	无	—
FSMC_D1	Pin86	PD15	复用推挽	无	—
FSMC_D2	Pin114	PD0	复用推挽	无	—
FSMC_D3	Pin115	PD1	复用推挽	无	—
FSMC_D4	Pin58	PE7	复用推挽	无	—
FSMC_D5	Pin59	PE8	复用推挽	无	—
FSMC_D6	Pin60	PE9	复用推挽	无	—
FSMC_D7	Pin63	PE10	复用推挽	无	—
FSMC_D8	Pin64	PE11	复用推挽	无	—
FSMC_D9	Pin65	PE12	复用推挽	无	—
FSMC_D10	Pin66	PE13	复用推挽	无	—
FSMC_D11	Pin67	PE14	复用推挽	无	—
FSMC_D12	Pin68	PE15	复用推挽	无	—
FSMC_D13	Pin77	PD8	复用推挽	无	—
FSMC_D14	Pin78	PD9	复用推挽	无	—
FSMC_D15	Pin79	PD10	复用推挽	无	—

8.2.2 示例功能和 CubeMX 项目设置

1. 创建和导入项目

我们将设计一个示例项目 Demo8_1TFTLCD，使其用 FSMC 接口连接 TFT LCD，并用到蜂鸣器、4 个按键和 2 个 LED。程序将演示 LCD 驱动程序的使用，在 LCD 上显示文字和数字，还将显示一组菜单，模拟菜单操作，通过按键控制 LED 和蜂鸣器。

在 CubeMX 中，我们选择 STM32F407ZG 创建一个项目，创建项目后先不要做任何修改，也不要保存文件，首先导入\PublicDrivers\CubeMX_Template 目录下的 CubeMX 项目文件 M2_KeyLED_Buzzer.ioc。这样可以导入该项目中的所有配置，包含蜂鸣器、4 个按键和 2 个 LED 的 GPIO 配置，可避免重复配置的工作。

单击主菜单项 File→Import Project，打开图 8-6 所示的对话框。对话框最上方的文本框里显示的是要导入项目的名称，单击右侧的按钮选择\PublicDrivers\CubeMX_Template 目录下的 CubeMX 项目文件 M2_KeyLED_Buzzer.ioc，界

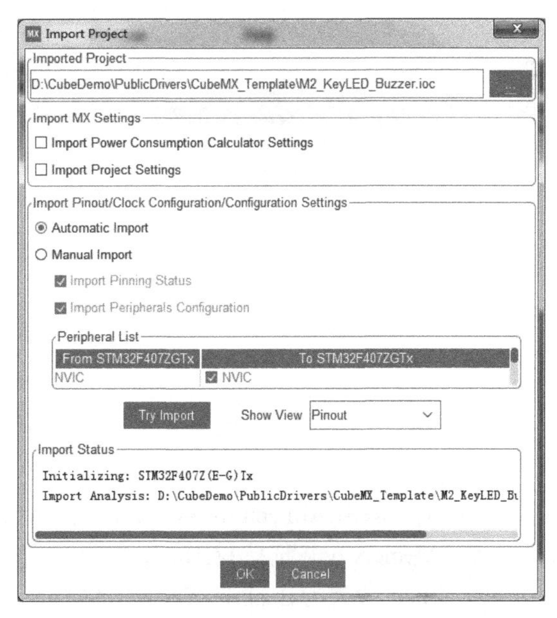

图 8-6 Import Project 对话框

面上其他选项都用默认设置，不需要勾选 Import Project Settings，然后单击 OK 按钮就可以开始导入了，导入完成后会看到导入成功的提示。

只有在新建一个项目且没有做任何修改的情况下，才可以导入项目，导入后就不能再导入了。导入项目 M2_KeyLED_Buzzer.ioc 后，新的项目里就有了原来项目所有组件的配置，还包括项目管理的设置，但是时钟树的上 HSE 数值未导入。手动将 HSE 设置为 8MHz，并且将 HCLK 修改为 168MHz。

2. FSMC 的设置

导入项目后，系统中就有了蜂鸣器、按键和 LED 的 GPIO 配置，只需再设置 FSMC。FSMC 在组件面板的 Connectivity 分组里，模式设置界面如图 8-7 所示，使用 NOR Flash/PSRAM/SRAM/ROM/LCD 4 模块连接 TFT LCD。

模式设置如下。

- Chip Select 设置为 NE4，也就是使用 FSMC_NE4 作为 LCD 的片选信号。
- Memory type 设置为 LCD Interface。
- LCD Register Select 设置为 A6，也就是使用 FSMC_A6 作为 LCD 的寄存器选择信号。
- Data 设置为 16 bits，也就是使用 FSMC_D[15..0]作为访问 LCD 的 16 位数据线。

这样设置完模式后，引脚视图上将自动标识出使用的 FSMC 引脚，无须在引脚视图上单个设置引脚功能。FSMC 接口的 GPIO 引脚自动设置为复用功能推挽（Alternate function push-pull），无上拉或下拉，速度都设置为 Very High，即 50MHz 以上。

要注意，CubeMX 自动分配的 FSMC 各信号的 GPIO 引脚不一定与表 8-5 的实际电路连接用的 GPIO 引脚一致，因为 FSMC 的某些信号可以分配在不同的 GPIO 引脚上。所以，在 CubeMX 为 FSMC 自动分配 GPIO 引脚后，应该对照表 8-5 检查。与实际电路不一致的，在引脚视图上直接修改即可。

我们还需设置子区 NOR/PSRAM 4 的控制和时序参数，如图 8-8 所示。

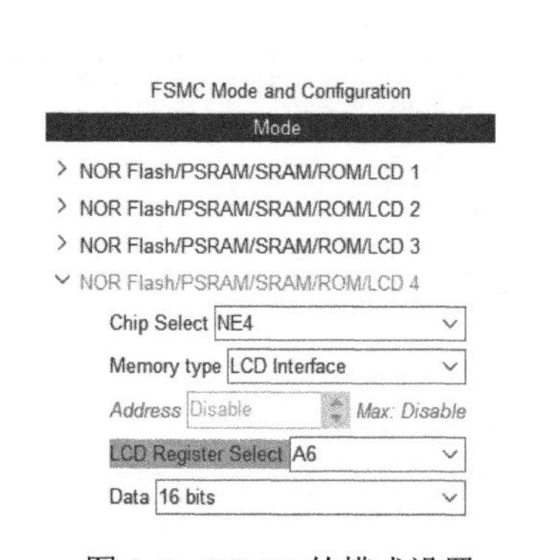

图 8-7 FSMC 的模式设置

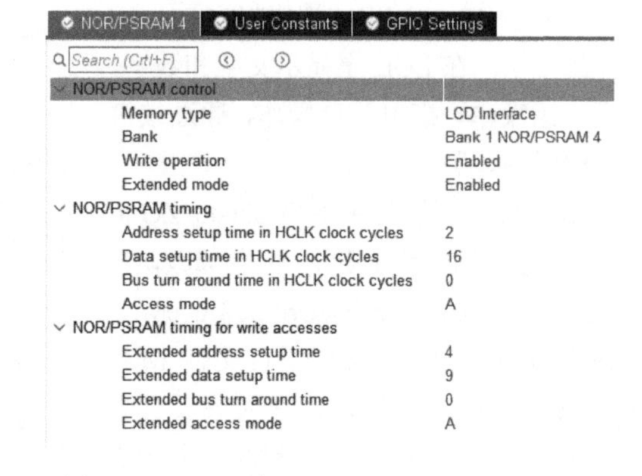

图 8-8 FSMC 的 NOR/PSRAM 4 的参数设置

设置内容如下。

（1）NOR/PSRAM control 组参数，具体如下。

- Memory type 选择 LCD Interface。
- Bank 设置为 Bank 1 NOR/PSRAM 4。
- Write operation 设置为 Enabled，表示允许写操作。

- Extended mode 设置为 Enabled。使用扩展模式才会出现下面的第 3 组参数，对读取操作和写入操作分别定义时序参数。如果不使用扩展模式，读取和写入将采用相同的时序，参数 ADDSET 和 DATAST 设置得保守一些也是可以的。

（2）NOR/PSRAM timing 组参数，设置读取操作时序的参数，具体如下。

- Address setup time in HCLK clock cycles，地址建立时间参数 ADDSET，设置为 2。
- Data setup time in HCLK clock cycles，数据建立时间参数 DATAST，设置为 16。
- Bus turn around time in HCLK clock cycles，总线翻转时间，设置为 0 即可。
- Access mode，访问模式，设置为 A。

（3）NOR/PSRAM timing for writing accesses 组参数，设置写入操作时序的参数，具体如下。

- Extended address setup time，地址建立时间参数 ADDSET，设置为 4。
- Extended data setup time，数据建立时间参数 DATAST，设置为 9。
- Extended bus turn around time，总线翻转时间，设置为 0 即可。
- Extended access mode，访问模式，设置为 A。

这样就完成了 FSMC 与 LCD 连接的接口设置，然后我们将这个项目保存为 Demo8_1TFTLCD.ioc。在后面的示例项目中，我们经常要用到 LCD 显示，新建 CubeMX 项目会使用导入功能导入 TFT LCD 项目的设置。完成本章的任务后，我们会将 LCD 驱动程序文件和 Demo8_1TFTLCD.ioc 复制到\PublicDrivers 目录下。

为了在新项目中配置其他引脚时不改动 FSMC 的引脚设置，我们将项目 Demo8_1TFTLCD.ioc 中这些已设置的 FSMC 引脚与信号绑定。单击引脚视图上方 Pinout 菜单下的 Pins/Signals Options 菜单项，在显示的对话框里将与 LCD 连接的 FSMC 引脚都绑定（见图 8-9）。

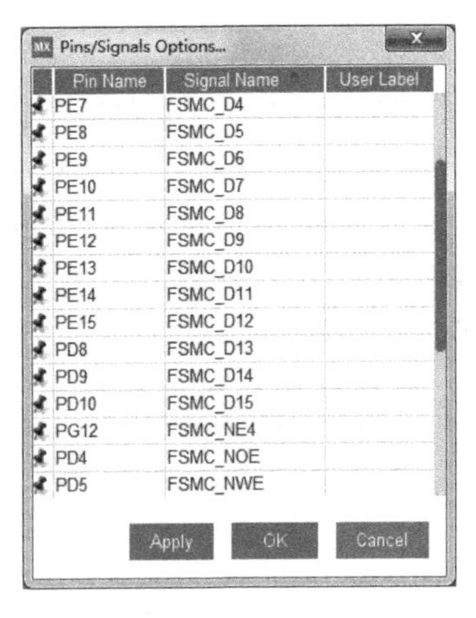

图 8-9 将 FSMC 与 TFT LCD 连接的引脚绑定信号

8.2.3 初始代码分析

1. 主程序

在 CubeMX 中完成设置后，我们生成 CubeIDE 项目的代码。文件 main.c 的代码如下，其中省略了大量注释：

```
/*文件:main.c  ---------------------------------------------------------------*/
#include "main.h"
#include "gpio.h"
#include "fsmc.h"

int main(void)
{
     HAL_Init();                   //复位所有外设，初始化 Flash 接口和 Systick
     SystemClock_Config();         //系统时钟配置

     /*  初始化所有已配置外设  */
     MX_GPIO_Init();               //GPIO 初始化
     MX_FSMC_Init();               //FSMC 初始化
     while (1)
     {
     }
}
```

函数 MX_GPIO_Init()进行 GPIO 初始化，包括蜂鸣器、按键和 LED 用到的 GPIO 引脚的初始化，以及 FSMC 相关端口的时钟的开启，不会对 FSMC 的 GPIO 引脚进行初始化。蜂鸣器、按键和 LED 用到的 GPIO 引脚的初始化，可参考 6.3.2 节对示例 Demo6_1KeyLED 的初始代码的分析，这里就不再显示和分析函数 MX_GPIO_Init()的代码了。

函数 MX_FSMC_Init()进行 FSMC 接口的初始化，是在文件 fsmc.h 中定义的。

2. FSMC 接口初始化

fsmc.h 和 fsmc.c 是 CubeMX 生成代码时自动生成的 FSMC 接口初始化程序文件。文件 fsmc.h 的代码如下，其中省略了部分注释：

```
/* 文件：fsmc.h，FSMC 接口初始化  ---------------------------------------------------*/
#include "main.h"
extern SRAM_HandleTypeDef hsram4;

void MX_FSMC_Init(void);      //FSMC 接口初始化函数
void HAL_SRAM_MspInit(SRAM_HandleTypeDef* hsram);      //重定义的 MSP 函数
void HAL_SRAM_MspDeInit(SRAM_HandleTypeDef* hsram);    //反初始化函数
```

MX_FSMC_Init()是进行 FSMC 初始化的函数，在 main()函数里被调用。函数 MX_FSMC_Init()里又会调用函数 HAL_SRAM_MspInit()，这是一个 MSP 函数，用于对 FSMC 引脚进行 GPIO 初始化。

文件 fsmc.c 的主要代码如下，其中省略了函数 HAL_SRAM_MspDeInit()的代码，因为这个函数基本用不着。

```
/* 文件:fsmc.c，FSMC 接口初始化---------------------------------------------------*/
#include "fsmc.h"
SRAM_HandleTypeDef hsram4;              //表示 Bank1 子区 4 的外设对象变量

/* FSMC 初始化函数 */
void MX_FSMC_Init(void)
{
    FSMC_NORSRAM_TimingTypeDef Timing = {0};           //读取时序
    FSMC_NORSRAM_TimingTypeDef ExtTiming = {0};        //写入时序
    /* SRAM4 存储器初始化 */
    hsram4.Instance = FSMC_NORSRAM_DEVICE;             //NOR Flash/SRAM 设备
    hsram4.Extended = FSMC_NORSRAM_EXTENDED_DEVICE;

    /* hsram4.Init 的参数设置 */
    hsram4.Init.NSBank = FSMC_NORSRAM_BANK4;           //Bank1 的子区 4
    hsram4.Init.DataAddressMux = FSMC_DATA_ADDRESS_MUX_DISABLE;
    hsram4.Init.MemoryType = FSMC_MEMORY_TYPE_SRAM;  //存储器类型 SRAM
    hsram4.Init.MemoryDataWidth = FSMC_NORSRAM_MEM_BUS_WIDTH_16;  //16 位数据总线
    hsram4.Init.BurstAccessMode = FSMC_BURST_ACCESS_MODE_DISABLE;
    hsram4.Init.WaitSignalPolarity = FSMC_WAIT_SIGNAL_POLARITY_LOW;
    hsram4.Init.WrapMode = FSMC_WRAP_MODE_DISABLE;
    hsram4.Init.WaitSignalActive = FSMC_WAIT_TIMING_BEFORE_WS;
    hsram4.Init.WriteOperation = FSMC_WRITE_OPERATION_ENABLE;      //允许写操作
    hsram4.Init.WaitSignal = FSMC_WAIT_SIGNAL_DISABLE;
    hsram4.Init.ExtendedMode = FSMC_EXTENDED_MODE_ENABLE;          //允许扩展模式
    hsram4.Init.AsynchronousWait = FSMC_ASYNCHRONOUS_WAIT_DISABLE;
    hsram4.Init.WriteBurst = FSMC_WRITE_BURST_DISABLE;
    hsram4.Init.PageSize = FSMC_PAGE_SIZE_NONE;

    /* 读取操作时序参数 */
    Timing.AddressSetupTime = 2;                  //地址建立时间，HCLK 周期数
    Timing.AddressHoldTime = 15;
    Timing.DataSetupTime = 16;                    //数据建立时间
```

```
    Timing.BusTurnAroundDuration = 0;           //总线翻转持续时间
    Timing.CLKDivision = 16;
    Timing.DataLatency = 17;
    Timing.AccessMode = FSMC_ACCESS_MODE_A;     //时序模式 A

    /* 写入操作时序参数 */
    ExtTiming.AddressSetupTime = 4;             //地址建立时间，HCLK 周期数
    ExtTiming.AddressHoldTime = 15;
    ExtTiming.DataSetupTime = 9;                //数据建立时间
    ExtTiming.BusTurnAroundDuration = 0;        //总线翻转持续时间
    ExtTiming.CLKDivision = 16;
    ExtTiming.DataLatency = 17;
    ExtTiming.AccessMode = FSMC_ACCESS_MODE_A;  //时序模式 A
    if (HAL_SRAM_Init(&hsram4, &Timing, &ExtTiming) != HAL_OK)
    {
        Error_Handler( );
    }
}

//这个函数在 HAL_SRAM_Init()里被调用
void HAL_SRAM_MspInit(SRAM_HandleTypeDef* sramHandle)
{
    HAL_FSMC_MspInit();
}

static uint32_t FSMC_Initialized = 0;          //静态变量

//这个函数在 HAL_SRAM_MspInit()里被调用，进行 FSMC 接口的 GPIO 引脚初始化
static void HAL_FSMC_MspInit(void)
{
    GPIO_InitTypeDef GPIO_InitStruct = {0};
    if (FSMC_Initialized)
        return;
    FSMC_Initialized = 1;
    __HAL_RCC_FSMC_CLK_ENABLE();                //使能 FSMC 时钟

    /** FSMC GPIO 引脚配置
    PF12   ------> FSMC_A6
    PE7   ------> FSMC_D4
    PE8   ------> FSMC_D5
    PE9   ------> FSMC_D6
    PE10   ------> FSMC_D7
    PE11   ------> FSMC_D8
    PE12   ------> FSMC_D9
    PE13   ------> FSMC_D10
    PE14   ------> FSMC_D11
    PE15   ------> FSMC_D12
    PD8   ------> FSMC_D13
    PD9   ------> FSMC_D14
    PD10   ------> FSMC_D15
    PD14   ------> FSMC_D0
    PD15   ------> FSMC_D1
    PD0   ------> FSMC_D2
    PD1   ------> FSMC_D3
    PD4   ------> FSMC_NOE
    PD5   ------> FSMC_NWE
    PG12   ------> FSMC_NE4        */

    /* GPIO_InitStruct */
    GPIO_InitStruct.Pin = GPIO_PIN_12;
```

```
    GPIO_InitStruct.Mode = GPIO_MODE_AF_PP;
    GPIO_InitStruct.Pull = GPIO_NOPULL;
    GPIO_InitStruct.Speed = GPIO_SPEED_FREQ_VERY_HIGH;
    GPIO_InitStruct.Alternate = GPIO_AF12_FSMC;
    HAL_GPIO_Init(GPIOF, &GPIO_InitStruct);

    /* GPIO_InitStruct */
    GPIO_InitStruct.Pin = GPIO_PIN_7|GPIO_PIN_8|GPIO_PIN_9|GPIO_PIN_10
              |GPIO_PIN_11|GPIO_PIN_12|GPIO_PIN_13|GPIO_PIN_14
              |GPIO_PIN_15;
    GPIO_InitStruct.Mode = GPIO_MODE_AF_PP;
    GPIO_InitStruct.Pull = GPIO_NOPULL;
    GPIO_InitStruct.Speed = GPIO_SPEED_FREQ_VERY_HIGH;
    GPIO_InitStruct.Alternate = GPIO_AF12_FSMC;
    HAL_GPIO_Init(GPIOE, &GPIO_InitStruct);

    /* GPIO_InitStruct */
    GPIO_InitStruct.Pin = GPIO_PIN_8|GPIO_PIN_9|GPIO_PIN_10|GPIO_PIN_14
              |GPIO_PIN_15|GPIO_PIN_0|GPIO_PIN_1|GPIO_PIN_4
              |GPIO_PIN_5;
    GPIO_InitStruct.Mode = GPIO_MODE_AF_PP;
    GPIO_InitStruct.Pull = GPIO_NOPULL;
    GPIO_InitStruct.Speed = GPIO_SPEED_FREQ_VERY_HIGH;
    GPIO_InitStruct.Alternate = GPIO_AF12_FSMC;
    HAL_GPIO_Init(GPIOD, &GPIO_InitStruct);

    /* GPIO_InitStruct */
    GPIO_InitStruct.Pin = GPIO_PIN_12;
    GPIO_InitStruct.Mode = GPIO_MODE_AF_PP;
    GPIO_InitStruct.Pull = GPIO_NOPULL;
    GPIO_InitStruct.Speed = GPIO_SPEED_FREQ_VERY_HIGH;
    GPIO_InitStruct.Alternate = GPIO_AF12_FSMC;
    HAL_GPIO_Init(GPIOG, &GPIO_InitStruct);
}
```

通过分析这个文件的代码，我们可以发现其工作原理。

（1）定义了表示 SRAM 存储器 Bank1 子区 4 的外设对象变量 hsram4。在文件 fsmc.c 中定义了一个变量 hsram4，称这是表示 Bank1 子区 4 的外设对象变量，是结构体类型 SRAM_HandleTypeDef。在头文件 fsmc.h 中用 extern 关键字声明了这个变量。

```
extern SRAM_HandleTypeDef hsram4;
```

在 CubeMX 为外设生成的初始化程序文件中，都会定义一个用于表示外设对象的变量，其类型是与外设相关的结构体类型。这里的结构体类型 SRAM_HandleTypeDef 是在文件 stm32f4xx_hal_sram.h 中定义的，其定义如下，各成员变量的意义见注释：

```
typedef struct
{
    FMC_NORSRAM_TypeDef             *Instance;    //寄存器基址
    FMC_NORSRAM_EXTENDED_TypeDef    *Extended;    //扩展模式寄存器基址
    FMC_NORSRAM_InitTypeDef         Init;         //SRAM 设备控制配置参数
    HAL_LockTypeDef                 Lock;         //SRAM 锁定对象
    __IO HAL_SRAM_StateTypeDef      State;        //SRAM 设备访问状态
    DMA_HandleTypeDef               *hdma;        //DMA 指针
} SRAM_HandleTypeDef;
```

表示外设对象的结构体类型都有两个基本的成员变量 Instance 和 Init。Instance 是表示外设寄存器基址的指针变量，赋值时指向外设的寄存器基址。Init 是一个结构体类型变量，一般用于存储外设的配置参数。

在函数 MX_FSMC_Init()的代码中，对 hsram4 的各个参数进行了设置，其中

```
hsram4.Instance = FSMC_NORSRAM_DEVICE;
```

设定了 hsram4 的寄存器基址 Instance 为 FSMC_NORSRAM_DEVICE，而 FSMC_NORSRAM_DEVICE 就是 FSMC Bank1 的基址。这样，hsram4 就是控制 NOR Flash/PSRAM/SRAM 设备。

成员变量 hsram4.Init 是 SRAM 设备的具体参数，是一个 FMC_NORSRAM_InitTypeDef 结构体类型，其中重要的几个参数的赋值语句如下：

```
hsram4.Init.NSBank = FSMC_NORSRAM_BANK4;                        //指向 Bank1 的子区 4
hsram4.Init.MemoryType = FSMC_MEMORY_TYPE_SRAM;                 //存储器类型 SRAM
hsram4.Init.MemoryDataWidth = FSMC_NORSRAM_MEM_BUS_WIDTH_16;    //16 位数据总线
```

它们用于设置 hsram4 操作对象是 Bank1 的子区 4，存储器类型为 SRAM（也就是用于控制 LCD 的类型），16 位数据总线。

（2）时序参数定义。MX_FSMC_Init()中定义了两个时序参数定义变量，分别用于定义读取时序参数和写入时序参数。

```
FSMC_NORSRAM_TimingTypeDef Timing = {0};            //读取时序
FSMC_NORSRAM_TimingTypeDef ExtTiming = {0};         //写入时序
```

时序的主要参数包括地址建立时间、数据保持时间、访问模式等，程序代码与图 8-8 中的设置对应。

（3）初始化函数 HAL_SRAM_Init()。函数 HAL_SRAM_Init()用于对 FSMC 连接 SRAM 的接口进行初始化设置，这个函数的原型是：

```
HAL_StatusTypeDef HAL_SRAM_Init(SRAM_HandleTypeDef *hsram, FMC_NORSRAM_ TimingTypeDef *
Timing, FMC_NORSRAM_TimingTypeDef *ExtTiming)
```

其中，hsram 是子区对象指针，Timing 是读取时序，ExtTiming 是扩展时序。

函数 MX_FSMC_Init()完成了 hsram4、Timing 和 ExtTiming 这 3 个变量的属性赋值后，执行下面的函数进行 FSMC 连接 LCD 的接口时序的初始化设置：

```
HAL_SRAM_Init(&hsram4, &Timing, &ExtTiming)
```

HAL_SRAM_Init()是文件 stm32f4xx_hal_sram.c 中定义的函数，它的代码里要调用 MSP 函数 HAL_SRAM_MspInit()进行 MCU 相关的初始化。

文件 fsmc.c 重新实现了 MSP 函数 HAL_SRAM_MspInit()，而且其功能很简单，就是调用文件 fsmc.c 里定义的另外一个函数 HAL_FSMC_MspInit()。函数 HAL_FSMC_MspInit()的功能就是对 FSMC 用到的 GPIO 引脚进行初始化。

所以，在 main()函数里调用函数 MX_FSMC_Init()就完成了 FSMC 访问 LCD 的接口初始化，下一步我们就可以通过 FSMC 接口访问 LCD 了。

8.3 使用 LCD 驱动程序

8.3.1 设置搜索路径

由 CubeMX 生成的初始化代码只是完成了 FSMC 访问 LCD 的硬件接口的初始化，使得我

们可以通过 FSMC 接口对 LCD 进行读写操作，但是具体的读写 LCD 的功能函数还需要根据 LCD 驱动芯片的指令来实现，这就是 LCD 的驱动程序。

如果完全自己编写 LCD 的驱动程序是比较复杂的，需要搞清楚 LCD 驱动芯片的各种指令操作，然后编写函数实现各种常用操作。开发板附带的示例程序提供了 LCD 的驱动程序，但它是基于标准外设库的，我们可以用 HAL 库改写它，并且修改和增加一些实用的功能。

LCD 的驱动程序有几个文件，这些驱动程序文件在后面的示例中要经常用到，所以我们在项目根目录下创建一个文件夹 TFT_LCD，用于在本项目中修改和测试 LCD 驱动程序，完善后再放到公共驱动程序目录 PublicDrivers 下。

我们需要将项目根目录下的文件夹 TFT_LCD 添加到项目的头文件和源程序文件搜索路径里，设置方法与 6.3.4 节设置项目内 KEY_LED 驱动目录的方法一样。本项目还用到\PublicDrivers\KEY_LED 目录下的驱动程序文件 keyled.h 和 keyled.c，其设置方法与添加本项目子目录稍有差别。

我们将公共驱动目录\PublicDrivers\KEY_LED 添加到项目的搜索路径。打开设置项目属性的对话框，切换到头文件搜索路径设置页面（图 8-10 是已经设置好的界面）。KEY_LED 的路径使用了绝对路径，在添加路径的对话框（图 8-10 中的 Add directory path 对话框）里单击 File system 按钮，即可选择驱动程序所在目录。

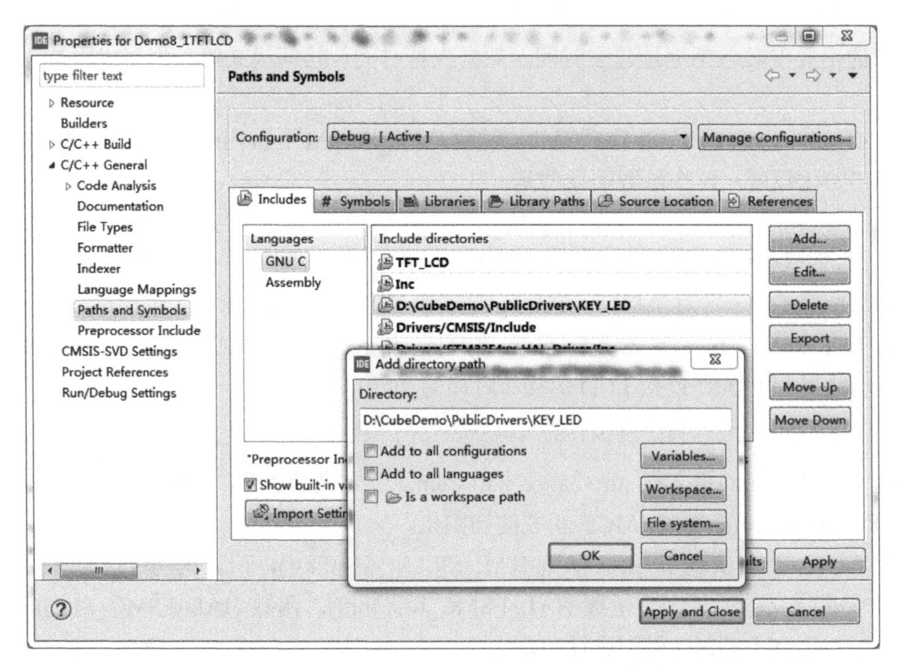

图 8-10　添加\PublicDrivers\KEY_LED 目录到头文件搜索路径

在 Source Location（源程序搜索路径管理）页面，单击 Link Folder 按钮添加绝对路径，在出现的对话框里（图 8-11 中的 New Folder 对话框）单击 Browse 按钮，即可选择 KEY_LED 的绝对路径。这样导入后，会在项目浏览器里建立一个虚拟目录 KEY_LED，就可以在项目中打开和修改\PublicDrivers\KEY_LED 目录里的文件，也可以在程序中包含文件 keyled.h 了。

导入 TFT_LCD 和 KEY_LED 目录后，这两个文件夹在项目浏览器里的显示如图 8-12 所示，其中，KEY_LED 是一个虚拟目录。TFT_LCD 目录下有 3 个文件，是 TFT LCD 的驱动程序文件。

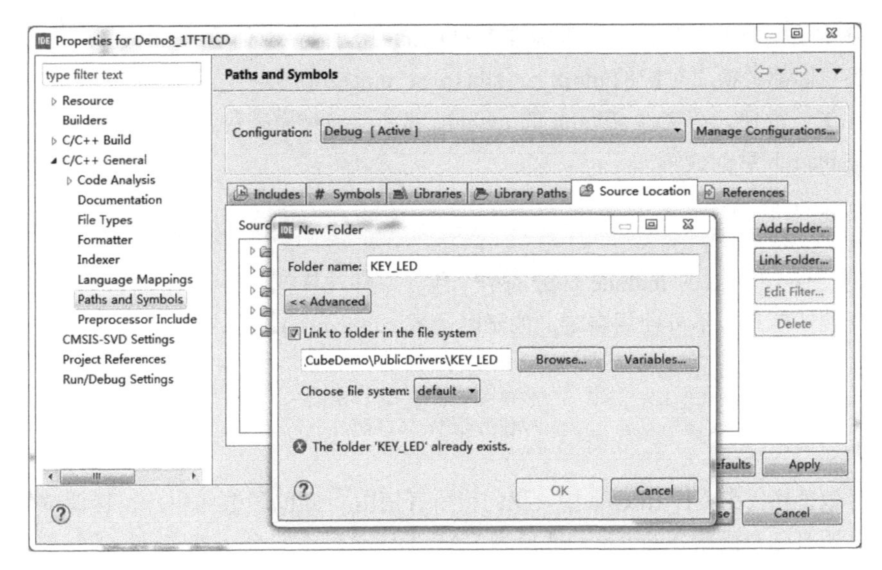

图 8-11 添加\PublicDrivers\KEY_LED 目录到源程序搜索路径

- 文件 font.h，这个文件里定义了 3 种大小的 ASCII 字符集的点阵数据，分别是 12×6、16×8、24×12 大小，所以在显示 ASCII 码字符时，可以使用 12、16、24 这 3 种大小的字体。文件里还定义了几个汉字的 32×29 大小点阵的字模数据，可用于显示汉字。
- 文件 tftlcd.h 和 tftlcd.c，这两个文件是 LCD 驱动程序文件，包括一些全局变量和宏定义，LCD 底层的读写函数，以及显示字符串、数字、汉字、图片的函数，还有清屏、画线、画矩形等绘图函数。

Demo8_1TFTLCD
Binaries
Includes
Drivers
KEY_LED
keyled.c
keyled.h
Src
Startup
TFT_LCD
font.h
tftlcd.c
tftlcd.h
Debug
Inc

图 8-12 两个驱动程序目录下的文件组成

8.3.2 LCD 驱动程序的改写

开发板附带的 LCD 驱动程序是基于标准库的，添加到 CubeIDE 的项目之后，构建会出现大量错误，无法直接使用，需要基于 HAL 库和 STM32Cube 开发方式的特点进行改写。LCD 驱动程序对于本书是非常重要的，几乎所有示例都需要使用 LCD 显示。只要解决了 LCD 驱动问题，本书的其他示例都很容易移植到其他开发板上，基本上就是在 CubeMX 里根据开发板实际电路配置一下引脚而已。

针对几种开发板和 LCD，本书的配套资源提供了改写好的 LCD 驱动程序和示例项目。但是开发板型号很多，LCD 的型号也很多，本书提供的示例资源不一定能覆盖读者所用的开发板和 LCD，所以必要时需要自己改写 LCD 驱动程序。

以下是改写 LCD 驱动程序的基本步骤和经验总结，读者可以根据这些基本步骤和经验总结改写自己所用开发板的 LCD 驱动程序。这里总结的方法对于改写其他基于标准库编写的驱动程序也是适用的，例如，改写基于标准库的 DS18B20 的驱动程序。LCD 驱动程序的改写有点难度，需要读者自己领会和摸索尝试。

（1）文件编码的转换。在 CubeIDE 里，打开文件 tftlcd.h 和 tftlcd.c 之后，如果中文注释显示的是乱码，就需要将这两个文件的编码转换为 UTF-8，可以使用工具软件 Notepad++进行编码转换。

（2）基本数据类型的替换。基于标准库的 LCD 驱动程序中使用了 u8、u16、u32 等数据类型符号，将它们都替换成对应的 uint8_t、uint16_t、uint32_t 等。

（3）头文件替换。在文件 tftlcd.h 的 include 部分，注释原来包含文件 system.h 的语句，添加包含文件 main.h 后的代码如下：

```
//#include "system.h"
#include "main.h"
```

我们将文件 tftlcd.c 的 include 部分的两个包含文件注释掉，得到如下代码。程序中不再使用串口发送调试信息，不再使用自定义的延时函数 delay_ms()：

```
#include "tftlcd.h"
//#include "SysTick.h"        //使用 delay_ms()函数
//#include "usart.h"          //使用 printf()函数
#include "font.h"
```

（4）函数替换。在文件 tftlcd.c 中，我们将所有使用 printf()函数向串口发送调试信息的语句注释掉，将所有延时函数 delay_ms()替换为 HAL_Delay()。

有的驱动程序里还用到了微秒级延时函数 delay_us()，例如，DS18B20 的驱动程序需要使用微秒级延时。HAL 库中没有对应的微秒级延时函数，这种情况下，用户需要自己用某个定时器设计一个微秒级延时函数——在《高级篇》第 20 章有用定时器 TIM7 实现微秒级延时函数的示例代码。LCD 的驱动程序里不需要用到微秒级延时函数。

（5）剥离外设初始化代码。在原来的 LCD 驱动程序中，函数 TFTLCD_Init()中包含 FSMC 接口的初始化程序；而在 STM32Cube 开发方式中，在 CubeMX 中配置 FSMC 连接 LCD 的接口时，是由 CubeMX 自动生成 FSMC 接口初始化函数 MX_FSMC_Init()。main()函数的外设初始化部分已经调用函数 MX_FSMC_Init()完成了 FSMC 接口的硬件初始化，所以在函数 TFTLCD_Init()中就不需要再进行 FSMC 接口的初始化了。

原始的函数 TFTLCD_Init()开头部分的代码如下：

```
void TFTLCD_Init(void)
{
     u16 i;
     TFTLCD_GPIO_Init();
     TFTLCD_FSMC_Init();
     delay_ms(50);
/*     省略其他代码      */
}
```

其中，函数 TFTLCD_GPIO_Init()和 TFTLCD_FSMC_Init()是 GPIO 和 FSMC 接口初始化的函数，将文件 tftlcd.c 中这两个函数的代码完全注释掉，另外将函数 TFTLCD_Init()的调用代码也注释掉。

完成了以上这些改造， LCD 驱动程序的改写就基本完成了。

8.3.3　LCD 驱动程序的原理和功能

文件 tftlcd.h 和 tftlcd.c 是 LCD 驱动程序函数的主要文件，文件 tftlcd.h 定义了驱动程序相关的结构体、变量和函数。文件 tftlcd.h 中基本的类型、变量和部分函数定义如下：

```
/* 文件：tftlcd.h，TFT LCD 驱动程序头文件 ----------------------------------------*/
#include "stm32f4xx_hal.h"

/* LCD 型号定义宏，开启实际使用的 LCD 的宏，其他型号注释掉 */
//#define    TFTLCD_HX8352C           //3.6 英寸电阻屏，分辨率 400×240
```

```
//#define  TFTLCD_HX8357D
//#define  TFTLCD_ILI9486            //3.5英寸电阻屏，分辨率480×320
#define TFTLCD_ILI9481              //3.5英寸电阻屏，分辨率480×320
//#define TFTLCD_NT35510             //4.3英寸电容屏，分辨率800×480

#define   TFTLCD_DIR  0             //0：竖屏；1：横屏。默认竖屏

//TFTLCD地址结构体
typedef struct
{
    uint16_t LCD_CMD;
    uint16_t LCD_DATA;
}TFTLCD_TypeDef;

//使用NOR/SRAM的Bank1.sector4，地址位HADDR[27,26]=11，A6作为数据命令区分线
//注意，设置时STM32内部会右移一位对齐，1111110=0X7E
#define TFTLCD_BASE         ((uint32_t)(0x6C000000 | 0x0000007E))
#define TFTLCD              ((TFTLCD_TypeDef *) TFTLCD_BASE)

//TFTLCD重要参数
typedef struct
{
    uint16_t  width;          //LCD 宽度
    uint16_t  height;         //LCD 高度
    uint16_t  id;             //LCD ID
    uint8_t   dir;            //LCD 方向
}TFTLCD_ParaDef;

//一些全局变量
extern  uint16_t LCD_W;       //LCD 宽度，会在LCD_Display_Dir()函数里初始化
extern  uint16_t LCD_H;       //LCD 高度

extern  uint8_t  LCD_FS;      //字体大小，一个字符宽度为半个字体大小
extern  uint16_t LCD_SP10;    //1.0倍行距
extern  uint16_t LCD_SP15;    //1.5倍行距
extern  uint16_t LCD_SP20;    //2.0倍行距

extern  uint16_t LCD_CurX;    //当前位置X
extern  uint16_t LCD_CurY;    //当前位置Y

extern  TFTLCD_ParaDef LcdPara;        //LCD重要参数
extern  uint16_t  LcdFRONT_COLOR;      //LCD前景颜色
extern  uint16_t  LcdBACK_COLOR;       //LCD背景颜色

//字体大小定义
#define        lcdFont_Size12       0x0C           //字体12
#define        lcdFont_Size16       0x10           //字体16
#define        lcdFont_Size24       0x18           //字体24

#define        SHOW_STR_MERGE   0   //LCD_ShowStr()显示模式，1为融合模式，不清除背景；0为清除背景

//颜色常量定义
#define lcdColor_WHITE              0xFFFF
#define lcdColor_BLACK              0x0000
#define lcdColor_BLUE               0x001F
#define lcdColor_BRED               0XF81F
#define lcdColor_GRED               0XFFE0
#define lcdColor_GBLUE              0X07FF
#define lcdColor_RED                0xF800
```

```
#define lcdColor_MAGENTA            0xF81F
#define lcdColor_GREEN              0x07E0
#define lcdColor_CYAN               0x7FFF
#define lcdColor_YELLOW             0xFFE0
#define lcdColor_BROWN              0XBC40    //棕色
#define lcdColor_BRRED              0XFC07    //棕红色
#define lcdColor_GRAY               0X8430    //灰色

/*  LCD 基本读写指令  */
void LCD_WriteCmd(uint16_t cmd);            //写指令
void LCD_WriteData(uint16_t data);          //写数据
void LCD_WriteCmdData(uint16_t cmd,uint16_t data); //写指令数据
void LCD_WriteData_Color(uint16_t color);          //写颜色数据

/*  LCD 软件初始化  */
void TFTLCD_Init(void);           //LCD 初始化

/* ------  LCD 显示基本功能函数       --------------------------------------*/
//设置窗口，并自动将画点坐标设置在窗口左上角(sx,sy)
void LCD_Set_Window(uint16_t sx,uint16_t sy,uint16_t width,uint16_t height);

void LCD_Clear(uint16_t Color);           //用颜色 Color 清屏
void LCD_ClearLine(uint16_t yStart, uint16_t yEnd, uint16_t color);     //清除行范围
void LCD_DrawPoint(uint16_t x,uint16_t y);            //画点
void LCD_DrawFRONT_COLOR(uint16_t x,uint16_t y,uint16_t color);         //快速画点
void LCD_DrawLine(uint16_t x1, uint16_t y1, uint16_t x2, uint16_t y2); //画线
void LCD_DrawRectangle(uint16_t x1, uint16_t y1, uint16_t x2, uint16_t y2); //画矩形
void LCD_Draw_Circle(uint16_t x0,uint16_t y0,uint8_t r);  //在指定位置画一个指定大小的圆

//=========字符和数字显示=========
void LCD_SetFontSize(uint8_t     fontSize);      //设置字体大小，只能是 12、16 或 24
//在指定位置显示一个字符
void LCD_ShowChar(uint16_t x,uint16_t y,uint8_t charCode, uint8_t mode);

void LCD_ShowInt(uint16_t x,uint16_t y,int32_t num);     //显示整数，实际长度
void LCD_ShowUint(uint16_t x,uint16_t y,uint32_t num);   //显示无符号整数

//固定数字位数显示，前端补空格，如 2 显示为" 2"
void LCD_ShowUintX(uint16_t x,uint16_t y,uint32_t num, uint8_t digiCount);

//固定数字位数显示，前端补 0，如 2 显示为"02"
void LCD_ShowUintX0(uint16_t x,uint16_t y,uint32_t num, uint8_t digiCount);

//十六进制显示无符号整数
void LCD_ShowUintHex(uint16_t x,uint16_t y,uint32_t num, uint8_t show0X);

void LCD_ShowStr(uint16_t x,uint16_t y,uint8_t *p);    //显示字符串

//显示 font.h 里定义的汉字，字模大小 32×29，需自己做字模
void LCD_ShowFontHZ(uint16_t x, uint16_t y, uint8_t *cn);

//=========显示图片数据=========
void LCD_ShowPicture(uint16_t x, uint16_t y, uint16_t width, uint16_t height, uint8_t *pic);
```

1. LCD 驱动芯片类型宏定义

实际的 LCD 可能使用了不同的驱动芯片，驱动芯片不同，驱动程序的实现就有差异。文件定义了多个表示 LCD 驱动芯片型号的宏，例如：

```
//#define TFTLCD_HX8352C            //3.6 英寸电阻屏，分辨率 400×240
//#define TFTLCD_HX8357D
//#define TFTLCD_ILI9486            //3.5 英寸电阻屏，分辨率 480×320
  #define TFTLCD_ILI9481
//#define TFTLCD_NT35510            //4.3 英寸电容屏，分辨率 800×480
```

LCD 驱动芯片型号的宏用于代码的条件编译，用于条件编译一些与驱动芯片类型相关的底层代码。要根据自己实际使用的 LCD 驱动芯片型号，解除相应宏定义的注释，而其他类型都注释掉。例如，上面的代码表示使用的 LCD 是型号为 ILI9481 的 3.5 英寸电阻屏。后面在显示代码时一般只显示针对此驱动芯片的代码，其他驱动芯片的代码不显示。

2. LCD 参数结构体和公用变量定义

文件 tftlcd.h 还定义了存储 LCD 宽度、高度等参数的结构体 TFTLCD_ParaDef，定义了各种颜色的常量，并且用 extern 关键字导出了文件 tftlcd.c 定义的多个全局变量，这些全局变量在编程时比较有用。

- LCD_W 和 LCD_H 是 LCD 的宽度和高度，单位为像素。它根据设定的 LCD 类型宏定义自动初始化。
- LCD_FS 是当前字体大小，数值为 12、16 或 24。LCD_SP10、LCD_SP15、LCD_SP20 是 3 种行距的大小定义，单位为像素。这 4 个变量根据 LCD 类型宏定义使用了不同的初始值，以适应不同分辨率的 LCD 屏幕。
- LCD_CurX 和 LCD_CurY 是记录 LCD 当前显示位置坐标的变量，在文字显示模式下非常有用，不用自己计算显示位置。

3. LCD 地址结构体

LCD 地址结构体和操作寄存器的定义如下：

```
typedef struct
{
     uint16_t LCD_CMD;
     uint16_t LCD_DATA;
}TFTLCD_TypeDef;
#define TFTLCD_BASE         ((uint32_t)(0x6C000000 | 0x0000007E))
#define TFTLCD              ((TFTLCD_TypeDef *) TFTLCD_BASE)
```

宏定义 TFTLCD 就是 LCD 的指令寄存器和数据寄存器的基地址，TFTLCD->LCD_CMD 就是指令寄存器，TFTLCD->LCD_DATA 就是数据寄存器。LCD 的驱动程序就是按照驱动芯片的指令集向指令寄存器和数据寄存器写入规定的数据实现的。

4. LCD 的寄存器基本读写函数

基本读写函数包括写指令、写数据、写指令数据等几个基本的函数。文件 tftlcd.c 中一些全局变量的定义以及基本读写函数的实现代码如下。基本读写函数的实现代码与具体 LCD 驱动芯片型号有关，一般使用条件编译，下面的代码中只显示了两种类型 LCD 的代码，实际程序中有多种，就不全部显示了。

```
/* ---文件：tftlcd.c，LCD 驱动源程序文件--------------------------------------- */
#include "tftlcd.h"
#include "font.h"
#include <stdio.h>
#include <math.h>
#include <string.h>
```

```
//LCD的一些全局变量
uint16_t LcdFRONT_COLOR=lcdColor_YELLOW;       //画笔颜色
uint16_t LcdBACK_COLOR=lcdColor_BLACK;         //背景色
TFTLCD_ParaDef  LcdPara;            //LCD宽度、高度、方向等参数
uint16_t LCD_W;            //LCD 宽度，会在LCD_Display_Dir()函数里初始化
uint16_t LCD_H;            //LCD 高度
uint16_t LCD_CurX=0;       //当前位置X
uint16_t LCD_CurY=0;       //当前位置Y

//默认字体大小，各倍数行距根据LCD分辨率大小自动设置
#ifdef TFTLCD_HX8352C              //3.6英寸电阻屏，分辨率400×240
     uint8_t   LCD_FS=12;          //默认字体大小
     uint16_t  LCD_SP10=15;        //1.0倍行距
     uint16_t  LCD_SP15=22;        //1.5倍行距
     uint16_t  LCD_SP20=30;        //2.0倍行距
#endif

#ifdef TFTLCD_ILI9481              //3.5英寸电阻屏的驱动芯片，分辨率480×320
     uint8_t   LCD_FS=16;          //默认字体大小
     uint16_t  LCD_SP10=20;        //1.0倍行距
     uint16_t  LCD_SP15=30;        //1.5倍行距
     uint16_t  LCD_SP20=40;        //2.0倍行距
#endif

#ifdef  TFTLCD_NT35510             //4.3英寸电容屏，分辨率800×480
     uint8_t   LCD_FS=24;          //默认字体大小
     uint16_t  LCD_SP10=30;        //1.0倍行距
     uint16_t  LCD_SP15=40;        //1.5倍行距
     uint16_t  LCD_SP20=50;        //2.0倍行距
#endif

//写指令寄存器，cmd：寄存器值
void LCD_WriteCmd(uint16_t cmd)
{
#ifdef TFTLCD_ILI9481
     TFTLCD->LCD_CMD=cmd;
#endif

#ifdef TFTLCD_NT35510
     TFTLCD->LCD_CMD=cmd;
#endif
}

//写数据寄存器，data：要写入的值
void LCD_WriteData(uint16_t data)
{
#ifdef TFTLCD_ILI9481
     TFTLCD->LCD_DATA=data;
#endif

#ifdef TFTLCD_NT35510
     TFTLCD->LCD_DATA=data;
#endif
}

//写指令和数据
void LCD_WriteCmdData(uint16_t cmd, uint16_t data)
{
     LCD_WriteCmd(cmd);
     LCD_WriteData(data);
```

```
}

//写像素点颜色
void LCD_WriteData_Color(uint16_t color)
{
#ifdef TFTLCD_ILI9481
	TFTLCD->LCD_DATA=color;
#endif

#ifdef TFTLCD_NT35510
	TFTLCD->LCD_DATA=color;
#endif
}
```

我们在程序里采用条件编译的方式，为不同型号的 LCD 设置了不同的默认字体大小和各倍数行距的大小，以尽量适应不同分辨率 LCD 的显示。例如，在 3.5 英寸 LCD 上，字体大小为 16 显示效果就比较好，在 4.3 英寸 LCD 上，字体大小若是 16 就显得太小，所以默认字体大小设置为 24。

几个基础函数就是 LCD 操作最基本的写指令寄存器和写数据寄存器的操作，这些基本读写函数是所有其他高级驱动函数的底层操作。

5. LCD 的软件初始化函数 TFTLCD_Init()

与 LCD 连接的 FSMC 接口的初始化由 CubeMX 生成的外设初始化函数 MX_FSMC_Init()完成，改写函数 TFTLCD_Init()，剥离其中与 FSMC 和 GPIO 初始化相关的代码，只保留 LCD 的软件初始化代码。LCD 的软件初始化就是根据 LCD 驱动芯片的初始化要求，通过 LCD_WriteCmd()、LCD_WriteCmdData 等基本函数向 LCD 写入一系列的指令和数据来完成初始化。

完成改写后的函数 TFTLCD_Init()的代码如下，其中只保留了两种 LCD 类型的条件编译代码：

```
//TFT LCD 软件初始化
void TFTLCD_Init(void)
{
	HAL_Delay(50);
#ifdef TFTLCD_NT35510
	LCD_WriteCmd(0XDA00);
	LcdPara.id=LCD_ReadData();
	LCD_WriteCmd(0XDB00);
	LcdPara.id=LCD_ReadData();
	LcdPara.id<<=8;
	LCD_WriteCmd(0XDC00);
	LcdPara.id|=LCD_ReadData();
#endif

#ifdef TFTLCD_ILI9481
	LCD_WriteCmd(0Xd3);
	LcdPara.id=TFTLCD->LCD_DATA;
	LcdPara.id=TFTLCD->LCD_DATA;
	LcdPara.id=TFTLCD->LCD_DATA;
	LcdPara.id<<=8;
	LcdPara.id|=TFTLCD->LCD_DATA;
#endif

#ifdef TFTLCD_NT35510
	LCDInit_NT35510();
#endif
```

```
#ifdef TFTLCD_ILI9481
     LCDInit_ILI9481();
#endif
     LCD_Display_Dir(TFTLCD_DIR);   //0：竖屏；1：横屏。默认竖屏
     LCD_Clear(lcdColor_BLACK);     //用背景颜色清屏
}
```

有关函数 TFTLCD_Init()中执行的 LCD 操作指令的信息，请查阅 LCD 驱动芯片的数据手册。在 main()函数中，执行了 FSMC 的外设初始化函数 MX_FSMC_Init()之后，还需要执行 LCD 的软件初始化函数 TFTLCD_Init()，之后就可以使用 LCD 的各种驱动函数了。

6. 设置和读取像素颜色的函数

LCD 屏幕就是由像素点阵组成的，LCD 显示的基本原理就是改变每个像素的显示颜色，不管是显示文字还是图形都是以此为基础的。函数 LCD_DrawFRONT_COLOR()用于设置某个像素点的颜色，其代码如下：

```
void LCD_DrawFRONT_COLOR(uint16_t x,uint16_t y,uint16_t color)
{
     LCD_Set_Window(x, y, x, y);
     LCD_WriteData_Color(color);
}
```

其中，x 和 y 是像素点坐标，color 是要设置的颜色值，是 RGB565 颜色数据，可以使用 tftlcd.h 中定义的一些常用颜色的宏。

读取一个像素点颜色的函数是 LCD_ReadPoint()，其函数原型定义如下：

```
uint16_t LCD_ReadPoint(uint16_t x,uint16_t y)
```

其中，x 和 y 是像素点坐标，返回值是像素点的 RGB565 颜色数据。

关于 RGB565、BGR888 等颜色数据表示可参考《高级篇》第 18 章，在那一章里，我们还使用基础函数 LCD_ReadPoint()实现了 LCD 截屏保存为 BMP 图片的功能。

7. 显示字符的函数 LCD_ShowChar()

函数 LCD_ShowChar()用于在 LCD 上显示一个 ASCII 码字符，其完整代码如下：

```
void LCD_ShowChar(uint16_t x,uint16_t y,uint8_t charCode,uint8_t mode)
{
     uint8_t fontSize=LCD_FS;        //LCD_FS 是全局字体大小变量
     LCD_CurX=x+fontSize/2;          //自动更新坐标 LCD_CurX
     LCD_CurY=y;                     //自动更新坐标 LCD_CurY
     uint8_t temp,t1,t;
     uint16_t y0=y;

//得到字体一个字符对应点阵集所占的字节数
     uint8_t csize=(fontSize/8+((fontSize%8)?1:0))*(fontSize/2);
//得到偏移后的值（ASCII 字库是从空格开始取模，所以-' '就是对应字符的字库）
     charCode=charCode-' ';
     for(t=0; t<csize; t++)
     {
          if(fontSize==12)
               temp=ascii_1206[charCode][t];      //调用 1206 字体
          else if(fontSize==16)
               temp=ascii_1608[charCode][t];      //调用 1608 字体
          else if(fontSize==24)
               temp=ascii_2412[charCode][t];      //调用 2412 字体
          else
```

```
				return;			//没有的字库

			for(t1=0;t1<8;t1++)
			{
				if(temp & 0x80)
					LCD_DrawFRONT_COLOR(x,y,LcdFRONT_COLOR);
				else if(mode==0)
					LCD_DrawFRONT_COLOR(x,y,LcdBACK_COLOR);
				temp<<=1;
				y++;
				if(y>=LcdPara.height)
					return;			//超区域了
				if((y-y0)==fontSize)
				{
					y=y0;
					x++;
					if(x>=LcdPara.width)
						return;		//超区域了
					break;
				}
			}
		}
	}
```

其中，参数 x 和 y 是 LCD 上的位置坐标，参数 charCode 是要显示的字符的 ASCII 码，参数 mode 是显示模式。mode = 1 表示叠加模式，即非字符处的像素不改变其颜色；mode = 0 表示非叠加模式，即非字符处的像素点设置为背景色。

上述程序使用了全局字体大小变量 LCD_FS，自动更新当前显示位置坐标 LCD_CurX 和 LCD_CurY。字符显示的原理就是根据字符的 ASCII 码 charCode 和字体大小，从文件 font.h 中获取字符的点阵数据，然后在 LCD 上使用函数 LCD_DrawFRONT_COLOR()逐个像素点设置颜色，就在 LCD 上绘制了一个字符。

8. 其他基于字符显示的函数

显示字符串的函数 LCD_ShowStr()，以及各种显示数值的函数，如 LCD_ShowUint()、LCD_ShowUintHex()等，都是基于函数 LCD_ShowChar()实现的。显示字符串就是逐个字符显示；显示数字就是先将数字转换为字符串，然后再用 LCD_ShowStr()显示。例如，LCD_ShowStr()和 LCD_ShowUint()的代码如下：

```
void LCD_ShowStr(uint16_t x,uint16_t y,uint8_t *p)
{
	uint8_t x0=x;
	while(*p!=0x00 && *p!='\n')	//遇到'\0'或'\n'自动结束
	{
		if(x>=LCD_W)		//移动到下一行
		{
			x =x0;
			y += LCD_FS;
		}
		if(y>=LCD_H)	//超出屏幕区域
			break;		//退出
		//宏 SHOW_STR_MERGE 表示显示模式，1 为融合模式，不清除背；0 为清除背景
		LCD_ShowChar(x,y,*p,SHOW_STR_MERGE);
		x += LCD_FS/2;
		p++;
	}
```

```
}

void LCD_ShowUint(uint16_t x,uint16_t y,uint32_t num)
{
	char buf[20];
	siprintf(buf,"%lu",num);	//转换为字符串，自动加'\0'
	LCD_ShowStr(x,y,(uint8_t*)buf);
}
```

LCD_ShowStr()在显示字符串时，遇到结束符'\0'或换行符'\n'就自动结束，所以传递给函数 LCD_ShowStr()的字符串必须带有结束符或换行符。这个函数不能像标准函数 printf()那样处理其他转义字符。

LCD_ShowUint()使用了标准库 stdio.h 中的函数 siprintf()，先将一个整数转换为字符串，然后再用函数 LCD_ShowStr()显示此字符串。其他显示数值的函数实现方法与此类似。

9. 绘图相关函数

函数 LCD_DrawPoint()使用前景色画一个像素点，其代码与 LCD_DrawFRONT_COLOR()相似，只是默认使用了前景色作为像素颜色。

函数 LCD_DrawPoint()是画线、画圆等绘图函数的基础函数。例如，函数 LCD_DrawLine()画一条线，它根据直线的起点坐标和终点坐标，计算直线上的所有像素点，然后调用 LCD_DrawPoint()函数画每个像素点。

10. 显示图片数据的函数

函数 LCD_ShowPicture()用于显示一个图片，其函数原型定义如下：

```
void LCD_ShowPicture(uint16_t x, uint16_t y, uint16_t width, uint16_t height, uint8_t *pic)
```

其中，参数 x 和 y 是显示图片的左上角起点坐标；width 和 height 是图片的宽度和高度，单位是像素；pic 是图片所有像素点阵的 RGB565 颜色数据数组指针。

要显示一个图片，需要先用工具软件将图片转换为 RGB565 颜色数据数组。我们在《高级篇》第 18 章会介绍这个函数的实际使用。

11. 其他功能函数

还有如下其他的几个功能函数。

- LCD_SetFontSize()，设置当前字体大小，修改全局变量 LCD_FS 的值，在调用其他函数显示字符时都使用此全局字体大小。字体大小只能是 12、16 或 24，对应于文件 font.h 中 3 个不同大小的 ASCII 字符集点阵数据。
- LCD_ShowFontHZ()函数，使用文件 font.h 中定义的汉字的 32×29 点阵字模数据显示汉字，文件 font.h 里只定义了几个汉字的字模数据，如需显示其他汉字需要自己制作字模数据。
- LCD_Clear()函数，使用指定的颜色清除整个屏幕。
- LCD_ClearLine()函数，使用指定的颜色清除起始行到结束行范围内的屏幕。

有了 LCD 驱动程序，我们就可以在自己编写的程序里调用，从而在 LCD 上显示内容或绘图，复杂的 GUI 界面也是以此为基础的。这里就不显示和分析文件 tftlcd.c 中所有函数的具体实现代码了。读者可以查看源程序，搞清楚函数参数的意义，会调用这些函数就可以了。用户也可以根据自己的需要，在文件 tftlcd.h 和 tftlcd.c 里新增函数，例如，可以自己定义一个显示指定小数位数浮点数的函数。

8.3.4 LCD 驱动程序的使用

有了 FSMC 接口驱动和 LCD 驱动程序后，我们就可以使用 LCD 驱动函数进行 LCD 显示了。修改本章示例项目中的文件 main.c，在 include 部分增加包含文件 tftlcd.h 和 keyled.h。在代码沙箱里编写用户功能代码，完成后文件 main.c 的内容如下：

```
/* 文件: main.c  ---------------------------------------------------------------*/
#include "main.h"
#include "gpio.h"
#include "fsmc.h"
/* USER CODE BEGIN Includes */
#include "tftlcd.h"
#include "keyled.h"
/* USER CODE END Includes */

int main(void)
{
	HAL_Init();
	SystemClock_Config();
	/* Initialize all configured peripherals */
	MX_GPIO_Init();
	MX_FSMC_Init();

	/* USER CODE BEGIN 2 */
	TFTLCD_Init();			//LCD 软件初始化
	LcdFRONT_COLOR=lcdColor_RED;		//设置前景色
	LCD_ShowStr(10,10, (uint8_t*)"Demo8_1: TFT LCD");
	char str[50];
	sprintf(str,"Resolution=%d*%d",LCD_H, LCD_W);
	LCD_ShowStr(10,LCD_CurY+LCD_SP15, (uint8_t*)str);

	LcdFRONT_COLOR=lcdColor_WHITE;
	LCD_ShowStr(10,LCD_CurY+LCD_SP15, (uint8_t*)"Today is: ");
	LCD_ShowStr(LCD_CurX,LCD_CurY, (uint8_t*)"2019-11-12");

	LcdFRONT_COLOR=lcdColor_YELLOW;		//设置前景色
	LCD_ShowStr(10,LCD_CurY+LCD_SP15, (uint8_t*)"LCD_ShowInt(-143)=");
	LCD_ShowInt(LCD_CurX,LCD_CurY, -143);

	LCD_ShowStr(10,LCD_CurY+LCD_SP10, (uint8_t*)"LCD_ShowUint(254)=");
	LCD_ShowUint(LCD_CurX,LCD_CurY, 254);	//显示无符号整数

	LCD_ShowStr(10,LCD_CurY+LCD_SP10, (uint8_t*)"LCD_ShowUintHex(255)=");
	uint8_t show0X=1;		//是否显示前缀 0x
	LCD_ShowUintHex(LCD_CurX,LCD_CurY, 255, show0X);	//以十六进制显示一个数

	LCD_ShowStr(10,LCD_CurY+LCD_SP10, (uint8_t*)"LCD_ShowUintX(35)=");
	uint8_t digiCount=4;		//显示宽度
	LCD_ShowUintX(LCD_CurX,LCD_CurY, 35, digiCount);

	LcdFRONT_COLOR=lcdColor_WHITE;		//设置前景色
	LCD_SetFontSize(lcdFont_Size16);	//设置字体大小
	LCD_ShowStr(10,LCD_CurY+LCD_SP15, (uint8_t*)"[1]KeyLeft =Toggle LED1");
	LCD_ShowStr(10,LCD_CurY+LCD_SP10, (uint8_t*)"[2]KeyRight=Toggle LED2");
	LCD_ShowStr(10,LCD_CurY+LCD_SP10, (uint8_t*)"[3]KeyUp    =Toggle LED1 and LED2");
	LCD_ShowStr(10,LCD_CurY+LCD_SP10, (uint8_t*)"[4]KeyDown =Toggle Buzzer");

	LCD_ShowStr(10,LCD_CurY+LCD_SP20, (uint8_t*)"*** Press key for control ***");
```

```
    /* USER CODE END 2 */

    /* USER CODE BEGIN WHILE */
    while (1)
    {
        KEYS  curKey=ScanPressedKey(KEY_WAIT_ALWAYS);
        switch(curKey)
        {
        case KEY_LEFT:
            LED1_Toggle();
            break;
        case KEY_RIGHT:
            LED2_Toggle();
            break;
        case KEY_UP:
            LED1_Toggle();
            LED2_Toggle();
            break;
        case KEY_DOWN:
            Buzzer_Toggle();
        }
        HAL_Delay(300);           //按键弹起阶段的延时，消除按键抖动影响
        /* USER CODE END WHILE */
    }
}
```

在完成外设初始化之后，调用函数 TFTLCD_Init()进行 LCD 软件初始化，然后我们就可以使用 tftlcd.h 中的各种接口函数了。

程序使用了显示字符串的函数 LCD_ShowStr()，这是最常用的一个函数，还使用了 LCD_ShowInt()、LCD_ShowUint()等显示数值的函数。只要是显示字符的函数，函数执行后表示当前输出位置的全局变量 LCD_CurX 和 LCD_CurY 就会自动变化，非常便于字符的显示，避免了计算绝对位置的麻烦。程序还使用了表示行距的几个全局变量，即 LCD_SP10、LCD_SP15 和 LCD_SP20，在使用不同分辨率的 LCD 时，便于调整行距。

程序进入 while 死循环之前，在 LCD 上显示了 4 行字符串，模拟一个菜单，显示内容如下：

```
[1]KeyLeft      =Toggle LED1
[2]KeyRight     =Toggle LED2
[3]KeyUp        =Toggle LED1 and LED2
[4]KeyDown      =Toggle Buzzer
```

程序在 while 循环里调用函数 ScanPressedKey()检测按键输入，检测到按键时，执行与 LCD 上提示信息匹配的操作，如此便模拟了一个菜单操作。所实现的功能与示例 Demo6_1KeyLED 相同，但是多了 LCD 菜单提示。本书后面的很多示例都使用 LCD 进行信息显示，使用模拟菜单进行交互操作。

8.4　作为公共驱动程序

后面的示例项目几乎都会用到 LCD 的驱动程序，所以我们将本章修改和测试后的 TFT_LCD 文件夹复制到 PublicDrivers 目录下，便于其他示例项目使用。

本项目的 CubeMX 项目文件 Demo8_1TFTLCD.ioc 中有 FSMC 连接 LCD 的配置，还有按键、LED 和蜂鸣器的配置，在新建项目时导入这些配置，可以避免很多重复性的配置工作。所

以，我们将文件 Demo8_1TFTLCD.ioc 复制到\PublicDrivers\CubeMX_Template 目录下，并且复制和整理为 3 个模板项目文件。

- M3_LCD_Only.ioc，包含 MCU 的基础设置，以及 FSMC 连接 TFT LCD 的接口配置。
- M4_LCD_KeyLED.ioc，在文件 M3_LCD_Only.ioc 的基础上增加了 4 个按键和 2 个 LED 的 GPIO 配置。这是后面创建实例项目时最常用的一个模板项目文件。
- M5_LCD_KeyLED_Buzzer.ioc，在文件 M4_LCD_KeyLED.ioc 的基础上增加了蜂鸣器的 GPIO 配置。

从 CubeMX 模板项目创建新项目，以及在 CubeIDE 项目中添加驱动程序搜索路径的操作方法见附录 A。

第 9 章 基础定时器

STM32F407 有 2 个高级控制定时器、10 个通用定时器和 2 个基础定时器。基础定时器功能简单，只能用于定时，通用定时器和高级控制定时器还具有输入捕获、输出比较、PWM 输出等功能。在本章中，我们先介绍所有定时器的功能特点，然后介绍基础定时器的结构原理和使用。在第 10 章中，我们将介绍通用定时器的一些高级功能的使用。

9.1 定时器概述

STM32F407 有 2 个高级控制定时器（advanced-control timer）、10 个通用定时器（general-purpose timer）和 2 个基础定时器（basic timer）。这些定时器挂在 APB2 或 APB1 总线上（见图 2-1），所以它们的最高工作频率不一样，这些定时器的计数器有 16 位的，也有 32 位的。STM32F407 所有定时器的特性如表 9-1 所示。

表 9-1 STM32F407 所有定时器的特性

定时器类型	定时器	计数器长度	计数类型	DMA 请求生成	捕获/比较通道数	所在总线
基础	TIM6、TIM7	16 位	递增	有	0	APB1
通用	TIM2、TIM5	32 位	递增、递减、递增/递减	有	4	APB1
	TIM3、TIM4	16 位	递增、递减、递增/递减	有	4	APB1
	TIM9	16 位	递增	无	2	APB2
	TIM12	16 位	递增	无	2	APB1
	TIM10、TIM11	16 位	递增	无	1	APB2
	TIM13、TIM14	16 位	递增	无	1	APB1
高级控制	TIM1、TIM8	16 位	递增、递减、递增/递减	有	4	APB2

定时器的时钟信号来源于 APB1 总线或 APB2 总线的定时器时钟信号，图 9-1 是时钟树上的一部分区域。STM32F407 的 HCLK 最高频率为 168MHz，APB1 总线的时钟频率 PCLK1 最高为 42MHz，挂在 APB1 总线上的定时器的时钟频率固定为 PCLK1 的 2 倍，所以挂在 APB1 总线上的定时器的输入时钟频率最高为 84MHz。同样，挂在 APB2 总线上的定时器的输入时钟频率最高为 168MHz。

每个定时器的内部还有一个预分频器，可以设置 0～65535 中的任何一个整数对输入时钟信号分频（实际分频系数为寄存器值加 1），预分频之后的时钟信号再进入计数器。

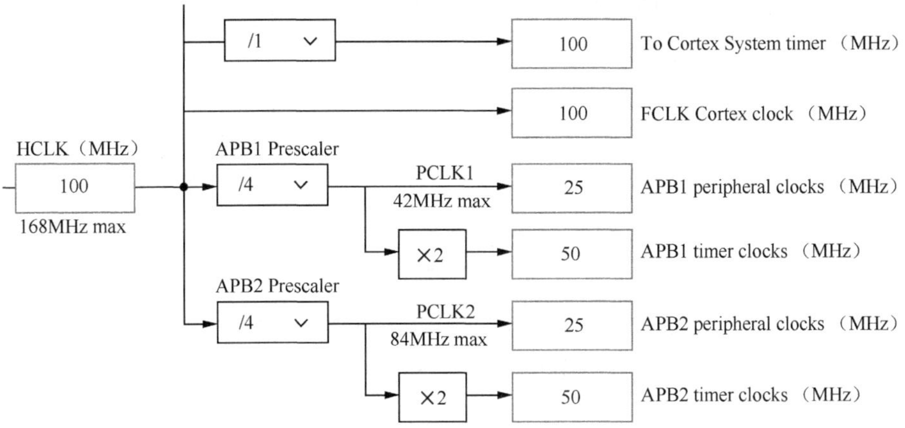

图 9-1 时钟树上 APB1 和 APB2 总线上的定时器时钟信号源

STM32F407 还有 1 个独立看门狗（IWDG）和 1 个窗口看门狗（WWDG），看门狗实质上也是一个定时器。IWDG 使用 32kHz 的 LSI 时钟信号作为时钟源，WWDG 使用系统主时钟 HCLK 作为时钟源。两种看门狗在第 20 章和第 21 章分别介绍。

Cortex-M 内核还有 1 个 SysTick 定时器，它使用 HCLK 或 HCLK/8 时钟信号作为时钟源，也就是图 9-1 中的 To Cortex System timer 时钟信号。默认配置下，SysTick 产生周期为 1ms 的系统嘀嗒信号，HAL 库中的延时函数 HAL_Delay()就使用了 SysTick 定时器。

9.2 基础定时器内部结构和功能

TIM6 和 TIM7 是两个基础定时器，都在 APB1 总线上，它们的功能相同，有以下基本特征。

- 只能使用内部时钟信号 CK_INT，这个时钟信号频率为 APB1 总线频率的 2 倍，所以这两个定时器输入时钟频率最高为 84MHz。
- 有 16 位自动重载寄存器（auto-reload register），用于设置计数周期。
- 有 16 位可编程预分频器，设置范围为 0～65535，分频系数范围为 1～65536。
- 可以输出触发信号（TRGO），用于触发 DAC 的同步电路。
- 只有一种事件引起中断或 DMA 请求，即计数器上溢时产生的更新事件（Update Event，UEV）。

基础定时器的功能结构如图 9-2 所示，它有 3 个 16 位寄存器，这 3 个寄存器的值都可以读写。其中，预分频寄存器和自动重载寄存器有影子寄存器用于底层工作。

- 预分频寄存器（TIMx_PSC），它存储的一个值用于对输入时钟信号 CK_PSC 进行分频，得到输出时钟信号 CK_CNT。实际分频系数是预分频寄存器的值加 1。
- 计数寄存器（TIMx_CNT），计数器使用时钟信号 CK_CNT 进行计数，当计数器的值等于自动重载寄存器的值时产生计数溢出（counter overflow），同时可以产生更新事件（UEV）中断或 DMA 请求。
- 自动重载寄存器（TIMx_ARR），存储的值用于与计数器的值进行比较。

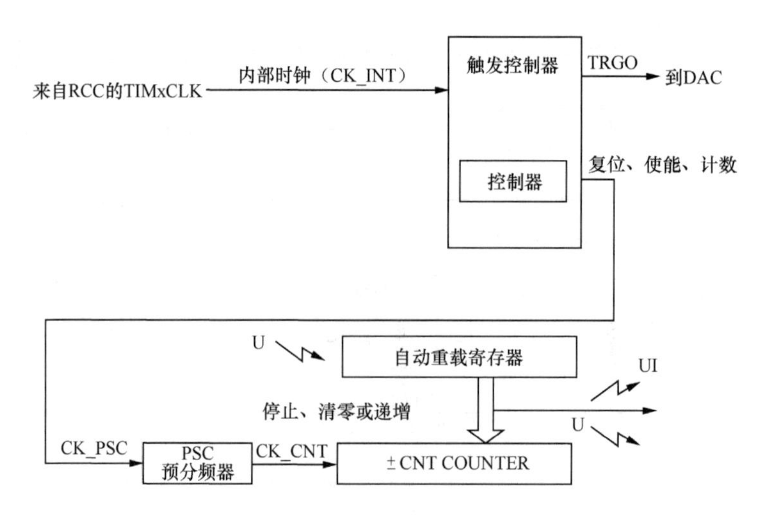

图 9-2　基础定时器功能结构图

基础定时器只有定时功能，使用基础定时器进行定时的工作流程如下。

- 内部时钟信号 CK_INT 经过控制器后成为 CK_PSC 进入预分频器，CK_INT 和 CK_PSC 在频率上相等，假设 CK_INT 频率为 50MHz。
- 预分频器对 CK_PSC 时钟信号分频，假设预分频寄存器设置的值为 49999，则实际分频系数为 50000，那么分频器的输出时钟信号 CK_CNT 的频率就是

$$f_{CK\_CNT} = \frac{f_{CK\_PSC}}{50000} = 1000\text{Hz}$$

- 计数器对时钟信号 CK_CNT 从 0 开始计数，自动重载寄存器存储一个值，如 999。当计数器的值达到 999 时（计时时间为 1000ms）就产生 UEV 事件，然后计数器归零又开始计数。
- 开启定时器全局中断和 UEV 事件中断后，在发生计数溢出时产生 UEV 事件中断，利用中断进行定时处理。
- 定时器的控制器产生一些控制信号，例如，控制定时器的复位、使能等。

图 9-3 是基础定时器工作的时序图，其预分频系数为 2，所以计数器的时钟 CK_CNT 的频率是输入时钟 CN_INT 的 1/2。计数周期设置为 36，每来一个 CK_CNT 的脉冲，计数值加 1。当计数值达到 36 时，产生计数器上溢信号和 UEV 事件。如果开启了定时器 UEV 事件中断，在发生 UEV 事件时就会置位相应的中断挂起标志位。

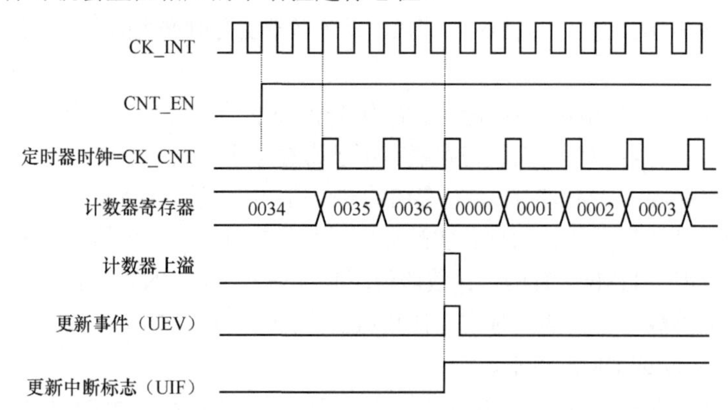

图 9-3　基础定时器工作的时序图

基础定时器 TIM6 和 TIM7 各有一个中断号，且只有一个中断事件源，就是定时器计数溢出的 UEV 事件。

9.3 基础定时器 HAL 驱动程序

基础定时器只有定时这一个基本功能，在计数溢出时产生的 UEV 事件是基础定时器中断的唯一事件源。根据控制寄存器 TIMx_CR1 中 OPM（One-pulse mode）位的设定值不同，基础定时器有两种定时模式：连续定时模式和单次定时模式。

- 当 OPM 位是 0 时，定时器是连续定时模式，也就是计数器在发生 UEV 事件时不停止计数。所以在连续定时模式下，可以产生连续的 UEV 事件，也就可以产生连续、周期性的定时中断，这是定时器默认的工作模式。
- 当 OPM 位是 1 时，定时器是单次定时模式，也就是计数器在发生下一次 UEV 事件时会停止计数。所以在单次定时模式下，如果启用了 UEV 事件中断，在产生一次定时中断后，定时器就停止计数了。

9.3.1 基础定时器主要函数

表 9-2 是基础定时器的一些主要的 HAL 驱动函数，所有定时器具有定时功能，所以这些函数对于通用定时器、高级控制定时器也是适用的。

表 9-2 基础定时器的一些主要的 HAL 驱动函数

分组	函数名	功能描述
初始化	HAL_TIM_Base_Init()	定时器初始化，设置各种参数和连续定时模式
	HAL_TIM_OnePulse_Init()	将定时器配置为单次定时模式，需要先执行 HAL_TIM_-Base_Init()
	HAL_TIM_Base_MspInit()	MSP 弱函数，在 HAL_TIM_Base_Init()里被调用，重新实现的这个函数一般用于定时器时钟使能和中断设置
启动和停止	HAL_TIM_Base_Start()	以轮询工作方式启动定时器，不会产生中断
	HAL_TIM_Base_Stop()	停止轮询工作方式的定时器
	HAL_TIM_Base_Start_IT()	以中断工作方式启动定时器，发生 UEV 事件时产生中断
	HAL_TIM_Base_Stop_IT()	停止中断工作方式的定时器
	HAL_TIM_Base_Start_DMA()	以 DMA 工作方式启动定时器
	HAL_TIM_Base_Stop_DMA()	停止 DMA 工作方式的定时器
获取状态	HAL_TIM_Base_GetState()	获取基础定时器的当前状态

1. 定时器初始化

函数 HAL_TIM_Base_Init()对定时器的连续定时工作模式和参数进行初始化设置，其原型定义如下：

```
HAL_StatusTypeDef HAL_TIM_Base_Init(TIM_HandleTypeDef *htim);
```

其中，参数 htim 是定时器外设对象指针，是 TIM_HandleTypeDef 结构体类型指针，这个结构体类型的定义在文件 stm32f4xx_hal_tim.h 中，其定义如下，各成员变量的意义见注释。

```
typedef struct
{
```

```
    TIM_TypeDef                    *Instance;    //定时器的寄存器基址
    TIM_Base_InitTypeDef           Init;         //定时器参数
    HAL_TIM_ActiveChannel          Channel;      //当前通道
    DMA_HandleTypeDef              *hdma[7];     //DMA 处理相关数组
    HAL_LockTypeDef                Lock;         //是否锁定
    __IO HAL_TIM_StateTypeDef      State;        //定时器的工作状态
} TIM_HandleTypeDef;
```

其中，Instance 是定时器的寄存器基址，用于表示具体是哪个定时器；Init 是定时器的各种参数，是一个结构体类型 TIM_Base_InitTypeDef，这个结构体的定义如下，各成员变量的意义见注释。

```
typedef struct
{
    uint32_t Prescaler;                  //预分频系数
    uint32_t CounterMode;                //计数模式，递增、递减、递增/递减
    uint32_t Period;                     //计数周期
    uint32_t ClockDivision;              //内部时钟分频，基本定时器无此参数
    uint32_t RepetitionCounter;          //重复计数器值，用于 PWM 模式
    uint32_t AutoReloadPreload;          //是否开启寄存器 TIMx_ARR 的缓存功能
} TIM_Base_InitTypeDef;
```

要初始化定时器，一般是先定义一个 TIM_HandleTypeDef 类型的变量表示定时器，对其各个成员变量赋值，然后调用函数 HAL_TIM_Base_Init()进行初始化。定时器的初始化设置可以在 CubeMX 里可视化完成，从而自动生成初始化函数代码。

函数 HAL_TIM_Base_Init()会调用 MSP 函数 HAL_TIM_Base_MspInit()，这是一个弱函数，在 CubeMX 生成的定时器初始化程序文件里会重新实现这个函数，用于开启定时器的时钟，设置定时器的中断优先级。

2. 配置为单次定时模式

定时器默认工作于连续定时模式，如果要配置定时器工作于单次定时模式，在调用定时器初始化函数 HAL_TIM_Base_Init()之后，还需要用函数 HAL_TIM_OnePulse_Init()将定时器配置为单次模式。其原型定义如下：

```
HAL_StatusTypeDef HAL_TIM_OnePulse_Init(TIM_HandleTypeDef *htim, uint32_t OnePulseMode)
```

其中，参数 htim 是定时器对象指针，参数 OnePulseMode 是产生脉冲的方式，有两种宏定义常量可作为该参数的取值。

- TIM_OPMODE_SINGLE，单次模式，就是将控制寄存器 TIMx_CR1 中的 OPM 位置 1。
- TIM_OPMODE_REPETITIVE，重复模式，就是将控制寄存器 TIMx_CR1 中的 OPM 位置 0。

函数 HAL_TIM_OnePulse_Init()其实是用于定时器单脉冲模式的一个函数，单脉冲模式是定时器输出比较功能的一种特殊模式，在定时器的 HAL 驱动程序中，有一组以“HAL_TIM_OnePulse”为前缀的函数，它们是专门用于定时器输出比较的单脉冲模式的。

在配置定时器的定时工作模式时，只是为了使用函数 HAL_TIM_OnePulse_Init()将控制寄存器 TIMx_CR1 中的 OPM 位置 1，从而将定时器配置为单次定时模式。

3. 启动和停止定时器

定时器有 3 种启动和停止方式，对应于表 9-2 中的 3 组函数。

- 轮询方式。以函数 HAL_TIM_Base_Start()启动定时器后，定时器会开始计数，计数溢出时会产生 UEV 事件标志，但是不会触发中断。用户程序需要不断地查询计数值或 UEV 事件标志来判断是否发生了计数溢出。

- 中断方式。以函数 HAL_TIM_Base_Start_IT()启动定时器后，定时器会开始计数，计数溢出时会产生 UEV 事件，并触发中断。用户在中断 ISR 里进行处理即可，这是定时器最常用的处理方式。
- DMA 方式。以函数 HAL_TIM_Base_Start_DMA()启动定时器后，定时器会开始计数，计数溢出时会产生 UEV 事件，并产生 DMA 请求。DMA 会在第 13 章专门介绍，DMA 一般用于需要进行高速数据传输的场合，定时器一般用不着 DMA 功能。

实际使用定时器的周期性连续定时功能时，一般使用中断方式。函数 HAL_TIM_Base_Start_IT()的原型定义如下：

```
HAL_StatusTypeDef HAL_TIM_Base_Start_IT(TIM_HandleTypeDef *htim);
```

其中，参数 htim 是定时器对象指针。其他几个启动和停止定时器的函数参数与此相同。

4. 获取定时器运行状态

函数 HAL_TIM_Base_GetState()用于获取定时器的运行状态，其原型定义如下：

```
HAL_TIM_StateTypeDef  HAL_TIM_Base_GetState(TIM_HandleTypeDef  *htim);
```

函数返回值是枚举类型 HAL_TIM_StateTypeDef，表示定时器的当前状态。这个枚举类型的定义如下，各枚举常量的意义见注释。

```
typedef enum
{
    HAL_TIM_STATE_RESET         = 0x00U,    /* 定时器还未被初始化，或被禁用了     */
    HAL_TIM_STATE_READY         = 0x01U,    /* 定时器已经初始化，可以使用了       */
    HAL_TIM_STATE_BUSY          = 0x02U,    /* 一个内部处理过程正在执行           */
    HAL_TIM_STATE_TIMEOUT       = 0x03U,    /* 定时到期（Timeout）状态            */
    HAL_TIM_STATE_ERROR         = 0x04U     /* 发生错误，Reception 过程正在运行   */
} HAL_TIM_StateTypeDef;
```

9.3.2 其他通用操作函数

文件 stm32f4xx_hal_tim.h 还定义了定时器操作的一些通用函数，这些函数都是宏函数，直接操作寄存器，所以主要用于在定时器运行时直接读取或修改某些寄存器的值，如修改定时周期、重新设置预分频系数等，如表 9-3 所示。表中寄存器名称用了前缀“TIM*x*_”，其中的“*x*”可以用具体的定时器编号替换，例如，TIM*x*_CR1 表示 TIM6_CR1、TIM7_CR1 或 TIM9_CR1 等。

表 9-3 定时器操作部分通用函数

函数名	功能描述
__HAL_TIM_ENABLE()	启用某个定时器，就是将定时器控制寄存器 TIM*x*_CR1 的 CEN 位置 1
__HAL_TIM_DISABLE()	禁用某个定时器
__HAL_TIM_GET_COUNTER()	在运行时读取定时器的当前计数值，就是读取 TIM*x*_CNT 寄存器的值
__HAL_TIM_SET_COUNTER()	在运行时设置定时器的计数值，就是设置 TIM*x*_CNT 寄存器的值
__HAL_TIM_GET_AUTORELOAD()	在运行时读取自重载寄存器 TIM*x*_ARR 的值
__HAL_TIM_SET_AUTORELOAD()	在运行时设置自重载寄存器 TIM*x*_ARR 的值，并改变定时的周期
__HAL_TIM_SET_PRESCALER()	在运行时设置预分频系数，就是设置预分频寄存器 TIM*x*_PSC 的值

这些函数都需要一个定时器对象指针作为参数，例如，启用定时器的函数定义如下：

```
#define __HAL_TIM_ENABLE(__HANDLE__)     ((__HANDLE__)->Instance->CR1|=(TIM_CR1_CEN))
```

其中，参数__HANDLE__是表示定时器对象的指针，即 TIM_HandleTypeDef 类型的指针。函数的功能就是将定时器的 TIMx_CR1 寄存器的 CEN 位置 1。这个函数的使用示意代码如下：

```
TIM_HandleTypeDef  htim6;            //定时器 TIM6 的外设对象变量
__HAL_TIM_ENABLE(&htim6);
```

读取寄存器的函数会返回一个数值，例如，读取当前计数值的函数定义如下：

```
#define __HAL_TIM_GET_COUNTER(__HANDLE__)     ((__HANDLE__)->Instance->CNT)
```

其返回值就是寄存器 TIMx_CNT 的值。有的定时器是 32 位的，有的是 16 位的（见表 9-1），实际使用时用 uint32_t 类型的变量来存储函数返回值即可。

设置某个寄存器的值的函数有两个参数，例如，设置当前计数值的函数的定义如下：

```
#define __HAL_TIM_SET_COUNTER(__HANDLE__, __COUNTER__)  ((__HANDLE__)->Instance->CNT =
(__COUNTER__))
```

其中，参数__HANDLE__是定时器的指针，参数__COUNTER__是需要设置的值。

9.3.3　中断处理

定时器中断处理相关函数如表 9-4 所示，这些函数对所有定时器都是适用的。

表 9-4　定时器中断处理相关函数

函数名	功能描述
__HAL_TIM_ENABLE_IT()	启用某个事件的中断，就是将中断使能寄存器 TIMx_DIER 中相应事件位置 1
__HAL_TIM_DISABLE_IT()	禁用某个事件的中断，就是将中断使能寄存器 TIMx_DIER 中相应事件位置 0
__HAL_TIM_GET_FLAG()	判断某个中断事件源的中断挂起标志位是否被置位，就是读取状态寄存器 TIMx_SR 中相应的中断事件位是否置 1，返回值为 TRUE 或 FALSE
__HAL_TIM_CLEAR_FLAG()	清除某个中断事件源的中断挂起标志位，就是将状态寄存器 TIMx_SR 中相应的中断事件位清零
__HAL_TIM_CLEAR_IT()	与__HAL_TIM_CLEAR_FLAG()的代码和功能完全相同
__HAL_TIM_GET_IT_SOURCE()	查询是否允许某个中断事件源产生中断，就是检查中断使能寄存器 TIMx_DIER 中相应事件位是否置 1，返回值为 SET 或 RESET
HAL_TIM_IRQHandler()	定时器中断的 ISR 里调用的定时器中断通用处理函数
HAL_TIM_PeriodElapsedCallback()	弱函数，UEV 事件中断的回调函数

每个定时器都只有一个中断号，也就是只有一个 ISR。基础定时器只有一个中断事件源，即 UEV 事件，但是通用定时器和高级控制定时器有多个中断事件源（见第 10 章）。在定时器的 HAL 驱动程序中，每一种中断事件对应一个回调函数，HAL 驱动程序会自动判断中断事件源，清除中断事件挂起标志，然后调用相应的回调函数。

1. 中断事件类型

文件 stm32f4xx_hal_tim.h 中定义了表示定时器中断事件类型的宏，定义如下：

```
#define TIM_IT_UPDATE TIM_DIER_UIE    //更新中断（Update interrupt）
#define TIM_IT_CC1    TIM_DIER_CC1IE  //捕获/比较 1 中断（Capture/Compare 1 interrupt）
#define TIM_IT_CC2    TIM_DIER_CC2IE  //捕获/比较 2 中断（Capture/Compare 2 interrupt）
#define TIM_IT_CC3    TIM_DIER_CC3IE  //捕获/比较 3 中断（Capture/Compare 3 interrupt）
#define TIM_IT_CC4    TIM_DIER_CC4IE  //捕获/比较 4 中断（Capture/Compare 4 interrupt）
#define TIM_IT_COM    TIM_DIER_COMIE  //换相中断（Commutation interrupt）
#define TIM_IT_TRIGGER TIM_DIER_TIE   //触发中断（Trigger interrupt）
#define TIM_IT_BREAK  TIM_DIER_BIE    //断路中断（Break interrupt）
```

这些宏定义实际上是定时器的中断使能寄存器（TIM*x*_DIER）中相应位的掩码。基础定时器只有一个中断事件源，即 TIM_IT_UPDATE，其他中断事件源是通用定时器或高级控制定时器才有的。

表 9-4 中的一些宏函数需要以中断事件类型作为输入参数，就是用以上的中断事件类型的宏定义。例如，函数__HAL_TIM_ENABLE_IT()的功能是开启某个中断事件源，也就是在发生这个事件时允许产生定时器中断，否则只是发生事件而不会产生中断。该函数定义如下：

```
#define __HAL_TIM_ENABLE_IT(__HANDLE__, __INTERRUPT__)    ((__HANDLE__)->Instance->DIER |=
(__INTERRUPT__))
```

其中，参数__HANDLE__是定时器对象指针，__INTERRUPT__就是某个中断类型的宏定义。这个函数的功能就是将中断使能寄存器（TIM*x*_DIER）中对应于中断事件__INTERRUPT__的位置 1，从而开启该中断事件源。

2. 定时器中断处理流程

每个定时器都只有一个中断号，也就是只有一个 ISR。CubeMX 生成代码时，会在文件 stm32f4xx_it.c 中生成定时器中断 ISR 的代码框架。例如，TIM6 的 ISR 代码如下：

```
void TIM6_DAC_IRQHandler(void)
{
     /* USER CODE BEGIN TIM6_DAC_IRQn 0 */

     /* USER CODE END TIM6_DAC_IRQn 0 */
     HAL_TIM_IRQHandler(&htim6);
     /* USER CODE BEGIN TIM6_DAC_IRQn 1 */

     /* USER CODE END TIM6_DAC_IRQn 1 */
}
```

其实，所有定时器的 ISR 代码与此类似，都是调用函数 HAL_TIM_IRQHandler()，只是传递了各自的定时器对象指针，这与第 7 章的 EXTI 中断的 ISR 的处理方式类似。

所以，函数 HAL_TIM_IRQHandler()是定时器中断通用处理函数。跟踪分析这个函数的源代码，发现它的功能就是判断中断事件源、清除中断挂起标志位、调用相应的回调函数。例如，这个函数里判断中断事件是否是 UEV 事件的代码如下：

```
/* TIM Update event */
if (__HAL_TIM_GET_FLAG(htim, TIM_FLAG_UPDATE) != RESET)  //事件的中断挂起标志位是否置位
{
     if (__HAL_TIM_GET_IT_SOURCE(htim, TIM_IT_UPDATE) != RESET)  //事件的中断是否已开启
     {
          __HAL_TIM_CLEAR_IT(htim, TIM_IT_UPDATE);        //清除中断挂起标志位
          HAL_TIM_PeriodElapsedCallback(htim);            //执行事件的中断回调函数
     }
}
```

可以看到，它先调用函数__HAL_TIM_GET_FLAG()判断 UEV 事件的中断挂起标志位是否被置位，再调用函数__HAL_TIM_GET_IT_SOURCE()判断是否已开启了 UEV 事件源中断。如果这两

个条件都成立，说明发生了 UEV 事件中断，就调用函数__HAL_TIM_CLEAR_IT()清除 UEV 事件的中断挂起标志位，再调用 UEV 事件中断对应的回调函数 HAL_TIM_PeriodElapsedCallback()。

所以，用户要做的事情就是重新实现回调函数 HAL_TIM_PeriodElapsedCallback()，在定时器发生 UEV 事件中断时做相应的处理。判断中断是否发生、清除中断挂起标志位等操作都由 HAL 库函数完成了。这大大简化了中断处理的复杂度，特别是在一个中断号有多个中断事件源时。

基础定时器只有一个UEV 中断事件源，只需重新实现回调函数HAL_TIM_PeriodElapsedCallback()。通用定时器和高级控制定时器有多个中断事件源，对应不同的回调函数，详见第 10 章。

9.4　外设的中断处理概念小结

我们在第 7 章介绍了外部中断处理的相关函数和流程，在本章又介绍了基础定时器中断处理的相关函数和流程，从中可以发现一个外设的中断处理所涉及的一些概念、寄存器和常用的 HAL 函数。

每一种外设的 HAL 驱动程序头文件中都定义了一些以“__HAL”开头的宏函数，这些宏函数直接操作寄存器，几乎每一种外设都有表 9-5 中的宏函数。这些函数分为 3 组，操作 3 个寄存器。一般的外设都有这样 3 个独立的寄存器，也有将功能合并的寄存器，所以，这里的 3 个寄存器是概念上的。在表 9-5 中，用“×××”表示某种外设。

搞清楚表 9-5 中涉及的寄存器和宏函数的作用，对于理解 HAL 库的代码和运行原理，从而灵活使用 HAL 库是很有帮助的。

表 9-5　一般外设都定义的宏函数及其作用

寄存器	宏函数	功能描述	示例函数
外设控制寄存器	__HAL_×××_ENABLE()	启用某个外设×××	__HAL_TIM_ENABLE()
	__HAL_×××_DISABLE()	禁用某个外设×××	__HAL_TIM_DISABLE()
中断使能寄存器	__HAL_×××_ENABLE_IT()	允许某个事件触发硬件中断，就是将中断使能寄存器中对应的事件使能控制位置 1	__HAL_TIM_ENABLE_IT()
	__HAL_×××_DISABLE_IT()	禁止某个事件触发硬件中断，就是将中断使能寄存器中对应的事件使能控制位置 0	__HAL_TIM_DISABLE_IT()
	__HAL_×××_GET_IT_SOURCE()	判断某个事件的中断是否开启，就是检查中断使能寄存器中相应事件使能控制位是否置 1，返回值为 SET 或 RESET	__HAL_TIM_GET_IT_SOURCE()
状态寄存器	__HAL_×××_GET_FLAG()	判断某个事件的挂起标志位是否被置位，返回值为 TRUE 或 FALSE	__HAL_TIM_GET_FLAG()
	__HAL_×××_CLEAR_FLAG()	清除某个事件的挂起标志位	__HAL_TIM_CLEAR_FLAG()
	__HAL_×××_CLEAR_IT()	与__HAL_×××_CLEAR_FLAG()的代码和功能相同	__HAL_TIM_CLEAR_IT()

1. 外设控制寄存器

外设控制寄存器中有用于控制外设使能或禁用的位，通过函数__HAL_×××_ENABLE()

启用外设，用函数__HAL_×××_DISABLE()禁用外设。一个外设被禁用后就停止工作了，也就不会产生中断了。例如，定时器 TIM6 的控制寄存器 TIM6_CR1 的 CEN 位就是控制 TIM6 定时器是否工作的位。通过函数__HAL_TIM_DISABLE()和__HAL_TIM_ENABLE()就可以操作这个位，从而停止或启用 TIM6。

2. 外设全局中断管理

NVIC 管理硬件中断，一个外设一般有一个中断号，称为外设的全局中断。一个中断号对应一个 ISR，发生硬件中断时自动执行中断的 ISR。

NVIC 管理中断的相关函数见 7.1.3 节，主要功能包括启用或禁用硬件中断，设置中断优先级等。使用函数 HAL_NVIC_EnableIRQ()启用一个硬件中断，启用外设的中断且启用外设后，发生中断事件时才会触发硬件中断。使用函数 HAL_NVIC_DisableIRQ()禁用一个硬件中断，禁用中断后即使发生事件，也不会触发中断的 ISR。

3. 中断使能寄存器

外设的一个硬件中断号可能有多个中断事件源，例如，通用定时器的硬件中断就有多个中断事件源。外设有一个中断使能控制寄存器，用于控制每个事件发生时是否触发硬件中断。一般情况下，每个中断事件源在中断使能寄存器中都有一个对应的事件中断使能控制位。

例如，定时器 TIM6 的中断使能寄存器 TIM6_DIER 的 UIE 位是 UEV 事件的中断使能控制位。如果 UIE 位被置 1，定时溢出时产生 UEV 事件会触发 TIM6 的硬件中断，执行硬件中断的 ISR。如果 UIE 位被置 0，定时溢出时仍然会产生 UEV 事件（也可通过寄存器配置是否产生 UEV 事件，这里假设配置为允许产生 UEV 事件），但是不会触发 TIM6 的硬件中断，也就不会执行 ISR。

对于每一种外设，HAL 驱动程序都为其中断使能寄存器中的事件中断使能控制位定义了宏，实际上就是这些位的掩码。例如，定时器的事件中断使能控制位宏定义如下：

```
#define TIM_IT_UPDATE TIM_DIER_UIE    //更新中断（Update interrupt）
#define TIM_IT_CC1     TIM_DIER_CC1IE  //捕获/比较 1 中断（Capture/Compare 1 interrupt）
#define TIM_IT_CC2     TIM_DIER_CC2IE  //捕获/比较 2 中断（Capture/Compare 2 interrupt）
#define TIM_IT_CC3     TIM_DIER_CC3IE  //捕获/比较 3 中断（Capture/Compare 3 interrupt）
#define TIM_IT_CC4     TIM_DIER_CC4IE  //捕获/比较 4 中断（Capture/Compare 4 interrupt）
#define TIM_IT_COM     TIM_DIER_COMIE  //换相中断（Commutation interrupt）
#define TIM_IT_TRIGGER TIM_DIER_TIE    //触发中断（Trigger interrupt）
#define TIM_IT_BREAK   TIM_DIER_BIE    //断路中断（Break interrupt）
```

函数__HAL_×××_ENABLE_IT()和__HAL_×××_DISABLE_IT()用于将中断使能寄存器中的事件中断使能控制位置位或复位，从而允许或禁止某个事件源产生硬件中断。

函数__HAL_×××_GET_IT_SOURCE()用于判断中断使能寄存器中某个事件使能控制位是否被置位，也就是判断这个事件源是否被允许产生硬件中断。

当一个外设有多个中断事件源时，将外设的中断使能寄存器中的事件中断使能控制位的宏定义作为中断事件类型定义，例如，定时器的中断事件类型就是前面定义的宏 TIM_IT_UPDATE、TIM_IT_CC1、TIM_IT_CC2 等。这些宏可以作为__HAL_×××_ENABLE_IT(__HANDLE__, __INTERRUPT__)等宏函数中参数__INTERRUPT__的取值。

4. 状态寄存器

状态寄存器中有表示事件是否发生的事件更新标志位，当事件发生时，标志位被硬件置 1，需要软件清零。例如，定时器 TIM6 的状态寄存器 TIM6_SR 中有一个 UIF 位，当定时溢出发生

UEV 事件时，UIF 位被硬件置 1。

注意，即使外设的中断使能寄存器中某个事件的中断使能控制位被置 0，事件发生时也会使状态寄存器中的事件更新标志位置 1，只是不会产生硬件中断。例如，用函数 HAL_TIM_Base_Start()以轮询方式启动定时器 TIM6 之后，发生 UEV 事件时状态寄存器 TIM6_SR 中的 UIF 位会被硬件置 1，但是不会产生硬件中断，用户程序需要不断地查询状态寄存器 TIM6_SR 中的 UIF 位是否被置 1。

如果在中断使能寄存器中允许事件产生硬件中断，事件发生时，状态寄存器中的事件更新标志位会被硬件置 1，并且触发硬件中断，系统会执行硬件中断的 ISR。所以，一般将状态寄存器中的事件更新标志位称为事件中断标志位（interrupt flag），在响应完事件中断后，用户需要用软件将事件中断标志位清零。例如，用函数 HAL_TIM_Base_Start_IT()以中断方式启动定时器 TIM6 之后，发生 UEV 事件时，状态寄存器 TIM6_SR 中的 UIF 位会被硬件置 1，并触发硬件中断，执行 TIM6 硬件中断的 ISR。在 ISR 里处理完中断后，用户需要调用函数__HAL_TIM_CLEAR_FLAG()将 UEV 事件中断标志位清零。

一般情况下，一个中断事件类型对应一个事件中断标志位，但也有一个事件类型对应多个事件中断标志位的情况。例如，下面是定时器的事件中断标志位宏定义，它们可以作为宏函数__HAL_TIM_CLEAR_FLAG(__HANDLE__, __FLAG__)中参数__FLAG__的取值。

```
#define TIM_FLAG_UPDATE     TIM_SR_UIF      /*!< Update interrupt flag          */
#define TIM_FLAG_CC1        TIM_SR_CC1IF    /*!< Capture/Compare 1 interrupt flag */
#define TIM_FLAG_CC2        TIM_SR_CC2IF    /*!< Capture/Compare 2 interrupt flag */
#define TIM_FLAG_CC3        TIM_SR_CC3IF    /*!< Capture/Compare 3 interrupt flag */
#define TIM_FLAG_CC4        TIM_SR_CC4IF    /*!< Capture/Compare 4 interrupt flag */
#define TIM_FLAG_COM        TIM_SR_COMIF    /*!< Commutation interrupt flag     */
#define TIM_FLAG_TRIGGER    TIM_SR_TIF      /*!< Trigger interrupt flag         */
#define TIM_FLAG_BREAK      TIM_SR_BIF      /*!< Break interrupt flag           */
#define TIM_FLAG_CC1OF      TIM_SR_CC1OF    /*!< Capture 1 overcapture flag     */
#define TIM_FLAG_CC2OF      TIM_SR_CC2OF    /*!< Capture 2 overcapture flag     */
#define TIM_FLAG_CC3OF      TIM_SR_CC3OF    /*!< Capture 3 overcapture flag     */
#define TIM_FLAG_CC4OF      TIM_SR_CC4OF    /*!< Capture 4 overcapture flag     */
```

当一个硬件中断有多个中断事件源时，在中断响应 ISR 中，用户需要先判断具体是哪个事件引发了中断，再调用相应的回调函数进行处理。一般用函数__HAL_×××_GET_FLAG()判断某个事件中断标志位是否被置位，调用中断处理回调函数之前或之后要调用函数__HAL_×××_CLEAR_FLAG()清除中断标志位，这样硬件才能响应下次的中断。

5. 中断事件对应的回调函数

在 STM32Cube 编程方式中，CubeMX 为每个启用的硬件中断号生成 ISR 代码框架，ISR 里调用 HAL 库中外设的中断处理通用函数，例如，定时器的中断处理通用函数是 HAL_TIM_IRQHandler()。在中断处理通用函数里，再判断引发中断的事件源、清除事件的中断标志位、调用事件处理回调函数。例如，函数 HAL_TIM_IRQHandler()中判断是否由 UEV 事件（中断事件类型宏 TIM_IT_UPDATE，事件中断标志位宏 TIM_FLAG_UPDATE）引发中断并进行处理的代码如下：

```
void HAL_TIM_IRQHandler(TIM_HandleTypeDef *htim)
{
/*   省略其他代码   */
/* TIM Update event */
if (__HAL_TIM_GET_FLAG(htim, TIM_FLAG_UPDATE) != RESET)   //事件的中断标志位是否置位
{
     if (__HAL_TIM_GET_IT_SOURCE(htim, TIM_IT_UPDATE) != RESET)   //是否允许该事件中断
     {
```

```
                __HAL_TIM_CLEAR_IT(htim, TIM_IT_UPDATE);         //清除中断标志位
                HAL_TIM_PeriodElapsedCallback(htim);             //执行事件的中断回调函数
            }
        }
        /*   省略其他代码   */
        }
```

当一个外设的硬件中断有多个中断事件源时，主要的中断事件源一般对应一个中断处理回调函数。用户要对某个中断事件进行处理，只需要重新实现对应的回调函数就可以了。在后面介绍各种外设时，我们会具体介绍外设的中断事件源和对应的回调函数。

但要注意，不一定外设的所有中断事件源有对应的回调函数，例如，USART 接口的某些中断事件源就没有对应的回调函数。另外，HAL 库中的回调函数也不全都是用于中断处理的，也有一些其他用途的回调函数。

9.5 基础定时器使用示例

9.5.1 示例功能和 CubeMX 项目配置

在本节中，我们将设计一个示例项目 Demo9_1TIM_LED，演示基础定时器 TIM6 和 TIM7 的使用。示例的主要功能和操作流程如下。

- TIM6 设置为连续定时模式，定时周期为 500ms，以中断方式启动 TIM6，在 UEV 事件中断回调函数里使 LED1 输出翻转。
- TIM7 设置为单次定时模式，定时周期为 2000ms，按下 KeyRight 键之后使 LED2 点亮，并以中断方式启动 TIM7，在 UEV 事件中断回调函数里使 LED2 输出翻转。

1. 项目创建和基础设置

本示例要用到按键、LED 和 LCD，可以利用 PublicDrivers\CubeMX_Template 目录下的模板文件 M4_LCD_KeyLED.ioc 创建本示例项目，在 CubeIDE 里还需要将 PublicDrivers 目录下的 KEY_LED 和 TFT_LCD 两个目录添加到项目的搜索路径。这些操作是后面很多示例里都要用到的，本书以创建本示例项目 Demo9_1TIM_LED 为例，将这些操作整理为附录 A，在其他项目里有类似操作时，请直接查阅附录 A。

从 CubeMX 模板文件 M4_LCD_KeyLED.ioc 创建本项目文件 Demo9_1TIM_LED.ioc，可以使用复制项目文件的方式，也可以使用从项目文件导入的方式。我们在时钟树上设置 HSE 为 8MHz，为便于计算定时器的时钟频率和预分频系数，将 HCLK 设置为 100MHz，将 APB1 和 APB2 定时器时钟信号频率都设置为 50 MHz（见图 9-1）。

2. 定时器 TIM6 的设置

定时器 TIM6 的模式和参数设置结果如图 9-4 所示。在模式设置部分，勾选 Activated 复选框，以启用 TIM6。启用后，会出现 One Pulse Mode 复选框，这是用于设置单脉冲模

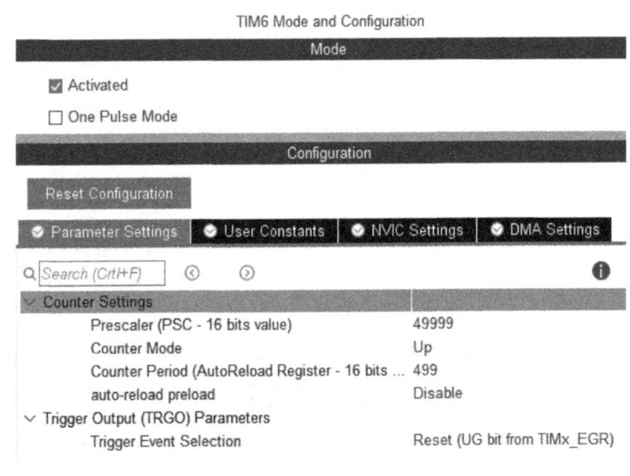

图 9-4　定时器 TIM6 的模式和参数设置

式的，对于基础定时器就是单次定时模式。TIM6 工作于连续定时模式，不勾选此项。参数配置里设置如下几个参数。

- Prescaler，预分频器值，设置范围为 0～65535，对应分频系数为 1～65536。这里设置为 49999，所以实际分频系数是 50000。
- Counter Mode，计数模式，基础定时器只有递增模式（Up）。
- Counter Period，计数周期，也就是自重载寄存器（AutoReload Register）的值，这里设置为 499。那么产生 UEV 事件时，共计时 500 个时钟周期。
- auto-reload preload，是否启用自重载寄存器 TIM6_ARR 的预装载功能，实际上就是设置控制寄存器 TIM6_CR1 的 ARPE 位。如果不是动态修改寄存器 TIM6_ARR 的值，这个设置对寄存器工作没什么影响。
- Trigger Event Selection，主模式下触发输出信号（TRGO）信号源选择，就是设置寄存器 TIM6_CR2 的 MMS[2:0]位。有 3 种选项：Reset，使用定时器的复位信号作为 TRGO 输出；Enable，使用计数器的使能信号作为 TRGO 输出；Update Event，使用定时器的 UEV 事件信号作为 TRGO 输出。

因为在时钟树中设置了 APB1 定时器时钟频率为 50MHz，设置预分频器值为 49999，所以进入计数器的时钟频率为 1000Hz。计数周期设置为 499，所以 TIM6 定时器每 500ms 产生一次计数溢出，也就是产生一次 UEV 事件。若 UEV 事件的中断使能控制位被置 1，且 TIM6 的全局中断已打开，则 TIM6 每 500ms 就会产生一次硬件中断。

3. 定时器 TIM7 的设置

TIM7 采用单次定时模式，定时周期为 2000ms，其他参数与 TIM6 一样。TIM7 的模式和参数设置结果如图 9-5 所示，在模式设置部分勾选 One Pulse Mode 复选框，使 TIM7 工作于单次定时模式，参数 Counter Period 设置为 1999。

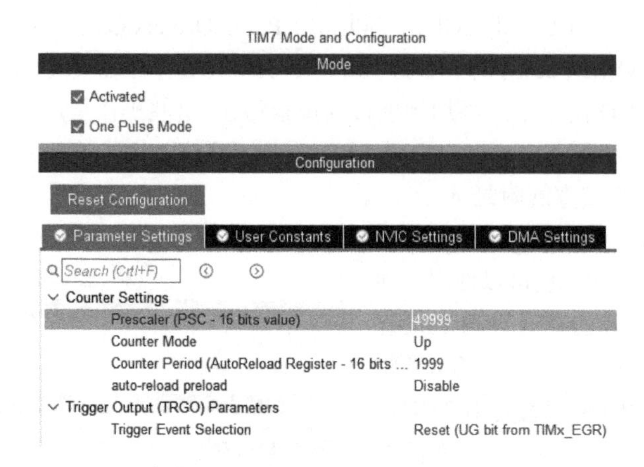

图 9-5 定时器 TIM7 的模式和参数设置

4. 定时器的中断设置

我们还需要启用 TIM6 和 TIM7 的中断，在定时器配置界面的 NVIC Settings 页面里，可以开启定时器中断，但是不能设置中断优先级。TIM6 和 TIM7 的中断优先级需要在 NVIC 组件的配置界面设置，如图 9-6 所示。两个定时器的抢占优先级都设置为 1，其实设置为 0 也是没有问题的，因为本示例在定时器的 ISR 里不会直接或间接调用延时函数 HAL_Delay()。

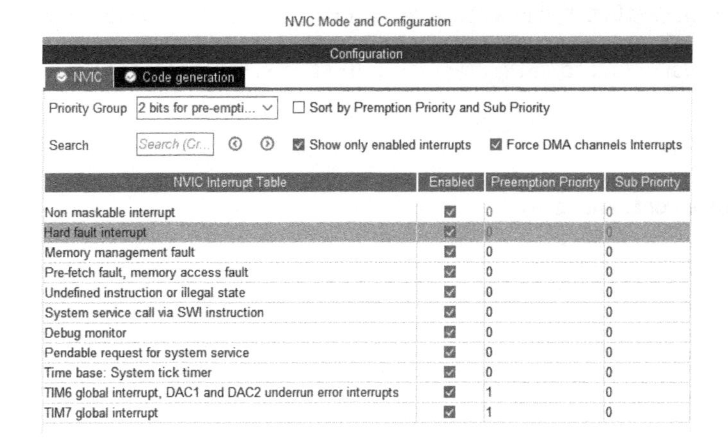

图 9-6 设置 TIM6 和 TIM7 的中断优先级

9.5.2 程序功能实现

1. 主程序

我们在 CubeMX 里完成设置后生成 CubeIDE 项目代码，生成的代码包括外设初始化函数和整个项目的程序框架。从本章开始，我们不再分析初始项目代码，而是直接讲解在初始代码基础上的程序功能实现，因为前面几章的分析已经给出了初始项目程序的基本框架以及中断处理程序的基本结构。

在 CubeIDE 里，打开项目 Demo9_1TIM_LED，首先需要将 PublicDrivers 目录下的 KEY_LED 和 TFT_LCD 文件夹添加到项目的头文件和源程序搜索路径（操作方法见附录 A）。在主程序中添加用户代码，完成功能后的文件 main.c 的代码如下：

```
/* 文件：main.c  -------------------------------------------------------------*/
#include "main.h"
#include "tim.h"
#include "gpio.h"
#include "fsmc.h"
/* USER CODE BEGIN Includes */
#include "keyled.h"
#include "tftlcd.h"
/* USER CODE END Includes */

int main(void)
{
     HAL_Init();
     SystemClock_Config();
     /* Initialize all configured peripherals */
     MX_GPIO_Init();            //按键和 LED 的 GPIO 初始化
     MX_FSMC_Init();            //FSMC 连接 LCD 的接口初始化
     MX_TIM6_Init();            //TIM6 初始化
     MX_TIM7_Init();            //TIM7 初始化

     /* USER CODE BEGIN 2 */
     TFTLCD_Init();            //TFT  LCD 软件初始化
     LCD_ShowStr(10,10,(uint8_t *)"Demo9_1:Basic Timer");
     LCD_ShowStr(10,LCD_CurY+2*LCD_SP15,(uint8_t *)"TIM6 work in continuous mode");
     LCD_ShowStr(10,LCD_CurY+LCD_SP15,(uint8_t *)"Toggle LED1 by TIM6 each 500ms");
```

```
    LCD_ShowStr(10,LCD_CurY+2*LCD_SP15,(uint8_t *)"TIM7 work in one pulse mode");
    LCD_ShowStr(10,LCD_CurY+LCD_SP15,(uint8_t *)"Press KeyRight to start TIM7");
    LCD_ShowStr(10,LCD_CurY+LCD_SP15,(uint8_t *)"Toggle LED2 by TIM7 after 2sec");

    LED1_OFF();              //熄灭 LED1
    LED2_OFF();              //熄灭 LED2
    HAL_TIM_Base_Start_IT(&htim6);          //以中断方式启动 TIM6
    /* USER CODE END 2 */

    /* Infinite loop */
    /* USER CODE BEGIN WHILE */
    while (1)
    {
        KEYS  curKey=ScanPressedKey(KEY_WAIT_ALWAYS);
        if (curKey==KEY_RIGHT)
        {
            LED2_ON();           //点亮 LED2
            HAL_TIM_Base_Start_IT(&htim7);          //以中断方式启动 TIM7
            HAL_Delay(300);      //消除按键后抖动的影响
        }
    /* USER CODE END WHILE */
    }
}
```

外设初始化部分执行了 CubeMX 自动生成的 4 个外设初始化函数。GPIO 和 FSMC 初始化的程序在前面的示例中介绍过，不再赘述。定时器的初始化函数是在 CubeMX 自动生成的文件 tim.h 和 tim.c 中定义和实现的。

完成系统和外设初始化后，在/* USER CODE BEGIN/END 2 */沙箱段内添加了用户代码。首先是执行 LCD 的软件初始化函数 TFTLCD_Init()，在 LCD 上显示项目有关的提示信息，然后以中断方式启动 TIM6。因为 TIM6 是连续定时模式，它应该每 500ms 中断一次，中断响应程序在后面介绍。

在 while 循环中一直检测按键输入，如果 KeyRight 键按下就点亮 LED2，并以中断方式启动 TIM7。TIM7 是单次定时模式，它应该在按下 KeyRight 键 2000ms 后中断一次，中断响应程序在后面介绍。

2. 定时器初始化

文件 tim.h 和 tim.c 是 CubeMX 自动生成的文件，包含 TIM6 和 TIM7 的初始化函数，用户可以在这两个文件里添加与定时器相关的用户功能代码。文件 tim.h 内容如下，省略了一些注释：

```
/*文件：tim.h -----------------------------------------------------------*/
#include "main.h"
extern TIM_HandleTypeDef htim6;          //表示定时器 TIM6 的外设对象变量
extern TIM_HandleTypeDef htim7;          //表示定时器 TIM7 的外设对象变量

void MX_TIM6_Init(void);
void MX_TIM7_Init(void);
```

程序文件 tim.c 的内容如下，省略了部分注释，一些关键注释翻译为中文，并添加了一些注释：

```
/*文件：tim.c，定时器初始化    ----------------------------------------------*/
#include "tim.h"
TIM_HandleTypeDef htim6;          //表示定时器 TIM6 的外设对象变量
TIM_HandleTypeDef htim7;          //表示定时器 TIM7 的外设对象变量
```

```
/* TIM6 初始化函数 */
void MX_TIM6_Init(void)
{
    TIM_MasterConfigTypeDef sMasterConfig = {0};
    htim6.Instance = TIM6;                    //定时器 TIM6 的寄存器基址
    htim6.Init.Prescaler = 49999;             //实际分频系数为 50000
    htim6.Init.CounterMode = TIM_COUNTERMODE_UP;      //递增计数
    htim6.Init.Period = 499;                  //计数周期
    htim6.Init.AutoReloadPreload = TIM_AUTORELOAD_PRELOAD_DISABLE;
    if (HAL_TIM_Base_Init(&htim6) != HAL_OK)          //定时器基本初始化
        Error_Handler();

    sMasterConfig.MasterOutputTrigger = TIM_TRGO_RESET;    //TRGO 信号源
    sMasterConfig.MasterSlaveMode = TIM_MASTERSLAVEMODE_DISABLE;
    if (HAL_TIMEx_MasterConfigSynchronization(&htim6, &sMasterConfig) != HAL_OK)
        Error_Handler();
}

/* TIM7 初始化函数 */
void MX_TIM7_Init(void)
{
    TIM_MasterConfigTypeDef sMasterConfig = {0};
    htim7.Instance = TIM7;                //定时器 TIM7 的寄存器基址
    htim7.Init.Prescaler = 49999;         //实际分频系数为 50000
    htim7.Init.CounterMode = TIM_COUNTERMODE_UP;       //递增计数
    htim7.Init.Period = 1999;             //计数周期
    htim7.Init.AutoReloadPreload = TIM_AUTORELOAD_PRELOAD_DISABLE;
    if (HAL_TIM_Base_Init(&htim7) != HAL_OK)           //定时器基本初始化
        Error_Handler();
    if (HAL_TIM_OnePulse_Init(&htim7, TIM_OPMODE_SINGLE) != HAL_OK)  //单脉冲模式
        Error_Handler();

    sMasterConfig.MasterOutputTrigger = TIM_TRGO_RESET;  //TRGO 信号源
    sMasterConfig.MasterSlaveMode = TIM_MASTERSLAVEMODE_DISABLE;
    if (HAL_TIMEx_MasterConfigSynchronization(&htim7, &sMasterConfig) != HAL_OK)
        Error_Handler();
}

//此函数在 HAL_TIM_Base_Init()函数里被调用，用于时钟使能和中断优先级设置
void HAL_TIM_Base_MspInit(TIM_HandleTypeDef* tim_baseHandle)
{
    if(tim_baseHandle->Instance==TIM6)
    {
        __HAL_RCC_TIM6_CLK_ENABLE();          //TIM6 时钟使能
        /*  TIM6 中断初始化  */
        HAL_NVIC_SetPriority(TIM6_DAC_IRQn, 1, 0);   //设置中断优先级
        HAL_NVIC_EnableIRQ(TIM6_DAC_IRQn);           //开启 TIM6 中断
    }
    else if(tim_baseHandle->Instance==TIM7)
    {
        __HAL_RCC_TIM7_CLK_ENABLE();          //TIM7 时钟使能
        /*  TIM7 中断初始化  */
        HAL_NVIC_SetPriority(TIM7_IRQn, 1, 0);
        HAL_NVIC_EnableIRQ(TIM7_IRQn);
    }
}
```

通过观察这两个文件的代码，我们可以发现它们的工作原理。

（1）定义外设对象变量。文件 tim.c 定义了表示定时器 TIM6 和 TIM7 的两个外设对象变量，即

```
TIM_HandleTypeDef htim6;            //表示定时器 TIM6 的外设对象变量
TIM_HandleTypeDef htim7;            //表示定时器 TIM7 的外设对象变量
```

文件 tim.h 用 extern 关键字声明了这两个变量，是向外公开这两个变量。

（2）定时器 TIM6 的初始化。函数 MX_TIM6_Init()对定时器 TIM6 进行初始化。程序先对变量 htim6 的一些成员变量赋值，首先对指针 Instance 赋值，即

```
htim6.Instance = TIM6;
```

TIM6 是文件 stm32f407xx.h 中定义的定时器 TIM6 的寄存器基址，这样，htim6 就能表示定时器 TIM6。程序再对 htim6.Init 的一些参数赋值，如预分频系数、计数周期等，这些代码与图 9-4 界面设置的内容对应。对 htim6 赋值后，执行 HAL_TIM_Base_Init(&htim6)对定时器 TIM6 进行初始化。

程序还定义了一个 TIM_MasterConfigTypeDef 结构体类型变量 sMasterConfig，用于配置 TRGO 信号源和主从模式参数，再调用函数 HAL_TIMEx_MasterConfigSynchronization()配置定时器 TIM6 工作于主模式（master mode）。

（3）定时器 TIM7 的初始化。函数 MX_TIM7_Init()对定时器 TIM7 进行初始化，其基础初始化内容与定时器 TIM6 的初始化相似。只是因为 TIM7 是单次定时模式，调用了函数 HAL_TIM_OnePulse_Init()进行单脉冲模式设置，即

```
if (HAL_TIM_OnePulse_Init(&htim7, TIM_OPMODE_SINGLE) != HAL_OK)    //单脉冲模式
   Error_Handler();
```

执行 HAL_TIM_OnePulse_Init(&htim7, TIM_OPMODE_SINGLE)就是将定时器 TIM7 的控制寄存器 TIM7_CR1 的 OPM 位置 1，这样 TIM7 就是单次定时模式了。

（4）MSP 初始化。函数 HAL_TIM_Base_MspInit()是定时器的 MSP 初始化函数，在函数 HAL_TIM_Base_Init()中被调用。文件重新实现了这个函数，其功能就是开启 TIM6 和 TIM7 的时钟，设置两个定时器的中断优先级，启用两个定时器的硬件中断。

3. 定时器中断处理

在文件 stm32f4xx_it.c 中，自动生成了定时器 TIM6 和 TIM7 的硬件中断 ISR 的代码框架，代码如下（省略了沙箱段注释）：

```
void TIM6_DAC_IRQHandler(void)
{
     HAL_TIM_IRQHandler(&htim6);
}

void TIM7_IRQHandler(void)
{
     HAL_TIM_IRQHandler(&htim7);
}
```

这两个 ISR 都调用了定时器中断通用处理函数 HAL_TIM_IRQHandler()，在这个通用处理函数里，程序会判断产生定时器硬件中断的事件源，然后调用对应的回调函数进行处理。

基础定时器的中断事件源只有一个，就是计数器溢出时产生的 UEV 事件，对应的回调函数是 HAL_TIM_PeriodElapsedCallback()，用户需要重新实现这个函数进行中断处理。为此，我们在文件 tim.c 中重新实现这个回调函数，实现的代码如下：

```
/* USER CODE BEGIN 1 */
void HAL_TIM_PeriodElapsedCallback(TIM_HandleTypeDef *htim)
{
     if (htim->Instance == TIM6)          //TIM6 定时周期 500ms，使 LED1 翻转
          HAL_GPIO_TogglePin(LED1_GPIO_Port, LED1_Pin);
     else if(htim->Instance == TIM7)      //TIM7 定时周期 2000ms，单脉冲模式，使 LED2 翻转
          HAL_GPIO_TogglePin(LED2_GPIO_Port, LED2_Pin);
}
/* USER CODE END 1 */
```

函数的传入参数 htim 是定时器指针，通过 htim->Instance 可以判断具体是哪个定时器。中断响应的 ISR 是可重入的，事件中断响应的回调函数也是可重入的，即使 TIM6 和 TIM7 的中断同时发生，它们的中断响应代码也会被执行。

构建项目后，我们将其下载到开发板并加以测试，运行时会发现 LED1 周期性闪烁，这是因为 TIM6 是连续定时模式，每 500ms 中断一次。按下 KeyRight 键后 LED2 点亮，持续约 2000ms 后 LED2 熄灭。LED2 不会闪烁，说明在按下 KeyRight 键以中断方式启动 TIM7 后，TIM7 只中断了一次，因为 TIM7 是单次定时模式。

第10章　通用定时器

STM32F407的通用定时器数量较多，TIM2～TIM5以及TIM9～TIM14都是通用定时器。通用定时器的功能基本相同，只是计数器有的是32位，有的是16位，捕获/比较通道有4通道、2通道或1通道。通用定时器除了基本的定时功能，还具有输入捕获、输出比较、PWM输出等功能。TIM1和TIM8是高级控制定时器，除了具有通用定时器的功能，还有带可编程死区的互补输出、重复计数器等功能，高级控制定时器一般用于电机的控制。在本章中，我们主要介绍通用定时器的功能原理和使用，不介绍高级控制定时器。

10.1　通用定时器功能概述

10.1.1　功能概述

通用定时器TIM2～TIM5以及TIM9～TIM14的功能如表9-1所示，它们的区别主要在于计数器的位数、捕获/比较通道的个数不同。通用定时器具有以下特性。

- 16位或32位自动重载计数器。
- 16位可编程预分频器，分频系数为1～65536。分频系数可在运行时修改。
- 有1、2或4个独立通道，可用于：
  - 输入捕获；
  - 输出比较；
  - PWM生成（边沿对齐或中心对齐）；
  - 单脉冲模式输出。
- 可使用外部信号控制定时器，可实现多个定时器互连的同步电路。
- 发生如下事件时产生中断或DMA请求：
  - 更新——计数器上溢/下溢、计数器初始化（通过软件或内部/外部触发）；
  - 触发事件（计数器启动、停止、初始化或通过内部/外部触发计数）；
  - 输入捕获；
  - 输出比较。

在STM32F407的参考手册上，TIM2～TIM5和TIM9～TIM14是分为两章分别介绍的，TIM2～TIM5的功能更多一些。TIM2～TIM5可以使用外部时钟信号驱动计数器，而TIM9～TIM14只能使用内部时钟信号。

10.1.2　结构框图

通用定时器有1、2或4个捕获/比较通道，只是4通道的定时器有外部时钟输入通道，2通道和 1 通道定时器只能使用内部时钟。1 通道定时器没有内部触发输入，也就是不能工作于从模式（slave mode）与其他定时器串联。

2 通道定时器的功能比较典型，图 10-1 是 2 通道的 TIM9 和 TIM12 的内部功能结构图，我们以此图为例说明通用定时器的主要功能。

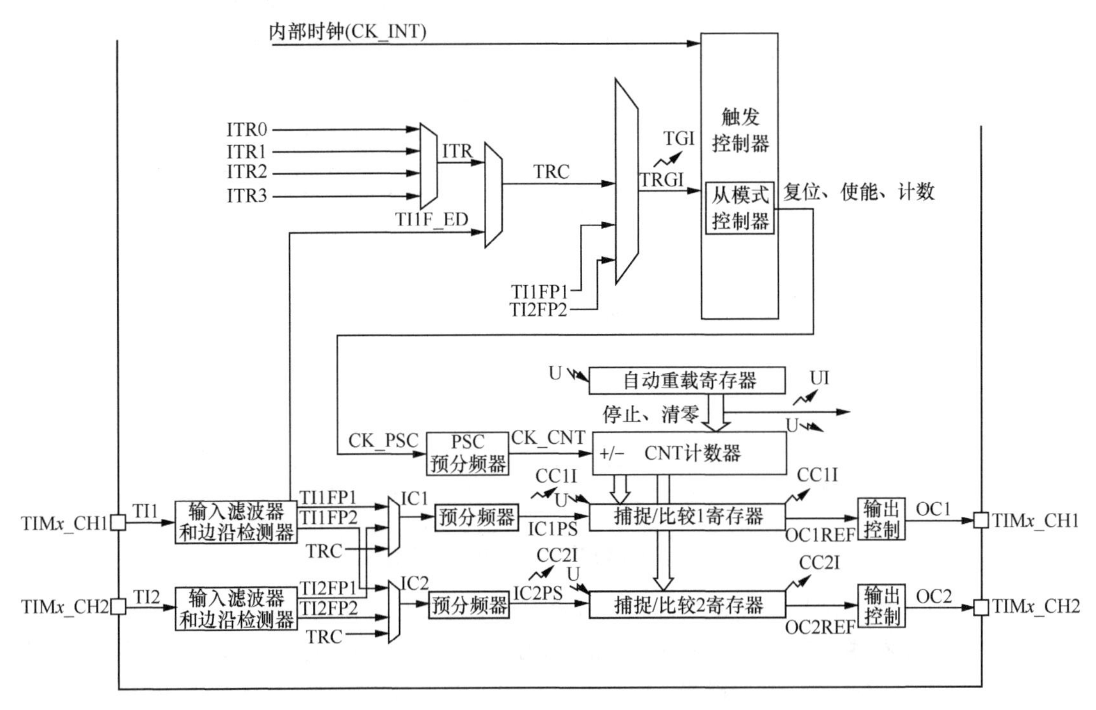

图 10-1　双通道通用定时器的功能结构图

1. 时钟信号和触发控制器

定时器可以使用内部时钟（CK_INT）驱动，内部时钟来源于 APB1 或 APB2 总线的定时器时钟信号。如果定时器设置为从模式，还可以使用其他定时器输出的触发信号作为时钟信号，也就是图 10-1 中的 ITR0、ITR1 等。

触发控制器用于选择定时器的时钟信号，并且可以控制定时器的复位、使能、计数等。触发控制器输出时钟信号 CK_PSC，若选择使用内部时钟，则 CK_PSC 就等同于 CK_INT。

2. 时基单元工作原理

定时器的主要模块是一个 16 位的计数器（TIM2 和 TIM5 是 32 位计数器）及其相关的自动重载寄存器，计数器以递增方式计数（TIM2 和 TIM5 还能递减计数，或递增/递减计数）。

一个 16 位的预分频器对输入时钟信号 CK_PSC 进行分频，分频后的时钟信号 CK_CNT 驱动计数器。计数器内部还有时钟分频功能，可以对 CK_CNT 时钟信号进一步地进行 1 分频（也就是不分频）、2 分频或 4 分频。

时基单元包括 3 个寄存器，其功能描述如下。

（1）计数寄存器（CNT），这个寄存器存储计数器当前的计数值，可以在运行时被读取。

（2）预分频寄存器（PSC），这个寄存器的数值范围为 0～65535，对应于分频系数 1～65536。

在定时器运行时修改 PSC 寄存器的值，需要在下一个 UEV 事件时才会写入预分频器缓冲区并生效，工作时序如图 10-2 所示。在图 10-2 中，PSC 寄存器初始值为 0，预分频器缓冲区是实际用于分频的值。在某个时刻将 PSC 的值改为 1，这个值并未立刻传送到预分频器缓冲区，仍按照原来的值分频和计数。到下一个 UEV 事件发生时，PSC 寄存器里的值才更新到预分频器缓冲区，分频系数变为 2，计数器也使用新的时钟频率计数。

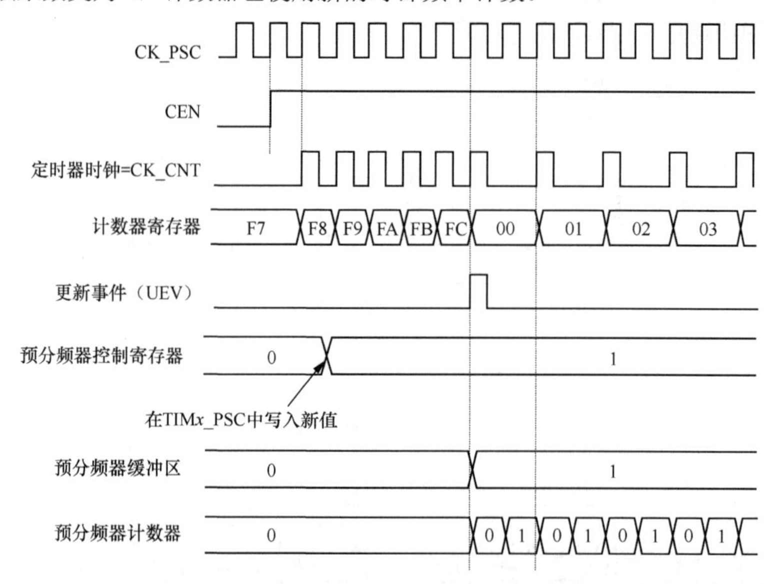

图 10-2　预分频系数由 1 变为 2 的时序图

（3）自动重载寄存器（ARR），这个寄存器存储的是定时器计数周期。

自动重载寄存器（Auto-Reload Register，ARR）是预装载的，它具有影子寄存器。影子寄存器用于底层的实时工作。在定时器工作时改变 ARR 的值，根据控制寄存器 TIM*x*_CR1 中 ARPE 位的设置不同，ARR 的值更新到影子寄存器的方式不同。

控制寄存器 TIM*x*_CR1 中的自动重载预装载（Auto-Reload Preload，ARPE）位为 0 时，即禁用预装载功能时，ARR 的值立刻生效，工作时序如图 10-3 所示。ARR 的初始值为 FF，在某个时刻更新 ARR 的值为 36，计数器的值达到 36 时就产生 UEV 事件，而不是按照原来的值 FF 产生 UEV 事件。所以，APRE = 0 时，给 ARR 设置的新值立刻生效。

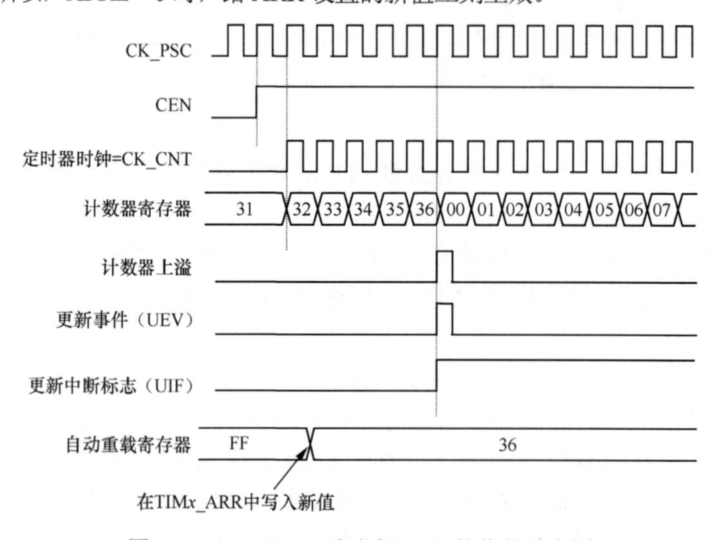

图 10-3　ARPE = 0 时改变 ARR 的值的时序图

当 APRE = 1 时，修改 ARR 的值的时序图如图 10-4 所示。ARR 的初始值为 F5，在某个时刻将 ARR 的值改为 36，那么计数器还是计数到 F5 时才产生 UEV 事件，然后才将新的值 36 写入 ARR 的影子寄存器。所以，APRE = 1 时，ARR 设置的新值要在下一个 UEV 事件时才生效。

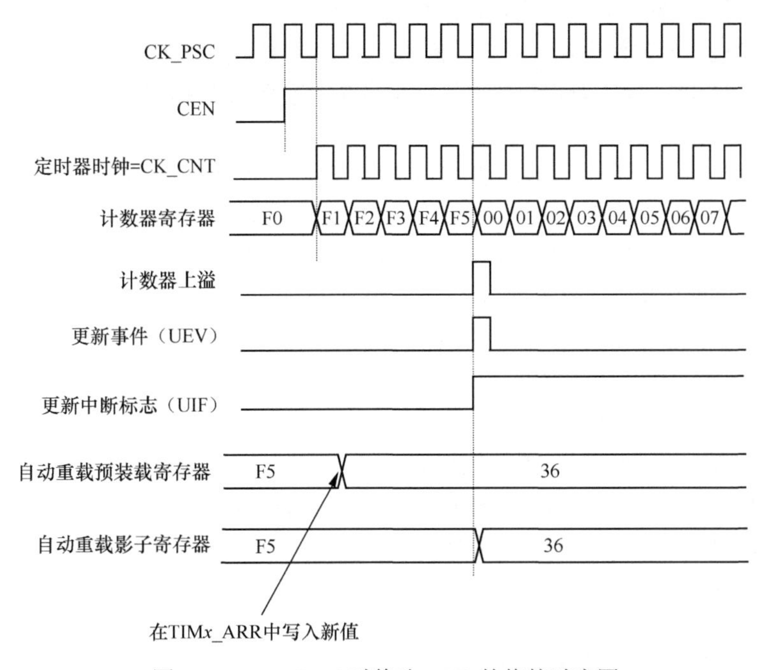

图 10-4　ARPE = 1 时修改 ARR 的值的时序图

时基单元的控制位主要有以下两个。

- TIM*x*_CR1 寄存器中的 CEN（Counter Enable）位使能计数器，当 CEN 设置为 1 时，计数器经过一个 CK_CNT 周期后开始计数，当 CEN 设置为 0 时，计数器停止工作。
- TIM*x*_EGR 寄存器中的 UG（Update Generation）位是用软件方式产生一次更新事件，使定时器复位，工作时序如图 10-5 所示（没有预分频）。软件设置 UG 位为 1 后，经过 1 个 CK_CNT 脉冲后产生 UEV 事件，并自动将 UG 位复位，计数器寄存器清零，预分频计数器也清零，重新开始计数。

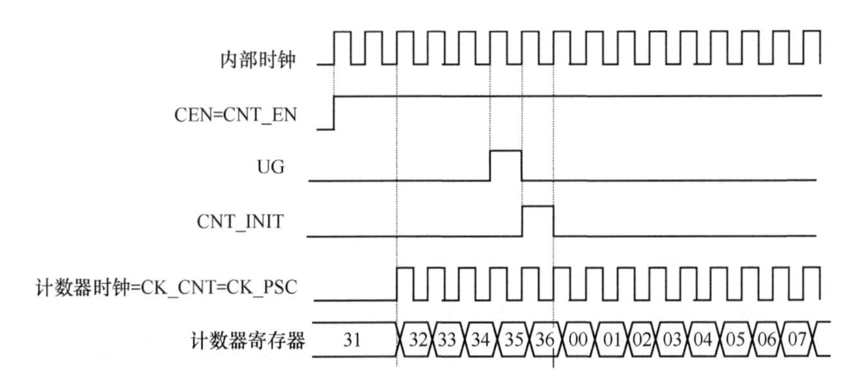

图 10-5　没有预分频，UG 设置为 1 时的时序图

3. 捕获/比较通道

通用定时器有 1、2 或 4 个捕获/比较通道，每个通道是独立工作的。图 10-1 的定时器有 2 个捕获/比较通道：一个通道要么作为捕获输入通道，要么作为比较输出通道；每个通道有一个复用的引脚，如 TIM9_CH1、TIM9_CH2 复用引脚。

捕获/比较通道由输入阶段、比较阶段和输出阶段组成。

- 输入阶段。通道作为输入引脚，例如，图 10-1 中左侧的 TIM*x*_CH1，从复用引脚输入时钟信号 TI1，输入阶段可以对输入信号 TI1 进行滤波和边沿检测，再经过选择器和预分频器后得到时钟信号 IC1PS。
- 捕获/比较阶段。有一个具有预装载功能的捕获/比较寄存器（Capture/Compare Register），以及相关的影子寄存器，可以读写 CCR。在捕获模式下，捕获实际发生在影子寄存器中，然后将影子寄存器的内容复制到 CCR 中。在比较模式下，CCR 的内容将复制到影子寄存器中，然后将影子寄存器的内容与计数器值进行比较。
- 输出阶段：输出阶段就是根据设置的工作模式和控制逻辑，控制输出引脚的电平。

使用捕获/比较通道，通用定时器可以实现如下功能。

- 输入捕获，可用于测量一个时钟信号的频率，脉冲宽度等。
- 输出比较，将计数器 CNT 的值与 CCR 的值比较，控制输出引脚的电平。
- PWM 生成，通过设置 ARR 和 CCR 的值，在计数器的值 CNT 变化过程中输出 PWM 波。PWM 波的频率由 ARR 决定，占空比由 CCR 决定。
- 单脉冲模式输出。

10.2 典型功能原理和 HAL 驱动

10.2.1 生成 PWM 波

1. 生成 PWM 波的原理

PWM（Pulse Width Modulation）就是脉冲宽度调制，是一种对模拟信号电平进行数字编码的方法。PWM 波就是具有一定占空比的方波信号，通过定时器的设置可以控制方波的频率和占空比，从而对模拟电压进行数字编码。理论上，只要带宽足够（PWM 波的频率足够高），任何模拟值都可以使用 PWM 进行编码。使用定时器生成 PWM 波的工作原理如图 10-6 所示，这里定时器是递增计数，PWM 波是边沿对齐方式。

其基本工作原理描述如下。

- 设置自动重载寄存器 ARR 的值，这个值决定了 PWM 波一个周期的长度，比如 PWM 一个周期是 100ms。
- 设置捕获/比较寄存器 CCR 的值，在一个 ARR 计数周期内，当计数器值 CNT < CCR 时，PWM 参考信号 OC*x*REF（*x* 表示定时器编号）为高电平；当 CNT ≥ CCR 时，OC*x*REF 为低电平，并可产生 CC（捕获/比较）事件。所以，CCR 的值决定了占空比，例如，设置 CCR 的值，使一个 PWM 波周期内高电平时长为 70ms，则占空比为 70%。
- 在计数器的值达到 ARR 值时，产生 UEV 事件。CCR 具有预装载功能，修改的 CCR 值需要在下一个 UEV 事件时才生效。

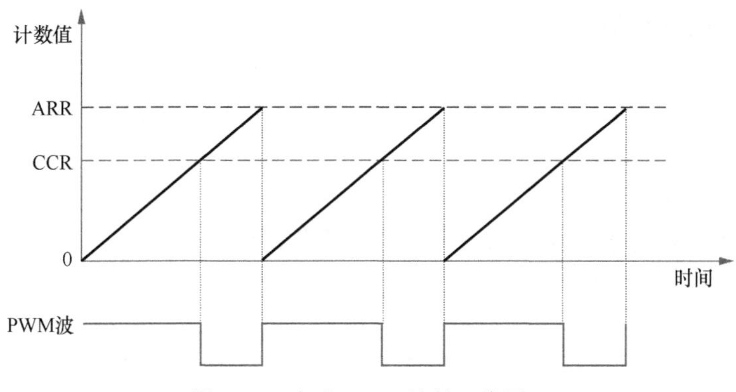

图 10-6 生成 PWM 波的工作原理

通用定时器都具有生成 PWM 波的功能，PWM 波可以输出到定时器的通道引脚，也可以不输出到引脚。某些定时器输出 PWM 波还具有中心对齐模式。

2. 与生成 PWM 波相关的 HAL 函数

与生成 PWM 波相关的 HAL 函数如表 10-1 所示。还有以 DMA 方式启动和停止 PWM 的函数，但是定时器基本不使用 DMA 方式，后文也不会列出各种模式的 DMA 相关函数。这里仅列出了相关函数，简要说明其功能，在后面生成 PWM 波的示例里，我们再结合 CubeMX 配置和代码解释这些函数的功能和使用。

表 10-1 与生成 PWM 波相关的 HAL 函数

函数名	功能描述
HAL_TIM_PWM_Init()	生成 PWM 波的配置初始化，需先执行 HAL_TIM_Base_Init()进行定时器初始化
HAL_TIM_PWM_ConfigChannel()	配置 PWM 输出通道
HAL_TIM_PWM_Start()	启动生成 PWM 波，需要先执行 HAL_TIM_Base_Start()启动定时器
HAL_TIM_PWM_Stop()	停止生成 PWM 波
HAL_TIM_PWM_Start_IT()	以中断方式启动生成 PWM 波，需要先执行 HAL_TIM_Base_Start_IT()启动定时器
HAL_TIM_PWM_Stop_IT()	停止生成 PWM 波
HAL_TIM_PWM_GetState()	返回定时器状态，与 HAL_TIM_Base_GetState()功能相同
__HAL_TIM_ENABLE_OCxPRELOAD()	使能 CCR 的预装载功能，为 CCR 设置的新值要等到下个 UEV 事件发生时才更新到 CCR
__HAL_TIM_DISABLE_OCxPRELOAD()	禁止 CCR 的预装载功能，为 CCR 设置的新值会立刻更新到 CCR
__HAL_TIM_ENABLE_OCxFAST()	启用一个通道的快速模式
__HAL_TIM_DISABLE_OCxFAST()	禁用一个通道的快速模式
HAL_TIM_PWM_PulseFinishedCallback()	当计数器的值等于 CCR 的值时，产生输出比较事件，这是对应的回调函数

10.2.2 输出比较

1. 输出比较的原理

输出比较（output compare）用于控制输出波形，或指示经过了某一段时间。它的工作原理是：用捕获/比较寄存器的值 CCR 与计数器值 CNT 比较，如果两个寄存器的值匹配，产生输出比较结果 OC*y*REF，这个值由比较模式和输出极性决定，这个比较结果可以输出到通道的引脚。比较匹配时，可以产生中断或 DMA 请求，可以引起输出引脚发生如下几种变化。

- 冻结（Frozen），即保持其电平。
- 有效电平（Active level），有效电平由设置的通道极性决定。
- 无效电平（Inactive Level）。
- 翻转（Toggle）。

如果将捕获/比较模式寄存器 TIM*x*_CCMR1 或 TIM*x*_CCMR2 中的 OC*y*PE（输出比较预装载使能）位设置为 0，则捕获/比较寄存器 TIM*x*_CCR*y* 无预装载功能，对 TIM*x*_CCR*y* 寄存器的修改立刻生效；如果设置 OC*y*PE 位为 1，对 TIM*x*_CCR*y* 寄存器的修改需要在下一个 UEV 事件时才生效。

本章在寄存器名称或位的名称表示中使用了 *x* 和 *y*，例如寄存器 TIM*x*_CCR*y*，其中 *x* 表示定时器编号，*y* 表示通道编号。某些定时器有 2 个或 4 个通道，相应的有寄存器 TIM*x*_CCR1、TIM*x*_CCR2 等。

图 10-7 是设置输出极性为高电平、匹配时输出翻转、TIM*x*_CCR1 寄存器无预装载功能时的时序图。TIM*x*_CCR1 初始设定值为 003A，输出参考 OC1REF 初始为低电平。当 TIM*x*_CNT 寄存器与 TIM*x*_CCR1 寄存器值第 1 次匹配时（值为 003A 时），输出参考 OC1REF 翻转为高电平，如果使能了输出比较中断，会产生 CC1IF 中断标志。

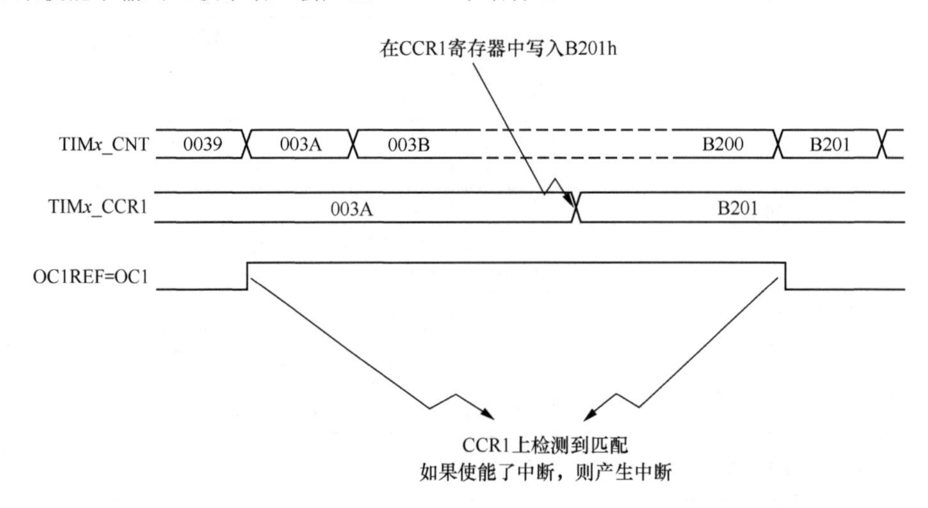

图 10-7 输出比较工作时序图，翻转输出，TIM*x*_CCR1 无预装载功能

我们在中间修改了 TIM*x*_CCR1 寄存器的值为 0xB201，因为没有使用预装载功能，所以写入 TIM*x*_CCR1 寄存器的值立即生效。当 TIM*x*_CNT 寄存器与 TIM*x*_CCR1 寄存器值第 2 次匹配时（值为 0xB201 时），输出参考 OC1REF 再翻转为低电平，并且产生 CC1IF 中断标志。

2. 输出比较相关的 HAL 函数

输出比较相关的 HAL 函数如表 10-2 所示。这里仅列出了相关函数名，简要说明其功能，在后面的输出比较示例里，我们再结合 CubeMX 配置和代码解释这些函数的功能和用法。

表 10-2 输出比较相关的 HAL 函数

函数名	功能描述
HAL_TIM_OC_Init()	输出比较初始化，需先执行 HAL_TIM_Base_Init()进行定时器初始化
HAL_TIM_OC_ConfigChannel()	输出比较通道配置
HAL_TIM_OC_Start()	启动输出比较，需要先执行 HAL_TIM_Base_Start()启动定时器
HAL_TIM_OC_Stop()	停止输出比较
HAL_TIM_OC_Start_IT()	以中断方式启动输出比较，需要先执行 HAL_TIM_Base_Start_IT()启动定时器
HAL_TIM_OC_Stop_IT()	停止输出比较
HAL_TIM_OC_GetState()	返回定时器状态，与 HAL_TIM_Base_GetState()功能相同
__HAL_TIM_ENABLE_OCxPRELOAD()	使能 CCR 的预装载功能，为 CCR 设置的新值在下个 UEV 事件发生时才更新到 CCR 寄存器
__HAL_TIM_DISABLE_OCxPRELOAD()	禁止 CCR 的预装载功能，为 CCR 设置的新值立刻更新到 CCR
__HAL_TIM_SET_COMPARE()	设置比较寄存器 CCR 的值
__HAL_TIM_GET_COMPARE()	读取比较寄存器 CCR 的值
HAL_TIM_OC_DelayElapsedCallback()	产生输出比较事件时的回调函数

10.2.3 输入捕获

1. 输入捕获的原理

输入捕获（input capture）就是检测输入通道输入方波信号的跳变沿，并将发生跳变时的计数器的值锁存到 CCR。使用输入捕获功能可以检测方波信号周期，从而计算方波信号的频率，也可以检测方波信号的占空比。

使用输入捕获功能检测方波信号周期的工作原理示意图如图 10-8 所示，设置捕获极性是上跳沿，定时器在 ARR 的控制下周期性地计数。

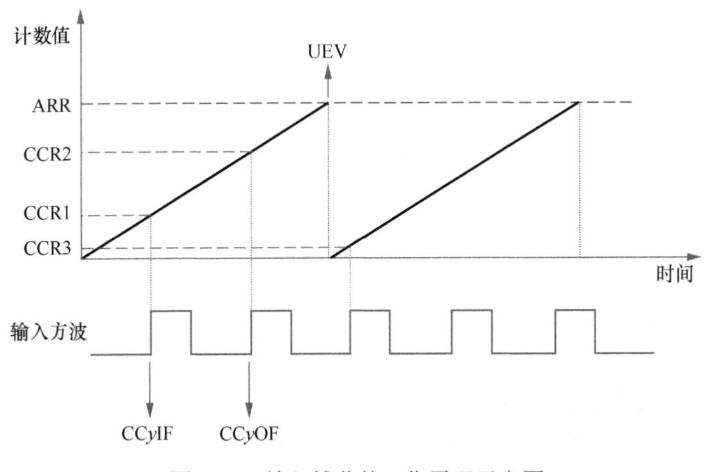

图 10-8 输入捕获的工作原理示意图

图 10-8 中假设输入方波的脉冲宽度小于定时器的周期，输入捕获测定脉冲周期的工作原理描述如下。

- 在一个上跳沿时，状态寄存器 TIM*x*_SR 中的捕获/比较标志位 CC*y*IF 会被置 1，表示发生了捕获事件，会产生相应的中断。计数器的值自动锁存到 CCR，假设锁存的值为 CCR1。可以在程序里读取出 CCR 的值，并清除 CC*y*IF 标志位。
- 在下一个上跳沿时，计数器的值也会锁存到 CCR，假设锁存的值为 CCR2。如果在上次发生捕获事件后，CCR 的值没有及时读出，则 CC*y*IF 位依然为 1，且 TIM*x*_SR 中的重复捕获标志位 CC*y*OF 会被置 1。

如果像图 10-8 那样，两个上跳沿的捕获发生在定时器的一个计数周期内，两个计数值分别为 CCR1 和 CCR2，则方波的周期为 CCR2−CCR1 个计数周期。根据定时器的时钟周期就可以计算出方波周期和频率。

如果方波周期超过定时器的计数周期，或两次捕获发生在相邻两个定时周期里，如图 10-8 中的 CCR2 和 CCR3，则只需将计数器的计数周期和 UEV 事件发生次数考虑进去即可，如图 10-8 中根据 CCR2 和 CCR3 计算的脉冲周期应该是 ARR−CCR2+CCR3。

输入捕获还可以对输入设置滤波，滤波系数 0～15，用于输入有抖动时的处理。输入捕获还可以设置预分频器系数 N，数值 N 的取值为 1、2、4 或 8，表示发生 N 个事件时才执行一次捕获。

2. 输入捕获相关的 HAL 函数

输入捕获相关的 HAL 函数如表 10-3 所示。这里仅列出了相关函数名，简要说明其功能，在后面的测量 PWM 波周期和脉宽的示例里，我们再结合 CubeMX 配置和代码解释这些函数的功能和用法。

表 10-3　输入捕获相关的 HAL 函数

函数名	功能描述
HAL_TIM_IC_Init()	输入捕获初始化，需先执行 HAL_TIM_Base_Init()进行定时器初始化
HAL_TIM_IC_ConfigChannel()	输入捕获通道配置
HAL_TIM_IC_Start()	启动输入捕获，需要先执行 HAL_TIM_Base_Start()启动定时器
HAL_TIM_IC_Stop()	停止输入捕获
HAL_TIM_IC_Start_IT()	以中断方式启动输入捕获，需要先执行 HAL_TIM_Base_Start()启动定时器
HAL_TIM_IC_Stop_IT()	停止输入捕获
HAL_TIM_IC_GetState()	返回定时器状态，与 HAL_TIM_Base_GetState()功能相同
__HAL_TIM_SET_CAPTUREPOLARITY()	设置捕获输入极性，上跳沿、下跳沿或双边捕获
__HAL_TIM_SET_COMPARE()	设置比较寄存器 CCR 的值
__HAL_TIM_GET_COMPARE()	读取比较寄存器 CCR 的值
HAL_TIM_IC_CaptureCallback	产生输入捕获事件时的回调函数

10.2.4　PWM 输入模式

1. 测量 PWM 波参数的原理

PWM 输入模式是输入捕获模式的一个特例，可用于测量 PWM 输入信号的周期和占空比。它的基本方法如下。

- 将两个输入捕获信号 IC1 和 IC2 映射到同一个 TI1 输入上。
- 设置这两个捕获信号 IC1 和 IC2 在边沿处有效，但是极性相反。
- 选择 TI1FP 或 TI2FP 信号之一作为触发输入，并将从模式控制器配置为复位模式。

例如，图 10-9 是测量 TI1（输入通道 CH1 上的输入 PWM 波）的周期和占空比的示意图，其初始配置和工作原理描述如下。

- 将 TIM*x*_CCR1 和 TIM*x*_CCR2 的输入都设置为 TI1（即通道 TIM*x*_CH1）。
- 设置 TIM*x*_CCR1 的极性为上跳沿有效，设置 TIM*x*_CCR2 的极性为下跳沿有效。
- 选择 TI1FP1 为有效触发输入。
- 将从模式控制器设置为复位模式。
- 同时使能 TIM*x*_CCR1 和 TIM*x*_CCR2 输入捕获。
- 在图 10-9 中，在第 1 个上跳沿处，TIM*x*_CCR1 锁存计数器的值，并且使计数器复位；在接下来的下跳沿处，TIM*x*_CCR2 锁存计数器的值（为 0002），这个值就是 PWM 的高电平宽度；在下一个上跳沿处，TIM*x*_CCR1 锁存计数器的值（为 0004），这个值就是 PWM 的周期。

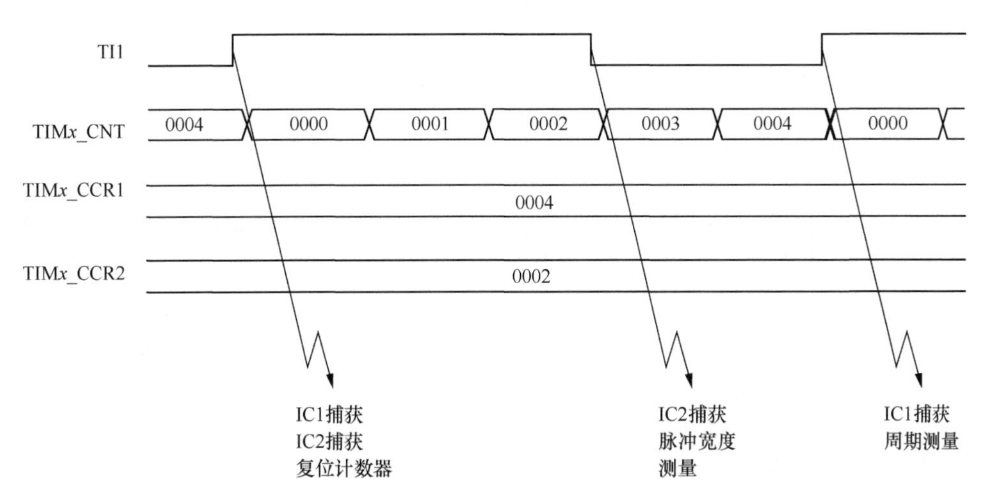

图 10-9 PWM 输入模式测量周期和占空比的示意图

2. 测量 PWM 波参数的相关 HAL 函数

PWM 输入模式就是输入捕获模式的一个特例，使用的就是表 10-3 中输入捕获相关的 HAL 函数。我们将在后面的示例 3 里介绍测量 PWM 波周期和脉宽的原理。

10.2.5 定时器同步

两个或多个定时器可以内部连接，实现定时器同步或串联。某个工作于主模式的定时器，可以对另一个工作于从模式的定时器执行复位、启动、停止操作，或为其提供时钟。定时器之间的连接可以实现如下一些功能。

- 将一个定时器用作另一个定时器的预分频器。
- 使用一个定时器使能另外一个定时器。
- 使用一个定时器启动另外一个定时器。
- 使用一个外部触发信号同步启动两个定时器。

TIM1 和 TIM2 串联工作的示意图如图 10-10 所示。TIM1 工作于主模式，TIM2 工作于从模式，TIM1 作为 TIM2 的预分频器，其各种设置和工作原理如下。

- 设置 TIM1 工作于主模式，其触发输出（trigger output）信号 TRGO1 的事件源选择 UEV 事件，则每次 UEV 事件时 TRGO1 输出一个上升沿的脉冲信号。
- 将 TIM2 从模式设置为外部时钟模式，触发信号源选择 ITR0，这样 TIM1 的触发输出信号 TRGO1 就成了 TIM2 的时钟信号，相当于 TIM1 作为 TIM2 的预分频器。
- 启动 TIM1 和 TIM2，这两个定时器就开始串联工作。

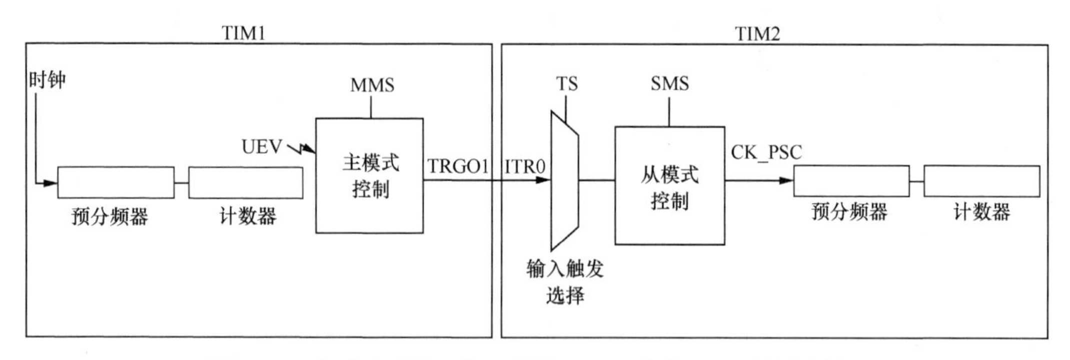

图 10-10　主/从定时器工作示意图，TIM1 作为 TIM2 的预分频器

10.2.6　通用定时器中断事件和回调函数

所有定时器的中断 ISR 里调用一个相同的函数 HAL_TIM_IRQHandler()，这是定时器中断处理通用函数。在这个函数里，程序会判断中断事件类型，并调用相应的回调函数。我们在第 9 章介绍的基础定时器只有一个 UEV 事件，对应的回调函数是 HAL_TIM_PeriodElapsedCallback(htim)。通用定时器和高级控制定时器有更多的中断事件和回调函数，文件 stm32f4xx_hal_tim.h 定义了定时器所有中断事件类型的宏，定义如下：

```
#define TIM_IT_UPDATE  TIM_DIER_UIE     //更新中断（Update interrupt）
#define TIM_IT_CC1     TIM_DIER_CC1IE   //捕获/比较 1 中断（Capture/Compare 1 interrupt）
#define TIM_IT_CC2     TIM_DIER_CC2IE   //捕获/比较 2 中断（Capture/Compare 2 interrupt）
#define TIM_IT_CC3     TIM_DIER_CC3IE   //捕获/比较 3 中断（Capture/Compare 3 interrupt）
#define TIM_IT_CC4     TIM_DIER_CC4IE   //捕获/比较 4 中断（Capture/Compare 4 interrupt）
#define TIM_IT_COM     TIM_DIER_COMIE   //换相中断（Commutation interrupt）
#define TIM_IT_TRIGGER TIM_DIER_TIE     //触发中断（Trigger interrupt）
#define TIM_IT_BREAK   TIM_DIER_BIE     //断路中断（Break interrupt）
```

函数 HAL_TIM_IRQHandler()的代码框架如图 10-11 所示，这里使用了代码折叠功能，整个函数的代码有 200 行左右。这个函数会根据中断事件标志位和中断事件使能标志位，判断具体发生了哪个中断事件，从而调用相应的回调函数。

```
3167⊖void HAL_TIM_IRQHandler(TIM_HandleTypeDef *htim)
3168 {
3169   /* Capture compare 1 event */
3170⊕  if (__HAL_TIM_GET_FLAG(htim, TIM_FLAG_CC1) != RESET)
3202   /* Capture compare 2 event */
3203⊕  if (__HAL_TIM_GET_FLAG(htim, TIM_FLAG_CC2) != RESET)
3232   /* Capture compare 3 event */
3233⊕  if (__HAL_TIM_GET_FLAG(htim, TIM_FLAG_CC3) != RESET)
3262   /* Capture compare 4 event */
3263⊕  if (__HAL_TIM_GET_FLAG(htim, TIM_FLAG_CC4) != RESET)
3292   /* TIM Update event */
3293⊕  if (__HAL_TIM_GET_FLAG(htim, TIM_FLAG_UPDATE) != RESET)
3305   /* TIM Break input event */
3306⊕  if (__HAL_TIM_GET_FLAG(htim, TIM_FLAG_BREAK) != RESET)
3318   /* TIM Trigger detection event */
3319⊕  if (__HAL_TIM_GET_FLAG(htim, TIM_FLAG_TRIGGER) != RESET)
3331   /* TIM commutation event */
3332⊕  if (__HAL_TIM_GET_FLAG(htim, TIM_FLAG_COM) != RESET)
3344 }
```

图 10-11　函数 HAL_TIM_IRQHandler()的代码框架

我们分析了函数 HAL_TIM_IRQHandler()中判断 UEV 中断事件的代码段（见第 9 章），还介绍了外设中断处理的一般流程、相关寄存器和函数的作用。接下来，我们分析函数

HAL_TIM_IRQHandler()的源代码，整理出中断事件类型与回调函数的对应关系（见表 10-4）。这些回调函数都需要一个定时器对象指针 htim 作为输入参数。表中最后两个事件类型是高级控制定时器的，一般在电机控制中用到；TIM_IT_TRIGGER 事件是定时器作为从定时器时，TRGI（触发输入）信号产生有效边沿跳变时的事件。

表 10-4 函数 HAL_TIM_IRQHandler()处理的中断事件类型与对应的回调函数

中断事件类型	事件名称	回调函数
TIM_IT_CC1	CC1 通道输入捕获	HAL_TIM_IC_CaptureCallback()
	CC1 通道输出比较	HAL_TIM_OC_DelayElapsedCallback() HAL_TIM_PWM_PulseFinishedCallback()
TIM_IT_CC2	CC2 通道输入捕获	HAL_TIM_IC_CaptureCallback()
	CC2 通道输出比较	HAL_TIM_OC_DelayElapsedCallback() HAL_TIM_PWM_PulseFinishedCallback()
TIM_IT_CC3	CC3 通道输入捕获	HAL_TIM_IC_CaptureCallback()
	CC3 通道输出比较	HAL_TIM_OC_DelayElapsedCallback() HAL_TIM_PWM_PulseFinishedCallback()
TIM_IT_CC4	CC4 通道输入捕获	HAL_TIM_IC_CaptureCallback()
	CC4 通道输出比较	HAL_TIM_OC_DelayElapsedCallback() HAL_TIM_PWM_PulseFinishedCallback()
TIM_IT_UPDATE	更新事件（UEV）	HAL_TIM_PeriodElapsedCallback()
TIM_IT_TRIGGER	TRGI 触发事件	HAL_TIM_TriggerCallback()
TIM_IT_BREAK	断路输入事件	HAL_TIMEx_BreakCallback()
TIM_IT_COM	换相事件	HAL_TIMEx_CommutCallback()

对于捕获/比较通道，输入捕获和输出比较使用一个中断事件类型，如 TIM_IT_CC1 表示通道 CC1 的输入捕获或输出比较事件，程序会根据捕获/比较模式寄存器 TIM*x*_CCMR1 的内容判断到底是输入捕获，还是输出比较。如果是输出比较，会连续调用两个回调函数，这两个函数只是意义不同，根据使用场景实现其中一个即可。函数 HAL_TIM_IRQHandler()中判断 TIM_IT_CC1 中断事件源和调用回调函数的代码如下（删除了条件编译不成立部分的代码）：

```
void HAL_TIM_IRQHandler(TIM_HandleTypeDef *htim)
{
  /*  省略代码段  */

  /* Capture compare 1 event */
  if (__HAL_TIM_GET_FLAG(htim, TIM_FLAG_CC1) != RESET)
  {
    if (__HAL_TIM_GET_IT_SOURCE(htim, TIM_IT_CC1) != RESET)
    {
      {
        __HAL_TIM_CLEAR_IT(htim, TIM_IT_CC1);
        htim->Channel = HAL_TIM_ACTIVE_CHANNEL_1;
        /* Input capture event */
        if ((htim->Instance->CCMR1 & TIM_CCMR1_CC1S) != 0x00U)
        {
          HAL_TIM_IC_CaptureCallback(htim);
        }
        /* Output compare event */
        else
        {
```

```
                HAL_TIM_OC_DelayElapsedCallback(htim);
                HAL_TIM_PWM_PulseFinishedCallback(htim);
              }
              htim->Channel = HAL_TIM_ACTIVE_CHANNEL_CLEARED;
            }
          }
        }

        /*   省略代码段   */
      }
```

表 10-4 中的回调函数都是在 HAL 库中定义的弱函数，且函数代码为空，用户需要处理某个中断事件时，需要重新实现对应的回调函数。搞清楚这些中断事件的来源和对应的回调函数后，在编程时要做的就是确定要实现的功能需要用到哪个中断事件，然后重新实现对应的回调函数，在回调函数里编写用户功能代码即可。

10.3　示例 1：生成 PWM 波

10.3.1　电路原理和 CubeMX 项目配置

开发板上 LED1 连接的引脚 PF9 可以作为定时器 TIM14 的通道 CH1，使用 TIM14 输出 PWM 波可以控制 LED1 的亮度。由于 LED1 的负端连接 PF9 引脚（见图 6-2），因此引脚输出低电平时 LED1 亮。

我们将设计一个示例项目 Demo10_1PWM_Out，使用 TIM14 的 CH1 输出生成 PWM 波，首先输出固定占空比的 PWM 波，然后再改动程序后输出可变占空比的 PWM 波。本示例使用 LCD，不使用按键和 LED。与 LED1 连接的 PF9 引脚不能设置为 GPIO_Output，而要设置为 TIM14_CH1。

1. 基础设置

本项目不需要使用按键和 LED 的 GPIO 引脚配置，所以利用 CubeMX 模板文件 M3_LCD_Only.ioc 创建本项目文件 Demo10_1PWM_Out.ioc。操作方法见附录 A。

我们在时钟树上设置 HSE 为 8MHz，设置 HCLK 为 100MHz，并将 APB1 和 APB2 总线定时器时钟频率都设置为 50MHz（见图 9-1），这是为了便于计算定时器的预分频系数和输入时钟信号频率。

2. 定时器 TIM14 的设置

定时器 TIM14 的模式和参数设置界面如图 10-12 所示。TIM14 只有一个通道 CH1，在模式设置部分（Mode）勾选 Activated 复选框启用 TIM14，在 Channel1 下拉列表框里选择 PWM Generation CH1。这个下拉列表框里的选项用于设置通道的工作模式，有如下一些选项。

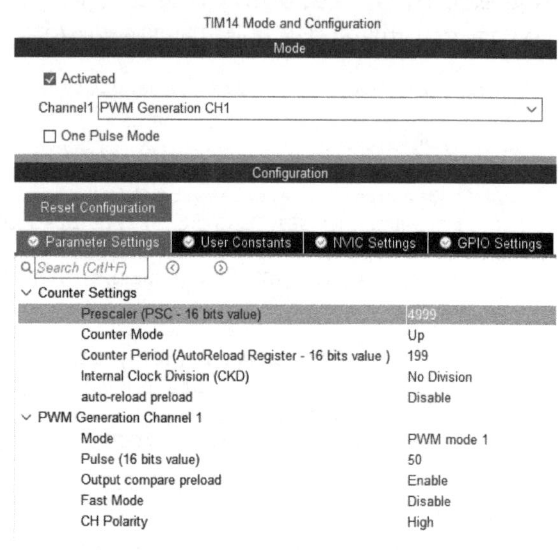

图 10-12　定时器 TIM14 的模式和参数设置

- Disable，禁用通道。
- Input Capture Direct Mode，直接模式输入捕获。
- Output Compare No Output，输出比较，不输出到通道引脚。
- Output Compare CH1，输出比较，输出到通道引脚 CH1。
- PWM Generation No Output，生成 PWM，不输出到通道引脚。
- PWM Generation CH1，生成 PWM，输出到通道引脚 CH1。
- Forced Output CH1，强制通道引脚 CH1 输出某个电平。

将 TIM14 的 CH1 设置为 PWM Generation CH1 模式后，引脚 PF9 自动设置为复用引脚 TIM14_CH1。PF9 的 GPIO 自动设置为复用功能推挽（alternate function push pull），无上拉和下拉。

定时器 TIM14 的参数设置结果如图 10-12 所示，某些参数与第 9 章介绍的基础定时器的设置类似。

- Prescaler，预分频寄存器值，设置为 4999，所以预分频系数为 5000。定时器使用内部时钟信号频率为 50MHz，经过预分频后进入计数器的时钟频率就 10kHz，即

$$f_{\mathrm{CK\_CNT}} = \frac{50\times10^6}{5000}\mathrm{Hz} = 10\times10^3\,\mathrm{Hz}$$

- Counter Mode，计数模式，设置为递增计数。
- Counter Period，计数周期（ARR 的值），设置为 199，所以一个计数周期是

$$T_{\mathrm{ARR}}=\frac{1+199}{10\times10^3}\mathrm{s}=20\mathrm{ms}$$

- Internal Clock Division，内部时钟分频，是在定时器控制器部分对内部时钟进行分频，可以设置为 1、2 或 4 分频，选项 No Division 就是无分频，使得 CK_PSC 等于 CK_INT。
- auto-reload preload，自动重载预装载，即设置 TIM14_CR1 寄存器中的 ARPE 位。如果设置为 Disable，就是不使用预装载，设置的新 ARR 的值立即生效；如果设置为 Enabled，设置的新 ARR 的值在下一个 UEV 事件时才生效。原理如图 10-3 和图 10-4 所示。

PWM Generation Channel 1 分组里是生成 PWM 的一些参数。

- Mode，PWM 模式，选项有 PWM Mode 1（PWM 模式 1）和 PWM Mode 2（PWM 模式 2）。这两种模式的定义如下。
  - PWM 模式 1——在递增计数模式下，只要 CNT < CCR，通道就是有效状态，否则为无效状态。在递减计数模式下，只要 CNT < CCR，通道就变为无效状态，否则为有效状态。图 10-6 是通道极性为高，PWM 模式 1 下生成的 PWM 波形。
  - PWM 模式 2——其输出与 PWM 模式 1 正好相反，例如，在递增计数模式下，只要 CNT < CCR，通道就是无效状态，否则为有效状态。
- Pulse，PWM 脉冲宽度，就是设置 16 位的捕获/比较寄存器 CCR 的值。脉冲宽度的值应该小于计数周期的值，这里设置为 50，因为计数器的时钟频率是 10kHz，所以脉冲宽度为 5ms。
- Output compare preload，输出比较预装载。CCR 有预装载功能，寄存器 TIM*x*_ CCMR*y* 中的 OC*y*PE（Output Capture *y* Preload Enable）位可以使能或禁用其预装载功能。这个参数就是设置这个位的值，设置为 Enable 时，修改 CCR 的值需要到下一个 UEV 事件时才生效，否则立刻生效。

- Fast Mode，是否使用输出比较快速模式，就是设置寄存器 TIM*x*_CCMR1 中的 OC1FE 位，用于加快触发输入事件对 CC 输出的影响，一般设置为 Disable 即可。
- CH Polarity，通道极性，就是 CCR 与 CNT 比较输出的有效状态，可以设置为高电平（High）或低电平（Low）。通道极性和 PWM 模式的组合可以生成不同的 PWM 波形，图 10-6 是通道极性为高，PWM 模式 1 下生成的 PWM 波形。

经过这样的设置，在启动定时器 TIM14 后，在引脚 PF9（TIM14_CH1 通道）上输出的 PWM 波形如图 10-13 所示。通道极性为高，PWM 模式为 1。PWM 波的周期为 20ms，由 ARR 的值决定；高电平脉冲宽度为 5ms，由 CCR 的值决定。

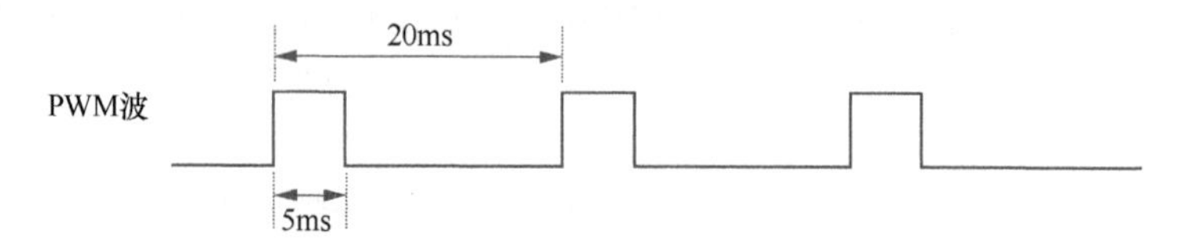

图 10-13 输出 PWM 波的理论波形和参数

我们还需要在 NVIC 组件设置中启用 TIM14 全局中断，设置抢占优先级为 1，设置次优先级为 0。TIM14 和 TIM8 共用一个中断地址。

10.3.2 输出固定占空比 PWM 波

1. 主程序

我们在 CubeMX 里完成配置后生成 CubeIDE 项目代码，在 CubeIDE 中打开项目，将 PublicDrivers 目录下的 TFT_LCD 目录添加到项目的头文件和源程序搜索路径（操作方法见附录 A）。添加了用户代码后文件 main.c 的代码如下：

```
/* 文件:main.c  -----------------------------------------------------------------*/
#include "main.h"
#include "tim.h"
#include "gpio.h"
#include "fsmc.h"
/* USER CODE BEGIN Includes */
#include "tftlcd.h"
/* USER CODE END Includes */

int main(void)
{
     HAL_Init();
     SystemClock_Config();
     /* Initialize all configured peripherals */
     MX_GPIO_Init();
     MX_FSMC_Init();
     MX_TIM14_Init();          //TIM14 初始化

     /* USER CODE BEGIN 2 */
     TFTLCD_Init();            //TFT LCD 软件初始化
     LCD_ShowStr(10,10,(uint8_t *)"Demo10_1:PWM Output");
     LCD_ShowStr(10,LCD_CurY+LCD_SP20,(uint8_t *)"TIM14 generate PWM on PF9(LED1)");
     LCD_ShowStr(10,LCD_CurY+LCD_SP20,(uint8_t *)"PWM interval= 20ms");
     LCD_ShowStr(10,LCD_CurY+LCD_SP20,(uint8_t *)"High pulse width= 5ms");

     HAL_TIM_Base_Start_IT(&htim14);        //以中断方式启动 TIM14
```

```
    HAL_TIM_PWM_Start_IT(&htim14,TIM_CHANNEL_1);      //TIM14 通道 1，启动生成 PWM
    /* USER CODE END 2 */
    while (1)
    {
    }
}
```

MX_TIM14_Init()是定时器 TIM14 的初始化函数。要启动 TIM14 的 PWM 波输出，需要先执行函数 HAL_TIM_Base_Start_IT()启动定时器，再执行函数 HAL_TIM_PWM_Start_IT()启动 CH1 的 PWM 波输出。

2. 定时器 TIM14 初始化

函数 MX_TIM14_Init()用于对定时器 TIM14 初始化，文件 tim.c 中这个函数的相关代码如下：

```
/* 文件:tim.c   ----------------------------------------------------------------*/
#include "tim.h"
TIM_HandleTypeDef htim14;                        //定时器 TIM14 的外设对象变量

/* TIM14 的初始化函数 */
void MX_TIM14_Init(void)
{
    TIM_OC_InitTypeDef sConfigOC = {0};

    htim14.Instance = TIM14;                     //TIM14 寄存器基址
    htim14.Init.Prescaler = 4999;                //预分频寄存器值，分频系数为 5000
    htim14.Init.CounterMode = TIM_COUNTERMODE_UP;      //递增计数
    htim14.Init.Period = 199;                    //ARR 寄存器的值，计数周期
    htim14.Init.ClockDivision = TIM_CLOCKDIVISION_DIV1;          //无分频
    htim14.Init.AutoReloadPreload = TIM_AUTORELOAD_PRELOAD_DISABLE;
    if (HAL_TIM_Base_Init(&htim14) != HAL_OK)          //定时器初始化
        Error_Handler();
    if (HAL_TIM_PWM_Init(&htim14) != HAL_OK)           //PWM 初始化
        Error_Handler();

    sConfigOC.OCMode = TIM_OCMODE_PWM1;                //PWM 模式 1
    sConfigOC.Pulse = 50;                        //PWM 脉冲宽度
    sConfigOC.OCPolarity = TIM_OCPOLARITY_HIGH;        //有效电平
    sConfigOC.OCFastMode = TIM_OCFAST_DISABLE;         //禁用 Fast 模式
    if (HAL_TIM_PWM_ConfigChannel(&htim14, &sConfigOC, TIM_CHANNEL_1) != HAL_OK)
        Error_Handler();
    HAL_TIM_MspPostInit(&htim14);                //TIM14 通道 1 的 GPIO 引脚配置
}

//由 HAL_TIM_Base_Init()调用的 MSP 初始化函数
void HAL_TIM_Base_MspInit(TIM_HandleTypeDef* tim_baseHandle)
{
    if(tim_baseHandle->Instance==TIM14)
    {
        __HAL_RCC_TIM14_CLK_ENABLE();       //使能时钟
        /* TIM14 的中断设置 */
        HAL_NVIC_SetPriority(TIM8_TRG_COM_TIM14_IRQn, 1, 0);
        HAL_NVIC_EnableIRQ(TIM8_TRG_COM_TIM14_IRQn);
    }
}

//TIM14 通道 1 的 GPIO 引脚配置，在 MX_TIM14_Init()里被调用
void HAL_TIM_MspPostInit(TIM_HandleTypeDef* timHandle)
{
    GPIO_InitTypeDef GPIO_InitStruct = {0};
```

```
        if(timHandle->Instance==TIM14)
        {
            __HAL_RCC_GPIOF_CLK_ENABLE();
            /**TIM14 GPIO的配置    PF9 ----> TIM14_CH1   */
            GPIO_InitStruct.Pin = GPIO_PIN_9;
            GPIO_InitStruct.Mode = GPIO_MODE_AF_PP;
            GPIO_InitStruct.Pull = GPIO_NOPULL;
            GPIO_InitStruct.Speed = GPIO_SPEED_FREQ_LOW;
            GPIO_InitStruct.Alternate = GPIO_AF9_TIM14;
            HAL_GPIO_Init(GPIOF, &GPIO_InitStruct);
        }
    }
```

上述代码定义了一个 TIM_HandleTypeDef 类型的外设对象变量 htim14，用于表示定时器 TIM14。

函数 MX_TIM14_Init()用于定时器 TIM14 的初始化，还包括生成 PWM 波的参数设置，函数中的代码与图 10-12 所示的图形化设置内容对应。一些参数的设定值使用的是宏定义常量，例如，PWM 有效电平参数 OCPolarity 可设置为 TIM_OCPOLARITY_HIGH 或 TIM_OCPOLARITY_LOW。这里就不列出各个参数的所有可选值了，跟踪源代码就可以查看。

函数 HAL_TIM_Base_MspInit()是重新实现的 MSP 函数，由 HAL_TIM_Base_Init()函数内部调用，其功能是开启 TIM14 的时钟和设置中断。

函数 HAL_TIM_MspPostInit()是在函数 MX_TIM14_Init()中最后调用的，其功能是对引脚 PF9 进行 GPIO 初始化，将其复用为 TIM14_CH1 输出引脚。

3. 下载与测试

这个示例程序目前还不需要用到中断处理。构建项目后，我们将其下载到开发板连续运行，如果有示波器，可以观察 PF9 引脚上输出的固定占空比的 PWM 波形。改变 PWM 高电平脉冲宽度可以改变 LED 的亮度，因为 PF9 引脚为低电平时 LED 亮，所以 PWM 脉冲宽度越大，LED 越暗。

在函数 MX_TIM14_Init()的代码里，直接修改 PWM 参数结构体变量 sConfigOC 的成员变量的赋值，可以观察不同参数取值的影响，例如，修改 PWM 模式参数 OCMode、有效极性参数 OCPolarity、脉冲宽度参数 Pulse 等。

10.3.3 输出可变占空比 PWM 波

1. 功能和原理

LED 的亮度是由 PWM 波的占空比控制的，目前的程序输出 PWM 波是固定占空比，所以 LED 的亮度是固定的。如果在程序运行过程中动态修改 PWM 的占空比，就可以使 LED 从暗到明、从明到暗地变化，形成一种“呼吸灯”的效果。

在程序中动态改变 PWM 波的占空比，就是要修改寄存器 TIM*x*_CCR1 的值。图 10-14 是动态修改 PWM 波的占空比的示意图。在本示例中，PWM 波的周期是 200 个时钟周期，在发生比较匹配事件时，会产生 TIM_IT_CC1 中断事件（置位 CC*y*IF 中断标志位），可以在此中断里修改 CCR 的值。

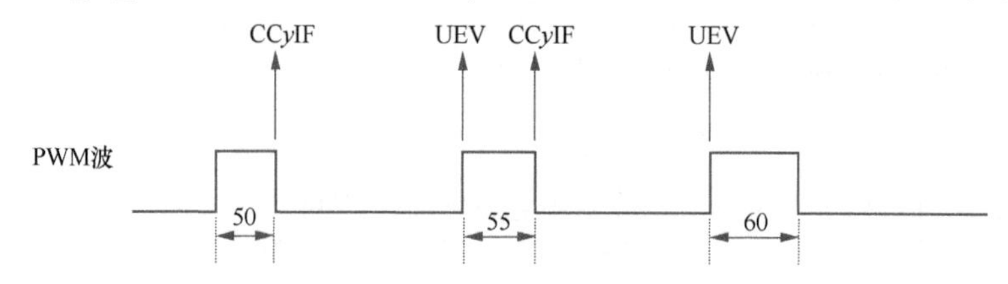

图 10-14　动态修改 PWM 波的占空比

需要注意的是，CCR 是有预装载功能的。如果禁止 CCR 预装载功能，对 CCR 的修改立即生效；如果启用了 CCR 预装载功能，设置新的 CCR 值需要在下一个 UEV 事件时才生效。图 10-12 中的参数 Output compare preload 控制是否启用 CCR 的预装载功能，本示例里需要设置为 Enable。

在图 10-14 中，如果 CCR 的值等于定时器计数器的值，就会置位中断事件标志位 CC*y*IF，即产生 TIM_IT_CC*y* 中断事件。生成 PWM 波是输出比较，HAL_TIM_PWM_PulseFinishedCallback() 是对应的回调函数，可以在这个回调函数里修改 CCR 的值。当 CCR 预装载功能使能时，在下次 UEV 事件时对 CCR 的修改就会生效，从而可以动态地改变 PWM 波的占空比。

使用宏函数__HAL_TIM_SET_COMPARE()可以设置 CCR 的值，其原型定义为：

```
__HAL_TIM_SET_COMPARE(__HANDLE__, __CHANNEL__, __COMPARE__)
```

其中，__HANDLE__是定时器对象指针，__CHANNEL__是定时器通道，__COMPARE__是需要为 CCR 设置的值。例如，将 TIM14 的 CH1 通道的 CCR 设置为 0x0037 的语句为：

```
__HAL_TIM_SET_COMPARE(&htim14, TIM_CHANNEL_1, 0x0037);
```

另外，还有一个宏函数__HAL_TIM_GET_COMPARE()可以获取 CCR 当前的值，其函数原型定义如下，这个函数返回结果是 16 位或 32 位整数，与具体定时器的 CCR 的长度有关。

```
__HAL_TIM_GET_COMPARE(__HANDLE__, __CHANNEL__)
```

2. 重新实现回调函数

根据原理分析，我们需要重新实现回调函数 HAL_TIM_PWM_PulseFinishedCallback()，在此回调函数里编写代码来实现输出可调占空比 PWM 波的功能。在文件 tim.c 中，我们增加了两个变量定义，重新定义了函数 HAL_TIM_PWM_PulseFinishedCallback()并编写代码。文件 tim.c 中的相关代码如下，省略了已经在前面介绍过的几个函数的代码：

```
/* 文件：tim.c，重新实现回调函数    ---------------------------------------------*/
#include "tim.h"
/* USER CODE BEGIN 0 */
uint16_t pulseWidth=50;        //脉宽
uint8_t  dirInc=1;             //脉宽变化方向，1=递增，0=递减
/* USER CODE END 0 */
TIM_HandleTypeDef htim14;      //定时器 TIM14 的外设对象变量

/* USER CODE BEGIN 1 */
void HAL_TIM_PWM_PulseFinishedCallback(TIM_HandleTypeDef *htim)
{
    if (htim->Instance != TIM14)
        return;
    if (dirInc==1)             //脉宽递增
    {
        pulseWidth++;
        if (pulseWidth>=195)
        {
            pulseWidth =195;
            dirInc=0;          //脉宽递减
        }
    }
    else
    {
        pulseWidth--;
```

```
            if (pulseWidth<=5)
            {
                pulseWidth =5;
                dirInc=1;         //脉宽递增
            }
        }
        __HAL_TIM_SET_COMPARE(&htim14,TIM_CHANNEL_1,pulseWidth);    //设置 CCR 的值
    }
/* USER CODE END 1 */
```

这个函数实现了按脉宽递增或递减方向修改 CCR 的值，因为开启了 CCR 预装载功能，所以新设置的 CCR 的值在下一个 UEV 事件时才生效。下载并运行此程序，我们就可以观察到 LED1 由明到暗，再由暗到明的循环往复变化效果。

10.4　示例 2：输出比较

10.4.1　示例功能和 CubeMX 项目设置

我们之前介绍过定时器输出比较功能的基本原理，现在将设计一个示例项目 Demo10_2OutComp，演示使用 TIM14_CH1 的输出比较功能，控制 PF9 引脚翻转输出，使得 LED1 闪烁。

本项目与示例项目 Demo10_1PWM_Out 用到的硬件资源一样，只是定时器 TIM14 的设置不同，所以我们可以将项目 Demo10_1PWM_Out 整个复制为 Demo10_2OutComp，然后在此基础上修改。将一个项目复制为另一个项目，然后在新项目基础上修改是常常会遇到的操作过程，这个过程涉及一些操作和注意事项。笔者将项目 Demo10_1PWM_Out 整个复制为项目 Demo10_2OutComp 的操作过程整理为附录 B，供读者在进行类似操作时参考。

参照附录 B 的方法将项目 Demo10_1PWM_Out 复制为项目 Demo10_2OutComp，因为新项目与原项目只是 TIM14 的设置不同，其他配置都是相同的，所以只需设置 TIM14 即可。

定时器 TIM14 的模式和参数设置结果如图 10-15 所示。在模式设置中，设置 Channel 工作模式为 Output Compare CH1，也就是使用输出比较功能，并输出到通道 CH1 引脚。One Pulse Mode 复选框用于设置单脉冲模式，定时器输出比较的单脉冲模式是一种特殊模式，有一组以“HAL_TIM_OnePulse”为前缀的 HAL 驱动函数。本示例不使用单脉冲模式。

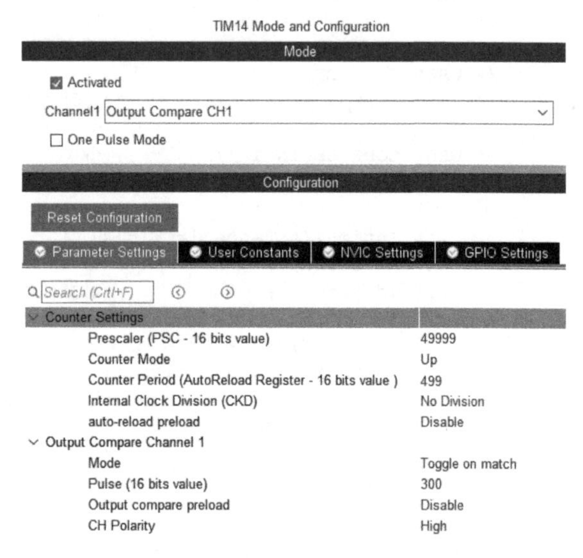

图 10-15　定时器 TIM14 的模式和参数设置

Counter Settings 组用于设置定时器的基本参数，主要设置结果如下。

- PSC 的值设置为 49999，所以计数器时钟频率为 1000Hz。
- ARR 的值设置为 499，所以定时器 UEV 事件周期为 500ms。

Output Compare Channel 1 组是通道 1 的输出比较参数，各个参数的意义和设定值如下。

- Mode，输出比较模式，有冻结、有效电平、翻转等多种选择。这里设置为 Toggle on match，也就是在计数器

的值与 CCR 的值相等时，使 CH1 输出翻转。

- Pulse，脉冲宽度，也就是 CCR 的值，这里设置为 300，所以脉冲宽度是 300 ms。
- Output compare preload，设置 CCR 是否使用预装载功能。本示例不动态修改 CCR 的值，设置为 Enable 或 Disable 无影响。
- CH Polarity，通道极性。如果参数 Mode 设置为 Active level on match 或 Inactive level on match 等与通道极性有关的模式，此参数就是输出的有效电平。本示例模式设置为匹配时输出翻转，与此参数无关。

这样设置后，定时器和通道 CH1 上输出波形的示意如图 10-16 所示。如果 CCR 和计数器的值匹配，就会使 CH1 的输出翻转。从原理图上可以看出，CH1 的输出是一个方波信号，且不管 CCR 的值为多少（需要小于 ARR 的值），方波的占空比总是 50%，脉宽总是与 ARR 的值相等。

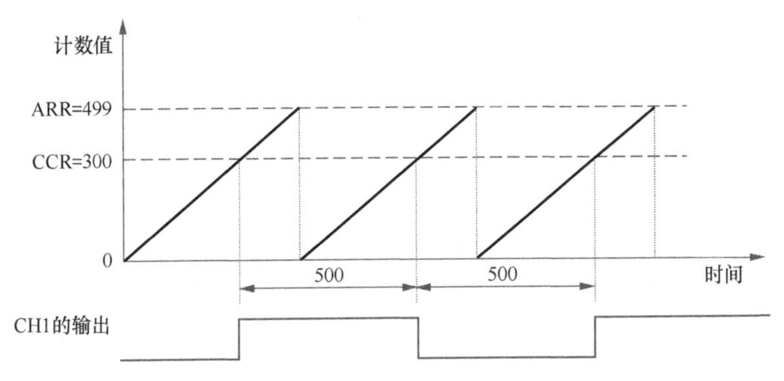

图 10-16 输出比较模式为匹配时翻转的工作示意图

本示例不需要使用 TIM14 的任何中断，所以关闭 TIM14 的全局中断。

10.4.2 程序功能实现

1. 主程序

我们在 CubeMX 中生成 CubeIDE 项目代码，在 CubeIDE 中打开项目，在 main()函数中添加用户功能代码。完成后文件 main.c 的主要代码如下：

```
/* 文件：main.c   ---------------------------------------------------------------*/
#include "main.h"
#include "tim.h"
#include "gpio.h"
#include "fsmc.h"
/* USER CODE BEGIN Includes */
#include "tftlcd.h"
/* USER CODE END Includes */

int main(void)
{
	HAL_Init();
	SystemClock_Config();
	/* Initialize all configured peripherals */
	MX_GPIO_Init();
	MX_FSMC_Init();
	MX_TIM14_Init();		//TIM14 初始化

	/* USER CODE BEGIN 2 */
```

```
        TFTLCD_Init();            //TFT LCD 软件初始化
        LCD_ShowStr(10,10,(uint8_t *)"Demo10_2:Output compare");
        LCD_ShowStr(10,LCD_CurY+LCD_SP20,(uint8_t *)"TIM14 output compare on PF9(LED1)");
        LCD_ShowStr(10,LCD_CurY+LCD_SP20,(uint8_t *)"Interval= 500ms");
        LCD_ShowStr(10,LCD_CurY+LCD_SP20,(uint8_t *)"Mode= Toggle on match");

        HAL_TIM_Base_Start(&htim14);                //启动定时器 TIM14
        HAL_TIM_OC_Start(&htim14,TIM_CHANNEL_1);    //启动 CH1 的输出比较功能
        /* USER CODE END 2 */
        while (1)
        {
        }
}
```

main()函数中完成各种初始化和 LCD 信息显示后，用函数 HAL_TIM_Base_Start()启动定时器 TIM14，用函数 HAL_TIM_OC_Start()启动 TIM14 通道 CH1 的输出比较功能。

本示例的用户代码都在 main()函数中，无须再编写其他代码。构建项目后，我们将其下载到开发板，连续运行时会发现 LED1 闪烁，亮或灭的持续时间约为 500ms，与图 10-16 的理论效果一致。

2. 定时器 TIM14 初始化

函数 MX_TIM14_Init()用于定时器 TIM14 初始化，文件 tim.c 中的 MX_TIM14_Init()函数及其他相关函数的代码如下，这些代码是 CubeMX 自动生成的：

```
/* 文件:tim.c，定时器 TIM14 初始化-------------------------------------------------*/
#include "tim.h"
TIM_HandleTypeDef  htim14;             //表示 TIM14 的外设对象变量

/* TIM14 初始化函数 */
void MX_TIM14_Init(void)
{
     TIM_OC_InitTypeDef sConfigOC = {0};
     htim14.Instance = TIM14;            //定时器 TIM14 的寄存器基址
     htim14.Init.Prescaler = 49999;    //预分频寄存器值，分频系数=50000
     htim14.Init.CounterMode = TIM_COUNTERMODE_UP;          //递增计数
     htim14.Init.Period = 499;          //ARR 的值
     htim14.Init.ClockDivision = TIM_CLOCKDIVISION_DIV1;
     htim14.Init.AutoReloadPreload = TIM_AUTORELOAD_PRELOAD_DISABLE;
     if (HAL_TIM_Base_Init(&htim14) != HAL_OK)    //定时器初始化
          Error_Handler();
     if (HAL_TIM_OC_Init(&htim14) != HAL_OK)      //输出比较初始化
          Error_Handler();

     sConfigOC.OCMode = TIM_OCMODE_TOGGLE;        //输出比较模式，翻转
     sConfigOC.Pulse = 300;                       //脉宽，即 CCR 的值
     sConfigOC.OCPolarity = TIM_OCPOLARITY_HIGH; //有效极性，高电平
     sConfigOC.OCFastMode = TIM_OCFAST_DISABLE;
     if (HAL_TIM_OC_ConfigChannel(&htim14, &sConfigOC, TIM_CHANNEL_1) != HAL_OK)
          Error_Handler();
     HAL_TIM_MspPostInit(&htim14);                //附加的初始化函数，CH1 的 GPIO 初始化
}

/*  MSP 初始化函数，在 HAL_TIM_Base_Init()里被调用  */
void HAL_TIM_Base_MspInit(TIM_HandleTypeDef* tim_baseHandle)
{
     if(tim_baseHandle->Instance==TIM14)
          __HAL_RCC_TIM14_CLK_ENABLE();     /* TIM14 时钟使能 */
}
```

```
/*  TIM14 的 CH1 通道 GPIO 初始化，在 MX_TIM14_Init()里被调用  */
void HAL_TIM_MspPostInit(TIM_HandleTypeDef* timHandle)
{
      GPIO_InitTypeDef GPIO_InitStruct = {0};
      if(timHandle->Instance==TIM14)
      {
            __HAL_RCC_GPIOF_CLK_ENABLE();
            /**  TIM14 GPIO 配置 PF9 ----> TIM14_CH1  */
            GPIO_InitStruct.Pin = GPIO_PIN_9;
            GPIO_InitStruct.Mode = GPIO_MODE_AF_PP;
            GPIO_InitStruct.Pull = GPIO_NOPULL;
            GPIO_InitStruct.Speed = GPIO_SPEED_FREQ_LOW;
            GPIO_InitStruct.Alternate = GPIO_AF9_TIM14;
            HAL_GPIO_Init(GPIOF, &GPIO_InitStruct);
      }
}
```

上述代码定义了表示定时器 TIM14 的外设对象变量 htim14。在函数 MX_TIM14_Init()中，设置了 htim14 各参数的值之后，调用 HAL_TIM_Base_Init()进行定时器初始化，调用 HAL_TIM_OC_Init()进行输出比较初始化，然后使用 TIM_OC_InitTypeDef 类型的变量 sConfigOC 设置输出比较通道的参数，再调用函数 HAL_TIM_OC_ConfigChannel()对 TIM14 的 CH1 进行输出比较配置。

10.5 示例 3：输入 PWM

10.5.1 示例功能和 CubeMX 项目设置

1. 示例功能和电路原理

本节的示例项目 Demo10_3PWM_In 使用定时器的 PWM 输入模式测量 PWM 波的脉宽和周期。为了进行测试，我们需要一个定时器产生 PWM 波，另一个定时器测量这个 PWM 波，电路原理如下。

- 使用定时器 TIM14 的 CH1 输出 PWM 波，TIM14_CH1 引脚是 PF9，也就是连接 LED1 的引脚。
- 使用定时器 TIM9 的 PWM 输入功能测量 PWM 波参数。TIM9 有 2 个通道，在输入 PWM 模式下，使两个通道都映射到 TIM9_CH1 复用引脚上，即 PE5 引脚。在开发板上，PE5 引脚也是 DCMI_D6 信号，是摄像头接口的一个引脚。所以在测试本示例时，开发板不能连接摄像头模块。
- 电路如图 10-17 所示，虚线表示需要用杜邦线将 PF9 和 PE5 引脚连接。

示例还使用 KeyLeft 键和 KeyRight 键改变输出 PWM 波的脉宽，以测试测量的 PWM 波脉宽参数是否正确。

因为要使用 KeyLeft 键和 KeyRight 键，所以从 CubeMX 项目模板文件 M4_LCD_KeyLED.ioc 创建本示例项目文件 Demo10_3PWM_In.ioc，操作方法见附录 A。创建项目后先进行如下一些修改。

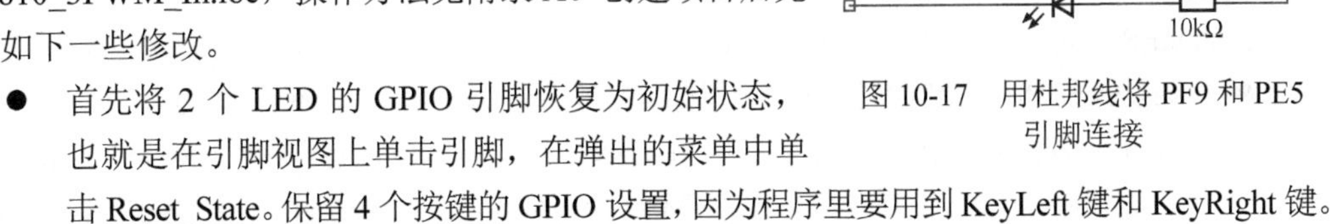

图 10-17 用杜邦线将 PF9 和 PE5 引脚连接

- 首先将 2 个 LED 的 GPIO 引脚恢复为初始状态，也就是在引脚视图上单击引脚，在弹出的菜单中单击 Reset_State。保留 4 个按键的 GPIO 设置，因为程序里要用到 KeyLeft 键和 KeyRight 键。

- 配置时钟树，将 HSE 设置为 8MHz，HCLK 设置为 100MHz，APB1 和 APB2 的定时器时钟频率都设置为 50MHz（见图 9-1）。

2. 定时器 TIM14 的设置

定时器 TIM14 用于产生 PWM 波输出，其模式和参数设置如图 10-18 所示。

由于预分频寄存器 PSC 的值设置为 4999，因此计数器时钟频率为

$$f_{\text{CK\_CNT}} = \frac{50\times10^6}{4999+1}\text{Hz} = 10\text{kHz}$$

参数 Counter Period 设置为 199，也就是设置 ARR 的值为 199，它决定了 PWM 波的周期是 20ms。参数 Pulse 设置为 50，也就是设置 CCR 的值为 50，它决定了 PWM 波的脉宽是 5ms。若要修改输出 PWM 波的周期和脉宽，修改这两个参数即可，也可以在程序中使用函数修改相应的寄存器。TIM14_CH1 复用引脚是 PF9，无须开启 TIM14 的中断。

3. 定时器 TIM9 的设置

接下来我们再配置定时器 TIM9，配置结果如图 10-19 所示。在模式设置部分，我们将 Combined Channels 设置为 PWM Input on CH1，这就是使用 TIM9 的 CH1 通道测量输入 PWM 波的参数。TIM9_CH1 通道复用引脚是 PE5，所以需要用杜邦线将开发板上的 PE5 和 PF9 引脚连接。

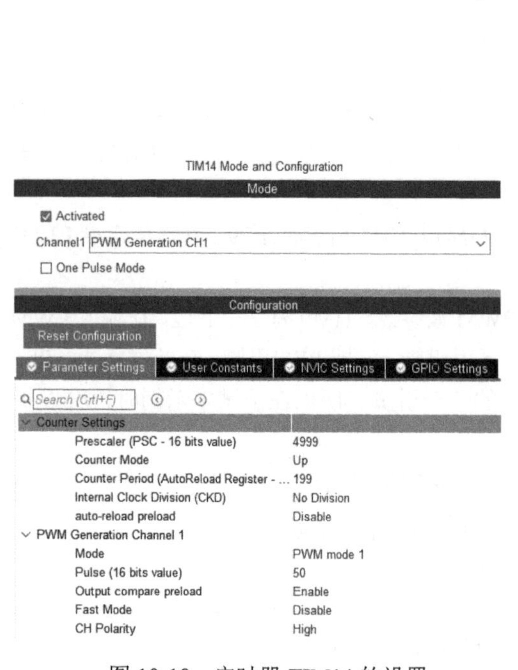

图 10-18　定时器 TIM14 的设置

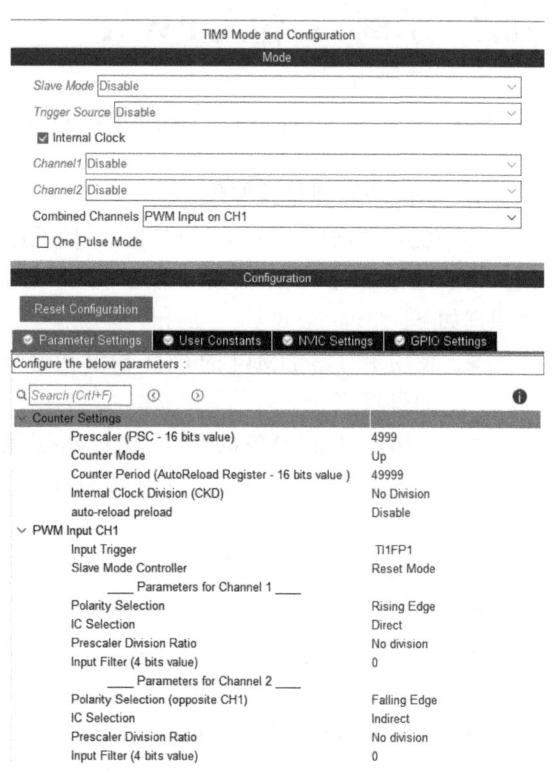

图 10-19　定时器 TIM9 的设置

Counter Settings 组的主要参数设置如下。

- Prescaler，预分频寄存器值，设置为 4999，所以计数器的时钟频率为 10kHz。
- Counter Period，ARR 的值，设置为 49999，所以计数溢出周期为 5000ms。TIM9 的定时器周期应该大于 TIM14 输出 PWM 波的周期，这样，在发生边沿捕获之前，TIM9 不

会产生 UEV 事件，不用进行额外的计算。

使用定时器的 PWM 输入模式测量 PWM 波的脉宽和周期的原理如图 10-9 所示。本示例使用 TIM9 的两个输入捕获通道对 TIM9_CH1 复用引脚上的 PWM 波进行捕获。各参数的设置和意义如下。

- Input Trigger，输入触发信号。只能选择 TI1FP1，因为设置了使用 CH1 作为 PWM 输入通道。如果在模式设置里设置 Combined Channels 为 PWM Input on CH2，则只能选择 TI2FP2。
- Slave Mode Controller，从模式控制器，只能设置为 Reset Mode。

Parameters for Channel 1 参数组用于设置输入捕获通道 CC1 的参数，主要参数如下。

- Polarity Selection，捕获极性。这里设置为 Rising Edge，即上跳沿捕获，CH2 通道的极性与 CH1 通道的极性相反。
- IC Selection，输入通道选择，只能是 Direct，即 CH1 作为直接通道。
- Prescaler Division Ratio 设置为 No division，即不分频。
- Input Filter，设置为 0。因为是定时器产生的 PWM，没有边沿抖动，所以无须设置滤波。这个滤波类似于消除按键抖动的功能。

Parameters for Channel 2 参数组用于设置输入捕获通道 CC2 的参数，其极性与 CH1 的相反，输入通道只能选择为 indirect。

图 10-9 是 PWM 输入模式下测量 PWM 波周期和脉宽的示意图。输入比较通道 CC1 捕获上跳沿，在发生上跳沿时，将计数器的值存入寄存器 CCR1，同时复位计数器。输入比较通道 CC2 捕获下跳沿，在发生下跳沿时，将计数器的值存入寄存器 CCR2。所以，寄存器 CCR1 里的值表示的是 PWM 波的周期，寄存器 CCR2 的值表示的是 PWM 波的脉宽。

由于需要在 TIM9 的捕获比较中断里读取 CCR 的值，因此打开 TIM9 的中断，使用默认的优先级设置即可。

10.5.2 程序功能实现

1. 主程序和回调函数

我们在 CubeMX 里生成 CubeIDE 项目代码，在 CubeIDE 中打开项目，将 PublicDrivers 目录下的 TFT_LCD 和 KEY_LED 驱动程序目录添加到项目的头文件和源程序搜索路径里（操作方法见附录 A）。在文件 main.c 中添加用户功能代码，完成后文件 main.c 的主要代码如下：

```
/* 文件:main.c  --------------------------------------------------------------*/
#include "main.h"
#include "tim.h"
#include "gpio.h"
#include "fsmc.h"
/* USER CODE BEGIN Includes */
#include "tftlcd.h"
#include "keyled.h"
/* USER CODE END Includes */

/* Private variables ---------------------------------------------------------*/
/* USER CODE BEGIN PV */
uint16_t  WX,WY;           //记录 LCD 显示位置，PWM width=
uint16_t  PX,PY;           //记录 LCD 显示位置，Pulse width=
/* USER CODE END PV */
```

```
int main(void)
{
	HAL_Init();
	SystemClock_Config();
	/* Initialize all configured peripherals */
	MX_GPIO_Init();
	MX_FSMC_Init();
	MX_TIM14_Init();	//TIM14 初始化
	MX_TIM9_Init();	//TIM9 初始化

	/* USER CODE BEGIN 2 */
	TFTLCD_Init();	//TFT LCD 软件初始化
	LCD_ShowStr(10,10,(uint8_t *)"Demo10_3:PWM Input");
	LCD_ShowStr(10,LCD_CurY+LCD_SP15,(uint8_t *)"TIM14 generate PWM on PF9(LED1)");
	LCD_ShowStr(10,LCD_CurY+LCD_SP15,(uint8_t *)"TIM9 measure PWM on PE5");

	LCD_ShowStr(10,LCD_CurY+LCD_SP20,(uint8_t *)"Please connect PE5 and PF9 by line");
	LCD_ShowStr(10,LCD_CurY+LCD_SP15,(uint8_t *)"[1]KeyLeft to decrease pulse width");
	LCD_ShowStr(10,LCD_CurY+LCD_SP15,(uint8_t *)"[2]KeyRight to increase pulse width");

	LCD_ShowStr(10,LCD_CurY+LCD_SP20,(uint8_t *)"PWM width = ");
	WX=LCD_CurX;	//记录 LCD 显示位置
	WY=LCD_CurY;
	LCD_ShowStr(10,LCD_CurY+LCD_SP20,(uint8_t *)"Pulse width= ");
	PX=LCD_CurX;	//记录 LCD 显示位置
	PY=LCD_CurY;

	HAL_TIM_Base_Start(&htim14);	//启动定时器 TIM14
	HAL_TIM_Base_Start(&htim9);	//启动定时器 TIM9
	HAL_TIM_IC_Start_IT(&htim9,TIM_CHANNEL_1);	//启动 TIM9_CH1 的 IC 功能
	HAL_TIM_IC_Start_IT(&htim9,TIM_CHANNEL_2);	//启动 TIM9_CH2 的 IC 功能
	HAL_TIM_PWM_Start(&htim14,TIM_CHANNEL_1);	//启动输出 PWM
	/* USER CODE END 2 */

	/* Infinite loop */
	/* USER CODE BEGIN WHILE */
	while (1)
	{
		KEYS  curKey=ScanPressedKey(KEY_WAIT_ALWAYS);
		uint32_t  CCR=__HAL_TIM_GET_COMPARE(&htim14,TIM_CHANNEL_1);//读取 CCR 的值
		if (curKey== KEY_LEFT)
			__HAL_TIM_SET_COMPARE(&htim14,TIM_CHANNEL_1, CCR-5);//设置 CCR 的值
		else if (curKey== KEY_RIGHT)
			__HAL_TIM_SET_COMPARE(&htim14,TIM_CHANNEL_1, CCR+5);//设置 CCR 的值
		HAL_Delay(300); //消除按键后抖动影响
	/* USER CODE END WHILE */
	}
}

/* USER CODE BEGIN 4 */
void HAL_TIM_IC_CaptureCallback(TIM_HandleTypeDef *htim)
{
	uint16_t IC1_Width=__HAL_TIM_GET_COMPARE(&htim9,TIM_CHANNEL_1);
	uint16_t IC2_Pulse=__HAL_TIM_GET_COMPARE(&htim9,TIM_CHANNEL_2);
	if ((IC1_Width==0) ||(IC2_Pulse==0))
		return;

	LCD_ShowUint(WX,WY,IC1_Width);	//显示 PWM width
	LCD_ShowUint(PX,PY,IC2_Pulse);	//显示 Pulse width
```

```
}
/* USER CODE END 4 */
```

文件 main.c 定义了 4 个全局变量，用于记录 LCD 上的两个显示位置。在 main()函数中，程序进入 while 循环之前，LCD 上显示了很多提示信息。在显示了“PWM width=”之后，将表示 LCD 当前输出位置的 LCD_CurX 和 LCD_CurY 保存为 WX 和 WY，以便程序直接在“PWM width=”后面显示数值。同样，也将显示“Pulse width=”之后的 LCD 输出位置保存为 PX 和 PY。

main()函数中启动 TIM14 和 TIM9 之后，又调用函数 HAL_TIM_IC_Start_IT()以中断方式启动 TIM9_CH1 和 TIM9_CH2 的输入捕获功能，然后调用 HAL_TIM_PWM_Start()启动 TIM14 输出 PWM 波。

在 while 循环里，程序检测按键输入，当有按键按下后调用函数__HAL_TIM_GET_COMPARE()读取 TIM14_CH1 的捕获/比较寄存器 CCR 的值。如果是 KeyLeft 键或 KeyRight 键，就调用函数__HAL_TIM_SET_COMPARE()重新设置 CCR 的值，KeyLeft 使其减小 5，KeyRight 使其增大 5。CCR 的值决定了 TIM14_CH1 输出 PWM 的脉冲宽度。

TIM9 的 PWM 输入模式实际上是输入捕获的一种特殊模式，其功能都是用输入捕获的 HAL 函数实现的。输入捕获中断事件的回调函数是 HAL_TIM_IC_CaptureCallback()，在文件 main.c 中重新实现了这个回调函数，主要是为便于使用变量 WX、WY、PX、PY。此回调函数的代码就是调用函数__HAL_TIM_GET_COMPARE()分别读取 TIM9_CH1 和 TIM9_CH2 的 CCR 的值，这两个寄存器的值就是捕获的 PWM 周期和脉冲宽度，单位是计数器的时钟信号脉冲个数。

程序运行时会在 LCD 上看到显示“PWM width=200”和“Pulse width=49”，这与图 10-18 中的设置是匹配的。如果按 KeftLeft 键或 KeyRight 键，会看到显示的 Pulse width 数值每次减少 5 或增加 5，说明 PWM 参数测量结果是正确的。

2. 定时器初始化

main()函数调用了 MX_TIM9_Init()和 MX_TIM14_Init()对定时器 TIM9 和 TIM14 进行初始化，这两个函数是 CubeMX 根据可视化配置自动生成的代码。文件 tim.c 中这两个函数以及相关函数的代码如下：

```
/* 文件：tim.c，定时器 TIM9 和 TIM14 初始化-----------------------------------*/
#include "tim.h"
TIM_HandleTypeDef  htim9;          //定时器 TIM9 的外设对象变量
TIM_HandleTypeDef  htim14;         //定时器 TIM14 的外设对象变量

/*  TIM9 初始化函数，TIM9 用于测量 PWM 参数  */
void MX_TIM9_Init(void)
{
     TIM_ClockConfigTypeDef sClockSourceConfig = {0};
     TIM_SlaveConfigTypeDef sSlaveConfig = {0};
     TIM_IC_InitTypeDef sConfigIC = {0};

     htim9.Instance = TIM9;
     htim9.Init.Prescaler = 4999;
     htim9.Init.CounterMode = TIM_COUNTERMODE_UP;
     htim9.Init.Period = 49999;
     htim9.Init.ClockDivision = TIM_CLOCKDIVISION_DIV1;
     htim9.Init.AutoReloadPreload = TIM_AUTORELOAD_PRELOAD_DISABLE;
     if (HAL_TIM_Base_Init(&htim9) != HAL_OK)
          Error_Handler();

     sClockSourceConfig.ClockSource = TIM_CLOCKSOURCE_INTERNAL;
```

```
    if (HAL_TIM_ConfigClockSource(&htim9, &sClockSourceConfig) != HAL_OK)
        Error_Handler();
    if (HAL_TIM_IC_Init(&htim9) != HAL_OK)
        Error_Handler();

    sSlaveConfig.SlaveMode = TIM_SLAVEMODE_RESET;
    sSlaveConfig.InputTrigger = TIM_TS_TI1FP1;
    sSlaveConfig.TriggerPolarity = TIM_INPUTCHANNELPOLARITY_RISING;
    sSlaveConfig.TriggerPrescaler = TIM_ICPSC_DIV1;
    sSlaveConfig.TriggerFilter = 0;
    if (HAL_TIM_SlaveConfigSynchro(&htim9, &sSlaveConfig) != HAL_OK)
        Error_Handler();

    sConfigIC.ICPolarity = TIM_INPUTCHANNELPOLARITY_RISING;
    sConfigIC.ICSelection = TIM_ICSELECTION_DIRECTTI;
    sConfigIC.ICPrescaler = TIM_ICPSC_DIV1;
    sConfigIC.ICFilter = 0;
    if (HAL_TIM_IC_ConfigChannel(&htim9, &sConfigIC, TIM_CHANNEL_1) != HAL_OK)
        Error_Handler();
    sConfigIC.ICPolarity = TIM_INPUTCHANNELPOLARITY_FALLING;
    sConfigIC.ICSelection = TIM_ICSELECTION_INDIRECTTI;
    if (HAL_TIM_IC_ConfigChannel(&htim9, &sConfigIC, TIM_CHANNEL_2) != HAL_OK)
        Error_Handler();
}

/*  TIM14 初始化函数，TIM14 用于生成 PWM 波  */
void MX_TIM14_Init(void)
{
    TIM_OC_InitTypeDef sConfigOC = {0};

    htim14.Instance = TIM14;
    htim14.Init.Prescaler = 4999;
    htim14.Init.CounterMode = TIM_COUNTERMODE_UP;
    htim14.Init.Period = 199;
    htim14.Init.ClockDivision = TIM_CLOCKDIVISION_DIV1;
    htim14.Init.AutoReloadPreload = TIM_AUTORELOAD_PRELOAD_DISABLE;
    if (HAL_TIM_Base_Init(&htim14) != HAL_OK)
        Error_Handler();
    if (HAL_TIM_PWM_Init(&htim14) != HAL_OK)
        Error_Handler();

    sConfigOC.OCMode = TIM_OCMODE_PWM1;
    sConfigOC.Pulse = 50;
    sConfigOC.OCPolarity = TIM_OCPOLARITY_HIGH;
    sConfigOC.OCFastMode = TIM_OCFAST_DISABLE;
    if (HAL_TIM_PWM_ConfigChannel(&htim14, &sConfigOC, TIM_CHANNEL_1) != HAL_OK)
        Error_Handler();
    HAL_TIM_MspPostInit(&htim14);        //引脚和中断初始化配置
}

/*  被 HAL_TIM_Base_Init()函数内部调用，对 TIM9_CH1 引脚进行配置  */
void HAL_TIM_Base_MspInit(TIM_HandleTypeDef* tim_baseHandle)
{
    GPIO_InitTypeDef GPIO_InitStruct = {0};
    if(tim_baseHandle->Instance==TIM9)
    {
        __HAL_RCC_TIM9_CLK_ENABLE();      //TIM9 时钟使能
        __HAL_RCC_GPIOE_CLK_ENABLE();
        /**TIM9 GPIO 引脚配置  PE5 -----> TIM9_CH1  */
```

```
            GPIO_InitStruct.Pin = GPIO_PIN_5;
            GPIO_InitStruct.Mode = GPIO_MODE_AF_PP;
            GPIO_InitStruct.Pull = GPIO_NOPULL;
            GPIO_InitStruct.Speed = GPIO_SPEED_FREQ_LOW;
            GPIO_InitStruct.Alternate = GPIO_AF3_TIM9;
            HAL_GPIO_Init(GPIOE, &GPIO_InitStruct);

            /* TIM9 中断初始化  */
            HAL_NVIC_SetPriority(TIM1_BRK_TIM9_IRQn, 0, 0);
            HAL_NVIC_EnableIRQ(TIM1_BRK_TIM9_IRQn);
        }
        else if(tim_baseHandle->Instance==TIM14)
        {
            __HAL_RCC_TIM14_CLK_ENABLE();      //TIM14 时钟使能
        }
    }

    /*  被 MX_TIM14_Init()函数调用，对 TIM14_CH1 引脚进行初始化配置  */
    void HAL_TIM_MspPostInit(TIM_HandleTypeDef* timHandle)
    {
        GPIO_InitTypeDef GPIO_InitStruct = {0};
        if(timHandle->Instance==TIM14)
        {
            __HAL_RCC_GPIOF_CLK_ENABLE();
            /**TIM14 GPIO 引脚配置      PF9 ----> TIM14_CH1 */
            GPIO_InitStruct.Pin = GPIO_PIN_9;
            GPIO_InitStruct.Mode = GPIO_MODE_AF_PP;
            GPIO_InitStruct.Pull = GPIO_NOPULL;
            GPIO_InitStruct.Speed = GPIO_SPEED_FREQ_LOW;
            GPIO_InitStruct.Alternate = GPIO_AF9_TIM14;
            HAL_GPIO_Init(GPIOF, &GPIO_InitStruct);
        }
    }
```

TIM9 用于测量 PE5 引脚上输入的 PWM 波的参数，函数 MX_TIM9_Init()对定时器 TIM9 进行初始化，其代码与图 10-19 中的图形化设置对应，因此这里不再对代码中的参数设置详细解释了。

重新实现的函数 HAL_TIM_Base_MspInit()是定时器初始化的 MSP 函数，在 HAL_TIM_Base_Init()内部被调用，它对 TIM9 和 TIM14 都有相应的设置。

TIM14 用于在 PF9 引脚输出 PWM 波，函数 MX_TIM14_Init()对定时器 TIM14 进行初始化，其代码与图 10-18 中的图形化设置对应。这个函数代码的最后执行了一条语句：

```
HAL_TIM_MspPostInit(&htim14);
```

函数 HAL_TIM_MspPostInit()是在文件 tim.c 中实现的，其功能是对 TIM14_CH1 复用引脚进行配置。

第 11 章　实 时 时 钟

实时时钟（Real-Time Clock，RTC）是由时钟信号驱动的日历时钟，提供日期和时间数据。STM32F407 上有一个 RTC，可以由备用电源 VBAT 供电，从而提供不间断的日期时间数据。它还有两个可编程闹钟，一个周期唤醒单元，使用 RTC 可以实现一些时间日历相关的应用。

11.1　RTC 功能概述

11.1.1　RTC 的功能

STM32F407 有一个片上 RTC，它可以由内部或外部时钟信号驱动，提供日历时间数据。它内部维护一个日历，能自动确定每个月的天数，能自动处理闰年情况，还可以设定夏令时补偿。RTC 能提供 BCD 或二进制的秒、分钟、小时（12 或 24 小时制）、星期几、日期、月份、年份数据，还可以提供二进制的亚秒数据。

RTC 及其时钟都使用备用存储区域，而备用存储区域使用 VBAT 备用电源（一般用纽扣电池作为 VBAT 电源），所以即使主电源断电或系统复位也不影响 RTC 的工作。

RTC 有两个可编程闹钟，可以设定任意组合和重复性的闹钟；有一个周期唤醒单元，可以作为一个普通定时器使用；还具有时间戳和入侵检测功能。

11.1.2　工作原理

RTC 的结构如图 11-1 所示，从几个方面对 RTC 的工作原理和特性进行说明。

1. RTC 的时钟信号源

从图 11-1 可以看到，RTC 可以从 3 个时钟信号中选择一个作为 RTC 的时钟信号源。

- LSI，MCU 内部的 32kHz 时钟信号。
- LSE，MCU 外接的 32.768kHz 时钟信号。
- HSE_RTC，HSE 经过 2 到 31 分频后的时钟信号。

如果 MCU 有外接的 32.768kHz 晶振，一般选择 LSE 作为 RTC 的时钟源，因为 32.768kHz 经过多次 2 分频后，可以得到精确的 1Hz 时钟信号。在 CubeMX 的时钟树配置界面，RTC 的时钟源选择界面如图 11-2 所示，要配置 RTC 的时钟源，需要先启用 RTC 组件。

2. 预分频器

RTC 的时钟源信号经过精密校准后就是时钟信号 RTCCLK，RTCCLK 依次要经过一个 7 位的异步预分频器（最高为 128 分频）和一个 15 位的同步预分频器（默认为 256 分频）。

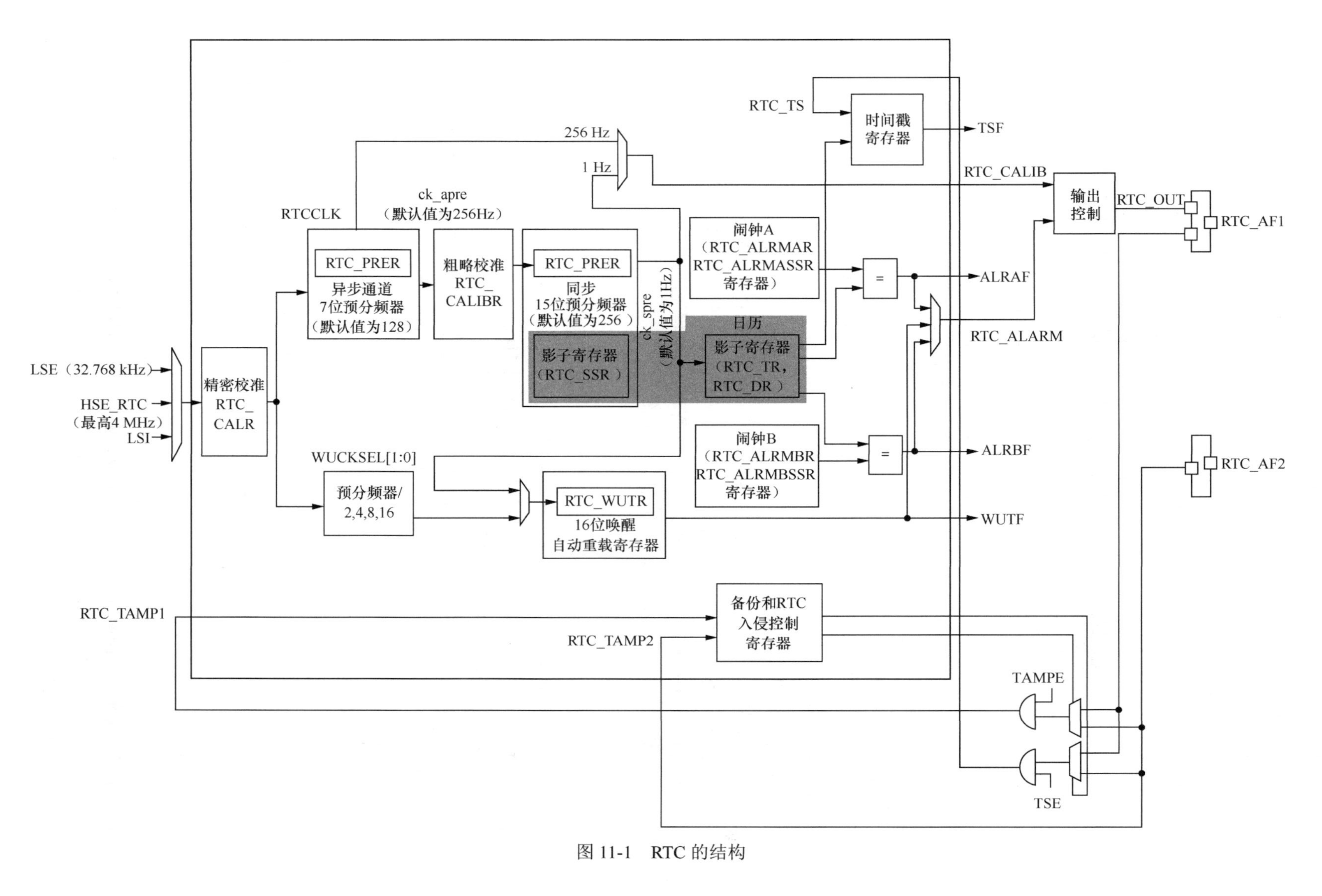

RTC_TS
时间戳寄存器
TSF
256 Hz
1 Hz
RTC_CALIB
输出控制
RTC_OUT
RTC_AF1
RTCCLK
ck_apre（默认值为256Hz）
RTC_PRER
异步通道
7位预分频器
（默认值为128）
粗略校准
RTC_
CALIBR
RTC_PRER
同步
15位预分频器
（默认值为256）
影子寄存器（RTC_SSR）
ck_spre（默认值为1Hz）
闹钟A（RTC_ALRMAR RTC_ALRMASSR寄存器）
ALRAF
日历
影子寄存器（RTC_TR，RTC_DR）
RTC_ALARM
LSE（32.768 kHz）
HSE_RTC（最高4 MHz）
LSI
精密校准
RTC_
CALR
闹钟B（RTC_ALRMBR RTC_ALRMBSSR寄存器）
ALRBF
RTC_AF2
WUCKSEL[1:0]
预分频器/
2,4,8,16
RTC_WUTR
16位唤醒
自动重载寄存器
WUTF
RTC_TAMP1
备份和RTC
入侵控制
寄存器
RTC_TAMP2
TAMPE
TSE

图 11-1 RTC 的结构

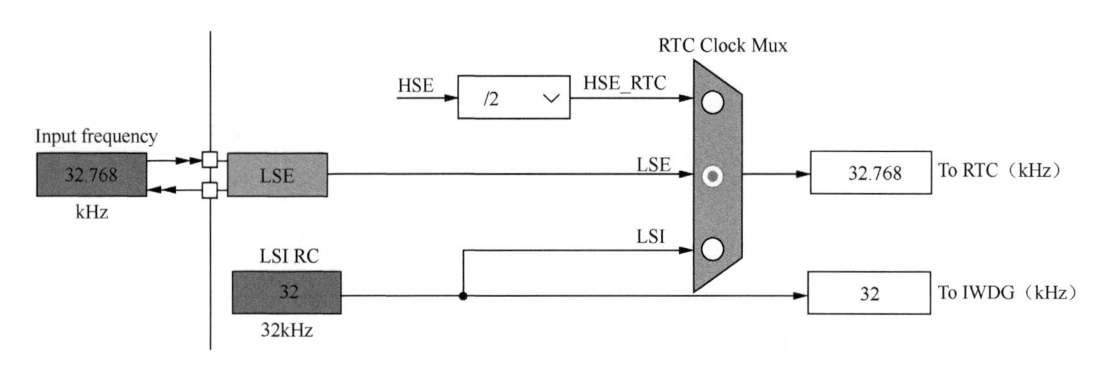

图 11-2 在 CubeMX 中设置 RTC 的时钟信号源

如果选用 32.768kHz 的 LSE 时钟源作为 RTCCLK，经过异步预分频器 128 分频后的信号 ck_apre 是 256Hz。256Hz 的时钟信号再经过同步预分频器 256 分频后得到 1Hz 时钟信号 ck_spre。这个 1Hz 信号可以用于更新日历，也可以作为周期唤醒单元的时钟源。

ck_apre 和 ck_spre 经过一个选择器后，可以选择其中一个时钟信号作为 RTC_CALIB 时钟信号，这个时钟信号再经过输出控制选择，可以输出到复用引脚 RTC_AF1，也就是可以向外部提供一个 256Hz 或 1Hz 的时钟信号。

3. 实时时钟和日历数据

图 11-1 中有 3 个影子寄存器，RTC_SSR 对应亚秒数据，RTC_TR 对应于时间，RTC_DR 对应于日期。影子寄存器就是内部亚秒计数器、日历时间计数器的数值暂存寄存器，系统每隔两个 RTCCLK 周期就将当前的日历值复制到影子寄存器。当程序读取日期时间数据时，读取的是影子寄存器的内容，而不会影响日历计数器的工作。

4. 周期性自动唤醒

RTC 内有一个 16 位自动重载递减计数器，可以产生周期性的唤醒中断，16 位寄存器 RTC_WUTR 存储用于设置定时周期的自动重载值。周期唤醒定时器的输入时钟有如下两个来源。

- 同步预分频器输出的 ck_spre 时钟信号，通常是 1Hz。
- RTCCLK 经过 2、4、8 或 16 分频后的时钟信号。

一般可以在周期性唤醒中断里读取 RTC 当前时间，例如，设置周期唤醒时钟源为 1Hz 的 ck_spre 信号，且每秒中断一次。唤醒中断产生事件信号 WUTF，这个信号可以配置输出到复用引脚 RTC_AF1。

5. 可编程闹钟

RTC 有 2 个可编程闹钟，即闹钟 A 和闹钟 B。闹钟的时间和重复方式是可以设置的，闹钟触发时可以产生事件信号 ALRAF 和 ALRBF。这两个信号和周期唤醒事件信号 WUTF 一起经过一个选择器，可以选择其中一个信号作为输出信号 RTC_ALARM，再通过输出控制可以输出到复用引脚 RTC_AF1。

6. 时间戳

时间戳（timestamp）就是某个外部事件（上跳沿或下跳沿变化）发生时刻的日历时间，例如，行车记录仪在发生碰撞时保存的发生碰撞时刻的 RTC 日期时间数据就是时间戳。

启用 RTC 的时间戳功能，可以选择复用引脚 RTC_AF1 或 RTC_AF2 作为事件源 RTC_TS，监测其上跳沿或下跳沿变化。当复用引脚上发生事件时，RTC 就将当前的日期时间数据记录到时间戳寄存器，还会产生时间戳事件信号 TSF，响应此事件中断就可以读取出时间戳寄存器的数据。如果检测到入侵事件，也可以记录时间戳数据。

7. 入侵检测

入侵检测（tamper detection）输入信号源有两个，即 RTC_TAMP1 和 RTC_TAMP2，这两个信号源可以映射到复用引脚 RTC_AF1 和 RTC_AF2。可以配置为边沿检测或带滤波的电平检测。

STM32F407 上有 20 个 32 位备份寄存器，这些备份寄存器是在备份域中的，由备用电源 VBAT 供电。在系统主电源关闭或复位时，备份寄存器的数据不会丢失，所以可以用于保存用户定义数据。当检测到入侵事件发生时，MCU 就会复位这 20 个备份寄存器的内容。

检测到入侵事件时，MCU 会产生中断事件信号，同时还会记录时间戳数据。

8. 数字校准

RTC 内部有粗略数字校准和精密数字校准。粗略数字校准需要使用异步预分频器的 256Hz 时钟信号，校准周期为 64min。精密数字校准需要使用同步预分频器输出的 1Hz 时钟信号，默认模式下校准周期为 32s。

用户可以选择 256Hz 或 1Hz 数字校准时钟信号作为校准时钟输出信号 RTC_CALIB，通过输出控制可以输出到复用引脚 RTC_AF1。

9. RTC 参考时钟检测

RTC 的日历更新可以与一个参考时钟信号 RTC_REFIN（通常为 50Hz 或 60Hz）同步，RTC_REFIN 使用引脚 PB15。参考时钟信号 RTC_REFIN 的精度应该高于 32.768kHz 的 LSE 时钟。启用 RTC_REFIN 检测时，日历仍然由 LSE 提供时钟，而 RTC_REFIN 用于补偿不准确的日历更新频率。

11.1.3 RTC 的中断和复用引脚

一般的外设只有一个中断号，一个中断号有多个中断事件源，如第 10 章介绍的通用定时器，虽然有多个中断事件源，但只有一个中断号。但是 RTC 有 3 个中断号，每个中断号有对应的 ISR，如表 11-1 所示。

表 11-1 RTC 的中断名称和 ISR

中断号	中断名称	说明	ISR
2	TAMP_STAMP	连接到 EXTI 21 线的 RTC 入侵和时间戳中断	TAMP_STAMP_IRQHandler()
3	RTC_WKUP	连接到 EXTI 22 线的 RTC 唤醒中断	RTC_WKUP_IRQHandler()
41	RTC_Alarm	连接到 EXTI 17 线的 RTC 闹钟（A 和 B）中断	RTC_Alarm_IRQHandler()

RTC 的这 3 个中断号各对应 1 个到 3 个中断事件源，例如，RTC_WKUP 中断只有 1 个中断事件源，即周期唤醒中断事件，RTC_Alarm 中断有 2 个中断事件源，即闹钟 A 中断事件和闹钟 B 中断事件，而 TAMP_STAMP 有 3 个中断事件源。

在 HAL 驱动程序中，每个中断事件都对应有表示中断事件类型的宏，每个中断事件对应一个回调函数。中断名称、中断事件类型和回调函数的对应关系如表 11-2 所示。基于这个表，在处理某个中断事件时，就只需重新实现其回调函数即可。

表 11-2　RTC 的中断事件和回调函数

中断名称	中断事件源	中断事件类型	输出或输入引脚	回调函数
RTC_Alarm	闹钟 A	RTC_IT_ALRA	RTC_AF1	HAL_RTC_AlarmAEventCallback()
	闹钟 B	RTC_IT_ALRB	RTC_AF1	HAL_RTCEx_AlarmBEventCallback()
RTC_WKUP	周期唤醒	RTC_IT_WUT	RTC_AF1	HAL_RTCEx_WakeUpTimerEventCallback()
TAMP_STAMP	时间戳	RTC_IT_TS	RTC_AF1 或 RTC_AF2	HAL_RTCEx_TimeStampEventCallback()
	入侵检测 1	RTC_IT_TAMP1	RTC_AF1 或 RTC_AF2	HAL_RTCEx_Tamper1EventCallback()
	入侵检测 2	RTC_IT_TAMP2	RTC_AF1 或 RTC_AF2	HAL_RTCEx_Tamper2EventCallback()

表 11-2 的“中断事件类型”一列中是 HAL 库中定义的宏，实际上是各中断事件在 RTC 控制寄存器（RTC_CR）中的中断使能控制位的掩码。这些中断事件类型的宏定义如下：

```
#define  RTC_IT_TS          0x00008000U
#define  RTC_IT_WUT         0x00004000U
#define  RTC_IT_ALRB        0x00002000U
#define  RTC_IT_ALRA        0x00001000U
#define  RTC_IT_TAMP        0x00000004U   /* 仅用于使能 Tamper 中断 */
#define  RTC_IT_TAMP1       0x00020000U
#define  RTC_IT_TAMP2       0x00040000U
```

某些中断事件产生的信号可以选择输出到 RTC 的复用引脚，某些事件需要外部输入信号。其中，闹钟 A、闹钟 B 和周期唤醒中断的信号可以选择输出到复用引脚 RTC_AF1，时间戳事件检测一般使用 RTC_AF1 作为输入引脚，入侵检测可以使用 RTC_AF1 或 RTC_AF2 作为输入引脚。

对于 STM32F407xx，复用引脚 RTC_AF1 是引脚 PC13，RTC_AF2 是引脚 PI8。只有 176 个引脚的 MCU 上才有 PI8，所以，STM32F407ZG 上没有 RTC_AF2，只有 RTC_AF1。

复用引脚除了可以作为闹钟 A、闹钟 B 和周期唤醒中断信号的输出引脚外，还可以作为两个预分频器时钟的输出引脚（见图 11-1），用于输出 256Hz 或 1Hz 的时钟信号。

11.1.4　RTC 的 HAL 基础驱动程序

RTC 的 HAL 驱动程序头文件有两个，即 stm32f4xx_hal_rtc.h 和 stm32f4xx_hal_rtc_ex.h，针对 RTC、闹钟、周期唤醒、入侵检测分别有一组函数和定义。这里先介绍 RTC 通用的一些函数和定义，在后面介绍 RTC 的各个功能时再介绍相关的 HAL 驱动。

RTC 的一些通用基础函数如表 11-3 所示，包括 RTC 初始化函数、读取日期和时间的函数、设置日期和时间的函数、BCD 码与二进制之间转换的函数，以及一些判断函数。

表 11-3　RTC 的基本功能函数

函数名	功能描述
HAL_RTC_Init()	RTC 初始化
HAL_RTC_MspInit()	RTC 初始化的 MSP 弱函数，在 HAL_RTC_Init()中被调用。重新实现的这个函数一般用于 RTC 中断的设置
HAL_RTC_GetDate()	获取 RTC 当前日期，返回的日期数据是 RTC_DateTypeDef 类型结构体

续表

函数名	功能描述
HAL_RTC_SetDate()	设置 RTC 日期
HAL_RTC_GetTime()	获取 RTC 当前时间，返回的时间数据是 RTC_TimeTypeDef 类型结构体
HAL_RTC_SetTime()	设置 RTC 时间
HAL_RTC_GetState()	返回 RTC 当前状态，状态是枚举类型 HAL_RTCStateTypeDef
RTC_Bcd2ToByte()	2 位 BCD 码转换为二进制数
RTC_ByteToBcd2()	将二进制数转换为 2 位 BCD 码
IS_RTC_YEAR(YEAR)	宏函数，判断参数 YEAR 是否小于 100
IS_RTC_MONTH(MONTH)	宏函数，判断参数 MONTH 是否在 1 和 12 之间
IS_RTC_DATE(DATE)	宏函数，判断参数 DATE 是否在 1 和 31 之间
IS_RTC_WEEKDAY(WEEKDAY)	宏函数，判断参数 WEEKDAY 是否在宏定义常量 RTC_WEEKDAY_MONDAY 到 RTC_WEEKDAY_SUNDAY 之间
IS_RTC_FORMAT(FORMAT)	宏函数，判断参数 FORMAT 是否为 RTC_FORMAT_BIN 或 RTC_FORMAT_BCD
IS_RTC_HOUR_FORMAT(FORMAT)	宏函数，判断参数 FORMAT 是否为 RTC_HOURFORMAT_12 或 RTC_HOURFORMAT_24

1. RTC 初始化函数

进行 RTC 初始化的函数是 HAL_RTC_Init()，其原型定义如下：

```
HAL_StatusTypeDef HAL_RTC_Init(RTC_HandleTypeDef *hrtc);
```

其中，参数 hrtc 是 RTC 外设对象指针，是 RTC_HandleTypeDef 结构体类型指针。结构体 RTC_HandleTypeDef 的定义如下：

```
typedef struct
{
    RTC_TypeDef                *Instance;         //RTC 寄存器基地址
    RTC_InitTypeDef            Init;              //RTC 的参数
    HAL_LockTypeDef            Lock;              //RTC 锁定对象
    __IO HAL_RTCStateTypeDef   State;             //时间通信状态
}RTC_HandleTypeDef;
```

其中的成员变量 Init 存储了 RTC 的各种参数，是 RTC_InitTypeDef 结构体类型，其原型定义如下：

```
typedef struct
{
    uint32_t  HourFormat;            //小时数据格式，12 小时制或 24 小时制
    uint32_t  AsynchPrediv;          //异步预分频器值，范围 0x00～0x7F，默认值为 127
    uint32_t  SynchPrediv;           //同步预分频器值，范围 0x00～0x7FFFU，默认值为 255
    uint32_t  OutPut;                //哪个信号被作为 RTC 输出信号
    uint32_t  OutPutPolarity;        //输出信号的极性，信号有效时的电平
    uint32_t  OutPutType;            //输出引脚模式，开漏输出或推挽输出
}RTC_InitTypeDef;
```

其中，小时数据的格式取值可以用如下的宏定义常量：

```
#define  RTC_HOURFORMAT_24      0x00000000U       //24 小时制
#define  RTC_HOURFORMAT_12      0x00000040U       //12 小时制
```

2. 读取和设置日期

读取 RTC 当前日期的函数是 HAL_RTC_GetDate()，其原型定义如下：

```
HAL_StatusTypeDef HAL_RTC_GetDate(RTC_HandleTypeDef *hrtc, RTC_DateTypeDef *sDate,
uint32_t Format);
```

返回的日期数据保存在 RTC_DateTypeDef 类型指针 sDate 指向的变量里，参数 Format 表示返回日期数据类型是 BCD 码或二进制码，可以用下面的宏定义常量作为 Format 的值。

```
#define   RTC_FORMAT_BIN          0x00000000U            //二进制格式
#define   RTC_FORMAT_BCD          0x00000001U            //BCD 码格式
```

日期数据结构体 RTC_DateTypeDef 的定义如下：

```
typedef struct
{
     uint8_t WeekDay;       //星期几，有表示星期几的宏定义
     uint8_t Month;         //月份，有表示月份的宏定义
     uint8_t Date;          //日期，范围 1～31
     uint8_t Year;          //年，范围 0～99，表示 2000～2099
}RTC_DateTypeDef;
```

设置日期的函数是 HAL_RTC_SetDate()，其原型定义如下：

```
HAL_StatusTypeDef HAL_RTC_SetDate(RTC_HandleTypeDef *hrtc, RTC_DateTypeDef *sDate,
uint32_t Format);
```

参数 sDate 是需要设置的日期数据指针，参数 Format 表示数据的格式是 BCD 码或二进制码。

3. 读取和设置时间

读取时间的函数是 HAL_RTC_GetTime()，其原型定义如下：

```
HAL_StatusTypeDef HAL_RTC_GetTime(RTC_HandleTypeDef *hrtc, RTC_TimeTypeDef *sTime,
uint32_t Format);
```

返回的时间数据保存在 RTC_TimeTypeDef 类型指针 sTime 指向的变量里，参数 Format 表示返回日期数据类型是 BCD 码或二进制码。

时间数据结构体 RTC_TimeTypeDef 的定义如下：

```
typedef struct
{
     uint8_t Hours;                 //小时，范围 0～12（12 小时制），或 0～23（24 小时制）
     uint8_t Minutes;               //分钟，范围 0～59
     uint8_t Seconds;               //秒，范围 0～59
     uint8_t TimeFormat;            //时间格式，AM 或 PM 显示
     uint32_t SubSeconds;           //亚秒数据
     uint32_t SecondFraction;       //秒的小数部分数据
     uint32_t DayLightSaving;       //夏令时设置
     uint32_t StoreOperation;       //存储操作定义
}RTC_TimeTypeDef;
```

一般我们只关心时间的小时、分钟和秒数据，如果是 12 小时制，还需要看 TimeFormat 的值。AM/PM 的取值使用如下的宏定义：

```
#define   RTC_HOURFORMAT12_AM       ((uint8_t)0x00)          //表示 AM
#define   RTC_HOURFORMAT12_PM       ((uint8_t)0x40)          //表示 PM
```

设置时间的函数是 HAL_RTC_SetTime()，其原型定义如下：

```
HAL_StatusTypeDef HAL_RTC_SetTime(RTC_HandleTypeDef *hrtc, RTC_TimeTypeDef *sTime,
uint32_t Format);
```

任何时候读取日期和读取时间的函数都必须成对使用，即使读出的日期或时间数据用不上。也就是说，调用 HAL_RTC_GetTime()之后，必须调用 HAL_RTC_GetDate()，否则不能连续更新日期和时间。因为调用 HAL_RTC_GetTime()时会锁定日历影子寄存器的当前值，直到日期数据被读出后才会被解锁。

4. 二进制数与 BCD 码之间的转换

读取和设置 RTC 的日期或时间数据时，我们可以指定数据格式为二进制或 BCD 码，二进制就是常规的数。BCD（Binary Coded Decimal）码是为便于 BCD 数码管显示用的编码，它用 4 位二进制数表示十进制中一个位的数，表示的范围是 0～9，百位、十位、个位连续排列。例如，十进制数 25 的 BCD 码就是十六进制数 0x25，十进制数 146 的 BCD 码是 0x146。

读取日期或时间的函数中有个 Format 参数，可以指定为二进制格式（RTC_FORMAT_BIN）或 BCD 码格式（RTC_FORMAT_BCD），这两种编码的数据之间可以通过 HAL 提供的两个函数进行转换。这两个函数的原型定义如下，要注意，这两个函数只能转换两位数字的数据。

```
uint8_t RTC_Bcd2ToByte(uint8_t Value)       //两位 BCD 码转换为二进制数
uint8_t RTC_ByteToBcd2(uint8_t Value)       //二进制数转换为两位 BCD 码
```

5. 一些判断函数

在文件 stm32f4xx_hal_rtc.h 中有一些以“IS_RTC_”为前缀的宏函数，这些宏函数主要用于判断参数是否在合理范围之内。部分典型的宏函数定义如下，全部的此类函数定义见文件 stm32f4xx_hal_rtc.h。

```
#define  IS_RTC_YEAR(YEAR)              ((YEAR) <= 99U)
#define  IS_RTC_MONTH(MONTH)            (((MONTH) >= 1U) && ((MONTH) <= 12U))
#define  IS_RTC_DATE(DATE)              (((DATE) >= 1U) && ((DATE) <= 31U))

#define  IS_RTC_HOUR12(HOUR)            (((HOUR) > 0U) && ((HOUR) <= 12U))
#define  IS_RTC_HOUR24(HOUR)            ((HOUR) <= 23U)
#define  IS_RTC_ASYNCH_PREDIV(PREDIV)   ((PREDIV) <= 0x7FU)
#define  IS_RTC_SYNCH_PREDIV(PREDIV)    ((PREDIV) <= 0x7FFFU)
#define  IS_RTC_MINUTES(MINUTES)        ((MINUTES) <= 59U)
#define  IS_RTC_SECONDS(SECONDS)        ((SECONDS) <= 59U)
```

11.2 周期唤醒和闹钟

11.2.1 周期唤醒相关 HAL 函数

周期唤醒就是 RTC 的一种定时功能，一般为周期唤醒定时器设置 1Hz 时钟源，每秒或每隔几秒中断一次。使用 RTC 的周期唤醒功能，可以很方便地设置 1s 定时中断，与系统时钟频率无关，比用定时器设置 1s 中断要简单得多，所以在后面很多示例里会用到 RTC 的周期唤醒功能。

RTC 周期唤醒中断的相关函数在文件 stm32f4xx_hal_rtc_ex.h 中定义，常用的函数如表 11-4 所示。

表 11-4　周期唤醒的相关函数

函数名	功能描述
__HAL_RTC_WAKEUPTIMER_ENABLE()	开启 RTC 的周期唤醒单元
__HAL_RTC_WAKEUPTIMER_DISABLE()	停止 RTC 的周期唤醒单元
__HAL_RTC_WAKEUPTIMER_ENABLE_IT()	允许 RTC 周期唤醒事件产生硬件中断
__HAL_RTC_WAKEUPTIMER_DISABLE_IT()	禁止 RTC 周期唤醒事件产生硬件中断
HAL_RTCEx_GetWakeUpTimer()	获取周期唤醒计数器的当前计数值，返回值类型 uint32_t
HAL_RTCEx_SetWakeUpTimer()	设置周期唤醒单元的计数周期和时钟信号源，不开启中断
HAL_RTCEx_SetWakeUpTimer_IT()	设置周期唤醒单元的计数周期和时钟信号源，开启中断
HAL_RTCEx_DeactivateWakeUpTimer()	停止 RTC 周期唤醒单元及其中断，停止后可用两个宏函数重新启动 RTC 周期唤醒单元及其中断
HAL_RTCEx_WakeUpTimerIRQHandler()	RTC 周期唤醒中断的 ISR 里调用的通用处理函数
HAL_RTCEx_WakeUpTimerEventCallback()	RTC 周期唤醒事件的回调函数

这些函数都要用到 RTC 外设对象指针。RTC 初始化程序文件 rtc.c 定义了表示 RTC 的外设对象变量 hrtc，可供我们在介绍函数用法时直接使用。

```
RTC_HandleTypeDef   hrtc;            //RTC 外设对象变量
```

1. 宏函数

周期唤醒中断事件类型的定义是宏定义 RTC_IT_WUT，定义如下：

```
#define   RTC_IT_WUT      0x00004000U      //周期唤醒中断事件类型
```

在允许或禁止 RTC 周期唤醒事件产生硬件中断的宏函数里，会用到这个宏定义，示例如下：

```
__HAL_RTC_WAKEUPTIMER_ENABLE_IT(&hrtc, RTC_IT_WUT);    //允许 RTC 周期唤醒事件产生中断
__HAL_RTC_WAKEUPTIMER_DISABLE_IT(&hrtc, RTC_IT_WUT);   //禁止 RTC 周期唤醒事件产生中断
```

表 11-4 只列出了部分常用的宏函数，文件 stm32f4xx_hal_rtc_ex.h 中还有其他一些直接操作寄存器的周期唤醒相关宏函数，就不全部列举出来了。用户编程一般不需要直接使用这些宏函数，若需了解全部函数或需要使用某些功能，可查看源文件。

2. 周期唤醒定时器

函数 HAL_RTCEx_SetWakeUpTimer()设置周期唤醒定时器的定时周期数和时钟信号源，不开启周期唤醒中断，其原型定义如下：

```
HAL_StatusTypeDef HAL_RTCEx_SetWakeUpTimer(RTC_HandleTypeDef *hrtc, uint32_t WakeUpCounter,
uint32_t WakeUpClock)
```

其中，参数 WakeUpCounter 是计数周期值，参数 WakeUpClock 是时钟信号源，可以使用一组宏定义表示的时钟信号源。

函数 HAL_RTCEx_SetWakeUpTimer_IT()设置周期唤醒定时器的定时周期数和时钟信号源，并开启周期唤醒中断，函数参数形式与 HAL_RTCEx_SetWakeUpTimer()的一样。这两个函数在 CubeMX 生成的 RTC 初始化函数代码里会被调用。

函数 HAL_RTCEx_DeactivateWakeUpTimer()用于停止 RTC 周期唤醒单元及其中断，其内部会调用__HAL_RTC_WAKEUPTIMER_DISABLE()和__HAL_RTC_WAKEUPTIMER_DISABLE_IT()。

3. 周期唤醒中断回调函数

RTC 的周期唤醒中断有独立的中断号，ISR 是 RTC_WKUP_IRQHandler()。在 CubeMX 中开启 RTC 的周期唤醒中断后，在文件 stm32f4xx_it.c 中自动生成周期唤醒中断的 ISR，代码如下：

```
void RTC_WKUP_IRQHandler(void)
{
    HAL_RTCEx_WakeUpTimerIRQHandler(&hrtc);
}
```

其中，函数 HAL_RTCEx_WakeUpTimerIRQHandler()是周期唤醒中断的通用处理函数，它内部会调用周期唤醒事件的回调函数 HAL_RTCEx_WakeUpTimerEventCallback()。所以，用户要对周期唤醒中断进行处理，只需重新实现这个回调函数即可。

11.2.2 闹钟相关 HAL 函数

RTC 有两个闹钟（某些型号 MCU 上只有一个），闹钟相关的函数和定义在文件 stm32f4xx_hal_rtc.h 和 stm32f4xx_hal_rtc_ex.h 中定义。有些函数需要用一个变量区分是哪个闹钟，文件 stm32f4xx_hal_rtc.h 中有如下的宏定义区分闹钟 A 和闹钟 B：

```
#define  RTC_ALARM_A         RTC_CR_ALRAE      //表示闹钟 A
#define  RTC_ALARM_B         RTC_CR_ALRBE      //表示闹钟 B
```

表示闹钟 A 和闹钟 B 的中断事件类型宏定义如下：

```
#define  RTC_IT_ALRB         0x00002000U      //闹钟 B 的中断事件
#define  RTC_IT_ALRA         0x00001000U      //闹钟 A 的中断事件
```

同样，假设在 RTC 初始化程序文件 rtc.c 中定义了表示 RTC 的外设对象变量 hrtc。

```
RTC_HandleTypeDef  hrtc;
```

闹钟的相关常用函数如表 11-5 所示，我们在示例中直接使用了变量 hrtc。

表 11-5 闹钟的相关函数

函数名	功能
__HAL_RTC_ALARM_DISABLE_IT()	禁止闹钟 A 或闹钟 B 产生硬件中断，例如 __HAL_RTC_ALARM_DISABLE_IT(&hrtc, RTC_ALARM_A)
__HAL_RTC_ALARM_ENABLE_IT()	允许闹钟 A 或闹钟 B 产生硬件中断，例如 __HAL_RTC_ALARM_ENABLE_IT(&hrtc, RTC_ALARM_B)
__HAL_RTC_ALARMA_DISABLE()	关闭闹钟 A 模块，例如__HAL_RTC_ALARMA_DISABLE(&hrtc)
__HAL_RTC_ALARMA_ENABLE()	开启闹钟 A 模块，例如__HAL_RTC_ALARMA_ENABLE(&hrtc)
__HAL_RTC_ALARMB_DISABLE()	关闭闹钟 B 模块，例如__HAL_RTC_ALARMB_DISABLE(&hrtc)
__HAL_RTC_ALARMB_ENABLE()	开启闹钟 B 模块，例如__HAL_RTC_ALARMB_ENABLE(&hrtc)
HAL_RTC_SetAlarm()	设置闹钟 A 或闹钟 B 的闹钟参数，不开启闹钟中断
HAL_RTC_SetAlarm_IT()	设置闹钟 A 或闹钟 B 的闹钟参数，开启闹钟中断
HAL_RTC_DeactivateAlarm()	停止闹钟 A 或闹钟 B，例如 HAL_RTC_DeactivateAlarm(&hrtc, RTC_ALARM_B)
HAL_RTC_GetAlarm()	获取闹钟 A 或闹钟 B 的设定时间和掩码
HAL_RTC_AlarmIRQHandler()	闹钟硬件中断 ISR 里调用的通用处理函数
HAL_RTC_AlarmAEventCallback()	闹钟 A 中断事件的回调函数
HAL_RTCEx_AlarmBEventCallback()	闹钟 B 中断事件的回调函数

函数 HAL_RTC_SetAlarm()用于设置闹钟时间和掩码，此函数参数比较复杂，我们会在示例部分结合代码解释。函数 HAL_RTC_GetAlarm()用于获取设置的闹钟时间和掩码，其参数类型与 HAL_RTC_SetAlarm()的相同。

闹钟有一个中断号，ISR 是 RTC_Alarm_IRQHandler()。函数 HAL_RTC_AlarmIRQHandler()是闹钟中断 ISR 里调用的通用处理函数，文件 stm32f4xx_it.c 中闹钟中断的 ISR 代码如下：

```
void RTC_Alarm_IRQHandler(void)
{
     HAL_RTC_AlarmIRQHandler(&hrtc);
}
```

函数 HAL_RTC_AlarmIRQHandler()会根据闹钟事件来源，分别调用闹钟 A 的中断事件回调函数 HAL_RTC_AlarmAEventCallback()或闹钟 B 的中断事件回调函数 HAL_RTCEx_AlarmBEventCallback()。

11.2.3　示例功能和电路

我们将设计一个示例项目 Demo11_1RTC_Alarm，使用闹钟 A、闹钟 B 和周期唤醒功能，它具有如下功能。

- 使用 32.768kHz 的 LSE 时钟作为 RTC 的时钟源。
- 系统复位时初始化 RTC 日期为 2019-3-16，时间为 7:15:10。
- 每秒唤醒一次，在周期唤醒中断里读取当前日期和时间，并在 LCD 上显示。
- 将周期唤醒中断信号 WUTF 输出到复用引脚 RTC_AF1（PC13），用杜邦线连接 PC13 和 LED1 的引脚 PF9，如图 11-3 所示。在 CubeMX 中不要配置 PF9 引脚，使其为初始复位状态，这样，LED1 的亮灭由 PC13 的输出状态控制。
- 闹钟 A 设置为在时间 *xx*:16:05 触发，其中 *xx* 表示任意数字，即在每个小时的 16 分 5 秒时刻触发闹钟 A。对闹钟 A 中断次数计数，并在 LCD 上显示。
- 闹钟 B 设置为在时间 *xx*:*xx*:30 触发，即在每分钟的 30 秒时刻触发闹钟 B。对闹钟 B 中断次数计数，并在 LCD 上显示。

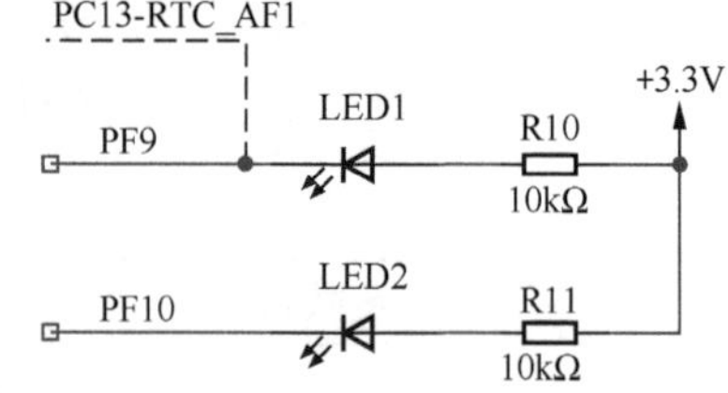

图 11-3　复用引脚 RTC_AF1 与 LED1 的连接（虚线表示杜邦线连接）

11.2.4　CubeMX 项目配置

在本示例中，我们不需要用到按键或 LED，所以通过 CubeMX 模板项目文件 M3_LCD_Only.ioc 创建本项目文件 Demo11_1RTC_Alarm.ioc。操作方法见附录 A。

配置 RCC 组件，设置 LSE 为 Crystal/Ceramic Resonator。开启 RTC 时钟源，然后在时钟树配置界面设置 LSE 的 32.768kHz 时钟信号作为 RTC 的时钟源，如图 11-2 所示。

1. RTC 模式设置

RTC 的模式设置界面如图 11-4 所示，首先要启用时钟源和日历。Alarm A 和 Alarm B 是闹钟 A 和闹钟 B，它们旁边的下拉

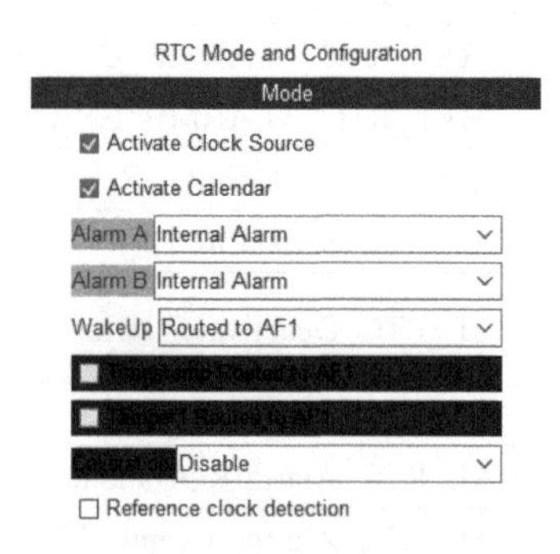

图 11-4　RTC 的模式设置界面

列表框里都有 3 个选项。

- Disable，禁用闹钟。
- Internal Alarm，内部闹钟功能。
- Routed to AF1，闹钟事件信号输出到复用引脚 RTC_AF1，也就是引脚 PC13。

WakeUp 是周期唤醒功能，它旁边的下拉列表框里有 3 个选项。

- Disable，禁用周期唤醒功能。
- Internal WakeUp，内部周期唤醒。
- Routed to AF1，周期唤醒事件信号输出到复用引脚 RTC_AF1。

我们将闹钟 A 和闹钟 B 都设置为 Internal Alarm，将周期唤醒 WakeUp 设置为 Routed to AF1，也就是将周期唤醒事件信号输出到复用引脚 RTC_AF1。

闹钟 A、闹钟 B 和周期唤醒都可以产生中断，且中断事件信号都可以输出到复用引脚 RTC_AF1，但是只能选择其中一个信号输出到 RTC_AF1。有一个信号占用 RTC_AF1 引脚后，其他使用 RTC_AF1 引脚的功能就不能使用了。图 11-4 中的 Timestamp Routed to AF1（时间戳）、Tamper1 Routed to AF1（入侵检测）、Calibration（校准时钟）等功能都用紫色底色标识，并且不能配置了。

图 11-4 中最下方的 Reference clock detection 就是参考时钟检测功能，如果勾选此项，就会使引脚 PB15 作为 RTC_REFIN 引脚，这个引脚需要接一个 50Hz 或 60Hz 的精密时钟信号，用于对 RTC 日历的 1Hz 更新频率进行精确补偿。某些 GPS 模块可以配置输出 0.25Hz 至 10MHz 的时钟脉冲信号，在使用 GPS 模块的应用中，就可以配置 GPS 模块输出 50Hz 信号，作为 RTC 的参考时钟源。

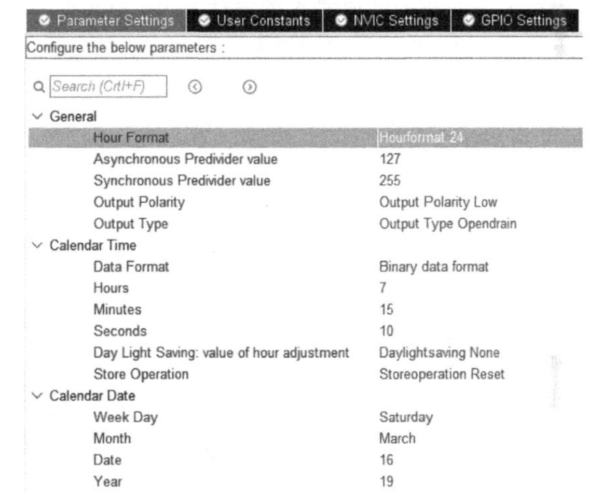

图 11-5 预分频器和初始日期、时间等参数设置

2. RTC 基本参数设置

我们在 RTC 的配置界面对 RTC 的参数进行设置。图 11-5 是预分频器、初始日期和时间等基本参数的设置。General 分组里有以下通用参数。

- Hour Format，小时格式，可以选择 12 小时制或 24 小时制。
- Asynchronous Predivider value，异步预分频器值。设置范围为 0～127，对应分频系数是 1～128。当 RTCCLK 为 32.768kHz 时，128 分频后就是 256Hz（见图 11-1）。
- Synchronous Predivider value，同步预分频器值。设置范围为 0～32767，对应分频系数是 1～32768。256 分频后就是 1Hz（见图 11-1）。
- Output Polarity，输出极性。闹钟 A、闹钟 B、周期唤醒中断事件信号有效时的输出极性，可设置为高电平或低电平。这里设置为低电平，因为配置周期唤醒模块的事件信号 WUTF 输出到复用引脚 RTC_AF1，而 RTC_AF1 连接 LED1 的引脚 PF9，当 RTC_AF1 输出为低电平时 LED1 点亮（见图 11-3）。
- Output Type，输出类型。复用引脚 RTC_AF1 的输出类型，可选开漏（Opendrain）输出或推挽（Pushpull）输出，这里设置为开漏输出。因为 RTC_AF1 和 PF9 都连接到 LED1 的同一个引脚上，设置为开漏输出更安全。

Calendar Time 分组里有用于设置日历的时间参数和初始化数据的如下参数。

- Data Format，数据格式，可选择二进制格式或 BCD 格式，这里选择 Binary data format。
- 初始化时间数据，包括时、分、秒的数据，这里设置为 7 时 15 分 10 秒。
- Day Light Saving:value of hour adjustment，夏令时设置，这里设置为 Daylightsaving None，即不使用夏令时。
- Store Operation，存储操作，表示是否已经对夏令时设置做修改。设置为 Storeoperation Reset 表示未修改夏令时，设置为 Storeoperation Set 表示已修改。

用户可以在 Calendar Date 分组里设置日历初始化日期数据，包括年、月、日、星期几，其中，年的设置范围是 0～99，表示 2000～2099 年。这里设置初始化日期为 2019 年 3 月 16 日，星期六。

3. 闹钟定时设置

用户在 RTC 的模式设置里启用闹钟 A 和闹钟 B 后，就会在参数配置部分看到闹钟的设置，如图 11-6 所示。闹钟 A 和闹钟 B 的设置方法是完全一样的，下面我们以闹钟 A 的设置为例进行说明。

闹钟的触发时间可以设置为日期（天或星期几）、时、分、秒、亚秒的任意组合，只需设置相应的日期时间和屏蔽即可。例如，在这个示例中，设置 RTC 的初始时间为 7 时 15 分 10 秒，闹钟 A 设置为在时间 *xx*:16:05 触发，即每个小时的 16 分 5 秒时刻触发。在图 11-6 中，闹钟 A 的设置主要是闹钟日期时间设置和屏蔽设置，与图 11-6 对应的闹钟参数的意义和设置如表 11-6 所示。

图 11-6　闹钟的定时设置

表 11-6　闹钟 A 的参数设置

参数	意义	取值示例	数据范围
Hours	时	8	0～23
Minutes	分	16	0～59
Seconds	秒	5	0～59
Sub Seconds	亚秒	0	0～59
Alarm Mask Date Week day	屏蔽日期	Enable	设置为 Enable 表示屏蔽，即闹钟与日期数据无关 设置为 Disable 表示日期数据参与比对
Alarm Mask Hours	屏蔽小时	Enable	设置为 Enable 表示屏蔽，即闹钟与小时数据无关 设置为 Disable 表示小时数据参与比对
Alarm Mask Minutes	屏蔽分钟	Disable	设置为 Enable 表示屏蔽，即闹钟与分钟数据无关 设置为 Disable 表示分钟数据参与比对

续表

参数	意义	取值示例	数据范围
Alarm Mask Seconds	屏蔽秒	Disable	设置为 Enable 表示屏蔽，即闹钟与秒数据无关 设置为 Disable 表示秒数据参与比对
Alarm Sub Second Mask	屏蔽亚秒	All Alarm SS fields are masked	设置为 All Alarm SS fields are masked 表示屏蔽，闹钟与亚秒数据无关 设置为其他选项时，用于亚秒数据比对
Alarm Date Week Day Sel	日期形式	Date	有 Date 和 Weekday 两种选项。 选项 Date 表示用 1～31 日表示日期 选择 Weekday 表示用 Monday 到 Sunday 表示星期几
Alarm Date	日期	3	1～31 或 Monday 到 Sunday

对于闹钟 A，只有 Alarm Mask Minutes 和 Alarm Mask Seconds 设置为 Disable，所以闹钟 A 的定时是 *xx*:16:05，与小时、日期数据无关。

同样，对于闹钟 B，只有 Alarm Mask Seconds 设置为 Disable，所以闹钟 B 的定时是 *xx*:*xx*:30，即每分钟的第 30 秒触发闹钟 B。

4. 周期唤醒设置

周期唤醒的参数设置如图 11-7 所示，只有两个参数需要设置。

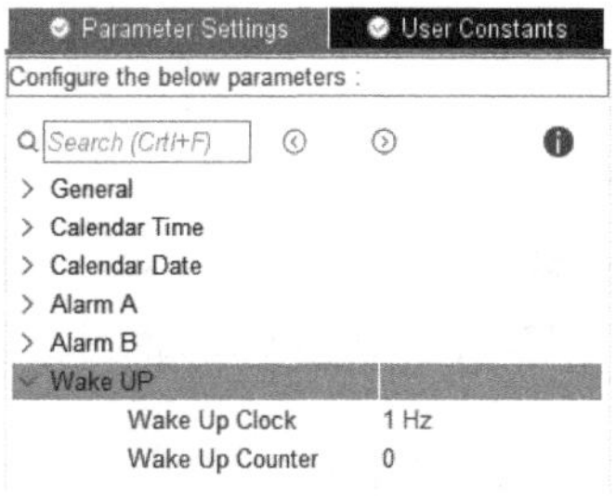

（1）Wake Up Clock，周期唤醒的时钟源。从图 11-1 可见，周期唤醒的时钟源可以来自同步预分频器的 1Hz 信号，也可以来自 RTCCLK 经过 2、4、8、16 分频的信号。若 RTCCLK 是 32.768kHz，则这个参数各选项的意义如下。

图 11-7 周期唤醒的参数设置

- RTCCLK/16，16 分频信号，即 2.048kHz。
- RTCCLK/8，8 分频信号，即 4.096kHz。
- RTCCLK/4，4 分频信号，即 8.192kHz。
- RTCCLK/2，2 分频信号，即 16.384kHz。
- 1 Hz，来自 ck_spre 的 1Hz 信号。
- 1 Hz with 1 bit added to Wake Up Counter，来自 ck_spre 的 1Hz 信号，将 Wake Up Counter（唤醒计数器）的值加 2^{16}。

（2）Wake Up Counter，唤醒计数器的重载值，设定值的范围是 0～65535。表示周期唤醒计数器的计数值达到这个值时，就触发一次 WakeUp 中断。如果这个值设置为 0，则每个时钟周期中断 1 次。例如，选择周期唤醒时钟源为 1Hz 信号时，若设置此值为 0，则每 1 秒发生一次唤醒中断；若设置为 1，则每 2 秒发生一次唤醒中断。

图 11-7 选择了周期唤醒单元的时钟源为 1Hz 信号，唤醒计数器的重载值为 0，所以每 1 秒会发生一次唤醒中断。在此中断处理程序里，读取 RTC 当前时间并在 LCD 上显示，就可以看到时间是每秒刷新一次。

5. 中断设置

用户可以在 NVIC 组件的配置界面里设置 RTC 的中断，如图 11-8 所示。中断优先级分组采用“2 位表示抢占优先级，2 位表示次优先级”的形式。开启 RTC 的周期唤醒中断，它使用 EXTI 线 22，设置抢占优先级为 1，次优先级为 0。闹钟 A 和闹钟 B 共用 EXTI 线 17，设置抢占优先级为 1，次优先级为 1。之所以将这两个中断的抢占优先级都设置为 1，比 SysTick 的抢占优先级低，是为了防止这两个中断的回调函数在调用 LCD 显示的函数时，间接调用函数 HAL_Delay()。

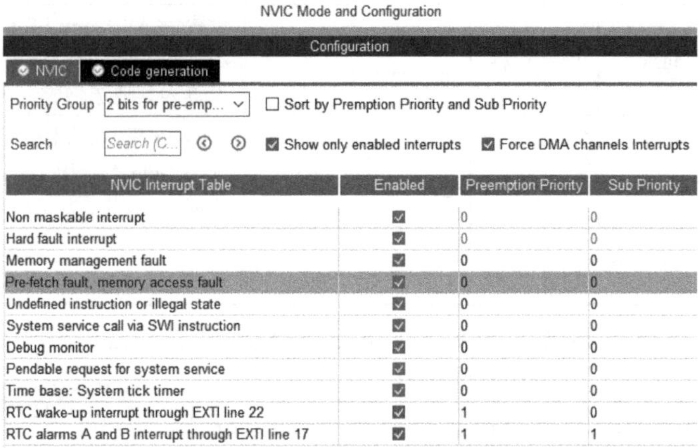

NVIC Mode and Configuration

Configuration

NVIC　Code generation

Priority Group [2 bits for pre-emp...]　☐ Sort by Premption Priority and Sub Priority

Search [Search (C...]　☑ Show only enabled interrupts　☑ Force DMA channels Interrupts

NVIC Interrupt Table	Enabled	Preemption Priority	Sub Priority
Non maskable interrupt	☑	0	0
Hard fault interrupt	☑	0	0
Memory management fault	☑	0	0
Pre-fetch fault, memory access fault	☑	0	0
Undefined instruction or illegal state	☑	0	0
System service call via SWI instruction	☑	0	0
Debug monitor	☑	0	0
Pendable request for system service	☑	0	0
Time base: System tick timer	☑	0	0
RTC wake-up interrupt through EXTI line 22	☑	1	0
RTC alarms A and B interrupt through EXTI line 17	☑	1	1

图 11-8　RTC 的中断设置

11.2.5　程序功能实现

1. 主程序

我们在 CubeMX 里完成设置后生成 CubeIDE 项目代码，在 CubeIDE 里打开项目后，将公共驱动目录 PublicDrivers 下的 TFT_LCD 文件夹添加到项目的头文件和源程序搜索路径。操作方法见附录 A。添加用户功能代码后，文件 main.c 的代码如下：

```
/*文件：main.c----------------------------------------------------------------*/
#include "main.h"
#include "rtc.h"
#include "gpio.h"
#include "fsmc.h"
/* USER CODE BEGIN Includes */
#include "tftlcd.h"
/* USER CODE END Includes */

int main(void)
{
	HAL_Init();
	SystemClock_Config();
	/* Initialize all configured peripherals */
	MX_GPIO_Init();
	MX_FSMC_Init();
	MX_RTC_Init();		//RTC 初始化

	/* USER CODE BEGIN 2 */
	TFTLCD_Init();		//LCD 软件初始化
	LCD_ShowStr(10,10,(uint8_t *)"Demo11_1:RTC and Alarm");
	LCD_ShowStr(0,120,(uint8_t *)"Alarm A(xx:16:05) trigger: 0");
	LCD_ShowStr(0,150,(uint8_t *)"Alarm B(xx:xx:30) trigger: 0");
	/* USER CODE END 2 */
```

```
    while (1)
    {
    }
}
```

main()函数在外设初始化部分调用了 MX_RTC_Init()对 RTC 进行初始化，包括周期唤醒和闹钟的初始化，为 RTC 选择 LSE 作为时钟源是在函数 SystemClock_Config()里实现的。RTC 初始化完成后，就自动开启周期唤醒和闹钟功能。

在 LCD 上显示几条提示信息后，程序就进入了 while 死循环，程序的运行由中断驱动。

2. RTC 初始化

CubeMX 根据 RTC 的配置自动生成文件 rtc.h 和 rtc.c，其中定义了 RTC 外设对象变量和 RTC 初始化函数 MX_RTC_Init()。文件 rtc.h 内容如下：

```
/* 文件：rtc.h，RTC 初始化头文件 -----------------------------------------------*/
#include "main.h"
extern RTC_HandleTypeDef hrtc;          //表示 RTC 的外设对象变量
void MX_RTC_Init(void);
```

文件 rtc.c 中与 RTC 初始化相关的代码如下，省略了一些预编译指令和注释：

```
/* 文件：rtc.c，RTC 初始化源程序文件 -------------------------------------------*/
#include "rtc.h"
RTC_HandleTypeDef hrtc;                 //表示 RTC 的外设对象变量

/*  RTC 初始化函数  */
void MX_RTC_Init(void)
{
    RTC_TimeTypeDef sTime = {0};
    RTC_DateTypeDef sDate = {0};
    RTC_AlarmTypeDef sAlarm = {0};

    /**  RTC 参数设置  */
    hrtc.Instance = RTC;                //RTC 的寄存器基址
    hrtc.Init.HourFormat = RTC_HOURFORMAT_24;   //24 小时制
    hrtc.Init.AsynchPrediv = 127;               //异步预分频器系数
    hrtc.Init.SynchPrediv = 255;                //同步预分频器系数
    hrtc.Init.OutPut = RTC_OUTPUT_WAKEUP;       //将 WakeUp 信号输出到 AF1
    hrtc.Init.OutPutPolarity = RTC_OUTPUT_POLARITY_LOW;     //输出低有效
    hrtc.Init.OutPutType = RTC_OUTPUT_TYPE_OPENDRAIN;       //AF1 输出类型=开漏输出
    if (HAL_RTC_Init(&hrtc) != HAL_OK)
        Error_Handler();

    /**  设置 RTC 的日期和时间  */
    sTime.Hours = 7;
    sTime.Minutes = 15;
    sTime.Seconds = 10;
    sTime.DayLightSaving = RTC_DAYLIGHTSAVING_NONE;         //夏令时
    sTime.StoreOperation = RTC_STOREOPERATION_RESET;        //未设置夏令时
    if (HAL_RTC_SetTime(&hrtc, &sTime, RTC_FORMAT_BIN) != HAL_OK)      //设置时间
        Error_Handler();

    sDate.WeekDay = RTC_WEEKDAY_SATURDAY;       //星期六
    sDate.Month = RTC_MONTH_MARCH;              //月份
    sDate.Date = 16;            //取值范围 1～31
    sDate.Year = 19;            //取值范围 0～99，表示 2000～2099 年
    if (HAL_RTC_SetDate(&hrtc, &sDate, RTC_FORMAT_BIN) != HAL_OK)      //设置日期
        Error_Handler();
```

```
    /**  设置闹钟 A  */
    sAlarm.AlarmTime.Hours = 8;
    sAlarm.AlarmTime.Minutes = 16;
    sAlarm.AlarmTime.Seconds = 5;
    sAlarm.AlarmTime.SubSeconds = 0;
    sAlarm.AlarmTime.DayLightSaving = RTC_DAYLIGHTSAVING_NONE;       //夏令时
    sAlarm.AlarmTime.StoreOperation = RTC_STOREOPERATION_RESET;      //未设置夏令时
    sAlarm.AlarmMask = RTC_ALARMMASK_DATEWEEKDAY|RTC_ALARMMASK_HOURS; //屏蔽设置
    sAlarm.AlarmSubSecondMask = RTC_ALARMSUBSECONDMASK_ALL;           //屏蔽亚秒
    sAlarm.AlarmDateWeekDaySel = RTC_ALARMDATEWEEKDAYSEL_DATE;       //日期表示方法
    sAlarm.AlarmDateWeekDay = 3;
    sAlarm.Alarm = RTC_ALARM_A;          //闹钟 A
    if (HAL_RTC_SetAlarm_IT(&hrtc, &sAlarm, RTC_FORMAT_BIN) != HAL_OK)
        Error_Handler();

    /**  设置闹钟 B  */
    sAlarm.AlarmTime.Hours = 10;
    sAlarm.AlarmTime.Minutes = 20;
    sAlarm.AlarmTime.Seconds = 30;
    sAlarm.AlarmMask = RTC_ALARMMASK_DATEWEEKDAY|RTC_ALARMMASK_HOURS
                        |RTC_ALARMMASK_MINUTES;            //屏蔽设置
    sAlarm.AlarmDateWeekDay = 1;
    sAlarm.Alarm = RTC_ALARM_B;          //闹钟 B
    if (HAL_RTC_SetAlarm_IT(&hrtc, &sAlarm, RTC_FORMAT_BIN) != HAL_OK)
        Error_Handler();

    /**  周期唤醒设置  */
    if (HAL_RTCEx_SetWakeUpTimer_IT(&hrtc,0,RTC_WAKEUPCLOCK_CK_SPRE_16BITS) != HAL_OK)
        Error_Handler();
}

/*  MSP 初始化函数，由 HAL_RTC_Init()调用  */
void HAL_RTC_MspInit(RTC_HandleTypeDef* rtcHandle)
{
    if(rtcHandle->Instance==RTC)
    {
        __HAL_RCC_RTC_ENABLE();                        //启用 RTC 时钟
        /*  RTC 中断初始化  */
        HAL_NVIC_SetPriority(RTC_WKUP_IRQn, 1, 0); //周期唤醒中断
        HAL_NVIC_EnableIRQ(RTC_WKUP_IRQn);
        HAL_NVIC_SetPriority(RTC_Alarm_IRQn, 1, 1); //闹钟中断
        HAL_NVIC_EnableIRQ(RTC_Alarm_IRQn);
    }
}
```

函数 MX_RTC_Init()用于 RTC 初始化，函数 HAL_RTC_MspInit()用于 RTC 各个中断的优先级设置和中断的开启。函数 MX_RTC_Init()里执行的 HAL_RTC_Init()会调用函数 HAL_RTC_MspInit()。

文件 rtc.c 定义了一个 RTC_HandleTypeDef 结构体类型的变量 hrtc，用于表示 RTC，即

```
RTC_HandleTypeDef  hrtc;          //表示 RTC 的外设对象变量
```

函数 MX_RTC_Init()的代码分为以下几个部分。

（1）RTC 基本参数设置。结构体 RTC_HandleTypeDef 在文件 stm32f4xx_hal_rtc.h 里定义，它有两个主要的成员变量 Instance 和 Init，Instance 用于指向 RTC 寄存器基址，Init 是结构体 RTC_InitTypeDef，用于表示 RTC 的各种参数。我们在 11.1.4 节介绍过这两个结构体的定义。

我们在函数 MX_RTC_Init()里设置的 hrtc 以及 hrtc.Init 各成员变量的代码，与 CubeMX

中的设置对应；设置变量 hrtc 的各种参数后，调用 HAL_RTC_Init()进行 RTC 初始化参数设置。HAL_RTC_Init()内部会调用弱函数 HAL_RTC_MspInit()，这个函数在文件 rtc.c 里得到了重新实现，其功能就是启用 RTC 的时钟，设置两个中断的优先级。

（2）RTC 时间和日期设置。结构体 RTC_TimeTypeDef 类型的变量 sTime 表示 RTC 的时间数据，设置其时、分、秒等数据后，执行下面的代码进行 RTC 时间设置。函数中的第 3 个参数值 RTC_FORMAT_BIN 表示是二进制表示的时间数据。

```
HAL_RTC_SetTime(&hrtc, &sTime, RTC_FORMAT_BIN)
```

结构体 RTC_DateTypeDef 类型的变量 sDate 表示 RTC 的日期，设置年、月、日、星期几等数据后，使用函数 HAL_RTC_SetDate()设置 RTC 的日期数据。

（3）闹钟 A 和闹钟 B 的设置。结构体 RTC_AlarmTypeDef 类型的变量 sAlarm 表示闹钟数据，几个成员变量的意义和设置如下。

- AlarmTime，是结构体类型 RTC_TimeTypeDef，用于设置闹钟的时间数据。
- AlarmMask，用于设置闹钟的时间屏蔽，被屏蔽的数据不参与闹钟时间的比对。例如，闹钟 A 的触发时间是 *xx*:16:05，日期和小时要屏蔽掉，所以设置为：

```
sAlarm.AlarmMask = RTC_ALARMMASK_DATEWEEKDAY|RTC_ALARMMASK_HOURS;
```

- AlarmSubSecondMask，亚秒数据的屏蔽设置。
- AlarmDateWeekDaySel，日期表示形式，有两种常量取值，表示用 1～31 天或星期几表示日期。
- AlarmDateWeekDay，表示具体日期。1～31（日期表示），或 1～7（星期几表示）。
- Alarm，设置的闹钟对象，宏 RTC_ALARM_A 表示闹钟 A，宏 RTC_ALARM_B 表示闹钟 B。

设置了变量 sAlarm 的各种参数后，使用函数 HAL_RTC_SetAlarm_IT()进行闹钟设置，即

```
HAL_RTC_SetAlarm_IT(&hrtc, &sAlarm, RTC_FORMAT_BIN)
```

闹钟 A 和闹钟 B 需要分别设置。

（4）周期唤醒设置。程序直接调用下面的函数进行周期唤醒设置，以中断方式启动周期唤醒功能：

```
HAL_RTCEx_SetWakeUpTimer_IT(&hrtc,0,RTC_WAKEUPCLOCK_CK_SPRE_16BITS)
```

第 2 个参数表示唤醒周期，这里设置为 0，表示 1 个时钟周期就触发一次唤醒中断；第 3 个参数表示周期唤醒的时钟源，其中 RTC_WAKEUPCLOCK_CK_SPRE_16BITS 表示使用 1Hz 时钟源。所以，这里设置的唤醒周期是 1s，并且启动了周期唤醒中断。

函数 MX_RTC_Init()的代码就是与 CubeMX 里的设置内容对应的，一般不手工修改这些初始化设置代码，而是在 CubeMX 里修改后重新生成代码。

3. 中断回调函数的实现

闹钟 A 和闹钟 B 共用 EXTI 线 17 中断，周期唤醒使用 EXTI 线 22 中断，在中断响应程序文件 stm32f4xx_it.c 自动生成了相应的 ISR 代码。前面已经分析了 ISR、中断通用处理函数和回调函数之间的关系，要实现闹钟 A、闹钟 B、周期唤醒中断的处理，只需重新实现 3 个回调函数即可。

在文件 rtc.c 里重新实现这 3 个回调函数，重新实现的回调函数无须在头文件里声明函数原

型。文件 rtc.c 中重新实现的 3 个函数和相关代码如下，添加的用户功能代码都写在代码沙箱内：

```
/* 文件：rtc.c，增加了 3 个回调函数的实现-----------------------------------------*/
#include "rtc.h"
/* USER CODE BEGIN 0 */
#include "tftlcd.h"
#include <stdio.h>              //用到函数 sprintf()

uint16_t triggerCntA=0;         //闹钟 A 触发次数
uint16_t triggerCntB=0;         //闹钟 B 触发次数
/* USER CODE END 0 */

/* USER CODE BEGIN 1 */
/*  周期唤醒中断回调函数   */
void HAL_RTCEx_WakeUpTimerEventCallback(RTC_HandleTypeDef *hrtc)
{
     RTC_TimeTypeDef sTime;
     RTC_DateTypeDef sDate;
     //读取时间和日期，必须都读取出来，否则无法解锁，就不能连续读取了
     if (HAL_RTC_GetTime(hrtc, &sTime,  RTC_FORMAT_BIN) == HAL_OK)
     {
          HAL_RTC_GetDate(hrtc, &sDate,  RTC_FORMAT_BIN);
          uint16_t  xPos=20, yPos=50;
          //显示日期：年-月-日
          char str[40];
          sprintf(str,"RTC Date= %4d-%2d-%2d",2000+sDate.Year,sDate.Month,sDate.Date);
          LCD_ShowStr(xPos,yPos, (uint8_t*)str);
          //显示时间：hh:mm:ss
          yPos=yPos+LCD_SP15;
          sprintf(str,"RTC Time= %2d:%2d:%2d",sTime.Hours,sTime.Minutes,sTime.Seconds);
          LCD_ShowStr(xPos,yPos, (uint8_t*)str);
     }
}

/*  闹钟 A 中断的回调函数  */
void HAL_RTC_AlarmAEventCallback(RTC_HandleTypeDef *hrtc)
{
     uint16_t yPos=120;
     char *infoA="Alarm A(xx:16:05) trigger: ";
     LCD_ShowStr(0, yPos, (uint8_t *)infoA);
     triggerCntA++;     //闹钟 A 触发次数加 1
     LCD_ShowUint(LCD_CurX,yPos,triggerCntA);  //显示中断次数
}

/*  闹钟 B 中断的回调函数  */
void HAL_RTCEx_AlarmBEventCallback(RTC_HandleTypeDef *hrtc)
{
     uint16_t yPos=150;
     char infoB[]="Alarm B(xx:xx:30) trigger: ";
     LCD_ShowStr(0, yPos, (uint8_t *)infoB);
     triggerCntB++;     //闹钟 B 触发次数加 1
     LCD_ShowUint(LCD_CurX, yPos, triggerCntB);
}
/* USER CODE END 1 */
```

在文件 rtc.c 中定义了两个 uint16_t 类型的全局变量，即 triggerCntA 和 triggerCntB，用于记录闹钟 A 和闹钟 B 发生中断的次数。

周期唤醒中断的回调函数是 HAL_RTCEx_WakeUpTimerEventCallback()，唤醒中断每秒触发一

次。中断回调函数里用 HAL_RTC_GetTime()读取 RTC 的当前时间，再使用 HAL_RTC_GetDate()读取当前日期，然后在 LCD 上显示。

注意，调用 HAL_RTC_GetTime()之后必须调用 HAL_RTC_GetDate()以解锁数据，才能连续更新日期和时间。因为调用 HAL_RTC_GetTime()时会锁定日历影子寄存器的当前值，直到日期数据被读出，所以即使不使用日期数据，也需要调用 HAL_RTC_GetDate()读取日期数据。

另外，因为还设置了将周期唤醒中断信号输出到复用引脚 RTC_AF1（引脚 PC13），并且用杜邦线连接了 PC13 与 LED1 的引脚 PF9，所以程序运行时，可以看到 LED1 每秒会闪亮一下，这是因为 RTC_AF1 输出了一个低电平信号，只是这个信号持续时间比较短，LED1 只是一闪即灭。

闹钟 A 的中断回调函数是 HAL_RTC_AlarmAEventCallback()。闹钟 A 在 *xx*:16:05 时刻触发，中断回调函数在 LCD 上显示信息，并且显示中断发生的次数。由于 RTC 的初始时间设置为 7:15:10，因此很快就会到 7:16:05，就会触发一次闹钟 A 中断，在 LCD 上就会看到显示的闹钟 A 的中断信息。闹钟 A 实际上每隔一小时触发一次。

闹钟 B 的中断回调函数是 HAL_RTCEx_AlarmBEventCallback()。闹钟 B 在 *xx*:*xx*:30 时刻触发，中断回调函数在 LCD 上显示信息并且显示中断发生的次数。闹钟 B 触发周期是 1 分钟，可以在 LCD 上看到闹钟 B 的中断次数每分钟增加一次。

另外要注意，周期唤醒中断和闹钟中断的抢占优先级不能设置为一高一低，因为在这 3 个回调函数中都使用了 LCD 显示函数，使用了全局变量 LCD_CurX。如果两个中断的抢占优先级不同，就会发生抢占执行，这样会改变全局变量 LCD_CurX 的值，导致 LCD 显示发生混乱。

11.3 备份寄存器

11.3.1 备份寄存器的功能

STM32F407 的 RTC 有 20 个 32 位的备份寄存器，寄存器名称为 RTC_BKP0R～RTC_BKP19R。这些备份寄存器由备用电源 VBAT 供电，在系统复位或主电源关闭时，只要 VBAT 有电，备份寄存器的内容就不会丢失。所以，备份寄存器可以用来存储一些用户数据。

文件 stm32f4xx_hal_rtc_ex.h 中有读写备份寄存器的功能函数，其原型定义如下：

```
uint32_t HAL_RTCEx_BKUPRead(RTC_HandleTypeDef *hrtc, uint32_t BackupReg);

void HAL_RTCEx_BKUPWrite(RTC_HandleTypeDef *hrtc, uint32_t BackupReg, uint32_t Data);
```

其中，参数 BackupReg 是备份寄存器编号，文件 stm32f4xx_hal_rtc_ex.h 定义了 20 个备份寄存器编号的宏，定义如下：

```
#define RTC_BKP_DR0          0x00000000U
#define RTC_BKP_DR1          0x00000001U
/*  省略了中间的定义代码  */
#define RTC_BKP_DR18         0x00000012U
#define RTC_BKP_DR19         0x00000013U
```

RTC 也可以由 VBAT 供电，在系统复位或主电源关闭时，RTC 的日历不受影响。但是在示例 Demo11_1RTC_Alarm 中，因为在系统复位时调用了 RTC 初始化函数 MX_RTC_Init()，而这个函数总是设置 RTC 的日期和时间，所以复位后，RTC 的日期时间又从 CubeMX 里设置的初始日期时间开始了。

用户可以使用备份寄存器对示例 Demo11_1RTC_Alarm 进行修改，使得系统在复位时不再自动设置 RTC 的初始日期时间，而是由备份寄存器 RTC_BKP_DR0 的内容决定，而且可以把 RTC 当前时间保存到备份寄存器。

11.3.2　示例功能与 CubeMX 项目设置

我们将设计一个示例 Demo11_2RTC_BKUP 演示备份寄存器的使用。示例具有如下的功能和操作流程。

- 在 RTC 初始化函数 MX_RTC_Init()中增加代码，读取备份寄存器 RTC_BKP_DR0 的内容，如果值为 0，就设置 RTC 的初始时间和日期，如果值为 1，就不设置 RTC 的日期和时间。
- 在程序运行时，可以修改保存到备份寄存器 RTC_BKP_DR0 的值，可以保存 0 或 1。
- 可以将 RTC 当前时间的时、分、秒数据保存到 RTC_BKP_DR2 到 RTC_BKP_DR4 的 3 个寄存器里。RTC_BKP_DR1 里的值为 1 时，表示保存了 RTC 时间。
- 可以读取备份寄存器 RTC_BKP_DR0 到 RTC_BKP_DR4 的内容，显示到 LCD 上。
- 使用 RTC 周期唤醒中断，唤醒中断周期 1s，在唤醒中断里读取时间后在 LCD 上显示。

本示例要用到 4 个按键和 2 个 LED，所以使用模板项目文件 M4_LCD_KeyLED.ioc 创建本示例项目文件 Demo11_2RTC_BKUP.ioc。操作方法见附录 A。

配置 RCC 组件，设置 LSE 为 Crystal/Ceramic Resonator。开启 RTC，在时钟树上设置 LSE 时钟信号作为 RTC 的时钟源。

在 RTC 的模式设置中，启用时钟源和日历，设置 WakeUp 模式为 Internal WakeUp（见图 11-9）。在参数设置部分，设置数据格式为 Binary data format，设置唤醒时钟为 1Hz 信号，唤醒周期数为 0（见图 11-10），这样就会每秒产生一次唤醒中断。在 NVIC 中开启周期唤醒中断，设置抢占优先级为 1。

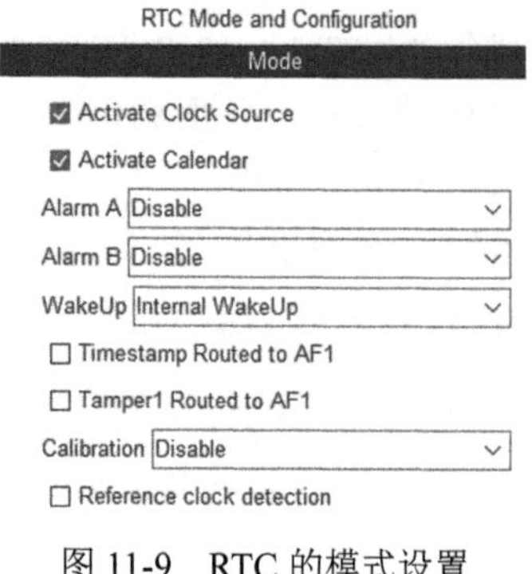

图 11-9　RTC 的模式设置

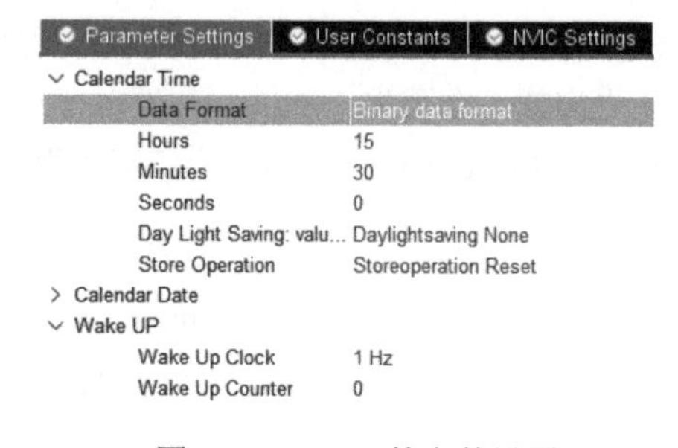

图 11-10　RTC 的参数设置

11.3.3　程序实现和运行效果

1. 主程序

我们在 CubeMX 里完成设置后生成 CubeIDE 项目代码，在 CubeIDE 里打开项目，将 PublicDrivers 目录下的 TFT_LCD 和 KEY_LED 目录添加到项目的头文件和源程序搜索路径。操作方法见附录 A。在主程序里添加用户代码，main()函数以及在文件 main.c 中增加的一些定义代码如下：

```
/* 文件:main.c -----------------------------------------------------------*/
#include "main.h"
#include "rtc.h"
#include "gpio.h"
#include "fsmc.h"
/* USER CODE BEGIN Includes */
#include "tftlcd.h"
#include "keyled.h"
#include <stdio.h>          //用到函数 sprintf()
/* USER CODE END Includes */

/* Private variables -----------------------------------------------------*/
/* USER CODE BEGIN PV */
uint16_t  timePosX, timePosY;    //显示 RTC 时间的 LCD 位置
/* USER CODE END PV */

int main(void)
{
     HAL_Init();
     SystemClock_Config();
     /* Initialize all configured peripherals */
     MX_GPIO_Init();
     MX_FSMC_Init();
     MX_RTC_Init();             //RTC 初始化

     /* USER CODE BEGIN 2 */
     __HAL_RTC_WAKEUPTIMER_DISABLE(&hrtc);    //禁止 RTC 周期唤醒，避免 LCD 显示混乱
     TFTLCD_Init();             //LCD 软件初始化
     LCD_ShowStr(0,10,(uint8_t *)"Demo11_2:Using Backup Registers");

     uint32_t iniRTC=HAL_RTCEx_BKUPRead(&hrtc, RTC_BKP_DR0);     //读取备份寄存器 DR0
     LCD_ShowStr(0,LCD_CurY+LCD_SP20,(uint8_t *)"Reset RTC time on startup: ");
     if ((iniRTC & 0x01)==0)             //在启动时复位 RTC 时间
          LCD_ShowStr(LCD_CurX,LCD_CurY,(uint8_t *)"Yes");
     else
          LCD_ShowStr(LCD_CurX,LCD_CurY,(uint8_t *)"No");

     LCD_ShowStr(0,LCD_CurY+LCD_SP20,(uint8_t *)"Current time: ");
     timePosX=LCD_CurX;   //存储显示位置
     timePosY=LCD_CurY;
     /* USER CODE END 2 */

     /* Infinite loop */
     /* USER CODE BEGIN WHILE */
     LCD_ShowStr(0,LCD_CurY+LCD_SP20, "[1]KeyUp    = Reset RTC time on startup");
     LCD_ShowStr(0,LCD_CurY+LCD_SP10, "[2]KeyLeft = Save current time to BKUP");
     LCD_ShowStr(0,LCD_CurY+LCD_SP10, "[3]KeyRight= Change RTC time from BKUP");
     LCD_ShowStr(0,LCD_CurY+LCD_SP10, "[4]KeyDown = Read BKUP registers");

     LcdFRONT_COLOR=lcdColor_WHITE;                    //改变文字颜色
     uint16_t InfoStartPosY=LCD_CurY+LCD_SP20;     //信息显示的起始行
     __HAL_RTC_WAKEUPTIMER_ENABLE(&hrtc);          //开启 RTC 周期唤醒
     while (1)
     {
          KEYS  curKey=ScanPressedKey(KEY_WAIT_ALWAYS);
          LCD_ClearLine(InfoStartPosY, LCD_H, LcdBACK_COLOR);    //清除信息显示区域
          switch(curKey)
          {
          case KEY_UP:             //[1]KeyUp，改变保存到备份寄存器 DR0 的数值 0 或 1
               RTC_ToggleReset(InfoStartPosY);
```

```
                break;

            case KEY_LEFT:          //[2]KeyLeft，将 RTC 当前时间保存到备份寄存器
                RTC_SaveToBKUP(InfoStartPosY);
                break;

            case KEY_RIGHT:         //[3]KeyRight，从备份寄存器读取时间，改变 RTC 时间
                RTC_LoadFromBKUP(InfoStartPosY);
                break;

            case KEY_DOWN:          //[4]KeyDown，读取 5 个备份寄存器的数据并显示
                RTC_ReadBKUP(InfoStartPosY);
            }
            HAL_Delay(300);         //按键弹起阶段的延时，消除抖动的影响
            /* USER CODE END WHILE */
        }
    }
```

main()函数里在完成了外设初始化之后，立刻执行__HAL_RTC_WAKEUPTIMER_DISABLE(&hrtc)禁止了 RTC 周期唤醒单元。因为在执行完函数 MX_RTC_Init()之后，直到主程序进入 while 死循环之前，要执行大量的 LCD 显示函数，可能要花较长的时间，在此期间可能会发生 RTC 唤醒中断，而 RTC 唤醒中断里会使用函数 LCD_ShowStr()在 LCD 的固定位置显示 RTC 当前时间，这样就会改变全局变量 LCD_CurX 和 LCD_CurY 的值，导致 LCD 上的显示出现混乱。所以，在主程序完成 LCD 上的初始信息显示之前，应该先关闭 RTC 周期唤醒单元；在进入 while 死循环之前，再开启 RTC 的周期唤醒单元。

在调用 TFTLCD_Init()完成 LCD 的软件初始化之后，调用函数 HAL_RTCEx_BKUPRead()读取备份寄存器 RTC_BKP_DR0 的内容，如果寄存器的值为 0，就会在 MX_RTC_Init()里用 CubeMX 设置的初始日期和时间设置 RTC 的日期时间；如果寄存器的值不为 0，在 MX_RTC_Init()里就不会设置 RTC 的日期和时间。后一种情况下，在按复位键使系统复位时，RTC 仍然保持连续的时间，因为 RTC 工作在备份域，不会在系统复位时复位。

文件 main.c 中定义的全局变量 timePosX 和 timePosY 记录的是 LCD 的一个显示位置，用于在 RTC 周期唤醒中断里显示 RTC 当前时间。

主程序在 LCD 上显示了一个模拟菜单，显示内容如下：

```
[1]KeyUp    = Reset RTC time on startup
[2]KeyLeft  = Save current time to BKUP
[3]KeyRight = Change RTC time from BKUP
[4]KeyDown  = Read BKUP registers
```

进入 while 循环之前，文字颜色变为白色，开启 RTC 周期唤醒单元，并将 LCD 屏幕行坐标记录到变量 InfoStartPosY 里。这个行以下的 LCD 屏幕区域用于显示菜单响应代码显示的信息。

在 while 循环里读取按键输入，用 4 个按键模拟菜单项的选择，按下某个按键后就执行与菜单项对应的功能。按键的响应代码封装为 4 个函数，这 4 个函数的代码参见后文。

2. RTC 初始化

文件 rtc.c 中的函数 MX_RTC_Init()会对 RTC 进行初始化。CubeMX 自动生成的 MX_RTC_Init()函数代码总是会对 RTC 日期和时间进行初始化。为了实现本示例项目的设计功能，我们对 MX_RTC_Init()的代码做了一些修改。完成后的代码如下：

```
/* 文件：rtc.c ----------------------------------------------------------*/
#include "rtc.h"
```

```
RTC_HandleTypeDef  hrtc;     //RTC 外设对象变量

/*  RTC 初始化函数  */
void MX_RTC_Init(void)
{
     RTC_TimeTypeDef sTime = {0};
     RTC_DateTypeDef sDate = {0};

     /**  仅初始化 RTC  */
     hrtc.Instance = RTC;
     hrtc.Init.HourFormat = RTC_HOURFORMAT_24;
     hrtc.Init.AsynchPrediv = 127;
     hrtc.Init.SynchPrediv = 255;
     hrtc.Init.OutPut = RTC_OUTPUT_DISABLE;
     hrtc.Init.OutPutPolarity = RTC_OUTPUT_POLARITY_HIGH;
     hrtc.Init.OutPutType = RTC_OUTPUT_TYPE_OPENDRAIN;
     if (HAL_RTC_Init(&hrtc) != HAL_OK)
          Error_Handler();

     /* USER CODE BEGIN Check_RTC_BKUP */
     uint32_t iniRTC=HAL_RTCEx_BKUPRead(&hrtc, RTC_BKP_DR0);     //读取备份寄存器 DR0
     if ((iniRTC & 0x01))     //非零，无须初始化 RTC 日期时间
     {
          if (HAL_RTCEx_SetWakeUpTimer_IT(&hrtc, 0,
                              RTC_WAKEUPCLOCK_CK_SPRE_16BITS) != HAL_OK)
               Error_Handler();
          return;     //提前退出函数
     }
     /* USER CODE END Check_RTC_BKUP */

     /**  设置 RTC 时间和日期  */
     sTime.Hours = 15;
     sTime.Minutes = 30;
     sTime.Seconds = 0;
     sTime.DayLightSaving = RTC_DAYLIGHTSAVING_NONE;
     sTime.StoreOperation = RTC_STOREOPERATION_RESET;
     if (HAL_RTC_SetTime(&hrtc, &sTime, RTC_FORMAT_BIN) != HAL_OK)
          Error_Handler();

     sDate.WeekDay = RTC_WEEKDAY_MONDAY;
     sDate.Month = RTC_MONTH_MAY;
     sDate.Date = 15;
     sDate.Year = 19;
     if (HAL_RTC_SetDate(&hrtc, &sDate, RTC_FORMAT_BIN) != HAL_OK)
          Error_Handler();

     /**  Enable the WakeUp，这个函数必须被执行  */
     if (HAL_RTCEx_SetWakeUpTimer_IT(&hrtc, 0, RTC_WAKEUPCLOCK_CK_SPRE_16BITS) != HAL_OK)
          Error_Handler();
}
```

函数 MX_RTC_Init()中自动生成的代码不用再解释了。用户添加的代码必须写在沙箱段内，否则 CubeMX 重新生成代码时，这些代码就会丢失。在设置 RTC 时间和日期之前正好有一个沙箱段，用户可以在这个沙箱段里添加代码。

添加的代码就是用函数 HAL_RTCEx_BKUPRead()读取备份寄存器 RTC_BKP_DR0 的内容，如果寄存器的值不为 0，就在执行完 HAL_RTCEx_SetWakeUpTimer_IT()设置和启动周期唤醒后，退出函数；如果寄存器的值为 0，就继续执行函数内后面的代码。

这样，就在函数 MX_RTC_Init()中加入了用户功能代码，使得在系统复位时，RTC 不必设置初始日期和时间。

3. 周期唤醒中断处理

处理 RTC 周期唤醒中断，就是要实现回调函数 HAL_RTCEx_WakeUpTimerEventCallback()。为便于利用 main.c 中定义的全局变量 timePosX 和 timePosY，我们就在文件 main.c 中重新实现这个函数。

对于 HAL 库中定义的弱函数，用户在重新实现时，写在哪个源程序文件里都可以，也无须在对应的头文件里声明函数原型。

在文件 main.c 的沙箱段/* USER CODE BEGIN 4 */和/*USER CODE END4*/内重新实现这个回调函数，函数的代码如下。函数的功能就是读取 RTC 当前日期和时间，在 LCD 的固定位置显示时间。

```
/* USER CODE BEGIN 4 */
/*    RTC 周期唤醒中断回调函数    */
void HAL_RTCEx_WakeUpTimerEventCallback(RTC_HandleTypeDef *hrtc)
{
     RTC_TimeTypeDef sTime;
     RTC_DateTypeDef sDate;
     LED1_Toggle();   //使 LED1 输出翻转
     if (HAL_RTC_GetTime(hrtc, &sTime,  RTC_FORMAT_BIN) == HAL_OK)
     {
          HAL_RTC_GetDate(hrtc, &sDate,  RTC_FORMAT_BIN);     //必须读取日期，即使不用
          uint16_t yPos=timePosY, xPos=timePosX;
          //显示 时间  hh:mm:ss
          LCD_ShowUintX0(xPos,yPos,sTime.Hours,2);            //补 0，用 2 位数字显示
          LCD_ShowChar(LCD_CurX, yPos, ':', 0);
          LCD_ShowUintX0(LCD_CurX, yPos, sTime.Minutes,2);    //补 0，用 2 位数字显示
          LCD_ShowChar(LCD_CurX, yPos, ':', 0);
          LCD_ShowUintX0(LCD_CurX, yPos, sTime.Seconds,2);     //补 0，用 2 位数字显示
     }
}
/* USER CODE END 4 */
```

4. 菜单响应代码

main()函数中对 4 个菜单项的响应代码封装为 4 个函数，这 4 个函数就在文件 main.c 中实现。这 4 个函数的原型还需要在头文件 main.h 中的一个沙箱段内声明，这里就不显示它们的函数原型定义了。

在文件 main.c 的沙箱段/* USER CODE BEGIN/END 4 */写这 4 个函数的代码，这 4 个函数的代码如下：

```
/* USER CODE BEGIN 4 */
/*   翻转保存备份寄存器 RTC_BKP_DR0 的值   */
void  RTC_ToggleReset(uint16_t  StartPosY)
{
     uint32_t iniRTC=HAL_RTCEx_BKUPRead(&hrtc, RTC_BKP_DR0);    //读取备份寄存器
     iniRTC= !iniRTC;
     if ((iniRTC & 0x01)==0)    //存储值为 0 时，用 CubeMX 中的值复位 RTC 日期时间
          LCD_ShowStr(10,StartPosY,(uint8_t *)"Reset RTC time on startup");
     else
          LCD_ShowStr(10,StartPosY,(uint8_t *)"Not reset RTC time on startup");
     HAL_RTCEx_BKUPWrite(&hrtc,RTC_BKP_DR0, iniRTC);             //写入备份寄存器 DR0
}

/*   将 RTC 时间保存到备份寄存器   */
```

```
void  RTC_SaveToBKUP(uint16_t  StartPosY)
{
      RTC_TimeTypeDef sTime;
      RTC_DateTypeDef sDate;
      if (HAL_RTC_GetTime(&hrtc, &sTime,  RTC_FORMAT_BIN) == HAL_OK)
      {
            HAL_RTC_GetDate(&hrtc, &sDate,  RTC_FORMAT_BIN);  //必须读取日期
            HAL_RTCEx_BKUPWrite(&hrtc,RTC_BKP_DR1, 0x01);     //0x01表示保存了时间数据

            HAL_RTCEx_BKUPWrite(&hrtc,RTC_BKP_DR2, sTime.Hours);    //时
            HAL_RTCEx_BKUPWrite(&hrtc,RTC_BKP_DR3, sTime.Minutes);  //分
            HAL_RTCEx_BKUPWrite(&hrtc,RTC_BKP_DR4, sTime.Seconds);  //秒
            char timeStr[30];
            sprintf(timeStr,"%2d:%2d:%2d",sTime.Hours,sTime.Minutes,sTime.Seconds);

            LCD_ShowStr(10,StartPosY,(uint8_t *)"Current time is saved in BKUP");
            LCD_ShowStr(40,StartPosY+LCD_SP20,(uint8_t *)timeStr);
      }
}

/*  将保存的时间设置为RTC时间  */
void  RTC_LoadFromBKUP(uint16_t  StartPosY)
{
      uint32_t isTimeSaved=HAL_RTCEx_BKUPRead(&hrtc, RTC_BKP_DR1);  //读取备份寄存器
      if (isTimeSaved)     //有保存的时间数据
      {
            RTC_TimeTypeDef sTime;
            sTime.Hours=HAL_RTCEx_BKUPRead(&hrtc, RTC_BKP_DR2);          //时
            sTime.Minutes=HAL_RTCEx_BKUPRead(&hrtc, RTC_BKP_DR3);        //分
            sTime.Seconds=HAL_RTCEx_BKUPRead(&hrtc, RTC_BKP_DR4);        //秒

            HAL_Delay(10);  //必须加这个延时，否则设置的时间会出现错乱
            if (HAL_RTC_SetTime(&hrtc, &sTime, RTC_FORMAT_BIN) == HAL_OK)
                  LCD_ShowStr(10,StartPosY,(uint8_t *)"Load BKUP time, success");
            else
                  LCD_ShowStr(10,StartPosY,(uint8_t *)"Load BKUP time, error");
      }
      else
            LCD_ShowStr(10,StartPosY,(uint8_t *)"No BKUP time is saved");
}

/*  读取5个备份寄存器内容并显示  */
void  RTC_ReadBKUP(uint16_t  StartPosY)
{
      uint32_t  regValue;
      char regStr[40];

      regValue=HAL_RTCEx_BKUPRead(&hrtc, RTC_BKP_DR0);     //0=系统复位时复位RTC时间
      sprintf(regStr,"Reset RTC ,BKP_DR0= %u",regValue);
      LCD_ShowStr(10,StartPosY,(uint8_t *)regStr);

      regValue=HAL_RTCEx_BKUPRead(&hrtc, RTC_BKP_DR1);     //1=有时间数据
      sprintf(regStr,"Time is saved,BKP_DR1= %u",regValue);
      LCD_ShowStr(10,StartPosY+LCD_SP10,(uint8_t *)regStr);

      regValue=HAL_RTCEx_BKUPRead(&hrtc, RTC_BKP_DR2);     //时
      sprintf(regStr,"saved time(Hour) ,BKP_DR2= %u",regValue);
      LCD_ShowStr(10,StartPosY+ 2*LCD_SP10,(uint8_t *)regStr);

      regValue=HAL_RTCEx_BKUPRead(&hrtc, RTC_BKP_DR3);     //分
```

```
    sprintf(regStr,"saved time(Min) , BKP_DR3= %u",regValue);
    LCD_ShowStr(10,StartPosY+3*LCD_SP10,(uint8_t *)regStr);

    regValue=HAL_RTCEx_BKUPRead(&hrtc, RTC_BKP_DR4);      //秒
    sprintf(regStr,"saved time(Sec) , BKP_DR4= %u",regValue);
    LCD_ShowStr(10,StartPosY+4*LCD_SP10,(uint8_t *)regStr);
}
/* USER CODE END 4 */
```

这 4 个函数各自响应一个菜单项。

- 函数 RTC_ToggleReset()的功能是修改备份寄存器 RTC_BKP_DR0 中的值。
- 函数 RTC_SaveToBKUP()的功能是将 RTC 当前时间的时、分、秒数据保存到备份寄存器 RTC_BKP_DR2、RTC_BKP_DR3、RTC_BKP_DR4 中，同时在 RTC_BKP_DR1 中写入 0x01，表示保存了时间数据。
- 函数 RTC_LoadFromBKUP()的功能是从备份寄存器读取时间数据，设置为 RTC 的时间。注意，程序中的延时 HAL_Delay(10)是必须的，否则，虽然从备份寄存器中读取出的数据是正确的，调用函数 HAL_RTC_SetTime()设置时间返回结果也是 HAL_OK，但是设置的 RTC 时间却是错乱的。
- 函数 RTC_ReadBKUP()的功能是读取备份寄存器 RTC_BKP_DR0 到 RTC_BKP_DR4 的内容，然后在 LCD 上显示出来。

这 4 个函数的代码比较简单，主要用到了读取备份寄存器内容的函数 HAL_RTCEx_BKUPRead()，向备份寄存器写入数据的函数 HAL_RTCEx_BKUPWrite()。此外，还有一个格式化字符串的函数 sprintf()，这是 stdio.h 中的一个函数，与 printf()类似，只是将内容输出到一个字符串，并且会自动添加字符串结束符'\0'。

这 4 个函数都有一个输入参数 StartPosY，是 LCD 上显示信息的起始行。在函数里调用显示字符串的函数 LCD_ShowStr()时，行坐标都是基于 StartPosY 的相对值，而没有像 main()函数中那样使用全局变量 LCD_CurY。这是因为这些函数的代码在执行时可能发生 RTC 周期唤醒中断，中断程序里会调用 LCD_ShowStr()，就会改变 LCD_CurY 的值，所以，如果在这 4 个函数里使用全局变量 LCD_CurY，会出现显示位置混乱问题。

5. 程序运行测试

构建项目无误后，我们将其下载到开发板上并运行测试，会看到 LCD 上的 RTC 时间每秒变化一次，分别按 4 个按键，会在 LCD 上显示相应的信息。当备份寄存器 RTC_BKP_DR0 的内容为 1 时，如果按复位键使系统复位，就会发现 LCD 上显示的 RTC 时间与复位前的时间是连续的，几个备份寄存器里的数据和复位前一样。如果开发板上的纽扣电池是有电的，也就是具有 VBAT 电源，那么关闭主电源之后再开启，会发现备份寄存器里还保留着数据。

11.4　入侵检测和时间戳

11.4.1　入侵检测的功能

入侵检测和时间戳的 HAL 驱动程序头文件是 stm32f4xx_hal_rtc_ex.h。RTC 上有两个入侵检测模块，用 Tamper1 和 Tamper2 表示。当发生入侵事件时，如果开启了时间戳功能，就会记录时间戳数据，所以入侵检测通常是和时间戳一起使用的。

编写用户功能代码时，常用的几个 HAL 函数如表 11-7 所示，其他函数见文件 stm32f4xx_hal_rtc_ex.h 中的定义。入侵检测和时间戳共用一个中断号，3 个中断事件对应表中的 3 个回调函数。

表 11-7 入侵检测和时间戳相关函数

函数名	功能
__HAL_RTC_TAMPER1_DISABLE()	禁用 Tamper1
__HAL_RTC_TAMPER1_ENABLE()	启用 Tamper1
__HAL_RTC_TAMPER2_DISABLE()	禁用 Tamper2
__HAL_RTC_TAMPER2_ENABLE()	启用 Tamper2
__HAL_RTC_TIMESTAMP_DISABLE()	禁用时间戳外设
__HAL_RTC_TIMESTAMP_ENABLE()	启用时间戳外设
__HAL_RTC_TIMESTAMP_DISABLE_IT()	禁止时间戳事件产生硬件中断，时间戳中断事件类型是 RTC_IT_TS
__HAL_RTC_TIMESTAMP_ENABLE_IT()	允许时间戳事件产生硬件中断，时间戳中断事件类型是 RTC_IT_TS
HAL_RTCEx_GetTimeStamp()	读取时间戳的数据
HAL_RTCEx_Tamper1EventCallback()	Tamper1 的中断事件回调函数
HAL_RTCEx_Tamper2EventCallback()	Tamper2 的中断事件回调函数
HAL_RTCEx_TimeStampEventCallback()	时间戳中断事件回调函数

发生入侵事件时，RTC 的 20 个备份寄存器的内容会被清零，时间戳寄存器保存发生入侵事件时的时间。用函数 HAL_RTCEx_GetTimeStamp()可以读取出保存的时间戳数据，其函数原型如下：

```
HAL_StatusTypeDef HAL_RTCEx_GetTimeStamp(RTC_HandleTypeDef *hrtc, RTC_TimeTypeDef *
sTimeStamp, RTC_DateTypeDef *sTimeStampDate, uint32_t Format);
```

其中，参数 sTimeStamp 返回时间数据的指针，sTimeStampDate 返回日期数据的指针，Format 指定二进制或 BCD 码格式。

11.4.2 示例功能与 CubeMX 项目设置

1. 示例电路和功能

对于 STM32F407ZG，我们可以将复用引脚 RTC_AF1（即引脚 PC13）作为 Tamper1 输入引脚，在输入引脚发生边沿事件（无滤波时是边沿事件）或所需电平（有输入滤波时是电平检测）时，触发入侵事件中断，并自动将 RTC 的 20 个备份寄存器复位，还可自动记录入侵事件发生时刻的时间戳数据。

例如，可以使用开发板上的按键制造入侵事件，用杜邦线连接引脚 PC13 和 PE2（见图 11-11）。PC13 是 RTC 的复用引脚 RTC_AF1，PE2 是 KeyRight 按键接入 MCU 的引脚。设置 PC13 内部上拉，KeyRight 按下后是低电平，入侵检测设置为低电平有效，那么按键 KeyRight 按下后就会产生入侵事件。在实际调试中，要注意按键抖动的影响。

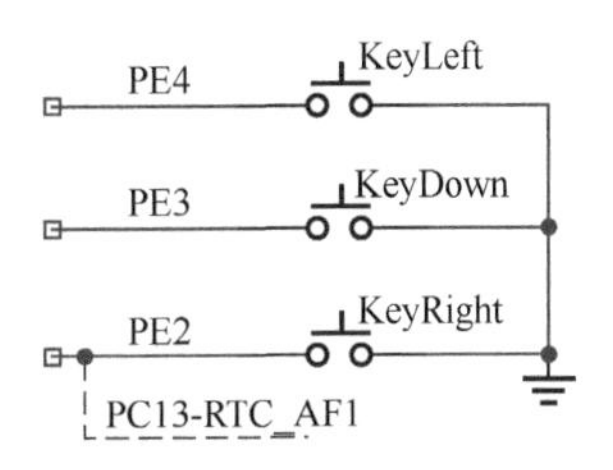

图 11-11 用按键 KeyRight 制造 RTC 入侵事件

我们将设计一个示例 Demo11_3RTC_Tamper，用图 11-11 所示的电路测试入侵检测功能。程序有如下功能。

- 采用 1s 周期的唤醒中断，在唤醒中断里读取 RTC 时间后显示。
- 可将 RTC 当前时间保存到备份寄存器。
- 可以读取备份寄存器中保存的时间数据并显示。
- 按下 KeyRight 键时产生入侵事件，看备份寄存器内容是否被复位。

2. CubeMX 项目创建和设置

本示例要用到 3 个按键，所以从 CubeMX 模板项目文件 M4_LCD_KeyLED.ioc 创建本项目文件 Demo11_3RTC_Tamper.ioc。操作方法见附录 A。

将与 KeyRight 连接的 GPIO 引脚 PE2 复位成原始状态，其他按键和 LED 的 GPIO 设置不变。启用 LSE 和 RTC，在时钟树上设置 LSE 作为 RTC 的时钟源。

在图 11-12 所示的界面中设置 RTC 的模式。禁用闹钟 A 和闹钟 B，启用 Tamper1，并且使用复用引脚 RTC_AF1 作为入侵事件输入引脚。启用周期唤醒功能，设置为 Internal WakeUp。

RTC 各分组参数的设置如图 11-13 所示。

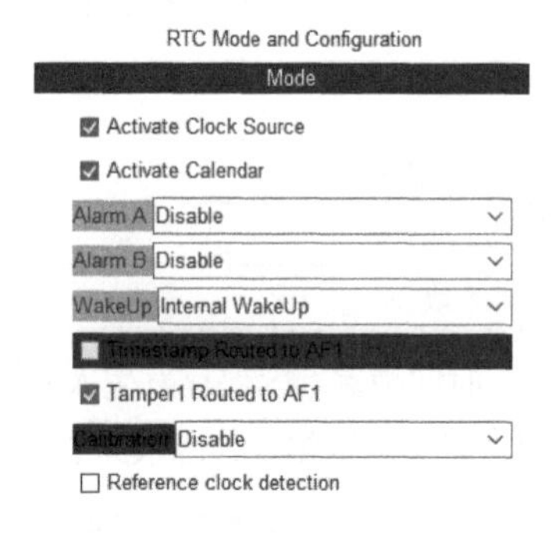

图 11-12　设置 RTC 的模式

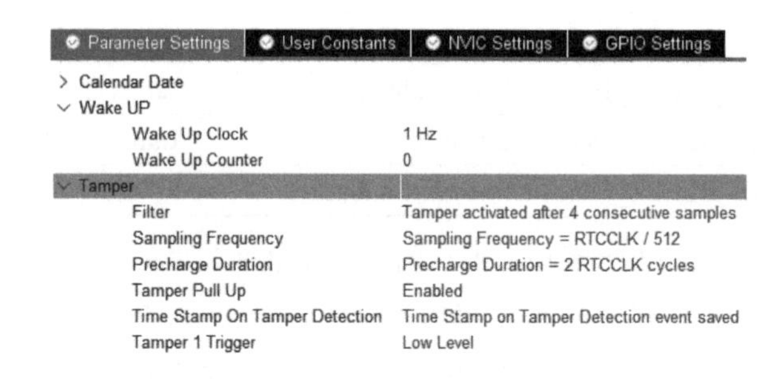

图 11-13　RTC 各分组参数的设置

General 和 Wake Up 分组的参数设置和前面示例相同，此处不再赘述。Tamper 分组是入侵检测的参数设置，包括如下一些参数。

（1）Filter，滤波。当选择为 Disable 时，禁用滤波。禁用滤波时，下面的 Tamper 1 Trigger 参数只能是边沿触发。使用滤波时，Tamper 1 Trigger 只能是电平触发。

如果使用滤波，可选项为 Tamper activated after 2 consecutive samples、Tamper activated after 4 consecutive samples 和 Tamper activated after 8 consecutive samples，即经过 2、4 或 8 个连续采样都是所设置的触发电平时，才确认产生入侵事件。带滤波的方式适用于按键抖动时的检测，相当于有一定的消抖作用。

（2）Sampling Frequency，对输入引脚 RTC_AF1 的采样频率。采样频率设置为 RCCCLK 的分频，分频系数为 32768～256，且只能是 2^N。例如，当 RCCCLK 是 32.768kHz 时，分频系数设置为 512，则采样频率为 64Hz。又将滤波参数设置为连续 4 个采样信号有效，则需要电平持续时间为 4/64s，即 62.5ms。这个时间差不多是按键按下或释放时的抖动阶段时间，所以有一定的消除按键抖动影响的作用。

（3）Precharge Duration，预充电时间。可选择为 1、2、4 或 8 个 RTCCLK 周期，这是每次采样之前激活上拉的持续时间。

（4）Tamper Pull Up，是否对输入引脚使用内部上拉，可选 Enable 或 Disable。因为按键输入是低有效，所以需要设置为上拉。

（5）Time Stamp On Tamper Detection，是否保存时间戳。设置在发生入侵事件时是否保存时间戳数据，这里设置为保存，即 Time Stamp on Tamper Detection event saved。

（6）Tamper 1 Trigger，有效触发事件类型。当 Filter 参数设置为 Disable 时，有效事件为边沿触发，可选项为 Rising Edge（上跳沿）和 Falling Edge（下跳沿）。当 Filter 参数设置为 Enable 时，使用滤波，有效事件为电平触发，可选项为 Low Level（低电平）和 High Level（高电平）。本示例使用了滤波，且按键按下时输入是低电平，所以选择 Low Level。

启用 RTC 入侵检测和时间戳中断，启用 RTC 周期唤醒中断，在 NVIC 组件中将这两个中断的抢占优先级都设置为 1。将这两个中断的抢占优先级设置为相同的，是为了避免它们之间发生抢占，导致 LCD 显示出现混乱。RTC 中断设置结果如图 11-14 所示。

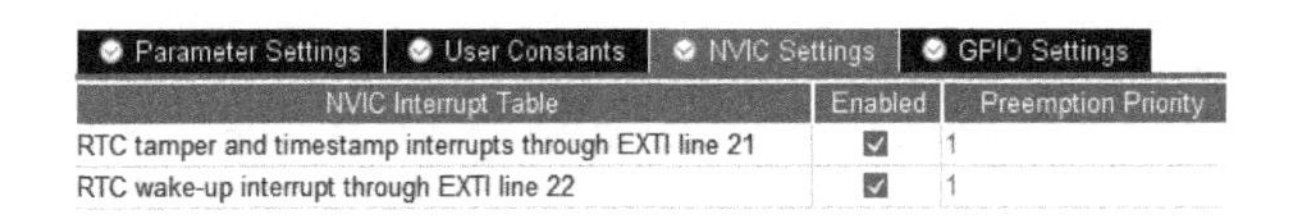

图 11-14　RTC 中断设置结果

11.4.3　程序功能实现

1. 主程序

我们在 CubeMX 里完成设置后生成 CubeIDE 项目代码，在 CubeIDE 里打开项目，将 PublicDrivers 目录下的 TFT_LCD 和 KEY_LED 目录添加到项目的搜索路径（操作方法见附录 A）。在主程序里，添加用户代码，main()函数以及在文件 main.c 中增加的一些定义代码如下：

```
/* 文件：main.c -------------------------------------------------------------*/
#include "main.h"
#include "rtc.h"
#include "gpio.h"
#include "fsmc.h"
/* USER CODE BEGIN Includes */
#include "tftlcd.h"
#include "keyled.h"
#include <stdio.h>
/* USER CODE END Includes */

/* Private variables --------------------------------------------------------*/
/* USER CODE BEGIN PV */
uint16_t  timePosX,timePosY;        //显示 RTC 当前时间的位置
uint16_t  stampPosX,stampPosY;      //显示时间戳的位置
uint16_t  InfoStartPosY=0;          //信息显示起始行
/* USER CODE END PV */

int main(void)
{
     HAL_Init();
     SystemClock_Config();
     /* Initialize all configured peripherals */
     MX_GPIO_Init();
     MX_FSMC_Init();
     MX_RTC_Init();     //RTC 初始化

     /* USER CODE BEGIN 2 */
     __HAL_RTC_WAKEUPTIMER_DISABLE(&hrtc);      //禁止 RTC 周期唤醒功能
```

```
	TFTLCD_Init();
	LCD_ShowStr(0,10,(uint8_t *)"Demo11_3:RTC tamper and timestamp");
	LCD_ShowStr(0,LCD_CurY+LCD_SP20,(uint8_t *)"Please connect PE2 and PC13 by line");
	LCD_ShowStr(0,LCD_CurY+LCD_SP10,(uint8_t *)"KeyRight simulate tamper event");

	LCD_ShowStr(0,LCD_CurY+LCD_SP20,(uint8_t *)"Current time= ");
	timePosX=LCD_CurX;           //周期唤醒中断里显示 RTC 时间的位置
	timePosY=LCD_CurY;

	LCD_ShowStr(0,LCD_CurY+LCD_SP20,(uint8_t *)"Timestamp= ");
	stampPosX=LCD_CurX;          //发生入侵事件时显示时间戳的位置
	stampPosY=LCD_CurY;
	/* USER CODE END 2 */

	/* Infinite loop */
	/* USER CODE BEGIN WHILE */
	LCD_ShowStr(0,LCD_CurY+LCD_SP20,(uint8_t *)"[1]KeyUp   = Save time to BKUP");
	LCD_ShowStr(0,LCD_CurY+LCD_SP10,(uint8_t *)"[2]KeyDown = Read BKUP registers");
	LCD_ShowStr(0,LCD_CurY+LCD_SP10,(uint8_t *)"[3]KeyRight= Trigger tamper event");

	LcdFRONT_COLOR=lcdColor_WHITE;
	InfoStartPosY=LCD_CurY+LCD_SP20;         //菜单下显示信息的起始行
	__HAL_RTC_WAKEUPTIMER_ENABLE(&hrtc);     //开启周期唤醒功能
	while (1)
	{
		KEYS  curKey=ScanPressedKey(KEY_WAIT_ALWAYS);
		LCD_ClearLine(InfoStartPosY, LCD_H, LcdBACK_COLOR);   //清除信息显示区域
		switch(curKey)
		{
		case KEY_UP:           //[1]KeyUp   = Save time to BKUP
			RTC_SaveToBKUP(InfoStartPosY);
			break;

		case KEY_DOWN:         //[2]KeyDown = Read BKUP registers
			RTC_ReadBKUP(InfoStartPosY);
		}
		HAL_Delay(300);        //消除按键后抖动的影响
		/* USER CODE END WHILE */
	}
}
```

文件 main.c 定义了几个全局变量，都是用于存储 LCD 显示位置的变量。

在 main()函数里，执行 MX_RTC_Init()后立刻执行__HAL_RTC_WAKEUPTIMER_DISABLE(&hrtc)，禁止了 RTC 周期唤醒功能，因为后面还有很多代码要用到全局变量 LCD_CurY，不允许这个变量被 RTC 周期唤醒中断程序改变。

程序在 LCD 上显示了一个菜单，其实只有 KeyUp 键和 KeyDown 键是执行菜单选项，KeyRight 用于产生 RTC 入侵事件。在进入 while 循环之前，重新开启了 RTC 周期唤醒功能。

while 循环里检测按键并执行响应代码。KeyUp 键按下时，调用函数 RTC_SaveToBKUP()，用于将 RTC 当前时间写入备份寄存器；KeyDown 键按下时，调用函数 RTC_ReadBKUP()，用于读取备份寄存器中的数据并在 LCD 上显示。这两个按键的功能是测试入侵事件发生后备份寄存器的内容是否被复位。

2. RTC 初始化

文件 rtc.c 是 CubeMX 自动生成的，其代码如下：

```
/* 文件：rtc.c，RTC 初始化-----------------------------------------------------*/
#include "rtc.h"
RTC_HandleTypeDef  hrtc;    //表示 RTC 的外设对象变量

/*  RTC 初始化函数  */
void MX_RTC_Init(void)
{
     RTC_TimeTypeDef sTime = {0};
     RTC_DateTypeDef sDate = {0};
     RTC_TamperTypeDef sTamper = {0};

     /**  Initialize RTC Only   */
     hrtc.Instance = RTC;
     hrtc.Init.HourFormat = RTC_HOURFORMAT_24;
     hrtc.Init.AsynchPrediv = 127;
     hrtc.Init.SynchPrediv = 255;
     hrtc.Init.OutPut = RTC_OUTPUT_DISABLE;
     hrtc.Init.OutPutPolarity = RTC_OUTPUT_POLARITY_HIGH;
     hrtc.Init.OutPutType = RTC_OUTPUT_TYPE_OPENDRAIN;
     if (HAL_RTC_Init(&hrtc) != HAL_OK)
          Error_Handler();

     /* Initialize RTC and set the Time and Date */
     sTime.Hours = 15;
     sTime.Minutes = 30;
     sTime.Seconds = 0;
     sTime.DayLightSaving = RTC_DAYLIGHTSAVING_NONE;
     sTime.StoreOperation = RTC_STOREOPERATION_RESET;
     if (HAL_RTC_SetTime(&hrtc, &sTime, RTC_FORMAT_BIN) != HAL_OK)
          Error_Handler();

     sDate.WeekDay = RTC_WEEKDAY_MONDAY;
     sDate.Month = RTC_MONTH_MAY;
     sDate.Date = 15;
     sDate.Year = 19;
     if (HAL_RTC_SetDate(&hrtc, &sDate, RTC_FORMAT_BIN) != HAL_OK)
          Error_Handler();

     /** Enable the WakeUp */
     if (HAL_RTCEx_SetWakeUpTimer_IT(&hrtc, 0, RTC_WAKEUPCLOCK_CK_SPRE_16BITS) != HAL_OK)
          Error_Handler();

     /** RTC 入侵检测 1 设置 */
     sTamper.Tamper = RTC_TAMPER_1;                          //入侵检测 1
     sTamper.PinSelection = RTC_TAMPERPIN_DEFAULT;           //输入引脚
     sTamper.Trigger = RTC_TAMPERTRIGGER_LOWLEVEL;           //触发电平
     sTamper.Filter = RTC_TAMPERFILTER_4SAMPLE;              //滤波
     sTamper.SamplingFrequency = RTC_TAMPERSAMPLINGFREQ_RTCCLK_DIV512;
     sTamper.PrechargeDuration = RTC_TAMPERPRECHARGEDURATION_2RTCCLK;
     sTamper.TamperPullUp = RTC_TAMPER_PULLUP_ENABLE;  //使能上拉
     sTamper.TimeStampOnTamperDetection = RTC_TIMESTAMPONTAMPERDETECTION_ENABLE;
     if (HAL_RTCEx_SetTamper_IT(&hrtc, &sTamper) != HAL_OK)
          Error_Handler();
}

void HAL_RTC_MspInit(RTC_HandleTypeDef* rtcHandle)
{
     if(rtcHandle->Instance==RTC)
     {
          __HAL_RCC_RTC_ENABLE();              //使能 RTC 时钟
```

```
        /* RTC 中断设置 */
        HAL_NVIC_SetPriority(TAMP_STAMP_IRQn, 1, 0);
        HAL_NVIC_EnableIRQ(TAMP_STAMP_IRQn);
        HAL_NVIC_SetPriority(RTC_WKUP_IRQn, 1, 0);
        HAL_NVIC_EnableIRQ(RTC_WKUP_IRQn);
    }
}
```

函数 MX_RTC_Init()用于对 RTC 进行初始化设置。RTC 基本参数、日期时间设置、周期唤醒设置与前面的示例相似，不再重复介绍。

程序定义了一个 RTC_TamperTypeDef 类型的结构体变量 sTamper，表示入侵检测的各种参数，程序中为 sTamper 的各成员变量赋值的语句与 CubeMX 中的图形化设置对应，这里就不逐一介绍了，若要深入查看各种可设置选项，使用 F3 快捷键跟踪代码，可以看到各种作为参数值的宏定义。例如，sTamper.Trigger 用于设置触发条件，程序中设置为 RTC_TAMPERTRIGGER_LOWLEVEL，表示低电平触发。若要查看其他可设置选项，在此选项上按 F3 快捷键，会显示文件 stm32f4xx_hal_rtc_ex.h 中定义的所有可用于 sTamper.Trigger 取值的宏，代码如下：

```
#define RTC_TAMPERTRIGGER_RISINGEDGE      0x00000000U
#define RTC_TAMPERTRIGGER_FALLINGEDGE     0x00000002U
#define RTC_TAMPERTRIGGER_LOWLEVEL        RTC_TAMPERTRIGGER_RISINGEDGE
#define RTC_TAMPERTRIGGER_HIGHLEVEL       RTC_TAMPERTRIGGER_FALLINGEDGE
```

3. 中断的回调函数

为了便于使用 main.c 中定义的 LCD 上显示位置的全局变量，我们在文件 main.c 中重新实现周期唤醒和入侵检测 1 的中断回调函数。代码如下：

```
/* USER CODE BEGIN 4 */
/*  周期唤醒事件中断回调函数  */
void HAL_RTCEx_WakeUpTimerEventCallback(RTC_HandleTypeDef *hrtc)
{
    RTC_TimeTypeDef sTime;
    RTC_DateTypeDef sDate;
    LED1_Toggle();

    if (HAL_RTC_GetTime(hrtc, &sTime,  RTC_FORMAT_BIN) == HAL_OK)
    {
        HAL_RTC_GetDate(hrtc, &sDate,  RTC_FORMAT_BIN);
        uint16_t yPos=timePosY, xPos=timePosX;
        //显示时间，格式为 hh:mm:ss
        LCD_ShowUintX0(xPos,yPos,sTime.Hours,2);        //补 0，显示 2 个数字
        LCD_ShowChar(LCD_CurX, yPos, ':', 0);
        LCD_ShowUintX0(LCD_CurX, yPos, sTime.Minutes,2);
        LCD_ShowChar(LCD_CurX, yPos, ':', 0);
        LCD_ShowUintX0(LCD_CurX, yPos, sTime.Seconds,2);
    }
}

/*  Tamper1 事件中断回调函数  */
void HAL_RTCEx_Tamper1EventCallback(RTC_HandleTypeDef *hrtc)
{
    LCD_ClearLine(InfoStartPosY, LCD_H, LcdBACK_COLOR);    //清除信息显示区域
    LCD_ShowStr(10,InfoStartPosY,(uint8_t *)"Tamper1 is triggered");
    LCD_ShowStr(10,InfoStartPosY+LCD_SP10,(uint8_t *)"All BKUP-Regs are cleared");

    RTC_TimeTypeDef sTime;
```

```
    RTC_DateTypeDef sDate;
    if (HAL_RTCEx_GetTimeStamp(hrtc, &sTime, &sDate, RTC_FORMAT_BIN) == HAL_OK)
    {   //读取时间戳数据，并显示记录的时间
        uint16_t yPos=stampPosY, xPos=stampPosX;
        //显示时间，格式为hh:mm:ss
        LCD_ShowUintX0(xPos,yPos,sTime.Hours,2);        //补 0，显示 2 个数字
        LCD_ShowChar(LCD_CurX, yPos, ':', 0);
        LCD_ShowUintX0(LCD_CurX, yPos, sTime.Minutes,2);
        LCD_ShowChar(LCD_CurX, yPos, ':', 0);
        LCD_ShowUintX0(LCD_CurX, yPos, sTime.Seconds,2);
    }
}
/* USER CODE END 4 */
```

Tamper1 事件中断回调函数的主要功能就是调用函数 HAL_RTCEx_GetTimeStamp()读取时间戳数据，然后在 LCD 上显示这个时间。程序运行时，按下 KeyRight 键就会触发入侵事件，会在 LCD 上看到显示的信息。

这两个回调函数都用到了全局变量 LCD_CurX。为了避免 LCD 显示出现混乱，我们将这两个中断的抢占优先级设置为相同的，这样就不会出现被抢占的情况，能保证回调函数执行过程中 LCD_CurX 不被外界修改。

4. 按键响应功能代码

响应按键操作的两个函数也在文件 main.c 里实现，需要在文件 main.h 里声明函数原型。这两个函数的功能代码与前一个示例类似，此处不再赘述。代码如下：

```
/* USER CODE BEGIN 4 */
/*  保存 RTC 时间到备份寄存器  */
void  RTC_SaveToBKUP(uint16_t  StartPosY)
{
    RTC_TimeTypeDef sTime;
    RTC_DateTypeDef sDate;
    if (HAL_RTC_GetTime(&hrtc, &sTime,  RTC_FORMAT_BIN) == HAL_OK)
    {
        HAL_RTC_GetDate(&hrtc, &sDate,  RTC_FORMAT_BIN)
        HAL_RTCEx_BKUPWrite(&hrtc,RTC_BKP_DR2, sTime.Hours);
        HAL_RTCEx_BKUPWrite(&hrtc,RTC_BKP_DR3, sTime.Minutes);
        HAL_RTCEx_BKUPWrite(&hrtc,RTC_BKP_DR4, sTime.Seconds);
        char timeStr[30];
        sprintf(timeStr,"%2d:%2d:%2d",sTime.Hours,sTime.Minutes,sTime.Seconds);
        LCD_ShowStr(10,StartPosY,(uint8_t *)"Time is saved in BKUP");
        LCD_ShowStr(40,StartPosY+LCD_SP10,(uint8_t *)timeStr);
    }
}

/*  读取备份寄存器的内容并显示  */
void  RTC_ReadBKUP(uint16_t  StartPosY)
{
    uint32_t  regValue;
    char regStr[40];
    regValue=HAL_RTCEx_BKUPRead(&hrtc, RTC_BKP_DR2);     //Hour
    sprintf(regStr,"saved time(Hour) ,BKP_DR2= %u",regValue);
    LCD_ShowStr(10,StartPosY,(uint8_t *)regStr);

    regValue=HAL_RTCEx_BKUPRead(&hrtc, RTC_BKP_DR3);     //Minute
    sprintf(regStr,"saved time(Min) , BKP_DR3= %u",regValue);
    LCD_ShowStr(10,StartPosY+LCD_SP10,(uint8_t *)regStr);
```

```
        regValue=HAL_RTCEx_BKUPRead(&hrtc, RTC_BKP_DR4);      //Second
        sprintf(regStr,"saved time(Sec) , BKP_DR4= %u",regValue);
        LCD_ShowStr(10,StartPosY+2*LCD_SP10,(uint8_t *)regStr);
    }
    /* USER CODE END 4 */
```

5. 程序运行测试

我们先在开发板上用杜邦线连接 PE2 和 PC13，构建项目无误后，将其下载到开发板上并运行测试。

程序连续运行时，LCD 上的 RTC 时间每秒变化一次。按下 KeyUp 键将 RTC 时间保存到备份寄存器，按下 KeyDown 键可以看到保存的数据，系统复位后再按下 KeyDown 键还可以看到保存的数据。

按下 KeyRight 键时，LCD 上显示信息表示发生入侵事件，并显示时间戳的时间。按下 KeyDown 键，发现备份寄存器的内容被复位。

第 12 章　USART/UART 通信

USART/UART 就是常说的“串口”，是一种简单而常用的通信接口，它使用简单，所以为很多仪器设备和电路模块用作通信接口。STM32F407 上有多个 USART/UART 接口，为此，在本章中，我们就介绍 USART/UART 接口的原理和使用方法。

12.1　USART/UART 接口概述

12.1.1　USART/UART 接口信号

USART 表示 Universal Synchronous Asynchronous Receiver Transmitter，就是通用同步异步收发器，是一种串行通信接口。USART 接口最多有 5 个信号。图 12-1 是 MCU 上一个 USART 接口的 5 个信号及其输入/输出方向示意图。

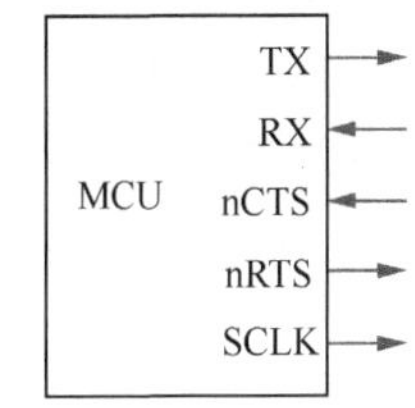

图 12-1　USART 接口的 5 个信号

- TX：串行输出信号。
- RX：串行输入信号。
- nCTS：允许发送（clear to send）信号，低电平有效，是对方设备发来的一个信号。如果 nCTS 为低电平，则表示对方设备准备好了接收数据，本机可以发送数据了；否则，不能发送数据。
- nRTS：请求发送（request to send）信号，低电平有效，是发送给对方设备的一个信号。如果本机准备好了接收数据，则将 nRTS 置为低电平，通知对方设备可以发送数据了。
- SCLK：发送器输出的时钟信号，这个时钟信号线仅用于同步模式。

在这 5 个信号中，TX 和 RX 是必需的。nCTS 和 nRTS 称为硬件流控制信号，在异步通信时，可以选择是否使用硬件流控制，在同步通信时没有硬件流控制信号。SCLK 只用于同步模式通信，异步通信时无 SCLK 信号。

除了 USART 接口，还有一种 UART（Universal Asynchronous Receiver Transmitter）接口，就是只有异步模式的串口。UART 接口没有时钟信号 SCLK，一般也没有硬件流控制信号 nCTS 和 nRTS。

为了表达的简便和统一，如果不是特别区分，本章后面将 USART 和 UART 统称为“串口”，并且用 UART 统一表示 USART 或 UART。

12.1.2　开发板上的串口电路

1. 串口之间的连接

MCU 上的串口是逻辑电平（TTL 或 CMOS 电平），一些模块上的串口也是逻辑电平，如 WiFi 模块、蓝牙模块、GPS 模块等，MCU 和这些模块之间可以通过串口信号线直接连接。

串口一般工作于异步模式，可以使用硬件流控制信号提高通信的准确率。当两个设备通过逻辑电平串口直接连接时，两个数据线要交叉连接，硬件流控制信号线也需要交叉连接，如图 12-2 所示。

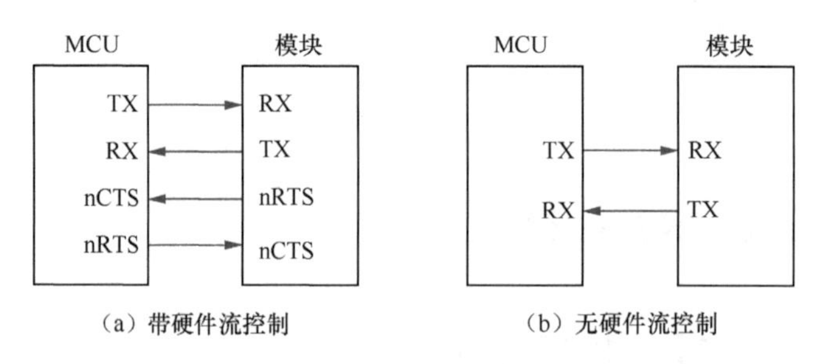

图 12-2　串口异步通信时的连接方式

开发板上有一个 WiFi/蓝牙模块连接插座，也就是图 2-9 中的【4-5】，这个插座连接到了 MCU 的 USART3 接口上。与开发板配套的 WiFi 模块和蓝牙模块都是逻辑电平的串口，把模块插到这个插座上，MCU 就可以和 WiFi 或蓝牙模块直接通过串口通信，无须进行电平转换。

2. 串口与 RS232 的转换和连接

有的台式计算机主机后面有 RS232 接口，还有一些嵌入式设备上也有 RS232 接口，是一种 9 针 D 形口。RS232 也是串口，与 UART 使用相同的底层通信协议，只是物理层的信号电平不相同。在 RS232 接口中，用−15V～−3V 表示逻辑 1，用+3V～+15V 表示逻辑 0。MCU 可以和具有 RS232 接口的设备之间进行串口通信，但是需要进行 RS232 电平与逻辑电平之间的转换。

开发板上有一个 SP3232 芯片用于进行逻辑电平和 RS232 电平之间的转换，电路如图 12-3 所示。开发板上还有两个 RS232 电平的 DB9 接口，就是图 2-9 中的【4-8】DB9 公口和【4-10】DB9 母口。SP3232 具有两路转换功能，一路是串口信号 F4_TXD/F4_RXD 和【4-10】DB9 母口 RS232 之间的转换，另一路是串口信号 F4_TXD2/F4_RXD2 和【4-8】DB9 公口 RS232 之间的转换。

跳线座 P3 和 P4 用于设置串口信号 F4_TXD/F4_RXD 和 F4_TXD2/F4_RXD2 的来源。信号 F4_TXD/F4_RXD 可以来源于 STM32F407 的 USART3 或 STM32F103 的 USART3。如果跳线座 P3 的 1 与 3、2 与 4 不短接，则可以将 STM32F407 的 USART3 输出到 DB9 公口或 DB9 母口上。

- 将跳线座 P4 的 1 与 3 短接、2 与 4 短接，就是将 STM32F407 的 USART3 输出到 DB9 母口。
- 将跳线座 P4 的 5 与 3 短接、6 与 4 短接，就是将 STM32F407 的 USART3 输出到 DB9 公口。

如果使用 9 针交叉串口数据线，就可以在两个 STM32F407 开发板之间进行 RS232 双机串口通信。

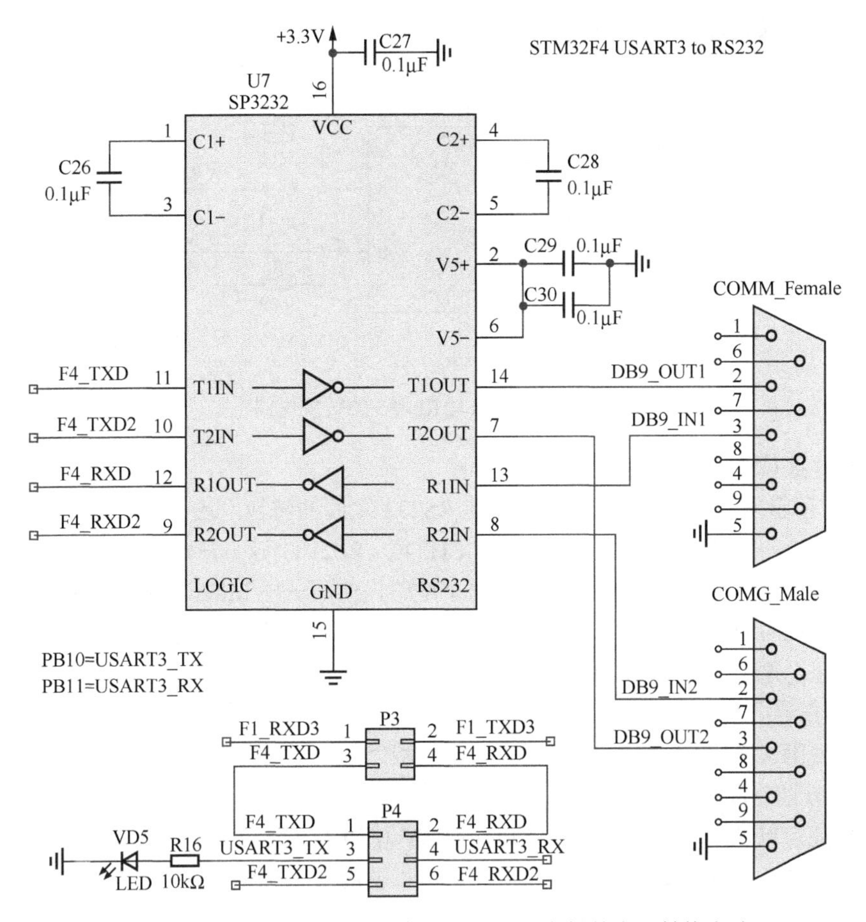

图 12-3　开发板上的 MCU 串口与 RS232 之间的电平转换电路

现在有的计算机机箱后面已经没有 RS232 接口，笔记本电脑上更是没有这种接口。有一种 USB 转 RS232 接口的数据线（见图 12-4），数据线内置的电路实现 USB 与 RS232 电平之间的转换，并且作为一个虚拟串口设备出现在计算机上。用这种数据线可以通过计算机的 USB 接口连接设备的 RS232 接口，在计算机和设备之间进行串口通信，例如，用这样的数据线就可以在计算机和开发板之间进行串口通信。

图 12-4　使用 USB 转 RS232 串口线

3. 串口与 RS485 的转换和连接

RS485 是另一种串行通信电气标准，它采用两根信号线上的差分电压表示不同的逻辑信号。RS485 接口的设备可以组成 RS485 网络，网络中有一个主设备和多个从设备，RS485 网络通信距离可达 1200m，所以适合用于工业现场。一些工业测控模块使用 RS485 接口，如研华的 ADAM 系列模块。

MCU 若要通过串口与 RS485 网络上的设备通信，必须进行逻辑电平与 RS485 电平之间的转换。开发板上就有一个 MCU 串口到 RS485 的转换电路，如图 12-5 所示。这个电路用到了 STM32F407 的 USART2 接口，RS485 网络上只有两根信号线，即 A_M 和 B_M，芯片 SP3485 实现串口的逻辑电平与 RS485 电平之间的转换。

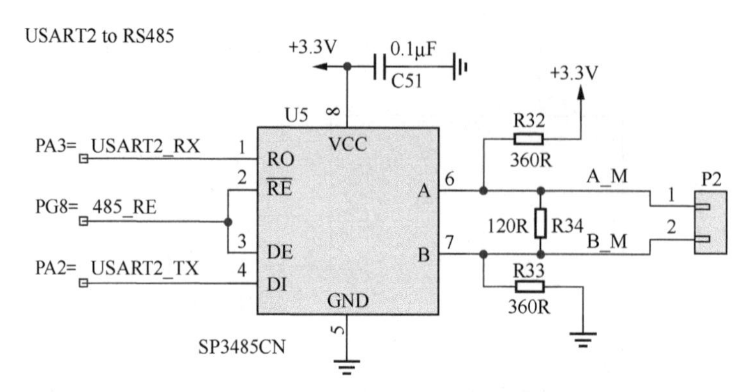

图 12-5　串口与 RS485 的转换电路

4. 串口与 USB 的转换和连接

图 12-4 所示的数据线可以进行 USB 到 RS232 之间的转换，还有一些芯片可以实现 USB 到逻辑电平串口的转换，常用的此类芯片有 CH340、PL2303 等。开发板上就有一个 CH340 芯片构成的电路，电路如图 12-6 所示。通过这个电路，使用一根 MicroUSB 接口的 USB 数据线，一端连接计算机的 USB 口，另一端连接图 2-9 中开发板上的【2-1】，就可以在计算机上虚拟出一个串口，通过这个虚拟串口可以进行计算机与开发板之间的串口通信。开发板套件里就有一根这样的 USB 数据线。

注意，使用这样的 USB 线连接计算机和开发板之后，还需要安装开发板光盘上提供的 USB 转串口 CH340 的驱动程序。

开发板还可以从这个 MicroUSB 接口获取 5V 电源为开发板供电。所以，如果没有独立的 5V DC 电源为图 2-9 中的【2-2】接口供电时，可以使用这个 MicroUSB 接口为开发板供电。通过这个 MicroUSB 接口连接计算机后，在计算机上还可以使用开发板厂家提供的专用软件为 MCU 下载编译后的 hex 二进制程序文件。

图 12-6 中 CH340 转换出的串口信号可以连接 STM32F407 的 USART1 或 STM32F103 的 USART1。跳线 J2 的 2 和 3 短接，跳线 J3 的 2 和 3 短接时连接 STM32F407 的 USART1，这也是默认连接。

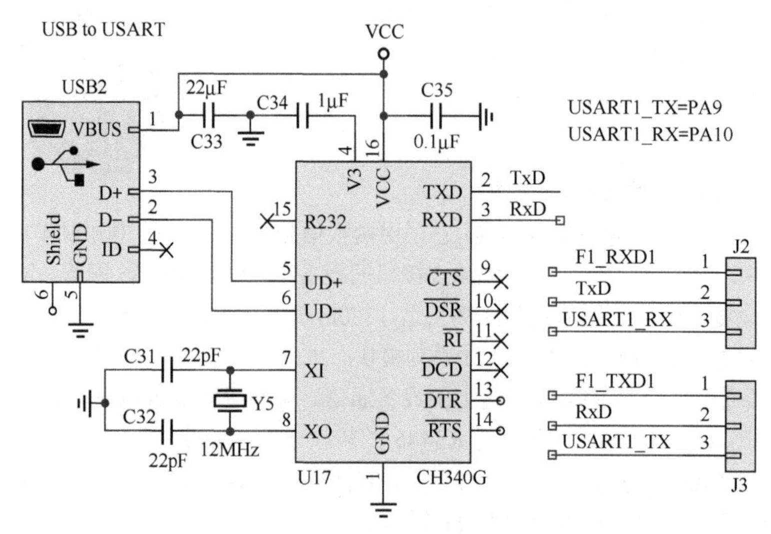

图 12-6　使用 CH340 的 USB 转串口电路

因为无须使用专门的转换线，所以使用开发板提供的 MicroUSB 线就可以实现计算机和开发板之间的串口连接，本章后面的示例就使用这个电路。

12.1.3 串口通信参数

串口硬件层的功能就是进行串行数据发送和接收，发送和接收的基本单元是一个数据帧，传输一个 8 位字长的数据帧的时序图如图 12-7 所示。

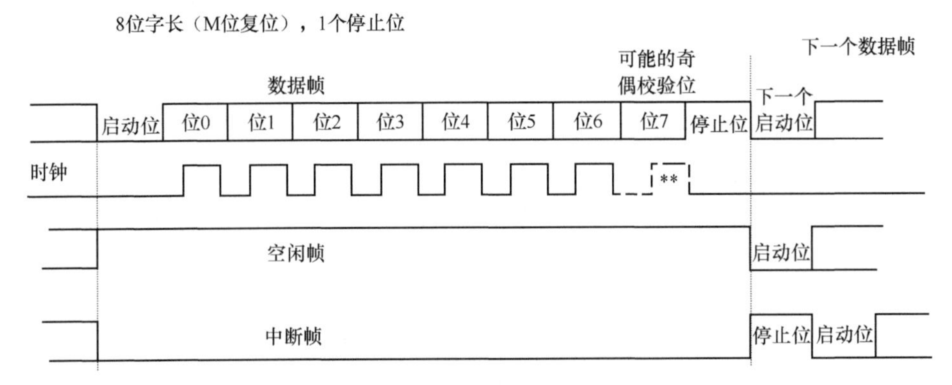

图 12-7 串行数据发送时序图

串口通信的基本参数有以下几个。

- 数据位：8 位或 9 位，一般设置为 8 位，因为 1 字节是 8 位，这样一帧传输 1 字节的有效数据。
- 奇偶校验位：可以无奇偶校验位，也可以设置奇校验或偶校验位。
- 停止位：1 个或 2 个停止位，一般设置为 1 个停止位。
- 波特率：就是串行数据传输的速率，单位是 bit/s，常用的波特率有 9600、19200、115200 等。一个串口单元的时钟由 APB1 或 APB2 总线提供，所以挂在不同 APB 总线上的串口单元的最高波特率不同。

另外，STM32F4 的串口还有一个过采样（over sampling）参数，可设置为 8 次采样或 16 次采样。过采样用于确定有效的起始位。8 次采样速度快，但容错性差，16 次采样速度慢，但容错性好，默认使用 16 次采样。

12.2 串口的 HAL 驱动程序

12.2.1 常用功能函数

串口的驱动程序头文件是 stm32f4xx_hal_uart.h。串口操作的常用 HAL 函数如表 12-1 所示。

表 12-1 串口操作的常用 HAL 函数

分组	函数名	功能说明
初始化和总体功能	HAL_UART_Init()	串口初始化，设置串口通信参数
	HAL_UART_MspInit()	串口初始化的 MSP 弱函数，在 HAL_UART_Init()中被调用。重新实现的这个函数一般用于串口引脚的 GPIO 初始化和中断设置

续表

分组	函数名	功能说明
初始化和总体功能	HAL_UART_GetState()	获取串口当前状态
	HAL_UART_GetError()	返回串口错误代码
阻塞式传输	HAL_UART_Transmit()	阻塞方式发送一个缓冲区的数据，发送完成或超时后才返回
	HAL_UART_Receive()	阻塞方式将数据接收到一个缓冲区，接收完成或超时后才返回
中断方式传输	HAL_UART_Transmit_IT()	以中断方式（非阻塞式）发送一个缓冲区的数据
	HAL_UART_Receive_IT()	以中断方式（非阻塞式）将指定长度的数据接收到缓冲区
DMA 方式传输	HAL_UART_Transmit_DMA()	以 DMA 方式发送一个缓冲区的数据
	HAL_UART_Receive_DMA()	以 DMA 方式将指定长度的数据接收到缓冲区
	HAL_UART_DMAPause()	暂停 DMA 传输过程
	HAL_UART_DMAResume()	继续先前暂停的 DMA 传输过程
	HAL_UART_DMAStop()	停止 DMA 传输过程
取消数据传输	HAL_UART_Abort()	终止以中断方式或 DMA 方式启动的传输过程，函数自身以阻塞方式运行
	HAL_UART_AbortTransmit()	终止以中断方式或 DMA 方式启动的数据发送过程，函数自身以阻塞方式运行
	HAL_UART_AbortReceive()	终止以中断方式或 DMA 方式启动的数据接收过程，函数自身以阻塞方式运行
	HAL_UART_Abort_IT()	终止以中断方式或 DMA 方式启动的传输过程，函数自身以非阻塞方式运行
	HAL_UART_AbortTransmit_IT()	终止以中断方式或 DMA 方式启动的数据发送过程，函数自身以非阻塞方式运行
	HAL_UART_AbortReceive_IT()	终止以中断方式或 DMA 方式启动的数据接收过程，函数自身以非阻塞方式运行

1. 串口初始化

函数 HAL_UART_Init()用于串口初始化，主要是设置串口通信参数。其原型定义如下：

```
HAL_StatusTypeDef HAL_UART_Init(UART_HandleTypeDef *huart)
```

参数 huart 是 UART_HandleTypeDef 类型的指针，是串口外设对象指针。在 CubeMX 生成的串口程序文件 usart.c 里，会为一个串口定义外设对象变量，如：

```
UART_HandleTypeDef  huart1;            //USART1 的外设对象变量
```

结构体类型 UART_HandleTypeDef 的定义如下，各成员变量的意义见注释：

```
typedef struct __UART_HandleTypeDef
{
    USART_TypeDef       *Instance;      //UART 寄存器基址
    UART_InitTypeDef    Init;           //UART 通信参数
    uint8_t             *pTxBuffPtr;    //发送数据缓冲区指针
    uint16_t            TxXferSize;     //需要发送数据的字节数
    __IO uint16_t       TxXferCount;    //发送数据计数器，递增计数
    uint8_t             *pRxBuffPtr;    //接收数据缓冲区指针
```

```
    uint16_t          RxXferSize;                //需要接收数据的字节数
    __IO uint16_t     RxXferCount;               //接收数据计数器，递减计数
    DMA_HandleTypeDef       *hdmatx;             //数据发送 DMA 流对象指针
    DMA_HandleTypeDef       *hdmarx;             //数据接收 DMA 流对象指针
    HAL_LockTypeDef          Lock;               //锁定类型
    __IO HAL_UART_StateTypeDef        gState;     //UART 状态
    __IO HAL_UART_StateTypeDef        RxState;    //发送操作相关的状态
    __IO uint32_t                     ErrorCode;  //错误码
} UART_HandleTypeDef;
```

结构体 UART_HandleTypeDef 的成员变量 Init 是结构体类型 UART_InitTypeDef，它表示了串口通信参数，其定义如下，各成员变量的意义见注释：

```
typedef struct
{
    uint32_t BaudRate;                //波特率
    uint32_t WordLength;              //字长
    uint32_t StopBits;                //停止位个数
    uint32_t Parity;                  //是否有奇偶校验
    uint32_t Mode;                    //工作模式
    uint32_t HwFlowCtl;               //硬件流控制
    uint32_t OverSampling;            //过采样
} UART_InitTypeDef;
```

在 CubeMX 中，用户可以可视化地设置串口通信参数，生成代码时会自动生成串口初始化函数。

2. 阻塞式数据传输

串口数据传输有两种模式：阻塞模式和非阻塞模式。

（1）阻塞模式（blocking mode）就是轮询模式，例如，使用函数 HAL_UART_Transmit()发送一个缓冲区的数据时，这个函数会一直执行，直到数据传输完成或超时之后，函数才返回。

（2）非阻塞模式（non-blocking mode）是使用中断或 DMA 方式进行数据传输，例如，使用函数 HAL_UART_Transmit_IT()启动一个缓冲区的数据传输后，该函数立刻返回。数据传输的过程引发各种事件中断，用户在相应的回调函数里进行处理。

以阻塞模式发送数据的函数是 HAL_UART_Transmit()，其原型定义如下：

```
HAL_StatusTypeDef  HAL_UART_Transmit(UART_HandleTypeDef *huart, uint8_t *pData,
uint16_t Size, uint32_t Timeout)
```

其中，参数 pData 是缓冲区指针；参数 Size 是需要发送的数据长度（字节）；参数 Timeout 是超时，用嘀嗒信号的节拍数表示。该函数使用示例代码如下：

```
uint8_t  timeStr[]="15:32:06\n";
HAL_UART_Transmit(&huart1,timeStr,sizeof(timeStr),200);
```

函数 HAL_UART_Transmit()以阻塞模式发送一个缓冲区的数据，若返回值为 HAL_OK，表示传输成功，否则可能是超时或其他错误。超时参数 Timeout 的单位是嘀嗒信号的节拍数，当 Systick 定时器的定时周期是 1ms 时，Timeout 的单位就是 ms。

以阻塞模式接收数据的函数是 HAL_UART_Receive()，其原型定义如下：

```
HAL_StatusTypeDef  HAL_UART_Receive(UART_HandleTypeDef *huart, uint8_t *pData,
uint16_t Size, uint32_t Timeout)
```

其中，参数 pData 是用于存放接收数据的缓冲区指针；参数 Size 是需要接收的数据长度（字

节）；参数 Timeout 是超时限制时间，单位是嘀嗒信号的节拍数，默认情况下就是 ms。例如：

```
uint8_t  recvStr[10];
HAL_UART_Receive(&huart1, recvStr, 10 ,200);
```

函数 HAL_UART_Receive()以阻塞模式将指定长度的数据接收到缓冲区，若返回值为 HAL_OK，表示接收成功，否则可能是超时或其他错误。

3. 非阻塞式数据传输

以中断或 DMA 方式启动的数据传输是非阻塞式的。我们将在第 13 章介绍 DMA 方式，在本章只介绍中断方式。以中断方式发送数据的函数是 HAL_UART_Transmit_IT()，其原型定义如下：

```
HAL_StatusTypeDef  HAL_UART_Transmit_IT(UART_HandleTypeDef *huart, uint8_t *pData,
uint16_t Size)
```

其中，参数 pData 是需要发送的数据的缓冲区指针，参数 Size 是需要发送的数据长度（字节）。这个函数以中断方式发送一定长度的数据，若函数返回值为 HAL_OK，表示启动发送成功，但并不表示数据发送完成了。该函数使用示例代码如下：

```
uint8_t  timeStr[]="15:32:06\n";
HAL_UART_Transmit_IT(&huart1,timeStr,sizeof(timeStr));
```

数据发送结束时，会触发中断并调用回调函数 HAL_UART_TxCpltCallback()，若要在数据发送结束时做一些处理，就需要重新实现这个回调函数。

以中断方式接收数据的函数是 HAL_UART_Receive_IT()，其原型定义如下：

```
HAL_StatusTypeDef  HAL_UART_Receive_IT(UART_HandleTypeDef *huart, uint8_t *pData,
uint16_t Size)
```

其中，参数 pData 是存放接收数据的缓冲区的指针，参数 Size 是需要接收的数据长度（字节数）。这个函数以中断方式接收一定长度的数据，若函数返回值为 HAL_OK，表示启动成功，但并不表示已经接收完数据了。该函数使用示例代码如下：

```
uint8_t  rxBuffer[10];         //接收数据的缓冲区
HAL_UART_Receive_IT(huart, rxBuffer,10);
```

数据接收完成时，会触发中断并调用回调函数 HAL_UART_RxCpltCallback()，若要在接收完数据后做一些处理，就需要重新实现这个回调函数。

函数 HAL_UART_Receive_IT()有一些特性需要注意。

- 这个函数执行一次只能接收固定长度的数据，即使设置为只接收 1 字节的数据。
- 在完成数据接收后会自动关闭接收中断，不会再继续接收数据，也就是说，这个函数是“一次性”的。若要再接收下一批数据，需要再次执行这个函数，但是不能在回调函数 HAL_UART_RxCpltCallback()里调用这个函数启动下一次数据接收。

函数 HAL_UART_Receive_IT()的这些特性，使其在处理不确定长度、不确定输入时间的串口数据输入时比较麻烦，需要做一些特殊的处理。我们会在后面的示例里介绍处理方法。

12.2.2　常用的宏函数

在 HAL 驱动程序中，每个外设都有一些以“__HAL”为前缀的宏函数。这些宏函数直接操作寄存器，主要是进行启用或禁用外设、开启或禁止事件中断、判断和清除中断标志位等操作。串口操作常用的宏函数如表 12-2 所示。

表 12-2 串口操作常用的宏函数

宏函数	功能描述
__HAL_UART_ENABLE(__HANDLE__)	启用某个串口，例如__HAL_UART_ENABLE(&huart1)
__HAL_UART_DISABLE(__HANDLE__)	禁用某个串口，例如__HAL_UART_DISABLE(&huart1)
__HAL_UART_ENABLE_IT(__HANDLE__, __INTERRUPT__)	允许某个事件产生硬件中断，例如 __HAL_UART_ENABLE_IT(&huart1, UART_IT_IDLE)
__HAL_UART_DISABLE_IT(__HANDLE__, __INTERRUPT__)	禁止某个事件产生硬件中断，例如 __HAL_UART_DISABLE_IT(&huart1, UART_IT_IDLE)
__HAL_UART_GET_IT_SOURCE(__HANDLE__, __IT__)	检查某个事件是否被允许产生硬件中断
__HAL_UART_GET_FLAG(__HANDLE__, __FLAG__)	检查某个事件的中断标志位是否被置位
__HAL_UART_CLEAR_FLAG(__HANDLE__, __FLAG__)	清除某个事件的中断标志位

这些宏函数中的参数__HANDLE__是串口外设对象指针，参数__INTERRUPT__和__IT__都是中断事件类型。一个串口只有一个中断号，但是中断事件类型较多，文件 stm32f4xx_hal_uart.h 定义了这些中断事件类型的宏，全部中断事件类型定义如下：

```
#define UART_IT_PE    ((uint32_t)(UART_CR1_REG_INDEX << 28U | USART_CR1_PEIE))
#define UART_IT_TXE   ((uint32_t)(UART_CR1_REG_INDEX << 28U | USART_CR1_TXEIE))
#define UART_IT_TC    ((uint32_t)(UART_CR1_REG_INDEX << 28U | USART_CR1_TCIE))
#define UART_IT_RXNE  ((uint32_t)(UART_CR1_REG_INDEX << 28U | USART_CR1_RXNEIE))
#define UART_IT_IDLE  ((uint32_t)(UART_CR1_REG_INDEX << 28U | USART_CR1_IDLEIE))
#define UART_IT_LBD   ((uint32_t)(UART_CR2_REG_INDEX << 28U | USART_CR2_LBDIE))
#define UART_IT_CTS   ((uint32_t)(UART_CR3_REG_INDEX << 28U | USART_CR3_CTSIE))
#define UART_IT_ERR   ((uint32_t)(UART_CR3_REG_INDEX << 28U | USART_CR3_EIE))
```

12.2.3 中断事件与回调函数

一个串口只有一个中断号，也就是只有一个 ISR，例如，USART1 的全局中断对应的 ISR 是 USART1_IRQHandler()。在 CubeMX 自动生成代码时，其 ISR 框架会在文件 stm32f4xx_it.c 中生成，代码如下：

```
void USART1_IRQHandler(void)            //USART1 中断 ISR
{
    HAL_UART_IRQHandler(&huart1);       //串口中断通用处理函数
}
```

所有串口的 ISR 都是调用 HAL_UART_IRQHandler()这个处理函数，这个函数是中断处理通用函数。这个函数会判断产生中断的事件类型、清除事件中断标志位、调用中断事件对应的回调函数。

对函数 HAL_UART_IRQHandler()进行代码跟踪分析，整理出如表 12-3 所示的串口中断事件类型与回调函数的对应关系。注意，并不是所有中断事件都有对应的回调函数，例如，UART_IT_IDLE 中断事件就没有对应的回调函数。

表 12-3 串口中断事件类型及其回调函数

中断事件类型宏定义	中断事件描述	对应的回调函数
UART_IT_CTS	CTS 信号变化中断	无
UART_IT_LBD	LIN 打断检测中断	无
UART_IT_TXE	发送数据寄存器为空中断	无

续表

中断事件类型宏定义	中断事件描述	对应的回调函数
UART_IT_TC	传输完成中断，用于发送完成	HAL_UART_TxCpltCallback()
UART_IT_RXNE	接收数据寄存器非空中断	HAL_UART_RxCpltCallback()
UART_IT_IDLE	线路空闲状态中断	无
UART_IT_PE	奇偶校验错误中断	HAL_UART_ErrorCallback()
UART_IT_ERR	发生帧错误、噪声错误、溢出错误的中断	HAL_UART_ErrorCallback()

常用的回调函数有 HAL_UART_TxCpltCallback()和 HAL_UART_RxCpltCallback()。在以中断或 DMA 方式发送数据完成时，会触发 UART_IT_TC 事件中断，执行回调函数 HAL_UART_TxCpltCallback()；在以中断或 DMA 方式接收数据完成时，会触发 UART_IT_RXNE 事件中断，执行回调函数 HAL_UART_RxCpltCallback()。

文件 stm32f4xx_hal_uart.h 中还有其他几个回调函数，而这几个回调函数并没有出现在表 12-1 中。这几个函数的定义如下：

```
void HAL_UART_TxHalfCpltCallback(UART_HandleTypeDef *huart);
void HAL_UART_RxHalfCpltCallback(UART_HandleTypeDef *huart);
void HAL_UART_AbortCpltCallback(UART_HandleTypeDef *huart);
void HAL_UART_AbortTransmitCpltCallback(UART_HandleTypeDef *huart);
void HAL_UART_AbortReceiveCpltCallback(UART_HandleTypeDef *huart);
```

其中，HAL_UART_TxHalfCpltCallback()是 DMA 传输完成一半时调用的回调函数，函数 HAL_UART_AbortCpltCallback()是在函数 HAL_UART_Abort()里调用的。

所以，并不是所有中断事件都有对应的回调函数，也不是所有回调函数都与中断事件关联。

12.3　串口通信示例

12.3.1　硬件电路与示例功能

我们将设计一个示例项目 Demo12_1CH340，使用开发板上图 12-6 所示的 CH340 转换电路，进行计算机和开发板之间的串口通信。在使用这个示例时，我们需要确保图 12-6 中的跳线 J2 和 J3 已正确连接，用 USB 线连接计算机和开发板后，需要在计算机上安装开发板提供的 CH340 驱动程序。

本示例要使用 USART1，还要使用 RTC 的周期唤醒功能。示例的功能和操作流程如下。

- 在 RTC 周期唤醒中断里，读取当前时间后在 LCD 上显示，将时间转换为字符串之后，通过串口发送给计算机。
- 在计算机上使用串口监视软件查看接收的数据，并且可以向开发板发送指令数据。
- MCU 持续以中断方式进行串口数据接收，接收到一条指令后就解析并执行指令的任务，例如修改当前时间。

在计算机与开发板的串口通信中，我们一般将计算机称为上位机，将开发板称为下位机。串口的硬件层实现了数据的收发，发送的数据具体是什么意义，需要规定上位机和下位机之间的通信协议。这种通信协议就是传输数据的格式规范及其意义。在本示例中，上位机向开发板发送的串口数据的格式定义如表 12-4 所示。

表 12-4　上位机向开发板发送数据的格式定义

上位机发送的指令字符串	指令功能
#H13;	设置小时，将 RTC 时间的小时修改为 13
#M32;	设置分钟，将 RTC 时间的分钟修改为 32
#S05;	设置秒，将 RTC 时间的秒修改为 5
#U01;或#U00;	上传时间数据，或不上传时间数据

上位机发送的指令数据固定为 5 字节，每个指令以#开始，以;结束。紧跟在#后面的一个字母表示指令类型，例如，H 表示修改小时，M 表示修改分钟。类型字符后面是两位数字，表示指令的参数，例如，“#H13;”表示要将 RTC 的当前时间的小时数修改为 13。

在计算机上，我们需要使用一个串口通信软件与开发板之间进行串口通信测试。这样的串口通信软件很多，笔者使用的是 XCOM。串口通信软件与开发板之间的通信测试界面如图 12-8 所示。从图中接收到的串口数据可以看到，下位机定时向上位机上传 RTC 的时间数据，上位机向下位机发送指令后，下位机都能正确地执行。

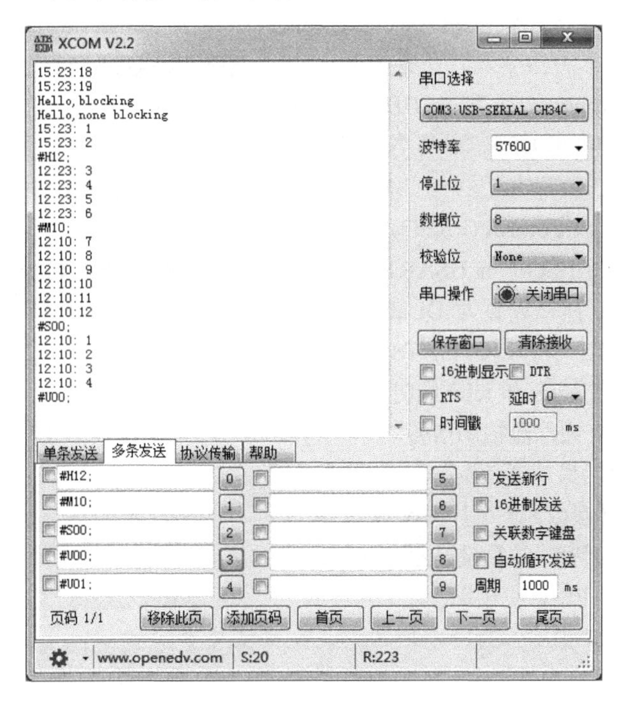

图 12-8　串口通信软件与开发板之间的通信测试界面

12.3.2　CubeMX 项目设置

因为本示例不需要用到按键和 LED，所以我们使用 CubeMX 模板项目文件 M3_LCD_Only.ioc 创建本项目文件 Demo12_1CH340.ioc，然后做进一步的设置。

1. RTC 设置

因为本示例要用到 RTC，所以首先启用 LSE 和 RTC，在时钟树上设置 LSE 作为 RTC 的时钟源。本示例中 RTC 只需使用周期唤醒功能，其模式设置如图 12-9 所示。RTC 的参数设置如图 12-10 所示，设置 Data Format 为 Binary data format，Wake Up Clock（唤醒时钟源）为 1Hz 信号，Wake Up

Counter（唤醒计数器）值为 0，也就是每秒唤醒一次。RTC 周期唤醒的原理和具体设置参见第 11 章。

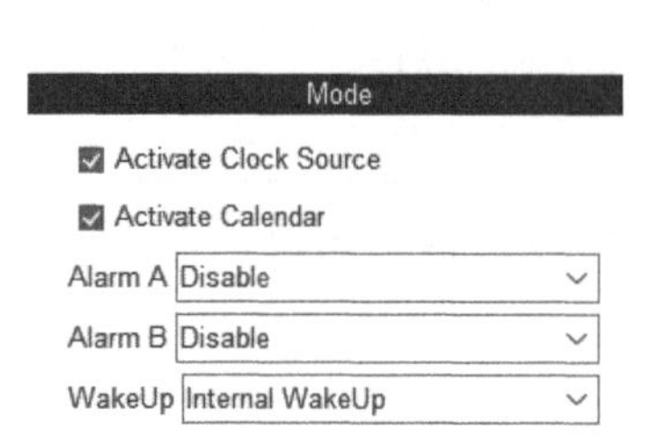

图 12-9　RTC 的模式设置

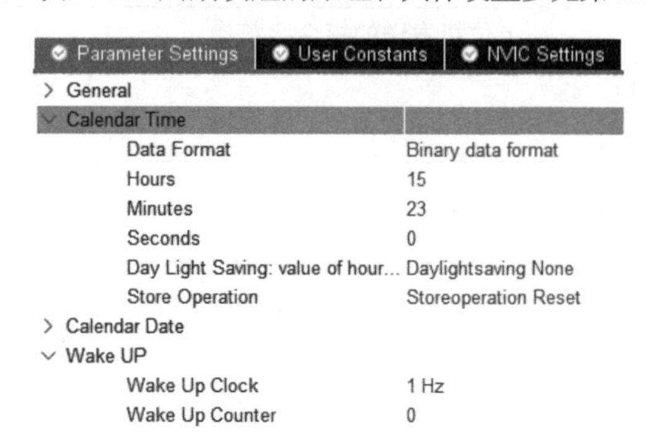

图 12-10　RTC 的参数设置

2. USART1 设置

USART1 的模式和参数设置界面如图 12-11 所示。模式配置的参数只有以下两个。

（1）Mode：工作模式，设置为 Asynchronous（异步），也是串口最常用的模式。还有其他一些工作模式，如 Synchronous（同步）、IrDA（红外通信）、Smartcard（智能卡）等。本书不介绍其他模式的功能和使用方法。

（2）Hardware Flow Control (RS232)：硬件流控制。对于本示例，图 12-6 中的 USART1 接口并没有使用硬件流信号，所以设置为 Disable。其他选项有 CTS Only、RTS Only、CTS/RTS。如果使用硬件流控制，一般是 CTS 和 RTS 同时使用。注意，只有异步模式才有硬件流控制信号。

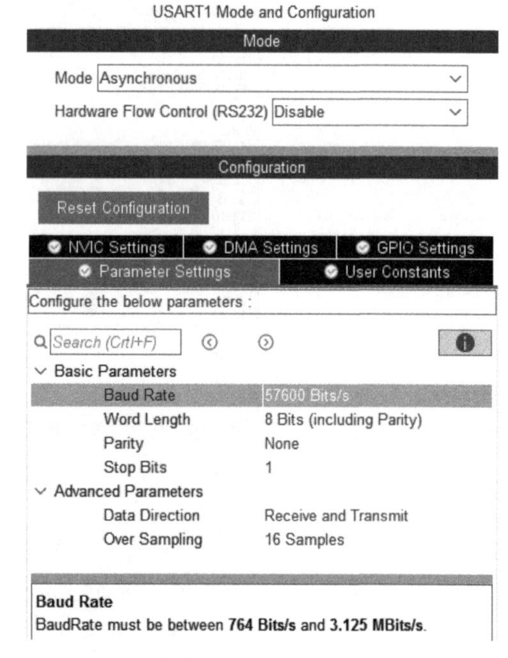

图 12-11　USART1 的设置

参数设置部分包括串口通信的 4 个基本参数和 STM32 的两个扩展参数。4 个基本参数如下。

（1）Baud Rate：波特率。这里设置为 57600 bit/s。波特率由串口所在的 APB 总线频率、过采样设置、波特率寄存器 USART_BRR 的设定值决定。在 CubeMX 中，只要直接设置波特率，CubeMX 会根据设置的波特率自动配置相关寄存器的内容。在图 12-11 中，单击参数设置界面右上角的图标❶，可以显示参数的简单信息，例如，在图 12-11 中就显示了波特率可设置数据范围。有一些常用的串口波特率，如 2400bit/s、9600bit/s、14400bit/s、19200bit/s、57600bit/s、115200bit/s、256000bit/s 等。

（2）Word Length：字长（包括奇偶校验位）。可选 8 位或 9 位，这里设置为 8 位。

（3）Parity：奇偶校验位。可选 None（无）、Even（偶校验）和 Odd（奇校验）。这里设置为 None。如果设置有奇偶校验，字长应该设置为 9 位。

（4）Stop Bits：停止位。可选 1 或 2 位，这里设置为 1 位。

STM32 MCU 扩展的两个参数如下。

（1）Data Direction：数据方向。这里设置为 Receive and Transmit（接收和发送），还可以设置为只接收或只发送。

（2）Over Sampling：过采样。可选 16 Samples 或 8 Samples，这里设置为 16 Samples。选择不同的过采样数值会影响波特率的可设置范围，而 CubeMX 会自动更新波特率的可设置范围。

这样设置 USART1 后，CubeMX 会自动配置 PA9 和 PA10 作为 USART1_TX 和 USART1_RX 信号复用引脚，这与电路上是一致的，也无须再做任何 GPIO 设置。USART1 的 GPIO 引脚自动配置结果如图 12-12 所示。

Parameter Settings | User Constants | NVIC Settings | DMA Settings | GPIO Settings

Pin Name	Signal on Pin	GPIO mode	GPIO Pull-up/Pull-down	Maximum output speed
PA9	USART1_TX	Alternate Function Push Pull	No pull-up and no pull-down	Very High
PA10	USART1_RX	Alternate Function Push Pull	No pull-up and no pull-down	Very High

图 12-12 USART1 的 GPIO 引脚自动配置结果

3. 中断设置

在 NVIC 组件的配置界面开启 RTC 周期唤醒中断，开启 USART1 的全局中断，设置两个中断的优先级。RTC 唤醒中断和串口中断的程序都可能用到延时函数 HAL_Delay()，因此设置这两个中断的抢占优先级为 1，即要低于 System tick timer 的抢占优先级，如图 12-13 所示。

NVIC Interrupt Table	Enabled	Preemption Priority	Sub Priority
Non maskable interrupt	☑	0	0
Hard fault interrupt	☑	0	0
Memory management fault	☑	0	0
Pre-fetch fault, memory access fault	☑	0	0
Undefined instruction or illegal state	☑	0	0
System service call via SWI instruction	☑	0	0
Debug monitor	☑	0	0
Pendable request for system service	☑	0	0
Time base: System tick timer	☑	0	0
RTC wake-up interrupt through EXTI line 22	☑	1	0
USART1 global interrupt	☑	1	0

图 12-13 NVIC 中各中断优先级的设置

12.3.3 程序功能实现

1. 主程序

我们在 CubeMX 里完成设置后生成 CubeIDE 项目代码，在 CubeIDE 里打开项目，首先将 PublicDrivers 目录下的 TFT_LCD 目录添加到项目的搜索路径（操作方法见附录 A）。在主程序里添加功能实现代码，完成后文件 main.c 的代码如下：

```
/* 文件：main.c ----------------------------------------------------------------*/
#include "main.h"
#include "rtc.h"
#include "usart.h"
#include "gpio.h"
#include "fsmc.h"
/* USER CODE BEGIN Includes */
#include "tftlcd.h"
/* USER CODE END Includes */
```

```
int main(void)
{
	HAL_Init();
	SystemClock_Config();
	/* Initialize all configured peripherals */
	MX_GPIO_Init();
	MX_FSMC_Init();
	MX_RTC_Init();                    //RTC 初始化，周期唤醒功能
	MX_USART1_UART_Init();            //USART1 的初始化

	/* USER CODE BEGIN 2 */
	TFTLCD_Init();                    //LCD 软件初始化
	LCD_ShowStr(10,10, (uint8_t *)"Demo12_1:USART1-CH340");
	LCD_ShowStr(10,LCD_CurY+LCD_SP15, (uint8_t *)"Please connect board with PC ");
	LCD_ShowStr(10,LCD_CurY+LCD_SP10, (uint8_t *)"via MicroUSB line before power on");

	uint8_t hello1[]="Hello,blocking\n";
	HAL_UART_Transmit(&huart1,hello1,sizeof(hello1),500);     //阻塞模式发送数据
	HAL_Delay(10);    //需要适当延时

	uint8_t hello2[]="Hello,none blocking\n";
	HAL_UART_Transmit_IT(&huart1,hello2,sizeof(hello2));      //非阻塞模式发送数据

	LCD_ShowStr(10,140, (uint8_t *)"Received command string is:");
	LcdFRONT_COLOR=lcdColor_WHITE;
	HAL_UART_Receive_IT(&huart1, rxBuffer,RX_CMD_LEN);        //中断方式接收 5 字节
	/* USER CODE END 2 */

	/* Infinite loop */
	while (1)
	{
	}
}
```

在外设初始化部分，函数 MX_USART1_UART_Init()用于 USART1 的初始化。

完成 LCD 软件初始化之后，提示信息显示在 LCD 上。在进入 while 循环之前，程序调用函数 HAL_UART_Transmit()，以阻塞方式发送了字符串“Hello, blocking”，又调用 HAL_UART_Transmit_IT()，以非阻塞方式发送了字符串“Hello, none blocking”。在最后进入 while 循环之前执行的是下面的语句：

```
HAL_UART_Receive_IT(&huart1, rxBuffer, RX_CMD_LEN);     //中断方式接收 5 字节
```

其中，RX_CMD_LEN 是在文件 usart.h 中定义的宏，数值为 5；rxBuffer 是在文件 usart.c 中定义的长度为 5 字节的数组，作为接收数据的缓冲区。

执行这行语句后，USART1 就以中断方式接收 5 字节数据，接收到 5 字节数据后，数据会保存到数组 rxBuffer 里，并产生 UART_IT_RXNE 事件中断，执行回调函数 HAL_UART_RxCpltCallback()。

2. USART1 的初始化

函数 MX_USART1_UART_Init()在文件 usart.h 和 usart.c 中定义和实现，文件 usart.c 中该函数及其相关的代码如下：

```
/* 文件：usart.c  ------------------------------------------------------------*/
#include "usart.h"
UART_HandleTypeDef huart1;          //表示 USART1 的外设对象变量

/*  USART1 初始化函数  */
```

```
void MX_USART1_UART_Init(void)
{
    huart1.Instance = USART1;                                //USART1 外设基地址
    huart1.Init.BaudRate = 57600;                            //波特率
    huart1.Init.WordLength = UART_WORDLENGTH_8B;             //字长 8 位
    huart1.Init.StopBits = UART_STOPBITS_1;                  //1 个停止位
    huart1.Init.Parity = UART_PARITY_NONE;                   //无奇偶校验
    huart1.Init.Mode = UART_MODE_TX_RX;                      //TX-RX 模式
    huart1.Init.HwFlowCtl = UART_HWCONTROL_NONE;             //无硬件流控制
    huart1.Init.OverSampling = UART_OVERSAMPLING_16;         //过采样
    if (HAL_UART_Init(&huart1) != HAL_OK)                    //串口初始化
        Error_Handler();
}

/*  串口的 MSP 初始化函数，在 HAL_UART_Init()里被调用   */
void HAL_UART_MspInit(UART_HandleTypeDef* uartHandle)
{
    GPIO_InitTypeDef GPIO_InitStruct = {0};
    if(uartHandle->Instance==USART1)
    {
        __HAL_RCC_USART1_CLK_ENABLE();             //USART1 时钟使能
        __HAL_RCC_GPIOA_CLK_ENABLE();
        /**USART1 GPIO 引脚配置， PA9 ---> USART1_TX， PA10 ---> USART1_RX  */
        GPIO_InitStruct.Pin = GPIO_PIN_9|GPIO_PIN_10;
        GPIO_InitStruct.Mode = GPIO_MODE_AF_PP;
        GPIO_InitStruct.Pull = GPIO_NOPULL;
        GPIO_InitStruct.Speed = GPIO_SPEED_FREQ_VERY_HIGH;
        GPIO_InitStruct.Alternate = GPIO_AF7_USART1;           //复用为 USART1
        HAL_GPIO_Init(GPIOA, &GPIO_InitStruct);

        /*  USART1 中断设置  */
        HAL_NVIC_SetPriority(USART1_IRQn, 1, 0);
        HAL_NVIC_EnableIRQ(USART1_IRQn);
    }
}
```

上述代码定义了一个 UART_HandleTypeDef 类型的外设对象变量 huart1，用于表示 USART1。函数 MX_USART1_UART_Init()里为 huart1 的成员变量赋值，huart1.Init 是 UART_InitTypeDef 结构体类型，其成员变量是串口通信的各个参数。函数 MX_USART1_UART_Init()中为 huart1 赋值的代码与 CubeMX 中的设置对应，各成员变量的意义和取值见程序中的注释。

HAL_UART_MspInit()函数是串口初始化的 MSP 函数，它在 HAL_UART_Init()函数内被调用。重新实现的这个函数实现了 USART1 的 GPIO 复用引脚配置和中断设置。

3. RTC 周期唤醒中断的处理

文件 rtc.c 里有 RTC 初始化函数 MX_RTC_Init()及其 MSP 初始化函数的代码，RTC 初始化的代码在第 11 章介绍过，这里就不再重复显示。HAL_RTCEx_WakeUpTimerEventCallback()是 RTC 周期唤醒事件中断的回调函数，在文件 rtc.c 里重新实现此函数，其相关代码如下：

```
/* 文件：rtc.c -------------------------------------------------------------*/
#include  "rtc.h"
/* USER CODE BEGIN 0 */
#include  "tftlcd.h"
#include  "usart.h"
#include  <stdio.h>          //用到函数 sprintf()
#include  <string.h>         //用到函数 strlen()
/* USER CODE END 0 */
```

```
RTC_HandleTypeDef   hrtc;    //表示 RTC 的外设对象变量

/* USER CODE BEGIN 1 */
void HAL_RTCEx_WakeUpTimerEventCallback(RTC_HandleTypeDef *hrtc)
{
      RTC_TimeTypeDef sTime;
      RTC_DateTypeDef sDate;
      if (HAL_RTC_GetTime(hrtc, &sTime,  RTC_FORMAT_BIN) == HAL_OK)
      {
            HAL_RTC_GetDate(hrtc, &sDate,  RTC_FORMAT_BIN);
            uint8_t  timeStr[20];     //时间字符串，显示时间，格式为 hh:mm:ss
            sprintf(timeStr,"%2d:%2d:%2d\n",sTime.Hours,sTime.Minutes,sTime.Seconds);
            LCD_ShowStr(30,100, timeStr);   //在 LCD 上显示当前时间
            if (isUploadTime)    //变量 isUploadTime 在文件 usart.c 中定义
                  HAL_UART_Transmit(&huart1,timeStr,strlen(timeStr),200);
      }
}
/* USER CODE END 1 */
```

这个回调函数的功能是读取 RTC 当前时间，将这个时间转换为字符串 timeStr，在 LCD 上固定位置显示。如果变量 isUploadTime 的值不为零，就通过串口向上位机发送此字符串。这里使用了阻塞式函数 HAL_UART_Transmit()，也可以使用非阻塞模式的函数 HAL_UART_Transmit_IT()。

变量 isUploadTime 是在文件 usart.c 里定义的，其值可以根据串口接收的指令改变，当 isUploadTime 的值变为 0 时，就不向上位机传输时间字符串了。

在使用 sprintf()函数创建时间字符串时，为了让上位机自动换行显示，我们在字符串最后加了换行符\n，实际上，还会在换行符后面自动加上结束符\0。LCD_ShowStr()显示字符串时，遇到\n 或\0 就自动结束。在使用函数 HAL_UART_Transmit()向上位机传输字符串时，实际传输字符的个数用 strlen(timeStr)计算，strlen()以结束符\0 为标志计算字符串实际长度，但是不包含结束符\0。这里不能用 sizeof()替代 strlen()，因为 sizeof(timeStr)得到的结果是 20。

4. USART1 中断的处理

USART1 的全局中断对应的 ISR 是 USART1_IRQHandler()，在文件 stm32f4xx_it.c 中生成了其代码框架。根据功能实现的需要，我们对函数 USART1_IRQHandler()的代码稍微做了修改，代码如下：

```
/* 文件：stm32f4xx_it.c ---------------------------------------*/
#include "main.h"
#include "stm32f4xx_it.h"
/* USER CODE BEGIN Includes */
#include "usart.h"
/* USER CODE END Includes */

void USART1_IRQHandler(void)
{
      HAL_UART_IRQHandler(&huart1);
      /* USER CODE BEGIN USART1_IRQn 1 */
      on_UART_IDLE(&huart1);          //检测空闲事件中断并处理
      /* USER CODE END USART1_IRQn 1 */
}
```

在此 ISR 中，我们增加了一条语句 on_UART_IDLE(&huart1)，用于检测 USART1 空闲事件中断并做相应处理。函数 on_UART_IDLE()在 usart.h 文件中定义。由 12.2.3 节的分析可知，串口的空闲事件中断（事件类型 UART_IT_IDLE）没有对应的回调函数，所以需要自己创建函数来处理。

在文件 usart.h 中，我们需要定义一些变量和函数。增加用户代码后的文件 usart.h 的内容如下：

```
/* 文件：usart.h -----------------------------------------------------------*/
#include "main.h"
extern UART_HandleTypeDef  huart1;        //对外声明变量 huart1

/* USER CODE BEGIN Private defines */
#define  RX_CMD_LEN  5            //指令长度，5 字节
extern  uint8_t  rxBuffer[];      //5 字节的输入缓冲区，如"#H15;"
extern  uint8_t  isUploadTime;    //是否上传时间数据
/* USER CODE END Private defines */

void MX_USART1_UART_Init(void);

/* USER CODE BEGIN Prototypes */
void on_UART_IDLE(UART_HandleTypeDef *huart);        //IDLE 中断检测与处理
void updateRTCTime();        //对接收指令的处理
/* USER CODE END Prototypes */
```

增加用户代码后文件 usart.c 的内容如下，省略了 USART1 初始化相关函数的代码：

```
/* 文件：usart.c  -----------------------------------------------------------*/
#include "usart.h"
/* USER CODE BEGIN 0 */
#include "rtc.h"
#include "tftlcd.h"
#include <string.h>                          //用到函数 strlen()

uint8_t  proBuffer[10]="#S45;\n";     //用于处理的数据，换行符是为串口监视软件里显示单行
uint8_t  rxBuffer[10]="#H12;\n";      //接收数据缓冲区，换行符是为串口监视软件里显示单行
uint8_t  rxCompleted=RESET;           //HAL_UART_Receive_IT()接收是否完成
uint8_t  isUploadTime=1;              //控制 RTC 周期唤醒中断里是否上传时间字符串
/* USER CODE END 0 */
UART_HandleTypeDef  huart1;           //表示 USART1 的外设对象变量

/* USER CODE BEGIN 1 */
/*  接收完成事件中断回调函数  */
void HAL_UART_RxCpltCallback(UART_HandleTypeDef *huart)
{
     if (huart->Instance == USART1)
     {
           rxCompleted=SET;     //接收完成
           for(uint16_t i=0; i<RX_CMD_LEN; i++)      //复制到处理缓冲区
                proBuffer[i]=rxBuffer[i];
           __HAL_UART_ENABLE_IT(huart, UART_IT_IDLE);    //允许 IDLE 事件产生硬件中断
     }
}

/*  IDLE 事件中断的检测与处理  */
void on_UART_IDLE(UART_HandleTypeDef *huart)
{
     if (__HAL_UART_GET_FLAG(huart, UART_FLAG_IDLE) == RESET)
           return;   //判断 IDLE 中断标志位是否置位

     __HAL_UART_CLEAR_IDLEFLAG(huart);    //清除 IDLE 中断标志位
     __HAL_UART_DISABLE_IT(huart, UART_IT_IDLE);  //禁止 IDLE 事件产生硬件中断
     if (rxCompleted)    //接收了一条指令
     {
           HAL_UART_Transmit(huart,proBuffer,strlen(proBuffer),100);//指令字符串传回 PC
           HAL_Delay(10);      //需适当延时，否则，updateRTCTime()函数处理可能出错
```

```
            updateRTCTime();    //更新 RTC 时间
            LCD_ShowStr(30,170, (uint8_t *)proBuffer);    //显示接收到的指令字符串

            rxCompleted=RESET;
            HAL_UART_Receive_IT(huart, rxBuffer,RX_CMD_LEN);     //再次启动串口接收
        }
}

/*  根据串口接收的指令字符串进行处理  */
void updateRTCTime()
{
    if (proBuffer[0] != '#')                        //非有效指令
            return;
    uint8_t  timeSection=proBuffer[1];              //类型字符
    uint8_t  tmp10=proBuffer[2]-0x30;               //十位数
    uint8_t  tmp1 =proBuffer[3]-0x30;               //个位数
    uint8_t  val=10*tmp10+tmp1;                     //参数值
    if (timeSection=='U')                           //是否上传 RTC 时间
    {
            isUploadTime=val;
            return;
    }

    RTC_TimeTypeDef sTime;
    RTC_DateTypeDef sDate;
    if (HAL_RTC_GetTime(&hrtc, &sTime,  RTC_FORMAT_BIN) == HAL_OK)
    {
        HAL_RTC_GetDate(&hrtc, &sDate,  RTC_FORMAT_BIN);
        if (timeSection=='H')                       //修改时
              sTime.Hours=val;
        else if (timeSection=='M')                  //修改分
              sTime.Minutes=val;
        else if (timeSection=='S')                  //修改秒
              sTime.Seconds=val;
        HAL_RTC_SetTime(&hrtc, &sTime, RTC_FORMAT_BIN);    //设置 RTC 时间
    }
}
/* USER CODE END 1 */
```

此文件中有两个字节型数组 rxBuffer 和 proBuffer，其中，rxBuffer 是串口接收数据缓冲区，proBuffer 是接收完成后复制 rxBuffer 的内容，然后用于指令解析操作的数组。变量 rxCompleted 表示是否已完成一个缓冲区的中断方式接收，变量 isUploadTime 用于控制 RTC 周期唤醒中断里是否上传时间字符串数据。

（1）回调函数 HAL_UART_RxCpltCallback()的功能。函数 HAL_UART_RxCpltCallback()是在串口发生 UART_IT_RXNE 事件中断时的回调函数，也就是以 HAL_UART_Receive_IT()启动串口数据接收，并完成指定长度数据接收后调用的回调函数。这个回调函数的代码功能是置位 rxCompleted，将接收数据缓冲区 rxBuffer 里的数据复制到指令解析处理缓冲区 proBuffer，然后开启 UART_IT_IDLE 类型事件中断。

HAL_UART_Receive_IT()完成一次数据接收后就关闭了串口接收中断，不会自动进行下一次的接收，需要再次调用 HAL_UART_Receive_IT()才能启动下一次的接收，但不能在回调函数 HAL_UART_RxCpltCallback()里调用 HAL_UART_Receive_IT()。

为了能连续进行中断方式的串口接收，我们需要实现串口输入的监视功能。程序的处理方法是：在完成一次接收，并且串口状态为空闲，也就是发生 UART_IT_IDLE 类型事件中断时，

对接收到的指令数据进行处理，然后再次调用 HAL_UART_Receive_IT()以启动下一次的接收。

（2）函数 on_UART_IDLE()的功能。函数 on_UART_IDLE()用于检测是否发生了空闲事件中断（UART_IT_IDLE 类型事件中断），并且做出相应的处理。UART_IT_IDLE 类型事件中断在串口初始化时默认是关闭的，而且没有相应的回调函数，所以编写了函数 on_UART_IDLE()，并且在 USART1 的 ISR 函数 USART1_IRQHandler()里调用。

如果发生了 UART_IT_IDLE 类型事件中断，是因为在 HAL_UART_RxCpltCallback()函数里开启了 UART_IT_IDLE 类型事件中断，表示串口数据接收完成了，就清除该中断标志，并禁止 UART_IT_IDLE 类型事件中断。因为串口经常处于空闲状态，如果此事件中断一直开启，将非常占用处理器时间。

如果 rxCompleted 被置位，就表示上次执行 HAL_UART_Receive_IT()接收一个缓冲区的数据已经完成，就调用 updateRTCTime()函数对接收的指令数据进行解析处理，处理完成后将 rxCompleted 置零，并再次执行 HAL_UART_Receive_IT(huart, rxBuffer,RX_CMD_LEN)开启下一次串口中断方式接收。

（3）函数 updateRTCTime()的功能。函数 updateRTCTime()用于对接收的一条指令进行解析和执行。上位机发来的指令的格式定义如表 12-4 所示，程序就按照指令格式规范提取指令类型和指令参数，然后做出相应的处理，例如，接收的指令字符串是“#H10”，就表示要将 RTC 时间的小时修改为 10。

5. 测试和讨论

完成程序后，我们将其下载到开发板进行测试。在使用上位机软件 XCOM 向开发板发送数据时需要注意：不要在指令后面添加额外的数据，也就是在图 12-8 中，不要勾选“发送新行”复选框。因为如果勾选了“发送新行”，在发送的数据后会自动添加一字节的数据 0x0A，这样发送的指令长度就不是 5 字节了，会导致下位机接收处理失败。

函数 HAL_UART_Receive_IT()存在的一个问题就是每次只能接收固定长度的数据。如果上位机发送的数据出错了，例如，先发送了“#H023;”，再发送“#M20;”，则下位机两次接收到的数据是“#H023”和“;#M20”，这样下位机的处理就乱了。

12.3.4 接收不定长度数据的改进代码

要解决示例 Demo12_1CH340 中用函数 HAL_UART_Receive_IT()一次固定接收 5 字节数据可能导致的问题，一个解决方法就是将 HAL_UART_Receive_IT()每次接收的数据长度限定为 1 字节，然后对这个字节数据进行判断。如果是指令的起始符“#”，就开始存储后续接收到的数据；如果是指令结束符“;”，就对接收的指令进行一次解析和执行。这种方式适用于不定长度字符串的接收，这也是一般的串口通信协议都有起始符和结束符的原因。

对这个改进方法进行测试，因为 CubeMX 项目无须任何修改，所以将项目 Demo12_1CH340 复制为项目 Demo12_2VaryLen，复制项目的操作方法见附录 B。

在 CubeIDE 里打开项目 Demo12_2VaryLen 后，我们在 main()函数中只需修改 LCD 提示信息的第 1 行，也就是修改项目名称信息，所以主程序的代码不再显示。RTC 周期唤醒中断回调函数的代码也无须修改。

重点是修改文件 usart.h 和 usart.c 中的代码。在文件 usart.h 中，我们只需将宏定义常量 RX_CMD_LEN 的值定义为 1。这个常量用于控制函数 HAL_UART_Receive_IT()每次接收数据的长度，修改为 1 则每次只接收 1 字节的数据。

```
#define  RX_CMD_LEN  1        //函数 HAL_UART_Receive_IT()一次接收数据的字节长度
```

在文件 usart.c 中，我们只需修改函数 HAL_UART_RxCpltCallback()和 on_UART_IDLE()的代码，并增加一个变量定义 rxBufPos 和一个宏定义 PRO_CMD_LEN。函数 updateRTCTime()与示例 Demo12_1CH340 中的完全相同，故不再展示。

```
/* 文件：usart.c ------------------------------------------------------------*/
#include  "usart.h"
/* USER CODE BEGIN 0 */
#include  "rtc.h"
#include  "tftlcd.h"
#include  <string.h>                   //用到函数 strlen()

#define  PRO_CMD_LEN       5           //指令长度，新增定义
uint8_t  rxBufPos=0;                   //缓冲区存储位置，新增定义

uint8_t  proBuffer[10]="#S45;\n";      //用于处理的缓冲区
uint8_t  rxBuffer[10];                 //接收缓冲区
uint8_t  rxCompleted=RESET;            //HAL_UART_Receive_IT()接收是否完成
uint8_t  isUploadTime=1;               //是否上传时间数据
/* USER CODE END 0 */
UART_HandleTypeDef  huart1;            //USART1 外设对象变量

/* USER CODE BEGIN 1 */
/*  接收完成中断回调函数  */
void HAL_UART_RxCpltCallback(UART_HandleTypeDef *huart)
{
     if (huart->Instance == USART1)
     {
          rxCompleted=SET;    //接收完成
         __HAL_UART_ENABLE_IT(huart, UART_IT_IDLE);        //开启 IDLE 事件中断
     }
}

/*  检测 IDLE 事件中断并处理  */
void on_UART_IDLE(UART_HandleTypeDef *huart)
{
//注意，这里不能使用函数__HAL_UART_GET_FLAG()判断中断标志位
     if(__HAL_UART_GET_IT_SOURCE(huart,UART_IT_IDLE) == RESET)//判断 IDLE 中断是否被开启
          return;

     __HAL_UART_CLEAR_IDLEFLAG(huart);   //清除 IDLE 中断标志
     __HAL_UART_DISABLE_IT(huart, UART_IT_IDLE);    //禁止 IDLE 事件中断
     if (rxCompleted)                    //接收到了 1 字节
     {
          uint8_t  ch=rxBuffer[0];
          if (ch=='#')                   //起始符
                rxBufPos=0;              //存储位置复位

          if (rxBufPos<PRO_CMD_LEN)      //PRO_CMD_LEN=5
          {
                proBuffer[rxBufPos]=ch;     //存储到处理指令缓冲区
                rxBufPos++;
                if (ch==';')                //如果是结束符，需要处理指令
                {
                     HAL_UART_Transmit(huart,proBuffer,strlen(proBuffer),200);
                     HAL_Delay(10);
```

```
                    updateRTCTime();          //处理指令
                    LCD_ShowStr(30,170, (uint8_t *)proBuffer);
                }
            }
            rxCompleted = RESET;
            HAL_UART_Receive_IT(huart, rxBuffer,RX_CMD_LEN);    //再次接收
        }
}
/* USER CODE END 1 */
```

可以看到，程序中新增了一个宏定义 PRO_CMD_LEN，其值为 5，即表示一条指令的长度是 5 字符；还新增了一个变量 rxBufPos，用于表示缓冲区 proBuffer 的当前存储位置。

RX_CMD_LEN 的值为 1，调用 HAL_UART_Receive_IT()以中断方式接收数据时，长度设置为 RX_CMD_LEN，这样每收到一个字符，就会执行一次回调函数 HAL_UART_RxCpltCallback()，这个函数里开启 IDLE 事件中断后，就会执行 on_UART_IDLE()。

函数 on_UART_IDLE()的功能是对接收到的一个字符 ch 进行判断和处理。如果是起始符#，就将 rxBufPos 设置为 0；如果 rxBufPos 小于 5，就将 ch 存入缓冲区 proBuffer，并且使 rxBufPos 加 1；如果 ch 是指令结束符“;”，就调用函数 updateRTCTime()对指令进行解析和处理。

有一点需要注意，on_UART_IDLE()中第一个判断语句中的函数__HAL_UART_GET_IT_SOURCE()不能替换为__HAL_UART_GET_FLAG()。因为上位机连续发送 5 字节，MCU 串口接收到 1 字节后就开启了 IDLE 事件中断，但是因为后续有连续的数据接收，所以 IDLE 事件的中断标志位并不会立刻置位，而是在接收完 5 字节后才置位。如果使用__HAL_UART_GET_FLAG()判断 IDLE 事件中断的中断标志位，就无法及时处理了。

构建项目后，我们将其下载后测试这个示例，发现它能实现与示例 Demo12_1CH340 完全相同的功能。在发送一条错误的指令时，例如，发送“#H015;”时，MCU 不响应，但是不会影响下一条指令的接收和处理。

对于函数 HAL_UART_Receive_IT()不能连续重复接收的问题，以及对示例 Demo12_1CH340 的改进，有一个更好、更简单的处理方法，就是使用 DMA 方式传输。我们将在第 13 章介绍 DMA 原理，以及基于 DMA 对示例 Demo12_1CH340 的改进。

第 13 章　DMA

直接存储器访问（Direct Memory Access，DMA）是实现存储器与外设、存储器与存储器之间高效数据传输的方法。DMA 数据传输无须 CPU 操作，是一种硬件化的高速数据传输，可减少 CPU 的负载。在需要进行大量或高速数据传输时，DMA 传输方式特别有用，例如，在 ADC 数据采集中就经常使用 DMA。STM32 MCU 的各种外设基本都具有 DMA 传输功能。在本章中，我们将介绍 DMA 的原理和功能，并结合 UART 的 DMA 数据传输的实现介绍 DMA 的具体使用。

13.1　DMA 功能概述

13.1.1　DMA 简介

STM32F407 有两个 DMA 控制器，即 DMA1 和 DMA2。一个 DMA 控制器的框图如图 13-1 所示。在此图中有一些具体的对象和概念需要搞清楚。

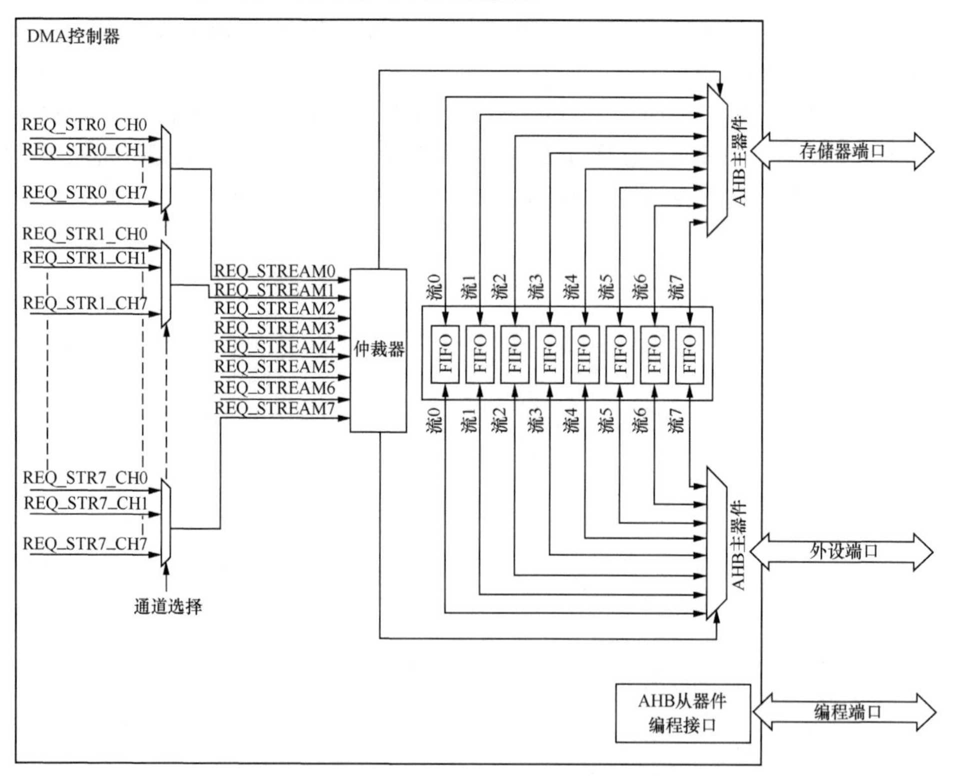

图 13-1　一个 DMA 控制器的框图

（1）DMA 控制器。DMA 控制器是管理 DMA 的硬件资源，实现 DMA 数据传输的控制器，是一个硬件模块。MCU 上有两个 DMA 控制器，即 DMA1 和 DMA2。这两个 DMA 控制器的基本结构和功能相同，但是 DMA2 具有存储器到存储器的传输方式，而 DMA1 没有这种方式。所以，在第 19 章介绍用 DMA 方式读写外部 SRAM 时，只能使用 DMA2 控制器。

（2）DMA 流。DMA 流就是能进行 DMA 数据传输的链路，是一个硬件结构，所以每个 DMA 流有独立的中断地址（见表 7-2），具有多个中断事件源，如传输半完成中断事件、传输完成中断事件等。每个 DMA 控制器有 8 个 DMA 流，每个 DMA 流有独立的 4 级 32 位 FIFO 缓冲区。

DMA 流有很多参数，这些参数的配置决定了 DMA 传输属性。我们将在 13.1.2 节详细介绍 DMA 流的这些参数的意义。

（3）DMA 请求。DMA 请求就是外设或存储器发起的 DMA 传输需求，又称为 DMA 通道。一个 DMA 流最多有 8 个可选的 DMA 请求，一个 DMA 请求一般有两个可选的 DMA 流。

（4）仲裁器。DMA 控制器中有一个仲裁器，仲裁器为两个 AHB 主端口（存储器和外设端口）提供基于优先级别的 DMA 请求管理。每个 DMA 流有一个可设置的软件优先级别，如果两个 DMA 流的软件优先级别相同，则流编号更小的优先级别更高。流编号就是 DMA 流的硬件优先级别。

13.1.2 DMA 传输属性

一个 DMA 流配置一个 DMA 请求后，就构成一个单方向的 DMA 数据传输链路，DMA 传输属性就由 DMA 流的参数配置决定。DMA 传输有如下一些属性。

- DMA 流和通道。一个 DMA 流需要选择一个通道后，才能组成一个 DMA 传输链路，通道就是外设或存储器的 DMA 请求。
- DMA 流的优先级别。需要为 DMA 流设置软件优先级别。
- 源地址和目标地址。DMA 传输是单方向的，需要设置 DMA 传输的源地址和目标地址。
- 源和目标的数据宽度，即单个数据点的大小，有字节、半字和字。
- 传输数据量的大小。一次 DMA 传输的数据缓冲区大小。
- 源地址和目标地址指针是否自增加。
- DMA 工作模式，即正常（Normal）模式或循环（Circular）模式。
- DMA 传输模式。根据源和目标的特性所确定的数据传输方向，DMA 传输模式包括外设到存储器、存储器到外设以及存储器到存储器。
- 是否使用 FIFO，以及使用 FIFO 时的阈值（Threshold）。
- 是否使用突发传输，以及源和目标突发传输数据量大小。
- 是否使用双缓冲区模式。
- 流量控制。

一个 DMA 传输链路的主要硬件是 DMA 流，DMA 传输属性的设置就是 DMA 流的参数配置。下面是部分参数的详细解释，读者在这里如不能理解，在后面的示例中，结合 CubeMX 里 UART 的 DMA 设置以及生成的源代码，可以更好地理解这些参数的作用。

1. 源地址和目标地址

在 32 位的 STM32 MCU 中，所有寄存器、外设和存储器是在 4GB 范围内统一编址的，地址范围为 0x00000000 至 0xFFFFFFFF。每个外设都有自己的地址，外设的地址就是外设的寄存器基址。DMA 传输由源地址和目标地址决定，也就是整个 4GB 范围内可寻址的外设和存储器。

2. DMA 传输模式

根据设置的 DMA 源和目标地址以及 DMA 请求的特性，DMA 数据传输有如下 3 种传输模式，也就是数据传输方向。

- 外设到存储器（Peripheral To Memory），例如，ADC 采集的数据存入内存中的缓冲区。
- 存储器到外设（Memory To Peripheral），例如，通过 UART 接口发出内存中的数据。
- 存储器到存储器（Memory To Memory），例如，将外部 SRAM 中的数据复制到内存中，只有 DMA2 控制器有这种传输模式。

3. 传输数据量的大小

默认情况下，使用 DMA 作为流量控制器，需要设置传输数据量的大小，也就是从源到目标传输的数据总量。实际使用时，传输数据量的大小就是一个 DMA 传输数据缓冲区的大小。

4. 数据宽度

数据宽度（Data Width）是源和目标传输的基本数据单元的大小，有字节（Byte）、半字（Half Word）和字（Word）3 种大小。

源和目标的数据宽度是需要单独设置的。一般情况下，源和目标的数据宽度是一样的。例如，USART1 使用 DMA 方式发送数据，传输方向是存储器到外设，因为 USART1 发送数据的基本单元是字节，所以存储器和外设的数据宽度都应该设置为字节。

5. 地址指针递增

可以设置在每次传输后，将外设或存储器的地址指针递增，或保持不变，如图 13-2 所示。

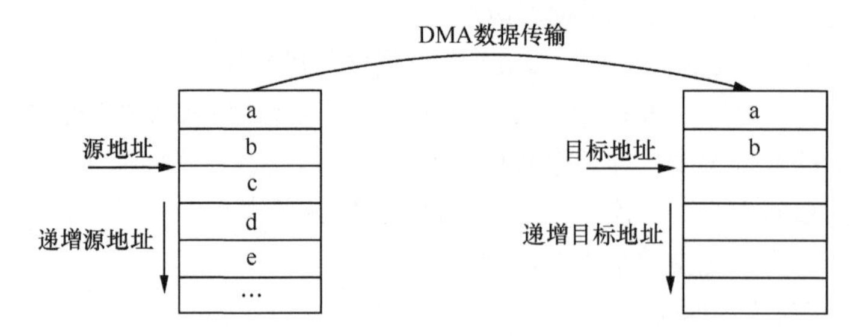

图 13-2　DMA 传输源地址和目标地址递增示意图

通过单个寄存器访问外设源或目标数据时，应该禁止递增，但是在某些情况下，使地址递增可以提高传输效率。例如，将 ADC 转换的数据以 DMA 方式存入内存时，可以使存储器的地址递增，这样每次传输的数据自动存入新的地址。外设和存储器的地址递增量的大小就是其各自的数据宽度。

6. DMA 工作模式

DMA 配置中要设置传输数据量大小，也就是 DMA 发送或接收的数据缓冲区的大小。根据是否自动重复传输缓冲区的数据，DMA 工作模式分为正常模式和循环模式两种。

（1）正常（Normal）模式是指传输完一个缓冲区的数据后，DMA 传输就停止了，若需要再传输一次缓冲区的数据，就需要再启动一次 DMA 传输。例如，在正常模式下，执行函数 HAL_UART_Receive_DMA()接收固定长度的数据，接收完成后就不再继续接收了，这与中断方式接收函数 HAL_UART_Receive_IT()类似。

（2）循环（Circular）模式是指启动一个缓冲区的数据传输后，会循环执行这个 DMA 数据传输任务。例如，在循环模式下，只需执行一次 HAL_UART_Receive_DMA()，就可以连续重复地进行串口数据的 DMA 接收，接收满一个缓冲区的数据后，产生 DMA 传输完成事件中断。这可以很好地解决串口输入连续监测的问题，使程序结构简化。本章的示例程序就会使用此功能。

7. DMA 流的优先级别

每个 DMA 流都有一个可设置的软件优先级别（Priority level），优先级别有 4 种：Very high（非常高）、High（高）、Medium（中等）和 Low（低）。如果两个 DMA 流的软件优先级别相同，则流编号更小的优先级别更高。流编号就是 DMA 流的硬件优先级。

DMA 控制器中的仲裁器基于 DMA 流的优先级别进行 DMA 请求管理。

要区分 DMA 流中断优先级和 DMA 流优先级别这两个概念。DMA 流中断优先级是 NVIC 管理的中断系统里的优先级，而 DMA 流优先级别是 DMA 控制器里管理 DMA 请求用到的优先级。

8. FIFO 或直接模式

每个 DMA 流有 4 级 32 位 FIFO 缓冲区，DMA 传输具有 FIFO 模式或直接模式。

不使用 FIFO 时就是直接模式，直接模式就是发出 DMA 请求时，立即启动数据传输。如果是存储器到外设的 DMA 传输，DMA 会预先取数据放在 FIFO 里，发出 DMA 请求时，立即将数据发送出去。

使用 FIFO 缓冲区时就是 FIFO 模式。可通过软件将阈值设置为 FIFO 的 1/4、1/2、3/4 或 1 倍大小。FIFO 中存储的数据量达到阈值时，FIFO 中的数据就传输到目标中。

当 DMA 传输的源和目标的数据宽度不同时，FIFO 非常有用。例如，源输出的数据是字节数据流，而目标要求 32 位的字数据，这时，可以设置 FIFO 阈值为 1 倍，这样就可以自动将 4 字节数据组合成 32 位字数据。

9. 单次传输或突发传输

单次（Single）传输就是正常的传输方式，在直接模式下（就是不使用 FIFO 时），只能是单次传输。

要使用突发（Burst）传输，必须使用 FIFO 模式，可以设置为 4 个、8 个或 16 个节拍的增量突发传输。这里的节拍数并不是字节数。每个节拍输出的数据大小还与地址递增量大小有关，每个节拍输出字节、半字或字。

为确保数据一致性，形成突发的每一组传输都不可分割。在突发传输序列期间，AHB 传输会锁定，并且 AHB 总线矩阵的仲裁器不解除对 DMA 主总线的授权。

10. 双缓冲区模式

用户可以为 DMA 传输启用双缓冲区模式，并自动激活循环模式。双缓冲区模式就是设置两个存储器指针，在每次一个缓冲区传输完成后交换存储器指针，DMA 流的工作方式与常规单缓冲区一样。

在双缓冲区模式下，每次传输完一个缓冲区时，DMA 控制器都从一个存储器目标切换到另一个存储器目标。这种模式在 ADC 数据采集时非常有用，例如，为 ADC 的 DMA 传输设置两个缓冲区，即 Buffer1 和 Buffer2。DMA 交替使用这两个缓冲区存储数据，当 DMA 使用 Buffer1 时，程序就可以对已保存在 Buffer2 中的数据进行处理；DMA 完成一个缓冲区的传输，切换使用 Buffer2 时，程序又可以对 Buffer1 中的数据进行处理，如此交替往复。

13.2 DMA 的 HAL 驱动程序

13.2.1 DMA 的 HAL 函数概述

DMA 的 HAL 驱动程序头文件是 stm32f4xx_hal_dma.h 和 stm32f4xx_hal_dma_ex.h，主要驱动函数如表 13-1 所示。

表 13-1 DMA 的 HAL 驱动函数

分组	函数名	功能描述
初始化	HAL_DMA_Init()	DMA 传输初始化配置
轮询方式	HAL_DMA_Start()	启动 DMA 传输，不开启 DMA 中断
	HAL_DMA_PollForTransfer()	轮询方式等待 DMA 传输结束，可设置一个超时等待时间
	HAL_DMA_Abort()	中止以轮询方式启动的 DMA 传输
中断方式	HAL_DMA_Start_IT()	启动 DMA 传输，开启 DMA 中断
	HAL_DMA_Abort_IT()	中止以中断方式启动的 DMA 传输
	HAL_DMA_GetState()	获取 DMA 当前状态
	HAL_DMA_IRQHandler()	DMA 中断 ISR 里调用的通用处理函数
双缓冲区模式	HAL_DMAEx_MultiBufferStart()	启动双缓冲区 DMA 传输，不开启 DMA 中断
	HAL_DMAEx_MultiBufferStart_IT()	启动双缓冲区 DMA 传输，开启 DMA 中断
	HAL_DMAEx_ChangeMemory()	传输过程中改变缓冲区地址

DMA 是 MCU 上的一种比较特殊的硬件，它需要与其他外设结合起来使用，不能单独使用。一个外设要使用 DMA 传输数据，必须先用函数 HAL_DMA_Init()进行 DMA 初始化配置，设置 DMA 流和通道、传输方向、工作模式（循环或正常）、源和目标数据宽度、DMA 流优先级别等参数，然后才可以使用外设的 DMA 传输函数进行 DMA 方式的数据传输。

DMA 传输有轮询方式和中断方式。如果以轮询方式启动 DMA 数据传输，则需要调用函数 HAL_DMA_PollForTransfer()查询，并等待 DMA 传输结束。如果以中断方式启动 DMA 数据传输，则传输过程中 DMA 流会产生传输完成事件中断。每个 DMA 流都有独立的中断地址，使用中断方式的 DMA 数据传输更方便，所以在实际使用 DMA 时，一般是以中断方式启动 DMA 传输。

DMA 传输还有双缓冲区模式，可用于一些高速实时处理的场合。例如，ADC 的 DMA 传输方向是从外设到存储器的，存储器一端可以设置两个缓冲区，在高速 ADC 采集时，可以交替使用两个数据缓冲区，一个用于接收 ADC 的数据，另一个用于实时处理。

13.2.2 DMA 传输初始化配置

函数 HAL_DMA_Init()用于 DMA 传输初始化配置，其原型定义如下：

```
HAL_StatusTypeDef HAL_DMA_Init(DMA_HandleTypeDef *hdma);
```

其中，hdma 是 DMA_HandleTypeDef 结构体类型指针。结构体 DMA_HandleTypeDef 的完

整定义如下，各成员变量的意义见注释：

```
typedef struct __DMA_HandleTypeDef
{
    DMA_Stream_TypeDef          *Instance;   //DMA 流寄存器基址，用于指定一个 DMA 流
    DMA_InitTypeDef             Init;        //DMA 传输的各种配置参数
    HAL_LockTypeDef             Lock;        //DMA 锁定状态
    __IO HAL_DMA_StateTypeDef   State        //DMA 传输状态
    void       *Parent;                      //父对象，即关联的外设对象

/*  DMA 传输完成事件中断的回调函数指针  */
    void  (* XferCpltCallback)( struct __DMA_HandleTypeDef * hdma);
/*  DMA 传输半完成事件中断的回调函数指针  */
    void  (* XferHalfCpltCallback)( struct __DMA_HandleTypeDef * hdma);
/*  DMA 传输完成 Memory1 回调函数指针  */
    void  (* XferM1CpltCallback)( struct __DMA_HandleTypeDef * hdma);
/*  DMA 传输半完成 Memory1 回调函数指针  */
    void  (* XferM1HalfCpltCallback)( struct __DMA_HandleTypeDef * hdma);
/*  DMA 传输错误事件中断的回调函数指针  */
    void  (* XferErrorCallback)( struct __DMA_HandleTypeDef * hdma);
/*  DMA 传输中止回调函数指针  */
    void  (* XferAbortCallback)( struct __DMA_HandleTypeDef * hdma);

    __IO uint32_t       ErrorCode;           //DMA 错误码
    uint32_t            StreamBaseAddress;   //DMA 流基址
    uint32_t            StreamIndex;         //DMA 流索引号
}DMA_HandleTypeDef;
```

结构体 DMA_HandleTypeDef 的成员指针变量 Instance 要指向一个 DMA 流的寄存器基址。其成员变量 Init 是结构体类型 DMA_InitTypeDef，它存储了 13.1.2 节介绍的 DMA 传输的各种属性参数。结构体 DMA_HandleTypeDef 还定义了多个用于 DMA 事件中断处理的回调函数指针。

存储 DMA 传输属性参数的结构体 DMA_InitTypeDef 的完整定义如下，各成员变量的意义见注释：

```
typedef struct
{
    uint32_t Channel;                  //DMA 通道，也就是外设的 DMA 请求
    uint32_t Direction;                //DMA 传输方向
    uint32_t PeriphInc;                //外设地址指针是否自增
    uint32_t MemInc;                   //存储器地址指针是否自增
    uint32_t PeriphDataAlignment;      //外设数据宽度
    uint32_t MemDataAlignment;         //存储器数据宽度
    uint32_t Mode;                     //传输模式，即循环模式或正常模式
    uint32_t Priority;                 //DMA 流的软件优先级别
    uint32_t FIFOMode;                 //FIFO 模式，是否使用 FIFO
    uint32_t FIFOThreshold;            //FIFO 阈值，1/4、1/2、3/4 或 1
    uint32_t MemBurst;                 //存储器突发传输数据量
    uint32_t PeriphBurst;              //外设突发传输数据量
}DMA_InitTypeDef;
```

结构体 DMA_InitTypeDef 的很多成员变量的取值是宏定义常量，具体的取值和意义在后面示例里通过 CubeMX 的设置和生成的代码来解释。

在 CubeMX 中为外设进行 DMA 配置后，在生成的代码里会有一个 DMA_HandleTypeDef 结构体类型变量。例如，为 USART1 的 DMA 请求 USART1_RX 配置 DMA 后，在生成的文件 usart.c 中有如下的变量定义，称之为 DMA 流对象变量：

```
DMA_HandleTypeDef   hdma_usart1_rx;          //DMA 流对象变量
```

在 USART1 的外设初始化函数里，程序会为变量 hdma_usart1_rx 赋值（hdma_usart1_rx.Instance 指向一个具体的 DMA 流的寄存器基址，hdma_usart1_rx.Init 的各成员变量设置 DMA 传输的各个属性参数）；然后执行 HAL_DMA_Init(&hdma_usart1_rx)进行 DMA 传输初始化配置。

变量 hdma_usart1_rx 的基地址指针 Instance 指向一个 DMA 流的寄存器基址，它还包含 DMA 传输的各种属性参数，以及用于 DMA 事件中断处理的回调函数指针。所以，我们将用结构体 DMA_HandleTypeDef 定义的变量称为 DMA 流对象变量。

13.2.3 启动 DMA 数据传输

在完成 DMA 传输初始化配置后，我们就可以启动 DMA 数据传输了。DMA 数据传输有轮询方式和中断方式。每个 DMA 流都有独立的中断地址，有传输完成中断事件，使用中断方式的 DMA 数据传输更方便。函数 HAL_DMA_Start_IT()以中断方式启动 DMA 数据传输，其原型定义如下：

```
    HAL_StatusTypeDef HAL_DMA_Start_IT(DMA_HandleTypeDef *hdma, uint32_t SrcAddress,
uint32_t DstAddress, uint32_t DataLength)
```

其中，hdma 是 DMA 流对象指针，SrcAddress 是源地址，DstAddress 是目标地址，DataLength 是需要传输的数据长度。

在使用具体外设进行 DMA 数据传输时，一般无须直接调用函数 HAL_DMA_Start_IT()启动 DMA 数据传输，而是由外设的 DMA 传输函数内部调用函数 HAL_DMA_Start_IT()启动 DMA 数据传输。

例如，我们在第 12 章介绍 UART 接口时就提到，串口传输数据除了有阻塞方式和中断方式外，还有 DMA 方式。串口以 DMA 方式发送数据和接收数据的两个函数的原型定义如下：

```
    HAL_StatusTypeDef HAL_UART_Transmit_DMA(UART_HandleTypeDef *huart, uint8_t *pData,
 uint16_t Size)
    HAL_StatusTypeDef HAL_UART_Receive_DMA(UART_HandleTypeDef *huart, uint8_t *pData,
uint16_t Size)
```

其中，huart 是串口对象指针；pData 是数据缓冲区指针，缓冲区是 uint8_t 类型数组，因为串口传输数据的基本单位是字节；Size 是缓冲区长度，单位是字节。

USART1 使用 DMA 方式发送一个字符串的示意代码如下：

```
uint8_t   hello1[]="Hello,DMA transmit\n";
HAL_UART_Transmit_DMA(&huart1,hello1,sizeof(hello1));
```

函数 HAL_UART_Transmit_DMA()内部会调用 HAL_DMA_Start_IT()，而且会根据 USART1 关联的 DMA 流对象的参数自动设置函数 HAL_DMA_Start_IT()的输入参数，如源地址、目标地址等。

13.2.4 DMA 的中断

DMA 的中断实际就是 DMA 流的中断。每个 DMA 流有独立的中断号，有对应的 ISR。DMA 中断有多个中断事件源，DMA 中断事件类型的宏定义（也就是中断事件使能控制位的宏定义）如下：

```
#define DMA_IT_TC      ((uint32_t)DMA_SxCR_TCIE)          //DMA 传输完成中断事件
#define DMA_IT_HT      ((uint32_t)DMA_SxCR_HTIE)          //DMA 传输半完成中断事件
#define DMA_IT_TE      ((uint32_t)DMA_SxCR_TEIE)          //DMA 传输错误中断事件
#define DMA_IT_DME     ((uint32_t)DMA_SxCR_DMEIE)         //DMA 直接模式错误中断事件
#define DMA_IT_FE      0x00000080U                        //DMA FIFO 上溢/下溢中断事件
```

对一般的外设来说，一个事件中断可能对应一个回调函数，这个回调函数的名称是 HAL 库固定好了的，例如，UART 的发送完成事件中断对应的回调函数名称是 HAL_UART_TxCpltCallback()。但是在 DMA 的 HAL 驱动程序头文件 stm32f4xx_hal_dma.h 中，并没有定义这样的回调函数，因为 DMA 流是要关联不同外设的，所以它的事件中断回调函数没有固定的函数名，而是采用函数指针的方式指向关联外设的事件中断回调函数。DMA 流对象的结构体 DMA_HandleTypeDef 的定义代码中有这些函数指针。

HAL_DMA_IRQHandler()是 DMA 流中断通用处理函数，在 DMA 流中断的 ISR 里被调用。这个函数的原型定义如下，其中的参数 hdma 是 DMA 流对象指针：

```
void HAL_DMA_IRQHandler(DMA_HandleTypeDef *hdma)
```

通过分析函数 HAL_DMA_IRQHandler()的源代码，我们整理出 DMA 流中断事件与 DMA 流对象（也就是结构体 DMA_HandleTypeDef）的回调函数指针之间的关系，如表 13-2 所示。

表 13-2　DMA 流中断事件与 DMA 流对象的回调函数指针的关系

DMA 流中断事件类型宏	DMA 流中断事件	DMA_HandleTypeDef 结构体中的函数指针
DMA_IT_TC	传输完成中断	XferCpltCallback
DMA_IT_HT	传输半完成中断	XferHalfCpltCallback
DMA_IT_TE	传输错误中断	XferErrorCallback
DMA_IT_FE	FIFO 错误中断	无
DMA_IT_DME	直接模式错误中断	无

在 DMA 传输初始化配置函数 HAL_DMA_Init()中，程序不会为 DMA 流对象的事件中断回调函数指针赋值，一般是在外设以 DMA 方式启动传输时，为这些回调函数指针赋值。例如，对于 UART，执行函数 HAL_UART_Transmit_DMA()启动 DMA 方式发送数据时，就会将串口关联的 DMA 流对象的函数指针 XferCpltCallback 指向 UART 的发送完成事件中断回调函数 HAL_UART_TxCpltCallback()。

UART 以 DMA 方式发送和接收数据时，常用的 DMA 流中断事件与回调函数之间的关系如表 13-3 所示。注意，这里发生的中断是 DMA 流的中断，而不是 UART 的中断，DMA 流只是使用了 UART 的回调函数。特别地，DMA 流有传输半完成中断事件（DMA_IT_HT），而 UART 是没有这种中断事件的，UART 的 HAL 驱动程序中定义的两个回调函数就是为了 DMA 流的传输半完成事件中断调用的。

表 13-3　UART 以 DMA 方式传输数据时 DMA 流中断与回调函数的关系

UART 的 DMA 传输函数	DMA 流中断事件	DMA 流对象的函数指针	DMA 流事件中断关联的具体回调函数
HAL_UART_Transmit_DMA()	DMA_IT_TC	XferCpltCallback	HAL_UART_TxCpltCallback()
	DMA_IT_HT	XferHalfCpltCallback	HAL_UART_TxHalfCpltCallback()
HAL_UART_Receive_DMA()	DMA_IT_TC	XferCpltCallback	HAL_UART_RxCpltCallback()
	DMA_IT_HT	XferHalfCpltCallback	HAL_UART_RxHalfCpltCallback()

在示例里，我们会结合代码详细分析 DMA 的这些工作原理，特别是 DMA 流的中断事件与外设的回调函数之间的关系。

UART 使用 DMA 方式传输数据时，UART 的全局中断需要开启，但是 UART 的接收完成和发送完成中断事件源可以关闭。

13.3 串口的 DMA 传输示例

13.3.1 示例功能与 CubeMX 项目设置

我们将设计一个示例 Demo13_1USART_DMA，使其功能与第 12 章的示例 Demo12_1CH340 相同，但是串口数据传输采用 DMA 方式。因为两个项目的 CubeMX 项目设置和一些程序代码基本相同，所以本项目是从项目 Demo12_1CH340 复制而来的。复制项目的方法见附录 B。

在 CubeMX 里，打开文件 Demo13_1USART_DMA.ioc，保留时钟树、FSMC、RTC、USART1 等原来的设置，只需为 USART1 增加 DMA 设置，设置界面如图 13-3 所示。支持 DMA 的外设和存储器的配置界面都有一个 DMA Settings 页面。

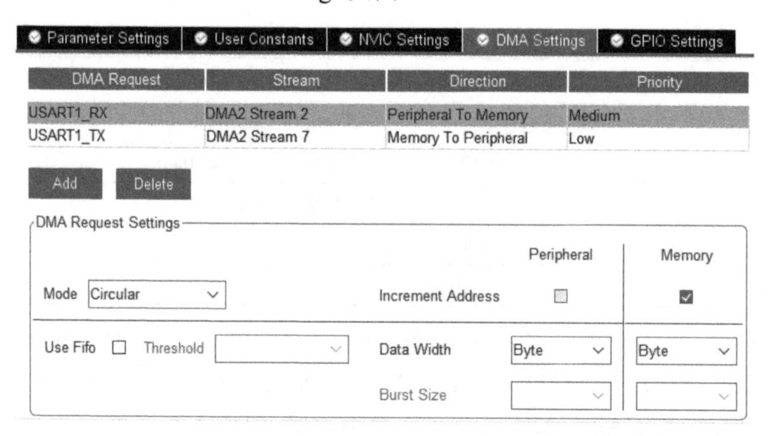

图 13-3 DMA 请求 USART1_RX 的 DMA 设置

图 13-3 的表格里是配置的 DMA 流对象。一个 DMA 流对象包含一个 DMA 请求和一个 DMA 流，以及 DMA 传输属性的各种配置参数。DMA 数据传输是单方向的，USART1 有 USART1_RX 和 USART1_TX 两个 DMA 请求，需要分别配置 DMA 流对象。表格下方的 Add 和 Delete 按钮可用于添加和删除 DMA 流对象。表格中每个 DMA 流对象有 4 列参数需要配置。

- DMA Request：外设或存储器的 DMA 请求，也就是通道。USART1 有 USART1_RX（接收）和 USART1_TX（发送）两个 DMA 请求。
- Stream：DMA 流。每个 DMA 请求可用的 DMA 流会自动列出，选择一个即可。
- Direction：传输方向。也就是 DMA 传输模式，会根据 DMA 请求的特性列出可选项。USART1_RX 是 USART1 的 DMA 数据输入请求，是将 USART1 接收的数据存入缓冲区，所以方向是 Peripheral To Memory（外设到存储器）；USART1_TX 是 USART1 的 DMA 数据输出请求，是将缓冲区的数据用 USART1 输出，所以方向是 Memory to Peripheral（存储器到外设）。
- Priority：优先级别。DMA 流的软件优先级别有 Low、Medium、High、Very High 这 4 个选项。

在表格中选择一个 DMA 流对象后，在下方的面板上还可以设置 DMA 传输的更多参数。主要的参数包括以下几项。

- Mode：DMA 工作模式。可选 Normal 或 Circular。USART1_RX 的 DMA 工作模式选择为 Circular，这样串口就可以自动重复接收数据；USART1_TX 的 DMA 工作模式选择为 Normal，发送完一个缓冲区的数据后就停止（见图 13-4）。

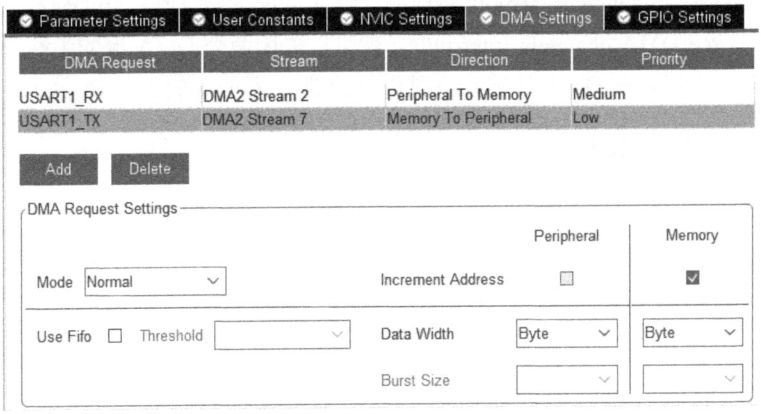

图 13-4　DMA 请求 USART1_TX 的 DMA 设置

- Use Fifo：是否使用 FIFO。如果使用 FIFO，还需设置 FIFO 阈值（Threshold）。在使用 FIFO 时还可以使用突发传输，需要设置突发传输的增量节拍数。本示例不使用 FIFO。
- Data Width：数据宽度。外设和存储器需要单独设置数据宽度，数据宽度选项有 Byte、Half Word 和 Word。串口传输数据的基本单位是字节，缓冲区的基本单位也是字节。
- Increment Address：地址自增。这是指 DMA 传输一个基本数据单位后，外设或存储器的地址是否自动增加，地址增量的大小就等于数据宽度。例如，图 13-3 是 USART1_RX 的 DMA 设置，串口的地址是固定的，用于存储接收数据的缓冲区在每接收 1 字节后，存储器的地址指针应该自动移动 1 字节。所以，Memory 使用地址自增，而 Peripheral 不使用地址自增。

为 DMA 请求配置 DMA 流之后，用到的 DMA 流的中断会自动打开。要对 DMA 流的中断进行响应和处理，就必须开启 USART1 的全局中断。在 NVIC 组件里设置中断的优先级，如图 13-5 所示。将 USART1 和两个 DMA 流的中断抢占优先级都设置为 1，因为在它们的中断处理函数里会用到函数 HAL_Delay()。

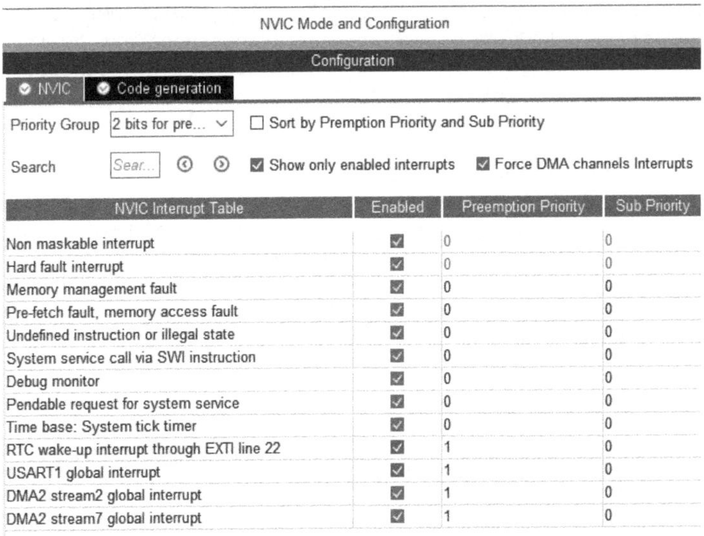

NVIC Interrupt Table	Enabled	Preemption Priority	Sub Priority
Non maskable interrupt	☑	0	0
Hard fault interrupt	☑	0	0
Memory management fault	☑	0	0
Pre-fetch fault, memory access fault	☑	0	0
Undefined instruction or illegal state	☑	0	0
System service call via SWI instruction	☑	0	0
Debug monitor	☑	0	0
Pendable request for system service	☑	0	0
Time base: System tick timer	☑	0	0
RTC wake-up interrupt through EXTI line 22	☑	1	0
USART1 global interrupt	☑	1	0
DMA2 stream2 global interrupt	☑	1	0
DMA2 stream7 global interrupt	☑	1	0

图 13-5　中断优先级设置

在图 13-5 中，两个 DMA 流的中断不能关闭，其 Enabled 复选框是灰色的，这是因为勾选了上方的 Force DMA channels Interrupts 复选框，默认情况下是强制打开 DMA 流中断的。如果不勾选复选框 Force DMA channels Interrupts，就可以关闭两个 DMA 流的中断。如果外设使用 DMA 传输，但是不需要在 DMA 传输完成时进行处理，就可以关闭 DMA 流的中断。

13.3.2 程序功能实现

1. 主程序

在 CubeMX 里完成设置后，我们生成 CubeIDE 项目代码，由于是复制过来的项目，只需在原来代码基础上进行一些修改。完成后的主程序代码如下：

```
/* 文件：main.c ---------------------------------------------------------------*/
#include "main.h"
#include "dma.h"
#include "rtc.h"
#include "usart.h"
#include "gpio.h"
#include "fsmc.h"
/* USER CODE BEGIN Includes */
#include "tftlcd.h"
/* USER CODE END Includes */

int main(void)
{
	HAL_Init();
	SystemClock_Config();
	/* Initialize all configured peripherals */
	MX_GPIO_Init();
	MX_DMA_Init();                  //DMA 初始化，只是开启 DMA 控制器时钟和设置 DMA 流的中断
	MX_FSMC_Init();
	MX_RTC_Init();
	MX_USART1_UART_Init();          //USART1 初始化，包括 DMA 流对象的初始化配置

	/* USER CODE BEGIN 2 */
	TFTLCD_Init();
	LCD_ShowStr(10,10, (uint8_t *)"Demo13_1:USART1 with DMA");
	LCD_ShowStr(10,LCD_CurY+30, (uint8_t *)"Please connect board with PC ");
	LCD_ShowStr(10,LCD_CurY+20, (uint8_t *)"via MicroUSB line before power on");
	LCD_ShowStr(10,140, (uint8_t *)"Received command string is:");
	LcdFRONT_COLOR=lcdColor_WHITE;

	//需要打开 UART 的全局中断，但是可以关闭中断事件
	__HAL_UART_DISABLE_IT(&huart1, UART_IT_TC);     //关闭 USART1 的发送完成事件中断
	__HAL_UART_DISABLE_IT(&huart1, UART_IT_RXNE);   //关闭 USART1 的接收完成事件中断
	uint8_t  hello1[]="Hello,DMA transmit\n";
	HAL_UART_Transmit_DMA(&huart1,hello1,sizeof(hello1));  //DMA 方式发送
	HAL_UART_Receive_DMA(&huart1, rxBuffer,RX_CMD_LEN);    //DMA 方式循环接收
	/* USER CODE END 2 */

	/* Infinite loop */
	while (1)
	{
	}
}
```

在外设初始化部分，函数 MX_DMA_Init()用于 DMA 初始化，在文件 dma.h 中定义，主要

功能是开启 DMA2 控制器时钟，设置两个 DMA 流的中断优先级；函数 MX_USART1_UART_Init()用于 USART1 初始化，还包括两个 DMA 流的初始化配置。

在添加的用户代码中，禁用了 USART1 的 UART_IT_TC 和 UART_IT_RXNE 中断事件。禁用这两个中断事件是为了在后面说明 DMA 方式的 UART 发送和接收数据的程序原理，不禁用这两个中断也不影响程序的运行效果。

完成各项设置后，USART1 以 DMA 方式向上位机发送了一个字符串，代码如下：

```
uint8_t  hello1[]="Hello,DMA transmit\n";
HAL_UART_Transmit_DMA(&huart1,hello1,sizeof(hello1));
```

因为设置 USART1_TX 的 DMA 模式为正常模式，所以只会发送一次。在进入 while 循环之前，让串口以 DMA 方式接收数据，即

```
HAL_UART_Receive_DMA(&huart1, rxBuffer, RX_CMD_LEN);
```

因为设置 USART1_RX 的 DMA 工作模式为循环模式，所以完成一次接收后，会自动进行下一次的接收，这样就实现了对串口输入数据的连续监听。注意，函数 HAL_UART_Receive_DMA()也是一次接收固定长度的数据。

2. DMA 初始化

函数 MX_DMA_Init()用于 DMA 初始化，在文件 dma.h 中定义。文件 dma.c 的代码如下，程序只是开启了 DMA2 控制器时钟，设置了两个 DMA 流的中断优先级，并开启两个 DMA 流的中断。

```
/* 文件：dma.c    ----------------------------------------------------------------*/
#include "dma.h"

void MX_DMA_Init(void)
{
	__HAL_RCC_DMA2_CLK_ENABLE();      //DMA2 控制器时钟使能
	/* DMA2_Stream2_IRQn 中断配置 */
	HAL_NVIC_SetPriority(DMA2_Stream2_IRQn, 1, 0);
	HAL_NVIC_EnableIRQ(DMA2_Stream2_IRQn);

	/* DMA2_Stream7_IRQn 中断配置 */
	HAL_NVIC_SetPriority(DMA2_Stream7_IRQn, 1, 0);
	HAL_NVIC_EnableIRQ(DMA2_Stream7_IRQn);
}
```

在 STM32F4 的 NVIC 系统中，每个 DMA 流有一个独立的中断号。DMA 流的中断号和 ISR 名称见表 7-2。

3. USART1 初始化

函数 MX_USART1_UART_Init()用于 USART1 初始化，在文件 usart.h 中定义。USART1 初始化的相关代码如下：

```
/* 文件：usart.c ----------------------------------------------------------*/
#include "usart.h"

UART_HandleTypeDef  huart1;            //USART1 外设对象变量
DMA_HandleTypeDef  hdma_usart1_rx;     //DMA 请求 USART1_RX 的 DMA 流对象变量
DMA_HandleTypeDef  hdma_usart1_tx;     //DMA 请求 USART1_TX 的 DMA 流对象变量

/* USART1 初始化函数 */
```

```
void MX_USART1_UART_Init(void)
{
     huart1.Instance = USART1;          //基地址 USART1
     huart1.Init.BaudRate = 57600;      //波特率
     huart1.Init.WordLength = UART_WORDLENGTH_8B;     //8 位数据位
     huart1.Init.StopBits = UART_STOPBITS_1;
     huart1.Init.Parity = UART_PARITY_NONE;
     huart1.Init.Mode = UART_MODE_TX_RX;
     huart1.Init.HwFlowCtl = UART_HWCONTROL_NONE;
     huart1.Init.OverSampling = UART_OVERSAMPLING_16;
     if (HAL_UART_Init(&huart1) != HAL_OK)
          Error_Handler();
}

/* 串口初始化 MSP 函数，在函数 HAL_UART_Init()中被调用 */
void HAL_UART_MspInit(UART_HandleTypeDef* uartHandle)
{
     GPIO_InitTypeDef GPIO_InitStruct = {0};
     if(uartHandle->Instance==USART1)
     {
          __HAL_RCC_USART1_CLK_ENABLE();     //USART1 时钟使能
          __HAL_RCC_GPIOA_CLK_ENABLE();

          /**  USART1 GPIO 引脚配置，PA9 --> USART1_TX; PA10--> USART1_RX  */
          GPIO_InitStruct.Pin = GPIO_PIN_9|GPIO_PIN_10;
          GPIO_InitStruct.Mode = GPIO_MODE_AF_PP;
          GPIO_InitStruct.Pull = GPIO_NOPULL;
          GPIO_InitStruct.Speed = GPIO_SPEED_FREQ_VERY_HIGH;
          GPIO_InitStruct.Alternate = GPIO_AF7_USART1;
          HAL_GPIO_Init(GPIOA, &GPIO_InitStruct);

          /*  USART1 DMA 初始化  */
          /*  DMA 请求 USART1_RX 的 DMA 流初始化配置  */
          hdma_usart1_rx.Instance = DMA2_Stream2;                  //DMA 流寄存器基址
          hdma_usart1_rx.Init.Channel = DMA_CHANNEL_4;             //通道，即 DMA 请求
          hdma_usart1_rx.Init.Direction = DMA_PERIPH_TO_MEMORY;//方向，外设到存储器
          hdma_usart1_rx.Init.PeriphInc = DMA_PINC_DISABLE;     //外设地址递增，禁用
          hdma_usart1_rx.Init.MemInc = DMA_MINC_ENABLE;         //存储器地址递增,启用
          hdma_usart1_rx.Init.PeriphDataAlignment = DMA_PDATAALIGN_BYTE;//外设数据宽度
          hdma_usart1_rx.Init.MemDataAlignment = DMA_MDATAALIGN_BYTE; //存储器数据宽度
          hdma_usart1_rx.Init.Mode = DMA_CIRCULAR;                 //DMA 传输模式，循环
          hdma_usart1_rx.Init.Priority = DMA_PRIORITY_MEDIUM;   //DMA 优先级别
          hdma_usart1_rx.Init.FIFOMode = DMA_FIFOMODE_DISABLE; //FIFO 模式，禁用
          if (HAL_DMA_Init(&hdma_usart1_rx) != HAL_OK)
               Error_Handler();
          __HAL_LINKDMA(uartHandle,hdmarx,hdma_usart1_rx);      //DMA 流与外设关联

          /*  DMA 请求 USART1_TX 的 DMA 流初始化配置  */
          hdma_usart1_tx.Instance = DMA2_Stream7;                  //DMA 流寄存器基址
          hdma_usart1_tx.Init.Channel = DMA_CHANNEL_4;             //通道，即 DMA 请求
          hdma_usart1_tx.Init.Direction = DMA_MEMORY_TO_PERIPH;//传输方向,存储器到外设
          hdma_usart1_tx.Init.PeriphInc = DMA_PINC_DISABLE;     //外设地址递增，禁用
          hdma_usart1_tx.Init.MemInc = DMA_MINC_ENABLE;         //存储器地址递增,启用
          hdma_usart1_tx.Init.PeriphDataAlignment = DMA_PDATAALIGN_BYTE;//外设数据宽度
          hdma_usart1_tx.Init.MemDataAlignment = DMA_MDATAALIGN_BYTE; //存储器数据宽度
          hdma_usart1_tx.Init.Mode = DMA_NORMAL;                   //DMA 传输模式，正常
          hdma_usart1_tx.Init.Priority = DMA_PRIORITY_LOW;      //DMA 优先级别
          hdma_usart1_tx.Init.FIFOMode = DMA_FIFOMODE_DISABLE; //FIFO 模式，禁用
          if (HAL_DMA_Init(&hdma_usart1_tx) != HAL_OK)
```

```
            Error_Handler();
        __HAL_LINKDMA(uartHandle,hdmatx,hdma_usart1_tx);    //DMA流与外设关联

        /*  USART1中断初始化  */
        HAL_NVIC_SetPriority(USART1_IRQn, 1, 0);
        HAL_NVIC_EnableIRQ(USART1_IRQn);
    }
}
```

上述代码定义了两个DMA请求关联的DMA流对象变量，即

```
DMA_HandleTypeDef  hdma_usart1_rx;         //DMA请求USART1_RX的DMA流对象变量
DMA_HandleTypeDef  hdma_usart1_tx;         //DMA请求USART1_TX的DMA流对象变量
```

函数HAL_UART_MspInit()是串口的MSP初始化函数，在HAL_UART_Init()中被调用。这个函数进行DMA流的初始化配置。例如，对于DMA流对象变量hdma_usart1_rx，首先有如下赋值语句：

```
hdma_usart1_rx.Instance = DMA2_Stream2;          //DMA流寄存器基址
hdma_usart1_rx.Init.Channel = DMA_CHANNEL_4;     //通道，即DMA请求
```

hdma_usart1_rx.Instance被赋值为DMA2_Stream2，也就是一个DMA流的寄存器基址。所以，变量hdma_usart1_rx表示一个DMA流，这也是称之为流对象变量的原因。

hdma_usart1_rx.Init是结构体类型DMA_InitTypeDef，存储了DMA传输的属性参数。其中，hdma_usart1_rx.Init.Channel就是DMA流的通道选择，也就是外设的DMA请求。这里将其赋值为DMA_CHANNEL_4，就是DMA请求USART1_RX的通道。

程序还对hdma_usart1_rx.Init的其他成员变量赋了值，这些成员变量定义了DMA传输的属性，如DMA传输模式、DMA工作模式、外设和存储器的数据宽度等参数。程序代码与CubeMX里的DMA设置是对应的，大量使用了宏定义常量，可跟踪源代码查看这些宏定义。完成hdma_usart1_rx的赋值后，执行HAL_DMA_Init(&hdma_usart1_tx)进行DMA流的初始化配置。

在完成了DMA流的初始化配置后，执行了下面的一行语句：

```
__HAL_LINKDMA(uartHandle, hdmarx, hdma_usart1_rx);
```

参数uartHandle就是huart1，查看宏函数__HAL_LINKDMA()的代码，这相当于执行了如下的两行语句，即互相设置了关联对象：

```
(&huart1)->hdmarx=&(hdma_usart1_rx);      //串口的hdmarx指向具体的DMA流对象
(hdma_usart1_rx).Parent=(&huart1);        //DMA流对象的Parent指向具体的串口对象
```

使用DMA流对象变量hdma_usart1_tx，完成DMA请求USART1_TX关联的DMA流的初始化之后，同样执行了下面的一行语句：

```
__HAL_LINKDMA(uartHandle, hdmatx, hdma_usart1_tx);
```

参数uartHandle就是huart1，这相当于执行了如下的两行语句，也是互相设置了关联对象：

```
(&huart1)->hdmatx=&(hdma_usart1_tx);      //串口的hdmatx指向具体的DMA流对象
(hdma_usart1_tx).Parent=(&huart1);        //DMA流对象的Parent指向具体的串口对象
```

查看函数MX_USART1_UART_Init()及其相关函数的代码，可知流对象变量hdma_usart1_tx和hdma_usart1_rx的回调函数指针都没有赋值，也就是DMA流传输完成中断事件对应的回调函数指针XferCpltCallback还没有指向具体的函数。

4. DMA 中断处理流程

文件 stm32f4xx_it.c 自动生成了两个 DMA 流的 ISR，如下所示：

```
void DMA2_Stream2_IRQHandler(void)
{
    HAL_DMA_IRQHandler(&hdma_usart1_rx);
}

void DMA2_Stream7_IRQHandler(void)
{
    HAL_DMA_IRQHandler(&hdma_usart1_tx);
}
```

两个 DMA 流的 ISR 里都调用了通用处理函数 HAL_DMA_IRQHandler()，传递了 DMA 流对象指针作为参数。跟踪查看函数 HAL_DMA_IRQHandler()的源代码，当程序判断 DMA 流发生了传输完成事件中断（DMA_IT_TC）时，会执行如下的语句：

```
void HAL_DMA_IRQHandler(DMA_HandleTypeDef *hdma)
{
// ......  省略了前面的代码
    hdma->XferCpltCallback(hdma);
// ......  省略了后面的代码
}
```

其中，hdma 就是 DMA 流对象指针。这行程序就是执行了 hdma 的函数指针 XferCpltCallback 指向的具体函数。分析函数 HAL_DMA_IRQHandler()的代码，可发现 DMA 流的中断事件与 DMA 流对象的函数指针之间的关系，如表 13-2 所示。

但是这个函数指针 XferCpltCallback 是在哪儿被赋值的？具体指向哪个函数呢？再分析源代码，会发现这个函数指针是在函数 HAL_UART_Transmit_DMA()或 HAL_UART_Receive_DMA()里被赋值的。例如，跟踪分析 main()函数里执行的一行代码：

```
HAL_UART_Receive_DMA(&huart1, rxBuffer, RX_CMD_LEN);
```

在函数 HAL_UART_Receive_DMA()的代码里会发现有这样的代码段：

```
HAL_StatusTypeDef HAL_UART_Receive_DMA(UART_HandleTypeDef *huart, uint8_t *pData, 
uint16_t Size)
{
//  ......  省略了前面的代码
    /*  设置 huart->hdmarx 的 DMA 传输完成事件中断回调函数指针  */
    huart->hdmarx->XferCpltCallback = UART_DMAReceiveCplt;

    /*  设置 huart->hdmarx 的 DMA 传输半完成事件中断回调函数指针  */
    huart->hdmarx->XferHalfCpltCallback = UART_DMARxHalfCplt;

    /*  设置 huart->hdmarx 的 DMA 错误事件中断回调函数指针  */
    huart->hdmarx->XferErrorCallback = UART_DMAError;

// ......  省略了后面的代码
}
```

其中，huart->hdmarx 就是用于串口数据接收的 DMA 流对象指针，也就是指向 hdma_usart1_rx。所以，hdma_usart1_rx 的函数指针 XferCpltCallback 指向函数 UART_DMAReceiveCplt()。再查看函数 UART_DMAReceiveCplt()的源代码，它的核心代码如下：

```
static void UART_DMAReceiveCplt(DMA_HandleTypeDef *hdma)
{
```

```
    UART_HandleTypeDef *huart = (UART_HandleTypeDef *)((DMA_HandleTypeDef *)hdma)->
Parent;
  //......省略了中间的代码
    HAL_UART_RxCpltCallback(huart);
  }
```

第一行语句通过 hdma->Parent 获得 DMA 流对象关联的串口对象指针 huart，也就是指向 USART1。后面就是执行了串口的回调函数 HAL_UART_RxCpltCallback()。

所以，对于 DMA 流对象 hdma_usart1_rx，发生 DMA 流传输完成事件中断时，最终执行的是关联的串口 USART1 的回调函数 HAL_UART_RxCpltCallback()。要对 USART1 的 DMA 接收数据完成中断进行处理，只需重新实现回调函数 HAL_UART_RxCpltCallback()即可。

同样，分析代码可以发现：对于 DMA 流对象 hdma_usart1_tx，发生 DMA 流传输完成事件中断时，最终执行的是关联的串口 USART1 的回调函数 HAL_UART_TxCpltCallback()。

所以，当 UART 以 DMA 方式发送或接收数据时，DMA 流的传输完成事件中断的回调函数就是 UART 的回调函数。UART 以 DMA 方式传输数据时，DMA 流的中断事件与回调函数的关系如表 13-3 所示。在 UART 的 HAL 驱动程序中，还有另外两个回调函数 HAL_UART_TxHalfCpltCallback()和 HAL_UART_RxHalfCpltCallback()，这是专门用于 DMA 流传输半完成中断事件（DMA_IT_HT）的回调函数。

其他外设使用 DMA 方式传输数据时，DMA 流的事件中断一般也是使用外设的回调函数。在后面的章节里，我们再介绍某个外设的 DMA 中断与回调函数时，将直接给出与 DMA 流中断事件对应的回调函数名称，而不再给出具体分析过程。理解了本章的分析过程，读者可以自行查看源代码并加以分析。

5. RTC 周期唤醒中断的处理

RTC 周期唤醒中断仍然是读取 RTC 当前时间，并通过串口发送出去。文件 rtc.c 中 RTC 周期唤醒中断回调函数的相关代码如下：

```
/* 文件:rtc.c    ----------------------------------------------------------------*/
#include "rtc.h"
/* USER CODE BEGIN 0 */
#include "tftlcd.h"
#include "usart.h"
#include <stdio.h>          //用到函数 sprintf()
#include <string.h>         //用到函数 strlen()
/* USER CODE END 0 */

RTC_HandleTypeDef hrtc;     //RTC 外设对象变量

/* USER CODE BEGIN 1 */
void HAL_RTCEx_WakeUpTimerEventCallback(RTC_HandleTypeDef *hrtc)
{
     RTC_TimeTypeDef sTime;
     RTC_DateTypeDef sDate;
     if (HAL_RTC_GetTime(hrtc, &sTime,  RTC_FORMAT_BIN) == HAL_OK)
     {
          HAL_RTC_GetDate(hrtc, &sDate,  RTC_FORMAT_BIN);//必须读取日期
          uint8_t  timeStr[20];                         //时间字符串
          sprintf(timeStr,"%2d:%2d:%2d\n",sTime.Hours,sTime.Minutes,sTime.Seconds);
          LCD_ShowStr(30,100, timeStr);                 //在 LCD 上显示当前时间
          if (isUploadTime)
          {
                 HAL_UART_Transmit_DMA(&huart1,timeStr,strlen(timeStr));
```

```
                HAL_Delay(10);     //若要上位机正常显示换行，必须要有这个延时
            }
        }
    }
/* USER CODE END 1 */
```

程序使用函数 HAL_UART_Transmit_DMA()以 DMA 方式向上位机发送字符串。实际测试中，调用此函数后需要稍加延时，否则上位机串口调试软件里无法正常显示换行。

在 USART1 使用函数 HAL_UART_Transmit_DMA()发送完数据后，会产生 DMA 传输完成事件中断，关联的回调函数是 HAL_UART_TxCpltCallback()，但是程序不需要在发送完成时做什么处理，所以这里没有重新实现这个回调函数。DMA 请求 USART1_TX 关联的 DMA 流是 DMA2 Stream7（见图 13-4），如果不需要对 DMA 流的中断进行处理，可以在图 13-5 的 NVIC 设置中关闭 DMA 流的全局中断。

6. 串口接收数据的处理

搞清楚串口 DMA 方式传输数据的 DMA 流中断执行原理后，要实现对串口接收数据的解析处理，就是需要重新实现回调函数 HAL_UART_RxCpltCallback()。文件 usart.h 定义了一些函数和变量。文件 usart.h 的完整内容如下：

```
/* 文件: usart.h  ------------------------------------------------------------*/
#include "main.h"
extern UART_HandleTypeDef  huart1;

/* USER CODE BEGIN Private defines */
#define RX_CMD_LEN  5                 //指令长度，5 字节
extern uint8_t  rxBuffer[];           //串口接收数据缓冲区
extern uint8_t  isUploadTime;         //是否上传时间数据
/* USER CODE END Private defines */

void MX_USART1_UART_Init(void);

/* USER CODE BEGIN Prototypes */
void updateRTCTime();                 //对接收指令的处理
/* USER CODE END Prototypes */
```

与第 12 章的示例 Demo12_1CH340 相比，本示例不再需要处理串口的空闲事件中断。在文件 usart.c 中添加代码，完成功能后的代码如下：

```
/* 文件: usart.c -------------------------------------------------------------*/
#include "usart.h"

/* USER CODE BEGIN 0 */
#include "rtc.h"
#include "tftlcd.h"

uint8_t  proBuffer[10]="#S45;\n";     //用于处理的缓冲区
uint8_t  rxBuffer[10]="#H12;\n";      //接收数据缓冲区
uint8_t  isUploadTime=1;              //是否上传时间数据
/* USER CODE END 0 */
UART_HandleTypeDef  huart1;           //USART1 外设对象变量
DMA_HandleTypeDef   hdma_usart1_rx; //DMA 请求 USART1_RX 的 DMA 流对象变量
DMA_HandleTypeDef   hdma_usart1_tx; //DMA 请求 USART1_TX 的 DMA 流对象变量

/* USER CODE BEGIN 1 */
/*  hdma_usart1_rx 的 DMA 传输完成事件中断回调函数  */
void HAL_UART_RxCpltCallback(UART_HandleTypeDef *huart)
```

```
{
      if (huart->Instance == USART1)
      {
            for(uint16_t i=0;i<RX_CMD_LEN;i++)
                  proBuffer[i]=rxBuffer[i];
            HAL_UART_Transmit_DMA(huart,rxBuffer,RX_CMD_LEN+1);     //上传，带换行符
            HAL_Delay(10);           //必须加延时，updateRTCTime()才能正常处理
            updateRTCTime();         //指令解析处理
            LCD_ShowStr(30,170, (uint8_t *)rxBuffer);
      }
}

/*  根据串口接收的数据更新 RTC 时间  */
void updateRTCTime()
{
      if (proBuffer[0] != '#')
            return;
      uint8_t  timeSection=proBuffer[1];    //指令类型
      uint8_t  tmp10=proBuffer[2]-0x30;     //十位数
      uint8_t  tmp1 =proBuffer[3]-0x30;     //个位数
      uint8_t  val=10*tmp10+tmp1;           //指令的参数值
      if (timeSection=='U')                 //是否上传 RTC 时间
      {
             isUploadTime=val;
             return;
      }

      RTC_TimeTypeDef sTime;
      RTC_DateTypeDef sDate;
      if (HAL_RTC_GetTime(&hrtc, &sTime,  RTC_FORMAT_BIN) == HAL_OK)
      {
           HAL_RTC_GetDate(&hrtc, &sDate,  RTC_FORMAT_BIN);    //必须读取日期
           if (timeSection=='H')
                 sTime.Hours=val;
           else if (timeSection=='M')
                 sTime.Minutes=val;
           else if (timeSection=='S')
                 sTime.Seconds=val;
           HAL_RTC_SetTime(&hrtc, &sTime, RTC_FORMAT_BIN);    //设置 RTC 时间
      }
}
/* USER CODE END 1 */
```

在 main()函数里执行了如下的语句，USART1 以 DMA 方式循环接收长度为 RX_CMD_LEN 的数据：

```
HAL_UART_Receive_DMA(&huart1, rxBuffer, RX_CMD_LEN);    //DMA 方式循环接收
```

DMA 请求 USART1_RX 关联的 DMA 流对象变量是 hdma_usart1_rx，每当 DMA 完成一次固定长度的数据接收，就会调用回调函数 HAL_UART_RxCpltCallback()。此外，因为这个 DMA 工作模式是循环模式，它会自动开启下一次的数据接收。所以，串口接收的 DMA 循环工作模式很好地解决了中断方式接收数据的函数 HAL_UART_Receive_IT()不能自动重复接收的问题。

相比示例 Demo12_1CH340，回调函数 HAL_UART_RxCpltCallback()的代码简单了许多，它只需调用函数 updateRTCTime()直接处理接收的指令字符串即可。

RTC 周期唤醒中断和 DMA 流传输完成中断回调函数里，都用到了延时函数 HAL_Delay()，所以它们的中断抢占优先级必须要低于 Systick 定时器中断的抢占优先级。另外，因为 RTC 和 DMA 流的中断处理代码都用到了函数 HAL_UART_Transmit_DMA()，为避免相互抢占，将 RTC 和 DMA 流的中断抢占优先级都设置为 1。

7. 测试和讨论

构建项目后，我们将其下载并进行测试，可以看到本示例的功能与示例 Demo12_1CH340 完全一样。因为串口接收的 DMA 传输使用了循环工作模式，串口接收数据的连续监测和处理程序的逻辑得以简化。

DMA 还有 FIFO、双缓冲等功能，在一些需要的情况下可以使用。DMA 流还有传输半完成中断事件（DMA_IT_HT），一般的外设使用中断方式传输数据时，没有传输半完成中断事件。使用 DMA 流的传输半完成中断，可以进行一些特殊的处理，例如，我们在第 14 章介绍 ADC 数据采集时，可以使用 DMA 流传输半完成中断实现伪双缓冲区数据采集功能，比直接使用 DMA 双缓冲区模式要简单得多。

第 14 章　ADC

STM32F407 有 3 个 ADC，最高精度 12 位，每个 ADC 有 16 个外部输入通道。ADC1 还有 3 个内部测量通道，可以测量内部温度、参考电压和备用电池电压。在 ADC 转换精度要求不太高的情况下，使用片上的 ADC 是很方便的。在本章中，我们将介绍片上 ADC 的内部结构原理和使用方法。

14.1　ADC 功能概述

14.1.1　ADC 的特性

ADC（Analog-to-Digital Converter）是用于将模拟电压信号转换为数字量的电路单元，是将模拟信号数字化的必要器件。有独立的 ADC 芯片，如一些 24 位或 32 位的高精度 ADC 芯片、高速 ADC 芯片或多通道同步转换 ADC 芯片，这些独立的 ADC 芯片和 MCU 连接构成信号数字化电路。

STM32F407 有 3 个片上 ADC 单元，最高 12 位分辨率，最多 16 个外部通道。在一些对 ADC 要求不太高的场合，使用片上 ADC 比较方便。STM32F407 片上 ADC 的主要特性如下。

- 可配置为 12 位、10 位、8 位或 6 位分辨率。
- 每个 ADC 有 16 个外部输入通道，其中 ADC1 还有 3 个内部输入通道，可测量内部温度、内部参考电压和备用电压。
- 多个通道输入时，可以划分为规则通道（regular channel）和注入通道（injected channel）。
- 可以单次转换，或连续转换。
- 多通道输入时，具有从通道 0 到通道 n 的扫描模式。
- 具有内部和外部触发选项，可由定时器触发或外部中断触发。
- 具有模拟看门狗功能，可以监测电压范围。
- 具有双重（2 个 ADC 工作）或三重（3 个 ADC 工作）模式。
- ADC 输入电压范围：VREF−≤VIN≤VREF+

14.1.2　ADC 的工作原理

单个 ADC 的内部功能结构如图 14-1 所示，核心是图中的“模数转换器”。

1. 模拟部分供电

ADC 是 MCU 上的模拟部分，模拟部分的供电有 4 个引脚，典型的供电方案如图 14-2 所示。

- VDDA 是模拟部分工作电源。如果要保证 ADC 精度，可以使用独立的模拟电源输入，但是 VDDA 最高不能超过 4V。一般情况下，将 VDDA 与数字电源 VDD 连接，如图 14-2 所示。

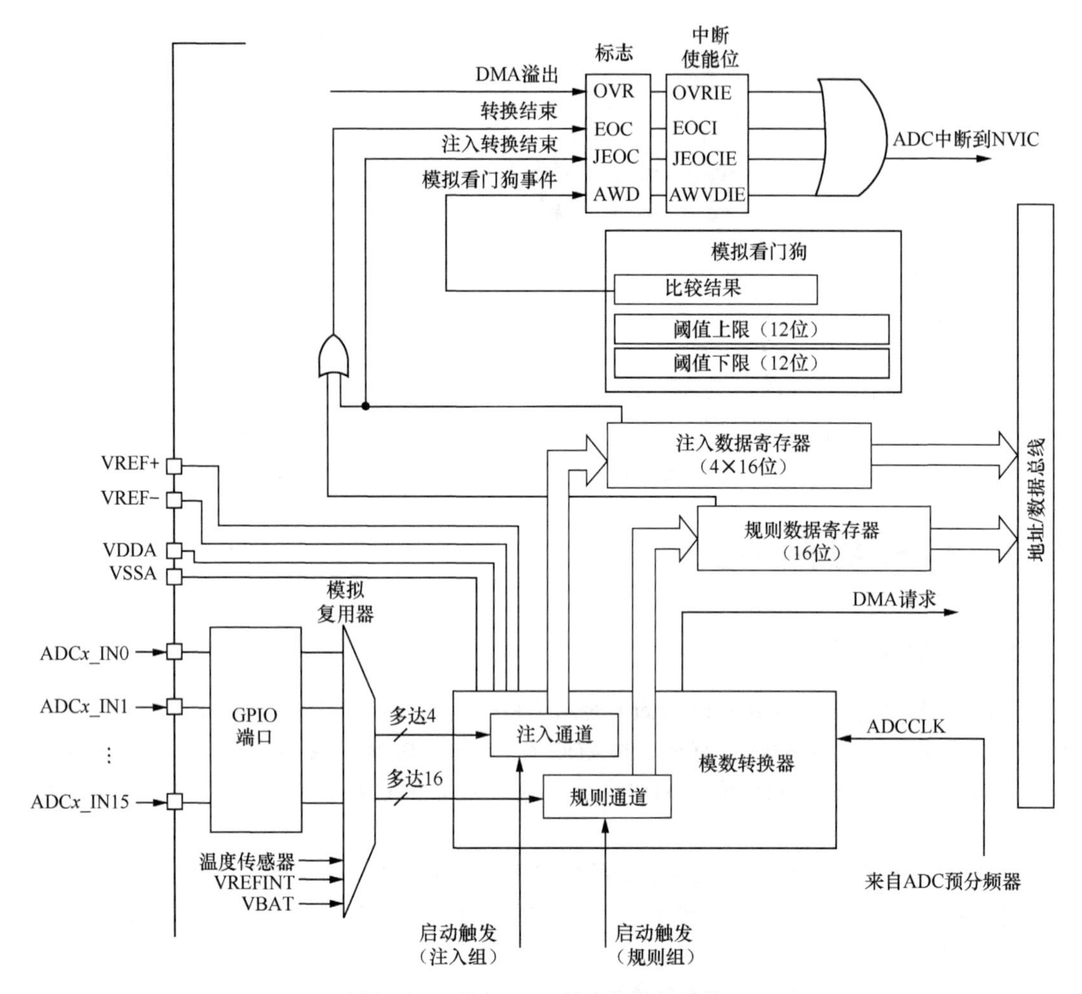

图 14-1　单个 ADC 的内部功能结构

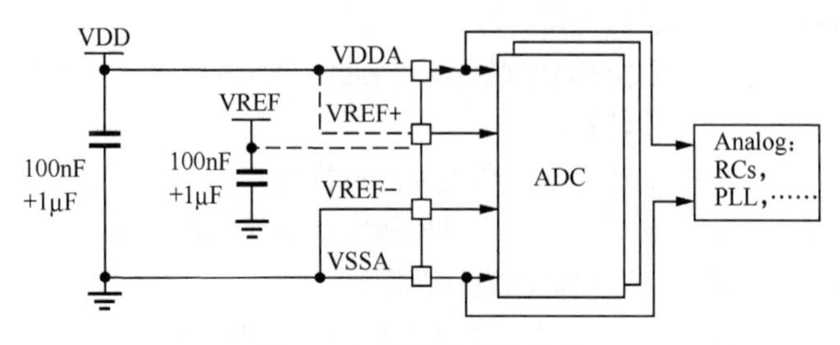

图 14-2　模拟部分的供电

- VSSA 是模拟电源地，与数字电源共地。
- VREF+是 ADC 转换的正参考电压。如果要保证 ADC 精度，可以使用单独的参考电压芯片输出的精密参考电压，VREF+电压不能超过 VDDA，最低值为 1.8V。一般情况下，将 VREF+与 VDDA 连接。
- VREF−是 ADC 转换的负参考电压，必须与 VSSA 连接。

ADC 转换电压的输入范围是 VREF−≤*V*IN≤VREF+，因为 VREF−必须与 VSSA 连接，也就是 VREF−总是 0，所以 STM32F407 的片上 ADC 只能转换正电压，这与某些独立的 ADC 芯片可转换正负范围的电压是不同的。

2. 输入通道

每个 ADC 单元有 16 个外部输入通道，对应于 16 个 ADC 输入复用引脚，即图 14-1 中的 ADC*x*_IN0 至 ADC*x*_IN15。每个 ADC 单元的模拟输入复用引脚可查看 MCU 数据手册上的引脚定义。ADC1 单元还有以下 3 个内部输入使用通道 16～18。

- 温度传感器：芯片内部温度传感器，测温范围为−40℃～125℃，精度为±1.5℃。
- VREFINT：内部参考电压，实际连接内部 1.2V 调压器的输出电压。
- VBAT：备用电源电压，因为 VBAT 电压可能高于 VDDA，内部有桥接分压器，实际测量的电压是 VBAT/2。

一个 ADC 单元可以选择多个输入通道，通过模拟复用器进行多路复用 ADC 转换。

3. 规则通道和注入通道

选择的多个模拟输入通道可以分为两组：规则通道和注入通道。每个组的通道构成一个转换序列。

规则转换序列最多可设置 16 个通道，一个规则转换序列规定了多路复用转换时的顺序。例如，选择了 IN0、IN1、IN2 共 3 个通道作为规则通道，定义的规则转换序列可以是 IN0、IN1、IN2，也可以是 IN0、IN3、IN2，甚至是 IN0、IN3、IN0。

注入通道就是可以在规则通道转换过程中插入进行转换的通道，类似于中断的现象。注入转换序列最多可以设置 4 个注入通道，也可以像规则转换序列那样设置转换顺序。

每个注入通道还可以设置一个数据偏移量，每次转换结果自动减去这个偏移量，所以转换结果可以是负数。例如，设置偏移量为信号的直流分量，每次转换自动减去直流分量。

4. 启动或触发转换

规则通道和注入通道有单独的触发源，有以下 3 类启动或触发转换的方式。

- 软件启动：直接将控制寄存器 ADC_CR2 的 ADON 位置 1 启动 ADC 转换，写入 0 时停止 ADC 转换，这种方式常用于轮询方式的 ADC 转换。
- 内部定时器触发：可以选择某个定时器的触发输出信号（TRGO）或输入捕获信号作为触发源。例如，选择 TIM2_TRGO 信号作为启动触发信号，而 TIM2 的 TRGO 设置为 UEV 事件信号，这样定时器 TIM2 每次定时溢出时就启动一次转换。这种方式可用于周期性 ADC 转换。
- 外部 IO 触发：可以选择外部中断线 EXTI_11 或 EXTI_15 作为规则组或注入组的外部中断触发源。

5. ADC 时钟与转换时间

ADC 转换需要时钟信号 ADCCLK 驱动，ADCCLK 由 PCLK2 经过分频产生，最少 2 分频，最多 8 分频。PCLK2 的最高频率为 84MHz，所以 ADCCLK 的最高频率为 42MHz。

我们可以设置在 N 个 ADCCLK 周期内对信号进行采样，N 取值最小为 3，最大为 480。单次单通道 ADC 转换的时间序列如图 14-3 所示。在启动 ADC（即控制寄存器 ADC_CR2 的 ADON 位置 1 后），ADC 在开始精确转换之前，需要一段稳定时间 t_{STAB}。将 ADC_CR2 寄存器的 SWSTART（用于规则通道）位或 JSWSTART（用于注入通道）位置 1 启动一次转换，ADC 经过 N+12 个 ADCCLK 周期后，使状态寄存器 ADC_SR 的 EOC（End of Conversion，转换结束）位置 1，表示转换完成。

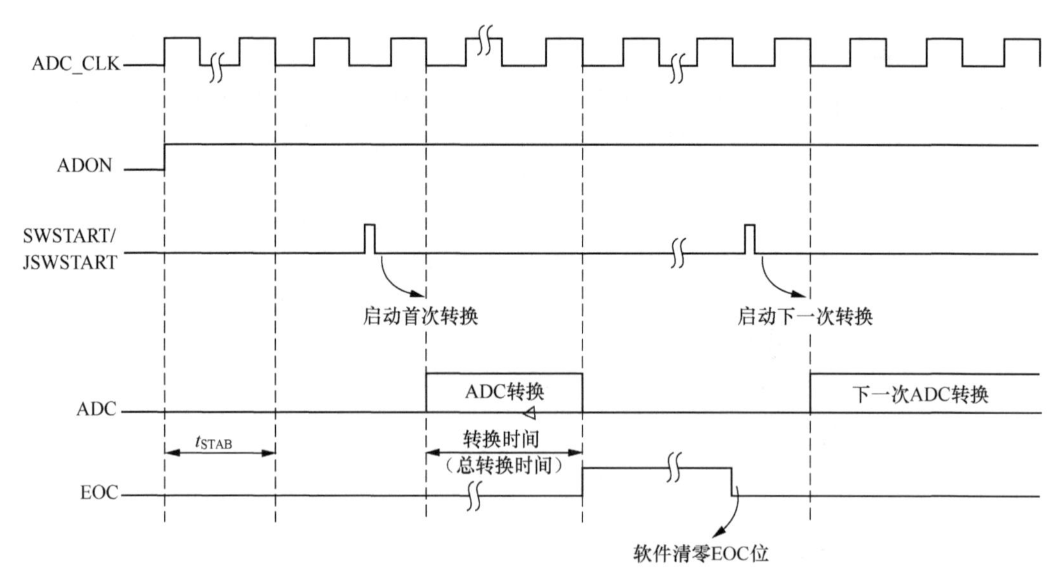

图 14-3　ADC 单次转换时间序列

所以，一个通道一次 ADC 转换的总时间是 N+12 个 ADCCLK 周期，N 是设置的采样次数。根据这些参数，可以计算一次 ADC 转换的时间。例如，PCLK2 的频率为 84MHz，ADC 使用 2 分频，则 ADCCLK 的频率为 42MHz，若将采样设置为 15 次，则一次转换的时间为

$$t_c = \frac{15+12}{42\times10^6} = 0.64\ \mu\text{s}$$

我们可以设置在转换完一个通道后就产生 EOC 信号，也可以设置在转换完一个序列后产生 EOC 信号。

6. 转换结果数据寄存器

ADC 完成转换后将结果数据存入数据寄存器，规则通道和注入通道有不同的数据寄存器。

规则通道只有一个数据寄存器 ADC_DR，只有低 16 位有效。在多通道转换时，如果前一通道转换结束后，ADC_DR 的数据未被及时读出，下一个通道的转换结果就会覆盖上一次结果的数据。所以，在多通道转换时，一般在 EOC 中断里及时读取数据或通过 DMA 将数据传输到内存里。

注入通道有 4 个数据寄存器，分别对应 4 个注入通道的转换结果。

规则数据寄存器和注入数据寄存器都是低 16 位有效，因为转换结果数据最多 12 位有效，可以设置数据左对齐或右对齐，一般使用右对齐。

7. 模拟看门狗

我们可以使用模拟看门狗对某一个通道的模拟电压进行监测，设置一个阈值上限和下限（12 位数表示的数值，0～4095），当监测的模拟电压 ADC 结果超出范围时，就产生模拟看门狗中断，如图 14-4 所示。

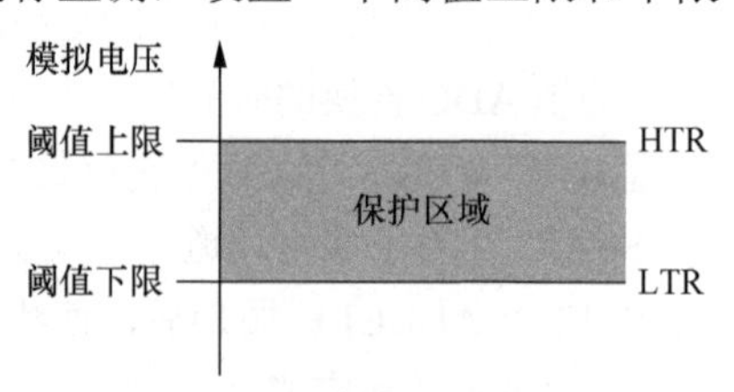

图 14-4　模拟看门狗示意图

8. 转换结果电压计算

ADC 转换的结果是一个数字量，与实际的模拟电压之间的计算关系由 VREF+和转换精度位数确定。例如，转换精度为 12 位，VREF+=3.3V，ADC 转换结果为 12 位数

字量对应的整数 X，则实际电压为

$$\text{Voltage} = \frac{3300X}{4096}\text{mV}$$

14.1.3 多重 ADC 模式

STM32F407 有 3 个 ADC。这 3 个 ADC 可以独立工作，也可以组成双重或三重工作模式。在多重模式下，ADC1 是主器件，是必须使用的；双重模式就是使用 ADC1 和 ADC2，不能使用 ADC1 和 ADC3；三重模式就是 3 个 ADC 都使用。

多重模式就是使用主器件 ADC1 的触发信号去交替触发或同步触发其他 ADC 启动转换。例如，对于三分量模拟输出的振动传感器，需要对 X、Y、Z 这 3 个方向的振动信号同步采集，以合成一个三维空间中的振动矢量，这时就需要使用 3 个 ADC 对 3 路信号同步采集，而不能使用一个 ADC 对 3 路信号通过多路复用方式进行采集。

多重 ADC 有多种工作模式，可以交替触发，也可以同步触发。为避免过于复杂，我们仅以双重 ADC 同步触发为例，说明多重 ADC 的工作原理和使用方法。三重 ADC 和其他工作模式的原理参见 STM32F407 参考手册。

设置 ADC1 和 ADC2 双重同步工作模式时，为 ADC1 设置的触发源同时也触发 ADC2，以实现两个 ADC 同步转换。在多重模式下，有一个专门的 32 位数据寄存器 ADC_CDR，用于存储多重模式下的转换结果数据。在双重模式下，ADC_CDR 的高 16 位存储 ADC2 的规则转换结果数据，ADC_CDR 的低 16 位存储 ADC1 的规则转换结果数据。

在多重模式下，使用 DMA 进行数据传输有 3 种模式，其中 DMA 模式 2 适用于双重 ADC 的数据传输。双重 ADC 时，DMA 模式 2 的工作特点是：每发送一个 DMA 请求，就以字的形式传输表示 ADC2 和 ADC1 转换结果的 32 位数据，其中高 16 位是 ADC2 的转换结果，低 16 位是 ADC1 的转换结果，相当于将 ADC_CDR 的数据在一个 DMA 请求时传输出去。

在双重 ADC 同步模式下，两个 ADC 不能转换同一个通道。两个 ADC 的规则转换序列的通道个数应该相同，每个通道的采样点数也应该相同，以使得两个 ADC 能保持同步。

14.2 ADC 的 HAL 驱动程序

14.2.1 常规通道

ADC 的驱动程序有两个头文件：文件 stm32f4xx_hal_adc.h 是 ADC 模块总体设置和常规通道相关的函数和定义；文件 stm32f4xx_hal_adc_ex.h 是注入通道和多重 ADC 模式相关的函数和定义。表 14-1 是文件 stm32f4xx_hal_adc.h 中的一些主要函数。

表 14-1 文件 stm32f4xx_hal_adc.h 中的一些主要函数

分组	函数名	功能描述
初始化和配置	HAL_ADC_Init()	ADC 的初始化，设置 ADC 的总体参数
	HAL_ADC_MspInit()	ADC 初始化的 MSP 弱函数，在 HAL_ADC_Init()里被调用
	HAL_ADC_ConfigChannel()	ADC 常规通道配置，一次配置一个通道
	HAL_ADC_AnalogWDGConfig()	模拟看门狗配置

续表

分组	函数名	功能描述
初始化和配置	HAL_ADC_GetState()	返回 ADC 当前状态
	HAL_ADC_GetError()	返回 ADC 的错误码
软件启动转换	HAL_ADC_Start()	启动 ADC，并开始常规通道的转换
	HAL_ADC_Stop()	停止常规通道的转换，并停止 ADC
	HAL_ADC_PollForConversion()	轮询方式等待 ADC 常规通道转换完成
	HAL_ADC_GetValue()	读取常规通道转换结果寄存器的数据
中断方式转换	HAL_ADC_Start_IT()	开启中断，开始 ADC 常规通道的转换
	HAL_ADC_Stop_IT()	关闭中断，停止 ADC 常规通道的转换
	HAL_ADC_IRQHandler()	ADC 中断 ISR 里调用的 ADC 中断通用处理函数
DMA 方式转换	HAL_ADC_Start_DMA()	开启 ADC 的 DMA 请求，开始 ADC 常规通道的转换
	HAL_ADC_Stop_DMA()	停止 ADC 的 DMA 请求，停止 ADC 常规通道的转换

1. ADC 初始化

函数 HAL_ADC_Init()用于初始化某个 ADC 模块，设置 ADC 的总体参数。函数 HAL_ADC_Init()的原型定义如下：

```
HAL_StatusTypeDef HAL_ADC_Init(ADC_HandleTypeDef* hadc)
```

其中，参数 hadc 是 ADC_HandleTypeDef 结构体类型指针，是 ADC 外设对象指针。在 CubeMX 为 ADC 外设生成的用户程序文件 adc.c 里，CubeMX 会为 ADC 定义外设对象变量。例如，用到 ADC1 时就会定义如下的变量：

```
ADC_HandleTypeDef    hadc1;                    //表示 ADC1 的外设对象变量
```

结构体 ADC_HandleTypeDef 的定义如下，各成员变量的意义见注释：

```
typedef struct
{
     ADC_TypeDef            *Instance;         //ADC 寄存器基址
     ADC_InitTypeDef        Init;              //ADC 参数
     __IO uint32_t          NbrOfCurrentConversionRank;     //转换通道的个数
     DMA_HandleTypeDef      *DMA_Handle;       //DMA 流对象指针
     HAL_LockTypeDef        Lock;              //ADC 锁定对象
     __IO uint32_t          State;             //ADC 状态
     __IO uint32_t          ErrorCode;         //ADC 错误码
}ADC_HandleTypeDef;
```

ADC_HandleTypeDef 的成员变量 Init 是结构体类型 ADC_InitTypeDef，它存储了 ADC 的必要参数。结构体 ADC_InitTypeDef 的定义如下，各成员变量的意义见注释：

```
typedef struct
{
     uint32_t ClockPrescaler;                    //ADC 时钟预分频系数
     uint32_t Resolution;                        //ADC 分辨率，最高为 12 位
     uint32_t DataAlign;                         //数据对齐方式，右对齐或左对齐
     uint32_t ScanConvMode;                      //是否使用扫描模式
     uint32_t EOCSelection;                      //产生 EOC 信号的方式
     FunctionalState ContinuousConvMode;         //是否使用连续转换模式
     uint32_t NbrOfConversion;                   //转换通道个数
     FunctionalState DiscontinuousConvMode; //是否使用非连续转换模式
```

```
    uint32_t NbrOfDiscConversion;            //非连续转换模式的通道个数
    uint32_t ExternalTrigConv;               //外部触发转换信号源
    uint32_t ExternalTrigConvEdge;           //外部触发信号边沿选择
    FunctionalState DMAContinuousRequests;   //是否使用 DMA 连续请求
}ADC_InitTypeDef;
```

结构体 ADC_HandleTypeDef 和 ADC_InitTypeDef 成员变量的意义和取值，在后面示例里结合 CubeMX 的设置具体解释。

2. 常规转换通道配置

函数 HAL_ADC_ConfigChannel()用于配置一个 ADC 常规通道，其原型定义如下：

```
HAL_StatusTypeDef HAL_ADC_ConfigChannel(ADC_HandleTypeDef* hadc, ADC_ChannelConf
TypeDef* sConfig);
```

其中，参数 sConfig 是 ADC_ChannelConfTypeDef 结构体类型指针，用于设置通道的一些参数，这个结构体的定义如下，各成员变量的意义见注释：

```
typedef struct
{
    uint32_t Channel;          //输入通道号
    uint32_t Rank;             //在 ADC 常规转换组里的编号
    uint32_t SamplingTime;     //采样时间，单位是 ADCCLK 周期数
    uint32_t Offset;           //信号偏移量
}ADC_ChannelConfTypeDef;
```

3. 软件启动转换

函数 HAL_ADC_Start()用于以软件方式启动 ADC 常规通道的转换，软件启动转换后，需要调用函数 HAL_ADC_PollForConversion()查询转换是否完成，转换完成后可用函数 HAL_ADC_GetValue()读出常规转换结果寄存器里的 32 位数据。若要再次转换，需要再次使用这 3 个函数启动转换、查询转换是否完成、读出转换结果。使用函数 HAL_ADC_Stop()停止 ADC 常规通道转换。

这种软件启动转换的模式适用于单通道、低采样频率的 ADC 转换。这几个函数的原型定义如下：

```
HAL_StatusTypeDef HAL_ADC_Start(ADC_HandleTypeDef* hadc);  //软件启动转换

HAL_StatusTypeDef HAL_ADC_Stop(ADC_HandleTypeDef* hadc);  //停止转换

HAL_StatusTypeDef HAL_ADC_PollForConversion(ADC_HandleTypeDef* hadc, uint32_t Timeout);

uint32_t HAL_ADC_GetValue(ADC_HandleTypeDef* hadc);    //读取转换结果寄存器的 32 位数据
```

其中，参数 hadc 是 ADC 外设对象指针，Timeout 是超时等待时间（单位是 ms）。

4. 中断方式转换

当 ADC 设置为用定时器或外部信号触发转换时，函数 HAL_ADC_Start_IT()用于启动转换，这会开启 ADC 的中断。当 ADC 转换完成时会触发中断，在中断服务程序里，可以用 HAL_ADC_GetValue()读取转换结果寄存器里的数据。函数 HAL_ADC_Stop_IT()可以关闭中断，停止 ADC 转换。开启和停止 ADC 中断方式转换的两个函数的原型定义如下：

```
HAL_StatusTypeDef HAL_ADC_Start_IT(ADC_HandleTypeDef* hadc);
HAL_StatusTypeDef HAL_ADC_Stop_IT(ADC_HandleTypeDef* hadc);
```

ADC1、ADC2 和 ADC3 共用一个中断号，ISR 名称是 ADC_IRQHandler()。ADC 有 4 个中断事件源，中断事件类型的宏定义如下：

```
#define ADC_IT_EOC       ((uint32_t)ADC_CR1_EOCIE) //规则通道转换结束（EOC）事件
#define ADC_IT_AWD       ((uint32_t)ADC_CR1_AWDIE) //模拟看门狗触发事件
#define ADC_IT_JEOC      ((uint32_t)ADC_CR1_JEOCIE)//注入通道转换结束事件
#define ADC_IT_OVR       ((uint32_t)ADC_CR1_OVRIE) //数据溢出事件，即转换结果未被及时读出
```

ADC 中断通用处理函数是 HAL_ADC_IRQHandler()，它内部会判断中断事件类型，并调用相应的回调函数。ADC 的 4 个中断事件类型及其对应的回调函数如表 14-2 所示。

表 14-2 ADC 的中断事件类型及其对应的回调函数

中断事件类型	中断事件	回调函数
ADC_IT_EOC	规则通道转换结束（EOC）事件	HAL_ADC_ConvCpltCallback()
ADC_IT_AWD	模拟看门狗触发事件	HAL_ADC_LevelOutOfWindowCallback()
ADC_IT_JEOC	注入通道转换结束事件	HAL_ADCEx_InjectedConvCpltCallback()
ADC_IT_OVR	数据溢出事件，即数据寄存器内的数据未被及时读出	HAL_ADC_ErrorCallback()

用户可以设置为在转换完一个通道后就产生 EOC 事件，也可以设置为转换完规则组的所有通道之后产生 EOC 事件。但是规则组只有一个转换结果寄存器，如果有多个转换通道，设置为转换完规则组的所有通道之后产生 EOC 事件，会导致数据溢出。一般设置为在转换完一个通道后就产生 EOC 事件，所以，中断方式转换适用于单通道或采样频率不高的场合。

5. DMA 方式转换

ADC 只有一个 DMA 请求，方向是外设到存储器。DMA 在 ADC 中非常有用，它可以处理多通道、高采样频率的情况。函数 HAL_ADC_Start_DMA()以 DMA 方式启动 ADC，其原型定义如下：

```
HAL_StatusTypeDef HAL_ADC_Start_DMA(ADC_HandleTypeDef* hadc, uint32_t* pData, uint
32_t Length)
```

其中，参数 hadc 是 ADC 外设对象指针；参数 pData 是 uint32_t 类型缓冲区指针，因为 ADC 转换结果寄存器是 32 位的，所以 DMA 数据宽度是 32 位；参数 Length 是缓冲区长度，单位是字（4 字节）。

停止 DMA 方式采集的函数是 HAL_ADC_Stop_DMA()，其原型定义如下：

```
HAL_StatusTypeDef HAL_ADC_Stop_DMA(ADC_HandleTypeDef* hadc);
```

DMA 流的主要中断事件与 ADC 的回调函数之间的关系如表 14-3 所示，这些对应关系的分析可参考第 13 章。一个外设使用 DMA 传输方式时，DMA 流的事件中断一般使用外设的事件中断回调函数。

表 14-3 DMA 流中断事件类型和关联的回调函数

DMA 流中断事件类型宏	DMA 流中断事件类型	关联的回调函数名称
DMA_IT_TC	传输完成中断	HAL_ADC_ConvCpltCallback()
DMA_IT_HT	传输半完成中断	HAL_ADC_ConvHalfCpltCallback()
DMA_IT_TE	传输错误中断	HAL_ADC_ErrorCallback()

在实际使用 ADC 的 DMA 方式时发现：不开启 ADC 的全局中断，也可以用 DMA 方式进行 ADC 转换。但是在第 13 章测试 USART1 使用 DMA 时，USART1 的全局中断必须打开。所以，某个外设在使用 DMA 时，是否需要开启外设的全局中断，与具体的外设有关。

14.2.2　注入通道

ADC 的注入通道有一组单独的处理函数，在文件 stm32f4xx_hal_adc_ex.h 中定义。ADC 的注入通道相关函数如表 14-4 所示。注意，注入通道没有 DMA 方式。

表 14-4　ADC 的注入通道相关函数

分组	函数名	功能描述
通道配置	HAL_ADCEx_InjectedConfigChannel()	注入通道配置
软件启动转换	HAL_ADCEx_InjectedStart()	软件方式启动注入通道的转换
	HAL_ADCEx_InjectedStop()	软件方式停止注入通道的转换
	HAL_ADCEx_InjectedPollForConversion()	查询注入通道转换是否完成
	HAL_ADCEx_InjectedGetValue()	读取注入通道的转换结果数据寄存器
中断方式转换	HAL_ADCEx_InjectedStart_IT()	开启注入通道的中断方式转换
	HAL_ADCEx_InjectedStop_IT()	停止注入通道的中断方式转换
	HAL_ADCEx_InjectedConvCpltCallback()	注入通道转换结束中断事件（ADC_IT_JEOC）的回调函数

14.2.3　多重 ADC

多重 ADC 就是 2 个或 3 个 ADC 同步或交错使用，相关函数在文件 stm32f4xx_hal_adc_ex.h 中定义。多重 ADC 只有 DMA 传输方式，相关函数如表 14-5 所示。示例 4 会介绍两个 ADC 同步采集的实现方法。

表 14-5　ADC 的注入通道相关函数

函数名	功能描述
HAL_ADCEx_MultiModeConfigChannel()	多重模式的通道配置
HAL_ADCEx_MultiModeStart_DMA()	以 DMA 方式启动多重 ADC
HAL_ADCEx_MultiModeStop_DMA()	停止多重 ADC 的 DMA 方式传输
HAL_ADCEx_MultiModeGetValue()	停止多重 ADC 后，读取最后一次转换结果数据

14.3　示例 1：软件启动 ADC 转换

14.3.1　电路和示例功能

开发板上使用一个可调电位器（图 2-9 中的【3-2】）产生一个可调节输出电压，这个电压可连接到 ADC1 的 IN5 通道（PA5 引脚），电路如图 14-5 所示，需要用跳线帽将跳线座 J1 的 1 和 2 短接。

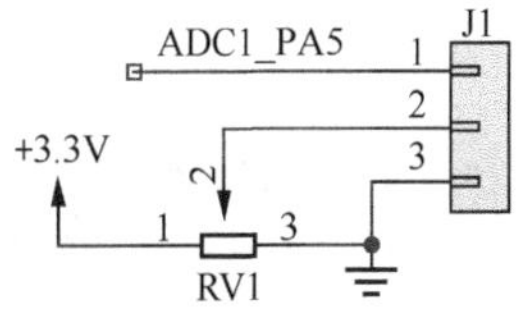

图 14-5　开发板上的可调电位器

我们将设计一个示例 Demo14_1ADC_Poll，使用 ADC1 的

IN5 通道采集电位器的电压，并在 LCD 上显示。采用软件方式启动 ADC 转换，在 main()函数的 while 循环里，每隔约 500ms 转换一次。

14.3.2　CubeMX 项目设置

本示例只需用到 LCD，所以从 CubeMX 模板项目文件 M3_LCD_Only.ioc 创建本项目的 CubeMX 文件 Demo14_1ADC_Poll.ioc，然后设置 ADC1 的模式和参数。

ADC1 的模式设置界面如图 14-6 所示，全是复选框，各个复选框的意义如下。

- IN0 至 IN15，是 ADC1 的 16 个外部输入通道。因为开发板电位器的输出连接的是 ADC1 的 IN5 通道，所以只勾选 IN5。
- Temperature Sensor Channel，内部的温度传感器通道，连接 ADC1 的 IN16 通道。
- Vrefint Channel，内部参考电压通道，连接 ADC1 的 IN17 通道。
- Vbat Channel，备用电源 VBAT 的通道，连接 ADC1 的 IN18 通道。
- Enternal-Trigger-for-Injected-conversion，为注入转换使用外部触发。
- Enternal-Trigger-for-Regular-conversion，为规则转换使用外部触发。

在图 14-7 所示的界面中设置 ADC1 的参数，参数分为多个组。

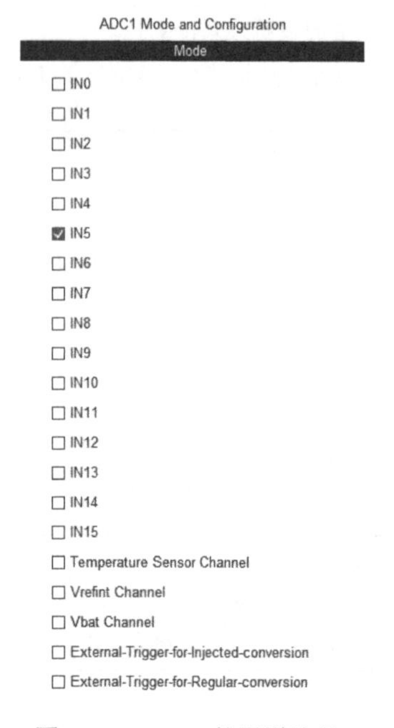

图 14-6　ADC1 的通道选择

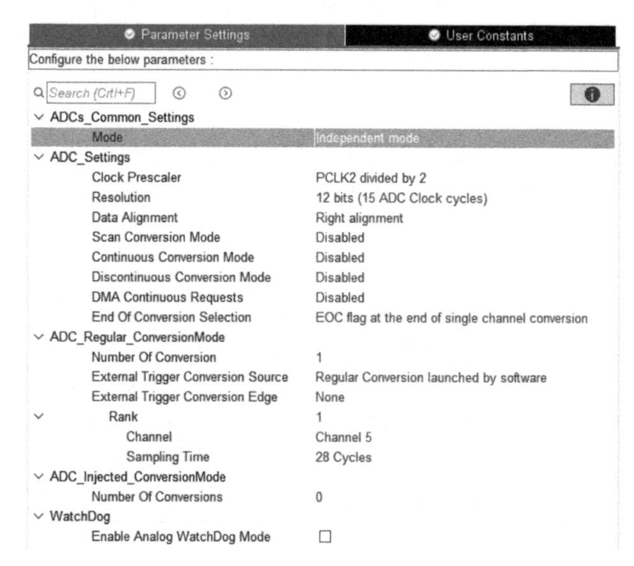

图 14-7　设置 ADC1 的参数

（1）ADCs_Common_Settings 组，具体包括如下参数。

Mode：模式。只启用一个 ADC 时，只能选择 Independent mode（独立模式）。如果启用 2 个或 3 个 ADC，会出现双重或三重工作模式的选项。

（2）ADC_Settings 组，具体包括如下参数。

- Clock Prescaler：时钟分频。由 PCLK2 分频产生 ADCCLK 时钟，可选 2、4、6、8 分频。
- Resolution：分辨率。可选 12 位、10 位、8 位、6 位，选项中还显示了使用 3 次采样时的单次转换时钟周期个数，即单次转换最少时钟周期个数。

- Data Alignment：数据对齐方式。可选择右对齐（Right alignment）或左对齐（Left alignment）。
- Scan Conversion Mode：是否使用扫描转换模式。扫描模式用于一组输入通道的转换，如果启用扫描转换模式，则转换完一个通道后，会自动转换组内下一个通道，直到一组通道都转换完。如果同时启用了连续转换模式，会立即从组内第一个通道再开始转换。
- Continuous Conversion Mode：连续转换模式。启用连续转换模式后，ADC 结束一个转换后立即启动一个新的转换。
- Discontinuous Conversion Mode：非连续转换模式。这种模式一般用于外部触发时，将一组输入通道分为多个短的序列，分批次转换。例如，一组规则转换通道为 0、1、3、5、6、7、8、9，如果设置非连续转换通道数为 3，则每次触发时的转换通道序列如下。
  - ◆ 第 1 次触发：转换序列 0、1、3。
  - ◆ 第 2 次触发：转换序列 5、6、7。
  - ◆ 第 3 次触发：转换序列 8、9，并生成 EOC 事件。
  - ◆ 第 4 次触发：转换序列 0、1、3。
- DMA Continuous Requests：是否连续产生 DMA 请求，用于设置控制寄存器 ADC_CR2 的 DDS 位。如果设置为 Disabled，则在最后一次传输后不发出新的 DMA 请求；如果设置为 Enabled，只要发生数据转换且使用了 DMA，就发出 DMA 请求。
- End of Conversion Selection：EOC 标志产生方式，有以下 2 种选项。
  - ◆ EOC flag at the end of single channel conversion：在每个通道转换完成后产生 EOC 标志。
  - ◆ EOC flag at the end of all conversions：在一组的所有通道转换完成后产生 EOC 标志。

（3）ADC_Regular_ConversionMode 组，具体包括如下参数。

- Number of Conversion：规则转换序列的转换个数，最多 16 个，每个转换作为一个 Rank（级）。这个数值不必等于输入模拟信号通道数，例如，本例只有一个 IN5 输入通道，但是转换个数也可以设置为 2，每个转换的通道都选择 IN5。
- External Trigger Conversion Source：外部触发转换的信号源。本示例选择为软件启动常规转换（Regular Conversion launched by software）。周期性采集时，一般选择定时器 TRGO 信号或捕获比较事件信号作为触发信号，还可以选择外部中断线信号作为触发信号（需要先在图 14-6 中启用外部触发）。
- External Trigger Conversion Edge：外部触发转换时使用的信号边沿，可选择上跳沿、下跳沿，或双边都触发。本示例未使用外部触发，所以设置为 None。
- Rank：规则组内每一个转换对应一个 Rank，一个 Rank 需要设置输入通道（Channel）和采样时间（Sampling Time）。一个规则组有多个 Rank 时，Rank 的设置顺序就规定了转换通道的序列。每个 Rank 的采样时间可以单独设置，采样时间的单位是 ADCCLK 的时钟周期数，采样时间越大，转换结果越准确。

（4）ADC_Injected_ConversionMode 组。该组用于设置注入转换序列的参数。注入转换个数最多 4 个，每个转换也是一个 Rank。注入转换的 Rank 多了一个 Offset 参数，可以设置 0～4095 中的一个数作为偏移量，转换的结果数据是 ADC 转换结果减掉这个偏移量的值。

（5）WatchDog 组。如果启用了模拟看门狗，可以对一个通道或所有通道的模拟电压进行监测。需要设置一个阈值上限和一个阈值下限，阈值用 0～4095 中的数表示（设置 ADC 分辨率为 12 位时），应该根据监测的电压换算成阈值数值。可以开启模拟看门狗中断，在监测的电压超过上限或下限时，会产生模拟看门狗事件中断。模拟看门狗参数设置界面如图 14-8 所示，各参数的意义很直观，这里就不具体解释了。本示例不使用模拟看门狗，所以应该取消图 14-8 中 Enable Analog WatchDog Mode 的选择。

WatchDog	
Enable Analog WatchDog Mode	☑
Watchdog Mode	Single regular channel
Analog WatchDog Channel	Channel 5
High Threshold	4000
Low Threshold	500
Interrupt Mode	Enabled

图 14-8　模拟看门狗参数设置

14.3.3　程序功能实现

1. 主程序

我们在 CubeMX 中生成 CubeIDE 项目代码，在 CubeIDE 中打开项目，将 PublicDrivers 目录下的 TFT_LCD 添加到项目的搜索路径（操作方法见附录 A）。添加用户功能代码后，主程序代码如下：

```
/* 文件：main.c    -------------------------------------------------------------*/
#include "main.h"
#include "adc.h"
#include "gpio.h"
#include "fsmc.h"
/* USER CODE BEGIN Includes */
#include "tftlcd.h"
/* USER CODE END Includes */

int main(void)
{
     HAL_Init();
     SystemClock_Config();
     /* Initialize all configured peripherals */
     MX_GPIO_Init();
     MX_FSMC_Init();
     MX_ADC1_Init();      //ADC1 初始化

     /*  USER CODE BEGIN 2 */
     TFTLCD_Init();       //LCD 软件初始化
     LCD_ShowStr(10,10, (uint8_t *)"Demo14_1:ADC by Polling");
     LCD_ShowStr(10,LCD_CurY+LCD_SP15, (uint8_t *)"ADC1-IN5 channel");
     LCD_ShowStr(10,LCD_CurY+LCD_SP10, (uint8_t *)"Please set jumper at first");
     LCD_ShowStr(10,LCD_CurY+LCD_SP10, (uint8_t *)"Tune potentiometer for input");

     LCD_ShowStr(10,LCD_CurY+LCD_SP20, (uint8_t *)"ADC 12-bits Value= ");
     uint16_t orgX=LCD_CurX;
     uint16_t orgY=LCD_CurY;
     LCD_ShowStr(10,LCD_CurY+LCD_SP20, (uint8_t *)"Voltage(mV)= ");
     uint16_t voltX=LCD_CurX;
     uint16_t voltY=LCD_CurY;
     LcdFRONT_COLOR=lcdColor_WHITE;
     /* USER CODE END 2 */

     /* Infinite loop */
     /* USER CODE BEGIN WHILE */
     while (1)
     {
```

```
        HAL_ADC_Start(&hadc1);                          //必须每次启动转换
        if (HAL_ADC_PollForConversion(&hadc1,200)==HAL_OK)
        {
            uint32_t val=HAL_ADC_GetValue(&hadc1); //读取转换结果
            LCD_ShowUintX(orgX,orgY,val, 5);        //5 位显示，前端补空格

            uint32_t Volt=3300*val;                 //以 mV 为单位
            Volt=Volt>>12;                          //除以 2^12
            LCD_ShowUintX(voltX,voltY,Volt, 4);     //4 位显示，前端补空格
        }
//      HAL_ADC_Stop(&hadc1);                           //无须每次都停止
        HAL_Delay(500);
        /* USER CODE END WHILE */
    }
}
```

在外设初始化部分，函数 MX_ADC1_Init()对 ADC1 进行初始化。

本示例采用软件启动方式进行 ADC 转换，所以在 while 循环中每隔约 500ms 进行一次转换。每次都调用函数 HAL_ADC_Start()启动转换，然后用函数 HAL_ADC_PollForConversion()轮询转换是否完成，再用函数 HAL_ADC_GetValue()读出转换结果数据，返回一个 32 位的值，又因为本示例设置数据寄存器为右对齐，所以只有低 12 位有效。将 ADC 的值转换为实际模拟电压的值时，为了避免浮点数运算，以毫伏为单位表示。

函数 HAL_ADC_Stop()停止 ADC 的规则通道转换。没有必要每次转换结束后调用此函数停止 ADC，因为停止后再启动 ADC 需要经过一段稳定时间才能开始精确转换（见图 14-3）。

2. ADC1 初始化

CubeMX 自动生成的文件 adc.c 中的函数 MX_ADC1_Init()对 ADC1 进行初始化。这个函数及相关的函数代码如下：

```
/* 文件：adc.c   -------------------------------------------------------------*/
#include "adc.h"
ADC_HandleTypeDef  hadc1;                                //ADC1 外设对象变量

/*  ADC1 初始化函数  */
void MX_ADC1_Init(void)
{
    ADC_ChannelConfTypeDef sConfig = {0};
    /** 配置 ADC 的全局特性(时钟、分辨率、数据对齐方式、转换个数等) */
    hadc1.Instance = ADC1;                               //寄存器基址
    hadc1.Init.ClockPrescaler = ADC_CLOCK_SYNC_PCLK_DIV2;     //分频系数
    hadc1.Init.Resolution = ADC_RESOLUTION_12B;         //分辨率为 12 位
    hadc1.Init.ScanConvMode = DISABLE;                   //扫描模式，禁用
    hadc1.Init.ContinuousConvMode = DISABLE;             //连续模式，禁用
    hadc1.Init.DiscontinuousConvMode = DISABLE;          //非连续模式
    hadc1.Init.ExternalTrigConvEdge = ADC_EXTERNALTRIGCONVEDGE_NONE;//是否外部触发
    hadc1.Init.ExternalTrigConv = ADC_SOFTWARE_START;        //外部触发源
    hadc1.Init.DataAlign = ADC_DATAALIGN_RIGHT;          //数据右对齐
    hadc1.Init.NbrOfConversion = 1;                      //规则转换个数
    hadc1.Init.DMAContinuousRequests = DISABLE;          //DMA 连续请求，禁用
    hadc1.Init.EOCSelection = ADC_EOC_SINGLE_CONV;  //EOC 产生方式
    if (HAL_ADC_Init(&hadc1) != HAL_OK)                 //ADC1 模块初始化
        Error_Handler();

    /** 配置规则转换组里每个 Rank，配置通道和采样点数 */
    sConfig.Channel = ADC_CHANNEL_5;                    //输入通道
```

```
        sConfig.Rank = 1;                                    //Rank 序号
        sConfig.SamplingTime = ADC_SAMPLETIME_28CYCLES;      //采样时间，ADCCLK 周期数
        if (HAL_ADC_ConfigChannel(&hadc1, &sConfig) != HAL_OK)
            Error_Handler();
}

/*  MSP 初始化函数，在 HAL_ADC_Init()里被调用   */
void HAL_ADC_MspInit(ADC_HandleTypeDef* adcHandle)
{
        GPIO_InitTypeDef GPIO_InitStruct = {0};
        if(adcHandle->Instance==ADC1)
        {
            __HAL_RCC_ADC1_CLK_ENABLE();     //ADC1 时钟使能
            __HAL_RCC_GPIOA_CLK_ENABLE();
            /** ADC1 GPIO 引脚配置   PA5   -----> ADC1_IN5 */
            GPIO_InitStruct.Pin = GPIO_PIN_5;
            GPIO_InitStruct.Mode = GPIO_MODE_ANALOG;
            GPIO_InitStruct.Pull = GPIO_NOPULL;
            HAL_GPIO_Init(GPIOA, &GPIO_InitStruct);
        }
}
```

上述代码定义了 ADC_HandleTypeDef 类型的变量 hadc1 作为 ADC1 的外设对象变量，hadc1.Init 是结构体类型 ADC_InitTypeDef，存储了 ADC1 模块的必要参数。函数 MX_ADC1_Init()中为 hadc1 的各成员变量赋值，赋值的代码与 CubeMX 中的设置是对应的。

函数 MX_ADC1_Init()还用到一个结构体类型 ADC_ChannelConfTypeDef 的变量，表示规则转换通道的每个 Rank，设置其输入通道、序号和采样时间。如果规则转换组有多个 Rank，会逐一进行设置。

函数 HAL_ADC_MspInit()的功能是使能 ADC1 的时钟，配置 ADC1 的模拟输入复用引脚 PA5。函数 HAL_ADC_MspInit()在 HAL_ADC_Init()里被调用。

这个示例比较简单，构建后下载运行，调节开发板上的电位器，就可以看到 LCD 上显示的 ADC 采集值发生变化。

14.4　示例 2：定时器触发 ADC 转换

14.4.1　示例功能和 CubeMX 项目设置

前面的示例使用软件触发方式进行 ADC 转换，每次转换之后延时 500ms，采样周期大约是 500ms。如果要求精确周期性进行 ADC 转换，这种方式的周期肯定是不够精确的。ADC 可以使用定时器的触发输出（TRGO）信号或捕获比较事件信号作为 ADC 转换启动信号，而 TRGO 信号可以设置为定时器的更新事件（UEV）信号，也就是定时溢出信号，这样，每次 ADC 的采样间隔就是精确的。

我们将设计一个示例 Demo14_2TimTrigger，使用 TIM3 的 TRGO 信号作为 ADC1 的外部触发信号，TIM3 的定时周期为 500ms，ADC1 以中断模式启动转换，在 ADC 的转换完成中断里读取转换结果数据。

我们将项目 Demo14_1ADC_Poll 整个复制为 Demo14_2TimTrigger，然后先在 CubeMX 中修改 Demo14_2TimTrigger.ioc 的配置。项目复制的方法见附录 B。

1. ADC1 的设置

ADC1 的输入通道仍然只选择 IN5，参数设置部分只修改外部触发源，如图 14-9 所示。主要是两个参数的设置。

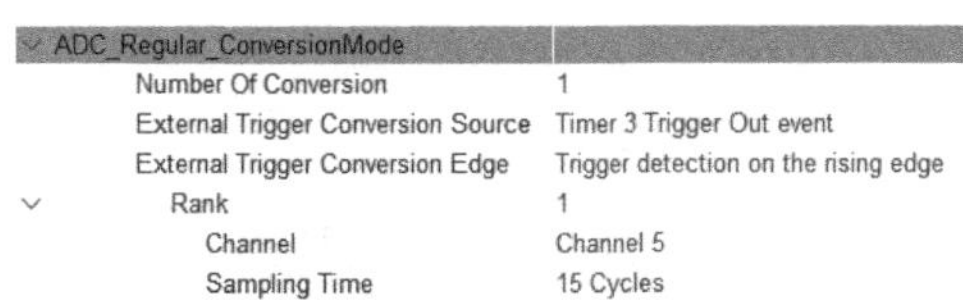

图 14-9 设置 ADC1 由定时器 3 的 TRGO 信号触发

- External Trigger Conversion Source，用于设置启动 ADC 转换的外部触发信号源，右侧的列表中列出了所有可选的信号源，是一些定时器的 Trigger Out event 或 Capture Compare event，这里选择 Timer 3 Trigger Out event，也就是定时器 TIM3 的 TRGO 信号。
- External Trigger Conversion Edge，用于设置触发转换的跳变沿，可选上跳沿、下跳沿或双边都触发。这里选择上跳沿，因为 TRGO 是一个短时正脉冲信号。

使用定时器的 TRGO 信号周期性地启动 ADC 转换时，应该开启 ADC 的全局中断，在转换完成事件（ADC_IT_EOC）中断里读取转换结果。因此，在 NVIC Settings 页面开启 ADC1 的全局中断，并设置 ADC1 中断的抢占优先级为 1，ADC 中断配置的结果如图 14-10 所示。注意，ADC1、ADC2 和 ADC3 共用一个中断号。

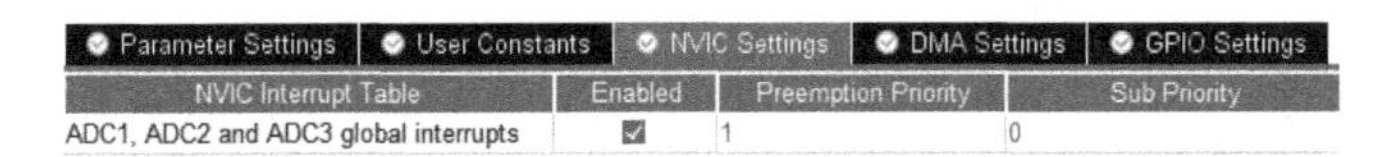

图 14-10 开启 ADC 的全局中断

2. TIM3 的设置

为方便计算定时器的分频系数和定时周期，我们在时钟树上设置 HCLK 为 100MHz，把 APB1 和 APB2 总线定时器时钟信号频率都设置为 50MHz（见图 9-1）。TIM3 的模式和配置界面如图 14-11 所示。模式设置部分只需设置 Clock Source 为 Internal Clock，启用 TIM3 即可。

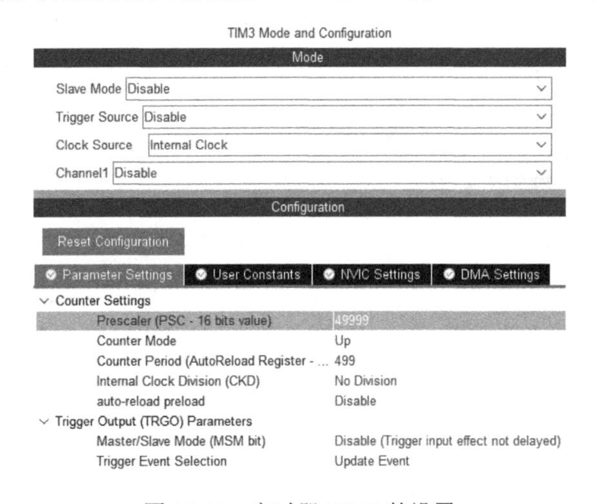

图 14-11 定时器 TIM3 的设置

Counter Settings 组的参数用于设置定时周期——将 TIM3 的定时周期设置为 500ms。参数设置的具体原理见第 9 章，此处不再赘述。

Trigger Output (TRGO) Parameters 组用于设置 TRGO 信号，主/从模式（Master/Slave Mode）设置为 Disable，即禁用主/从模式。触发事件选择（Trigger Event Selection）设置为 Update Event，

也就是以 UEV 事件信号作为 TRGO 信号。

这样，ADC1 在 TIM3 的 TRGO 信号的每个上跳沿启动一次 ADC 转换，就可以实现周期性的 ADC 转换，转换周期由 TIM3 的定时周期决定。无须开启 TIM3 的全局中断，TRGO 信号也是正常输出的。

14.4.2　程序功能实现

1. 主程序和中断处理

我们在 CubeMX 里生成 CubeIDE 项目代码，在 CubeIDE 里打开项目后修改原来的代码，并添加新的功能代码。完成后的文件 main.c 的代码如下：

```
/* 文件：main.c  -----------------------------------------------------------*/
#include "main.h"
#include "adc.h"
#include "tim.h"
#include "gpio.h"
#include "fsmc.h"
/* USER CODE BEGIN Includes */
#include  "tftlcd.h"
/* USER CODE END Includes */

/* Private variables --------------------------------------------------------*/
/* USER CODE BEGIN PV */
uint16_t orgX, orgY;          //LCD 上的显示位置，显示 ADC 原始值
uint16_t voltX,voltY;         //LCD 上的显示位置，显示电压 mV
/* USER CODE END PV */

int main(void)
{
     HAL_Init();
     SystemClock_Config();
     /* Initialize all configured peripherals */
     MX_GPIO_Init();
     MX_FSMC_Init();
     MX_ADC1_Init();           //ADC1 初始化
     MX_TIM3_Init();           //定时器初始化

     /* USER CODE BEGIN 2 */
     TFTLCD_Init();           //LCD 软件初始化
     LCD_ShowStr(10,10, (uint8_t *)"Demo14_2:ADC by Timer Trigger");
     LCD_ShowStr(10,LCD_CurY+LCD_SP15, (uint8_t *)"ADC1-IN5 channel");
     LCD_ShowStr(10,LCD_CurY+LCD_SP10, (uint8_t *)"TIM3's interval is 500ms");
     LCD_ShowStr(10,LCD_CurY+LCD_SP10, (uint8_t *)"Please set jumper at first");
     LCD_ShowStr(10,LCD_CurY+LCD_SP10, (uint8_t *)"Tune potentiometer for input");

     LCD_ShowStr(10,LCD_CurY+LCD_SP20, (uint8_t *)"ADC 12-bits Value= ");
     orgX=LCD_CurX;           //记录 LCD 显示位置
     orgY=LCD_CurY;
     LCD_ShowStr(10,LCD_CurY+LCD_SP20, (uint8_t *)"Voltage(mV)= ");
     voltX=LCD_CurX;           //记录 LCD 显示位置
     voltY=LCD_CurY;
     LcdFRONT_COLOR=lcdColor_WHITE;

     HAL_ADC_Start_IT(&hadc1);          //启动 ADC，中断模式
     HAL_TIM_Base_Start(&htim3);        //启动定时器
     /* USER CODE END 2 */
```

```
    /* Infinite loop */
    while (1)
    {
    }
}

/* USER CODE BEGIN 4 */
/*  ADC 的转换完成事件(ADC_IT_EOC)中断回调函数  */
void HAL_ADC_ConvCpltCallback(ADC_HandleTypeDef* hadc)
{
    if (hadc->Instance == ADC1)
    {
        uint32_t val=HAL_ADC_GetValue(hadc);     //读取转换结果
        LCD_ShowUintX(orgX,orgY,val, 5);        //5 位显示，前端补空格
        uint32_t Volt=3300*val;                 //以 mV 为单位
        Volt=Volt>>12;                          //除以 2^12
        LCD_ShowUintX(voltX,voltY,Volt, 4);     //4 位显示，前端补空格
    }
}
/* USER CODE END 4 */
```

在外设初始化部分，MX_TIM3_Init()对定时器 TIM3 初始化，MX_ADC1_Init()对 ADC1 初始化。

程序定义了几个全局变量记录 LCD 上的显示位置，是为方便 ADC 中断回调函数里显示数值。

程序在进入 while 循环之前，先执行 HAL_ADC_Start_IT(&hadc1)启动 ADC1，并开启中断工作模式，再开启定时器 TIM3，无须为定时器 TIM3 开启中断模式。

ADC1 完成一次转换后产生 EOC 事件中断，对应的回调函数是 HAL_ADC_ConvCpltCallback()。为直接利用文件 main.c 中定义的 4 个记录 LCD 显示位置的变量，我们在文件 main.c 中重新实现这个函数，在回调函数里使用 HAL_ADC_GetValue()读取转换结果寄存器的原始数值，然后将其转换为毫伏电压值，将原始值和电压值显示在 LCD 的固定位置。

这个示例里所编写的程序都在文件 main.c 里，外设初始化程序都是 CubeMX 自动生成的。构建项目，然后下载到开发板测试，可以看到数据能正常变化。

2. 定时器 TIM3 初始化

文件 tim.c 中的函数 MX_TIM3_Init()用于定时器 TIM3 的初始化，该函数及相关代码如下：

```
/* 文件： tim.c  ---------------------------------------------------------------*/
#include "tim.h"
TIM_HandleTypeDef  htim3;        //TIM3 的外设对象变量

/*  TIM3 初始化函数  */
void MX_TIM3_Init(void)
{
    TIM_ClockConfigTypeDef sClockSourceConfig = {0};
    TIM_MasterConfigTypeDef sMasterConfig = {0};

    htim3.Instance = TIM3;
    htim3.Init.Prescaler = 49999;         //预分频系数为 1+49999
    htim3.Init.CounterMode = TIM_COUNTERMODE_UP;
    htim3.Init.Period = 499;             //定时周期数
    htim3.Init.ClockDivision = TIM_CLOCKDIVISION_DIV1;
    htim3.Init.AutoReloadPreload = TIM_AUTORELOAD_PRELOAD_DISABLE;
    if (HAL_TIM_Base_Init(&htim3) != HAL_OK)
        Error_Handler();
```

```
    sClockSourceConfig.ClockSource = TIM_CLOCKSOURCE_INTERNAL;
    if (HAL_TIM_ConfigClockSource(&htim3, &sClockSourceConfig) != HAL_OK)
        Error_Handler();

    sMasterConfig.MasterOutputTrigger = TIM_TRGO_UPDATE; //TRGO 信号源设置为 UEV 信号
    sMasterConfig.MasterSlaveMode = TIM_MASTERSLAVEMODE_DISABLE;
    if (HAL_TIMEx_MasterConfigSynchronization(&htim3, &sMasterConfig) != HAL_OK)
        Error_Handler();
}

void HAL_TIM_Base_MspInit(TIM_HandleTypeDef* tim_baseHandle)
{
    if(tim_baseHandle->Instance==TIM3)
    {
        /*  TIM3 时钟使能  */
        __HAL_RCC_TIM3_CLK_ENABLE();
    }
}
```

在本示例中，TIM3 被设置为每 500ms 产生一次定时溢出，也就是产生 UEV 事件。UEV 事件信号被设置为触发输出信号 TRGO 的信号源（见图 14-11），用于触发 ADC1 进行 ADC 转换。代码中没有开启定时器 TIM3 的全局中断。

3. ADC1 的初始化

文件 adc.c 中有 CubeMX 自动生成的 ADC1 初始化函数 MX_ADC1_Init()，相关代码如下：

```
/* 文件：adc.c ----------------------------------------------------------------*/
#include "adc.h"
ADC_HandleTypeDef  hadc1;   //表示 ADC1 的外设对象变量

/* ADC1 初始化函数 */
void MX_ADC1_Init(void)
{
    ADC_ChannelConfTypeDef sConfig = {0};
    /**  配置 ADC 的全局特性时钟、分辨率、数据对齐方式、转换个数等)  */
    hadc1.Instance = ADC1;
    hadc1.Init.ClockPrescaler = ADC_CLOCK_SYNC_PCLK_DIV2;
    hadc1.Init.Resolution = ADC_RESOLUTION_12B;
    hadc1.Init.ScanConvMode = DISABLE;
    hadc1.Init.ContinuousConvMode = DISABLE;
    hadc1.Init.DiscontinuousConvMode = DISABLE;
    hadc1.Init.ExternalTrigConvEdge = ADC_EXTERNALTRIGCONVEDGE_RISING; //触发边沿
    hadc1.Init.ExternalTrigConv = ADC_EXTERNALTRIGCONV_T3_TRGO;   //外部触发源
    hadc1.Init.DataAlign = ADC_DATAALIGN_RIGHT;
    hadc1.Init.NbrOfConversion = 1;
    hadc1.Init.DMAContinuousRequests = DISABLE;
    hadc1.Init.EOCSelection = ADC_EOC_SINGLE_CONV;
    if (HAL_ADC_Init(&hadc1) != HAL_OK)
        Error_Handler();

    /**  配置规则转换组里每个 Rank，配置通道和采样点数  */
    sConfig.Channel = ADC_CHANNEL_5;
    sConfig.Rank = 1;
    sConfig.SamplingTime = ADC_SAMPLETIME_15CYCLES;
    if (HAL_ADC_ConfigChannel(&hadc1, &sConfig) != HAL_OK)
        Error_Handler();
}
```

```
/*  ADC 的 MSP 初始化函数，在 HAL_ADC_Init()里被调用  */
void HAL_ADC_MspInit(ADC_HandleTypeDef* adcHandle)
{
     GPIO_InitTypeDef GPIO_InitStruct = {0};
     if(adcHandle->Instance==ADC1)
     {
          __HAL_RCC_ADC1_CLK_ENABLE();        //ADC1 时钟使能
          __HAL_RCC_GPIOA_CLK_ENABLE();
          /** ADC1 GPIO 配置 PA5 -----> ADC1_IN5 */
          GPIO_InitStruct.Pin = GPIO_PIN_5;
          GPIO_InitStruct.Mode = GPIO_MODE_ANALOG;
          GPIO_InitStruct.Pull = GPIO_NOPULL;
          HAL_GPIO_Init(GPIOA, &GPIO_InitStruct);

          /* ADC1 中断初始化  */
          HAL_NVIC_SetPriority(ADC_IRQn, 1, 0);
          HAL_NVIC_EnableIRQ(ADC_IRQn);
     }
}
```

本示例的函数 MX_ADC1_Init()的代码与示例 Demo14_1ADC_Poll 里的基本相同，只是增加了外部触发信号源和触发边沿两个参数的设置代码。函数 HAL_ADC_MspInit()里增加了 ADC1 中断的设置。

14.5　示例 3：多通道和 DMA 传输

14.5.1　示例功能和 CubeMX 项目设置

前面的两个示例都只有一个输入通道，在转换结束后可以及时读出结果数据寄存器的内容。当规则转换组有多个通道时，应该使用扫描转换模式（Scan Conversion Mode），ADC 在转换完一个通道后立刻转换下一个通道，直到规则组内的通道序列转换完。规则转换只有一个转换结果数据寄存器，虽然可以设置在每个通道转换完之后就产生 EOC 事件中断，但是在多通道情况下，在 EOC 事件中断里读取转换结果数据可能是来不及的，更谈不上对数据进行显示或处理。

如果规则转换组有多个输入通道，应该使用 DMA，使转换结果数据通过 DMA 传输自动保存到缓冲区中，在一个规则组转换结束后再对数据进行处理，或者在采集多次数据后再处理。

我们将在示例 Demo14_2TimTrigger 的基础上设计一个示例 Demo14_3Scan_DMA，为规则组设置 3 个输入通道，使用扫描转换模式，通过 DMA 方式传输 ADC 转换结果数据。将项目 Demo14_2TimTrigger 复制为 Demo14_3Scan_DMA，操作方法见附录 B。在 CubeMX 中打开文件 Demo14_3Scan_DMA.ioc，时钟树、定时器 TIM3 等的设置都无须修改，只需修改 ADC1 的设置。

1. ADC1 通道设置

在 ADC1 的模式设置中，选择 3 个输入通道，如图 14-12 所示。IN5 是外部模拟量输入通道，接可调电阻产生的可变电压。因为开发板上没有再连接其他模拟输入引脚，所以另外两个使用内部输入通道，Vrefint Channel 是内部参考电压通道，Vbat Channel 是备用电源电压通道。

2. ADC1 参数设置

ADC1 的参数设置界面如图 14-13 所示。在 ADC_Settings 参数组，开启扫描转换模式（Scan

Conversion Mode）和 DMA 连续请求（DMA Continuous Requests）。这两个参数的意义见 14.3.2 节的解释。

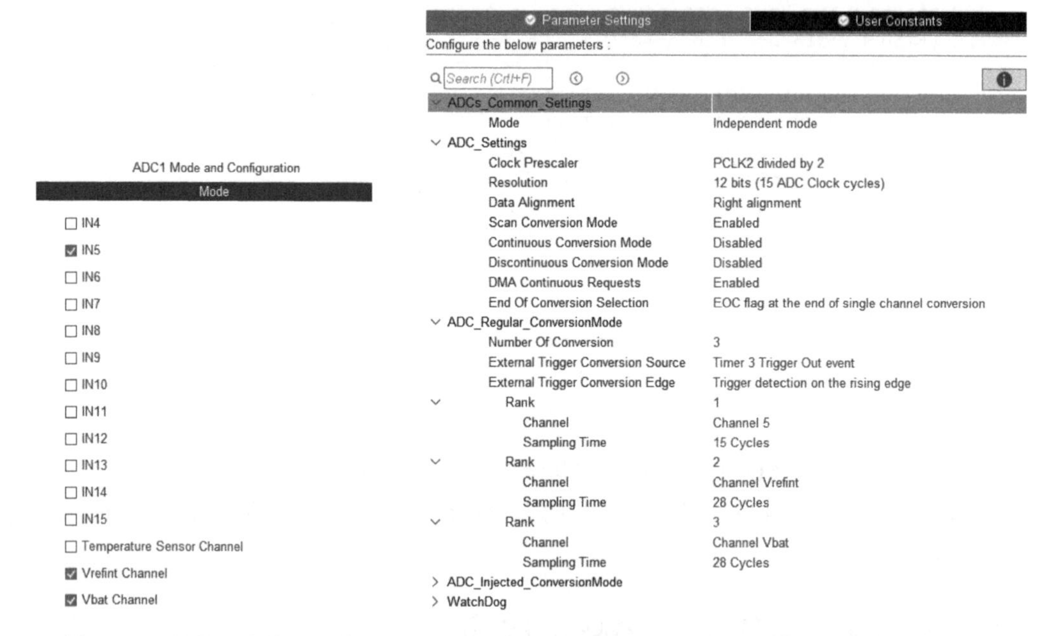

图 14-12　设置 3 个输入通道　　　　图 14-13　设置 ADC1 的参数

在 ADC_Regular_ConversionMode 参数组里设置转换个数为 3，下面会自动生成 3 个 Rank 的设置，分别设置每个 Rank 的输入通道和采样时间——每个通道的采样时间可以不一样。3 个 Rank 里模拟通道出现的顺序就是规则组转换的顺序。

注意，ADC_Settings 组里的参数 End of Conversion Selection 的设定值不变，仍然是在每个通道转换完之后产生 EOC 信号。

3. DMA 设置

ADC1 只有一个 DMA 请求，为这个 DMA 请求配置 DMA 流 DMA2 Stream 0，设置 DMA 传输属性参数，设置界面如图 14-14 所示。DMA 传输方向自动设置为 Peripheral To Memory（外设到存储器）。在 DMA Request Settings 组中将 Mode（工作模式）设置为 Circular（循环模式），将外设和存储器的数据宽度都设置为 Word——因为 ADC 转换结果数据寄存器是 32 位的。存储器设置为地址自增加。

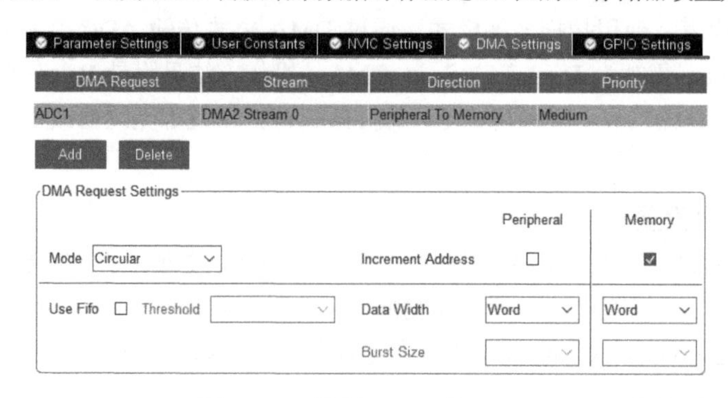

图 14-14　设置 ADC1 的 DMA

在使用 ADC1 的 DMA 方式传输时发现：即使不开启 ADC1 的全局中断，DMA 传输功能也能正常工作，所以在 NVIC 设置部分关闭 ADC1 的全局中断。

外设使用 DMA 时是否需要开启外设的全局中断，不同的外设情况不一样。例如，UART 使用 DMA 时就必须开启 UART 的全局中断，虽然可以禁止 UART 的两个主要中断事件源（见 13.3 节）。在外设使用 DMA 时，建议尽量不开启外设的全局中断，若必须开启，也要禁止外设的主要事件源产生硬件中断，因为 DMA 的传输完成事件中断使用外设的回调函数，若开启外设的中断事件源，则可能导致一个事件发生时回调函数被调用两次。

14.5.2 程序功能实现

1. 主程序和 DMA 中断处理

我们在 CubeMX 中完成设置后生成代码，在 CubeIDE 中打开项目。完成功能后文件 main.c 的代码如下：

```
/* 文件：main.c ------------------------------------------------------------*/
#include "main.h"
#include "adc.h"
#include "dma.h"
#include "tim.h"
#include "gpio.h"
#include "fsmc.h"
/* USER CODE BEGIN Includes */
#include "tftlcd.h"
/* USER CODE END Includes */

/* Private variables -------------------------------------------------------*/
/* USER CODE BEGIN PV */
#define     BATCH_DATA_LEN     3     //DMA 数据缓冲区长度，必须是通道数的整数倍
uint32_t    dmaDataBuffer[BATCH_DATA_LEN];          //DMA 数据缓冲区
uint16_t    voltX,voltY;           //LCD 上的显示位置
/* USER CODE END PV */

int main(void)
{
     HAL_Init();
     SystemClock_Config();
     /* Initialize all configured peripherals */
     MX_GPIO_Init();
     MX_DMA_Init();          //DMA 初始化
     MX_FSMC_Init();
     MX_ADC1_Init();          //ADC1 初始化
     MX_TIM3_Init();

     /* USER CODE BEGIN 2 */
     TFTLCD_Init();           //LCD 软件初始化
     LCD_ShowStr(10,10, (uint8_t *)"Demo14_3:Multi-channel Scan + DMA");
     LCD_ShowStr(10,LCD_CurY+LCD_SP15, (uint8_t *)"Conversion triggered by");
     LCD_ShowStr(10,LCD_CurY+LCD_SP10, (uint8_t *)"TIM3 with interval of 500ms");

     LCD_ShowStr(10,LCD_CurY+LCD_SP20, (uint8_t *)"Channel5  Volt(mV)= ");
     voltX=LCD_CurX;          //记录 LCD 显示位置
     voltY=LCD_CurY;
     LCD_ShowStr(10,LCD_CurY+LCD_SP20, (uint8_t *)"Reference Volt(mV)= ");
     LCD_ShowStr(10,LCD_CurY+LCD_SP20, (uint8_t *)"Battery   Volt(mV)= ");

     LcdFRONT_COLOR=lcdColor_WHITE;
```

```
    HAL_ADC_Start_DMA(&hadc1, dmaDataBuffer, BATCH_DATA_LEN);  //启动ADC1，DMA方式
    HAL_TIM_Base_Start(&htim3);         //启动定时器TIM3
    /* USER CODE END 2 */

    /* Infinite loop */
    while (1)
    {
    }
}

/* USER CODE BEGIN 4 */
/*   DMA 流传输完成事件中断的回调函数   */
void HAL_ADC_ConvCpltCallback(ADC_HandleTypeDef* hadc)
{
    uint16_t ypos=voltY;            //显示起始行
    uint32_t adcValue=0, Volt;
    for(uint8_t i=0; i<BATCH_DATA_LEN;i++)
    {
        adcValue=dmaDataBuffer[i];  //缓冲区里是3个通道的转换结果
        Volt=3300*adcValue;         //以mV为单位
        Volt=Volt>>12;              //除以2^12
        LCD_ShowUintX(voltX, ypos, Volt, 4);   //显示数据，X坐标固定
        ypos +=LCD_SP20;            //下移
    }
}
/* USER CODE END 4 */
```

上述程序定义了几个全局变量：数组 dmaDataBuffer 用作 DMA 传输的数据缓冲区，voltX 和 voltY 记录 LCD 的显示位置。

在外设初始化部分，函数 MX_DMA_Init()进行 DMA 初始化，其功能就是使能 DMA2 控制器的时钟，设置 DMA 流 DMA2_Stream0 的中断优先级。DMA 传输的初始化配置是在函数 MX_ADC1_Init()里完成的。

程序在 LCD 上显示了一些信息字符串，采集的 3 个通道的结果数据分别在 3 行上显示。程序中用全局变量 voltX 和 voltY 记录了第 1 个显示位置，其他 2 个数据显示位置只是行位置递增 LCD_SP20。

程序中用如下语句启动了 ADC1 转换和 DMA 数据传输：

```
HAL_ADC_Start_DMA(&hadc1, dmaDataBuffer, BATCH_DATA_LEN);
```

其中，dmaDataBuffer 是 DMA 传输数据的缓冲区，是元素类型为 uint32_t 的数组，该数组的长度为 BATCH_DATA_LEN。程序中定义 BATCH_DATA_LEN 的值为 3，所以，发生 DMA 传输完成事件中断时，数组 dmaDataBuffer 中就存储了 3 个通道的一次转换结果，在 DMA 传输完成事件中断的回调函数里，就可以读出 3 个通道的转换结果。因为设置 DMA 工作模式为循环模式，所以会在定时器 TIM3 驱动下一直进行 ADC 转换和数据传输。

DMA 缓冲区长度 BATCH_DATA_LEN 也可以设置为 3 的整数倍，例如，设置为 30。那么发生 DMA 传输完成中断时，数组 dmaDataBuffer 就存储了 3 个通道 10 个采样点的数据。在实际的 ADC 数据采集中，一般是采集一定的数据点之后再处理、显示或存储，还可以使用双缓冲区进一步提高效率。

通过跟踪分析函数 HAL_ADC_Start_DMA()和 DMA 流中断处理函数 HAL_DMA_IRQHandler()的源代码，我们可以发现 DMA 流中断事件与 ADC 回调函数之间的关系，如表 14-3 所示。DMA 流的传输完成中断事件（DMA_IT_TC）关联着 ADC 的回调函数 HAL_ADC_ConvCpltCallback()。

为便于使用文件 main.c 中定义的全局变量，我们在文件 main.c 中重新实现这个回调函数。这个函数的代码功能就是依次读取数组 dmaDataBuffer 里存储的 3 个通道的转换结果，转换为电压值后在 LCD 上显示。

这个示例的用户代码都在文件 main.c 里。构建完成后，我们将其下载到开发板上并运行测试，可以看到 LCD 上不断刷新显示 3 个通道的采集值。调节开发板上的电位器，可以看到 Channel 5 的电压值明显变化；内部参考电压通道接的是内部 1.2V 调压器的输出，所以测量值是 1200mV 左右；VBAT 通道内部有桥接分压器，实际测量的电压是 VBAT/2。

2. DMA 和 ADC1 初始化

MX_DMA_Init()是 CubeMX 自动生成的 DMA 初始化函数，在文件 dma.c 里实现，其代码如下。函数只是开启了 DMA2 控制器时钟，设置了 DMA 流 DMA2_Stream0 的中断：

```
/* 文件：dma.c    ------------------------------------------------------------*/
#include "dma.h"
/*  DMA 初始化函数  */
void MX_DMA_Init(void)
{
      __HAL_RCC_DMA2_CLK_ENABLE();     //DMA2 控制器时钟使能
      /*  DMA2_Stream0_IRQn 中断配置  */
      HAL_NVIC_SetPriority(DMA2_Stream0_IRQn, 0, 0);
      HAL_NVIC_EnableIRQ(DMA2_Stream0_IRQn);
}
```

MX_ADC1_Init()是 CubeMX 自动生成的 ADC1 初始化的函数，在文件 adc.c 中实现，这个函数和相关 MSP 初始化函数代码如下：

```
/* 文件：adc.c  ---------------------------------------------------------------*/
#include  "adc.h"
ADC_HandleTypeDef  hadc1;         //表示 ADC1 的外设对象变量
DMA_HandleTypeDef  hdma_adc1;     //ADC1 的 DMA 请求关联的 DMA 流对象变量

/*  ADC1 初始化函数  */
void MX_ADC1_Init(void)
{
      ADC_ChannelConfTypeDef sConfig = {0};
      /**  ADC1 参数设置  */
      hadc1.Instance = ADC1;
      hadc1.Init.ClockPrescaler = ADC_CLOCK_SYNC_PCLK_DIV2;
      hadc1.Init.Resolution = ADC_RESOLUTION_12B;
      hadc1.Init.ScanConvMode = ENABLE;         //开启扫描模式
      hadc1.Init.ContinuousConvMode = DISABLE;
      hadc1.Init.DiscontinuousConvMode = DISABLE;
      hadc1.Init.ExternalTrigConvEdge = ADC_EXTERNALTRIGCONVEDGE_RISING;
      hadc1.Init.ExternalTrigConv = ADC_EXTERNALTRIGCONV_T3_TRGO;
      hadc1.Init.DataAlign = ADC_DATAALIGN_RIGHT;
      hadc1.Init.NbrOfConversion = 3;         //规则转换通道数
      hadc1.Init.DMAContinuousRequests = ENABLE;         //连续 DMA 请求
      hadc1.Init.EOCSelection = ADC_EOC_SINGLE_CONV;
      if (HAL_ADC_Init(&hadc1) != HAL_OK)
            Error_Handler();

      /**  配置规则转换组的每个 Rank  */
      sConfig.Channel = ADC_CHANNEL_5;             //IN5 外部输入通道
      sConfig.Rank = 1;
      sConfig.SamplingTime = ADC_SAMPLETIME_15CYCLES;
      if (HAL_ADC_ConfigChannel(&hadc1, &sConfig) != HAL_OK)
```

```
            Error_Handler();

        sConfig.Channel = ADC_CHANNEL_VREFINT;          //内部参考电压通道
        sConfig.Rank = 2;
        sConfig.SamplingTime = ADC_SAMPLETIME_28CYCLES;
        if (HAL_ADC_ConfigChannel(&hadc1, &sConfig) != HAL_OK)
            Error_Handler();

        sConfig.Channel = ADC_CHANNEL_VBAT;          //备用电池电压通道
        sConfig.Rank = 3;
        if (HAL_ADC_ConfigChannel(&hadc1, &sConfig) != HAL_OK)
            Error_Handler();
    }

    /*  ADC 的 MSP 初始化函数，在 HAL_ADC_Init()里被调用   */
    void HAL_ADC_MspInit(ADC_HandleTypeDef* adcHandle)
    {
        GPIO_InitTypeDef GPIO_InitStruct = {0};
        if(adcHandle->Instance==ADC1)
        {
            __HAL_RCC_ADC1_CLK_ENABLE();          //ADC1 时钟使能
            __HAL_RCC_GPIOA_CLK_ENABLE();
            /**  ADC1 GPIO 配置 PA5 -----> ADC1_IN5  */
            GPIO_InitStruct.Pin = GPIO_PIN_5;
            GPIO_InitStruct.Mode = GPIO_MODE_ANALOG;
            GPIO_InitStruct.Pull = GPIO_NOPULL;
            HAL_GPIO_Init(GPIOA, &GPIO_InitStruct);

            /*  DMA 请求 ADC1 的 DMA 流初始化配置  */
            hdma_adc1.Instance = DMA2_Stream0;          //DMA 流
            hdma_adc1.Init.Channel = DMA_CHANNEL_0;     //DMA 通道，也就是外设的 DMA 请求
            hdma_adc1.Init.Direction = DMA_PERIPH_TO_MEMORY;    //方向：外设到存储器
            hdma_adc1.Init.PeriphInc = DMA_PINC_DISABLE;        //外设地址自增：禁用
            hdma_adc1.Init.MemInc = DMA_MINC_ENABLE;            //存储器地址自动增加
            hdma_adc1.Init.PeriphDataAlignment = DMA_PDATAALIGN_WORD;
            hdma_adc1.Init.MemDataAlignment = DMA_MDATAALIGN_WORD;    //数据宽度：4 字节
            hdma_adc1.Init.Mode = DMA_CIRCULAR;     //传输模式：循环模式
            hdma_adc1.Init.Priority = DMA_PRIORITY_MEDIUM;
            hdma_adc1.Init.FIFOMode = DMA_FIFOMODE_DISABLE;
            if (HAL_DMA_Init(&hdma_adc1) != HAL_OK)
                Error_Handler();

            __HAL_LINKDMA(adcHandle,DMA_Handle,hdma_adc1);    //外设与 DMA 流关联
        }
    }
```

函数 MX_ADC1_Init()的代码与 CubeMX 中的设置对应，开启了扫描转换模式和连续 DMA 请求，设置规则组转换数为 3，并设置了每个 Rank 的通道和采样时间。

函数 HAL_ADC_MspInit()先进行 ADC1 IN5 的 GPIO 引脚初始化，然后进行 DMA 流的初始化配置，最后通过函数__HAL_LINKDMA()将 ADC1 和 DMA 流关联。

3. 讨论：通过 DMA 的两个中断实现伪双缓冲区功能

DMA 传输具有双缓冲区功能，也就是交替使用两个缓冲区。DMA 的 HAL 驱动程序中也有使用双缓冲区的相关函数，但是初始化配置和使用比较麻烦。其实，可以使用 DMA 流的传输半完成事件（DMA_IT_HT）中断和传输完成事件（DMA_IT_TC）中断实现类似于双缓冲区的功能，这可以称为伪双缓冲区方法。具体实现的原理如下。

（1）将 DMA 缓冲区定义得大一些，可以存储一个规则转换组多次转换的数据。例如，本示例有 3 个规则转换通道，设置 DMA 缓冲区长度为 60，即定义：

```
uint32_t  dmaDataBuffer[60];
```

这样，这个缓冲区可以存储规则组 20 次转换的数据，每次 3 个通道。

（2）对 DMA 传输半完成事件中断和传输完成事件中断进行处理。传输半完成事件中断关联的回调函数是 HAL_ADC_ConvHalfCpltCallback()，传输完成事件中断关联的回调函数是 HAL_ADC_ConvCpltCallback()。重新实现这两个回调函数，在 DMA 传输半完成事件中断里读取数组 dmaDataBuffer 前半部分的数据，在 DMA 传输完成事件中断里读取数组 dmaDataBuffer 后半部分的数据。这样就可以将一个长的 DMA 缓冲区当作两个缓冲区处理了。

14.6　示例 4：双 ADC 同步转换

14.6.1　示例功能与 CubeMX 项目设置

我们将使用 ADC1 和 ADC2 同步采集两个通道的信号，因为开发板上只有一个模拟信号输入 PA5 引脚，而双重 ADC 同步采集时，不能采集同一个通道，所以使用 ADC1 采集内部参考电压 Vrefint，使用 ADC2 的 IN5 通道（也就是 PA5 引脚）采集外部模拟电压信号。多重 ADC 模式只能采用 DMA 方式传输数据。

我们将项目 Demo14_3Scan_DMA 整个复制为 Demo14_4DualADCSimu。操作方法见附录 B。在 CubeMX 里打开文件 Demo14_4DualADCSimu.ioc 进行设置，其中，时钟树、TIM3 等的设置都不需要修改。

1. **ADC1 的设置**

只为 ADC1 选择一个输入通道，即 Vrefint。参数设置界面如图 14-15 所示。

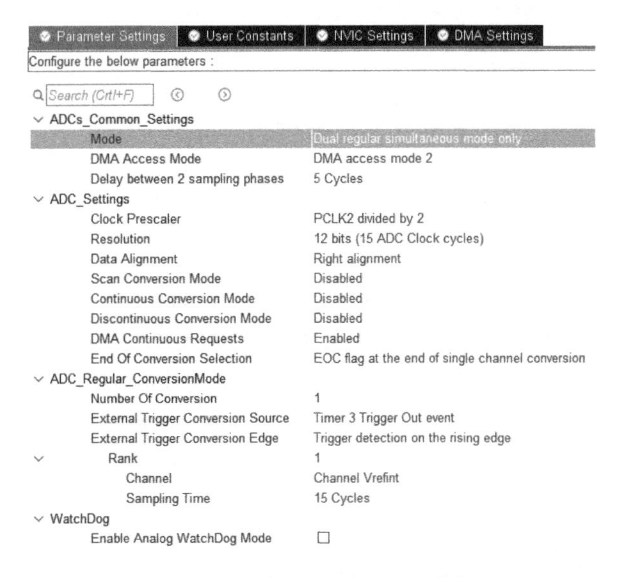

图 14-15　双重 ADC 时 ADC1 的设置

ADCs_Common_Settings 组里有几个参数用于多 ADC 模式。

- Mode：选择 Dual regular simultaneous mode only，也就是 ADC1 和 ADC2 规则同步转换模式。
- DMA Access Mode：DMA 访问模式，这里只能选择 DMA access mode 2。
- Delay between 2 sampling phases：两次采样之间的间隔。这个参数用于交替模式时，设置交替采样的间隔时间，如 5 Cycles 表示 5 个 ADCCLK 周期。本示例是同步模式，因此此参数无影响。

因为只有一个通道，所以将参数 Scan Conversion Mode（扫描转换模式）设置为 Disabled。多重 ADC 只能使用 DMA 方式传输数据，所以参数 DMA Continuous Requests（DMA 连续请求）设置为 Enabled。

在 ADC1 配置界面的 DMA Settings 页面进行 DMA 设置，设置结果与图 14-14 所示的一样。不要开启 ADC1 的全局中断。

ADC1 仍然由 TIM3 的 TRGO 信号触发，TIM3 的所有设置不变，定时周期为 500ms。

2. ADC2 的设置

ADC2 的输入通道选择 IN5，参数设置如图 14-16 所示。除了规则转换的 Rank 通道设置为 Channel 5，其他的参数（如时钟分频系数、分辨率、数据采样时间等）都应该与 ADC1 保持一致，以保证两个 ADC 能同步采集。在图 14-16 中没有触发源选项，在双 ADC 同步模式下，ADC2 由 ADC1 的触发源触发。

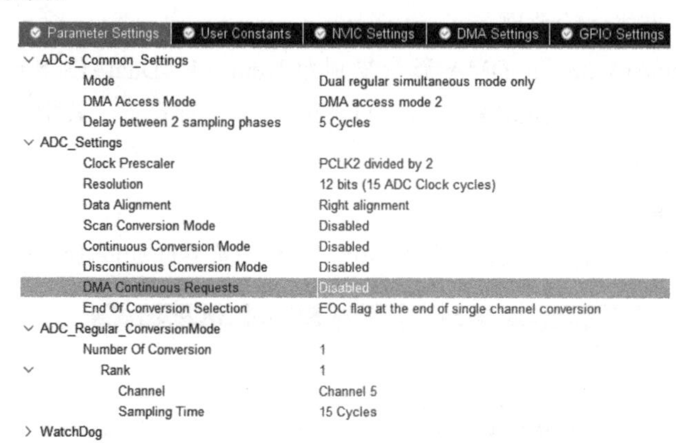

图 14-16　双重 ADC 时 ADC2 的设置

不要为 ADC2 配置 DMA，也不要开启 ADC2 的全局中断。

在图 14-16 中有一个 bug，DMA Continuous Requests 只能选择 Disabled，但是这个参数应该设置为 Enabled。如果为 ADC2 配置 DMA 流，才会出现 Enabled 选项。但是在双 ADC 模式下，ADC2 不能配置 DMA 流，否则就不能实现双 ADC 同步模式了。在 CubeMX 里无法将这个参数修改为 Enabled，只能在生成的初始化函数 MX_ADC2_Init() 里修改代码。这是 CubeMX 5.6 中的一个 bug，在 CubeMX 5.5 中没有这个问题。

14.6.2　程序功能实现

1. 主程序

在 CubeMX 里生成 CubeIDE 项目代码，在 CubeIDE 里打开项目后添加用户功能代码。添加用户代码之后的文件 main.c 中的主要程序代码如下：

```
/* 文件：main.c  ------------------------------------------------------------*/
#include "main.h"
#include "adc.h"
#include "dma.h"
#include "tim.h"
#include "gpio.h"
#include "fsmc.h"
/* USER CODE BEGIN Includes */
#include "tftlcd.h"
/* USER CODE END Includes */

/* Private variables ---------------------------------------------------------*/
/* USER CODE BEGIN PV */
#define     BATCH_DATA_LEN        1            //双重 ADC 采集一次存储的 32 位数据
uint32_t    dmaDataBuffer[BATCH_DATA_LEN];     //DMA 数据缓冲区
uint16_t    voltX,voltY;                       //存储的 LCD 显示位置
/* USER CODE END PV */

int main(void)
{
    HAL_Init();
    SystemClock_Config();
    /* Initialize all configured peripherals */
    MX_GPIO_Init();
    MX_DMA_Init();          //DMA 初始化
    MX_FSMC_Init();
    MX_ADC1_Init();         //ADC1 初始化
    MX_TIM3_Init();
    MX_ADC2_Init();         //ADC2 初始化

    /* USER CODE BEGIN 2 */
    TFTLCD_Init();          //LCD 软件初始化
    LCD_ShowStr(10,10, (uint8_t *)"Demo14_4:ADC1+ADC2 Sync");
    LCD_ShowStr(10,LCD_CurY+LCD_SP15, (uint8_t *)"Triggered by TIM3 each 500ms");
    LCD_ShowStr(10,LCD_CurY+LCD_SP10, (uint8_t *)"Please set jumper at first");
    LCD_ShowStr(10,LCD_CurY+LCD_SP10, (uint8_t *)"Tune potentiometer for input");

    LCD_ShowStr(10,LCD_CurY+LCD_SP20, (uint8_t *)"ADC1  Vref(mV)= ");
    voltX=LCD_CurX;
    voltY=LCD_CurY;
    LCD_ShowStr(10,LCD_CurY+LCD_SP20, (uint8_t *)"ADC2   IN5(mV)= ");
    LcdFRONT_COLOR=lcdColor_WHITE;

    HAL_ADCEx_MultiModeStart_DMA(&hadc1, dmaDataBuffer, BATCH_DATA_LEN);//启动 ADC1
    HAL_ADCEx_MultiModeStart_DMA(&hadc2, dmaDataBuffer, BATCH_DATA_LEN);//启动 ADC2
    HAL_TIM_Base_Start(&htim3);         //启动定时器 TIM3
    /* USER CODE END 2 */

    /* Infinite loop */
    while (1)
    {
    }
}

/* USER CODE BEGIN 4 */
/*  DMA 传输完成事件中断的回调函数  */
void HAL_ADC_ConvCpltCallback(ADC_HandleTypeDef* hadc)
{
```

```
    uint32_t Volt;
    uint32_t adcValue=dmaDataBuffer[0];          //ADC2 和 ADC1 的数据

    uint32_t ADC1_val=adcValue & 0x0000FFFF;     //低 16 位是 ADC1 的数据
    Volt=3300*ADC1_val;          //单位：mV
    Volt=Volt>>12;               //除以 2^12
    LCD_ShowUintX(voltX,voltY,Volt, 4);

    uint32_t ADC2_val=adcValue & 0xFFFF0000;     //高 16 位是 ADC2 的数据
    ADC2_val= ADC2_val>>16;
    Volt=3300*ADC2_val;          //单位：mV
    Volt=Volt>>12;               //除以 2^12
    LCD_ShowUintX(voltX, voltY+LCD_SP20,Volt, 4);
}
```

上述代码定义了一个 uint32_t 类型的全局数组 dmaDataBuffer 用作 DMA 缓冲区，只有一个元素。因为在双 ADC 同步模式下，MCU 自动将 ADC1 和 ADC2 一次转换的数据组合成一个 32 位数，高 16 位是 ADC2 的数据，低 16 位是 ADC1 的数据。

main()函数使用函数 HAL_ADCEx_MultiModeStart_DMA()以多重模式 DMA 传输方式启动了 ADC1 和 ADC2，且都使用缓冲区 dmaDataBuffer。

DMA 流的传输完成事件中断关联的回调函数是 HAL_ADC_ConvCpltCallback()，在文件 main.c 里重新实现了这个函数。因为 dmaDataBuffer 的长度为 1，所以完成一次转换就会调用一次这个回调函数。dmaDataBuffer[0]包含 ADC1 和 ADC2 一次转换的数据，高 16 位是 ADC2 的数据，低 16 位是 ADC1 的数据。这个回调函数实现的功能就是将 ADC1 和 ADC2 的转换结果数据读取出来，计算为电压后在 LCD 上显示。

2. DMA 初始化

文件 dma.c 中有 DMA 初始化函数 MX_DMA_Init，其代码如下。这里只是开启了 DMA2 控制器的时钟，设置了 DMA 流 DMA2_Stream0 的中断。

```
void MX_DMA_Init(void)
{
    /* DMA2 控制器时钟使能 */
    __HAL_RCC_DMA2_CLK_ENABLE();
    /* DMA2_Stream0_IRQn 中断配置*/
    HAL_NVIC_SetPriority(DMA2_Stream0_IRQn, 0, 0);
    HAL_NVIC_EnableIRQ(DMA2_Stream0_IRQn);
}
```

3. ADC1 和 ADC2 初始化

文件 adc.c 中有函数 MX_ADC1_Init()和 MX_ADC2_Init()，分别用于对 ADC1 和 ADC2 进行初始化。

```
/* 文件：adc.c  ---------------------------------------------------------------*/
#include "adc.h"
ADC_HandleTypeDef  hadc1;        //ADC1 外设对象变量
ADC_HandleTypeDef  hadc2;        //ADC2 外设对象变量
DMA_HandleTypeDef  hdma_adc1;    //DMA 流对象变量

/* ADC1 初始化函数 */
void MX_ADC1_Init(void)
{
    ADC_MultiModeTypeDef multimode = {0};
    ADC_ChannelConfTypeDef sConfig = {0};
```

```
    hadc1.Instance = ADC1;
    hadc1.Init.ClockPrescaler = ADC_CLOCK_SYNC_PCLK_DIV2;
    hadc1.Init.Resolution = ADC_RESOLUTION_12B;
    hadc1.Init.ScanConvMode = DISABLE;
    hadc1.Init.ContinuousConvMode = DISABLE;
    hadc1.Init.DiscontinuousConvMode = DISABLE;
    hadc1.Init.ExternalTrigConvEdge = ADC_EXTERNALTRIGCONVEDGE_RISING;
    hadc1.Init.ExternalTrigConv = ADC_EXTERNALTRIGCONV_T3_TRGO;
    hadc1.Init.DataAlign = ADC_DATAALIGN_RIGHT;
    hadc1.Init.NbrOfConversion = 1;
    hadc1.Init.DMAContinuousRequests = ENABLE;
    hadc1.Init.EOCSelection = ADC_EOC_SINGLE_CONV;
    if (HAL_ADC_Init(&hadc1) != HAL_OK)
        Error_Handler();

    /**  配置 ADC 多重模式  */
    multimode.Mode = ADC_DUALMODE_REGSIMULT;                //双重规则同步
    multimode.DMAAccessMode = ADC_DMAACCESSMODE_2;          //DMA 访问模式 2
    multimode.TwoSamplingDelay = ADC_TWOSAMPLINGDELAY_5CYCLES;
    if (HAL_ADCEx_MultiModeConfigChannel(&hadc1, &multimode) != HAL_OK)
        Error_Handler();

    /**  配置规则转换组 Rank 1  */
    sConfig.Channel = ADC_CHANNEL_VREFINT;
    sConfig.Rank = 1;
    sConfig.SamplingTime = ADC_SAMPLETIME_15CYCLES;
    if (HAL_ADC_ConfigChannel(&hadc1, &sConfig) != HAL_OK)
        Error_Handler();
}

/*  ADC2 初始化函数  */
void MX_ADC2_Init(void)
{
    ADC_ChannelConfTypeDef sConfig = {0};

    hadc2.Instance = ADC2;
    hadc2.Init.ClockPrescaler = ADC_CLOCK_SYNC_PCLK_DIV2;
    hadc2.Init.Resolution = ADC_RESOLUTION_12B;
    hadc2.Init.ScanConvMode = DISABLE;
    hadc2.Init.ContinuousConvMode = DISABLE;
    hadc2.Init.DiscontinuousConvMode = DISABLE;
    hadc2.Init.DataAlign = ADC_DATAALIGN_RIGHT;
    hadc2.Init.NbrOfConversion = 1;
    hadc2.Init.DMAContinuousRequests = ENABLE; //初始代码是DISABLE,将其修改为ENABLE
    hadc2.Init.EOCSelection = ADC_EOC_SINGLE_CONV;
    if (HAL_ADC_Init(&hadc2) != HAL_OK)
        Error_Handler();

    /** 配置规则转换组 Rank 1  */
    sConfig.Channel = ADC_CHANNEL_5;
    sConfig.Rank = 1;
    sConfig.SamplingTime = ADC_SAMPLETIME_15CYCLES;
    if (HAL_ADC_ConfigChannel(&hadc2, &sConfig) != HAL_OK)
        Error_Handler();
}

void HAL_ADC_MspInit(ADC_HandleTypeDef* adcHandle)
{
    GPIO_InitTypeDef GPIO_InitStruct = {0};
```

```
    if(adcHandle->Instance==ADC1)        //配置 ADC1
    {
        __HAL_RCC_ADC1_CLK_ENABLE();     //ADC1 时钟使能
        /*  ADC1 的 DMA 流初始化配置   */
        hdma_adc1.Instance = DMA2_Stream0;          //DMA 流寄存器基址
        hdma_adc1.Init.Channel = DMA_CHANNEL_0;     //DMA 通道，即外设的 DMA 请求
        hdma_adc1.Init.Direction = DMA_PERIPH_TO_MEMORY;     //方向：外设到存储器
        hdma_adc1.Init.PeriphInc = DMA_PINC_DISABLE;
        hdma_adc1.Init.MemInc = DMA_MINC_ENABLE;             //存储器地址自增
        hdma_adc1.Init.PeriphDataAlignment = DMA_PDATAALIGN_WORD;
        hdma_adc1.Init.MemDataAlignment = DMA_MDATAALIGN_WORD;
        hdma_adc1.Init.Mode = DMA_CIRCULAR;                  //循环工作模式
        hdma_adc1.Init.Priority = DMA_PRIORITY_MEDIUM;
        hdma_adc1.Init.FIFOMode = DMA_FIFOMODE_DISABLE;
        if (HAL_DMA_Init(&hdma_adc1) != HAL_OK)             //DMA 流初始化
            Error_Handler();
        __HAL_LINKDMA(adcHandle,DMA_Handle,hdma_adc1);      //外设与 DMA 流关联
    }
    else if(adcHandle->Instance==ADC2)      //配置 ADC2
    {
        __HAL_RCC_ADC2_CLK_ENABLE();        //ADC2 时钟使能
        __HAL_RCC_GPIOA_CLK_ENABLE();
        /**  ADC2 GPIO 配置 PA5 -----> ADC2_IN5   */
        GPIO_InitStruct.Pin = GPIO_PIN_5;
        GPIO_InitStruct.Mode = GPIO_MODE_ANALOG;
        GPIO_InitStruct.Pull = GPIO_NOPULL;
        HAL_GPIO_Init(GPIOA, &GPIO_InitStruct);
    }
}
```

函数 MX_ADC1_Init()中增加了多重 ADC 的配置，其代码与 CubeMX 里的设置对应。

函数 MX_ADC2_Init()就是对 ADC2 的普通参数的配置，无须配置外部触发源，但是一定要注意如下的赋值语句：

```
hadc2.Init.DMAContinuousRequests = ENABLE;
```

因为 CubeMX 5.6 的 bug，初始的代码赋值为 DISABLE，是无法实现双 ADC 同步转换功能的，所以必须手工修改为 ENABLE。但要注意，如果用 CubeMX 重新生成代码，所做的修改会被覆盖，须记得再改回去。

函数 HAL_ADC_MspInit()在 HAL_ADC_Init()里被调用，而 MX_ADC1_Init()和 MX_ADC2_Init()分别调用 HAL_ADC_Init()，并传递代表 ADC 模块的参数 adcHandle，所以 HAL_ADC_MspInit()分别对 ADC1 和 ADC2 进行初始化设置。

构建项目后，我们将其下载到开发板并运行测试，可以发现 LCD 上每隔约 500ms 刷新显示一次 ADC1 和 ADC2 采集的值。调节开发板上的可调电阻，只有 ADC2 的显示值跟随变化，ADC1 采集的是内部参考电压值，也就是内部 1.2V 调压器的输出电压，显示值为 1200mV 左右。

第 15 章　DAC

DAC 是数字量到模拟量的转换器，STM32F407 有一个 DAC 模块。这个 DAC 模块有两路 DAC 通道，每个通道有独立的 12 位 DAC 转换器。两个通道可以独立输出，也可以同步输出，还可以产生噪声波和三角波。DAC 可以由软件触发，也可以由定时器或外部中断信号触发。

15.1　DAC 功能概述

15.1.1　DAC 的结构和特性

STM32F407 的 DAC 模块有 2 个 DAC 转换器，各对应一个输出通道。一个 DAC 的内部功能结构如图 15-1 所示。

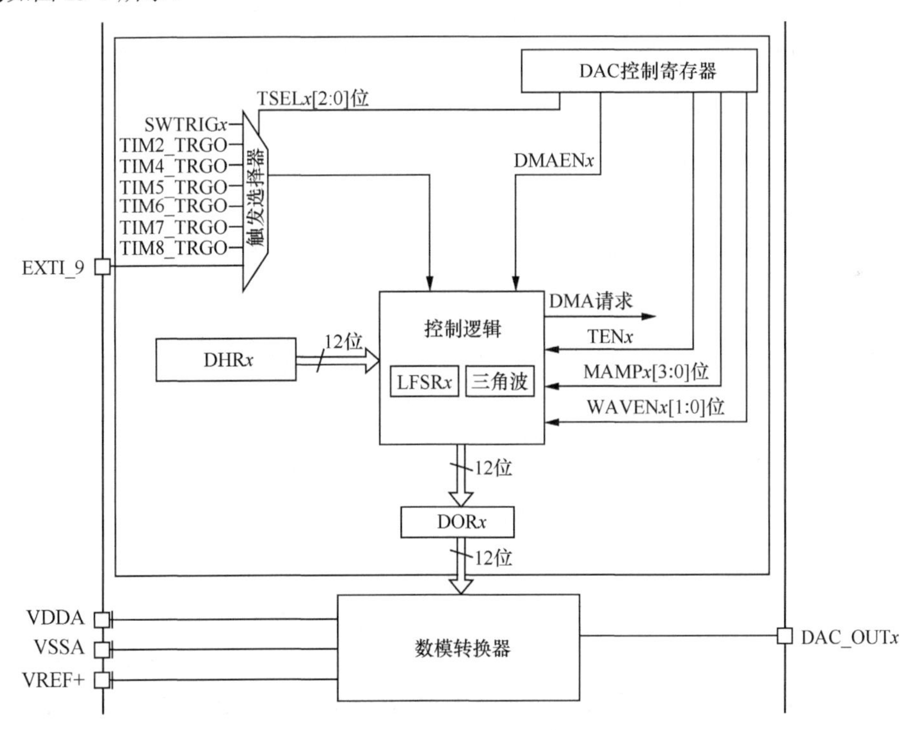

图 15-1　DAC 的内部功能结构

DAC 的核心是 12 位的数模转换器，它将数据输出寄存器 DORx（字母 x 是 1 或 2，表示通道 1 或通道 2，下同）的 12 位数字量转换为模拟电压输出到复用引脚 DAC_OUTx。DAC 还有一个输出缓冲器，如果使用输出缓冲器，可以降低输出阻抗并提高输出的负载能力。

数据输出寄存器 DORx 的内容不能直接设置，而是由控制逻辑部分生成。DORx 的数据可以来自于数据保持寄存器 DHRx，也可以来自于控制逻辑生成的三角波数据或噪声波数据，抑或 DMA 缓冲区的数据。

DAC 的转换可以由软件指令触发，也可以由定时器的 TRGO 信号触发，或外部中断线 EXTI_9 触发。DAC 在总线 APB1 上，DAC 的工作时钟信号就是 PCLK1。

DAC 输出的模拟电压由寄存器 DORx 的数值和参考电压 VREF+决定，输出电压的计算公式为

$$\text{DACoutput} = \frac{\text{DOR}x\text{的数值}}{4096} \times \text{VREF+}$$

15.1.2　功能说明

1. DAC 数据格式

使用单通道独立输出时，向 DAC 写入数据有 3 种格式——8 位右对齐、12 位左对齐和 12 位右对齐，如图 15-2 所示。这 3 种格式的数据写入相应的对齐数据保持寄存器 DAC_DHR8Rx、DAC_DHR12Lx 或 DAC_DHR12Rx，然后被移位保存到数据保持寄存器 DHRx，DHRx 的内容再被加载到通道数据输出寄存器 DORx。

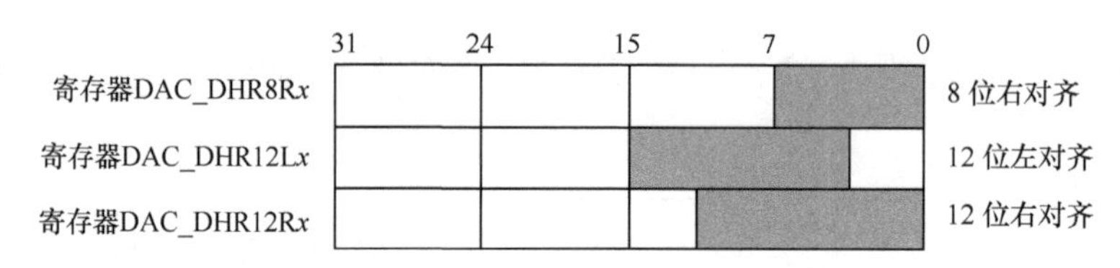

图 15-2　DAC 单通道模式下写入数据的 3 种格式

使用 DAC 双通道同步输出时，有 3 个专用的双通道寄存器用于向两个 DAC 通道同时写入数据，写入数据的格式有 3 种，如图 15-3 所示，其中高位是 DAC2，低位是 DAC1。用户写入的数据会被移位保存到数据保持寄存器 DHR2 和 DHR1，然后再被加载到通道数据输出寄存器 DOR2 和 DOR1。

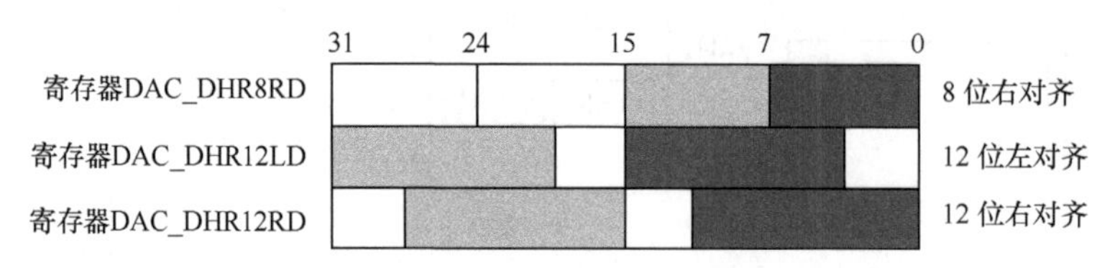

图 15-3　DAC 双通道模式下写入数据的 3 种格式

2. DAC 转换时间

不能直接将数据写入 DOR，需要将数据写入 DHR 后，再转移到 DOR。使用软件触发时，经过一个 APB1 时钟周期后，DHR 的内容移入 DOR；使用外部硬件触发（定时器触发或 EXTI_9 线触发）时，触发信号到来后，需要经过 3 个 APB1 时钟周期才将 DHR 的内容移入 DOR。

图 15-4 是软件触发时的 DAC 转换时序，当 DOR 的内容更新后，引脚上的模拟电压需要经过一段时间 t_{SETTING} 之后才稳定，具体时间长度取决于电源电压和模拟输出负载。

3. 输出噪声波和三角波

DAC 内部使用线性反馈移位寄存器（Linear Feedback Shift Register，LFSR）生成变振幅的

伪噪声，每次发生触发时，经过 3 个 APB1 时钟周期后，LFSR 生成一个随机数并移入 DOR。注意，要生成噪声波或三角波，必须使用外部触发。

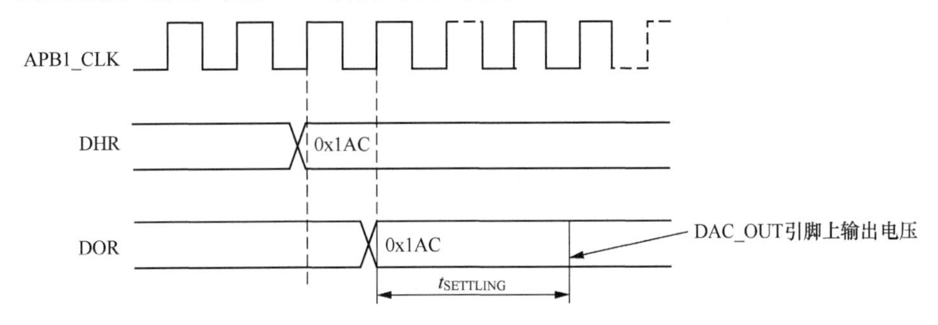

图 15-4 软件触发时的 DAC 转换时序

可以在直流信号或慢变信号上叠加一个小幅三角波。在 DAC 控制寄存器 DAC_CR 的 MAMP*x*[3:0]位设置一个参数用于表示三角波最大振幅，振幅为 1～4095（非连续）。每次发生触发时，内部的三角波计数器就会递增或递减，在保障不溢出的情况下，会和数据保持寄存器 DHR*x* 的值叠加后，移送到数据输出寄存器 DOR*x*，如图 15-5 所示。

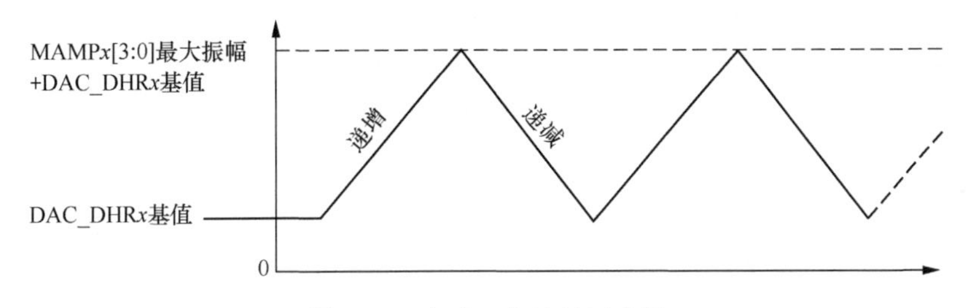

图 15-5 生成三角波的示意图

4. 双通道同步转换

为两个通道选择相同的外部触发信号源，就可以实现两个 DAC 通道同步触发。如果为两个 DAC 通道设置输出数据，需要按照图 15-3 中的格式将两个通道的数据合并设置到一个 32 位双 DAC 数据寄存器 DAC_DHR8RD、DAC_DHR12LD 或 DAC_DHR12RD 里，然后 DAC 再自动将数据移送到寄存器 DOR1 和 DOR2 里。

5. DMA 请求

每个 DAC 通道有一个独立的 DMA 请求，DMA 传输方向是从存储器到外设。单个 DAC 通道受外部触发工作时，可以使用 DMA 进行数据传输，DMA 缓冲区的数据在外部触发作用下，依次转移到 DAC 通道的输出寄存器。

在双通道模式下，用户可以为每个通道的 DMA 请求配置 DMA 流，并按照图 15-2 中的格式为每个 DAC 通道准备 DMA 缓冲区的数据；也可以只为一个通道的 DMA 请求配置 DMA 流，并按照图 15-3 中的格式为两个通道准备数据，在发生 DMA 请求时可以将 DMA 缓冲区的一个 32 位数据分解送到两个 DAC 通道。

6. DAC 的中断

DAC 模块的两个通道只有一个中断号，且只有一个中断事件，即 DMA 下溢（underrun）事件。DAC 的 DMA 请求没有缓冲队列，如果第二个外部触发到达时尚未收到第一个外部触发的确认，就不会发出新的 DMA 请求，这就是 DMA 下溢事件。一般是因为 DAC 外部触发频率太高，导致 DMA 下溢，应适当降低 DAC 外部触发频率以消除 DMA 下溢。

15.2 DAC 的 HAL 驱动程序

15.2.1 DAC 驱动宏函数

DAC 驱动程序的头文件是 stm32f4xx_hal_dac.h 和 stm32f4xx_hal_dac_ex.h。直接操作 DAC 相关寄存器的宏函数如表 15-1 所示。宏函数中的参数__HANDLE__是 DAC 对象指针，__DAC_Channel__是 DAC 通道，__INTERRUPT__是 DAC 的中断事件类型，__FLAG__是事件中断标志。

表 15-1 DAC 操作宏函数

宏函数	功能描述
__HAL_DAC_DISABLE(__HANDLE__, __DAC_Channel__)	关闭 DAC 的某个通道
__HAL_DAC_ENABLE(__HANDLE__, __DAC_Channel__)	开启 DAC 的某个通道
__HAL_DAC_DISABLE_IT(__HANDLE__, __INTERRUPT__)	禁止 DAC 模块的某个中断事件源
__HAL_DAC_ENABLE_IT(__HANDLE__, __INTERRUPT__)	开启 DAC 模块的某个中断事件源
__HAL_DAC_GET_IT_SOURCE(__HANDLE__, __INTERRUPT__)	检查 DAC 模块的某个中断事件源是否开启
__HAL_DAC_GET_FLAG(__HANDLE__, __FLAG__)	获取某个事件的中断标志，检查事件是否发生
__HAL_DAC_CLEAR_FLAG(__HANDLE__, __FLAG__)	清除某个事件的中断标志

在 CubeMX 自动生成的 DAC 外设初始化文件 dac.c 中，有表示 DAC 的外设对象变量 hdac。宏函数中的参数__HANDLE__是 DAC 外设对象指针，就可以用&hdac。

```
DAC_HandleTypeDef  hdac;        //表示 DAC 的外设对象变量
```

DAC 模块有两个 DAC 通道，用宏定义表示如下，可作为宏函数中参数__DAC_Channel__的取值。

```
#define DAC_CHANNEL_1       0x00000000U            //DAC 通道 1
#define DAC_CHANNEL_2       0x00000010U            //DAC 通道 2
```

DAC 只有两个中断事件源，就是两个 DAC 通道的 DMA 下溢事件。中断事件类型的宏定义如下，可作为宏函数中参数__INTERRUPT__的取值。

```
#define  DAC_IT_DMAUDR1   ((uint32_t)DAC_SR_DMAUDR1)   //通道 1 的 DMA 下溢中断事件
#define  DAC_IT_DMAUDR2   ((uint32_t)DAC_SR_DMAUDR2)   //通道 2 的 DMA 下溢中断事件
```

对应两个中断事件源，有两个事件中断标志，其宏定义如下，可作为宏函数中参数__FLAG__的取值。

```
#define DAC_FLAG_DMAUDR1   ((uint32_t)DAC_SR_DMAUDR1) //通道 1 的 DMA 下溢中断标志
#define DAC_FLAG_DMAUDR2   ((uint32_t)DAC_SR_DMAUDR2) //通道 2 的 DMA 下溢中断标志
```

15.2.2 DAC 驱动功能函数

DAC 驱动功能函数如表 15-2 所示。注意，DAC 没有以中断方式启动转换的函数，只有软件/外部触发启动和 DMA 方式启动，DMA 方式必须和外部触发结合使用。

表 15-2 DAC 驱动功能函数

分组	函数名	功能描述
初始化和通道配置	HAL_DAC_Init()	DAC 初始化
	HAL_DAC_MspInit()	DAC 的 MSP 初始化函数
	HAL_DAC_ConfigChannel()	配置 DAC 通道 1 或通道 2
	HAL_DAC_GetState()	返回 DAC 模块的状态
	HAL_DAC_GetError()	返回 DAC 模块的错误码
软件触发转换	HAL_DAC_Start()	启动某个 DAC 通道，可以是软件触发或外部触发
	HAL_DAC_Stop()	停止某个 DAC 通道
	HAL_DAC_GetValue()	返回某个 DAC 通道的输出值，就是返回数据输出寄存器的值
	HAL_DAC_SetValue()	设置某个 DAC 通道的输出值，就是设置数据保持寄存器的值
	HAL_DACEx_DualGetValue()	一次获取两个通道的输出值
	HAL_DACEx_DualSetValue()	同时为两个通道设置输出值
产生波形	HAL_DACEx_TriangleWaveGenerate()	在某个 DAC 通道上产生三角波，必须是外部触发
	HAL_DACEx_NoiseWaveGenerate()	在某个通道上产生随机信号，必须是外部触发
DAC 中断处理	HAL_DAC_IRQHandler()	DAC 中断通用处理函数
	HAL_DAC_DMAUnderrunCallbackCh1	通道 1 出现 DMA 下溢事件中断的回调函数
	HAL_DACEx_DMAUnderrunCallbackCh2()	通道 2 出现 DMA 下溢事件中断的回调函数
DMA 方式启动和停止	HAL_DAC_Start_DMA()	启动某个 DAC 通道的 DMA 方式传输，必须是外部触发
	HAL_DAC_Stop_DMA()	停止某个 DAC 通道的 DMA 方式传输
通道 1 的 DMA 流中断回调函数	HAL_DAC_ConvCpltCallbackCh1()	DMA 传输完成事件中断的回调函数
	HAL_DAC_ConvHalfCpltCallbackCh1()	DMA 传输半完成事件中断的回调函数
	HAL_DAC_ErrorCallbackCh1()	DMA 传输错误事件的回调函数
通道 2 的 DMA 流中断回调函数	HAL_DACEx_ConvCpltCallbackCh2()	DMA 传输完成事件中断的回调函数
	HAL_DACEx_ConvHalfCpltCallbackCh2()	DMA 传输半完成事件中断的回调函数
	HAL_DACEx_ErrorCallbackCh2()	DMA 传输错误事件中断的回调函数

1. DAC 初始化和通道配置

函数 HAL_DAC_Init()用于 DAC 模块初始化设置，其原型定义如下：

```
HAL_StatusTypeDef HAL_DAC_Init(DAC_HandleTypeDef* hdac);
```

其中，参数 hdac 是定义的 DAC 外设对象指针。

函数 HAL_DAC_ConfigChannel()对某个 DAC 通道进行配置，其原型定义如下：

```
HAL_StatusTypeDef HAL_DAC_ConfigChannel(DAC_HandleTypeDef* hdac, DAC_ChannelConfTy
peDef* sConfig, uint32_t Channel);
```

其中，参数 sConfig 是表示 DAC 通道属性的 DAC_ChannelConfTypeDef 结构体类型指针；参数 Channel 表示 DAC 通道，取值为宏定义常量 DAC_CHANNEL_1 或 DAC_CHANNEL_2。

表示 DAC 通道属性的结构体 DAC_ChannelConfTypeDef 的定义如下：

```
typedef struct
{
     uint32_t DAC_Trigger;          //外部触发信号源
     uint32_t DAC_OutputBuffer;     //是否使用输出缓冲器
}DAC_ChannelConfTypeDef;
```

在进行 DAC 初始化时，需要先调用 HAL_DAC_Init()进行 DAC 模块的初始化，再调用函数 HAL_DAC_ConfigChannel()对需要使用的 DAC 通道进行配置。

2. 软件触发转换

函数HAL_DAC_Start()和HAL_DAC_Stop()用于启动和停止某个DAC通道，以HAL_DAC_Start()启动的通道可以使用软件触发或外部触发。这两个函数的原型定义如下：

```
HAL_StatusTypeDef HAL_DAC_Start(DAC_HandleTypeDef* hdac, uint32_t Channel);
HAL_StatusTypeDef HAL_DAC_Stop(DAC_HandleTypeDef* hdac, uint32_t Channel);
```

使用函数 HAL_DAC_SetValue()或 HAL_DACEx_DualSetValue()向 DAC 通道写入输出数据就是软件触发转换。函数 HAL_DAC_SetValue()用于向一个 DAC 通道写入数据，实际就是将数据写入数据保持寄存器 DHR*x*，其原型定义如下：

```
HAL_StatusTypeDef HAL_DAC_SetValue(DAC_HandleTypeDef* hdac, uint32_t Channel, uint
32_t Alignment, uint32_t Data);
```

其中，Channel 是要写入的 DAC 通道，Alignment 表示数据对齐格式，Data 是要写入的数据。向单个 DAC 通道写入数据有图 15-2 所示的 3 种对齐格式，参数 Alignment 可以从如下的 3 个宏定义中取值。

```
#define DAC_ALIGN_12B_R        0x00000000U    //12 位右对齐
#define DAC_ALIGN_12B_L        0x00000004U    //12 位左对齐
#define DAC_ALIGN_8B_R         0x00000008U    //8 位右对齐
```

函数 HAL_DAC_GetValue()用于读取某个 DAC 通道的数据输出寄存器的值，数据输出寄存器 DOR*x* 是低 12 位有效，总是右对齐的。其原型定义如下：

```
uint32_t HAL_DAC_GetValue(DAC_HandleTypeDef* hdac, uint32_t Channel);
```

函数 HAL_DACEx_DualSetValue()用于在双通道模式下向两个 DAC 通道同时写入数据，其函数原型定义如下：

```
HAL_StatusTypeDef HAL_DACEx_DualSetValue(DAC_HandleTypeDef* hdac, uint32_t Alignment,
 uint32_t Data1, uint32_t Data2)
```

双通道模式写入数据的 3 种格式如图 15-3 所示，参数 Alignment 的取值还是前面的对齐方式宏定义。注意，参数 Data1 是写入 DAC 通道 2 的数据，参数 Data2 是写入 DAC 通道 1 的数据。

函数 HAL_DACEx_DualGetValue()用于读取双通道的数据输出寄存器的内容，其原型定义如下：

```
uint32_t HAL_DACEx_DualGetValue(DAC_HandleTypeDef* hdac)
```

函数返回值的高 16 位是 DAC2 的输出值，低 16 位是 DAC1 的输出值。

3. 产生波形

函数 HAL_DACEx_TriangleWaveGenerate()可以在输出信号上叠加一个三角波信号，该函数需要在启动 DAC 通道前调用。其原型定义如下：

```
HAL_StatusTypeDef HAL_DACEx_TriangleWaveGenerate(DAC_HandleTypeDef* hdac, uint32_t
Channel, uint32_t Amplitude);
```

其中，参数 Amplitude 是三角波最大幅度，用 4 位二进制数表示，范围为 1～4095，有一组宏定义可作为参数值。每次发生软件触发或外部触发时，三角波内部计数值就会变化 1。内部的三角波计数器会递增或递减，在保障不溢出的情况下，会和 DHR*x* 寄存器的值叠加后移送到 DOR*x* 寄存器。

函数 HAL_DACEx_NoiseWaveGenerate()用于产生噪声波，需要在启动 DAC 通道前调用这个函数。每次发生触发时，DAC 内部就会产生一个随机数并移入 DOR*x* 寄存器。其原型定义如下：

```
HAL_StatusTypeDef HAL_DACEx_NoiseWaveGenerate(DAC_HandleTypeDef* hdac, uint32_t
Channel, uint32_t Amplitude);
```

其中，参数 Amplitude 是生成随机数的最大幅度，用 4 位二进制掩码表示，有一组宏定义可作为参数值。注意，要生成噪声波，必须使用外部触发。

4. DAC 中断处理

DAC 只有两个中断事件源，就是两个 DAC 通道的 DMA 下溢事件。如果发生 DMA 下溢，一般就是因为外部触发信号频率太高，重新调整外部触发信号的频率，消除 DMA 下溢的发生才是解决办法。

DAC 没有以中断方式启动转换的函数，HAL_DAC_Start()以软件触发或外部触发方式启动 DAC 转换，HAL_DAC_Start_DMA()以外部触发和 DMA 方式启动 DAC 转换。DAC 驱动程序定义了几个用于 DMA 流中断事件的回调函数，这些回调函数与 DAC 的中断无关。

5. DMA 方式传输

使用外部触发信号时，可以使用 DMA 方式启动 DAC 转换。DMA 方式启动 DAC 转换的函数是 HAL_DAC_Start_DMA()，其原型定义如下：

```
HAL_StatusTypeDef  HAL_DAC_Start_DMA(DAC_HandleTypeDef* hdac, uint32_t Channel,
uint32_t* pData, uint32_t Length, uint32_t Alignment);
```

其中，参数 Channel 是 DAC 通道号，pData 是输出到 DAC 外设的数据缓冲区地址，Length 是缓冲区数据个数，Alignment 是数据对齐方式。

使用 DMA 方式传输时，每次外部信号触发时，就会将 DMA 缓冲区的一个数据传输到 DAC 通道的数据输出寄存器 DOR*x*。设置存储器地址自增时，地址指针就会移到 DMA 缓冲区的下一个数据点。

函数 HAL_DAC_Start_DMA()可以启动单通道的 DMA 传输，也可以启动双通道的 DMA 传输。在启动双通道的 DMA 传输时，缓冲区 pData 里存储的应该是图 15-3 中的双通道复合数据。

停止某个通道的 DMA 传输，并停止 DAC 的函数是 HAL_DAC_Stop_DMA()，定义如下：

```
HAL_StatusTypeDef HAL_DAC_Stop_DMA(DAC_HandleTypeDef* hdac, uint32_t Channel);
```

DAC 的驱动程序定义了用于 DMA 流事件中断的回调函数，如表 15-2 所示。例如，要处理 DAC1 通道的 DMA 传输完成事件中断时，就重新实现函数 HAL_DAC_ConvCpltCallbackCh1()。注意，这些回调函数是 DMA 流的事件中断回调函数，与 DAC 的中断无关，所以在使用 DMA 时，可关闭 DAC 的全局中断。

15.3　示例 1：软件触发 DAC 转换

15.3.1　开发板上的 DAC 电路

STM32F407ZG 的 DAC1 输出引脚是 PA4，DAC2 的输出引脚是 PA5，这两个引脚又同时可以作为 ADC1 或 ADC2 的 IN4、IN5 输入通道。开发板上这几个引脚用排针引出，如图 15-6 所示。

在本章做 DAC 的实验时，请务必将 J1 上的 1 与 2 断开。如果要同时使用 DAC1 和 DAC2，J4 上的 Pin2 是 DAC1_OUT 引脚，Pin3 是 DAC2_OUT 引脚。如果只使用 DAC1，并且使用 ADC1-IN5 采集 DAC1 的输出，可以将 J4 的 2 和 3 用跳线帽短接。

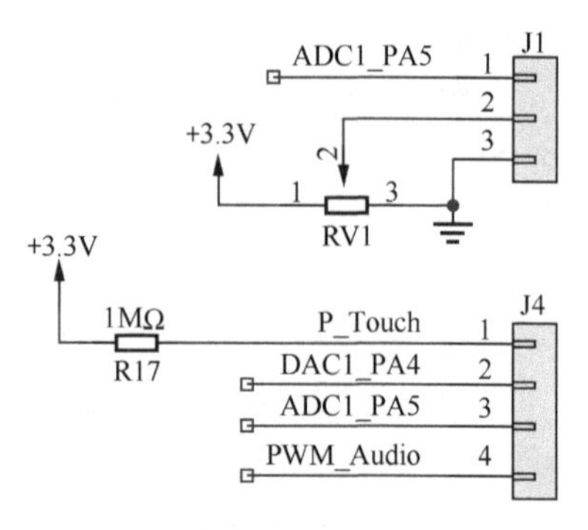

图 15-6　开发板上的 DAC 输出

15.3.2　示例功能和 CubeMX 项目设置

本节的示例 Demo15_1SoftTrig 用于演示软件触发 DAC 转换。其主要功能和操作流程如下。

- 将开发板上跳线 J4 的 2 和 3 短接，DAC1 的输出由 ADC1-IN5 采集。
- ADC1 使用 IN5 输入，在定时器 TIM3 的 TRGO 信号触发下采集，TIM3 定时周期 500 ms。
- 通过开发板上的按键 KeyUp 和 KeyDown 控制 DAC1 输出值的增减，用软件触发方式设置 DAC1 的输出值。
- 在 LCD 上显示设定的 DAC1 输出值，以及 ADC1-IN5 采集的值。

因为本示例要用到按键和 LCD，所以我们用 CubeMX 模板项目文件 M4_LCD_KeyLED.ioc 创建本示例 CubeMX 文件 Demo15_1SoftTrig.ioc（操作方法见附录 A）。因为要用到定时器，所以我们需要重新配置时钟树，设置 HCLK 频率为 100MHz，设置 APB1 和 APB2 定时器时钟频率为 50MHz。

1. DAC 的设置

DAC 的模式和参数设置界面如图 15-7 所示。在模式设置（Mode）部分，有 OUT1 Configuration 和 OUT2 Configuration 两个复选框，用于启用 DAC 输出通道 1 和通道 2。External Trigger 复选框用于设置是否使用外部中断线触发。

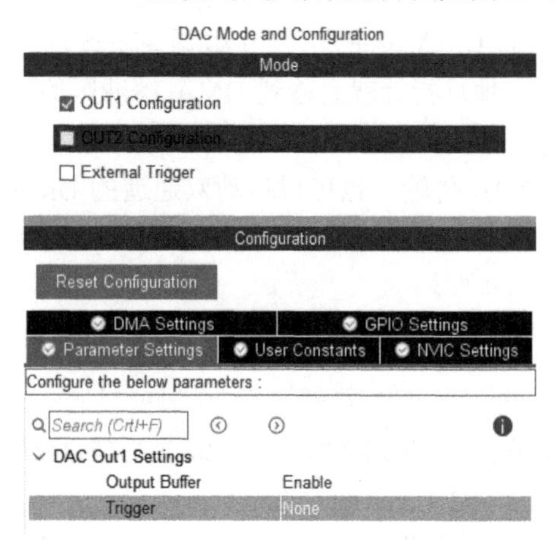

图 15-7　DAC 的模式和参数设置

本示例只用到 DAC 通道 1，所以勾选 OUT1 Configuration 复选框，其复用引脚是 PA4。因为 PA5 被配置为 ADC1 的 IN5 通道，所以 OUT2 Configuration 不可选。

DAC 参数设置部分只有以下两个参数。

- Output Buffer，设置是否使用输出缓冲器。如果使用输出缓冲器，可以降低输出阻抗并提高输出的负载能力。默认设置为 Enable。
- Trigger，外部触发信号源。触发信号源包括多个定时器的 TRGO 信号，如果在模式设置部分勾选了 External Trigger 复选框，还会多一个外部中断线 EXTI_9 的选项。本示例不使用触发信号，所以设置为 None。

2. ADC1 和 TIM3 的设置

我们设置使用 ADC1 的 IN5 输入通道，使用 TIM3 的 TRGO 信号作为 ADC1 的外部触发信号源；开启 ADC1 的全局中断，设置其抢占优先级为 1，因为需要在 ADC 转换完成中断里读取转换结果数据并显示；将 TIM3 的定时周期设置为 500ms，将 TRGO 信号设置为 UEV 事件信号。ADC1 和 TIM3 的详细设置参考 14.4 节，这里不再重复介绍了。

15.3.3 程序功能实现

1. 主程序和 ADC1 中断处理

我们在 CubeMX 里生成 CubeIDE 项目代码，在 CubeIDE 里打开项目，首先将 PublicDrivers 目录下的 TFT_LCD 和 KEY_LED 驱动程序路径添加到项目搜索路径（操作方法见附录 A）。在文件 main.c 中添加用户功能代码，完成后文件 main.c 的代码如下：

```
/* 文件：main.c  --------------------------------------------------------------*/
#include "main.h"
#include "adc.h"
#include "dac.h"
#include "tim.h"
#include "gpio.h"
#include "fsmc.h"
/* USER CODE BEGIN Includes */
#include "tftlcd.h"
#include "keyled.h"
/* USER CODE END Includes */

/* Private variables ---------------------------------------------------------*/
/* USER CODE BEGIN PV */
uint16_t  LcdX, LcdY;       //记录 LCD 显示位置
/* USER CODE END PV */

int main(void)
{
     HAL_Init();
     SystemClock_Config();
     /* Initialize all configured peripherals */
     MX_GPIO_Init();
     MX_FSMC_Init();
     MX_DAC_Init();      //DAC 初始化
     MX_ADC1_Init();
     MX_TIM3_Init();

     /* USER CODE BEGIN 2 */
     TFTLCD_Init();      //LCD 软件初始化
     LCD_ShowStr(10,10,(uint8_t *)"Demo15_1:DAC1 by soft trigger");
     LCD_ShowStr(10,LCD_CurY+LCD_SP15,(uint8_t *)"Connect 2-3(PA4-PA5) of J4");
     LCD_ShowStr(10,LCD_CurY+LCD_SP10,(uint8_t *)"DAC1 output to PA4");
     LCD_ShowStr(10,LCD_CurY+LCD_SP10,(uint8_t *)"ADC1-IN5 acquire PA5");
     LCD_ShowStr(10,LCD_CurY+LCD_SP20,(uint8_t *)"KeyUp   = Increase DAC1 output");
     LCD_ShowStr(10,LCD_CurY+LCD_SP15,(uint8_t *)"KeyDown= Decrease DAC1 output");

     LCD_ShowStr(10,LCD_CurY+LCD_SP20,(uint8_t *)"DAC  Output= ");
     LcdX=LCD_CurX;                              //保存显示位置
```

```
    LcdY=LCD_CurY;
    LCD_ShowStr(10,LCD_CurY+LCD_SP20,(uint8_t *)"ADC  Input = ");
    LCD_ShowStr(10,LCD_CurY+LCD_SP20,(uint8_t *)"Voltage(mV)= ");

    LcdFRONT_COLOR=lcdColor_WHITE;
    HAL_DAC_Start(&hdac,DAC_CHANNEL_1);          //启动 DAC_OUT1
    uint32_t  DacOutValue=1000;                  //DAC1 输出设定值，范围 0~4095
    HAL_DAC_SetValue(&hdac, DAC_CHANNEL_1, DAC_ALIGN_12B_R, DacOutValue);
    LCD_ShowUintX(LcdX,LcdY,DacOutValue,4);      //显示设置的 DAC1 输出值
    HAL_ADC_Start_IT(&hadc1);                    //启动 ADC 中断方式输入
    HAL_TIM_Base_Start(&htim3);                  //启动 TIM3，触发 ADC 定时采集
    /* USER CODE END 2 */

    /* Infinite loop */
    /* USER CODE BEGIN WHILE */
    while (1)
    {
        KEYS  curKey=ScanPressedKey(KEY_WAIT_ALWAYS);
        if (curKey==KEY_UP)
               DacOutValue += 50;
        else if  (curKey==KEY_DOWN)
               DacOutValue -= 50;

        HAL_DAC_SetValue(&hdac, DAC_CHANNEL_1, DAC_ALIGN_12B_R, DacOutValue);
        LCD_ShowUintX(LcdX,LcdY,DacOutValue,4);      //显示设置的 DAC1 输出值
        HAL_Delay(300);             //消除按键抖动影响
        /* USER CODE END WHILE */
    }
}

/* USER CODE BEGIN 4 */
/*   ADC 转换完成中断回调函数    */
void HAL_ADC_ConvCpltCallback(ADC_HandleTypeDef* hadc)
{
    uint32_t val=HAL_ADC_GetValue(hadc);            //读取 ADC 转换结果
    LCD_ShowUintX(LcdX,LcdY+LCD_SP20,val,5);       //显示原始值

    uint32_t Volt=3300*val;           //单位：mV
    Volt=Volt>>12;                    //除以 2^12
    LCD_ShowUintX(LcdX,LcdY+2*LCD_SP20,Volt,4);      //电压值
}
/* USER CODE END 4 */
```

上述程序定义了全局变量 LcdX 和 LcdY，用于记录 LCD 上的一个显示位置，便于后续显示数据。

在外设初始化部分，MX_DAC_Init()进行 DAC 的初始化，后面会显示其源代码。其他外设的初始化函数在前面一些章节里介绍过，这里就不再展示了。

main()函数完成各种初始化后，用函数 HAL_DAC_Start()启动了 DAC1，并用函数 HAL_DAC_SetValue()设置了 DAC1 的输出值；然后启动 ADC1 和定时器 TIM3，使 ADC1 定时采集 IN5 通道上的模拟电压，也就是 DAC1 输出的模拟电压。

while 死循环里检测按键输入，KeyUp 键按下时增大 DacOutValue 的值，KeyDown 键按下时减小 DacOutValue 的值，然后再用函数 HAL_DAC_SetValue()将 DacOutValue 设置为 DAC1 的输出。

ADC1 在 TIM3 的 TRGO 信号触发下，每 500ms 转换一次，直接在文件 main.c 里重新实现了 ADC 转换完成事件中断的回调函数 HAL_ADC_ConvCpltCallback()。函数 HAL_ADC_ConvCpltCallback()

读取 ADC1 转换结果后显示，还显示了转换为毫伏的电压值。

本示例用户编写的代码都保存在文件 main.c 里。构建项目后，我们可以将其下载到开发板加以测试。注意，一定要提前将开发板上跳线 J4 的 2 和 3 短接，使 DAC1 的输出由 ADC1-IN5 采集。运行时，LCD 上会显示 3 个数值，按 KeyUp 键和 KeyDown 键可以改变 DAC1 输出值，ADC1 采集的输入值也相应变化，但是设定的 DAC1 输出值与 ADC1 采集的输入值之间总是会有些偏差。

2. DAC 初始化

main()函数调用 MX_DAC_Init()对 DAC 进行初始化，这是 CubeMX 自动生成的初始化函数，在文件 dac.c 中实现。DAC 初始化的相关代码如下：

```
/* 文件:dac.c    -------------------------------------------------------------*/
#include "dac.h"
DAC_HandleTypeDef  hdac;           //DAC 外设对象变量

void MX_DAC_Init(void)
{
     DAC_ChannelConfTypeDef sConfig = {0};
     hdac.Instance = DAC;           //DAC 的寄存器基址
     if (HAL_DAC_Init(&hdac) != HAL_OK)           //DAC 初始化
          Error_Handler();
     /** DAC OUT1 通道配置 */
     sConfig.DAC_Trigger = DAC_TRIGGER_NONE;      //无外部触发
     sConfig.DAC_OutputBuffer = DAC_OUTPUTBUFFER_ENABLE;      //启用输出缓冲器
     if (HAL_DAC_ConfigChannel(&hdac, &sConfig, DAC_CHANNEL_1) != HAL_OK)
          Error_Handler();
}

void HAL_DAC_MspInit(DAC_HandleTypeDef* dacHandle)
{
     GPIO_InitTypeDef GPIO_InitStruct = {0};
     if(dacHandle->Instance==DAC)
     {
          __HAL_RCC_DAC_CLK_ENABLE();           //DAC 时钟使能
          __HAL_RCC_GPIOA_CLK_ENABLE();
          /**DAC GPIO 配置 PA4 -----> DAC_OUT1  */
          GPIO_InitStruct.Pin = GPIO_PIN_4;
          GPIO_InitStruct.Mode = GPIO_MODE_ANALOG;
          GPIO_InitStruct.Pull = GPIO_NOPULL;
          HAL_GPIO_Init(GPIOA, &GPIO_InitStruct);
     }
}
```

上述程序定义了 DAC 外设对象变量 hdac。函数 MX_DAC_Init()中先调用 HAL_DAC_Init()进行了 DAC 模块初始化，又调用函数 HAL_DAC_ConfigChannel()配置了 DAC 通道 1。

MSP 初始化函数 HAL_DAC_MspInit()在 HAL_DAC_Init()里被调用，重新实现的这个函数进行 DAC 复用引脚 PA4 的 GPIO 设置。

15.4 示例 2：输出三角波

15.4.1 示例功能和 CubeMX 项目设置

本节的示例项目 Demo15_2TriangWave 采用定时器 TIM6 的 TRGO 信号作为 DAC1 的触发

信号，DAC1 在触发信号驱动下输出三角波。

本示例只需用到 LCD，所以使用 CubeMX 模板项目文件 M3_LCD_Only.ioc 创建本示例的 CubeMX 文件 Demo15_2TriangWave.ioc。因为要用到定时器，所以重新配置时钟树，将 HCLK 设置为 100MHz，APB1 和 APB2 的定时器时钟频率都设置为 50MHz。

1. DAC 的设置

DAC 的模式设置中仍然只勾选 Out1 Configuration 复选框，DAC Out1 的参数设置如图 15-8 所示，其中有 3 个与外部触发信号源和生成三角波相关的参数。

- Trigger，外部触发信号源。这里选择 Timer 6 Trigger Out event，也就是使用定时器 TIM6 的 TRGO 信号作为 DAC1 触发信号源。
- Wave generation mode，波形生成模式。当参数 Trigger 不为 None 时，这个参数就会出现。本示例目的是生成三角波，所以选择 Triangle wave generation。这个参数还有一个选项是 Noise wave generation，用于生成噪声波。
- Maximum Triangle Amplitude，三角波最大幅值。当选择 Triangle wave generation 后，这个参数就会出现。三角波最大幅值是由 4 位二进制表示的参数，表示 1～4095 内某个固定的参数值，如 1、3、7、127、511、2047、4095 等，这里设置为 4095。

2. TIM6 的设置

TIM6 是基础定时器，在其模式设置中启用 TIM6 即可。定时器 TIM6 的参数设置如图 15-9 所示。APB 总线定时器时钟频率为 50MHz，500 分频后计数器时钟信号是 100kHz，把 Counter Period（计数器周期）设置为 9，所以 TIM6 的定时周期是 0.1ms。设置三角波的最大幅度为 4095，DAC1 在每次触发时，使三角波幅度值加 1（上行程）或减 1（下行程），所以一个三角波的周期是 819ms。如果需要调整三角波的频率，就调整定时器 TIM6 的预分频系数或计数器周期值。定时器的参数设置原理详见第 9 章。

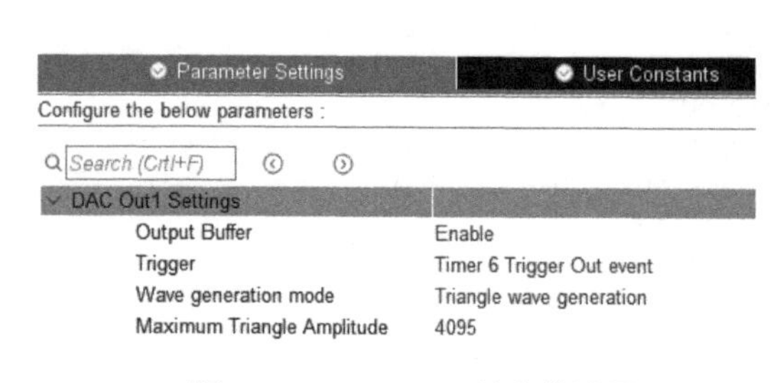

图 15-8 DAC Out1 的参数设置

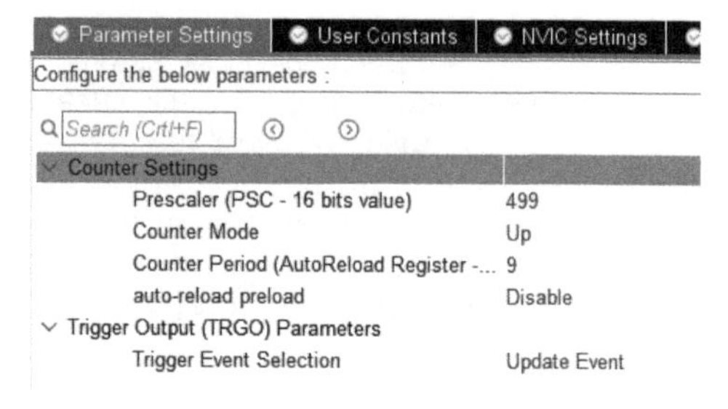

图 15-9 定时器 TIM6 的参数设置

15.4.2 程序功能实现

1. 主程序

在 CubeMX 中生成项目代码，在 CubeIDE 里打开项目，首先将 PublicDrivers 目录下的 TFT_LCD 驱动程序路径添加到项目搜索路径。操作方法见附录 A。在 main()函数里添加用户功能代码，完成后的文件 main.c 代码如下：

```
/* 文件：main.c ------------------------------------------------------------------*/
#include "main.h"
#include "dac.h"
```

```
#include "tim.h"
#include "gpio.h"
#include "fsmc.h"
/* USER CODE BEGIN Includes */
#include "tftlcd.h"
/* USER CODE END Includes */

int main(void)
{
    HAL_Init();
    SystemClock_Config();
    /* Initialize all configured peripherals */
    MX_GPIO_Init();
    MX_FSMC_Init();
    MX_DAC_Init();       //DAC 初始化
    MX_TIM6_Init();

    /* USER CODE BEGIN 2 */
    TFTLCD_Init();       //LCD 软件初始化
    LCD_ShowStr(10,10,(uint8_t *)"Demo15_2:DAC1 triggered by TIM6");
    LCD_ShowStr(10,LCD_CurY+LCD_SP15,(uint8_t *)"Triangular wave on PA4,");
    LCD_ShowStr(10,LCD_CurY+LCD_SP15,(uint8_t *)"Wave's interval is 819ms");

    HAL_DAC_Start(&hdac,DAC_CHANNEL_1);      //启动 DAC1
    uint32_t DCValue=0;                      //12bits，直流分量
    HAL_DAC_SetValue(&hdac, DAC_CHANNEL_1, DAC_ALIGN_12B_R, DCValue);  //设置输出值
    HAL_TIM_Base_Start(&htim6);          //启动 TIM6，触发 DAC1 周期性输出
    /* USER CODE END 2 */

    /* Infinite loop */
    while (1)
    {
    }
}
```

在外设初始化部分，函数 MX_DAC_Init()进行 DAC 的初始化，其内部会调用生成三角波的函数 HAL_DACEx_TriangleWaveGenerate()。

在完成各种初始化后，用函数 HAL_DAC_Start()启动 DAC1，再调用 HAL_DAC_SetValue()设置 DAC1 输出值为 0，也就是设置数据保持寄存器 DHR1 的值为 0，三角波的数据会和寄存器 DHR1 里的值叠加后移送到数据输出寄存器 DOR1。

接下来，启动定时器 TIM6。如果 TIM6 发生 UEV 事件，就会触发 DAC1，三角波计数器的值会在每次触发时加 1（上行程）或减 1（下行程），然后和数据保持寄存器 DHR1 的值叠加后移送到数据输出寄存器 DOR1。

我们在程序里无须对任何中断进行处理，构建项目后，将其下载到开发板上加以测试。使用示波器观察 PA4 引脚的输出，可以看到三角波信号，三角波信号周期大约为 800ms。在使用 DAC 输出波形时，DAC 触发的周期不能太长，否则输出的模拟信号容易出现失真。还可以使用 CubeMonitor 监测生成的三角波，监测的结果如图 5-2 所示。本项目的子目录 Flows 里有用于本示例 CubeMonitor 监测的流程图文件 flow_dacl.json。

2. 定时器 TIM6 初始化

TIM6 用于周期性地触发 DAC1 进行 DAC 转换。图 15-9 的参数设置使 TIM6 每 0.1ms 产生一次定时溢出，也就是产生一次 UEV 信号，TRGO 信号的来源设置为 UEV 信号。文件 tim.c 中 TIM6 的初始化函数及相关代码如下：

```
/* 文件：tim.c    --------------------------------------------------------------*/
#include "tim.h"
TIM_HandleTypeDef   htim6;           //TIM6 的外设对象变量

/*  TIM6 初始化函数  */
void MX_TIM6_Init(void)
{
     TIM_MasterConfigTypeDef sMasterConfig = {0};

     htim6.Instance = TIM6;
     htim6.Init.Prescaler = 499;
     htim6.Init.CounterMode = TIM_COUNTERMODE_UP;
     htim6.Init.Period = 9;
     htim6.Init.AutoReloadPreload = TIM_AUTORELOAD_PRELOAD_DISABLE;
     if (HAL_TIM_Base_Init(&htim6) != HAL_OK)
          Error_Handler();

     sMasterConfig.MasterOutputTrigger = TIM_TRGO_UPDATE;      //TRGO 设置为 UEV 信号
     sMasterConfig.MasterSlaveMode = TIM_MASTERSLAVEMODE_DISABLE;
     if (HAL_TIMEx_MasterConfigSynchronization(&htim6, &sMasterConfig) != HAL_OK)
          Error_Handler();
}

void HAL_TIM_Base_MspInit(TIM_HandleTypeDef* tim_baseHandle)
{
     if(tim_baseHandle->Instance==TIM6)
     {
          /*  TIM6 时钟使能  */
          __HAL_RCC_TIM6_CLK_ENABLE();
     }
}
```

3. DAC 的初始化

函数 MX_DAC_Init()对 DAC 进行初始化，是 CubeMX 自动生成的。文件 dac.c 中无须再添加用户代码，文件 dac.c 的代码如下：

```
/* 文件:dac.c --------------------------------------------------------------*/
#include "dac.h"
DAC_HandleTypeDef   hdac;      //DAC 外设对象变量

void MX_DAC_Init(void)
{
     DAC_ChannelConfTypeDef sConfig = {0};
     hdac.Instance = DAC;
     if (HAL_DAC_Init(&hdac) != HAL_OK)
          Error_Handler();

     /**  DAC 通道 OUT1 配置  */
     sConfig.DAC_Trigger = DAC_TRIGGER_T6_TRGO;           //外部触发信号
     sConfig.DAC_OutputBuffer = DAC_OUTPUTBUFFER_ENABLE;      //使用输出缓冲器
     if (HAL_DAC_ConfigChannel(&hdac, &sConfig, DAC_CHANNEL_1) != HAL_OK)
          Error_Handler();

     /**  DAC OUT1 生成三角波的配置  */
     if (HAL_DACEx_TriangleWaveGenerate(&hdac, DAC_CHANNEL_1,
                         DAC_TRIANGLEAMPLITUDE_4095) != HAL_OK)
     {
          Error_Handler();
     }
}
```

```
void HAL_DAC_MspInit(DAC_HandleTypeDef* dacHandle)
{
    GPIO_InitTypeDef GPIO_InitStruct = {0};
    if(dacHandle->Instance==DAC)
    {
        __HAL_RCC_DAC_CLK_ENABLE();
        __HAL_RCC_GPIOA_CLK_ENABLE();
        /**  DAC GPIO 配置 PA4 -----> DAC_OUT1   */
        GPIO_InitStruct.Pin = GPIO_PIN_4;
        GPIO_InitStruct.Mode = GPIO_MODE_ANALOG;
        GPIO_InitStruct.Pull = GPIO_NOPULL;
        HAL_GPIO_Init(GPIOA, &GPIO_InitStruct);
    }
}
```

函数 MX_DAC_Init()中在完成 DAC 模块初始化和通道配置后，还调用了产生三角波的函数 HAL_DACEx_TriangleWaveGenerate()。这个函数的功能就是配置内部的三角波计数器，从而在触发信号驱动下产生三角波数据。

15.5 示例 3：使用 DMA 输出自定义波形

15.5.1 示例功能和 CubeMX 项目设置

DAC 自带的波形输出功能只能产生三角波和噪声波，若要输出自定义波形，使用 DMA 是比较好的方式。方法是，在 DMA 输出缓冲区里定义输出波形的一个完整周期的数据，然后用定时器触发 DAC 输出，每次触发时输出 DMA 缓冲区内的一个数据点，设置 DMA 工作模式为循环模式就可以输出连续的自定义波形。

我们将设计一个示例 Demo15_3SawtoothDMA，使用 DAC1 的 DMA 输出功能，在 PA4 引脚输出连续的锯齿波。具体功能和实现原理如下。

- 将 DAC1 设置为 TIM6 TRGO 信号触发，TIM6 的定时周期设置为 0.1ms。
- 定义一个有 1000 个 uint32_t 数据点的数组 userWave，保存从 0 开始到 3996 的递增数值。
- 为 DAC1 配置 DMA，将 DMA 的工作模式设置为循环模式。

以 DMA 方式启动 DAC1，用数组 userWave 作为 DMA 的输出缓冲区，则 DAC1 会输出图 15-10 所示的锯齿波。因为 TIM6 的定时周期是 0.1ms，缓冲区有 1000 个数据点，所以锯齿波的周期是 100ms。

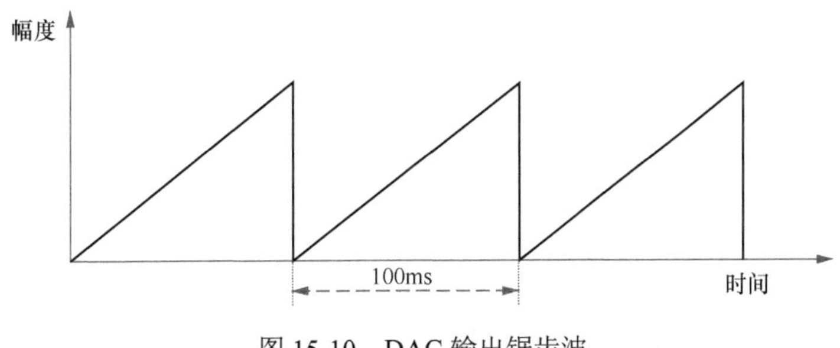

图 15-10　DAC 输出锯齿波

我们将示例 Demo15_2TriangWave 整个复制为 Demo15_3SawtoothDMA。复制项目的操作方法见附录 B。在 CubeMX 里打开文件 Demo15_3SawtoothDMA.ioc，只需更改 DAC 的设置。DAC 的模式

设置里仍然只选择 OUT1 Configuration，选择 Timer 6 Trigger Out Event 作为触发信号源，不生成波形。

关键是为 DMA 请求 DAC1 配置 DMA 流，如图 15-11 所示。DMA 传输方向自动设置为从存储器到外设（Memory To Peripheral）。把 DMA 的 Mode（工作模式）设置为 Circular（循环模式），数据宽度为 Word，存储器地址自增。DMA 流的中断会自动打开，请勿打开 DAC 的全局中断。

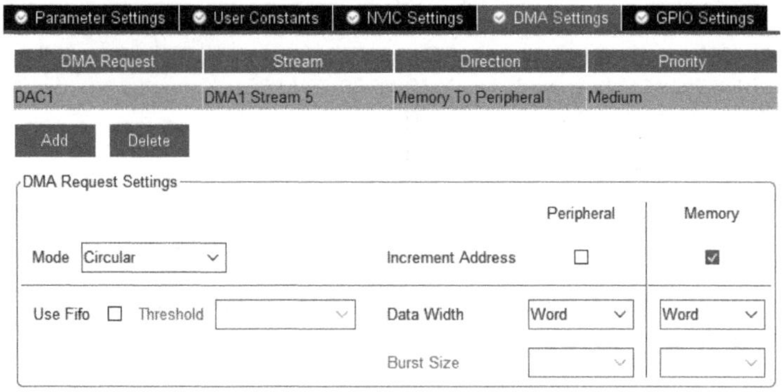

图 15-11　为 DAC1 配置 DMA

定时器 TIM6 的配置与示例 Demo15_2TriangWave 的相同，配置结果如图 15-9 所示，定时周期是 0.1ms。本示例要用到 LED1，如果在前面的示例里删除了 LED1 引脚的配置，则需要重新配置 PF9 引脚。

15.5.2　程序功能实现

1. 主程序

我们在 CubeMX 里生成代码，在 CubeIDE 里打开项目，将 PublicDrivers 目录下的 TFT_LCD 和 KEY_LED 目录添加到项目搜索路径（操作方法见附录 A）。在主程序里添加用户代码，完成后文件 main.c 的代码如下：

```
/* 文件：main.c ---------------------------------------------------------------*/
#include "main.h"
#include "dac.h"
#include "dma.h"
#include "tim.h"
#include "gpio.h"
#include "fsmc.h"
/* USER CODE BEGIN Includes */
#include "tftlcd.h"
#include "keyled.h"
/* USER CODE END Includes */

int main(void)
{
     HAL_Init();
     SystemClock_Config();
     /* Initialize all configured peripherals */
     MX_GPIO_Init();
     MX_DMA_Init();            //DMA 初始化
     MX_FSMC_Init();
     MX_DAC_Init();            //DAC 初始化
     MX_TIM6_Init();
```

```
    /* USER CODE BEGIN 2 */
    TFTLCD_Init();
    LCD_ShowStr(10,10,(uint8_t *)"Demo15_3:DAC output with DMA");
    LCD_ShowStr(10,LCD_CurY+LCD_SP15,(uint8_t *)"Sawtooth wave on PA4");
    LCD_ShowStr(10,LCD_CurY+LCD_SP15,(uint8_t *)"Wave's interval is 100ms");

    //生成一个完整周期，1000个点的锯齿波数据
    uint32_t userWave[1000];      //DMA数据缓冲区，存储锯齿波一个周期的数据点
    uint32_t y=0;
    for(uint16_t i=0; i<1000;i++)
    {
        userWave[i]=y;
        y=y+4;
    }
    HAL_DAC_Start_DMA(&hdac, DAC_CHANNEL_1, userWave, 1000, DAC_ALIGN_12B_R);
    HAL_TIM_Base_Start(&htim6);            //启动TIM6，触发DAC定时输出
    /* USER CODE END 2 */
    /* Infinite loop */
    while (1)
    {
    }
}

/* USER CODE BEGIN 4 */
/*  DMA传输完成事件中断的回调函数  */
void HAL_DAC_ConvCpltCallbackCh1(DAC_HandleTypeDef* hdac)
{
    LED1_Toggle();
}
/* USER CODE END 4 */
```

上述程序定义了有1000个元素的数组userWave，元素类型是uint32_t。数组存储的数据是从0开始的线性递增数据，即锯齿波一个周期所有数据点的值。调用函数HAL_DAC_Start_DMA()以DMA方式启动DAC1，用数组userWave作为DMA输出缓冲区，数据点个数为1000个。

DAC1由TIM6的TRGO信号触发，触发周期为0.1ms，每次触发就输出DMA缓冲区中的一个数据点，所以输出锯齿波的周期是100ms。DMA工作模式被设置为循环模式，所以，DMA缓冲区的数据输出完后又重新开始下一轮输出，因此可以输出连续的锯齿波。

DMA流传输完一个缓冲区的数据后，会产生传输完成中断事件，在文件main.c中重新实现了该事件关联的回调函数HAL_DAC_ConvCpltCallbackCh1()，用于使LED1闪烁，表明DMA传输在工作。

本示例的用户代码都在文件main.c里。编译后，我们将其下载到开发板加以测试。运行时会看到LED1闪烁，用示波器观察PA4引脚的输出，可以看到锯齿波信号。同样，也可以用CubeMonitor监测DAC1输出的锯齿波波形。如果要调整锯齿波的周期，修改TIM6的定时周期即可。

2. DMA和DAC的初始化

main()函数中调用MX_DMA_Init()进行DMA初始化，函数MX_DMA_Init()在文件dma.c中实现，其功能就是开启DMA1控制器时钟和设置DMA流中断优先级，函数代码如下：

```
/* 文件：dma.c  -----------------------------------------------------------*/
#include "dma.h"
void MX_DMA_Init(void)
{
    __HAL_RCC_DMA1_CLK_ENABLE();      //DMA1控制器时钟使能
    /*  DMA1_Stream5_IRQn中断配置  */
```

```
    HAL_NVIC_SetPriority(DMA1_Stream5_IRQn, 0, 0);
    HAL_NVIC_EnableIRQ(DMA1_Stream5_IRQn);
}
```

文件 dac.c 中的函数 MX_DAC_Init()进行 DAC 的初始化，代码如下：

```
/* 文件:dac.c  ---------------------------------------------------------------*/
#include "dac.h"
DAC_HandleTypeDef   hdac;                   //DAC 外设对象变量
DMA_HandleTypeDef   hdma_dac1;              //DMA 流对象变量

/* DAC 初始化函数 */
void MX_DAC_Init(void)
{
    DAC_ChannelConfTypeDef sConfig = {0};
    hdac.Instance = DAC;
    if (HAL_DAC_Init(&hdac) != HAL_OK)
        Error_Handler();

    /**  DAC 通道 OUT1 配置  */
    sConfig.DAC_Trigger = DAC_TRIGGER_T6_TRGO;              //外部触发源
    sConfig.DAC_OutputBuffer = DAC_OUTPUTBUFFER_ENABLE;     //使用输出缓冲器
    if (HAL_DAC_ConfigChannel(&hdac, &sConfig, DAC_CHANNEL_1) != HAL_OK)
        Error_Handler();
}

/* DAC 的 MSP 初始化函数，在 HAL_DAC_Init()里被调用 */
void HAL_DAC_MspInit(DAC_HandleTypeDef* dacHandle)
{
    GPIO_InitTypeDef GPIO_InitStruct = {0};
    if(dacHandle->Instance==DAC)
    {
        __HAL_RCC_DAC_CLK_ENABLE();             //DAC 时钟使能
        __HAL_RCC_GPIOA_CLK_ENABLE();
        /**DAC GPIO 引脚配置 PA4 ----> DAC_OUT1  */
        GPIO_InitStruct.Pin = GPIO_PIN_4;
        GPIO_InitStruct.Mode = GPIO_MODE_ANALOG;
        GPIO_InitStruct.Pull = GPIO_NOPULL;
        HAL_GPIO_Init(GPIOA, &GPIO_InitStruct);

        /* DMA 请求 DAC1 的 DMA 流初始化配置 */
        hdma_dac1.Instance = DMA1_Stream5;                  //DMA 流寄存器基址
        hdma_dac1.Init.Channel = DMA_CHANNEL_7;            //DMA 通道，即 DAC1 的 DMA 请求
        hdma_dac1.Init.Direction = DMA_MEMORY_TO_PERIPH;//传输方向，存储器到外设
        hdma_dac1.Init.PeriphInc = DMA_PINC_DISABLE;    //外设地址自增，禁用
        hdma_dac1.Init.MemInc = DMA_MINC_ENABLE;         //存储器地址自增，开启
        hdma_dac1.Init.PeriphDataAlignment = DMA_PDATAALIGN_WORD;//外设数据宽度 Word
        hdma_dac1.Init.MemDataAlignment = DMA_MDATAALIGN_WORD; //存储器数据宽度 Word
        hdma_dac1.Init.Mode = DMA_CIRCULAR;                 //循环工作模式
        hdma_dac1.Init.Priority = DMA_PRIORITY_MEDIUM; //DMA 优先级别
        hdma_dac1.Init.FIFOMode = DMA_FIFOMODE_DISABLE;//禁用 FIFO
        if (HAL_DMA_Init(&hdma_dac1) != HAL_OK)          //DMA 流初始化
            Error_Handler();

        __HAL_LINKDMA(dacHandle,DMA_Handle1,hdma_dac1);//外设与 DMA 流关联
    }
}
```

函数 HAL_DAC_MspInit()对 DMA 流进行了配置和初始化，其代码与 CubeMX 里的设置对应。DMA 流的参数配置以及与外设关联的原理见第 13 章的详细介绍，此处不再赘述。

第 16 章　SPI 通信

串行外设接口（Serial Peripheral Interface, SPI）是一种传输速率比较高的串行接口，一些 ADC 芯片、Flash 存储器芯片采用 SPI 接口，MCU 通过 SPI 接口与这些外围器件通信。在本章中，我们介绍 SPI 接口及其基本传输协议，然后以开发板上 SPI 接口的 Flash 存储芯片 W25Q128 为例，介绍 SPI 接口的使用方法。

16.1　SPI 接口和通信协议

16.1.1　SPI 硬件接口

SPI 接口的设备分为主设备（Master）和从设备（Slave），一个主设备可以连接一个或多个从设备。SPI 通信的连接方式如图 16-1 所示。SPI 的主设备也可称为主机，从设备也可称为从机。

SPI 接口有 3 个基本信号，功能描述如下。

（1）MOSI（Master Output Slave Input），主设备输出/从设备输入信号，从设备上该信号一般简写为 SI。MOSI 是主设备的串行数据输出，SI 是从设备的串行数据输入，主设备和从设备的这两个信号连接。

（2）MISO（Master Input Slave Output），主设备输入/从设备输出信号，从设备上该信号一般简写为 SO。MISO 是主设备的串行数据输入，SO 是从设备的串行数据输出，主设备和从设备的这两个信号连接。

（3）SCK，串行时钟信号。时钟信号总是由主设备产生。

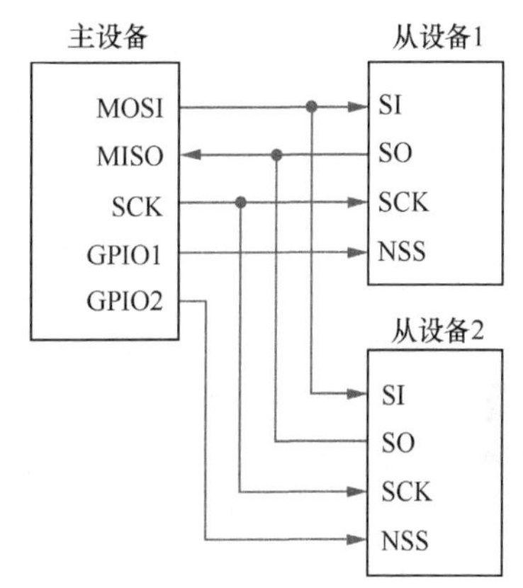

图 16-1　SPI 通信的连接方式

除了这 3 个必需的信号，从设备还有一个从设备选择信号 SS（Slave Select），这个就是从设备的片选信号，低有效，所以一般写为 NSS。当一个 SPI 通信网络里有多个 SPI 从设备时（见图 16-1），主设备通过控制各个从设备的 NSS 信号来保证同一时刻只有一个 SPI 从设备在线通信，未被选中的 SPI 从设备的接口引脚是高阻状态。SPI 主设备可以使用普通的 GPIO 输出引脚连接从设备的 NSS 引脚，控制从设备的片选信号。

16.1.2　SPI 传输协议

SPI 数据传输是在时钟信号 SCK 驱动下的串行数据传输，SPI 的传输协议定义了 SPI 通信的起始信号、结束信号、数据有效性、时钟同步等环节。SPI 每次传输的数据帧长度是 8 位或

16 位，一般是最高有效位（Most Significant Bit，MSB）先行。

SPI 通信有 4 种时序模式，由 SPI 控制寄存器 SPI_CR1 中的 CPOL 位和 CPHA 位控制。

- CPOL（Clock Polarity）时钟极性，控制 SCK 引脚在空闲状态时的电平。如果 CPOL 为 0，则空闲时 SCK 为低电平；如果 CPOL 为 1，则空闲时 SCK 为高电平。
- CPHA（Clock Phase）时钟相位。如果 CPHA 为 0，则在 SCK 的第 1 个边沿对数据采样；如果 CPHA 为 1，则在 SCK 的第 2 个边沿对数据采样。

图 16-2 所示的是 CPHA 为 0 时的数据传输时序图。NSS 从高变低是数据传输的起始信号，NSS 从低变高是数据传输的结束信号，图中是 MSB 先行的方式。

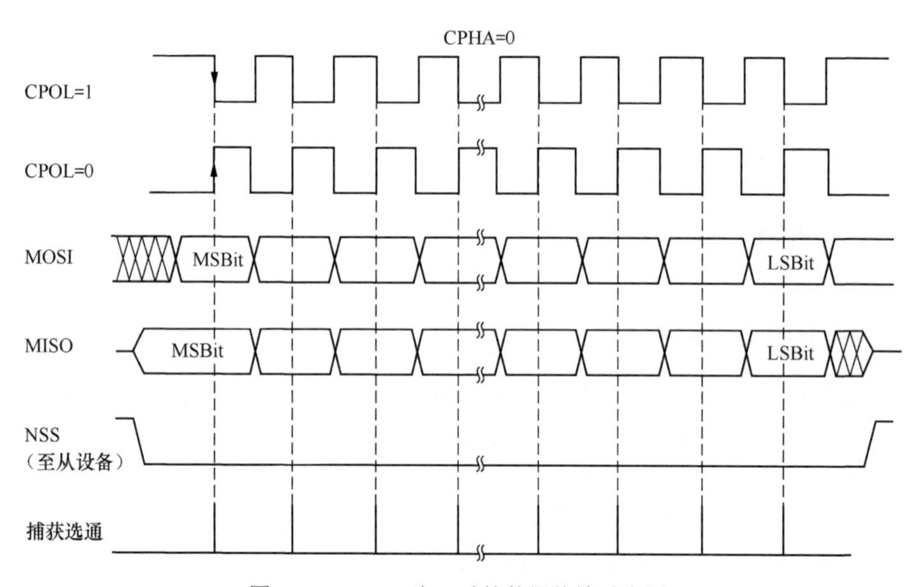

图 16-2　CPHA 为 0 时的数据传输时序图

CPHA 为 0 表示在 SCK 的第 1 个边沿读取数据，读取数据的时刻（捕获选通时刻）就是图 16-2 中虚线表示的时刻。根据 CPOL 的取值不同，读取数据的时刻发生在 SCK 的下跳沿（CPOL 为 1）时刻或上跳沿（CPOL 为 0）时刻。MISO、MOSI 上的数据是在读取数据的 SCK 前一个跳变沿时刻发生变化的。

图 16-3 所示的是 CPHA 为 1 时的数据传输时序图。CPHA 为 1 表示在 SCK 的第 2 个边沿读取数据，也就是图 16-3 中的虚线表示的时刻。根据 CPOL 的取值不同，读取数据的时刻发生在 SCK 上跳沿（CPOL 为 1）时刻或下跳沿（CPOL 为 0）时刻。MISO、MOSI 上的数据是在读取数据的 SCK 前一个跳变沿时刻发生变化的。

在使用 SPI 接口通信时，主设备和从设备的 SPI 时序一定要一致，否则无法正常通信。由 CPOL 和 CPHA 的不同组合构成了 4 种 SPI 时序模式，如表 16-1 所示。如果使用硬件 SPI 接口，只需设置正确的 SPI 时序模式，底层的通信时序由 SPI 硬件处理。有时候需要用普通 GPIO 引脚模拟 SPI 接口，这称为软件模拟 SPI 接口。软件模拟 SPI 接口需要控制 GPIO 引脚的输入和输出来模拟 SPI 的通信时序，例如，《高级篇》第 20 章使用电阻式触摸屏时，就用到了软件模拟 SPI 接口。

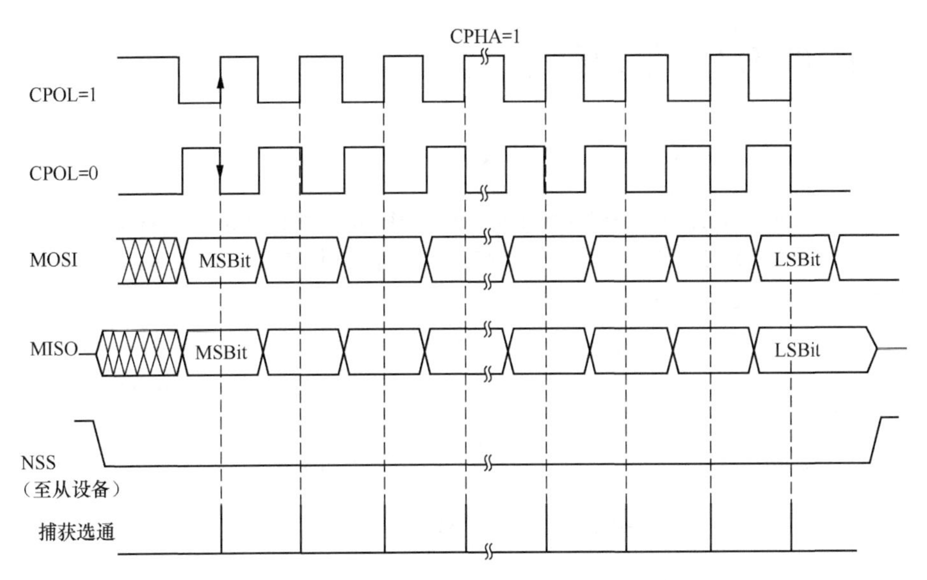

图 16-3 CPHA 为 1 时的数据传输时序图

表 16-1 SPI 的 4 种时序模式

SPI 时序模式	CPOL 时钟极性	CPHA 时钟相位	空闲时 SCK 电平	采样时刻
模式 0	0	0	低电平	第 1 跳变沿
模式 1	0	1	低电平	第 2 跳变沿
模式 2	1	0	高电平	第 1 跳变沿
模式 3	1	1	高电平	第 2 跳变沿

16.1.3 STM32F407 的 SPI 接口

STM32F407 芯片上有 3 个硬件 SPI 接口，除了支持 SPI 通信协议，还支持 I2S 音频协议。STM32F407 的 SPI 接口有如下的特性。

- 数据帧长度可选择 8 位或 16 位。
- 可设置为主模式或从模式。
- 可设置 8 种预分频器值用于产生通信波特率，波特率最高为 $f_{PCLK}/2$，其中 f_{PCLK} 是 SPI 所在 APB 总线的频率。SPI1 在 APB2 总线上，SPI2 和 SPI3 在 APB1 总线上。
- 可设置时钟极性（CPOL）和时钟相位（CPHA），也就是 4 种 SPI 时序模式都支持。
- 可设置 MSB 先行或 LSB 先行。
- 可以使用硬件 CRC 校验。
- 可触发中断的主模式故障、上溢和 CRC 错误标志。
- 发送和接收具有独立的 DMA 请求，DMA 传输具有 1 字节发送和接收缓冲区。

MCU 的 SPI 接口实现了 SPI 硬件层通信协议，也就是保证数据帧的正确接收和发送，如同 UART 接口实现底层数据帧的收发一样。SPI 主设备和从设备之间具体的通信内容则需要两者之间规定通信协议，如同串口设备之间的通信协议一样。

16.2 SPI 的 HAL 驱动程序

16.2.1 SPI 寄存器操作的宏函数

SPI 的驱动程序头文件是 stm32f4xx_hal_spi.h。SPI 寄存器操作的宏函数如表 16-2 所示。宏函数中的参数__HANDLE__是具体某个 SPI 接口的对象指针，参数__INTERRUPT__是 SPI 的中断事件类型，参数__FLAG__是事件中断标志。

表 16-2　SPI 寄存器操作的宏函数

宏函数	功能描述
__HAL_SPI_DISABLE(__HANDLE__)	禁用某个 SPI 接口
__HAL_SPI_ENABLE(__HANDLE__)	启用某个 SPI 接口
__HAL_SPI_DISABLE_IT(__HANDLE__, __INTERRUPT__)	禁止某个中断事件源，不允许事件产生硬件中断
__HAL_SPI_ENABLE_IT(__HANDLE__, __INTERRUPT__)	开启某个中断事件源，允许事件产生硬件中断
__HAL_SPI_GET_IT_SOURCE(__HANDLE__, __INTERRUPT__)	检查某个中断事件源是否被允许产生硬件中断
__HAL_SPI_GET_FLAG(__HANDLE__, __FLAG__)	获取某个事件的中断标志，检查事件是否发生
__HAL_SPI_CLEAR_CRCERRFLAG(__HANDLE__)	清除 CRC 校验错误中断标志
__HAL_SPI_CLEAR_FREFLAG(__HANDLE__)	清除 TI 帧格式错误中断标志
__HAL_SPI_CLEAR_MODFFLAG(__HANDLE__)	清除主模式故障中断标志
__HAL_SPI_CLEAR_OVRFLAG(__HANDLE__)	清除溢出错误中断标志

CubeMX 自动生成的文件 spi.c 会定义表示具体 SPI 接口的外设对象变量。例如，使用 SPI1 时，会定义如下的外设对象变量 hspi1，宏函数中的参数__HANDLE__就可以使用&hspi1。

```
SPI_HandleTypeDef  hspi1;    //表示 SPI1 的外设对象变量
```

一个 SPI 接口只有 1 个中断号，有 6 个中断事件，但是只有 3 个中断使能控制位。SPI 状态寄存器 SPI_SR 中有 6 个事件的中断标志位，SPI 控制寄存器 SPI_CR2 中有 3 个中断事件使能控制位，其中 1 个错误事件中断使能控制位 ERRIE 控制了 4 种错误中断事件的使能。SPI 的中断事件和宏定义如表 16-3 所示。这是比较特殊的一种情况，对于一般的外设，1 个中断事件就有 1 个使能控制位和 1 个中断标志位。

在 SPI 的 HAL 驱动程序中，定义了 6 个表示事件中断标志位的宏，可作为宏函数中参数__FLAG__的取值；定义了 3 个表示中断事件类型的宏，可作为宏函数中参数__INTERRUPT__的取值。这些宏定义符号如表 16-3 所示。

表 16-3　SPI 的中断事件和宏定义

中断事件	SPI 状态寄存器 SPI_SR 中的中断标志位	表示事件中断标志位的宏	SPI 控制寄存器 SPI_CR2 中的中断事件使能控制位	表示中断事件使能位的宏（用于表示中断事件类型）
发送缓冲区为空	TXE	SPI_FLAG_TXE	TXEIE	SPI_IT_TXE
接收缓冲区非空	RXNE	SPI_FLAG_RXNE	EXNEIE	SPI_IT_RXNE

续表

中断事件	SPI 状态寄存器 SPI_SR 中的中断标志位	表示事件中断标志位的宏	SPI 控制寄存器 SPI_CR2 中的中断事件使能控制位	表示中断事件使能位的宏(用于表示中断事件类型)
主模式故障	MODF	SPI_FLAG_MODF	ERRIE	SPI_IT_ERR
溢出错误	OVR	SPI_FLAG_OVR		
CRC 校验错误	CRCERR	SPI_FLAG_CRCERR		
TI 帧格式错误	FRE	SPI_FLAG_FRE		

16.2.2 SPI 初始化和阻塞式数据传输

SPI 接口初始化、状态查询和阻塞式数据传输的函数列表如表 16-4 所示。

表 16-4 SPI 初始化和阻塞式数据传输相关函数

函数名	功能描述
HAL_SPI_Init()	SPI 初始化，配置 SPI 接口参数
HAL_SPI_MspInit()	SPI 的 MSP 初始化函数，重新实现时一般用于 SPI 接口引脚 GPIO 初始化和中断设置
HAL_SPI_GetState()	返回 SPI 接口当前状态，返回值是枚举类型 HAL_SPI_StateTypeDef
HAL_SPI_GetError()	返回 SPI 接口最后的错误码，错误码有一组宏定义
HAL_SPI_Transmit()	阻塞式发送一个缓冲区的数据
HAL_SPI_Receive()	阻塞式接收指定长度的数据保存到缓冲区
HAL_SPI_TransmitReceive()	阻塞式同时发送和接收一定长度的数据

1. SPI 接口初始化

函数 HAL_SPI_Init()用于具体某个 SPI 接口的初始化，其原型定义如下：

```
HAL_StatusTypeDef HAL_SPI_Init(SPI_HandleTypeDef *hspi)
```

其中，参数 hspi 是 SPI 外设对象指针。hspi->Init 是 SPI_InitTypeDef 结构体类型，存储了 SPI 接口的通信参数。这两个结构体主要成员变量的意义在示例里结合代码具体解释。

2. 阻塞式数据发送和接收

SPI 是一种主/从通信方式，通信完全由 SPI 主机控制，因为 SPI 主机控制了时钟信号 SCK。SPI 主机和从机之间一般是应答式通信，主机先用函数 HAL_SPI_Transmit()在 MOSI 线上发送指令或数据，忽略 MISO 线上传入的数据；从机接收指令或数据后会返回响应数据，主机通过函数 HAL_SPI_Receive()在 MISO 线上接收响应数据，接收时不会在 MOSI 线上发送有效数据。

函数 HAL_SPI_Transmit()用于发送数据，其原型定义如下：

```
HAL_StatusTypeDef HAL_SPI_Transmit(SPI_HandleTypeDef *hspi, uint8_t *pData, uint16
_t Size, uint32_t Timeout);
```

其中，参数 hspi 是 SPI 外设对象指针；pData 是输出数据缓冲区指针；Size 是缓冲区数据的字节数；Timeout 是超时等待时间，单位是系统嘀嗒信号节拍数，默认情况下就是 ms。

函数 HAL_SPI_Transmit()是阻塞式执行的，也就直到数据发送完成或超过等待时间后才返回。函数返回 HAL_OK 表示发送成功，返回 HAL_TIMEOUT 表示发送超时。

函数 HAL_SPI_Receive()用于从 SPI 接口接收数据，其原型定义如下：

```
HAL_StatusTypeDef HAL_SPI_Receive(SPI_HandleTypeDef *hspi, uint8_t *pData, uint16_t Size, uint32_t Timeout);
```

其中，参数 pData 是接收数据缓冲区，Size 是要接收的数据字节数，Timeout 是超时等待时间。

3. 阻塞式同时发送与接收数据

虽然 SPI 通信一般采用应答式，MISO 和 MOSI 两根线不同时传输有效数据，但是在原理上，它们是可以在 SCK 时钟信号作用下同时传输有效数据的。函数 HAL_SPI_TransmitReceive()就实现了接收和发送同时操作的功能，其原型定义如下：

```
HAL_StatusTypeDef HAL_SPI_TransmitReceive(SPI_HandleTypeDef *hspi, uint8_t *pTxData, uint8_t *pRxData, uint16_t Size, uint32_t Timeout)
```

其中，pTxData 是发送数据缓冲区，pRxData 是接收数据缓冲区，Size 是数据字节数，Timeout 是超时等待时间。这种情况下，发送和接收到的数据字节数是相同的。

16.2.3　中断方式数据传输

SPI 接口能以中断方式传输数据，是非阻塞式数据传输。中断方式数据传输的相关函数、产生的中断事件类型、对应的回调函数等如表 16-5 所示。中断事件类型用中断事件使能控制位的宏定义表示。

表 16-5　SPI 中断方式数据传输相关函数

函数名	函数功能	产生的中断事件类型	对应的回调函数
HAL_SPI_Transmit_IT()	中断方式发送一个缓冲区的数据	SPI_IT_TXE	HAL_SPI_TxCpltCallback()
HAL_SPI_Receive_IT()	中断方式接收指定长度的数据保存到缓冲区	SPI_IT_RXNE	HAL_SPI_RxCpltCallback()
HAL_SPI_TransmitReceive_IT()	中断方式发送和接收一定长度的数据	SPI_IT_TXE 和 SPI_IT_RXNE	HAL_SPI_TxRxCpltCallback()
前 3 个中断方式传输函数	前 3 个中断模式传输函数都可能产生 SPI_IT_ERR 中断事件	SPI_IT_ERR	HAL_SPI_ErrorCallback()
HAL_SPI_IRQHandler()	SPI 中断 ISR 里调用的通用处理函数	—	—
HAL_SPI_Abort()	取消非阻塞式数据传输，本函数以阻塞模式运行	—	—
HAL_SPI_Abort_IT()	取消非阻塞式数据传输，本函数以中断模式运行	—	HAL_SPI_AbortCpltCallback()

函数 HAL_SPI_Transmit_IT()用于发送一个缓冲区的数据，发送完成后，会产生发送完成中断事件（SPI_IT_TXE），对应的回调函数是 HAL_SPI_TxCpltCallback()。

函数 HAL_SPI_Receive_IT()用于接收指定长度的数据保存到缓冲区，接收完成后，会产生接收完成中断事件（SPI_IT_RXNE），对应的回调函数是 HAL_SPI_RxCpltCallback()。

函数 HAL_SPI_TransmitReceive_IT()是发送和接收同时进行，由它启动的数据传输会产生 SPI_IT_TXE 和 SPI_IT_RXNE 中断事件，但是有专门的回调函数 HAL_SPI_TxRxCpltCallback()。

上述 3 个函数的原型定义如下：

```
HAL_StatusTypeDef HAL_SPI_Transmit_IT(SPI_HandleTypeDef *hspi, uint8_t *pData,
uint16_t Size);
HAL_StatusTypeDef HAL_SPI_Receive_IT(SPI_HandleTypeDef *hspi, uint8_t *pData, uint
16_t Size);
HAL_StatusTypeDef HAL_SPI_TransmitReceive_IT(SPI_HandleTypeDef *hspi, uint8_t *pTxData,
uint8_t *pRxData, uint16_t Size);
```

这 3 个函数都是非阻塞式的，函数返回 HAL_OK 只是表示函数操作成功，并不表示数据传输完成，只有相应的回调函数被调用才表明数据传输完成。

函数 HAL_SPI_IRQHandler()是 SPI 中断 ISR 里调用的通用处理函数，它会根据中断事件类型调用相应的回调函数。在 SPI 的 HAL 驱动程序中，回调函数是用 SPI 外设对象变量的函数指针重定向的，在启动传输的函数里，为回调函数指针赋值，用户使用时只需知道表 16-5 中的对应关系即可。

函数 HAL_SPI_Abort()用于取消非阻塞式数据传输过程，包括中断方式和 DMA 方式，这个函数自身以阻塞模式运行。

函数 HAL_SPI_Abort_IT()用于取消非阻塞式数据传输过程，包括中断方式和 DMA 方式，这个函数自身以中断模式运行，所以有回调函数 HAL_SPI_AbortCpltCallback()。

16.2.4 DMA 方式数据传输

SPI 的发送和接收有各自的 DMA 请求，能以 DMA 方式进行数据发送和接收。DMA 方式传输时触发 DMA 流的中断事件，主要是 DMA 传输完成中断事件。SPI 的 DMA 方式数据传输的相关函数如表 16-6 所示。DMA 流中断事件的宏定义可查阅 13.2.4 节。

表 16-6 SPI 的 DMA 方式数据传输的相关函数

DMA 方式功能函数	函数功能	DMA 流中断事件	对应的回调函数
HAL_SPI_Transmit_DMA()	DMA 方式发送数据	DMA 传输完成	HAL_SPI_TxCpltCallback()
		DMA 传输半完成	HAL_SPI_TxHalfCpltCallback()
HAL_SPI_Receive_DMA()	DMA 方式接收数据	DMA 传输完成	HAL_SPI_RxCpltCallback()
		DMA 传输半完成	HAL_SPI_RxHalfCpltCallback()
HAL_SPI_TransmitReceive_DMA()	DMA 方式发送/接收数据	DMA 传输完成	HAL_SPI_TxRxCpltCallback()
		DMA 传输半完成	HAL_SPI_TxRxHalfCpltCallback()
前 3 个 DMA 方式传输函数	DMA 传输错误中断事件	DMA 传输错误	HAL_SPI_ErrorCallback()
HAL_SPI_DMAPause()	暂停 DMA 传输	—	—
HAL_SPI_DMAResume()	继续 DMA 传输	—	—
HAL_SPI_DMAStop()	停止 DMA 传输	—	—

启动 DMA 方式发送和接收数据的两个函数的原型分别定义如下：

```
HAL_StatusTypeDef HAL_SPI_Transmit_DMA(SPI_HandleTypeDef *hspi, uint8_t *pData,
uint16_t Size);
HAL_StatusTypeDef HAL_SPI_Receive_DMA(SPI_HandleTypeDef *hspi, uint8_t *pData,
uint16_t Size);
```

其中，hspi 是 SPI 外设对象指针，pData 是用于 DMA 数据发送或接收的数据缓冲区指针，Size 是缓冲区的大小。因为 SPI 接口传输的基本数据单位是字节，所以缓冲区元素类型是 uint8_t，缓冲区大小的单位是字节。

另一个同时接收和发送数据的函数的原型定义如下：

```
HAL_StatusTypeDef HAL_SPI_TransmitReceive_DMA(SPI_HandleTypeDef *hspi, uint8_t
*pTxData, uint8_t *pRxData, uint16_t Size);
```

其中，pTxData 是发送数据的缓冲区指针，pRxData 是接收数据的缓冲区指针，两个缓冲区大小相同，长度都是 Size。

DMA 传输是非阻塞式传输，函数返回 HAL_OK 只表示操作成功，需要触发相应的回调函数才表示数据传输完成。另外，还有 3 个控制 DMA 传输过程暂停、继续、停止的函数，其原型定义如下：

```
HAL_StatusTypeDef HAL_SPI_DMAPause(SPI_HandleTypeDef *hspi);
HAL_StatusTypeDef HAL_SPI_DMAResume(SPI_HandleTypeDef *hspi);
HAL_StatusTypeDef HAL_SPI_DMAStop(SPI_HandleTypeDef *hspi);
```

其中，参数 hspi 是 SPI 外设对象指针。这 3 个函数都是阻塞式运行的。

16.3　Flash 存储芯片 W25Q128

16.3.1　硬件接口和连接

W25Q128 是一个 Flash 存储芯片，容量为 128Mbit，也就是 16MB。W25Q128 支持标准 SPI，还支持 Dual/Quad SPI。若 W25Q128 工作于 Dual/Quad SPI 通信模式，需要连接的 MCU 也支持 Dual/Quad SPI 通信。具有 QUADSPI 接口的 MCU 才支持 Dual/Quad SPI 通信，如 STM32F214、STM32F469 等。

STM32F407 只有标准 SPI 接口，不支持 Dual/Quad SPI 通信。开发板上有一个 W25Q128 芯片，通过标准 SPI 接口与 STM32F407 的 SPI1 接口连接，电路如图 16-4 所示。

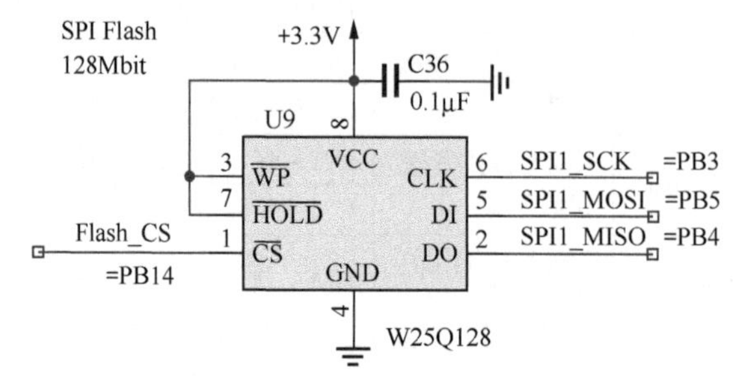

图 16-4　开发板上 W25Q128 的电路

W25Q128 的各个引脚的功能描述如下。

- DO、DI、CLK 这 3 个 SPI 引脚与 MCU 的 SPI1 接口的相应引脚连接，占用 PB4、PB5、PB3 引脚。
- 片选信号 CS 与 MCU 的 PB14 连接，由 MCU 通过 GPIO 引脚 PB14 的输出控制 W25Q128 的片选状态。
- WP 是写保护设置引脚，WP 为低电平时，禁止修改内部的状态寄存器，与状态寄存器的一些位配合使用，可以对内部的一些存储区域进行写保护。电路中将 WP 接高电平，也就是不使用此写保护信号。

- HOLD 是硬件保持信号引脚。当器件被选中时，如果 HOLD 输入为低电平，那么 DO 引脚变为高阻态，DI 和 CLK 的输入被忽略。当 HOLD 输入为高电平时，SPI 的操作又继续。这里将 HOLD 引脚接电源，就是不使用保持功能。

W25Q128 支持 SPI 模式 0 和模式 3。在 MCU 与 W25Q128 通信时，设置使用 SPI 模式 3，即设置 CPOL=1，CPHA=1。

开发板上的 W25Q128 与 STM32F407 的 SPI1 连接，开发板上还有 NRF 无线通信模块与 SPI1 连接，NRF 模块接口是图 2-9 中的【1-4】。所以，在使用 W25Q128 时，不要插入 NRF 模块，在使用 NRF 模块时，要给 W25Q128 的片选信号 CS 发送 1。

因为 SPI1 接口要用到 PB3、PB4、PB5 引脚，而 5 线 JTAG 接口要用到 PB3、PB4（见表 2-2），所以在使用 SPI1 接口时，系统的 Debug 接口不能设置为 JTAG 接口，只能设置为 SW 接口。所以，为避免出现错误，本书所有示例都使用 SW 调试接口。

普中 STM32F407 开发板的使用手册上使用的 Flash 芯片型号是 EN25Q128，但笔者用过多个不同时期购买的普中 STM32F407 开发板，开发板上实际焊接的芯片是 W25Q128、GD25Q128 或 XM25QH128。这 3 个芯片的引脚和功能是完全兼容的，根据 W25Q128 的数据手册编写的驱动程序在另外 2 个芯片上能正常工作。EN25Q128 的引脚不完全与 W25Q128 兼容，EN25Q128 的第 7 引脚是 NC（No Connection），而另外 3 个芯片的第 7 引脚都是 HOLD。

16.3.2 存储空间划分

W25Q128 总容量为 16MB，使用 24 位地址线，地址范围是 0x000000～0xFFFFFF。

16MB 分为 256 个块（Block），每个块的大小为 64KB，16 位偏移地址，块内偏移地址范围是 0x0000～0xFFFF。

每个块又分为 16 个扇区（Sector），共 4096 个扇区，每个扇区的大小为 4KB，12 位偏移地址，扇区内偏移地址范围是 0x000～0xFFF。

每个扇区又分为 16 个页（Page），共 65536 个页，每个页的大小为 256 字节，8 位偏移地址，页内偏移地址范围是 0x00～0xFF。

16.3.3 数据读写的原则

从 W25Q128 读取数据时，用户可以从任意地址开始读取任意长度的数据。

向 W25Q128 写入数据时，用户可以从任何地址开始写数据，但是一次 SPI 通信写入的数据范围不能超过一个页的边界。所以，如果从页的起始地址开始写数据，一次最多可写入一个页的数据，即 256 字节。如果一次写入的数据超过页的边界，会再从页的起始位置开始写。

向存储区域写入数据时，存储区域必须是被擦除过的，也就是存储内容是 0xFF，否则写入数据操作无效。用户可以对整个器件、某个块、某个扇区进行擦除操作，但是不能对单个页进行擦除。

16.3.4 操作指令

SPI 的硬件层和传输协议只是规定了传输一个数据帧的方法，对具体的 SPI 器件的操作由器件规定的操作指令实现。W25Q128 制定了很多的操作指令，用以实现各种功能。

W25Q128 的操作指令由 1 字节或多字节组成，指令的第 1 个字节是指令码，其后跟随的是指令的参数或返回的数据。W25Q128 常用的几个指令如表 16-7 所示，其全部指令和详细解释见 W25Q128 的数据手册。表 16-7 中用括号表示的部分表示返回的数据，A23～A0 是 24 位的全局地址，dummy 表示必须发送的无效字节数据，一般发送 0x00。

表 16-7　W25Q128 常用的指令

指令名称	BYTE 1 指令码	BYTE 2	BYTE 3	BYTE 4	BYTE 5	BYTE 6
写使能	0x06	—	—	—	—	—
读状态寄存器 1	0x05	(S7～S0)	—	—	—	—
读状态寄存器 2	0x35	(S15～S8)	—	—	—	—
读厂家和设备 ID	0x90	dummy	dummy	0x00	(MF7～MF0)	(ID7～ID0)
读 64 位序列号	0x4B	dummy	dummy	dummy	dummy	(ID63～ID0)
器件擦除	0xC7/0x60	—	—	—	—	—
块擦除（64KB）	0xD8	A23～A16	A15～A8	A7～A0	—	—
扇区擦除（4KB）	0x20	A23～A16	A15～A8	A7～A0	—	—
写数据（页编程）	0x02	A23～A16	A15～A8	A7～A0	D7～D0	—
读数据	0x03	A23～A16	A15～A8	A7～A0	(D7～D0)	—
快速读数据	0x0B	A23～A16	A15～A8	A7～A0	dummy	(D7～D0)

下面我们以几个指令为例，说明指令传输的过程，以及返回数据的读取等原理。

1. “写使能”指令

“写使能”指令（指令码 0x06）只有一个指令码，其传输过程如图 16-5 所示。一个指令总是从片选信号 CS 由高到低的跳变开始，片选信号 CS 由低到高的跳变结束。

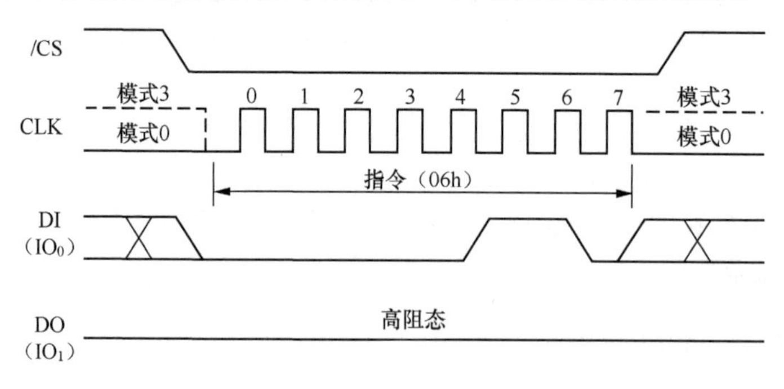

图 16-5　单字节“写使能”指令的时序

CS 变为低电平后，MCU 向 W25Q128 传输 1 字节数据 0x06，然后结束 SPI 传输即可。W25Q128 接收数据后，根据指令码判断指令类型，并进行相应的处理。“写使能”指令是将状态寄存器 1 的 WEL 位设置为 1，在擦除芯片、擦除扇区等操作之前必须执行“写使能”指令。

无返回数据的指令的操作都与此类似，就是连续将指令码、指令参数发送给 W25Q128 即可。

2. “读数据”指令

“读数据”指令（指令码 0x03）用于从某个地址开始读取一定个数的字节数据，其时序如图 16-6 所示。地址 A23～A0 是 24 位全局地址，分解为 3 字节，在发送指令码 0x03 后，再发送 3 字节的地址数据。然后 MCU 开始从 DO 线上读取数据，一次读取 1 字节，可以连续读取，W25Q128 会自动返回下一地址的数据。

3. “写数据”指令

“写数据”指令（指令码 0x02）就是数据手册上的“页编程”指令，用于向任意地址写入一定长度的数据。“写数据”指令的时序如图 16-7 所示，图中是向一个页一次写入 256 字节的数据。一个页的容量是 256 字节，写数据操作一次最多写入 256 字节。如果数据长度超过 256 字节，会从页的起始位置开始继续写。所以，如果要一次写入 256 字节的数据，写入的起始地址必须是页的起始地址。

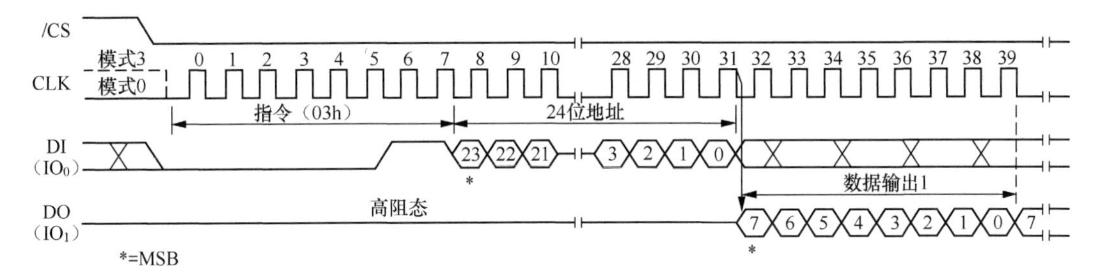

图 16-6 “读数据”指令的时序

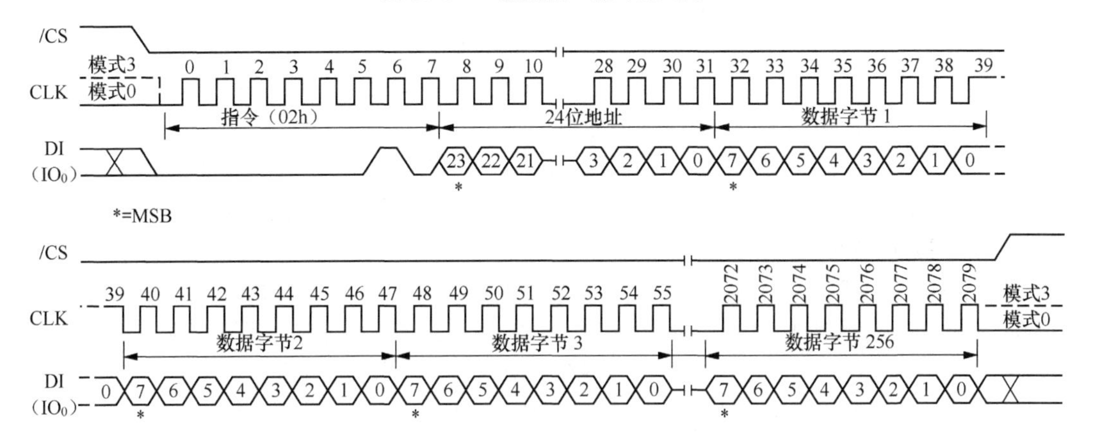

图 16-7 “写数据”指令的时序

“写数据”指令的起始地址可以是任意地址，数据长度也可以小于 256，但如果写的过程中地址超过页的边界，就会从页的起始地址开始继续写。

写数据操作的存储单元必须是被擦除过的，也就是内容是 0xFF。如果存储单元的内容不是 0xFF，那么重新写入数据无效。所以，已经写过的存储区域是不能重复写入的，需要擦除后才能再次写入。

16.3.5 状态寄存器

W25Q128 有 3 个状态寄存器（status register），用于对器件的一些参数进行配置，或返回器件的当前状态信息。在本章中，我们对 W25Q128 的编程只用到状态寄存器 SR1，其各个位的定义见表 16-8。

表 16-8 状态寄存器 SR1 各个位的定义

位编号	位名称	功能说明	存储特性	读/写特性
S7	SRP0	状态寄存器保护位 0	非易失	可写
S6	SEC	扇区保护	非易失	可写
S5	TB	顶/底保护	非易失	可写
S4	BP2	块保护位 2	非易失	可写

续表

位编号	位名称	功能说明	存储特性	读/写特性
S3	BP1	块保护位 1	非易失	可写
S2	BP0	块保护位 0	非易失	可写
S1	WEL	写使能锁存	易失	只读
S0	BUSY	有正在进行的擦除或写操作	易失	只读

通过读状态寄存器 SR1 的指令（指令码 0x05），我们可以读取 SR1 的内容。状态寄存器中某些位是可写的，是指可以通过写状态寄存器的指令修改这些位的内容；某些位是非易失的，是指修改的内容可永久保存，掉电也不会丢失。

SR1 中有 2 个位在编程中经常用到：WEL 位和 BUSY 位。

写使能锁存（Write Enable Latch，WEL）位是只读的。器件上电后，WEL 位是 0。只有当 WEL 位是 1 时，才能进行擦除芯片、擦除扇区、页编程等操作。这些操作执行完成后，WEL 位自动变为 0。只有执行“写使能”指令（指令码 0x06）后，WEL 位才变为 1。所以，在进行擦除芯片、擦除扇区、页编程等操作之前，“写使能”指令是必须先执行的。

BUSY 位是只读的，表示器件是否处于忙的状态。如果 BUSY 位是 1，表示器件正在执行页编程、扇区擦除、器件擦除等操作。此时，除了“读状态寄存器”指令和“擦除/编程挂起”指令，器件会忽略其他任何指令。当正在执行的页编程、擦除等指令执行完之后，BUSY 位自动变为 0，这意味着可以继续执行其他指令了。

这里不再介绍状态寄存器 SR1 中的其他位以及状态寄存器 SR2 和 SR3 的具体定义。读者如有需要，可以查阅 W25Q128 的数据手册。一定要注意，在没有完全搞清楚状态寄存器各个位的意义和用法之前，请勿随便修改状态寄存器的内容，因为有些位是非易失的，有些位还是一次性编程的，修改状态寄存器的内容可能改变器件的特性，甚至造成器件无法再使用。

16.4　示例 1：轮询方式读写 W25Q128

16.4.1　示例功能与 CubeMX 项目设置

开发板上 W25Q128 芯片的电路如图 16-4 所示，与 STM32F407 的 SPI1 接口连接，占用 PB3、PB4 和 PB5 引脚，W25Q128 的片选信号 CS 与 MCU 的 PB14 连接。在本节中，我们会创建一个项目 Demo16_1FlashSPI，根据这个接口电路，为 W25Q128 编写常用操作的驱动程序，并且测试轮询方式读写 W25Q128。示例功能与操作流程如下。

- 使用 SPI1 接口读写 Flash 存储器 W25Q128。
- 使用阻塞式 SPI 传输函数编写 W25Q128 常用功能的驱动程序。
- 通过模拟菜单测试擦除整个芯片、擦除块、写入数据和读出数据等操作。

1. 基础设置

本示例要用到 4 个按键，我们所以从 CubeMX 模板项目文件 M4_LCD_KeyLED.ioc 创建本项目 CubeMX 文件 Demo16_1FlashSPI.ioc（操作方法见附录 A）。

我们在时钟树上将 HCLK 设置为 100MHz，将 PCLK2 设置为 50MHz。因为 SPI1 在 APB2 总线上，所以要根据 PCLK2 的频率计算 SPI 通信的波特率。

使用 PB14 引脚作为 W25Q128 的 CS 信号，配置 PB14 为 GPIO_Output，推挽输出，初始输出高电平，以便使 W25Q128 初始为不被选中的状态。

2. SPI1 的设置

SPI1 的模式和参数设置界面如图 16-8 所示。SPI 的模式设置只有两个参数，用于设置 SPI1 工作模式和硬件 NSS 信号。

- Mode，工作模式。有多种工作模式可选：作为主机时，一般选择 Full-Duplex Master（全双工主机）；作为从机时，一般选择为 Full-Duplex Slave（全双工从机）。所谓全双工（Full-Duplex），是指使用 MISO 线和 MOSI 线可同时接收和发送。相应的还有半双工（Half-Duplex），就是只使用一根数据线，这根线既可发送又可接收，但是需要分时使用发送和接收功能。本示例中，MCU 作为主机，并且有 MISO 和 MOSI 两根串行信号线，所以选择 Full-Duplex Master。
- Hardware NSS Signal，硬件 NSS 信号。有 3 种选项，Disable 表示不使用 NSS 硬件信号；Hardware NSS Input Signal 表示硬件 NSS 输入信号，SPI 从机使用硬件 NSS 信号时选择此选项；Hardware NSS Output Signal 表示硬件 NSS 输出信号，SPI 主机输出片选信号时选择此选项。本示例用一个单独的 GPIO 引脚 PB14 作为从机的片选信号，所以设置为 Disable。

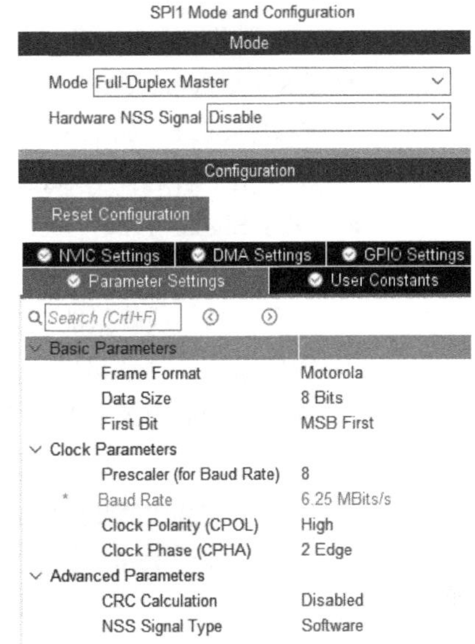

图 16-8　SPI1 的模式和参数设置

SPI1 的参数设置分为 3 组，这些参数的设置应该与 W25Q128 的 SPI 通信参数对应。W25Q128 的 SPI 通信使用 8 位数据，MSB 先行，支持 SPI 模式 0 和模式 3。

（1）Basic Parameters 组，基本参数。

- Frame Format，帧格式。有 Motorola 和 TI 两个选项，但只能选 Motorola。这个参数对应控制寄存器 SPI_CR2 的 FRF 位。
- Data Size，数据大小。数据帧的位数，可选 8 Bits 或 16 Bits。本示例选择 8 Bits。
- First Bit，首先传输的位。可选 MSB First 或 LSB First。本示例选择 MSB First。

（2）Clock Parameters 组，时钟参数。

- Prescaler (for Baud Rate)，用于产生波特率的预分频系数。有 8 个可选预分频系数，从 2 到 256。SPI 的时钟频率就是所在 APB 总线的时钟频率，SPI1 在 APB2 总线上，最高频率为 84MHz。本示例配置时钟树时，设置 PCLK2 频率为 50MHz。
- Baud Rate，波特率。设置预分频系数后，CubeMX 会自动根据 APB 总线频率和分频系数计算波特率。本示例中 APB2 总线频率为 50MHz，分频系数为 8，所以波特率为 6.25Mbit/s。另外，根据 W25Q128 的数据手册，读数据指令（0x03）支持的最高频率是 33MHz。但是经过测试，如果设置分频系数为 4，即波特率为 12.5Mbit/s 时，读取数据就会偶尔发生错误，而波特率为 6.25Mbit/s 时传输很稳定。
- Clock Polarity(CPOL)，时钟极性。可选项为 High 和 Low。本示例使用 SPI 模式 3，

所以选择 High。

- Clock Phase(CPHA)，时钟相位。可选项为 1 Edge 和 2 Edge。本示例使用 SPI 模式 3，即在第 2 跳变沿采样数据，所以选择 2 Edge。

图 16-8 中的 CPOL 和 CPHA 的设置对应于 SPI 模式 3，因为 W25Q128 同时也支持 SPI 模式 0，所以设置 CPOL 为 Low，CPHA 为 1 Edge 也是可以的。

（3）Advanced Parameters 组，高级参数。

- CRC Calculation，CRC（循环冗余校验）计算。STM32F407 的 SPI 通信可以在传输数据的最后加上 1 字节的 CRC 计算结果，在发生 CRC 错误时可以产生中断。若不使用，就选择 Disabled。
- NSS Signal Type，NSS 信号类型。这个参数的选项由模式设置里的 Hardware NSS Signal 的选择结果决定。当模式设置里选择 Hardware NSS Signal 为 Disable 时，这个参数的选项就只能是 Software，表示用软件产生 NSS 输出信号，即本示例用 PB14 输出信号作为从机的片选信号。

启用 SPI1 后，CubeMX 将自动分配 PB3、PB4、PB5 作为 SPI1 的 3 个信号引脚，GPIO 自动配置结果如图 16-9 所示。这些分配的 GPIO 引脚与实际电路是对应的，所以无须修改。

Parameter Settings | User Constants | NVIC Settings | DMA Settings | GPIO Settings

Pin Name	Signal on Pin	GPIO mode	GPIO Pull-up/Pull-down	Maximum output speed
PB4	SPI1_MISO	Alternate Function Push Pull	No pull-up and no pull-down	Very High
PB5	SPI1_MOSI	Alternate Function Push Pull	No pull-up and no pull-down	Very High
PB3	SPI1_SCK	Alternate Function Push Pull	No pull-up and no pull-down	Very High

图 16-9　SPI1 的 GPIO 引脚配置

本示例使用 SPI 的阻塞式数据传输方式，不使用 SPI 的中断，所以无须开启 SPI1 的全局中断。

16.4.2　初始程序

1. 主程序

我们在 CubeMX 里生成 CubeIDE 项目代码，在 CubeIDE 里打开项目后先不添加任何用户代码。主程序代码如下：

```
/* 文件：main.c  ---------------------------------------------------------------*/
#include "main.h"
#include "spi.h"
#include "gpio.h"
#include "fsmc.h"

int main(void)
{
	HAL_Init();
	SystemClock_Config();
	/* Initialize all configured peripherals */
	MX_GPIO_Init();		//对 4 个按键引脚和 PB14 的 GPIO 初始化
	MX_FSMC_Init();
	MX_SPI1_Init();		//SPI1 初始化
	/* Infinite loop */
	while (1)
	{
	}
}
```

在外设初始化设置部分，函数 MX_GPIO_Init()对 4 个按键引脚和 PB14 引脚进行了 GPIO 初始化设置，函数 MX_SPI1_Init()进行了 SPI1 的初始化。

2. SPI1 初始化

CubeMX 自动生成的文件 spi.c 定义了 SPI1 的初始化函数 MX_SPI1_Init()，其相关代码如下：

```
/* 文件：spi.c  ------------------------------------------------------------------*/
#include "spi.h"
SPI_HandleTypeDef hspi1;                              //表示 SPI1 的外设对象变量

/*  SPI1 初始化函数  */
void MX_SPI1_Init(void)
{
     hspi1.Instance = SPI1;                           //SPI1 的寄存器基址
     hspi1.Init.Mode = SPI_MODE_MASTER;               //主机模式
     hspi1.Init.Direction = SPI_DIRECTION_2LINES;//2 线制，全双工
     hspi1.Init.DataSize = SPI_DATASIZE_8BIT;     //8 位数据
     hspi1.Init.CLKPolarity = SPI_POLARITY_HIGH; //CPOL=1
     hspi1.Init.CLKPhase = SPI_PHASE_2EDGE;       //CPHA=1
     hspi1.Init.NSS = SPI_NSS_SOFT;               //软件产生 NSS
     hspi1.Init.BaudRatePrescaler = SPI_BAUDRATEPRESCALER_8;      //预分频系数
     hspi1.Init.FirstBit = SPI_FIRSTBIT_MSB;      //MSB 先行
     hspi1.Init.TIMode = SPI_TIMODE_DISABLE;      //帧格式，Motorola
     hspi1.Init.CRCCalculation = SPI_CRCCALCULATION_DISABLE;      //禁用 CRC
     hspi1.Init.CRCPolynomial = 10;                //CRC 多项式
     if (HAL_SPI_Init(&hspi1) != HAL_OK)
          Error_Handler();
}

/*  Msp 初始化函数，在 HAL_SPI_Init()里被调用  */
void HAL_SPI_MspInit(SPI_HandleTypeDef* spiHandle)
{
     GPIO_InitTypeDef GPIO_InitStruct = {0};
     if(spiHandle->Instance==SPI1)
     {
          __HAL_RCC_SPI1_CLK_ENABLE();                 //SPI1 时钟使能
          __HAL_RCC_GPIOB_CLK_ENABLE();
          /**SPI1 GPIO 引脚配置       PB3-----> SPI1_SCK
          PB4 -----> SPI1_MISO      PB5-----> SPI1_MOSI  */
          GPIO_InitStruct.Pin = GPIO_PIN_3|GPIO_PIN_4|GPIO_PIN_5;
          GPIO_InitStruct.Mode = GPIO_MODE_AF_PP;
          GPIO_InitStruct.Pull = GPIO_NOPULL;
          GPIO_InitStruct.Speed = GPIO_SPEED_FREQ_VERY_HIGH;
          GPIO_InitStruct.Alternate = GPIO_AF5_SPI1;
          HAL_GPIO_Init(GPIOB, &GPIO_InitStruct);
     }
}
```

上述程序定义了一个 SPI_HandleTypeDef 结构体类型变量 hspi1，这是表示 SPI1 的外设对象变量。函数 MX_SPI1_Init()设置了 hspi1 各成员变量的值，其代码与 CubeMX 的配置是对应的。程序中的注释说明了每个成员变量的意义。

HAL_SPI_MspInit()是 SPI 的 MSP 初始化函数，在函数 HAL_SPI_Init()里被调用，其主要作用是开启 SPI1 的时钟，并对其 3 个复用引脚进行 GPIO 设置。

16.4.3　编写 W25Q128 的驱动程序

1. W25Q128 驱动程序头文件

为便于对 W25Q128 进行操作，我们将 W25Q128 常用的一些功能编写为函数，也就是实现

16.3 节介绍的 W25Q128 常用操作指令，例如擦除芯片、擦除扇区、读取数据、写入数据等，这就是 W25Q128 的驱动程序。

注意 W25Q128 驱动程序与 SPI 接口的 HAL 驱动程序的区别。SPI 的 HAL 驱动程序实现了 SPI 接口数据传输的基本功能，是 SPI 硬件层的驱动；而 W25Q128 驱动程序则是根据 W25Q128 的指令定义，实现器件具体功能操作的一系列函数。W25Q128 驱动程序要用到 SPI 硬件层的 HAL 驱动程序，要通过 SPI 的 HAL 驱动程序实现数据帧的收发。

我们在项目里创建一个名为 FLASH 的子目录，创建文件 w25flash.h 和 w25flash.c，并将其存放在这个子目录里。将子目录 FLASH 添加到项目的头文件和源程序搜索路径，因为是项目的子目录，使用相对路径即可。文件夹 FLASH 要被整个复制到公共驱动目录 PublicDrivers 下，在本章下一个示例，以及《高级篇》第 12 章介绍在 W25Q128 上使用 FatFS 管理文件系统时，我们会用到这个驱动程序。

驱动程序文件 w25flash.h 和 w25flash.c 是根据 W25Q128 的数据手册编写的，但是本章示例程序在使用 GD25Q128 或 XM25QH128 芯片的开发板上测试运行也是工作正常的。

文件 w25flash.h 是 W25Q128 驱动程序的头文件，定义了一些宏和函数。这个文件的完整代码如下：

```
/* 文件：w25flash.h
 * 功能描述：SPI 接口 Flash 存储器 W25Q128 的驱动程序
*/
#include  "stm32f4xx_hal.h"
#include  "spi.h"           //使用其中的外设对象变量 hspi1，表示 SPI1 接口

/*====== W25Q128 硬件接口：CS 引脚和 SPI 接口，若电路不同，更改这部分配置即可 =======*/
// Flash_CS -->PB14，片选信号 CS 的宏定义和操作函数
#define  CS_PORT            GPIOB
#define  CS_PIN             GPIO_PIN_14
#define  SPI_HANDLE         hspi1     //SPI 接口的外设对象变量，使用 spi.h 中的变量 hspi1

#define  __Select_Flash()  HAL_GPIO_WritePin(CS_PORT, CS_PIN, GPIO_PIN_RESET)//CS=0
#define  __Deselect_Flash()  HAL_GPIO_WritePin(CS_PORT, CS_PIN, GPIO_PIN_SET)//CS=1

//===========Flash 存储芯片 W25Q128 的存储容量参数================
#define       FLASH_PAGE_SIZE          256       //一个 Page 是 256 字节
#define       FLASH_SECTOR_SIZE        4096      //一个 Sector 是 4096 字节
#define       FLASH_SECTOR_COUNT       4096      //总共 4096 个 Sector

//========1. SPI 基本发送和接收函数，阻塞式===========
//SPI 接口发送 1 字节
HAL_StatusTypeDef SPI_TransmitOneByte(uint8_t byteData);
//SPI 接口发送多字节数据
HAL_StatusTypeDef SPI_TransmitBytes(uint8_t* pBuffer, uint16_t byteCount);
//SPI 接口接收 1 字节
uint8_t SPI_ReceiveOneByte();
//SPI 接口接收多字节数据
HAL_StatusTypeDef SPI_ReceiveBytes(uint8_t* pBuffer, uint16_t byteCount);

//========2. W25Q128 基本操作指令==========
uint16_t  Flash_ReadID(void);   // Command=0x90, Manufacturer/Device ID
HAL_StatusTypeDef Flash_Write_Enable(void); //Command=0x06, Write Enable, 使 WEL=1
HAL_StatusTypeDef Flash_Write_Disable(void);//Command=0x04, Write Disable, 使 WEL=0
```

```
uint8_t Flash_ReadSR1(void);        //Command=0x05：返回寄存器 SR1 的值
uint8_t Flash_ReadSR2(void);        //Command=0x35：返回寄存器 SR2 的值
unit8_t Flash_Wait_Busy(void);      //读状态寄存器 SR1，等待 BUSY 变为 0
void Flash_PowerDown(void);         //Command=0xB9：使掉电
void Flash_WakeUp(void);            //Command=0xAB：唤醒

//=======3. 计算地址的辅助功能函数========
//根据 Block 绝对编号获取地址，共 256 个 Block
uint32_t Flash_Addr_byBlock(uint8_t BlockNo);
//根据 Sector 绝对编号获取地址，共 4096 个 Sector
uint32_t Flash_Addr_bySector(uint16_t  SectorNo);
//根据 Page 绝对编号获取地址，共 65536 个 Page
uint32_t Flash_Addr_byPage(uint16_t  PageNo);

//根据 Block 编号，和内部 Sector 编号计算地址，一个 Block 有 16 个 Sector
uint32_t Flash_Addr_byBlockSector(uint8_t BlockNo, uint8_t SubSectorNo);
//根据 Block 编号，内部 Sector 编号，内部 Page 编号计算地址
uint32_t Flash_Addr_byBlockSectorPage(uint8_t BlockNo, uint8_t SubSectorNo, uint8_t
 SubPageNo);
//将 24 位地址分解为 3 字节
void Flash_SpliteAddr(uint32_t globalAddr, uint8_t* addrHigh, uint8_t* addrMid,
uint8_t* addrLow);

//========4. chip、Block，Sector 擦除函数===========
//Command=0xC7: 擦除整个器件，大约耗时 30s
void Flash_EraseChip(void);
//Command=0xD8: 块擦除(64KB)，globalAddr 是全局地址，大约耗时 150ms
void Flash_EraseBlock64K(uint32_t globalAddr);
//Command=0x20: 扇区擦除(4KB)，globalAddr 是扇区的全局地址，大约耗时 30ms
void Flash_EraseSector(uint32_t globalAddr);

//=========5.数据读写函数=============
//Command=0x03，读取 1 字节，任意全局地址
uint8_t Flash_ReadOneByte(uint32_t globalAddr);

//Command=0x03，连续读取多字节，任意全局地址
void Flash_ReadBytes(uint32_t globalAddr, uint8_t* pBuffer,  uint16_t byteCount);

//Command=0x0B，高速连续读取多字节，任意全局地址，速度大约是常规读取的 2 倍
void Flash_FastReadBytes(uint32_t globalAddr, uint8_t* pBuffer,  uint16_t byteCount);

//Command=0x02: 对一个 Page 写入数据（最多 256 字节），globalAddr 是初始位置的全局地址
void Flash_WriteInPage(uint32_t globalAddr, uint8_t* pBuffer, uint16_t byteCount);

/* 从某个 Sector 的起始地址开始写数据,数据可能跨越多个 Page,甚至跨越 Sector,总字节数 byteCount
不能超过 64KB，也就是一个 Block 的大小 */
void Flash_WriteSector(uint32_t globalAddr,  const uint8_t* pBuffer, uint16_t
byteCount);
```

W25Q128 驱动程序涉及的硬件接口包括 SPI 接口和 CS 信号，驱动程序应该能很容易地移植到其他电路板上，所以在文件开头定义了硬件接口相关的宏。

- 为CS信号连接的GPIO引脚定义了表示GPIO端口和引脚号的宏CS_PORT和CS_PIN，定义了两个宏函数__Select_Flash()和__Deselect_Flash()用于对 CS 置位和复位。
- W25Q128 器件连接的 SPI 接口定义为宏 SPI_HANDLE，这里指向文件 spi.h 中的变量 hspi1，也就是表示 SPI1 接口的外设对象变量。在驱动程序的所有函数内部都使用宏 SPI_HANDLE 表示 SPI1 接口。

这样定义硬件接口后，如果要将这个驱动程序移植到其他开发板上操作 W25Q128，只需修改这 3 个宏的定义即可。

文件 w25flash.h 中的函数分为几组，这些函数就是 16.3 节介绍的 W25Q128 常用指令的实现。文件 w25flash.c 的全部代码有 400 多行，这里就不全部显示出来了，只选择其中一些典型的函数进行解释说明。

2. SPI 基本发送和接收函数

我们定义了 4 个 SPI 基本发送和接收函数，用于传输 1 字节或多字节，接收 1 字节或多字节。这 4 个函数的实现代码如下：

```
#include "w25flash.h"
#define MAX_TIMEOUT   200            //SPI 轮询操作时的最大等待时间，单位:节拍数

//SPI 接口发送 1 字节，byteData 是需要发送的数据
HAL_StatusTypeDef   SPI_TransmitOneByte(uint8_t   byteData)
{
     return HAL_SPI_Transmit(&SPI_HANDLE, &byteData, 1, MAX_TIMEOUT);
}

//SPI 接口发送多字节，pBuffer 是发送数据缓冲区指针，byteCount 是发送数据字节数，最大为 256
HAL_StatusTypeDef   SPI_TransmitBytes(uint8_t* pBuffer, uint16_t byteCount)
{
     return HAL_SPI_Transmit(&SPI_HANDLE, pBuffer, byteCount, MAX_TIMEOUT);
}

//SPI 接口接收 1 字节，返回接收的 1 字节数据
uint8_t   SPI_ReceiveOneByte()
{
     uint8_t  byteData=0;
     HAL_SPI_Receive(&SPI_HANDLE, &byteData, 1, MAX_TIMEOUT);
     return  byteData;
}

//SPI 接口接收多字节，pBuffer 是接收数据缓冲区指针，byteCount 是需要接收的字节数
HAL_StatusTypeDef   SPI_ReceiveBytes(uint8_t* pBuffer, uint16_t byteCount)
{
     return  HAL_SPI_Receive(&SPI_HANDLE, pBuffer, byteCount, MAX_TIMEOUT);
}
```

这几个函数实际上就是调用了 SPI 的 HAL 驱动程序中阻塞式数据传输函数 HAL_SPI_Transmit() 和 HAL_SPI_Receive()。在封装为 W25Q128 驱动程序的函数时，内部直接使用宏 SPI_HANDLE 替代了具体的 hspi1，使用宏定义常量 MAX_TIMEOUT 作为超时等待时间，这样可以简化函数的调用，因为这几个基本的传输函数在其他函数里被大量调用。

3. W25Q128 基本操作指令

接下来我们介绍 W25Q128 的一些基本操作指令的函数实现，每个函数基本对应于 W25Q128 的一个指令。例如，读器件 ID 的函数 Flash_ReadID()就是实现了指令码为 0x90 的指令；Flash_Write_Enable()函数实现了“写使能”（指令码 0x06）指令；Flash_Wait_Busy()函数读取状态寄存器 SR1，判断 BUSY 位是否为 0，直到 BUSY 为 0 时才退出。

Flash_Write_Enable()和 Flash_Wait_Busy()是在其他指令操作函数里经常用到的，例如擦除芯片、擦除扇区、写数据等操作之前必须执行“写使能”指令。一些比较耗时间的操作执行后，

必须等待状态寄存器 SR1 的 BUSY 位变为 0，也就是需要调用函数 Flash_Wait_Busy()。

下面是其中几个函数的实现代码：

```
//读取芯片的制造商和器件 ID 信息，高字节是 Manufacturer ID，低字节是 Device ID
uint16_t Flash_ReadID(void)
{
	uint16_t Temp = 0;
	__Select_Flash();                    //CS=0
	SPI_TransmitOneByte(0x90);           //指令码，0x90=Manufacturer/Device ID
	SPI_TransmitOneByte(0x00);           //dummy
	SPI_TransmitOneByte(0x00);           //dummy
	SPI_TransmitOneByte(0x00);           //0x00
	Temp =SPI_ReceiveOneByte()<<8;       //Manufacturer ID
	Temp|=SPI_ReceiveOneByte();          //Device ID，与具体器件相关
	__Deselect_Flash();                  //CS=1
	return Temp;
}

//Command=0x06: Write Enable，使 WEL=1
HAL_StatusTypeDef Flash_Write_Enable(void)
{
	__Select_Flash();                    //CS=0
	HAL_StatusTypeDef result=SPI_TransmitOneByte(0x06);     //Command=0x06
	__Deselect_Flash();                  //CS=1
	Flash_Wait_Busy();                   //等待操作完成
	return result;
}

//Command=0x05: Read Status Register-1，返回状态寄存器 SR1 的值
uint8_t Flash_ReadSR1(void)
{
	uint8_t byte=0;
	__Select_Flash();                    //CS=0
	SPI_TransmitOneByte(0x05);           //Command=0x05：读状态寄存器 SR1
	byte=SPI_ReceiveOneByte();
	__Deselect_Flash();                  //CS=1
	return byte;
}

//Command=0x35: Read Status Register-2，返回状态寄存器 SR2 的值
uint8_t Flash_ReadSR2(void)
{
	uint8_t byte=0;
	__Select_Flash();                    //CS=0
	SPI_TransmitOneByte(0x35);           //Command=0x35：读状态寄存器 SR2
	byte=SPI_ReceiveOneByte();           //读取 1 字节
	__Deselect_Flash();                  //CS=1
	return byte;
}

//检查状态寄存器 SR1 的 BUSY 位，直到 BUSY 位为 0，返回值为等待的时间，单位 ms
unit32_t Flash_Wait_Busy(void)
{
	uint8_t SR1=0;
	unit32_t delay=0;
	SR1=Flash_ReadSR1();             //读取状态寄存器 SR1
	while((SR1 & 0x01)==0x01)
	{
		HAL_Delay(1);                //延时 1ms
```

```
            delay++;
            SR1=Flash_ReadSR1();        //读取状态寄存器 SR1
        }
        return delay;
}
```

查看这些函数的代码就可以理解一个函数实现一个指令操作的方法，它们就是根据表 16-7 的指令定义以及相应的指令时序图，通过片选信号 CS 的控制以及 SPI 接口的字节数据发送和接收来实现一个指令的操作。

例如，函数 Flash_ReadID()执行查询芯片的制造商和器件 ID 的指令，指令码 0x90。程序先执行宏函数__Select_Flash()使片选信号 CS 为低电平，从而开始一次 SPI 传输。然后，按照指令 0x90 的定义依次发送 4 个字节数据 0x90、0x00、0x00、0x00，其中 0x90 是指令码，中间两个 0x00 是 dummy 字节，最后一个 0x00 是特定的。最后，W25Q128 会返回 2 字节数据，依次接收这 2 字节数据，就能得到制造商和器件 ID 信息。

因为函数 Flash_Wait_Busy()是用于判断状态寄存器 SR1 的 BUSY 位是否为 0 的，所以需要调用函数 Flash_ReadSR1()读取状态寄存器 SR1 的内容，直到 BUSY 位变为 0 时，函数才退出。

4. 计算地址的辅助功能函数

W25Q128 的一些指令需要使用 24 位的绝对地址，例如块擦除、读数据等指令都需要提供 24 位绝对地址。直接记住或推算地址是比较麻烦的，在使用 Flash 的存储空间时，一般以块、扇区、页为单位进行管理，直接根据块、扇区、页的编号计算地址是比较实用的。所以，我们在驱动程序中定义了几个辅助函数，用于根据块、扇区、页的编号计算 24 位绝对地址，还可以将 24 位绝对地址分解为 3 字节数据，便于在指令中使用。这几个函数的实现代码如下：

```
//根据 Block 绝对编号获取地址，共 256 个 Block，BlockNo 的取值范围为 0～255
//每个块 64KB，16 位地址，块内地址范围是 0x0000～0xFFFF
uint32_t   Flash_Addr_byBlock(uint8_t BlockNo)
{
    uint32_t addr=BlockNo;
    addr=addr<<16;            //左移 16 位，等于乘以 0x10000
    return addr;
}

//根据 Sector 绝对编号获取地址，共 4096 个 Sector，SectorNo 的取值范围为 0～4095
//每个扇区 4KB，12 位地址，扇区内地址范围为 0x000～0xFFF
uint32_t   Flash_Addr_bySector(uint16_t   SectorNo)
{
    if (SectorNo>4095)       //不能超过 4095
        SectorNo=0;
    uint32_t addr=SectorNo;
    addr=addr<<12;           //左移 12 位，等于乘以 0x1000
    return addr;
}

//根据 Page 绝对编号获取地址，共 65536 个 Page，PageNo 的取值范围为 0～65535
//每个页 256 字节，8 位地址，页内地址范围为 0x00～0xFF
uint32_t   Flash_Addr_byPage(uint16_t   PageNo)
{
    uint32_t addr=PageNo;
    addr=addr<<8;            //左移 8 位，等于乘以 0x100
    return addr;
}
```

```
//根据 Block 编号和内部 Sector 编号计算地址，一个 Block 有 16 个 Sector
//BlockNo 的取值范围为 0～255，内部 SubSectorNo 的取值范围为 0～15
uint32_t  Flash_Addr_byBlockSector(uint8_t BlockNo, uint8_t SubSectorNo)
{
     if (SubSectorNo>15)           //不能超过 15
          SubSectorNo=0;
     uint32_t addr=BlockNo;
     addr=addr<<16;                //先计算 Block 的起始地址

     uint32_t offset=SubSectorNo;
     offset=offset<<12;           //计算 Sector 的偏移地址
     addr += offset;
     return addr;
}

//根据 Block 编号，内部 Sector 编号，内部 Page 编号获取地址
//BlockNo 的取值范围为 0～255
//一个 Block 有 16 个 Sector，内部 SubSectorNo 的取值范围 0～15
//一个 Sector 有 16 个 Page，内部 SubPageNo 的取值范围 0～15
uint32_t  Flash_Addr_byBlockSectorPage(uint8_t BlockNo, uint8_t SubSectorNo, uint8
_t  SubPageNo)
{
     if (SubSectorNo>15)           //不能超过 15
          SubSectorNo=0;
     if (SubPageNo>15)           //不能超过 15
          SubPageNo=0;
     uint32_t addr=BlockNo;
     addr=addr<<16;                //先计算 Block 的起始地址

     uint32_t offset=SubSectorNo;
     offset=offset<<12;           //计算 Sector 的偏移地址
     addr += offset;

     offset=SubPageNo;
     offset=offset<<8;           //计算 Page 的偏移地址
     addr += offset;             //Page 的起始地址
     return addr;
}

//将 24 位地址分解为 3 字节，globalAddr 是全局 24 位地址，返回高字节、中间字节、低字节
void  Flash_SpliteAddr(uint32_t globalAddr, uint8_t* addrHigh, uint8_t* addrMid,
uint8_t* addrLow)
{
     *addrHigh= (globalAddr>>16);                 //addrHigh=高字节
     globalAddr =globalAddr & 0x0000FFFF;
     *addrMid= (globalAddr>>8);                   //addrMid=中间字节
     *addrLow =globalAddr & 0x000000FF;           //addrLow=低字节
}
```

5. 器件、块、扇区擦除函数

根据表 16-7 中的器件擦除、块擦除和扇区擦除指令，我们定义了相应的操作函数，其中块擦除和扇区擦除指令需要起始地址。例如，扇区擦除的函数 Flash_EraseSector()代码如下：

```
//擦除一个扇区(4KB)，Command=0x20，Sector Erase(4KB)
//globalAddr：扇区的绝对地址，24 位地址 0x00XXXXXX
//擦除后，扇区内全部内容为 0xFF，大约耗时 30ms
void Flash_EraseSector(uint32_t globalAddr)
{
     Flash_Write_Enable();        //SET WEL
```

```
    Flash_Wait_Busy();
    __Select_Flash();           //CS=0

    uint8_t byte2, byte3, byte4;
    Flash_SpliteAddr(globalAddr, &byte2, &byte3, &byte4);     //地址分解
    SPI_TransmitOneByte(0x20);          //Command=0x20, Sector Erase(4KB)
    SPI_TransmitOneByte(byte2);         //发送 24 位地址
    SPI_TransmitOneByte(byte3);
    SPI_TransmitOneByte(byte4);

    __Deselect_Flash();         //CS=1
    Flash_Wait_Busy();
}
```

在擦除操作之前，必须执行“写使能”指令，使状态寄存器 SR1 的 WEL 位变为 1，并且等待 BUSY 位变为 0 的时候，才能开始发送擦除操作指令。擦除指令发送结束后，器件执行擦除操作，在此期间 BUSY 位为 1，需等待 BUSY 位变为 0 之后，才能退出函数。

执行擦除操作后的 Flash 存储区域数据为 0xFF。向存储区域写数据时，必须是擦除后的区域才能写入数据，否则写入无效。所以，一个存储区域只能有效写入一次，下次再写入之前必须先擦除。从存储区读出数据的次数是无限制的。

6. 存储区读写函数

“读数据”指令（指令码 0x03）可以从任何一个 24 位地址开始读取 1 字节或连续多字节的数据，由此定义了两个函数 Flash_ReadOneByte()和 Flash_ReadBytes()。

写数据使用“页编程”指令（指令码 0x02），由此定义函数 Flash_WriteInPage()用于向一个页内写入数据。

函数 Flash_ReadBytes()和函数 Flash_WriteInPage()的代码如下：

```
//从任何地址开始读取指定长度的数据
//globalAddr：开始读取的地址(24bit)
//pBuffer：数据存储区指针，byteCount:要读取的字节数
void Flash_ReadBytes(uint32_t globalAddr, uint8_t* pBuffer, uint16_t byteCount)
{
    uint8_t byte2, byte3, byte4;
    Flash_SpliteAddr(globalAddr, &byte2, &byte3, &byte4);     //地址分解

    __Select_Flash();                   //CS=0
    SPI_TransmitOneByte(0x03);          //Command=0x03, read data
    SPI_TransmitOneByte(byte2);         //发送 24 位地址
    SPI_TransmitOneByte(byte3);
    SPI_TransmitOneByte(byte4);
    SPI_ReceiveBytes(pBuffer, byteCount);       //接收 byteCount 字节数据
    __Deselect_Flash();                 //CS=1
}

//Command=0x02：Page program，对一个页（256 字节）编程，大约耗时 3ms
//globalAddr 是写入初始地址，全局地址
//pBuffer 是要写入数据缓冲区指针，byteCount 是需要写入的数据字节数
void Flash_WriteInPage(uint32_t globalAddr, uint8_t* pBuffer, uint16_t byteCount)
{
    uint8_t byte2, byte3, byte4;
    Flash_SpliteAddr(globalAddr, &byte2, &byte3, &byte4);     //地址分解

    Flash_Write_Enable();               //SET WEL
     Flash_Wait_Busy();
```

```
        __Select_Flash();                      //CS=0
        SPI_TransmitOneByte(0x02);             //Command=0x02: Page program
        SPI_TransmitOneByte(byte2);            //发送 24 位地址
        SPI_TransmitOneByte(byte3);
        SPI_TransmitOneByte(byte4);
        SPI_TransmitBytes(pBuffer, byteCount);          //发送 byteCount 字节数据
        __Deselect_Flash();                    //CS=1
        Flash_Wait_Busy();                     //大约耗时 3ms
}
```

使用函数 Flash_ReadBytes()读取数据时，起始地址可以是任何地址，读取的数据长度也可以超过页的容量，也就是可以超过 256 字节，最多可连续读取 65536 字节。

使用函数 Flash_WriteInPage()写入数据时需要注意以下几点。

- 一次的写数据操作是限定在一个页范围内的，所以一次写入数据长度最多 256 字节。
- 起始地址可以是任何地址，但写数据的偏移地址超过页的边界后，会从该页的开始地址继续写。所以，起始地址为页的开始地址时，最多可写入 256 字节。
- 写入数据的存储区域必须是擦除过的，也就是存储内容是 0xFF，否则写入数据无效。所以一个页只能写入一次，下次再写之前，需要先擦除页。不过 W25Q128 擦除的最小单位是扇区。

驱动程序中还有一个函数 Flash_WriteSector()，它可以从一个扇区的起始地址开始写入不超过 64KB 的数据。这个函数内部会先擦除需要用到的扇区，然后将数据按页的大小分解，调用函数 Flash_WriteInPage()逐个页写入数据。在《高级篇》第 12 章，要把 FatFS 移植到 W25Q128 上，就需要使用函数 Flash_WriteSector()实现文件系统的写操作。函数 Flash_WriteSector()的代码如下：

```
//从某个 Sector 的起始位置开始写数据，数据可能跨越多个 Page，甚至跨越 Sector，不必提前擦除
//globalAddr 是写入初始地址，全局地址，是扇区的起始地址
//pBuffer 是要写入数据缓冲区指针，byteCount 是需要写入的数据字节数
//byteCount 不能超过 64KB，也就是一个 Block（16 个扇区）的大小，但是可以超过一个 Sector(4KB)
void Flash_WriteSector(uint32_t globalAddr, const uint8_t* pBuffer, uint16_t byteCount)
{
      //需要先擦除扇区，可能是重复写数据
      uint8_t secCount= (byteCount / FLASH_SECTOR_SIZE);          //数据覆盖的扇区个数
      if ((byteCount % FLASH_SECTOR_SIZE) >0)
            secCount++;

      uint32_t startAddr=globalAddr;
      for (uint8_t k=0; k<secCount; k++)
      {
            Flash_EraseSector(startAddr);           //擦除扇区
            startAddr += FLASH_SECTOR_SIZE;         //移到下一个扇区
      }

      //分成 Page 写入数据，写入数据的最小单位是 Page
      uint16_t  leftBytes=byteCount % FLASH_PAGE_SIZE;       //非整数个 Page 剩余的字节数
      uint16_t  pgCount=byteCount/FLASH_PAGE_SIZE            //前面整数个 Page
      uint8_t*  buff=pBuffer;
      for(uint16_t i=0; i<pgCount; i++)       //写入前面 pgCount 个 Page 的数据
      {
            Flash_WriteInPage(globalAddr, buff, FLASH_PAGE_SIZE);//写一整个 Page 的数据
            globalAddr += FLASH_PAGE_SIZE;     //地址移动一个 Page
            buff += FLASH_PAGE_SIZE;              //数据指针移动一个 Page 大小
      }
```

```
    if (leftBytes>0)      //最后一个 Page，不是一整个 Page 的数据
        FLASH_WriteInPage(globalAddr, buff, leftBytes);
}
```

16.4.4　W25Q128 功能测试

1. 主程序

下面我们使用 W25Q128 的驱动程序，在项目中添加代码，对 W25Q128 进行功能测试。首先将 TFT_LCD 和 KEY_LED 驱动程序目录添加到项目的搜索路径（操作方法见附录 A）。在主程序中添加用户代码，完成后文件 main.c 的代码如下：

```
/* 文件：main.c     ------------------------------------------------------------*/
#include  "main.h"
#include  "spi.h"
#include  "gpio.h"
#include  "fsmc.h"
/* USER CODE BEGIN Includes */
#include  "tftlcd.h"
#include  "keyled.h"
#include  "w25flash.h"
/* USER CODE END Includes */

int main(void)
{
    HAL_Init();
    SystemClock_Config();
    /* Initialize all configured peripherals */
    MX_GPIO_Init();
    MX_FSMC_Init();
    MX_SPI1_Init();

    /* USER CODE BEGIN 2 */
    TFTLCD_Init();      //LCD 软件初始化
    LCD_ShowStr(10,10,(uint8_t *)"Demo16_1:SPI Interface");
    LCD_ShowStr(10,LCD_CurY+LCD_SP15,(uint8_t *)"128M-bit --Flash Memory");

    Flash_TestReadStatus();      //读取并显示 DeviceID，状态寄存器 SR1 和 SR2 的值
    //显示菜单
    LCD_ShowStr(10,LCD_CurY+LCD_SP20,(uint8_t *)"[1]KeyUp    = Erase Chip");
    LCD_ShowStr(10,LCD_CurY+LCD_SP10,(uint8_t *)"[2]KeyDown  = Erase Block 0");
    LCD_ShowStr(10,LCD_CurY+LCD_SP10,(uint8_t *)"[3]KeyLeft  = Write Page 0-1");
    LCD_ShowStr(10,LCD_CurY+LCD_SP10,(uint8_t *)"[4]KeyRight= Read Page 0-1");
    uint16_t InfoStartPosY=LCD_CurY+LCD_SP20;          //信息显示起始行
    LcdFRONT_COLOR=lcdColor_WHITE;
    /* USER CODE END 2 */

    /* Infinite loop */
    /* USER CODE BEGIN WHILE */
    while (1)
    {
        KEYS  curKey=ScanPressedKey(KEY_WAIT_ALWAYS);
        LCD_ClearLine(InfoStartPosY, LCD_H,LcdBACK_COLOR);      //清除信息显示区域
        LCD_CurY= InfoStartPosY;      //设置 LCD 当前行
        switch(curKey)
        {
        case KEY_UP:
            LCD_ShowStr(10,LCD_CurY,(uint8_t *)"Erasing chip, about 30sec...");
```

```
                Flash_EraseChip();
                LCD_ShowStr(10,LCD_CurY+LCD_SP10,(uint8_t *)"Chip is erased.");
                break;

            case KEY_DOWN:
                LCD_ShowStr(10,LCD_CurY,(uint8_t *)"Erasing Block 0(256 pages)...");
                uint32_t globalAddr=0;
                Flash_EraseBlock64K(globalAddr);
                LCD_ShowStr(10,LCD_CurY+LCD_SP10,(uint8_t *)"Block 0 is erased.");
                break;

            case KEY_LEFT:
                Flash_TestWrite();          //测试写入 Page 0 和 Page 1
                break;

            case KEY_RIGHT:
                Flash_TestRead();           //测试读取 Page 0 和 Page 1
                break;
            }
            LCD_ShowStr(10,LCD_CurY+LCD_SP20,(uint8_t*)"**Reselect menu or reset**");
            HAL_Delay(500);             //延时，消除按键抖动影响
            /* USER CODE END WHILE */
        }
}
```

程序在完成外设初始化和 LCD 初始化之后，调用函数 Flash_TestReadStatus()读取 Flash 芯片的器件 ID、状态寄存器 SR1 和 SR2 的值，并在 LCD 上予以显示。在进入 while 循环之前，在 LCD 上显示了一个菜单，菜单内容如下：

```
[1]KeyUp   = Erase Chip
[2]KeyDown = Erase Block 0
[3]KeyLeft = Write Page 0-1
[4]KeyRight= Read Page 0-1
```

在 while 循环里，程序检测按键输入，对于 4 个按键分别进行响应。

- KeyUp 键按下时，调用函数 Flash_EraseChip()擦除整个器件，擦除操作大约需要 30s，不要经常擦除整个器件。
- KeyDown 键按下时，调用函数 Flash_EraseBlock64K()擦除 Block 0，测试写入数据之前应该先擦除。
- KeyLeft 键按下时，调用函数 Flash_TestWrite()向 Page 0 和 Page 1 写入数据。
- KeyRight 键按下时，调用函数 Flash_TestRead()从 Page 0 和 Page 1 读取数据。

函数 Flash_EraseChip()和 Flash_EraseBlock64K()是驱动程序文件 w25flash.h 中定义的函数。函数 Flash_TestReadStatus()、Flash_TestWrite()和 Flash_TestRead()是在文件 spi.h 中定义的测试函数。

2. W25Q128 功能测试函数的实现

我们在文件 spi.h 中定义了 3 个测试函数的函数原型。在文件 spi.c 中实现的这 3 个函数的代码如下：

```
/* 文件:spi.c   ------------------------------------------------------------------*/
#include "spi.h"
/* USER CODE BEGIN 0 */
#include "w25flash.h"           //W25Q128 驱动程序头文件
#include "tftlcd.h"
```

```
#include <string.h>                //用到函数 strlen()
/* USER CODE END 0 */

/* USER CODE BEGIN 1 */
//读取器件 ID，状态寄存器 SR1 和 SR2
void Flash_TestReadStatus(void)
{
    uint16_t devID=Flash_ReadID();      //读取器件 ID
    LCD_ShowStr(10,LCD_CurY+LCD_SP15,(uint8_t *)"Device ID= ");
    LCD_ShowUintHex(LCD_CurX, LCD_CurY, devID, 1);      //Hex 显示
    LCD_ShowStr(10,LCD_CurY+LCD_SP10,(uint8_t *)"The chip is: ");
    switch (devID)
    {
    case 0xEF17:        //实际用过
        LCD_ShowStr(LCD_CurX,LCD_CurY,(uint8_t *)"W25Q128");
        break;
    case 0xC817:        //实际用过
        LCD_ShowStr(LCD_CurX,LCD_CurY,(uint8_t *)"GD25Q128");
        break;
    case 0x1C17:
        LCD_ShowStr(LCD_CurX,LCD_CurY,(uint8_t *)"EN25Q128");
        break;
    case 0x2018:
        LCD_ShowStr(LCD_CurX,LCD_CurY,(uint8_t *)"N25Q128");
        break;
    case 0x2017:        //实际用过
        LCD_ShowStr(LCD_CurX,LCD_CurY,(uint8_t *)"XM25QH128");
        break;
    case 0xA117:
        LCD_ShowStr(LCD_CurX,LCD_CurY,(uint8_t *)"FM25Q128");
        break;
    default:
        LCD_ShowStr(LCD_CurX,LCD_CurY,(uint8_t *)"Unknown type");
    }

    uint8_t SR1=Flash_ReadSR1();      //读寄存器 SR1
    LCD_ShowStr(10,LCD_CurY+LCD_SP10,(uint8_t *)"Status Reg1= ");
    LCD_ShowUintHex(LCD_CurX,LCD_CurY, SR1, 1);      //Hex 显示

    uint8_t SR2=Flash_ReadSR2();      //读寄存器 SR2
    LCD_ShowStr(10,LCD_CurY+LCD_SP10,(uint8_t *)"Status Reg2= ");
    LCD_ShowUintHex(LCD_CurX, LCD_CurY, SR2, 1);      //Hex 显示
}

//测试写入 Page0 和 Page1，在写入 Page 之前必须先擦除这个 Page
void  Flash_TestWrite(void)
{
    uint8_t  blobkNo=0;
    uint16_t sectorNo=0;
    uint16_t pageNo=0;
    uint32_t memAddress=0;
    //向 Page0 写入两个字符串
    memAddress=Flash_Addr_byBlockSectorPage(blobkNo, sectorNo,pageNo);
    uint8_t bufStr1[]="Hello from beginning";
    uint16_t len=1+strlen(bufStr1);  //包括结束符'\0'
    Flash_WriteInPage(memAddress,  bufStr1, len);   //在 Page0 的起始位置写入数据
    LCD_ShowStr(10,LCD_CurY,(uint8_t*)"Write in Page0:0");
    LCD_ShowStr(30,LCD_CurY+LCD_SP10,bufStr1);

    uint8_t bufStr2[]="Hello in page";
```

```
    len=1+strlen(bufStr2);  //包括结束符'\0'
    Flash_WriteInPage(memAddress+100,   bufStr2, len);  //Page0 内偏移 100
    LCD_ShowStr(10,LCD_CurY+LCD_SP10,(uint8_t*)"Write in Page0:100");
    LCD_ShowStr(30,LCD_CurY+LCD_SP10,bufStr2);

    //写入 Page1
    uint8_t  bufPage[FLASH_PAGE_SIZE];      //FLASH_PAGE_SIZE=256
    for (uint16_t i=0;i<FLASH_PAGE_SIZE; i++)
        bufPage[i]=i;           //准备数据
    pageNo=1; //Page1
    memAddress=Flash_Addr_byBlockSectorPage(blobkNo, sectorNo, pageNo);
    Flash_WriteInPage(memAddress, bufPage, FLASH_PAGE_SIZE);   //写一个 Page
    LCD_ShowStr(10,LCD_CurY+LCD_SP15,(uint8_t*)"Write 0-255 in Page1");
}

//测试读取 Page0 和 Page1 的内容
void  Flash_TestRead(void)
{
    uint8_t  blobkNo=0;
    uint16_t sectorNo=0;
    uint16_t pageNo=0;
    //读取 Page0
    uint8_t bufStr[50];           //Page0 读出的数据
    uint32_t  memAddress=Flash_Addr_byBlockSectorPage(blobkNo, sectorNo,pageNo);
    Flash_ReadBytes(memAddress, bufStr, 50);           //读取 50 字节
    LCD_ShowStr(10,LCD_CurY,(uint8_t*)"Read from Page0:0");
    LCD_ShowStr(30,LCD_CurY+LCD_SP10,bufStr);           //自动以'\0'结束

    Flash_ReadBytes(memAddress+100, bufStr, 50);      //地址偏移 100 后的 50 字节
    LCD_ShowStr(10,LCD_CurY+LCD_SP10,(uint8_t*)"Read from Page0:100");
    LCD_ShowStr(30,LCD_CurY+LCD_SP10,bufStr);           //自动以'\0'结束

    //读取 Page1
    uint8_t randData=0;
    pageNo=1;
    memAddress=Flash_Addr_byBlockSectorPage(blobkNo, sectorNo,pageNo);

    randData =Flash_ReadOneByte(memAddress+12);       //读取 1 字节数据，页内地址偏移 12
    LCD_ShowStr(10,LCD_CurY+LCD_SP15,(uint8_t*)"Page1[12] =");
    LCD_ShowUint(LCD_CurX,LCD_CurY,randData);

    randData =Flash_ReadOneByte(memAddress+136);      //页内地址偏移 136
    LCD_ShowStr(10,LCD_CurY+LCD_SP10,(uint8_t*)"Page1[136] =");
    LCD_ShowUint(LCD_CurX,LCD_CurY,randData);

    randData =Flash_ReadOneByte(memAddress+210);      //页内地址偏移 210
    LCD_ShowStr(10,LCD_CurY+LCD_SP10,(uint8_t*)"Page1[210] =");
    LCD_ShowUint(LCD_CurX,LCD_CurY,randData);
}
/* USER CODE END 1 */
```

函数 Flash_TestReadStatus()就是调用 W25Q128 驱动程序中的 3 个函数，分别读取器件 ID、状态寄存器 SR1 和 SR2，并在 LCD 上予以显示。

函数 Flash_ReadID()返回厂家和产品的 ID。每一种器件有一个 ID，这在器件的数据手册上可以查到。如 W25Q128 的 ID 是 0xEF17，GD25Q128 的 ID 是 0xC817，XM25QH128 的 ID 是 0x2017。这 3 种芯片在笔者使用的多个普中 STM32F407 开发板上出现过，本章的示例程序在这 3 种芯片的开发板上运行都正常。

函数 Flash_TestWrite()的功能是在 Page0 和 Page1 里写入数据，写入数据的存储空间必须是被擦除过的。在 Page0 里写入的是两个字符串，分别在 Page0 的起始位置以及偏移 100 的位置。对一个页是可以分多次写入的，只要写入的存储单元是被擦除过的。对 Page1 则从页的起始地址开始写了 256 字节的数据，写入的内容等于偏移地址的大小，即 0～255。

函数 Flash_TestRead()的功能是从 Page0 和 Page1 里读取数据，即从页的起始地址以及偏移 100 的地址。两次读出的 50 字节都包含了 Flash_TestWrite()函数里写入的字符串，因为字符串有结束符'\0'，所以在 LCD 上能正常显示。从 Page1 的任何一个位置读取 1 字节，可以测试读出的内容是否与写入的一致。

构建项目后，我们将其下载到开发板上测试，写入数据之前应该先擦除 Block0，写入后再读出，会发现读出的数据与写入的一致，且复位或掉电后数据是不丢失的。注意，有时候测试会出现读出的字符串混乱，这是因为 SPI1 接口受 JTAG 仿真器的影响，读写数据出错。这种情况下，拔掉开发板上的 JTAG 排线头，再进行读写就没有问题了。

16.5　示例 2：DMA 方式读写 W25Q128

16.5.1　示例功能和 CubeMX 项目设置

SPI 接口具有发送和接收两个 DMA 请求，在大数据量传输时，使用 DMA 效率更高，比如，一次写入一个扇区的数据。

在本节中，我们将创建一个示例，演示如何用 SPI 的 DMA 传输方式读写 W25Q128。本示例与项目 Demo16_1FlashSPI 有很多重复的地方，所以我们将项目 Demo16_1FlashSPI 整个复制为 Demo16_2FlashSPI_DMA（复制项目的操作方法见附录 B），在复制后的项目上修改。

在 CubeMX 里打开文件 Demo16_2FlashSPI_DMA.ioc，原有的各种设置都不需要改变，只需为 SPI1 的两个 DMA 请求配置 DMA 流，结果如图 16-10 所示。

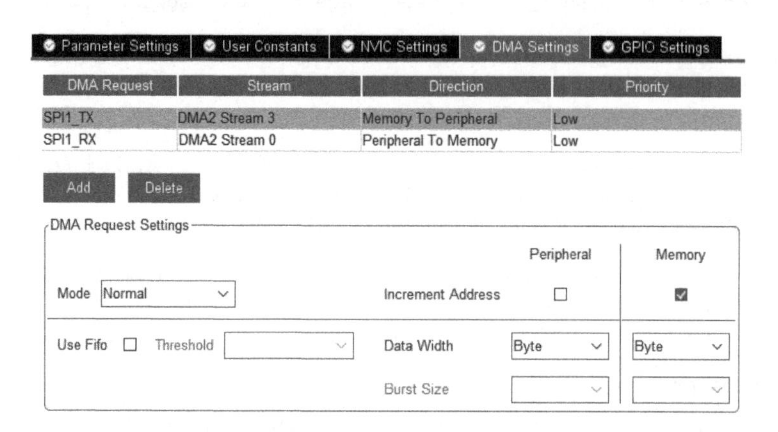

图 16-10　DMA 请求 SPI1_TX 的 DMA 配置

为 DMA 请求 SPI1_TX 和 SPI1_RX 分别配置 DMA 流。SPI1_TX 的 DMA 传输方向是存储器到外设，SPI1_RX 的 DMA 传输方向是外设到存储器。注意，两个 DMA 流的 Mode（工作模式）一定要设置为正常（Normal），因为每次的 DMA 发送或接收只执行一次，不需要循环执行。外设和存储器的数据宽度（Data Width）都是字节，开启存储器的地址自增（Increment Address）功能。

DMA 流的中断会自动打开，设置两个 DMA 流中断的抢占优先级为 1，因为 DMA 流中断的回调函数里会间接用到延时函数 HAL_Delay()。不要打开 SPI1 的全局中断，NVIC 的设置结果如图 16-11 所示。

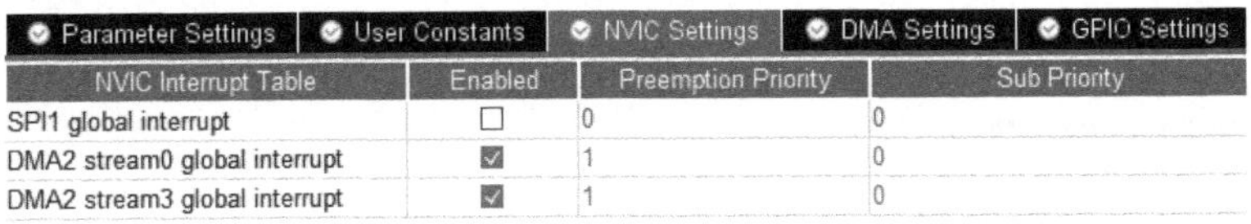

Parameter Settings | User Constants | NVIC Settings | DMA Settings | GPIO Settings

NVIC Interrupt Table	Enabled	Preemption Priority	Sub Priority
SPI1 global interrupt	☐	0	0
DMA2 stream0 global interrupt	☑	1	0
DMA2 stream3 global interrupt	☑	1	0

图 16-11　SPI1 的 NVIC 设置结果

16.5.2　程序功能实现

1. 主程序

在项目 Demo16_1FlashSPI 里完善了 W25Q128 的驱动程序文件 w25flash.h 和 w25flash.c 之后，我们将文件夹 FLASH 整个复制到公共驱动程序目录 PublicDrivers 下，以便其他项目使用。本项目就会使用\PublicDrivers\FLASH 目录下的 W25Q128 的驱动程序文件。

我们在 CubeMX 里生成 CubeIDE 项目代码，在 CubeIDE 里打开项目。因为本项目是从上一个项目复制过来的，所以需要先删除项目根目录下的 FLASH 文件夹，并且在项目浏览器里删除原来的 FLASH 文件夹。在项目属性设置对话框里，先删除对项目内子目录 FLASH 的头文件和源程序搜索路径的设置，然后将目录\PublicDrivers\FLASH 添加到项目的头文件和源程序搜索路径。

根据本示例要实现的功能修改文件 main.c 的代码，完善后的代码如下：

```
/* 文件：main.c  ---------------------------------------------------------------*/
#include "main.h"
#include "dma.h"
#include "spi.h"
#include "gpio.h"
#include "fsmc.h"
/* USER CODE BEGIN Includes */
#include "tftlcd.h"
#include "keyled.h"
#include "w25flash.h"
/* USER CODE END Includes */

int main(void)
{
     HAL_Init();
     SystemClock_Config();
     /* Initialize all configured peripherals */
     MX_GPIO_Init();
     MX_DMA_Init();              //DMA 初始化
     MX_FSMC_Init();
     MX_SPI1_Init();             //SPI1 初始化

     /* USER CODE BEGIN 2 */
     TFTLCD_Init();             //LCD 软件初始化
     LCD_ShowStr(10,10,(uint8_t *)"Demo16_2:SPI-DMA Read/Write");
     LCD_ShowStr(10, LCD_CurY+LCD_SP15,(uint8_t *)"128M-bit Flash Memory");
     Flash_TestReadStatus();            //读取 DeviceID、SR1、SR2
```

```
    //显示菜单
    LCD_ShowStr(10,LCD_CurY+LCD_SP15,(uint8_t *)"[1]KeyUp    = Erase Chip");
    LCD_ShowStr(10,LCD_CurY+LCD_SP10,(uint8_t *)"[2]KeyDown = Erase Sector 0");
    LCD_ShowStr(10,LCD_CurY+LCD_SP10,(uint8_t *)"[3]KeyLeft = Write Page 3");
    LCD_ShowStr(10,LCD_CurY+LCD_SP10,(uint8_t *)"[4]KeyRight= Read Page 3");
    uint16_t InfoStartPosY=LCD_CurY+LCD_SP15;   //信息显示起始行
    LcdFRONT_COLOR=lcdColor_WHITE;
    /* USER CODE END 2 */

    /* Infinite loop */
    /* USER CODE BEGIN WHILE */
    while (1)
    {
        KEYS  curKey=ScanPressedKey(KEY_WAIT_ALWAYS);
        LCD_ClearLine(InfoStartPosY, LCD_H, LcdBACK_COLOR);   //清除信息显示区域
        LCD_CurY= InfoStartPosY;   //设置 LCD 当前行
        switch(curKey)
        {
        case KEY_UP:
            LCD_ShowStr(10,LCD_CurY,(uint8_t *)"Erasing chip, about 30sec...");
            Flash_EraseChip();   //擦除整个芯片
            LCD_ShowStr(10,LCD_CurY+LCD_SP10,(uint8_t *)"Chip is erased.");
            LCD_ShowStr(10,LCD_CurY+LCD_SP20,(uint8_t*)"** Reselect or reset **");
            break;

        case KEY_DOWN:
            LCD_ShowStr(10,LCD_CurY,(uint8_t *)"Erasing Sector 0(16 pages)...");
            uint32_t globalAddr=0;
            Flash_EraseSector(globalAddr);   //擦除扇区 0
            LCD_ShowStr(10,LCD_CurY+LCD_SP10,(uint8_t *)"Sector 0 is erased.");
            LCD_ShowStr(10,LCD_CurY+LCD_SP10,(uint8_t*)"** Reselect or reset **");
            break;

        case KEY_LEFT:
            Flash_TestWriteDMA();     //测试写入 Page 3
            break;

        case KEY_RIGHT:
            Flash_TestReadDMA();     //测试读取 Page 3
            break;
        }
        HAL_Delay(500);          //延时，消除按键抖动影响
        /* USER CODE END WHILE */
    }
}
```

在外设初始化部分，MX_DMA_Init()是 DMA 初始化，MX_SPI1_Init()是 SPI1 初始化。SPI1 的初始化与前一示例不同，后面会显示其具体代码。

完成初始化后，在程序里调用函数 Flash_TestReadStatus()读取器件 ID、状态寄存器 SR1 和状态寄存器 SR2。函数 Flash_TestReadStatus()的代码与前一示例的代码是相同的，本示例就不再展示了。程序里也显示了一个模拟菜单，4 个选项如下：

```
[1]KeyUp    = Erase Chip
[2]KeyDown = Erase Sector 0
[3]KeyLeft = Write Page 3
[4]KeyRight= Read Page 3
```

在 while 循环里检测按键，对这 4 个菜单项做出响应。

- KeyUp 键按下时，调用函数 Flash_EraseChip()擦除整个芯片。
- KeyDown 键按下时，调用函数 Flash_EraseSector()擦除扇区 0，一个扇区有 16 个页。
- KeyLeft 键按下时，调用函数 Flash_TestWriteDMA()以 DMA 方式向 Page 3 写入数据。
- KeyRight 键按下时，调用函数 Flash_TestReadDMA()以 DMA 方式从 Page 3 读取数据。

Flash_TestWriteDMA()和 Flash_TestReadDMA()是在文件 spi.h 中新定义的两个函数，用于测试 DMA 方式的 SPI 数据读写功能。

FLASH 文件夹里的 W25Q128 驱动程序的底层 SPI 传输，采用的是阻塞式传输方式，没必要进行改写，对于一般的操作指令，用阻塞式 SPI 传输实现更容易。DMA 方式适用于需要传输大块数据的场合，例如，一次写入或读取几个页的数据。

2. DMA 和 SPI1 初始化

文件 dma.c 中的函数 MX_DMA_Init()用于 DMA 初始化，其代码如下。函数功能就是开启了 DMA2 控制器时钟，设置两个 DMA 流的中断，这两个 DMA 流会和 SPI1_TX 和 SPI1_RX 这两个 DMA 请求关联。

```
void MX_DMA_Init(void)
{
	__HAL_RCC_DMA2_CLK_ENABLE();			//开启 DMA2 控制器时钟
	/* DMA2_Stream0_IRQn 中断配置 */
	HAL_NVIC_SetPriority(DMA2_Stream0_IRQn, 1, 0);
	HAL_NVIC_EnableIRQ(DMA2_Stream0_IRQn);

	/* DMA2_Stream3_IRQn 中断配置*/
	HAL_NVIC_SetPriority(DMA2_Stream3_IRQn, 1, 0);
	HAL_NVIC_EnableIRQ(DMA2_Stream3_IRQn);
}
```

SPI1 的初始化函数 MX_SPI1_Init()在文件 spi.c 中实现，这个函数和相关代码如下：

```
/* 文件:spi.c    ----------------------------------------------------------------*/
#include "spi.h"
SPI_HandleTypeDef hspi1;			//表示 SPI1 接口的外设对象变量
DMA_HandleTypeDef hdma_spi1_tx;		//DMA 请求 SPI1_TX 的 DMA 流对象变量
DMA_HandleTypeDef hdma_spi1_rx;		//DMA 请求 SPI1_RX 的 DMA 流对象变量

/*  SPI1 初始化函数  */
void MX_SPI1_Init(void)
{
	hspi1.Instance = SPI1;
	hspi1.Init.Mode = SPI_MODE_MASTER;
	hspi1.Init.Direction = SPI_DIRECTION_2LINES;
	hspi1.Init.DataSize = SPI_DATASIZE_8BIT;
	hspi1.Init.CLKPolarity = SPI_POLARITY_HIGH;
	hspi1.Init.CLKPhase = SPI_PHASE_2EDGE;
	hspi1.Init.NSS = SPI_NSS_SOFT;
	hspi1.Init.BaudRatePrescaler = SPI_BAUDRATEPRESCALER_8;
	hspi1.Init.FirstBit = SPI_FIRSTBIT_MSB;
	hspi1.Init.TIMode = SPI_TIMODE_DISABLE;
	hspi1.Init.CRCCalculation = SPI_CRCCALCULATION_DISABLE;
	hspi1.Init.CRCPolynomial = 10;
	if (HAL_SPI_Init(&hspi1) != HAL_OK)
		Error_Handler();
```

```
}

void HAL_SPI_MspInit(SPI_HandleTypeDef* spiHandle)
{
    GPIO_InitTypeDef GPIO_InitStruct = {0};
    if(spiHandle->Instance==SPI1)
    {
        __HAL_RCC_SPI1_CLK_ENABLE();      //SPI1 时钟使能
        __HAL_RCC_GPIOB_CLK_ENABLE();
        /**SPI1 GPIO 引脚配置       PB3 ---> SPI1_SCK
        PB4 ---> SPI1_MISO       PB5 ---> SPI1_MOSI      */
        GPIO_InitStruct.Pin = GPIO_PIN_3|GPIO_PIN_4|GPIO_PIN_5;
        GPIO_InitStruct.Mode = GPIO_MODE_AF_PP;
        GPIO_InitStruct.Pull = GPIO_NOPULL;
        GPIO_InitStruct.Speed = GPIO_SPEED_FREQ_VERY_HIGH;
        GPIO_InitStruct.Alternate = GPIO_AF5_SPI1;
        HAL_GPIO_Init(GPIOB, &GPIO_InitStruct);

        /*  DMA 请求 SPI1_TX 的 DMA 流初始化  */
        hdma_spi1_tx.Instance = DMA2_Stream3;                    //DMA 流寄存器基址
        hdma_spi1_tx.Init.Channel = DMA_CHANNEL_3;               //通道
        hdma_spi1_tx.Init.Direction = DMA_MEMORY_TO_PERIPH; //传输方向
        hdma_spi1_tx.Init.PeriphInc = DMA_PINC_DISABLE;      //外设地址自增，禁用
        hdma_spi1_tx.Init.MemInc = DMA_MINC_ENABLE;          //存储器地址自增，开启
        hdma_spi1_tx.Init.PeriphDataAlignment = DMA_PDATAALIGN_BYTE; //数据宽度
        hdma_spi1_tx.Init.MemDataAlignment = DMA_MDATAALIGN_BYTE;    //数据宽度
        hdma_spi1_tx.Init.Mode = DMA_NORMAL;                     //正常模式
        hdma_spi1_tx.Init.Priority = DMA_PRIORITY_LOW;       //DMA 优先级别
        hdma_spi1_tx.Init.FIFOMode = DMA_FIFOMODE_DISABLE;   //禁用 FIFO
        if (HAL_DMA_Init(&hdma_spi1_tx) != HAL_OK)           //DMA 流初始化
            Error_Handler();
        __HAL_LINKDMA(spiHandle,hdmatx,hdma_spi1_tx);        //DMA 请求与 DMA 流关联

        /*  DMA 请求 SPI1_RX 的 DMA 流初始化  */
        hdma_spi1_rx.Instance = DMA2_Stream0;
        hdma_spi1_rx.Init.Channel = DMA_CHANNEL_3;
        hdma_spi1_rx.Init.Direction = DMA_PERIPH_TO_MEMORY;
        hdma_spi1_rx.Init.PeriphInc = DMA_PINC_DISABLE;
        hdma_spi1_rx.Init.MemInc = DMA_MINC_ENABLE;
        hdma_spi1_rx.Init.PeriphDataAlignment = DMA_PDATAALIGN_BYTE;
        hdma_spi1_rx.Init.MemDataAlignment = DMA_MDATAALIGN_BYTE;
        hdma_spi1_rx.Init.Mode = DMA_NORMAL;
        hdma_spi1_rx.Init.Priority = DMA_PRIORITY_LOW;
        hdma_spi1_rx.Init.FIFOMode = DMA_FIFOMODE_DISABLE;
        if (HAL_DMA_Init(&hdma_spi1_rx) != HAL_OK)
            Error_Handler();
        __HAL_LINKDMA(spiHandle,hdmarx,hdma_spi1_rx);   //DMA 请求与 DMA 流关联
    }
}
```

上述程序定义了两个 DMA 流对象变量 hdma_spi1_tx 和 hdma_spi1_rx。hdma_spi1_tx 是 DMA 请求 SPI1_TX 关联的 DMA 流对象变量，hdma_spi1_rx 是 DMA 请求 SPI1_RX 关联的 DMA 流对象变量。

函数 MX_SPI1_Init()用于 SPI1 接口的初始化，与前一示例相同。

在 SPI 的 MSP 初始化函数 HAL_SPI_MspInit()中，除了对 SPI1 的 3 个复用引脚进行 GPIO 初始化，程序还对两个 DMA 流进行了初始化配置，将 DMA 请求与 DMA 流关联。设置 DMA 流参数的代码与 CubeMX 中 SPI 的 DMA 设置对应。DMA 的工作原理和参数的意义详见第 13 章。

3. DMA 方式读写 W25Q128 的函数实现

main()函数中调用的 3 个 W25Q128 测试函数都在文件 spi.h 中定义，函数 Flash_TestReadStatus()与前一示例完全相同，此处不再展示。函数 Flash_TestWriteDMA()和 Flash_TestReadDMA()需要在文件 spi.h 中声明函数原型。这两个函数和相关回调函数在文件 spi.c 中的代码如下：

```
/* 文件：spi.c  ---------------------------------------------------------------*/
#include "spi.h"
/* USER CODE BEGIN 0 */
#include "w25flash.h"
#include "tftlcd.h"
uint8_t  bufPageRead[FLASH_PAGE_SIZE];              //接收一个 Page 数据的缓冲区
uint8_t  bufPageWrite[FLASH_PAGE_SIZE];             //发送一个 Page 数据的缓冲区
/* USER CODE END 0 */

/* USER CODE BEGIN 1 */
/*  以 DMA 方式写入 1 个 Page 的数据   */
void  Flash_TestWriteDMA()
{
     uint8_t  blockNo=0;
     uint16_t sectorNo=0;
     uint32_t memAddress=0;

     for (uint16_t i=0;i<Flash_PAGE_SIZE; i++)
          bufPageWrite[i]=i;              //准备数据
     uint16_t pageNo=3;
     memAddress=Flash_Addr_byBlockSectorPage(blockNo,sectorNo,pageNo);
     uint8_t byte2, byte3, byte4;
     Flash_SpliteAddr(memAddress, &byte2, &byte3, &byte4);      //地址分解

     Flash_Write_Enable();         //写使能
     Flash_Wait_Busy();
     __Select_Flash();             //CS=0
     SPI_TransmitOneByte(0x02);             //Command=0x02：对一个 Page 编程写入
     SPI_TransmitOneByte(byte2);             //发送 24 位地址
     SPI_TransmitOneByte(byte3);
     SPI_TransmitOneByte(byte4);
      //以 DMA 方式连续写入 256 字节
     LCD_ShowStr(10,LCD_CurY,(uint8_t *)"Writing Page3 in DMA mode.");
     HAL_SPI_Transmit_DMA(&hspi1, bufPageWrite, FLASH_PAGE_SIZE);
}

/*  DMA 发送完成事件中断回调函数   */
void  HAL_SPI_TxCpltCallback(SPI_HandleTypeDef *hspi)
{
     __Deselect_Flash();            //CS=1，结束 SPI 传输过程
     Flash_Wait_Busy();            //大约耗时 3ms
     LCD_ShowStr(10,LCD_CurY+LCD_SP15,(uint8_t *)"DMA Writing complete.");
     LCD_ShowStr(10,LCD_CurY+LCD_SP20,(uint8_t*)"** Reselect menu or reset **");
}

/*  以 DMA 方式读取 1 个 Page   */
void  Flash_TestReadDMA(void)
{
     uint8_t  blockNo=0;
     uint16_t sectorNo=0;
     uint16_t pageNo=3;
     uint32_t memAddress;
     memAddress=Flash_Addr_byBlockSectorPage(blockNo,sectorNo,pageNo);
```

```
        uint8_t byte2, byte3, byte4;
        Flash_SpliteAddr(memAddress, &byte2, &byte3, &byte4);      //地址分解

        __Select_Flash();      //CS=0
        SPI_TransmitOneByte(0x03);           //Command=0x03, read data
        SPI_TransmitOneByte(byte2);         //发送 24 位地址
        SPI_TransmitOneByte(byte3);
        SPI_TransmitOneByte(byte4);
         //DMA 方式连续接收 256 字节
        LCD_ShowStr(10,LCD_CurY,(uint8_t *)"Reading Page3 in DMA mode.");
        HAL_SPI_Receive_DMA(&hspi1, bufPageRead, FLASH_PAGE_SIZE);
}

/*  DMA 接收完成事件中断回调函数  */
void  HAL_SPI_RxCpltCallback(SPI_HandleTypeDef *hspi)
{
        __Deselect_Flash();           //CS=1, 结束 SPI 传输过程
        Flash_Wait_Busy();
        LCD_ShowStr(10,LCD_CurY+LCD_SP15,(uint8_t *)"DMA reading complete.");

        LCD_ShowStr(10,LCD_CurY+LCD_SP10,(uint8_t*)"Page3[26] =");
        LCD_ShowUint(LCD_CurX,LCD_CurY,bufPageRead[26]);
        LCD_ShowStr(10,LCD_CurY+LCD_SP10,(uint8_t*)"Page3[205] =");
        LCD_ShowUint(LCD_CurX,LCD_CurY,bufPageRead[205]);
        LCD_ShowStr(10,LCD_CurY+LCD_SP20,(uint8_t*)"** Reselect menu or reset **");
}
/* USER CODE END 1 */
```

上述程序定义了两个 256 字节的数组 bufPageRead 和 bufPageWrite，分别用作接收和发送数据的缓冲区，用于读取或写入一个页的数据。因为要在不同的函数里使用，所以定义为全局变量。

函数 Flash_TestWriteDMA()以 DMA 方式写入一个页共 256 字节的数据。它实际上是重新实现了“页编程”指令，在发送了指令码 0x02 和 3 字节的地址数据后，发送后面的 256 字节的写入数据时，使用了函数 HAL_SPI_Transmit_DMA()，而不是像函数 Flash_WriteInPage()里那样，使用 SPI 阻塞式传输函数 HAL_SPI_Transmit()发送数据。

函数 Flash_TestWriteDMA()里启动 DMA 传输后就退出了，由 DMA 去完成后面的数据传输。传输完成后会产生 DMA 传输完成事件中断，关联的回调函数是 HAL_SPI_TxCpltCallback()。重新实现此回调函数，在此函数里，首先要将 W25Q128 的片选信号 CS 置 1，以结束 SPI 通信过程，然后需要等待 BUSY 位变为 0。这就是以 DMA 方式实现指令 0x02 的页编程数据写入过程。

函数 Flash_TestReadDMA()以 DMA 方式读取一个页的 256 字节的数据。在发送了指令码 0x03 和 3 字节的地址数据后，调用函数 HAL_SPI_Receive_DMA()以 DMA 方式读取后续 256 字节的数据。

函数 Flash_TestReadDMA()启动 DMA 传输后就退出了，由 DMA 去完成后面的数据传输。接收完 256 字节数据后，产生 DMA 传输完成事件中断，关联的回调函数是 HAL_SPI_RxCpltCallback()，在此函数里，首先将 W25Q128 的片选信号 CS 置 1，以结束 SPI 通信过程。然后显示了从数据缓冲区内随意两个位置读出的数，以验证写入和读出的数据是否一致。

构建项目后，我们将其下载到开发板上加以测试，按照 LCD 上菜单提示操作，可以先擦除扇区 0。如果擦除后读取 Page 3 的数据，读出的数据都是 255，即擦除后的状态。向 Page 3 写入数据后再读出，会看到读出的数据与写入的数据一致，说明功能正确。

第 17 章　I2C 通信

I2C（Inter-Integrated Circuit）接口，有时也写作 IIC 或 I^2C 接口，是一种串行数字总线接口。I2C 接口只有 2 根信号线，总线上可以连接多个设备，硬件实现简单，可扩展性强。I2C 通信协议可以用普通 GPIO 引脚进行软件模拟。I2C 接口主要用于通信速率要求不高，以及多个器件之间通信的应用场景。

17.1　I2C 总线和通信协议

17.1.1　I2C 总线结构

一个器件的 I2C 接口只有 2 根信号线，即双向串行数据线 SDA 和时钟信号线 SCL。I2C 是一种多设备总线，一根 I2C 总线上可以挂载多个设备。例如，STM32F407 开发板上的 I2C 总线通信系统如图 17-1 所示，它连接了两个 I2C 设备，一个是 EEPROM 器件 24C02，另一个是加速度计和陀螺仪传感器芯片 MPU6050。

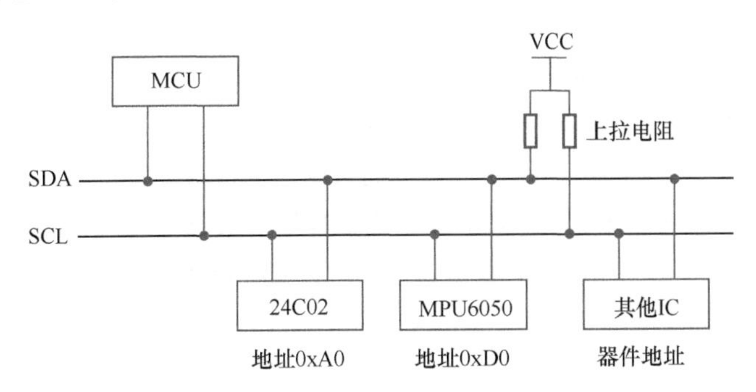

图 17-1　MCU 通过 I2C 总线与器件连接的示意图

I2C 总线有如下的特点。

- I2C 总线只有两根信号线，SDA 是双向串行数据线，SCL 是时钟信号线，用于数据收发的同步。
- I2C 总线上可以挂载多个设备，一般有一个主设备、多个从设备。MCU 一般作为主设备，外围器件作为从设备。在 I2C 通信协议中，主动发起通信的器件就是主设备，被动进行响应的器件就是从设备。
- I2C 总线上每个器件有一个 7 位或 10 位的地址，主设备发起通信时，会首先发送目标设备地址，只有地址对应的从设备才会做出响应。
- I2C 总线的两根信号线有上拉电阻。当 I2C 器件空闲时，其输出接口是高阻态。当所有设备都空闲时，I2C 总线上是高电平。

- I2C 通信有标准模式和快速模式，标准模式传输速率为 100kbit/s，快速模式传输速率为 400kbit/s。

17.1.2　I2C 总线通信协议

I2C 通信总是由主机启动，每个通信过程由起始信号开始，由停止信号结束。一个数据包有 8 位，每个数据包后有一个应答位（ACK）或非应答位（NACK）。例如，主设备向从设备发送 1 字节数据的时序图，如图 17-2 所示。

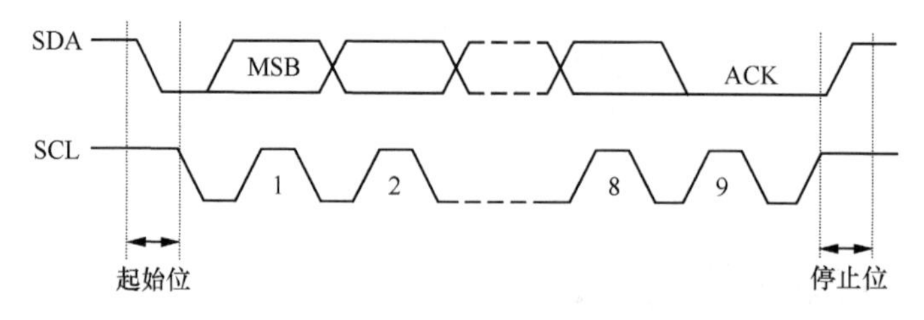

图 17-2　I2C 传输 1 字节的时序图

- 起始位：当 SCL 是高电平时，SDA 的下跳沿就是起始位，是启动一次 I2C 通信的起始信号。
- 停止位：当 SCL 为高电平时，SDA 的上跳沿就是停止位，是停止一次 I2C 通信的结束信号。
- 数据位：在 SCL 的一个时钟周期内传输一个数据位，当 SCL 为低电平时，发送设备更新 SDA 的电平，当 SCL 为高电平时，接收设备读取 SDA 的电平就是有效的一位数据。
- 数据包：I2C 数据通信一个数据包总是 8 位，也就是 1 字节的数据。
- 应答信号：在发送完 8 位数据包后，发送设备在第 9 个 SCL 时钟周期采集接收设备的应答信号。若在 SCL 的第 9 个周期采集的 SDA 为低电平，就是应答信号 ACK，如果采集的 SDA 是高电平，就是非应答信号 NACK。

在一次 I2C 通信过程中，可以传输多字节的数据。主机启动 I2C 通信后，发送的第一个字节是目标设备地址，后面再发送或接收的数据由具体器件的指令定义决定。I2C 通信协议只是定义了基本的数据传输时序，图 17-2 的通信时序由 MCU 的硬件 I2C 接口实现。也可以用普通 GPIO 引脚的输入输出模拟 I2C 通信时序，这就是软件模拟 I2C 接口，在《高级篇》第 21 章介绍电容式触摸屏时，我们就使用了软件模拟 I2C 接口。

17.1.3　STM32F407 的 I2C 接口

STM32F407 芯片上有 3 个硬件 I2C 接口，记作 I2C1、I2C2 和 I2C3，均支持 I2C 标准模式和 I2C 快速模式，还与系统管理总线（System Management Bus，SMBus）2.0 兼容。STM32F407 上的 I2C 接口具有如下特性。

- 同一个 I2C 接口既可以工作于主模式，又可以工作于从模式。
- 工作于从模式时，可以设置两个从设备地址，从而对两个从地址应答。
- 使用 7 位或 10 位设备地址，还可以进行广播呼叫。
- 支持不同的通信速度：标准模式传输速率为 100kbit/s，快速模式传输速率为 400kbit/s。
- 带 DMA 功能的 1 字节缓存。

17.2 I2C 的 HAL 驱动程序

I2C 的 HAL 驱动程序头文件是 stm32f4xx_hal_i2c.h 和 stm32f4xx_hal_i2c_ex.h。I2C 的 HAL 驱动程序包括宏定义、结构体定义、宏函数和功能函数。I2C 的数据传输有阻塞式、中断方式和 DMA 方式，我们在本节介绍 I2C 的 HAL 驱动程序中一些主要的定义和函数。

17.2.1 I2C 接口的初始化

对 I2C 接口进行初始化配置的函数是 HAL_I2C_Init()，其函数原型定义如下：

```
HAL_StatusTypeDef HAL_I2C_Init(I2C_HandleTypeDef *hi2c)
```

其中，hi2c 是 I2C 接口的对象指针，是 I2C_HandleTypeDef 结构体类型指针。在 CubeMX 自动生成的文件 i2c.c 中，会为启用的 I2C 接口定义外设对象变量，例如，为 I2C1 接口定义的变量如下：

```
I2C_HandleTypeDef  hi2c1;      //I2C1 接口的外设对象变量
```

结构体 I2C_HandleTypeDef 的成员变量主要是 HAL 程序内部用到的一些定义，只有成员变量 Init 是需要用户配置的 I2C 通信参数，是 I2C_InitTypeDef 结构体类型，在示例里再具体解释 I2C 通信参数的设置。

17.2.2 阻塞式数据传输

I2C 接口的阻塞式数据传输相关函数如表 17-1 所示。阻塞式数据传输使用方便，且 I2C 接口的传输速率不高，一般传输数据量也不大，阻塞式传输是常用的数据传输方式。

表 17-1　I2C 接口的阻塞式数据传输相关函数

函数名	功能描述
HAL_I2C_IsDeviceReady()	检查某个从设备是否准备好了 I2C 通信
HAL_I2C_Master_Transmit()	作为主设备向某个地址的从设备发送一定长度的数据
HAL_I2C_Master_Receive()	作为主设备从某个地址的从设备接收一定长度的数据
HAL_I2C_Slave_Transmit()	作为从设备发送一定长度的数据
HAL_I2C_Slave_Receive()	作为从设备接收一定长度的数据
HAL_I2C_Mem_Write()	向某个从设备的指定存储地址开始写入一定长度的数据
HAL_I2C_Mem_Read()	从某个从设备的指定存储地址开始读取一定长度的数据

1. 函数 HAL_I2C_IsDeviceReady()

函数 HAL_I2C_IsDeviceReady()用于检查 I2C 网络上一个从设备是否做好了 I2C 通信准备，其函数原型定义如下：

```
HAL_StatusTypeDef HAL_I2C_IsDeviceReady(I2C_HandleTypeDef *hi2c, uint16_t DevAddress,
uint32_t Trials, uint32_t Timeout);
```

其中，hi2c 是 I2C 接口对象指针，DevAddress 是从设备地址，Trials 是尝试的次数，Timeout 是超时等待时间（单位是嘀嗒信号节拍数），当 SysTick 定时器频率为默认的 1000Hz 时，Timeout 的单位就是 ms。

一个 I2C 从设备有两个地址，一个是写操作地址，另一个是读操作地址。例如，开发板上的 EEPROM 芯片 24C02 的写操作地址是 0xA0，读操作地址是 0xA1，也就是在写操作地址上加 1。在 I2C 的 HAL 驱动程序中，传递从设备地址参数时，只需设置写操作地址，函数内部会根据读写操作类型，自动使用写操作地址或读操作地址。但是在软件模拟 I2C 接口通信时，必须明确使用相应的地址。

2. 主设备发送和接收数据

一个 I2C 总线上有一个主设备，可能有多个从设备。主设备与从设备通信时，必须指定从设备地址。I2C 主设备发送和接收数据的两个函数的原型定义如下：

```
HAL_StatusTypeDef HAL_I2C_Master_Transmit(I2C_HandleTypeDef *hi2c, uint16_t DevAddress,
uint8_t *pData, uint16_t Size, uint32_t Timeout);

HAL_StatusTypeDef HAL_I2C_Master_Receive(I2C_HandleTypeDef *hi2c, uint16_t DevAddress,
uint8_t *pData, uint16_t Size, uint32_t Timeout);
```

其中，pData 是发送或接收数据的缓冲区，Size 是缓冲区大小。DevAddress 是从设备地址，无论是发送还是接收，这个地址都要设置为 I2C 设备的写操作地址。Timeout 为超时等待时间，单位是嘀嗒信号节拍数。

阻塞式操作函数在数据发送或接收完成后才返回，返回值为 HAL_OK 时表示传输成功，否则可能是出现错误或超时。

3. 从设备发送和接收数据

I2C 从设备发送和接收数据的两个函数的原型定义如下：

```
HAL_StatusTypeDef HAL_I2C_Slave_Transmit(I2C_HandleTypeDef *hi2c, uint8_t *pData,
uint16_t Size, uint32_t Timeout);

HAL_StatusTypeDef HAL_I2C_Slave_Receive(I2C_HandleTypeDef *hi2c, uint8_t *pData,
uint16_t Size, uint32_t Timeout);
```

I2C 从设备是应答式地响应主设备的传输要求，发送和接收数据的对象总是主设备，所以函数中无须设置目标设备地址。

4. I2C 存储器数据传输

对于 I2C 接口的存储器，例如 EEPROM 芯片 24C02，有两个专门的函数用于存储器数据读写。向存储器写入数据的函数是 HAL_I2C_Mem_Write()，其原型定义如下：

```
HAL_StatusTypeDef HAL_I2C_Mem_Write(I2C_HandleTypeDef *hi2c, uint16_t DevAddress,
uint16_t MemAddress, uint16_t MemAddSize, uint8_t *pData, uint16_t Size, uint32_t Timeout);
```

其中，DevAddress 是 I2C 从设备地址，MemAddress 是存储器内部写入数据的起始地址，MemAddSize 是存储器内部地址大小，即 8 位地址或 16 位地址，有两个宏定义表示存储器内部地址大小。

```
#define I2C_MEMADD_SIZE_8BIT            0x00000001U          //8 位存储器地址
#define I2C_MEMADD_SIZE_16BIT           0x00000010U          //16 位存储器地址
```

参数 pData 是待写入数据的缓冲区指针，Size 是待写入数据的字节数，Timeout 是超时等待时间。使用这个函数可以很方便地向 I2C 接口存储器一次性写入多字节的数据。

从存储器读取数据的函数是 HAL_I2C_Mem_Read()，其原型定义如下：

```
HAL_StatusTypeDef HAL_I2C_Mem_Read(I2C_HandleTypeDef *hi2c, uint16_t DevAddress,
uint16_t MemAddress, uint16_t MemAddSize, uint8_t *pData, uint16_t Size, uint32_t Timeout);
```

使用 I2C 存储器数据传输函数的好处是，可以一次性传递地址和数据，函数会根据存储器的 I2C 通信协议依次传输地址和数据，而不需要用户自己分解通信过程。

17.2.3 中断方式数据传输

一个I2C接口有两个中断号，一个用于事件中断，另一个用于错误中断。HAL_I2C_EV_IRQHandler()是事件中断 ISR 中调用的通用处理函数，HAL_I2C_ER_IRQHandler()是错误中断 ISR 中调用的通用处理函数。

I2C 接口的中断方式数据传输函数，以及各个传输函数关联的回调函数如表 17-2 所示。

表 17-2 I2C 接口的中断方式数据传输函数以及关联的回调函数

函数名	函数功能描述	关联的回调函数
HAL_I2C_Master_Transmit_IT()	主设备向某个地址的从设备发送一定长度的数据	HAL_I2C_MasterTxCpltCallback()
HAL_I2C_Master_Receive_IT()	主设备从某个地址的从设备接收一定长度的数据	HAL_I2C_MasterRxCpltCallback()
HAL_I2C_Master_Abort_IT()	主设备主动中止中断传输过程	HAL_I2C_AbortCpltCallback()
HAL_I2C_Slave_Transmit_IT()	作为从设备发送一定长度的数据	HAL_I2C_SlaveTxCpltCallback()
HAL_I2C_Slave_Receive_IT()	作为从设备接收一定长度的数据	HAL_I2C_SlaveRxCpltCallback()
HAL_I2C_Mem_Write_IT()	向某个从设备的指定存储地址开始写入一定长度的数据	HAL_I2C_MemTxCpltCallback()
HAL_I2C_Mem_Read_IT()	从某个从设备的指定存储地址开始读取一定长度的数据	HAL_I2C_MemRxCpltCallback()
所有中断方式传输函数	中断方式传输过程出现错误	HAL_I2C_ErrorCallback()

中断方式数据传输函数的参数定义与对应的阻塞式传输函数类似，只是没有超时等待参数 Timeout。例如，以中断方式读写 I2C 接口存储器的两个函数的原型定义如下：

```
HAL_StatusTypeDef HAL_I2C_Mem_Write_IT(I2C_HandleTypeDef *hi2c, uint16_t DevAddress,
uint16_t MemAddress, uint16_t MemAddSize, uint8_t *pData, uint16_t Size);

HAL_StatusTypeDef HAL_I2C_Mem_Read_IT(I2C_HandleTypeDef *hi2c, uint16_t DevAddress,
uint16_t MemAddress, uint16_t MemAddSize, uint8_t *pData, uint16_t Size);
```

中断方式数据传输是非阻塞式的，函数返回 HAL_OK 只是表示函数操作成功，并不表示数据传输完成，只有相关联的回调函数被调用时，才表示数据传输完成。

17.2.4 DMA 方式数据传输

一个 I2C 接口有 I2C_TX 和 I2C_RX 两个 DMA 请求，可以为 DMA 请求配置 DMA 流，从而进行 DMA 方式数据传输。I2C 接口的 DMA 方式数据传输函数，以及 DMA 流发生传输完成事件（DMA_IT_TC）中断时的回调函数如表 17-3 所示。

表 17-3 I2C 接口的 DMA 方式数据传输函数以及关联的回调函数

函数名	函数功能描述	关联的回调函数
HAL_I2C_Master_Transmit_DMA()	向某个地址的从设备发送一定长度的数据	HAL_I2C_MasterTxCpltCallback()

续表

函数名	函数功能描述	关联的回调函数
HAL_I2C_Master_Receive_DMA()	从某个地址的从设备接收一定长度的数据	HAL_I2C_MasterRxCpltCallback()
HAL_I2C_Slave_Transmit_DMA()	作为从设备发送一定长度的数据	HAL_I2C_SlaveTxCpltCallback()
HAL_I2C_Slave_Receive_DMA()	作为从设备接收一定长度的数据	HAL_I2C_SlaveRxCpltCallback()
HAL_I2C_Mem_Write_DMA()	向某个从设备的指定存储地址开始写入一定长度的数据	HAL_I2C_MemTxCpltCallback()
HAL_I2C_Mem_Read_DMA()	从某个从设备的指定存储地址开始读取一定长度的数据	HAL_I2C_MemRxCpltCallback()

DMA 传输函数的参数形式与中断方式传输函数的参数形式相同，例如，以 DMA 方式读写 I2C 接口存储器的两个函数的原型定义如下：

```
HAL_StatusTypeDef HAL_I2C_Mem_Write_DMA(I2C_HandleTypeDef *hi2c, uint16_t DevAddress, uint16_t MemAddress, uint16_t MemAddSize, uint8_t *pData, uint16_t Size);

HAL_StatusTypeDef HAL_I2C_Mem_Read_DMA(I2C_HandleTypeDef *hi2c, uint16_t DevAddress, uint16_t MemAddress, uint16_t MemAddSize, uint8_t *pData, uint16_t Size);
```

DMA 传输是非阻塞式传输，函数返回 HAL_OK 时只表示函数操作完成，并不表示数据传输完成。DMA 传输过程由 DMA 流产生中断事件，DMA 流的中断函数指针指向 I2C 驱动程序中定义的一些回调函数。I2C 的 HAL 驱动程序中并没有为 DMA 传输半完成中断事件设计和关联回调函数。

17.3 EEPROM 芯片 24C02

17.3.1 接口和通信协议

开发板上有一个 I2C 接口的 EEPROM 芯片 AT24C02，是 ATMEL 公司的产品。还有其他一些厂家的芯片与 AT24C02 引脚和功能完全兼容，一般就称为 24C02。在本书中，我们将 AT24C02 简称为 24C02，所描述的原理和驱动程序也适用于其他与 AT24C02 兼容的芯片。

24C02 存储容量为 256 字节，它的电路连接如图 17-3 所示。其 SDA 和 SCL 引脚连接 STM32F407 芯片的 I2C1 接口，使用引脚 PB9 和 PB8。WP 是写保护引脚，WP 接地时，对 24C02 芯片可读可写。

24C02 的 I2C 设备地址组成如图 17-4 所示。A2、A1、A0 位由芯片的引脚 A2、A1、A0 的电平决定，图 17-3 中这 3 个引脚都接地，所以都是 0。最低位 R/W 是读写标志位，当主设备对 24C02 进行写操作时，R/W 为 0，进行读操作时，R/W 为 1。所以，24C02 的写操作地址为 0xA0，读操作地址为 0xA1。HAL 驱动程序函数中需要传递 I2C 从设备的地址时，都使用写操作地址。

24C02 的读写操作比较简单，存储空间可反复读写。以下是几种主要的读写操作定义。

1. 写 1 字节数据

MCU 向 24C02 写入 1 字节数据的 SDA 传输内容和顺序如图 17-5 所示。操作的顺序如下。

- 主机发送起始信号，然后发送器件的写操作地址。

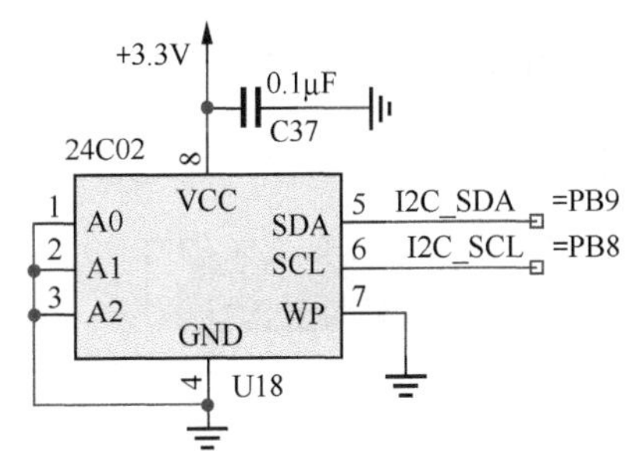

图 17-3 芯片 24C02 的电路

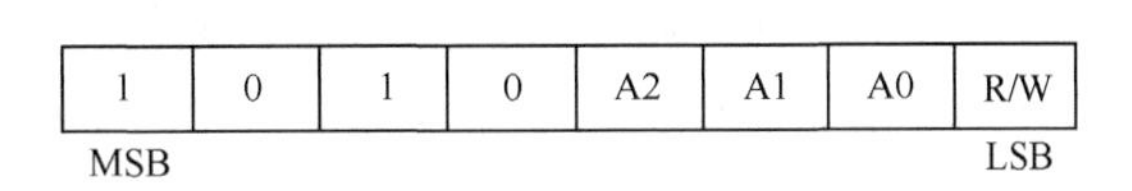

图 17-4 芯片 24C02 的设备地址组成

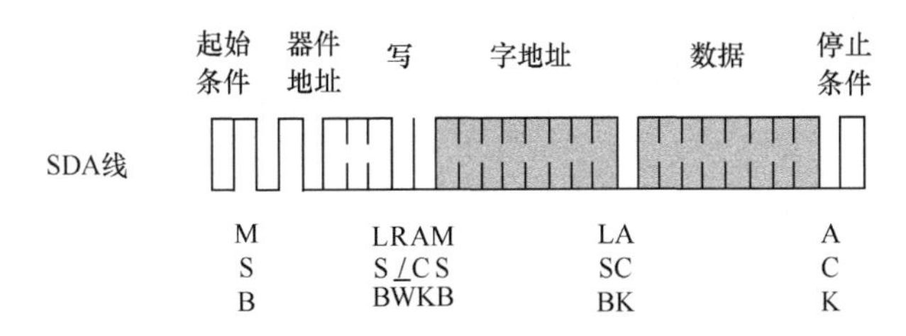

图 17-5 写 1 字节数据的 SDA 传输内容和顺序

- 24C02 应答 ACK 后，主机再发送 8 位字地址，这是 24C02 内部存储单元的地址。8 位地址的范围是 0～255，也就是 24C02 内 256 字节存储单元的地址。
- 24C02 应答 ACK 后，主机再发送需要写入的 1 字节的数据。
- 从机接收完数据后，应答 ACK，主机发停止信号结束传输。

2. 连续写多字节数据

24C02 内部存储区域按页划分，每页 8 字节，所以 256 字节的存储单元分为 32 页，页的起始地址是 $8 \times N$，其中，$N = 0, 1, \cdots, 31$。

用户可以在一次 I2C 通信过程（一个起始信号与一个停止信号限定的通信过程）中向 24C02 连续写入多个字节的数据，SDA 传输内容和顺序如图 17-6 所示。图中的 n 是数据存储的起始地址，存储的数据字节数为 $1+x$。24C02 会自动将接收的数据从指定的起始地址开始存储，但是要注意，连续写入的数据的存储位置不能超过页的边界，否则，将自动从这页的开始位置继续存储。

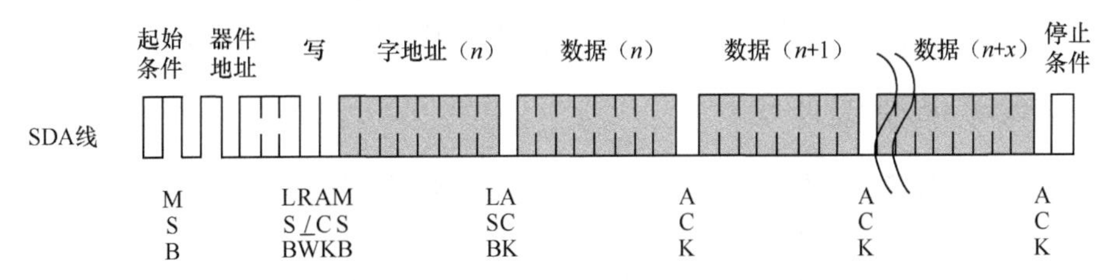

图 17-6 连续写入多字节数据的 SDA 传输内容和顺序

所以，在连续写数据时，如果数据起始地址在页的起始位置，则一次最多可写 8 字节的数据。当然，数据存储起始地址也可以不在页的起始位置，这时要注意，一次写入的数据不要超过页的边界。

3. 读 1 字节数据

用户可以从 24C02 的任何一个存储位置读取 1 字节的数据，读取 1 字节数据时，SDA 传输的内容和顺序如图 17-7 所示。主设备先进行一次写操作，写入需要读取的存储单元的地址，然后再进行一次读操作，读取的 1 字节数据就是所指定的存储地址的存储内容。

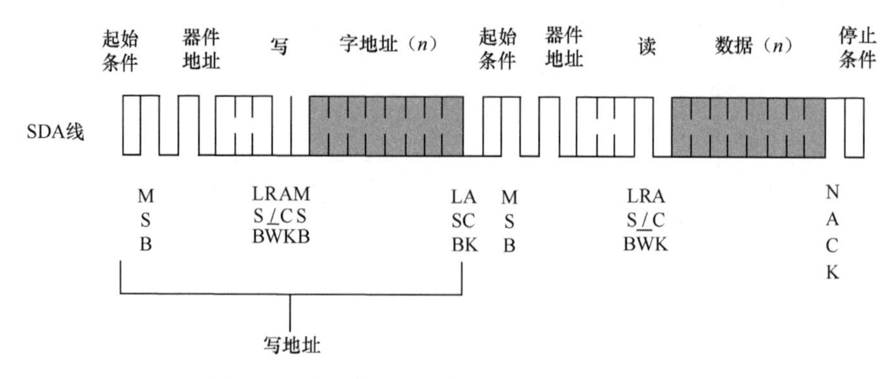

图 17-7　读 1 字节数据的 SDA 传输内容和顺序

4. 连续读多字节数据

用户可以从 24C02 一次性连续读取多字节的数据，且读取数据时不受页边界的影响，也就是读取数据的长度可以超过 8 字节。连续读多个字节数据的 SDA 传输内容和顺序如图 17-8 所示。主设备先进行一次写操作，写入需要读取的存储单元的地址，然后再进行一次读操作，连续读取多字节，存储器内部将自动移动存储位置，且存储位置不受页边界的影响。

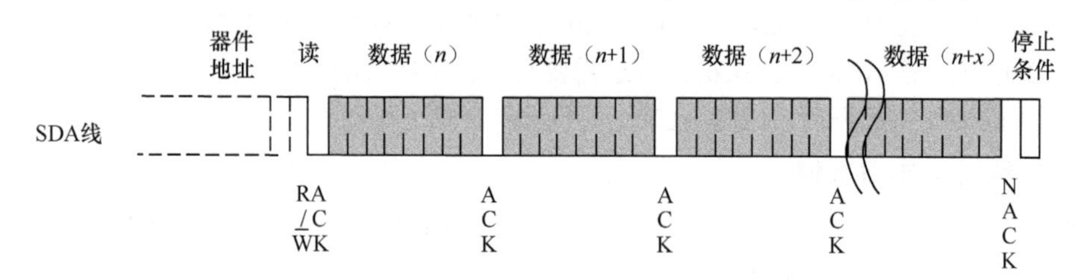

图 17-8　连续读多个字节数据的 SDA 传输内容和顺序

在使用 I2C 的 HAL 驱动函数进行 24C02 的数据读写时，图 17-5～图 17-8 的传输时序是由 I2C 硬件接口完成的，用户不需要管这些时序。但如果是用软件模拟 I2C 接口去读写 24C02，则需要严格按照这些时序一个位一个位的操作。在《高级篇》第 21 章中，我们给出了软件模拟 I2C 接口的编程示例，并且编写成了比较通用的程序文件，便于用户移植使用任何 GPIO 引脚模拟 I2C 通信。

17.3.2　驱动程序设计

使用 I2C 接口的 HAL 驱动函数，根据 24C02 的数据读写操作的定义，我们可以编写 24C02 的驱动程序，将 24C02 的一些常用操作封装为函数，以便其他项目调用。例如，在《高级篇》第 20 章中，我们需要使用 24C02 存储电阻式触摸屏的计算参数，就用到了 24C02 的驱动程序。

24C02 的驱动程序文件包括头文件 24cxx.h 和源程序文件 24cxx.c，是在本章的示例中编写和完善的，存放在项目的 EEPROM 子目录下。最后，我们要把文件夹 EEPROM 复制到公共驱动程序目录 PublicDrivers 下，以便在其他项目里使用。

头文件 24cxx.h 是 24C02 驱动程序的接口定义，其完整代码如下：

```
/* 文件:24cxx.h   ---------------------------------------------------------   */
#include     "stm32f4xx_hal.h"
```

```
#include     "i2c.h"           //i2c.h 中定义了 hi2c1

/*  两个与硬件相关的定义  */
#define         I2C_HANDLE              hi2c1   //I2C 接口的外设对象变量，使用 i2c.h 中的 hi2c1
#define         DEV_ADDR_24CXX          0x00A0 //24C02 的写地址

//EEPROM 存储器参数
#define         PAGE_SIZE_24CXX          0x0008          //24C02 的 Page 大小为 8 字节
#define         MEM_SIZE_24CXX          (uint16_t)256    //24C02 总共容量字节数为 256 字节

//检查设备是否准备好
HAL_StatusTypeDef     EP24C_IsDeviceReady(void);

//在任意地址写入 1 字节
HAL_StatusTypeDef     EP24C_WriteOneByte(uint16_t memAddress, uint8_t byteData);

//在任意地址读出 1 字节
HAL_StatusTypeDef     EP24C_ReadOneByte(uint16_t memAddress, uint8_t *byteData);

//连续读取数据，任意地址，任意长度，不受页的限制
HAL_StatusTypeDef     EP24C_ReadBytes(uint16_t memAddress, uint8_t *pBuffer, uint16
_t bufferLen);

//限定在一个页内写入连续数据，最多 8 字节。从任意起始地址开始，但起始地址+数据长度不能超过页边界
HAL_StatusTypeDef     EP24C_WriteInOnePage(uint16_t memAddress, uint8_t *pBuffer,
 uint16_t bufferLen);

//写任意长的数据，可以超过 8 字节，但写入数据地址必须从页首开始，即 8×N
HAL_StatusTypeDef     EP24C_WriteLongData(uint16_t memAddress, uint8_t *pBuffer,
uint16_t bufferLen);
```

此文件需要包含一个头文件 i2c.h，这个头文件里有 CubeMX 为 I2C 接口生成的外设初始化函数，并有表示 I2C1 接口的外设对象变量 hi2c1，定义如下：

```
extern I2C_HandleTypeDef  hi2c1;
```

为便于程序的移植，我们在文件 24cxx.h 中定义一个宏 I2C_HANDLE 替代 hi2c1。如果使用了不同的 I2C 接口，只需修改这个宏定义即可，而 I2C 接口的外设初始化由 CubeMX 自动生成的函数完成。

我们在文件 24cxx.h 中还定义了表示 24C02 地址的宏 DEV_ADDR_24CXX，如果实际电路中的 24C02 的 I2C 地址被修改了，修改这个宏即可。

我们在文件 24cxx.h 中定义了 5 个函数，前面 4 个都是直接封装 I2C 的 HAL 传输函数实现的，最后 1 个函数 EP24C_WriteLongData()能自动将一个长的数据拆分为多个页（每页 8 字节）写入，这 5 个函数都使用 I2C 的阻塞式存储器数据传输函数。文件 24cxx.c 的完整代码如下：

```
/* 文件:24cxx.c   ---------------------------------------------------------    */
#include "24cxx.h"
#define        EP24C_TIMEOUT          200            //超时等待时间，单位：节拍数
#define        EP24C_MEMADD_SIZE      I2C_MEMADD_SIZE_8BIT  //存储器地址大小，8 位地址

//检查设备是否准备好 I2C 通信，返回 HAL_OK 表示 OK
HAL_StatusTypeDef   EP24C_IsDeviceReady(void)
{
     uint32_t  Trials=10;      //尝试次数
     HAL_StatusTypeDef result=HAL_I2C_IsDeviceReady(&I2C_HANDLE,
                             DEV_ADDR_24CXX, Trials, EP24C_TIMEOUT);
     return  result;
}
```

```
//向任意地址写入 1 字节的数据，memAddr 是存储器内部地址，byteData 是需要写入的 1 字节数据
HAL_StatusTypeDef  EP24C_WriteOneByte(uint16_t memAddress, uint8_t byteData)
{
    HAL_StatusTypeDef result=HAL_I2C_Mem_Write(&I2C_HANDLE, DEV_ADDR_24CXX,
            memAddress, EP24C_MEMADD_SIZE, &byteData, 1, EP24C_TIMEOUT);
    return  result;
}

//从任意地址读出 1 字节的数据，memAddr 是存储器内部地址，byteData 是读出的 1 字节数据
HAL_StatusTypeDef  EP24C_ReadOneByte(uint16_t memAddress, uint8_t *byteData)
{
    HAL_StatusTypeDef result=HAL_I2C_Mem_Read(&I2C_HANDLE, DEV_ADDR_24CXX,
            memAddress, EP24C_MEMADD_SIZE, byteData, 1,EP24C_TIMEOUT);
    return  result;
}

//连续读取数据，任意地址，任意长度，不受页的限制
HAL_StatusTypeDef  EP24C_ReadBytes(uint16_t memAddress, uint8_t *pBuffer, uint16_
t bufferLen)
{
    if (bufferLen>MEM_SIZE_24CXX)      //超过总存储容量
        return HAL_ERROR;

    HAL_StatusTypeDef result=HAL_I2C_Mem_Read(&I2C_HANDLE, DEV_ADDR_24CXX,
            memAddress, EP24C_MEMADD_SIZE,pBuffer, bufferLen,EP24C_TIMEOUT);
    return  result;
}

//限定在一个页内写入连续数据，最多 8 字节。从任意起始地址开始，但起始地址+数据长度不能超过页边界
HAL_StatusTypeDef  EP24C_WriteInOnePage(uint16_t memAddress, uint8_t *pBuffer,
uint16_t bufferLen)
{
    if (bufferLen>PAGE_SIZE_24CXX)      //数据长度不能大于页的大小
        return HAL_ERROR;

    HAL_StatusTypeDef result=HAL_I2C_Mem_Write(&I2C_HANDLE, DEV_ADDR_24CXX,
            memAddress, EP24C_MEMADD_SIZE, pBuffer, bufferLen,EP24C_TIMEOUT);
    return result;
}

//写任意长的数据，可以超过 8 字节，但数据地址必须从页首开始，即 8×N。自动分解为多次写入
HAL_StatusTypeDef EP24C_WriteLongData(uint16_t memAddress, uint8_t *pBuffer, uint16_
t bufferLen)
{
    if (bufferLen>MEM_SIZE_24CXX)           //超过总存储容量
        return HAL_ERROR;

    HAL_StatusTypeDef result=HAL_ERROR;
    if (bufferLen<=PAGE_SIZE_24CXX)           //不超过 1 个 page，直接写入后退出
    {
        result=HAL_I2C_Mem_Write(&I2C_HANDLE, DEV_ADDR_24CXX, memAddress,
                EP24C_MEMADD_SIZE, pBuffer, bufferLen, EP24C_TIMEOUT);
        return result;
    }

    uint8_t *pt=pBuffer;      //临时指针，不能改变传入的指针
    uint16_t  pageCount=bufferLen/PAGE_SIZE_24CXX;      //Page 个数
    for(uint16_t i=0; i<pageCount; i++)      //一次写入一个 page 的数据
    {
```

```
        result=HAL_I2C_Mem_Write(&I2C_HANDLE, DEV_ADDR_24CXX, memAddress,
                  EP24C_MEMADD_SIZE, pt, PAGE_SIZE_24CXX, EP24C_TIMEOUT);
        pt += PAGE_SIZE_24CXX;
        memAddress += PAGE_SIZE_24CXX;
        HAL_Delay(5);     //必须有延时，以等待页写完
        if (result != HAL_OK)
            return result;
    }

    uint16_t  leftBytes=bufferLen % PAGE_SIZE_24CXX;  //余数
    if (leftBytes>0)     //写入剩余的数据
        result=HAL_I2C_Mem_Write(&I2C_HANDLE, DEV_ADDR_24CXX, memAddress,
                  EP24C_MEMADD_SIZE, pt, leftBytes,EP24C_TIMEOUT);
    return result;
}
```

24C02 是 I2C 接口的存储器，使用 I2C 的 HAL 驱动程序中的存储器数据传输函数进行数据读写更方便。这几个函数就是封装了函数 HAL_I2C_Mem_Write()和 HAL_I2C_Mem_Read()，只是函数的接口定义更简化，便于用户程序调用。

- 函数 EP24C_WriteOneByte()用于在任意地址写入 1 字节数据。
- 函数 EP24C_ReadOneByte()用于从任意地址读取 1 字节数据。
- 函数 EP24C_ReadBytes()用于从任意地址开始读取任意长度的数据，不受每页 8 字节的限制。
- 函数 EP24C_WriteInOnePage()限定在一个页内写数据，可以是任意起始地址，但一次最多写入 8 字节。
- 函数 EP24C_WriteLongData()用于从一个页的起始地址开始写入超过 8 字节的数据，函数内部会将数据拆分为多个页，分为多次写入。

只有最后一个函数的代码稍微复杂一点，结合代码和注释也容易看明白。

17.4 读写 24C02 示例

17.4.1 示例功能和 CubeMX 项目设置

我们将创建一个项目 Demo17_1EEPROM，根据图 17-4 的电路使用 EEPROM 芯片 24C02，为其编写驱动程序，并测试 24C02 的数据读写。

本示例要用到 LCD 和 4 个按键，所以我们使用 CubeMX 模板项目文件 M4_LCD_KeyLED.ioc 创建本示例 CubeMX 文件 Demo17_1EEPROM.ioc（操作方法见附录 A）。

然后，我们设置 I2C1 的模式和参数，设置界面如图 17-9 所示。在模式设置中，设置接口类型为 I2C。还有 SMBus 的选项，SMBus 一般用于智能电池管理。

I2C1 的参数设置分为两组，各组参数的意义和设置内容描述如下。

（1）Master Features 组，主设备参数。

- I2C Speed Mode，速度模式。可选标准模式（Standard Mode）或快速模式（Fast Mode）。
- I2C Clock Speed (Hz)，I2C 时钟速度。标准模式最大值为 100kHz，快速模式最大值为 400kHz。
- Fast Mode Duty Cycle，快速模式占空比。选择快速模式后这个参数会出现，用于设置时钟信号的占空比，是一个周期内低电平与高电平的时间比，有 2:1 和 16:9 两种选项。

本示例中，速度模式选择标准模式，所以图 17-9 中没有这个参数。

（2）Slave Features 组，从设备参数。

- Clock No Stretch Mode，禁止时钟延长。设置为 Disabled 表示允许时钟延长。
- Primary Address Length selection，设备主地址长度。可选 7-bit 或 10-bit，这里选择 7-bit。
- Dual Address Acknowledge，双地址确认。从设备可以有两个地址，如果设置为 Enabled，还会出现一个 Secondary slave address 参数，用于设置从设备副地址。
- Primary slave address，从设备主地址。设置从设备主地址，作为 I2C 从设备时才需要设置。
- General Call address detection，广播呼叫检测。设置为 Disabled 表示禁止广播呼叫，不对地址 0x00 应答；否则，就是允许广播呼叫，对地址 0x00 应答。

设置 I2C1 的模式为 I2C 时，CubeMX 自动分配的引脚可能是 PB6 和 PB7，而不是开发板上实际使用的 PB8 和 PB9，这是因为一个外设有多组复用引脚。在引脚视图上直接将 PB8 设置为 I2C1_SCL，将 PB9 设置为 I2C1_SDA，PB6 和 PB7 的设置就会自动取消。I2C1 的 GPIO 引脚设置结果如图 17-10 所示，自动设置为复用功能开漏，并且有上拉。

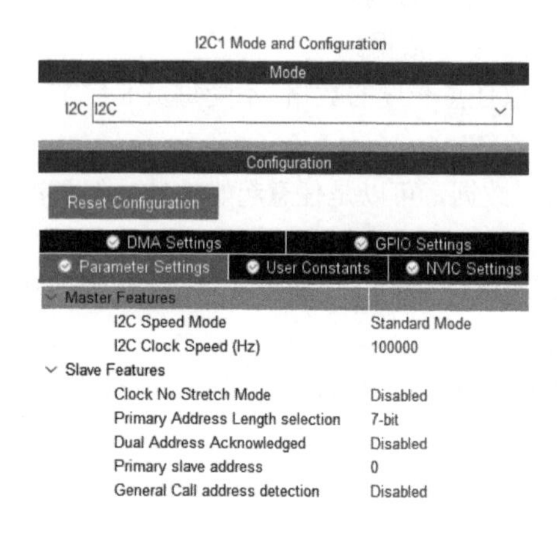

图 17-9　I2C1 的模式和参数设置

Parameter Settings　User Constants　NVIC Settings　DMA Settings　GPIO Settings

Pin Name	Signal on Pin	GPIO mode	GPIO Pull-up/Pull-down	Maximum output speed
PB8	I2C1_SCL	Alternate Function Open Drain	Pull-up	Very High
PB9	I2C1_SDA	Alternate Function Open Drain	Pull-up	Very High

图 17-10　I2C1 的 GPIO 引脚设置结果

在开发板上，STM32F407 是 I2C 主设备，所以无须设置从设备地址。24C02 是 I2C 从设备，其从设备地址是 0xA0。

I2C 的中断事件主要是表示传输过程和错误的一些事件，由于 I2C 通信是一种应答式通信，与其他外设的轮询式操作类似，本示例不开启 I2C1 的中断。I2C 也具有 DMA 功能，但是 24C02 操作的数据量小，没有使用 DMA 的必要。如果需要使用 I2C 接口的中断或 DMA 数据传输功能，可参考 17.2 节介绍的中断方式和 DMA 方式相关函数。

17.4.2　程序功能实现

1. 主程序

在 CubeMX 里完成设置后生成代码，我们在 CubeIDE 里打开项目，将 PublicDrivers 目录下的 TFT_LCD 和 KEY_LED 文件夹添加到项目搜索路径。操作方法见附录 A。

24C02 的驱动程序文件 24cxx.h 和 24cxx.c 是在本项目里设计的，在项目根目录下创建文件夹 EEPROM，创建文件 24cxx.h 和 24cxx.c，将子目录 EEPROM 添加到项目的头文件和源程序搜索路径。

我们在 17.3.2 节介绍了 24C02 的驱动程序的实现代码，因此可以在项目主程序里直接调用 24C02 的驱动程序进行 24C02 的读写测试。完成功能后的主程序代码如下：

```
/* 文件：main.c  --------------------------------------------------------------*/
#include "main.h"
#include "i2c.h"
#include "gpio.h"
#include "fsmc.h"
/* USER CODE BEGIN Includes */
#include "tftlcd.h"
#include "keyled.h"
#include "24cxx.h"
#include <stdio.h>              //用到 sprintf()函数
/* USER CODE END Includes */

int main(void)
{
     HAL_Init();
     SystemClock_Config();
     /* Initialize all configured peripherals */
     MX_GPIO_Init();
     MX_FSMC_Init();
     MX_I2C1_Init();             //I2C1 初始化

     /* USER CODE BEGIN 2 */
     TFTLCD_Init();             //LCD 软件初始化
     LCD_ShowStr(10,10,(uint8_t *)"Demo17_1:I2C Interface");
     LCD_ShowStr(10,LCD_CurY+LCD_SP15,(uint8_t *)"24C02:EEPROM, 256 bytes");
     LCD_ShowStr(30,LCD_CurY+LCD_SP10,(uint8_t *)"8 bytes/page, 32 pages");
     LCD_ShowStr(10,LCD_CurY+LCD_SP10,(uint8_t *)"I2C Device Address=0xA0");
     if (EP24C_IsDeviceReady()== HAL_OK)
          LCD_ShowStr(10,LCD_CurY+LCD_SP15, (uint8_t *)"Device is ready.");

     //显示菜单
     LCD_ShowStr(10,LCD_CurY+LCD_SP20,(uint8_t *)"[1]KeyUp    = Write a number");
     LCD_ShowStr(10,LCD_CurY+LCD_SP10,(uint8_t *)"[2]KeyDown = Read the number");
     LCD_ShowStr(10,LCD_CurY+LCD_SP10,(uint8_t *)"[3]KeyLeft = Write a string");
     LCD_ShowStr(10,LCD_CurY+LCD_SP10,(uint8_t *)"[4]KeyRight= Read the string");
     uint16_t InfoStartPosY=LCD_CurY+LCD_SP15;    //信息显示起始行
     LcdFRONT_COLOR=lcdColor_WHITE;
     /* USER CODE END 2 */

     /* Infinite loop */
     /* USER CODE BEGIN WHILE */
     uint8_t  num1=107, num2;
     uint16_t addr_any=4;          //任意地址，0～255
     uint16_t addr_page=2*8;       //Page 2 的起始地址
     uint8_t  infoStr[50];         //用于生成显示信息的字符串
     while (1)
     {
          KEYS  curKey=ScanPressedKey(KEY_WAIT_ALWAYS);
          LCD_ClearLine(InfoStartPosY, LCD_H,LcdBACK_COLOR);    //清除信息显示区域
          LCD_CurY= InfoStartPosY;    //设置 LCD 当前行
          switch(curKey)
          {
          case KEY_UP:                //[1]KeyUp     = Write a number
               if (EP24C_WriteOneByte(addr_any,num1)==HAL_OK)
               {
                    sprintf(infoStr,"Write %d at Address %d\0",num1, addr_any);
```

```
                    LCD_ShowStr(10,LCD_CurY, infoStr);
                }
                break;

            case KEY_DOWN:          //[2]KeyDown = Read the number
                if (EP24C_ReadOneByte(addr_any,&num2)==HAL_OK)
                {
                    sprintf(infoStr,"Read out %d at Address %d\0",num2, addr_any);
                    LCD_ShowStr(10,LCD_CurY, infoStr);
                }
                break;

            case KEY_LEFT:          //[3]KeyLeft = Write a string
            {
                uint8_t  strIn[]="University of Petroleum";  //自动加'\0'
                if (EP24C_WriteLongData(addr_page, strIn, sizeof(strIn))==HAL_OK)
                {
                    LCD_ShowStr(10,LCD_CurY, (uint8_t*)"Write string from Page 2:");
                    LCD_ShowStr(30,LCD_CurY+LCD_SP15, strIn);
                }
                break;
            }

            case KEY_RIGHT:          //[4]KeyRight=Read the string
            {
                uint8_t  strOut[50];
                if (EP24C_ReadBytes(addr_page, strOut, 50)==HAL_OK)
                {
                    LCD_ShowStr(10,LCD_CurY, (uint8_t*)"Read string from Page 2:");
                    LCD_ShowStr(30,LCD_CurY+LCD_SP15, strOut);   //显示自动以'\0'结束
                }
                break;
            }
            }   //end switch
            LCD_ShowStr(10,LCD_CurY+LCD_SP20,(uint8_t*)"** Reselect menu or reset **");
            HAL_Delay(500);          //延时，消除按键抖动影响
            /* USER CODE END WHILE */
        }
    }
```

在外设初始化部分，函数 MX_I2C1_Init()用于 I2C1 接口的初始化，在文件 i2c.c 中，定义了表示 I2C1 接口的外设对象变量 hi2c1，所以 24C02 的驱动程序里可以使用 I2C1 接口。

程序调用函数 EP24C_IsDeviceReady()检测 24C02 器件是否正常，然后显示了一个菜单，菜单内容如下：

```
[1]KeyUp    = Write a number
[2]KeyDown = Read the number
[3]KeyLeft = Write a string
[4]KeyRight= Read the string
```

在 while 循环里检测按键输入，根据按下的按键执行相应的响应代码。

- 按下 KeyUp 键时，调用函数 EP24C_WriteOneByte()向一个地址写入 1 字节的数据。
- 按下 KeyDown 键时，调用函数 EP24C_ReadOneByte()从同一地址读出数据，以检验写入和读出的是否一致。
- 按下 KeyLeft 键时，调用函数 EP24C_WriteLongData()从 Page 2 起始地址开始写入一个长字符串，字符串有结束符'\0'，函数内部会将长数据分解为多个页后分批写入。

- 按下 KeyRight 键时，调用函数 EP24C_ReadBytes()从 Page 2 起始地址读取 50 字节。

  LCD_ShowStr()显示字符串时，遇到结束符'\0'自动结束，所以可以正确显示字符串。

构建项目后，我们将其下载到开发板加以测试，会发现写入后读出的数据与写入的一致，即使掉电后再次读取，和写入的也是一致的，因为 EEPROM 写入的数据是掉电不丢失的。

2. I2C1 接口初始化

CubeMX 自动生成的文件 i2c.c 中有 I2C1 接口的初始化函数 MX_I2C1_Init()，其相关代码如下：

```
/* 文件：i2c.c  ------------------------------------------------------------*/
#include "i2c.h"
I2C_HandleTypeDef  hi2c1;    //表示 I2C1 接口的外设对象变量

/* I2C1 初始化函数 */
void MX_I2C1_Init(void)
{
     hi2c1.Instance = I2C1;                                    //寄存器基址
     hi2c1.Init.ClockSpeed = 100000;                           //时钟频率为 100kHz
     hi2c1.Init.DutyCycle = I2C_DUTYCYCLE_2;                   //时钟占空比
     hi2c1.Init.OwnAddress1 = 0;                               //作为从设备的主地址
     hi2c1.Init.AddressingMode = I2C_ADDRESSINGMODE_7BIT;     //7 位地址
     hi2c1.Init.DualAddressMode = I2C_DUALADDRESS_DISABLE;    //禁用双地址
     hi2c1.Init.OwnAddress2 = 0;                               //作为从设备的副地址
     hi2c1.Init.GeneralCallMode = I2C_GENERALCALL_DISABLE;    //禁用广播
     hi2c1.Init.NoStretchMode = I2C_NOSTRETCH_DISABLE;        //可时钟延长
     if (HAL_I2C_Init(&hi2c1) != HAL_OK)
          Error_Handler();
}

/* I2C 接口的 MSP 初始化函数，在 HAL_I2C_Init()里被调用 */
void HAL_I2C_MspInit(I2C_HandleTypeDef* i2cHandle)
{
     GPIO_InitTypeDef GPIO_InitStruct = {0};
     if(i2cHandle->Instance==I2C1)
     {
          __HAL_RCC_GPIOB_CLK_ENABLE();
          /**I2C1 GPIO 配置 PB8 ----> I2C1_SCL, PB9 ----> I2C1_SDA */
          GPIO_InitStruct.Pin = GPIO_PIN_8|GPIO_PIN_9;
          GPIO_InitStruct.Mode = GPIO_MODE_AF_OD;
          GPIO_InitStruct.Pull = GPIO_PULLUP;
          GPIO_InitStruct.Speed = GPIO_SPEED_FREQ_VERY_HIGH;
          GPIO_InitStruct.Alternate = GPIO_AF4_I2C1;
          HAL_GPIO_Init(GPIOB, &GPIO_InitStruct);
          __HAL_RCC_I2C1_CLK_ENABLE();       //I2C1 时钟使能
     }
}
```

上述程序中有一个 I2C_HandleTypeDef 类型的结构体变量 hi2c1，这是表示 I2C1 接口的外设对象变量，24C02 的驱动程序文件 24cxx.c 中就使用这个外设对象变量访问 I2C1 接口。

函数 MX_I2C1_Init()中对 hi2c1 的各成员变量赋值，各赋值语句与 CubeMX 里的设置是对应的。完成 hi2c1 的赋值后，执行 HAL_I2C_Init(&hi2c1)对 I2C1 接口进行初始化。

HAL_I2C_MspInit()是 I2C 接口的 MSP 初始化函数，在函数 HAL_I2C_Init()里被调用。函数 HAL_I2C_MspInit()的主要功能是对 I2C1 接口的复用引脚 PB8 和 PB9 进行 GPIO 引脚配置。

第 18 章　CAN 总线通信

CAN 是控制器区域网络（Controller Area Network）的缩写。CAN 总线是一种适用于工业设备的高性能总线网络。STM32F407 有两个 CAN 控制器，开发板上也有 CAN 收发器，可以进行 CAN 总线网络的通信试验。在本章中，我们会介绍 CAN 总线通信原理、CAN 的 HAL 驱动程序，以及开发板上的 CAN 控制器使用示例。

18.1　CAN 总线结构和传输协议

1986 年，德国从事汽车电子产品开发的 BOSCH 公司开发出面向汽车电子设备网络化控制的 CAN 通信协议。此后，CAN 通过 ISO 11898 及 ISO 11519-2 进行了标准化，成为一种国际标准。现在，CAN 的高性能和可靠性已被认可，并被广泛应用于船舶、医疗设备、工业设备等方面，特别是在汽车的控制方面，已经成为汽车网络的标准协议。

作为一种串行通信总线，如同 I2C 总线协议一样，CAN 总线也有物理层定义和传输协议定义。

18.1.1　CAN 总线结构

CAN 总线网络的结构有闭环和开环两种形式。图 18-1 是闭环结构的 CAN 总线网络，总线两端各连接一个 120Ω的电阻，两根信号线形成回路。这种 CAN 总线网络由 ISO 11898 标准定义，是高速、短距离的 CAN 网络，通信速率为 125kbit/s 到 1Mbit/s。在 1Mbit/s 通信速率时，总线最长达 40m。

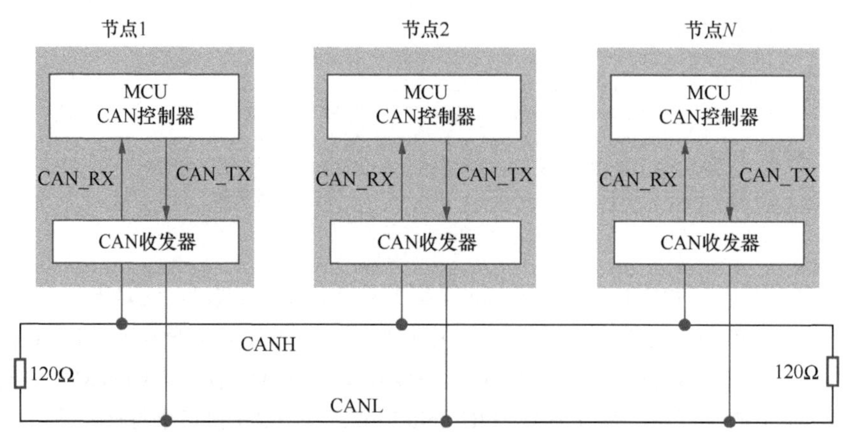

图 18-1　闭环结构的 CAN 总线网络

图 18-2 是开环结构的 CAN 总线网络，两根信号线独立，各自串联一个 2.2kΩ的电阻。这种 CAN 总线网路由 ISO11519-2 标准定义，是低速、远距离的 CAN 网络，通信速率最高为 125kbit/s。

在 40kbit/s 速率时，总线最长距离可达 1000m。

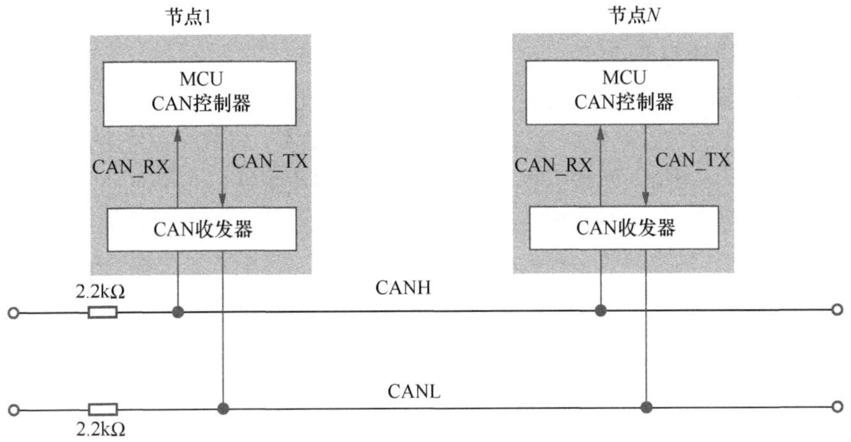

图 18-2 开环结构的 CAN 总线网络

CAN 总线只有两根信号线，即图 18-1 和图 18-2 中的 CANH 和 CANL，没有时钟同步信号。所以 CAN 是一种异步通信方式，与 UART 的异步通信方式类似，而 SPI、I2C 是以时钟信号同步的同步通信方式。

CAN 总线的两根信号线通常采用双绞线，传输的是差分信号，通过两根信号线的电压差 CANH-CANL 来表示总线电平。以差分信号传输信息具有抗干扰能力强，能有效抑制外部电磁干扰等优点，这也是 CAN 总线在工业上应用广泛的一个原因。使用差分信号表示总线电平的还有 RS485 网络，也是一种常用的工业现场总线。

两根信号线的电压差 CANH-CANL 表示 CAN 总线的电平，与传输的逻辑信号 1 或 0 对应。对应于逻辑 1 的称为隐性（Recessive）电平，对应于逻辑 0 的称为显性（Dominant）电平。

对应于逻辑 1 和逻辑 0，开环结构和闭环结构 CAN 网络的 CANH 和 CANL 的电压值不一样，隐性电平和显性电平的电压值也不一样。两种网络结构下的 CAN 总线信号典型电压如表 18-1 所示。

表 18-1 两种结构下的 CAN 总线信号典型电压

典型电压 / CAN 网络	闭环（高速）		开环（低速）	
	隐性（逻辑 1）	显性（逻辑 0）	隐性（逻辑 1）	显性（逻辑 0）
CANH/V	2.5	3.5	1.75	4.0
CANL/V	2.5	1.5	3.25	1.0
CANH-CANL/V	0	2.0	−1.5	3.0

在图 18-1 或图 18-2 的 CAN 总线网络中，CAN 总线上的一个终端设备称为一个节点（Node），在 CAN 网络中，没有主设备和从设备的区别。一个 CAN 节点的硬件部分一般由 CAN 控制器和 CAN 收发器两个部分组成。CAN 控制器负责 CAN 总线的逻辑控制，实现 CAN 传输协议；CAN 收发器主要负责 MCU 逻辑电平与 CAN 总线电平之间的转换。

CAN 控制器一般是 MCU 的片上外设，例如，STM32F407 有两个 CAN 控制器。CAN 收发器一般是单独的芯片，并且根据 CAN 总线的结构不同，需要使用不同的 CAN 收发器芯片，例如，STM32F407 开发板上使用的 CAN 收发器芯片是 TJA1040，只能构成闭环网络结构。

18.1.2 CAN 总线传输协议

1. CAN 总线传输特点

CAN 总线的数据传输有其自身的特点，主要有以下几点。

- CAN 总线上的节点既可以发送数据又可以接收数据，没有主从之分。但是在同一个时刻，只能有一个节点发送数据，其他节点只能接收数据。
- CAN 总线上的节点没有地址的概念。CAN 总线上的数据是以帧为单位传输的，帧又分为数据帧、遥控帧等多种帧类型，帧包含需要传输的数据或控制信息。
- CAN 总线具有“线与”的特性，也就是当有两个节点同时向总线发送信号时，一个发送显性电平（逻辑 0），另一个发送隐性电平（逻辑 1），则总线呈现为显性电平。这个特性被用于总线仲裁，也就是哪个节点优先占用总线进行发送操作。
- 每个帧有一个标识符（Identifier，以下简称 ID）。ID 不是地址，它表示传输数据的类型，也可以用于总线仲裁时确定优先级。例如，在汽车的 CAN 总线上，假设用于碰撞检测的节点输出数据帧的 ID 为 01，车内温度检测节点发送数据帧的 ID 为 05 等。
- 每个 CAN 节点都接收数据，但是可以对接收的帧根据 ID 进行过滤。只有节点需要的数据才会被接收并进一步处理，不需要的数据会被自动舍弃。例如，假设安全气囊控制器只接受碰撞检测节点发出的 ID 为 01 的帧，这种 ID 的过滤是由硬件完成的，以便安全气囊控制器在发生碰撞时能及时响应。
- CAN 总线通信是半双工的，即总线不能同时发送和接收。在多个节点竞争总线进行发送时，通过 ID 的优先级进行仲裁，竞争胜出的节点继续发送，竞争失败的节点立刻转入接收状态。
- CAN 总线没有用于同步的时钟信号，所以需要规定 CAN 总线通信的波特率，所有节点都使用相同的波特率进行通信。

2. 位时序和波特率

一个 CAN 网络需要规定一个通信的波特率，各节点都以相同的波特率进行数据通信。位时序指的是一个节点采集 CAN 总线上的一个位数据的时序，位时序如图 18-3 所示。通过位时序的控制，CAN 总线可以进行位同步，以吸收节点时钟差异产生的波特率误差，保证接收数据的准确性。

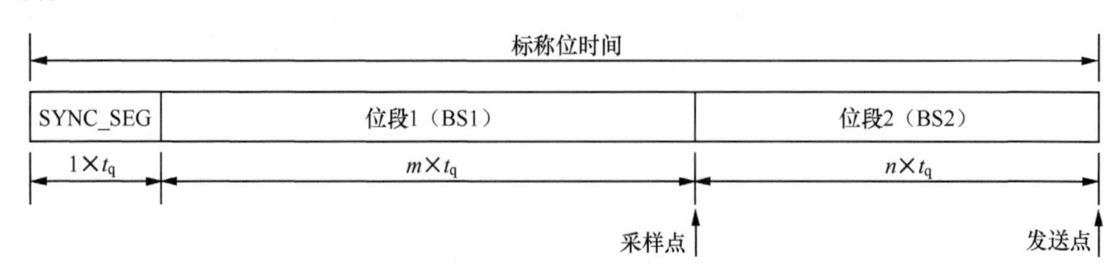

图 18-3 位时序

图 18-3 中的标称位时间（Nominal Bit Time，NBT）指的是传输一个位数据的时间，用于确定 CAN 总线的波特率。这个时间被分成了 3 段。

（1）同步段（SYNC_SEG）：在这个时间段内，总线上应该发生一次位信号的跳变。如果节点在同步段检测到总线上的一个跳变沿，就表示节点与总线是同步的。同步段长度固定为 1 个 t_q。

t_q（time quantum）被称为时间片，t_q 由 CAN 控制器的时钟频率 f_{CAN} 决定。在 STM32F407 中，两个 CAN 控制器在 APB1 总线上，CAN 控制器有预分频器，APB1 总线的时钟信号 PCLK1 经分频后得到 f_{CAN}。

（2）位段 1（Bit Segment 1，BS1）：定义了采样点的位置。在 BS1 结束的时间点对总线采样，得到的电平就是这个位的电平。BS1 的初始长度是 1 到 16 个 t_q，但它的长度可以在再同步（resynchronization）的时候被自动加长，以补偿各节点频率差异导致的正相位漂移。

（3）位段 2（Bit Segment 2，BS2）：定义了发送点的位置。BS2 的初始长度是 1 到 8 个 t_q，再同步时可以被自动缩短，以补偿负相位漂移。

CAN 控制器可以自动对位时序进行再同步，再同步时自动调整 BS1 和 BS2 的长度，位段加长或缩短的上限称为再同步跳转宽度（Resynchronization Jump Width，SJW），SJW 的取值是 1 到 4 个 t_q。

CAN 总线的波特率就由标称位时间长度 NBT 决定，而 NBT 是位时序 3 个段的时间长度和，即

$$\mathrm{NBT} = (1 + m + n) \times t_q$$

$$\mathrm{Baudrate} = \frac{1}{\mathrm{NBT}}$$

波特率的具体计算在后面示例中介绍。

3. 帧的种类

CAN 网络通信是通过 5 种类型的帧（frame）进行的，这 5 种帧及其用途如表 18-2 所示。

表 18-2　帧的类型及用途

帧类型	帧用途
数据帧（Data frame）	节点发送的包含 ID 和数据的帧
遥控帧（Remote frame）	节点向网络上的其他节点发出的某个 ID 的数据请求，发送节点收到遥控帧后就可以发送相应 ID 的数据帧
错误帧（Error frame）	节点检测出错误时，向其他节点发送的通知错误的帧
过载帧（Overload frame）	接收单元未做好接收数据的准备时发送的帧，发送节点收到过载帧后可以暂缓发送数据帧
帧间空间（Inter-frame space）	用于将数据帧、遥控帧与前后的帧分隔开的帧

其中，数据帧和遥控帧有 ID，并且有标准格式和扩展格式两种格式，标准格式的 ID 是 11 位，扩展格式的 ID 是 29 位。下面仅详细介绍数据帧和遥控帧的结构，其他帧的结构可参考相关资料。

4. 标准格式数据帧和遥控帧

标准格式数据帧和遥控帧的结构如图 18-4 所示，它们都有 11 位的 ID。数据帧传输带有 ID 的 0 到 8 字节的数据；遥控帧只有 ID，没有数据，用于请求数据。

数据帧可以分为以下几段。

（1）帧起始（Start Of Frame，SOF）。帧起始只有一个位，是一个显性电平（逻辑 0），表示一个帧的开始。

（2）仲裁段（Arbitration Field）。仲裁段包括 11 位的 ID 和 RTR 位，共 12 位。多个节点竞争总线发送数据时，根据仲裁段的数据决定哪个节点优先占用总线。哪个 ID 先出现显性电平（逻

辑 0)，对应的节点就占用总线。所以，ID 数值小的优先级更高。如果两个节点发送数据帧的 ID 相同，再根据仲裁段最后的 RTR 位裁决。

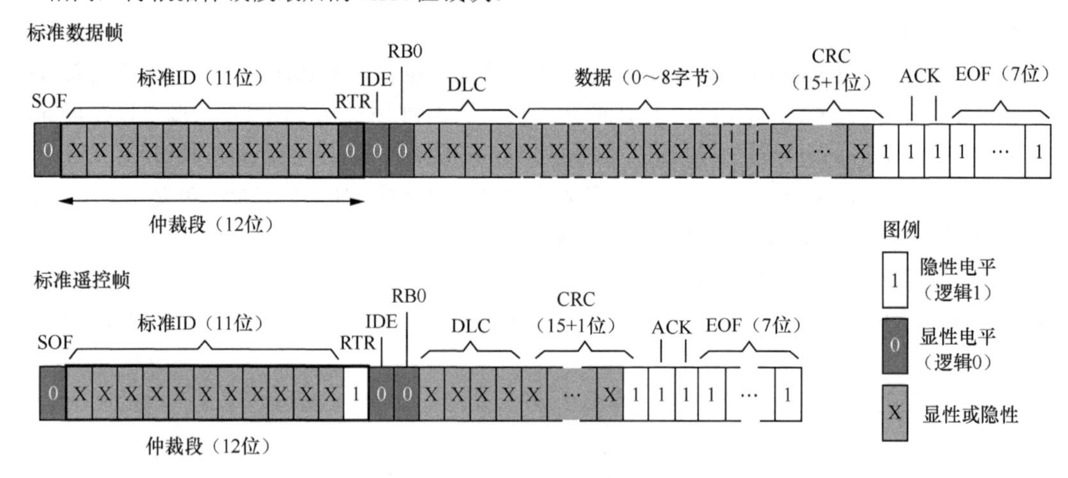

图 18-4　标准格式数据帧和遥控帧的结构

RTR（Remote Transmit Request）是远程传输请求，RTR 位用于区分数据帧和遥控帧。数据帧的 RTR 位是显性电平（逻辑 0），遥控帧的 RTR 位是隐性电平（逻辑 1）。所以，具有相同 ID 的数据帧和遥控帧竞争总线时，数据帧优先级更高。

（3）控制段。控制段包括 IDE 位、RB0 位和 4 位的 DLC，共 6 位。

IDE 是标识符扩展位（Identifier Extension Bit)，用于表示帧是标准格式，还是扩展格式。标准格式帧的 IDE 是显性电平（逻辑 0)，扩展格式帧的 IDE 是隐性电平（逻辑 1)。

RB0 是保留位，默认为显性电平。

DLC 是 4 个位的数据长度编码（Data Length Code)，编码数值为 0 到 8，表示后面数据段的字节数。遥控帧的 DLC 编码数值总是 0，因为遥控帧不传输数据。

（4）数据段。数据段里是数据帧需要传输的数据，可以是 0 到 8 字节，数据的字节个数由 DLC 编码确定。遥控帧没有数据段。

（5）CRC 段。CRC 段共 16 位，其中前 15 位是 CRC 校验码，最后一位总是隐性电平，是 CRC 段的界定符（Delimiter)。

（6）ACK 段。ACK 段包括一个 ACK 位（Acknowledge Bit）和一个 ACK 段界定符。发送节点发送的 ACK 位是隐性电平，接收节点接收的 ACK 位是显性电平。

（7）帧结束（End Of Frame，EOF)。帧结束是帧结束段，由 7 个隐性位表示 EOF。

数据帧或遥控帧结束后，后面一般是帧间空间或过载帧，用于分隔开数据帧或遥控帧。

5. 扩展格式数据帧和遥控帧

扩展格式数据帧和遥控帧的结构如图 18-5 所示。扩展格式的 ID 总共是 29 位，扩展格式帧与标准格式帧的差异在于仲裁段和控制段。

（1）仲裁段。扩展格式数据帧的仲裁段总共 32 位，包括 11 位标准 ID、SRR 位、IDE 位、18 位扩展 ID、RTR 位。

SRR 位（Substitute Remote Request Bit）只存在于扩展格式帧中，用于替代标准格式帧中的 RTR 位。SRR 位总是隐性电平，相当于是一个占位符，真正的 RTR 位在仲裁段的最后一位。RTR 位还是用于区分数据帧和遥控帧。

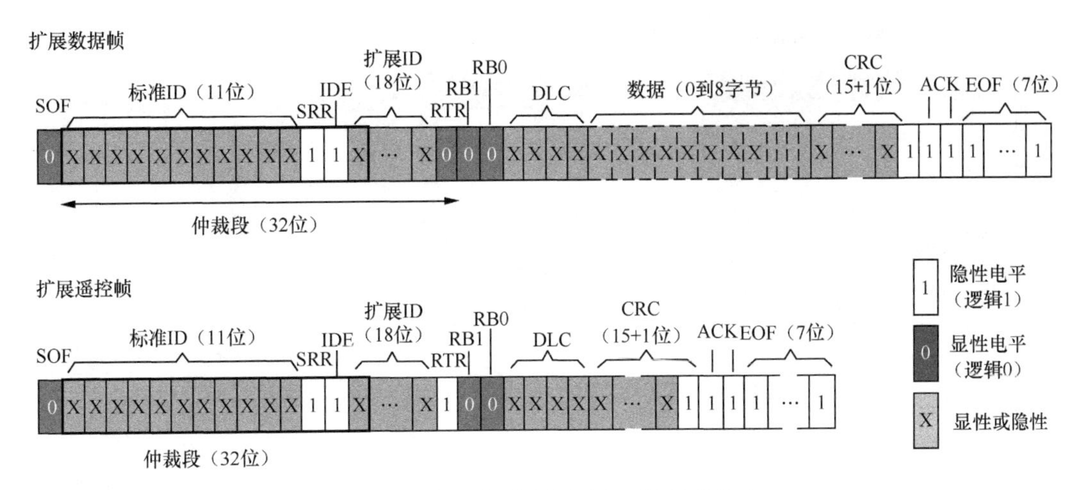

图 18-5　扩展格式数据帧和遥控帧的构成

扩展格式帧中的 IDE 位总是隐性电平，表示这是扩展格式的帧。

（2）控制段。控制段由 RB1 位、RB0 位和 4 位 DLC 组成。RB1 位和 RB0 位是保留位，总是显性电平。4 位的 DLC 编码表示数据的长度，从 0 到 8 字节。

6. 优先级法则

数据帧和遥控帧的仲裁段用于多个节点竞争总线时进行仲裁，优先级高的帧获得在总线上发送数据的权利。优先级的确认总结为以下几条法则。

- 在总线空闲时，最先开始发送消息的节点获得发送权。
- 多个节点同时开始发送时，从仲裁段的第一位开始进行仲裁，第一次出现各节点的位电平互异时，输出显性电平的节点获得发送权。
- 相同 ID 和格式的数据帧和遥控帧，数据帧具有更高优先级，因为数据帧的 RTR 位是显性电平，而遥控帧的 RTR 位是隐性电平。
- 对于 11 位标准 ID 相同的标准数据帧和扩展数据帧，标准数据帧具有更高的优先级，因为标准数据帧的 IDE 位是显性电平，而扩展数据帧的 IDE 位是隐性电平。

18.2　CAN 外设工作原理和 HAL 驱动程序

18.2.1　片上 CAN 外设的功能概述

STM32F4 系列器件上有两个基本扩展 CAN（Basic Extended CAN，bxCAN）外设，称为 bxCAN 外设，支持 2.0A 和 2.0B 的 CAN 协议。在本书中，我们将 bxCAN 外设还是简称为 CAN 外设，两个 CAN 外设是 CAN1 和 CAN2，称它们为 CAN 模块。

STM32F4 系列器件的两个 CAN 模块的结构如图 18-6 所示。CAN1 是带有 512 字节 SRAM 的主 CAN 控制器，CAN2 无法直接访问 SRAM 存储器，是从 CAN 控制器。两个 CAN 控制器共享 512 字节 SRAM。

STM32F4 的 CAN 外设的主要特点如下。

- 波特率最高为 1Mbit/s。
- 每个 CAN 模块有 3 个发送邮箱，可自动重发。

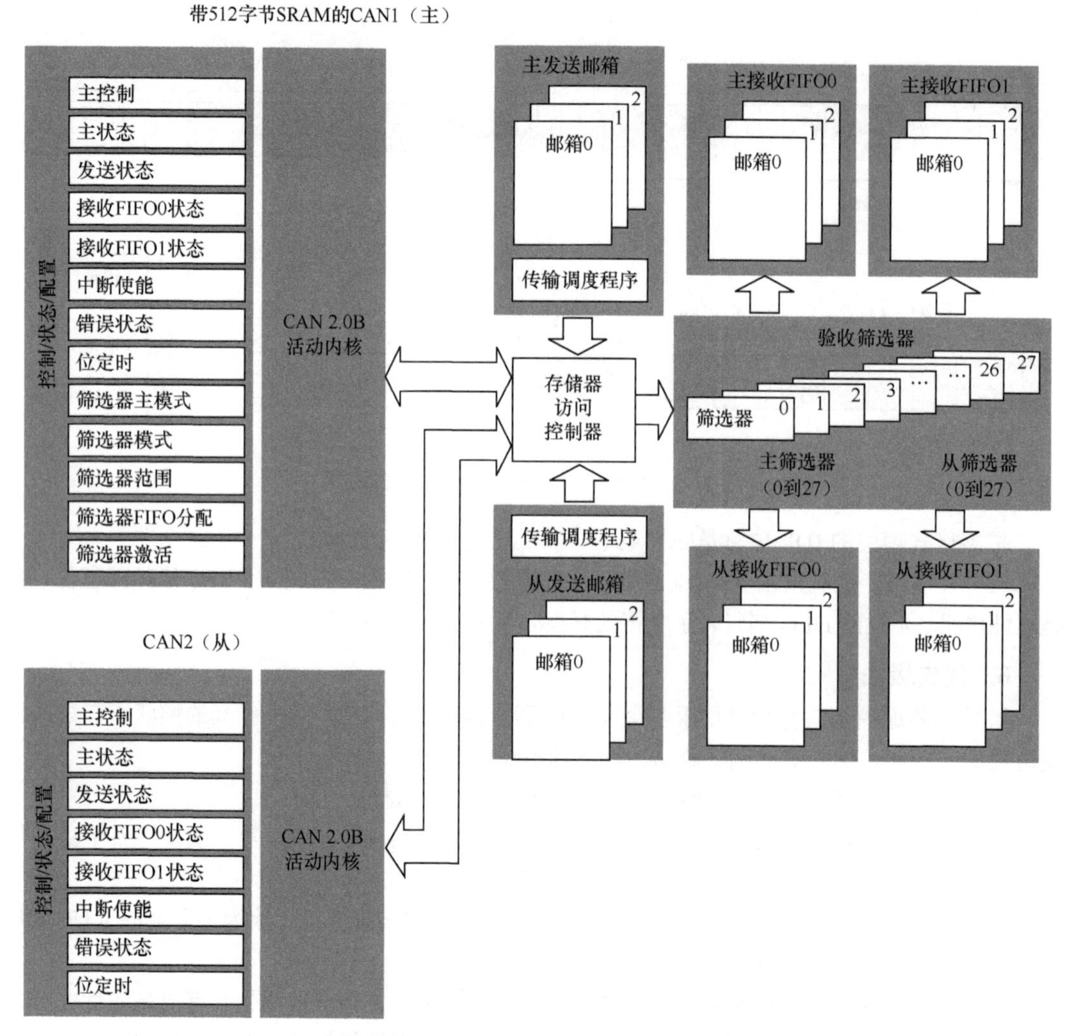

图 18-6 STM32F4 的 CAN 控制器结构

- 具有 16 位自由运行的定时器，可以定时触发通信，可以在最后两个数据字节发送时间戳。
- 每个 CAN 模块有两个 FIFO 单元，每个 FIFO 有 3 个接收邮箱，每个 FIFO 有独立的中断地址。
- 两个 CAN 模块共用 28 个筛选器组，筛选器用于配置可接收 ID 列表或掩码。数据帧和遥控帧根据 ID 被筛选，只有通过筛选的帧才进入接收邮箱。帧的筛选完全由硬件完成，减少处理器的负担。

STM32F4 系列 MCU 上的 CAN 模块只是 CAN 控制器，要构成图 18-1 或图 18-2 中的一个 CAN 节点，MCU 还需要外接一个 CAN 收发器芯片，实现 MCU 逻辑电平到 CAN 总线物理层的电平转换和控制。本章后面的示例部分会介绍开发板上的 CAN 通信接口电路。

18.2.2 CAN 模块的基本控制

CAN 模块有 3 种主要的工作模式：初始化、正常和睡眠。硬件复位后，CAN 模块处于睡眠模式；在初始化模式下，可以对 CAN 模块进行初始化设置；在正常模式下，可以进行数据的接收与发送。通过配置 CAN 主控制寄存器 CAN_MCR 的 SLEEP、INRQ 等位，用户可以实现在 3 种工作模式之间的转换。

HAL 驱动程序中用于 CAN 模块初始化、工作模式转换、启动和停止的函数如表 18-3 所示。

表 18-3　CAN 模块基本控制函数

函数名	功能描述
HAL_CAN_Init()	CAN 模块初始化，主要是配置 CAN 总线通信参数
HAL_CAN_MspInit()	CAN 模块初始化 MSP 弱函数，在 HAL_CAN_Init()里被调用。需要用户程序重新实现，用于引脚 GPIO 配置，中断优先级配置
HAL_CAN_Start()	启动 CAN 模块
HAL_CAN_Stop()	停止 CAN 模块，允许重新访问配置寄存器
HAL_CAN_RequestSleep()	使 CAN 模块在完成当前操作后进入睡眠模式
HAL_CAN_WakeUp()	将 CAN 模块从睡眠模式唤醒
HAL_CAN_IsSleepActive()	查询 CAN 模块是否处于睡眠模式，返回值为 1 表示模块处于睡眠模式

CAN 模块的初始化函数是 HAL_CAN_Init()，其原型定义如下：

```
HAL_StatusTypeDef HAL_CAN_Init(CAN_HandleTypeDef *hcan);
```

其中，hcan 是 CAN_HandleTypeDef 结构体类型指针，是 CAN 模块对象指针。CAN_HandleTypeDef 的成员变量 Init 是结构体类型 CAN_InitTypeDef，用于存储 CAN 通信参数。

在 CubeMX 生成的代码中，会为启用的 CAN 模块定义外设对象变量，例如：

```
CAN_HandleTypeDef  hcan1;      //表示 CAN1 的外设对象变量
```

表 18-3 中的其他函数的原型定义如下：

```
void HAL_CAN_MspInit(CAN_HandleTypeDef *hcan);              //MSP 初始化函数
HAL_StatusTypeDef HAL_CAN_Start(CAN_HandleTypeDef *hcan); //启动 CAN 模块
HAL_StatusTypeDef HAL_CAN_Stop(CAN_HandleTypeDef *hcan);  //停止 CAN 模块
HAL_StatusTypeDef HAL_CAN_RequestSleep(CAN_HandleTypeDef *hcan);   //进入睡眠模式
HAL_StatusTypeDef HAL_CAN_WakeUp(CAN_HandleTypeDef *hcan);//从睡眠模式唤醒
uint32_t HAL_CAN_IsSleepActive(CAN_HandleTypeDef *hcan);  //返回 1 表示模块处于睡眠模式
```

一个 CAN 模块需要先用函数 HAL_CAN_Init()进行外设初始化，模块处于初始化模式，可以进行筛选器组的配置。执行函数 HAL_CAN_Start()启动 CAN 模块进入正常模式，模块可以在正常模式和睡眠模式之间切换。执行 HAL_CAN_Stop()将停止 CAN 模块。

18.2.3　CAN 模块的测试模式

在对 CAN 模块进行初始化设置时，我们通过设置位时序寄存器 CAN_BTR 的 SILM 和 LBKM 位，可以使 CAN 模块进入测试模式。在测试模式下，我们将主控制寄存器 CAN_MCR 中的 INRQ 位复位，可以进入正常模式。要进入测试模式，必须在 CAN 模块初始化时进行设置。在测试模式下，CAN 模块可以自发自收，以测试 CAN 模块的功能是否正常。CAN 模块的 3 种测试模式如图 18-7 所示。

（1）静默模式（silent mode）。在静默模式下，CAN 模块可以接收有效的数据帧和遥控帧，但是只能向总线发送隐性位，发送的显性位都被自己接收，所以在静默模式下，CAN 模块无法启动发送操作。这种模式一般用于监测总线流量。

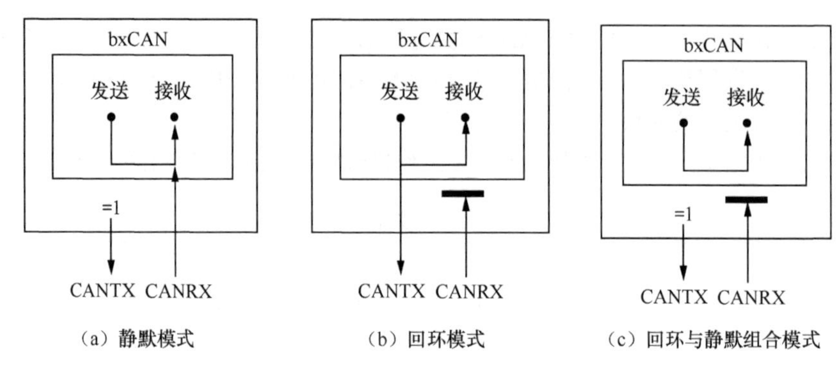

（a）静默模式 （b）回环模式 （c）回环与静默组合模式

图 18-7 CAN 模块的 3 种测试模式

（2）回环模式（loop back mode）。在回环模式下，CAN 模块可以正常地向总线发送数据，但不能接收总线上的数据，只能接收自己发送的数据（需要通过筛选规则）。这种模式可用于自检测试。为了不受外部事件的影响，CAN 内核在此模式下不会对数据帧或遥控帧的 ACK 段采样，这样可以忽略 ACK 错误。

（3）回环与静默组合模式（loop back combined with silent mode）。这是回环与静默模式的组合，可用于“热自检”。在这种模式下，CAN 模块不能接收总线上的数据，只能接收自己发送的数据；只能向总线上发送隐性位，因而不会影响 CAN 总线。

使 CAN 模块进入某种测试模式是在初始化函数 HAL_CAN_Init()中，通过设置 CAN 模块的属性实现的，在示例代码里会具体介绍。

18.2.4 消息发送

一个 CAN 模块有 3 个发送邮箱。发送数据时，用户需要选择一个空闲的发送邮箱，将标识符 ID、数据长度和数据（最多 8 字节）写入邮箱，然后 CAN 模块会自动控制将邮箱内的数据发送出去。

用户可以设置自动重发，也就是在出现错误后自动重发，直到成功发送出去。如果禁止自动重发，则发送失败后不再重发，会通过发送状态寄存器 CAN_TSR 相应的位指示错误原因，如仲裁丢失或发送错误。

用户可以终止邮箱数据的发送，终止发送后邮箱会变成空闲状态。

用户可以设置时间触发通信模式（time triggered communication mode）。在此模式下，会激活 CAN 模块内部的一个硬件计数器，CAN 总线每收发一个位数据，计数器都会递增。在发送或接收时，在帧的起始位时刻捕获计数值，作为发送或接收数据帧的时间戳数据。

在 CAN 的 HAL 驱动程序中，与发送消息相关的函数如表 18-4 所示。

表 18-4 CAN 模块发送消息相关的函数

函数名	功能描述
HAL_CAN_GetTxMailboxesFreeLevel()	查询空闲的发送邮箱个数，空闲邮箱个数大于 0 时就可以发送
HAL_CAN_AddTxMessage()	向一个邮箱写入一条消息，由 CAN 模块自动控制邮箱内消息的发送
HAL_CAN_AbortTxRequest()	中止发送一个被挂起（等待发送）的消息
HAL_CAN_IsTxMessagePending()	判断一个消息是否在等待发送
HAL_CAN_GetTxTimestamp()	如果使用了时间触发通信模式，此函数读取发送消息的时间戳

函数 HAL_CAN_GetTxMailboxesFreeLevel()用于查询一个 CAN 模块空闲的发送邮箱个数，如果有空闲的发送邮箱，就可以使用函数 HAL_CAN_AddTxMessage()向发送邮箱写入一条消息，然后由 CAN 模块启动发送过程。这个函数只能发送数据帧或遥控帧，其函数原型定义如下：

```
HAL_StatusTypeDef HAL_CAN_AddTxMessage(CAN_HandleTypeDef *hcan, CAN_TxHeaderTypeDef
*pHeader, uint8_t aData[], uint32_t *pTxMailbox)
```

其中，参数 hcan 是 CAN 模块外设对象指针；参数 pHeader 是 CAN_TxHeaderTypeDef 结构体类型指针，定义了消息的一些参数；aData 是发送数据的数组，最多 8 字节的数据；参数 pTxMailbox 用于返回实际使用的发送邮箱号。

结构体 CAN_TxHeaderTypeDef 用于定义消息的一些参数，用于 CAN 模块组装成数据帧，该结构体完整定义如下：

```
typedef struct
{
    uint32_t StdId;       //11 位的标准标识符，设置范围是 0～0x7FF
    uint32_t ExtId;       //29 位的扩展标识符，设置范围是 0～0x1FFFFFFF
    uint32_t IDE;         //帧格式类型，标准 ID(CAN_ID_STD)或扩展 ID(CAN_ID_EXT)
    uint32_t RTR;         //RTR 位，消息类型：数据帧(CAN_RTR_DATA)或遥控帧(CAN_RTR_REMOTE)
    uint32_t DLC;         //数据字节数，最多 8 字节，设置范围是 0～8
    FunctionalState TransmitGlobalTime;     //是否使用时间戳，取值 ENABLE 或 DISABLE
} CAN_TxHeaderTypeDef;
```

其中，成员变量 IDE 表示帧格式类型，有两个宏定义表示标准 ID 和扩展 ID。

```
#define  CAN_ID_STD      (0x00000000U)       //标准 ID
#define  CAN_ID_EXT      (0x00000004U)       //扩展 ID
```

成员变量 RTR 表示消息类型，只能是数据帧或遥控帧，有两个宏定义用于此变量的取值。

```
#define  CAN_RTR_DATA        (0x00000000U)      //数据帧
#define  CAN_RTR_REMOTE      (0x00000002U)      //遥控帧
```

CAN 模块发送数据是将消息写入模块的发送邮箱，然后由 CAN 控制器将邮箱内的消息发送出去。CAN 模块发送消息只有 HAL_CAN_AddTxMessage()这一个函数，不像串口、SPI 等其他外设有中断模式、DMA 方式的专用函数。

将消息写入邮箱后，可以用函数 HAL_CAN_IsTxMessagePending()查询邮箱里的消息是否发送出去了，这个函数的原型定义是：

```
uint32_t HAL_CAN_IsTxMessagePending(CAN_HandleTypeDef *hcan, uint32_t TxMailboxes);
```

其中，参数 TxMailboxes 是发送邮箱号。函数返回值如果是 0，则表示没有等待发送的消息，也就是消息已经被发送出去了；如果返回值为 1，则表示邮箱里的消息仍然在等待发送。CAN 总线上可能有很多个节点，需要通过总线仲裁获得 CAN 总线使用权之后，节点才能将邮箱里的消息发送出去。

CAN 模块也有表示消息发送出去的中断事件，如果打开了相应的中断事件使能控制位，也可以在中断里做出响应。在后面会专门介绍 CAN 的中断。

18.2.5 消息接收

每个 CAN 模块有两个接收 FIFO（Receive FIFO），每个 FIFO（本章后面都将“接收 FIFO”简称为“FIFO”）有 3 个邮箱。FIFO 完全由硬件管理，当有邮箱接收到有效消息时，就会产生相应的事件中断标志，可以产生 CAN RX 硬件中断。FIFO0 和 FIFO1 有各自的中断地址。

从邮箱中读出消息后，邮箱就自动释放。如果一个 FIFO 的 3 个邮箱都接收到消息而没有及时读出，再有消息进入时就会产生上溢。根据是否设置 FIFO 锁定，有两种处理情况。

- 如果禁止 FIFO 锁定，则新传入的消息会覆盖 FIFO 中存储的最后一条消息。
- 如果启用 FIFO 锁定，则新传入的消息会被舍弃。

用户可以通过轮询方式或中断方式读取接收邮箱中的消息。CAN 模块接收消息的相关函数如表 18-5 所示，接收消息相关的中断在后面具体介绍。

表 18-5 CAN 模块接收消息的相关函数

函数名	功能描述
HAL_CAN_GetRxFifoFillLevel()	查询一个 FIFO 中存在未读消息的邮箱个数
HAL_CAN_GetRxMessage()	读取一个接收邮箱中的消息

函数 HAL_CAN_GetRxFifoFillLevel()用于查询某个 FIFO 存在未读消息的邮箱个数，函数原型定义如下：

```
uint32_t HAL_CAN_GetRxFifoFillLevel(CAN_HandleTypeDef *hcan, uint32_t RxFifo)
```

其中，参数 RxFifo 是 FIFO 编号，一个 CAN 模块有两个 FIFO，可使用如下的两个宏作为此参数的取值。

```
#define  CAN_RX_FIFO0      (0x00000000U)        //CAN 模块 FIFO0
#define  CAN_RX_FIFO1      (0x00000001U)        //CAN 模块 FIFO1
```

如果查询到有未读取的消息，就用函数 HAL_CAN_GetRxMessage()读取接收的消息，此函数的原型定义如下：

```
HAL_StatusTypeDef HAL_CAN_GetRxMessage(CAN_HandleTypeDef *hcan, uint32_t RxFifo,
CAN_RxHeaderTypeDef *pHeader, uint8_t aData[])
```

其中，参数 RxFifo 是 FIFO 编号，用宏 CAN_RX_FIFO0 和 CAN_RX_FIFO1 分别表示 FIFO0 和 FIFO1；参数 pHeader 是 CAN_RxHeaderTypeDef 结构体类型指针，记录了帧的一些信息；aData[] 是接收数据的数组，最多 8 字节。

记录帧信息的结构体 CAN_RxHeaderTypeDef 的定义如下：

```
typedef struct
{
    uint32_t StdId;          //11 位的标准标识符，范围是 0～0x7FF
    uint32_t ExtId;          //29 位的扩展标识符，范围是 0～0x1FFFFFFF
    uint32_t IDE;            //帧格式类型，标准 ID(CAN_ID_STD)或扩展 ID(CAN_ID_EXT)
    uint32_t RTR;            //RTR 位，消息类型：数据帧或遥控帧
    uint32_t DLC;            //数据字节数，最多 8 字节

    uint32_t Timestamp;      //时间戳数据，数值范围是 0～0xFFFF
    uint32_t FilterMatchIndex; //匹配的筛选器索引
} CAN_RxHeaderTypeDef;
```

结构体 CAN_RxHeaderTypeDef 的部分成员变量与结构体 CAN_TxHeaderTypeDef 的相同，只有后面两个成员变量是 CAN_RxHeaderTypeDef 特有的。

18.2.6 标识符筛选

1. 标识符筛选原理

在 CAN 网络中，发送节点是以广播方式发送消息的，所有 CAN 节点都可以收到消息。数

据帧和遥控帧带有标识符，标识符一般表示了消息的类型。一个 CAN 节点一般只对特定的消息感兴趣，如果用软件对接收的帧 ID 进行判别，将消耗接收节点的大量 CPU 时间。从图 18-6 中可以看到，STM32F4 的两个 CAN 控制器有 28 个共用的标识符筛选器组（Filter Bank），可以完全用硬件方式对接收的帧 ID 进行筛选，只允许符合条件的帧进入接收邮箱，自动放弃不符合条件的帧。

每个筛选器组包含两个 32 位寄存器，分别是 CAN_FxR1 和 CAN_FxR2。这两个寄存器可以被配置为两个 32 位长度筛选器或 4 个 16 位长度筛选器，筛选器可以是掩码模式或列表模式，所以一个筛选器组有 4 种配置模式，如图 18-8 所示。

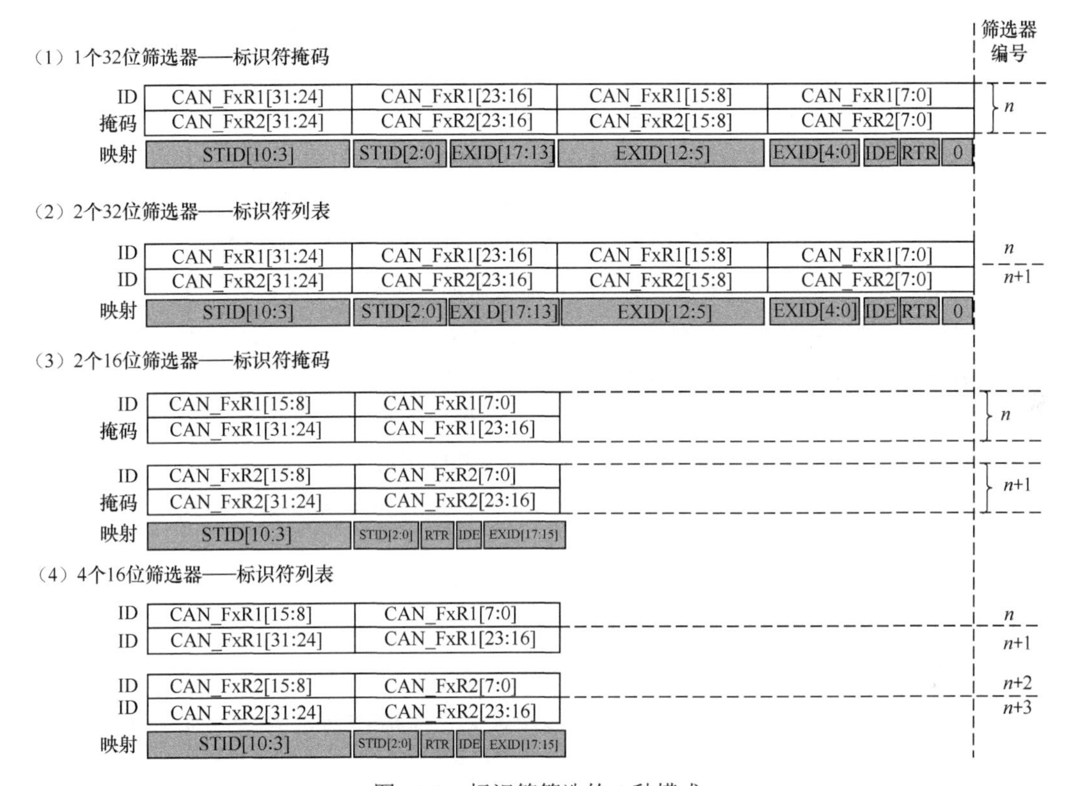

图 18-8 标识符筛选的 4 种模式

（1）1 个 32 位筛选器——标识符掩码模式。在这种模式下，寄存器 CAN_FxR1 存储一个 32 位 ID，这个 ID 与 11 位标准 ID（STID[10:0]）、18 位扩展 ID（EXID[17:0]）、IDE 位、RTR 位的位置对应关系如图 18-8 中的模式（1）所示。IDE 为 0 时表示标准格式帧，否则表示扩展格式帧。

CAN_FxR2 存储一个 32 位掩码，如果掩码为 1，则表示该位必须与 ID 中的位一致，如果为 0，则表示不用一致。

例如，如果让一个 CAN 节点只接收标准 ID 为奇数的标准格式数据帧，则设置寄存器 CAN_FxR1 表示的 ID 时，STID[0]位必须设置为 1，IDE 位必须设置为 0（表示标准格式帧），RTR 位必须设置为 0（表示数据帧）。设置寄存器 CAN_FxR2 表示的掩码时，对应的这些位必须设置为 1，其他位设置为 0。ID 和掩码的设置结果如表 18-6 所示，表中位的数据为“X”表示这个位可以是 0，也可以是 1。

表 18-6　筛选模式（1）设置示例

映射	STID[10:3]								STID[2:0]			EXID[17:13]					EXID[12:5]								EXID[4:0]					IDE	RTR	0
ID	X	X	X	X	X	X	X	X	X	X	1	X	X	X	X	X	X	X	X	X	X	X	X	X	X	X	X	X	X	0	0	0
掩码	0	0	0	0	0	0	0	0	0	0	1	0	0	0	0	0	0	0	0	0	0	0	0	0	0	0	0	0	0	1	1	0

（2）2 个 32 位筛选器——标识符列表模式。在这种模式下，寄存器 CAN_FxR1 和 CAN_FxR2 各存储一个 32 位 ID，ID 的组成与模式（1）相同。只有匹配这两个 ID 的帧才能通过筛选。

（3）2 个 16 位筛选器——标识符掩码模式。在这种模式下，寄存器 CAN_FxR1 的低 16 位组成一个 ID，高 16 位组成一个掩码；寄存器 CAN_FxR2 的低 16 位组成一个 ID，高 16 位组成一个掩码。16 位 ID 的组成如图 18-8 中的模式（3）所示。

（4）4 个 16 位筛选器——标识符列表模式。在这种模式下，寄存器 CAN_FxR1 表示 2 个 16 位 ID，寄存器 CAN_FxR2 表示 2 个 16 位 ID。16 位 ID 的组成如图 18-8 中的模式（4）所示。

用户可以为一个 FIFO 设置多个筛选器组，但是一个筛选器组只能配置给一个 FIFO。如果为 FIFO 设置了筛选器，并且接收的帧与所有筛选器都不匹配，那么该帧会被丢弃。只要通过了一个筛选器，帧就会被存入接收邮箱。

2. 函数 HAL_CAN_ConfigFilter()

函数 HAL_CAN_ConfigFilter()用于设置 CAN 模块的标识符筛选器，应该在执行 HAL_CAN_Start()启动一个 CAN 模块之前调用这个函数。其原型定义如下：

```
HAL_StatusTypeDef HAL_CAN_ConfigFilter(CAN_HandleTypeDef *hcan, CAN_FilterTypeDef
*sFilterConfig)
```

其中，参数 sFilterConfig 是结构体 CAN_FilterTypeDef 类型指针，它保存了筛选器的设置。这个结构体定义如下，各成员变量的意义见注释：

```
typedef struct
{
    uint32_t FilterIdHigh;          //CAN_FxR1 寄存器的高 16 位，取值范围为 0～0xFFFF
    uint32_t FilterIdLow;           //CAN_FxR1 寄存器的低 16 位，取值范围为 0～0xFFFF
    uint32_t FilterMaskIdHigh;      //CAN_FxR2 寄存器的高 16 位，取值范围为 0～0xFFFF
    uint32_t FilterMaskIdLow;       //CAN_FxR2 寄存器的低 16 位，取值范围为 0～0xFFFF
/* 筛选器应用于哪个 FIFO，使用宏 CAN_FILTER_FIFO0 或 CAN_FILTER_FIFO1 */
    uint32_t FilterFIFOAssignment;
/* 筛选器组编号，具有双 CAN 模块的 MCU 有 28 个筛选器组，编号范围为 0～27 */
    uint32_t FilterBank;
/* 筛选器模式，ID 掩码模式(CAN_FILTERMODE_IDMASK)或 ID 列表模式(CAN_FILTERMODE_IDLIST) */
    uint32_t FilterMode;
/* 筛选器长度，即 32 位(CAN_FILTERSCALE_32BIT)或 16 位(CAN_FILTERSCALE_16BIT) */
    uint32_t FilterScale;
    uint32_t FilterActivation;      //是否启用此筛选器，ENABLE 或者 DISABLE
    uint32_t SlaveStartFilterBank;  //设置应用于从 CAN 控制器的筛选器的起始编号
} CAN_FilterTypeDef;
```

某些变量的取值具有相应的宏定义，例如，FilterMode 是筛选器模式，有两个宏定义可用于此变量的取值，宏定义如下：

```
#define  CAN_FILTERMODE_IDMASK      (0x00000000U)  //ID 掩码模式
#define  CAN_FILTERMODE_IDLIST      (0x00000001U)  //ID 列表模式
```

筛选器的设置是 CAN 模块使用中比较复杂的环节，在后面示例里会用具体代码解释。

18.2.7　中断及其处理

1. 中断和中断事件

一个 CAN 模块有 4 个中断，对应 4 个 ISR。例如，CAN1 的 4 个中断及其 ISR 如表 18-7 所示，下面都以 CAN1 为例说明。

表 18-7　CAN1 的 4 个中断及其 ISR

中断名称	中断中文名称	说明	ISR 名称
CAN1_TX	发送中断	任何一个发送邮箱发送完成时产生的中断	CAN1_TX_IRQHandler()
CAN1_RX0	FIFO0 接收中断	FIFO0 接收消息、满或上溢时产生的中断	CAN1_RX0_IRQHandler()
CAN1_RX1	FIFO1 接收中断	FIFO1 接收消息、满或上溢时产生的中断	CAN1_RX1_IRQHandler()
CAN1_SCE	状态改变和错误中断	状态改变或发生错误时产生的中断	CAN1_SCE_IRQHandler()

每个中断又有 1 个或多个中断事件源，HAL 驱动程序中为每个中断事件源定义了中断类型宏定义，也就是中断事件使能控制位的宏定义。例如，CAN1_TX 只有一个中断事件源，为其定义中断事件类型的宏定义如下：

```
#define  CAN_IT_TX_MAILBOX_EMPTY       ((uint32_t)CAN_IER_TMEIE)
```

HAL 驱动程序中有两个宏函数可以开启或禁止某个具体的中断事件源。

```
__HAL_CAN_ENABLE_IT(__HANDLE__, __INTERRUPT__)           //开启某个中断事件源
__HAL_CAN_DISABLE_IT(__HANDLE__, __INTERRUPT__)          //禁用某个中断事件源
```

其中，__HANDLE__是 CAN 模块对象指针，__INTERRUPT__是表示中断事件类型的宏，例如 CAN_IT_TX_MAILBOX_EMPTY。

在 CubeMX 为 CAN 模块的 4 个硬件中断生成的 ISR 中，都调用了函数 HAL_CAN_IRQHandler()，这是 CAN 中断处理通用函数。函数 HAL_CAN_IRQHandler()会根据中断使能寄存器、中断标志寄存器的内容判断具体发生了哪个中断事件，再调用相应的回调函数。CAN 的 HAL 驱动程序中为常用的中断事件定义了回调函数，只要搞清楚中断事件与回调函数的对应关系，编程时重新实现关联的回调函数，就可以对某个中断事件做出处理。

2. 发送中断的事件源和回调函数

发送中断（CAN1_TX）只有一个中断事件源 CAN_IT_TX_MAILBOX_EMPTY，在 3 个发送邮箱中任何一个发送完成时都产生该事件中断，但是 3 个邮箱有各自的回调函数，如表 18-8 所示。

表 18-8　发送中断（CAN1_TX）的中断事件源和回调函数

中断事件类型宏	中断事件说明	回调函数
CAN_IT_TX_MAILBOX_EMPTY	邮箱 0 发送完成	HAL_CAN_TxMailbox0CompleteCallback()
	邮箱 1 发送完成	HAL_CAN_TxMailbox1CompleteCallback()
	邮箱 2 发送完成	HAL_CAN_TxMailbox2CompleteCallback()

另外，调用函数 HAL_CAN_AbortTxRequest()中止某个邮箱的发送后，也会调用相应的回调函数，如表 18-9 所示，只是这几个回调函数不是由中断引起的，而是由函数 HAL_CAN_AbortTxRequest()引起的。

表 18-9　中止邮箱发送的回调函数

引起事件的函数	事件说明	回调函数
HAL_CAN_AbortTxRequest()	邮箱 0 发送被中止	HAL_CAN_TxMailbox0AbortCallback()
	邮箱 1 发送被中止	HAL_CAN_TxMailbox1AbortCallback()
	邮箱 2 发送被中止	HAL_CAN_TxMailbox2AbortCallback()

3. FIFO0 的中断事件源和回调函数

FIFO0 接收中断（CAN1_RX0）是在 FIFO0 接收消息、满或上溢时触发的中断。这个中断有 3 个中断事件源，对应的回调函数如表 18-10 所示。

表 18-10　FIFO0 接收中断（CAN1_RX0）的中断事件源和回调函数

中断事件类型宏	中断事件说明	回调函数
CAN_IT_RX_FIFO0_MSG_PENDING	FIFO0 接收新消息	HAL_CAN_RxFifo0MsgPendingCallback()
CAN_IT_RX_FIFO0_FULL	FIFO0 满	HAL_CAN_RxFifo0FullCallback()
CAN_IT_RX_FIFO0_OVERRUN	FIFO0 发生上溢	—

其中，接收新消息的中断事件是比较有用的，因为 CAN 模块接收消息一般是使用中断方式。

4. FIFO1 的中断事件源和回调函数

FIFO1 接收中断（CAN1_RX1）是在 FIFO1 接收消息、满或上溢时触发的中断。这个中断也有 3 个中断事件源，对应的回调函数如表 18-11 所示。

表 18-11　FIFO1 接收中断（CAN1_RX1）的中断事件源和回调函数

中断事件类型宏	中断事件说明	回调函数
CAN_IT_RX_FIFO1_MSG_PENDING	FIFO1 接收新消息	HAL_CAN_RxFifo1MsgPendingCallback()
CAN_IT_RX_FIFO1_FULL	FIFO1 满	HAL_CAN_RxFifo1FullCallback()
CAN_IT_RX_FIFO1_OVERRUN	FIFO1 发生上溢	—

5. 状态改变或错误的中断事件源和回调函数

状态改变或错误中断（CAN1_SCE）在 CAN 模块发生状态改变或错误时触发，例如，CAN 模块进入睡眠状态或从睡眠状态被唤醒，或出现总线错误等。CAN1_SCE 的中断事件源和回调函数如表 18-12 所示。

表 18-12　状态改变或错误中断（CAN1_SCE）的中断事件源和回调函数

中断事件宏定义	中断事件说明	回调函数
CAN_IT_SLEEP_ACK	CAN 模块进入睡眠状态	HAL_CAN_SleepCallback()
CAN_IT_WAKEUP	监测到消息，被唤醒	HAL_CAN_WakeUpFromRxMsgCallback()
CAN_IT_ERROR CAN_IT_BUSOFF 等多种	有多种错误事件源，通过错误状态寄存器 CAN_ESR 的内容判断具体错误类型	HAL_CAN_ErrorCallback()

18.3　开发板上的 CAN 接口电路

STM32F407ZG 有 2 个 CAN 模块，开发板上使用了 CAN1，其接口电路如图 18-9 所示。

CAN1 模块的 CAN1_RX 和 CAN1_TX 两个信号使用 MCU 的 PA11 和 PA12 引脚，而这两个引脚也是 USB-OTG-FS 的复用引脚，所以开发板上有一个跳线座 P6，用于设置 PA11 和 PA12 到底与哪个接口连接。当 P6 的 3 和 5 短接，4 和 6 短接时，PA11 作为 CAN1_RX，PA12 作为 CAN1_TX。

STM32F407 上的 CAN1 是一个控制器，要与 CAN 总线连接还需要使用一个总线收发器（见图 18-1）。开发板上使用的收发器芯片是 TJA1040，电路如图 18-9 所示，几个主要引脚的功能描述如下。

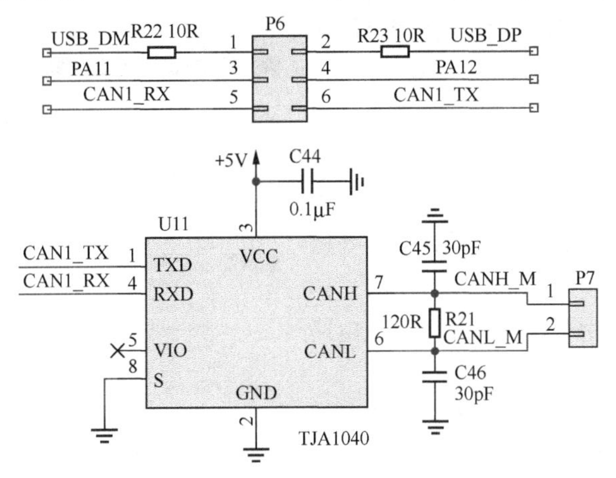

图 18-9　开发板上的 CAN 接口电路

- TXD 和 RXD 是连接 MCU 的 CAN 控制器的信号，这里连接 STM32F407 的 CAN1_TX 和 CAN1_RX 引脚。
- CANH 和 CANL 是 CAN 总线上的两根信号线。在电路中有一个 120Ω的电阻连接这两个引脚，作为闭环结构 CAN 总线网络的终端节点（见图 18-1）。在一个 CAN 总线网络中，只有两个终端节点需要焊接这个电阻，如果设备只是作为一个普通节点接入 CAN 总线网络，则不需要焊接这个电阻。
- 引脚 8 信号 S 用于选择高速模式或静默模式。S 接地就是正常的高速工作模式；S 接 VCC 就是静默模式，此时收发器不能发送数据。
- 引脚 5 信号 VIO 是参考输出电压，悬空即可。
- 收发器芯片 TJA1040 需要使用+5V 电源供电。

用户可以将两个开发板的 CAN 接口连接，构成双机 CAN 通信。这时，需要连接图 18-9 中两个开发板的 P7 端子的相同信号线，不需要交叉。两个开发板构成闭环 CAN 网络结构时，P7 端子的 120Ω电阻应该焊接。如果再有第 3 个开发板接入这个 CAN 总线网络，则第 3 个开发板是普通节点，不需要焊接 120Ω电阻（见图 18-1）。

本章使用一个开发板设计了两个示例进行 CAN 模块测试，在回环模式下，使用轮询和接收中断两种方式进行 CAN 通信测试。注意，做本章的 CAN 通信测试示例，必须将开发板上的跳线 P6 设置到 CAN 一组。

18.4　示例 1：轮询方式 CAN 通信

18.4.1　示例功能和 CubeMX 项目设置

在本节中，我们将创建一个示例 Demo18_1Poll，使用开发板上的 CAN 通信电路，测试轮询模式的 CAN 通信编程。示例功能和操作流程如下。

- 使用 CAN 测试模式中的回环模式，进行自发自收的测试。
- 设置筛选器组，只接收消息 ID 为奇数的消息。
- 使用轮询方式接收数据。

本示例要使用 LCD 和按键，所以从 CubeMX 模板项目文件 M4_LCD_KeyLED.ioc 创建本示例 CubeMX 文件 Demo18_1Poll，操作方法见附录 A。

为便于计算 CAN 通信的波特率，重新配置时钟树，设置 HCLK 为 100MHz，PCLK1 为 25MHz。然后对 CAN1 模块进行设置，设置界面如图 18-10 所示。CAN1 的模式设置只需勾选 Master Mode 即可，这样将自动分配 PA11 和 PA12 作为 CAN1 的复用引脚，也是开发板电路实际使用的引脚。

CAN1 的参数设置分为 3 个部分，这些参数在 CAN 模块初始化时会用到。

（1）Bit Timings Parameters 组，位时序参数。位时序和波特率的原理在 18.1.2 节已经详细介绍，这里设置的参数如下。

CAN1 Mode and Configuration

Mode

Master Mode

Configuration

Reset Configuration

Parameter Settings | User Constants | NVIC Settings | GPIO Settings

Search (Crtl+F)

Bit Timings Parameters	
Prescaler (for Time Quantum)	5
Time Quantum	200.0 ns
Time Quanta in Bit Segment 1	4 Times
Time Quanta in Bit Segment 2	3 Times
ReSynchronization Jump Width	1 Time
Basic Parameters	
Time Triggered Communication Mode	Disable
Automatic Bus-Off Management	Disable
Automatic Wake-Up Mode	Enable
Automatic Retransmission	Enable
Receive Fifo Locked Mode	Disable
Transmit Fifo Priority	Disable
Advanced Parameters	
Operating Mode	Loopback

图 18-10 CAN1 的模式和参数设置

- Prescaler，预分频系数，这里设置为 5，可设置范围是 1～1024。CAN1 的时钟频率 f_{CAN} 由 PCLK1 经过分频后得到，本示例在时钟树中设置 PCLK1 为 25MHz，经过 5 分频后，f_{CAN}=5MHz。
- Time Quantum，时间片。在设置预分频系数后，时间片会被自动计算。例如，本例中 PCLK1 为 25MHz，预分频系数为 5，f_{CAN}=5MHz，则时间片

$$t_q = \frac{1}{5\times10^6}\text{s} = 200\ \text{ns}$$

- Time Quanta in Bit Segment 1，位段 1 的时间片个数为 m，范围为 1～16，这里设置为 4。
- Time Quanta in Bit Segment 2，位段 2 的时间片个数为 n，范围为 1～8，这里设置为 3。
- ReSynchronization Jump Width（SJW），再同步跳转宽度，设置范围为 1～4，这里设置为 1。

CAN 通信的波特率由同步段、BS1、BS2 的时间片个数决定（见图 18-3），波特率计算公式如下：

$$\text{Baudrate} = \frac{1}{(1+m+n)\times t_q} = \frac{1\text{s}}{8\times200\text{ns}} = 625\ \text{kbit/s}$$

注意，STM32F407 的 CAN 控制器在闭环 CAN 网络中波特率范围是 125kbit/s～1Mbit/s，如果计算的实际波特率不在这个范围内，则需要调整分频系数或各位段的时间片个数。

（2）Basic Parameters 组，基本参数。图 18-10 中的基本参数与 CAN 主控制寄存器 CAN_MCR 中的一些位对应，对 CAN 模块的一些特性进行设置。

- Time Triggered Communication Mode（TTCM 位），时间触发通信模式。设置为 Disable 表示禁止时间触发通信模式，若启用 TTCM，则在发送或接收消息时，会加上一个内部计数器的计数值。

- Automatic Bus-Off Management（ABOM 位），自动的总线关闭管理。设置为 Disable 表示不使用自动的总线关闭。
- Automatic Wake-Up Mode（AWUM 位），自动唤醒模式。这个参数用于控制 CAN 模块在睡眠模式下接收消息时的行为，如果设置为 Enable，则表示只要接收消息，就通过硬件自动退出睡眠模式。
- Automatic Retransmission（NART 位），自动重发。若设置为 Enable，CAN 模块将自动重发消息，直到发送成功为止。若设置为 Disable，则无论发送结果如何，消息只发送一次。这个设定值实际是对 NART 位值取反，因为 NART 表示禁止自动重发。
- Receive Fifo Locked Mode（RFLM 位），接收 FIFO 锁定模式。若设置为 Disable，表示 FIFO 上溢不锁定，下一条新消息覆盖前一条消息。若设置为 Enable，则表示上溢后锁定，丢弃下一条新消息。
- Transmit Fifo Priority（TXFP 位），发送 FIFO 优先级。若设置为 Disable，表示消息优先级由标识符决定；若设置为 Enable，表示优先级由请求顺序决定。

（3）Advanced Parameters 组，高级参数。

- Operating Mode，用于设置 CAN 模块的工作模式，有 4 种工作模式可选，即正常（Normal）、静默（Silent）、回环（Loopback）、回环静默（Loopback combined with Silent）。其中，后 3 种是 CAN 模块的测试模式（见图 18-7）。这里设置为 Loopback，使用其自发自收功能进行 CAN 收发功能的测试。

本示例中使用轮询方式测试 CAN 模块的数据发送和接收功能，所以不开启 CAN1 的任何中断。

18.4.2 程序功能实现

1. 主程序

在 CubeMX 中完成设置后生成代码，我们在 CubeIDE 中打开项目，先将 PublicDrivers 目录下的文件夹 TFT_LCD 和 KEY_LED 添加到项目的搜索路径（操作方法见附录 A）。在主程序中添加用户代码，完成后的文件 main.c 的代码如下：

```
/* 文件：main.c  --------------------------------------------------------*/
#include "main.h"
#include "can.h"
#include "gpio.h"
#include "fsmc.h"
/* USER CODE BEGIN Includes */
#include "tftlcd.h"
#include "keyled.h"
/* USER CODE END Includes */

int main(void)
{
    HAL_Init();
    SystemClock_Config();
    /* Initialize all configured peripherals */
    MX_GPIO_Init();
    MX_FSMC_Init();
    MX_CAN1_Init();              //CAN1 初始化

    /* USER CODE BEGIN 2 */
    TFTLCD_Init();
```

```
    LCD_ShowStr(10,10, (uint8_t *)"Demo18_1:CAN Polling");
    LCD_ShowStr(10,LCD_CurY+LCD_SP15, (uint8_t *)"Test mode:Loopback");

    if (CAN_SetFilters() == HAL_OK)    //设置筛选器组
        LCD_ShowStr(10,LCD_CurY+LCD_SP10, (uint8_t *)"ID Filter: Only Odd IDs");
    if (HAL_CAN_Start(&hcan1) == HAL_OK)    //启动 CAN1 模块
        LCD_ShowStr(10,LCD_CurY+ LCD_SP10, (uint8_t *)"CAN is started");

    LCD_ShowStr(10,LCD_CurY+LCD_SP15, (uint8_t *)"[1]KeyUp  = Send a Data Frame");
    LCD_ShowStr(10,LCD_CurY+LCD_SP10, (uint8_t *)"[2]KeyDown= Send a Remote Frame");
    uint16_t InfoStartPosY=LCD_CurY+LCD_SP15;    //信息显示起始行
    LcdFRONT_COLOR=lcdColor_WHITE;
    /* USER CODE END 2 */

    /* Infinite loop */
    /* USER CODE BEGIN WHILE */
    uint8_t msgID=1;
    while (1)
    {
        KEYS  curKey=ScanPressedKey(KEY_WAIT_ALWAYS);
        LCD_ClearLine(InfoStartPosY, LCD_H,LcdBACK_COLOR);    //清除信息显示区域
        LCD_CurY= InfoStartPosY;  //设置 LCD 当前行

        if (curKey==KEY_UP)
            CAN_TestPoll(msgID++,CAN_RTR_DATA);      //发送数据帧
        else if (curKey==KEY_DOWN)
            CAN_TestPoll(msgID++,CAN_RTR_REMOTE);    //发送遥控帧

        LCD_ShowStr(10,LCD_CurY+LCD_SP20,(uint8_t*)"** Reselect menu or reset **");
        HAL_Delay(500);          //延时，消除按键抖动影响
        /* USER CODE END WHILE */
    }
}
```

MX_CAN1_Init()是 CAN1 模块的初始化函数，是 CubeMX 自动生成的，在文件 can.h 中定义。

在完成 CAN1 的初始化后，调用了一个函数 CAN_SetFilters()设置 CAN1 模块的筛选器组，这是个自定义函数，在文件 can.c 里实现。然后调用函数 HAL_CAN_Start()启动 CAN1 模块。

在进入 while 循环之前，显示了菜单提示信息，即

```
[1]KeyUp  = Send a Data Frame
[2]KeyDown= Send a Remote Frame
```

在 while()循环中，检测按键输入，当 KeyUp 键按下时，调用函数 CAN_TestPoll()测试发送数据帧，当 KeyDown 键按下时，调用函数 CAN_TestPoll()测试发送遥控帧。函数 CAN_TestPoll()是在文件 can.c 中实现的自定义函数。

2. CAN1 模块初始化

CubeMX 为 CAN1 模块生成初始化函数 MX_CAN1_Init()，文件 can.c 中的实现代码如下：

```
/* 文件：can.c  ------------------------------------------------------------*/
#include "can.h"
CAN_HandleTypeDef hcan1;                            //CAN1 模块的外设对象变量

/*  CAN1 初始化函数  */
void MX_CAN1_Init(void)
{
    hcan1.Instance = CAN1;                          //CAN1 的寄存器基址
    hcan1.Init.Prescaler = 5;                       //预分频系数
```

```
    hcan1.Init.Mode = CAN_MODE_LOOPBACK;      //回环模式
    hcan1.Init.SyncJumpWidth = CAN_SJW_1TQ;  //SJW 值，1 个 tq
    hcan1.Init.TimeSeg1 = CAN_BS1_4TQ;       //BS1 长度，4 个 tq
    hcan1.Init.TimeSeg2 = CAN_BS2_3TQ;       //BS2 长度，3 个 tq
    hcan1.Init.TimeTriggeredMode = DISABLE;  //TTCM，禁用
    hcan1.Init.AutoBusOff = DISABLE;         //ABOM，禁用
    hcan1.Init.AutoWakeUp = ENABLE;          //AWUM，开启
    hcan1.Init.AutoRetransmission = Enable;  //NART 取反，可自动重发
    hcan1.Init.ReceiveFifoLocked = DISABLE;  //RFLM，禁用
    hcan1.Init.TransmitFifoPriority = DISABLE;//TXFP，禁用
    if (HAL_CAN_Init(&hcan1) != HAL_OK)      //CAN1 初始化
        Error_Handler();
}

/*  MSP 初始化函数，在 HAL_CAN_Init()中被调用  */
void HAL_CAN_MspInit(CAN_HandleTypeDef* canHandle)
{
    GPIO_InitTypeDef GPIO_InitStruct = {0};
    if(canHandle->Instance==CAN1)
    {
        __HAL_RCC_CAN1_CLK_ENABLE();      //开启 CAN1 的时钟
        __HAL_RCC_GPIOA_CLK_ENABLE();
        /** CAN1 GPIO 配置  PA11 --> CAN1_RX;  PA12 ---> CAN1_TX  */
        GPIO_InitStruct.Pin = GPIO_PIN_11|GPIO_PIN_12;
        GPIO_InitStruct.Mode = GPIO_MODE_AF_PP;
        GPIO_InitStruct.Pull = GPIO_NOPULL;
        GPIO_InitStruct.Speed = GPIO_SPEED_FREQ_VERY_HIGH;
        GPIO_InitStruct.Alternate = GPIO_AF9_CAN1;
        HAL_GPIO_Init(GPIOA, &GPIO_InitStruct);
    }
}
```

在文件 can.c 中有一个 CAN_HandleTypeDef 类型的变量 hcan1，这是表示 CAN1 模块的外设对象变量。

函数 MX_CAN1_Init()中对变量 hcan1 的各成员变量赋值。成员变量 hcan1.Init 是结构体类型 CAN_InitTypeDef，用于设置 CAN 通信的各种参数。各变量的意义见程序中的注释，赋值代码与 CubeMX 中的参数设置是对应的，各参数的意义见 CubeMX 图形化设置时的解释。

MSP 初始化函数 HAL_CAN_MspInit()在函数 HAL_CAN_Init()中被调用，其功能是开启 CAN1 的时钟，以及配置 CAN1 的 GPIO 复用引脚。

3. CAN1 模块的筛选器设置

在文件 can.h 中有两个自定义函数，其中函数 CAN_SetFilters()用于筛选器设置。文件 can.c 中函数 CAN_SetFilters()的实现代码（代码写在沙箱段内）如下：

```
/* USER CODE BEGIN 1 */
HAL_StatusTypeDef  CAN_SetFilters()
{
    CAN_FilterTypeDef      canFilter;        //筛选器结构体变量
    //配置 CAN 控制器的筛选器
    canFilter.FilterBank = 0;                //筛选器组编号
    canFilter.FilterMode = CAN_FILTERMODE_IDMASK;          //ID 掩码模式
    canFilter.FilterScale = CAN_FILTERSCALE_32BIT;         //32 位长度

//设置 1：接收所有帧
//      canFilter.FilterIdHigh = 0x0000;       //CAN_FxR1 的高 16 位
//      canFilter.FilterIdLow = 0x0000;        //CAN_FxR1 的低 16 位
```

```
//      canFilter.FilterMaskIdHigh = 0x0000;   //CAN_FxR2 的高 16 位，所有位任意
//      canFilter.FilterMaskIdLow = 0x0000;    //CAN_FxR2 的低 16 位，所有位任意

//设置 2：只接收 StdID 为奇数的帧
    canFilter.FilterIdHigh = 0x0020;           //CAN_FxR1 的高 16 位
    canFilter.FilterIdLow = 0x0000;            //CAN_FxR1 的低 16 位
    canFilter.FilterMaskIdHigh = 0x0020;       //CAN_FxR2 的高 16 位
    canFilter.FilterMaskIdLow = 0x0000;        //CAN_FxR2 的低 16 位

    canFilter.FilterFIFOAssignment = CAN_FILTER_FIFO0;          //应用于 FIFO0
    canFilter.FilterActivation = ENABLE;       //使用筛选器
    canFilter.SlaveStartFilterBank = 14;       //从 CAN 控制器筛选器起始 Bank
    HAL_StatusTypeDef result=HAL_CAN_ConfigFilter(&hcan1, &canFilter);
    return result;
}
/* USER CODE END 1 */
```

上述程序定义了一个 CAN_FilterTypeDef 结构体类型的变量 canFilter，对其各成员变量赋值后调用函数 HAL_CAN_ConfigFilter()进行 CAN 控制器的筛选器设置。

结合代码和注释以及 18.2.6 节的介绍，读者可以理解程序的功能。CAN_FilterTypeDef 结构体各成员变量的意义描述如下。

- uint32_t　FilterBank，筛选器组编号，共有 28 个筛选器组，其编号范围为 0～27。
- uint32_t　FilterMode，筛选器模式，即掩码模式或列表模式，其取值为如下两个宏定义常量：

```
#define CAN_FILTERMODE_IDMASK         (0x00000000U)   //ID 掩码模式
#define CAN_FILTERMODE_IDLIST         (0x00000001U)   //ID 列表模式
```

- uint32_t　FilterScale，筛选器长度，即 32 位或 16 位，其取值为如下两个宏定义常量：

```
#define CAN_FILTERSCALE_16BIT         (0x00000000U)   //2 个 16 位长度筛选器
#define CAN_FILTERSCALE_32BIT         (0x00000001U)   //1 个 32 位长度筛选器
```

- FilterIdHigh 和 FilterIdLow 都是 uint32_t 类型，是寄存器 CAN_FxR1 的高 16 位和低 16 位。在 32 位掩码模式下，它们合起来表示 32 位标识符。
- FilterMaskIdHigh 和 FilterMaskIdLow 都是 uint32_t 类型，是寄存器 CAN_FxR2 的高 16 位和低 16 位。在 32 位掩码模式下，它们合起来表示 32 位掩码。

本示例的代码中设置为 32 位掩码模式，若要使 CAN1 能接收任何消息，将这 4 个 16 位寄存器全部设置为 0x0000 即可。本示例的程序中设置 CAN1 只能接收 StdID 为奇数的消息，需要设置 FilterIdHigh 为 0x0020，设置 FilterMaskIdHigh 为 0x0020，具体的设置原理可参见表 18-6。

- uint32_t　FilterFIFOAssignment，筛选器应用于哪个 FIFO。一个 CAN 控制器有两个用于接收消息的 FIFO，取值为如下的两个宏定义常量：

```
#define CAN_RX_FIFO0         (0x00000000U)    // FIFO0
#define CAN_RX_FIFO1         (0x00000001U)    // FIFO1
```

- uint32_t　FilterActivation，是否启用此筛选器。
- uint32_t　SlaveStartFilterBank，设置应用于从 CAN 控制器的筛选器的起始编号。在 STM32F4 中，28 个筛选器组是 CAN1 和 CAN2 共用的。若设置 SlaveStartFilterBank 为 14，则表示 14 至 27 号筛选器组都应用于 CAN2。

为 canFilter 的各成员变量赋值后，执行 HAL_CAN_ConfigFilter(&hcan1, &canFilter)为 CAN1 控制器设置一个筛选器组。用户可以为一个 FIFO 设置多个筛选器，但是一个筛选器只能配置给一个 FIFO。

4. 轮询方式的数据发送与接收

函数 CAN_TestPoll()用于测试 CAN1 模块在轮询方式下的数据发送和接收，文件 can.c 中这个函数的实现代码（代码写在沙箱段内）如下：

```
//测试轮询方式发送和接收消息，参数 msgID 是消息 ID，frameType 是帧类型，数据帧或遥控帧
void  CAN_TestPoll(uint8_t msgID, uint8_t frameType)
{
//1. 发送消息--------------------
    uint8_t  TxData[8];              //发送数据，最多 8 字节
    TxData[0]=msgID;
    TxData[1]=msgID+11;

    CAN_TxHeaderTypeDef  TxHeader;   //发送消息的结构体变量
    TxHeader.StdId = msgID;          //消息 ID
    TxHeader.RTR = frameType;        //数据帧或遥控帧，CAN_RTR_DATA 或 CAN_RTR_REMOTE
    TxHeader.IDE = CAN_ID_STD;       //标准格式或扩展格式
    TxHeader.DLC =2;                 //数据字节数
    TxHeader.TransmitGlobalTime = DISABLE;          //禁用时间戳
    while(HAL_CAN_GetTxMailboxesFreeLevel(&hcan1) < 1) {
           }      //等待有可用的发送邮箱

    uint32_t     TxMailbox;          //临时变量，用于返回实际使用的邮箱编号
    /* 将消息发送到邮箱 */
    if(HAL_CAN_AddTxMessage(&hcan1, &TxHeader, TxData, &TxMailbox) != HAL_OK)
    {
        LCD_ShowStr(10,LCD_CurY, (uint8_t *)"Send to mailbox error");
        return;
    }
    LCD_ShowStr(10,LCD_CurY, (uint8_t *)"Send MsgID= ");
    LCD_ShowUint(LCD_CurX, LCD_CurY, msgID);
    /*  等待邮箱发送完成，也就是等待空闲邮箱个数恢复为 3  */
    while(HAL_CAN_GetTxMailboxesFreeLevel(&hcan1) != 3) {
    }

//2. 轮询方式接收消息----------------
    CAN_RxHeaderTypeDef  RxHeader;             //接收消息的结构体变量
    uint8_t  RxData[8];           //接收数据缓冲区
    HAL_Delay(1);
    if(HAL_CAN_GetRxFifoFillLevel(&hcan1, CAN_RX_FIFO0) != 1)
    {
        LCD_ShowStr(10,LCD_CurY+LCD_SP15, (uint8_t *)"Message is not received");
        return;
    }

    LCD_ShowStr(10,LCD_CurY+LCD_SP15, (uint8_t *)"Message is received");
    if(HAL_CAN_GetRxMessage(&hcan1, CAN_RX_FIFO0, &RxHeader, RxData) == HAL_OK)
    {
        LCD_ShowStr(30, LCD_CurY+LCD_SP15, (uint8_t *)"StdID= ");
        LCD_ShowUint(LCD_CurX, LCD_CurY, RxHeader.StdId);

        LCD_ShowStr(30, LCD_CurY+LCD_SP10, (uint8_t *)"RTR(0=Data,2=Remote)= ");
        LCD_ShowUint(LCD_CurX, LCD_CurY, RxHeader.RTR);

        LCD_ShowStr(30, LCD_CurY+LCD_SP10, (uint8_t *)"IDE(0=Std,4=Ext)= ");
        LCD_ShowUint(LCD_CurX, LCD_CurY, RxHeader.IDE);

        LCD_ShowStr(30, LCD_CurY+LCD_SP10, (uint8_t *)"DLC(Data length)= ");
        LCD_ShowUint(LCD_CurX, LCD_CurY, RxHeader.DLC);
```

```
            if (TxHeader.RTR == CAN_RTR_DATA)       //数据帧，显示数据内容，遥控帧没有数据
            {
                LCD_ShowStr(30, LCD_CurY+LCD_SP15, (uint8_t *)"Data[0]= ");
                LCD_ShowUint(LCD_CurX, LCD_CurY, RxData[0]);

                LCD_ShowStr(30, LCD_CurY+LCD_SP10, (uint8_t *)"Data[1]= ");
                LCD_ShowUint(LCD_CurX, LCD_CurY, RxData[1]);
            }
        }
    }
```

这个函数的代码分为发送消息和接收消息两个部分。

（1）发送消息。一个 CAN 控制器有 3 个发送邮箱，发送消息就是将数据封装为消息后写入发送邮箱，然后由 CAN 控制器自动将消息发送到 CAN 总线上。如果设置了自动重发功能，CAN 控制器还可以在发送失败（例如总线仲裁失败）后自动重发，直到消息发送成功。

函数 HAL_CAN_GetTxMailboxesFreeLevel()用于查询一个 CAN 控制器空闲的发送邮箱个数，如果有空闲的发送邮箱，就可以使用函数 HAL_CAN_AddTxMessage()向发送邮箱写入一条消息。程序中调用这个函数的语句如下：

```
HAL_CAN_AddTxMessage(&hcan1, &TxHeader, TxData, &TxMailbox)
```

其中，TxHeader 是一个 CAN_TxHeaderTypeDef 结构体类型变量，用于定义消息的一些参数；TxData 是发送数据的缓冲区数组，最多 8 字节的数据；TxMailbox 用于返回实际使用的发送邮箱编号。

结构体 CAN_TxHeaderTypeDef 的完整定义参见 18.2.4 节。结合 18.2.4 节的解释和这里的代码，读者可以理解 CAN_TxHeaderTypeDef 各成员变量的意义。

函数 CAN_TestPoll()根据传入的参数 frameType 的不同，可以发送数据帧或遥控帧。数据帧最多有 8 字节的数据，遥控帧没有数据。

调用函数 HAL_CAN_AddTxMessage()将消息写入发送邮箱后，消息何时发送出去就是 CAN 模块硬件的事情了。上述程序使用轮询方式查询邮箱里的消息是否发送出去了，即调用函数 HAL_CAN_GetTxMailboxesFreeLevel()查询空闲邮箱个数，当空闲邮箱个数恢复为 3 时，就表示消息成功发送出去了。

（2）接收消息。因为本示例设置 CAN1 工作于回环模式，所以 CAN1 发送的消息如果通过了筛选器会被自己接收。

轮询方式接收消息需要先查询FIFO0或FIFO1里是否接收了消息，用函数HAL_CAN_GetRxFifoFillLevel()可以查询一个 FIFO 接收的消息数量。如果有消息，就用函数 HAL_CAN_GetRxMessage()读取消息的内容。程序中执行的语句如下：

```
HAL_CAN_GetRxMessage(&hcan1, CAN_RX_FIFO0, &RxHeader, RxData)
```

其中，RxHeader 是 CAN_RxHeaderTypeDef 类型结构体变量，RxData 是用于存储接收数据帧的数据的数组（最多 8 字节，实际接收的数据字节数由参数 RxHeader.DLC 决定）。

结构体 CAN_RxHeaderTypeDef 存储了接收的帧的参数，其完整定义代码参见 18.2.5 节。结合其定义和这里的代码，读者很容易理解 CAN_RxHeaderTypeDef 各成员变量的作用。

5. 运行与测试

构建项目无误后，我们将其下载到开发板上进行测试。按一下 KeyUp 键会发送一个数据帧，按一下 KeyDown 键会发送一个遥控帧，每次按键使变量 msgID 加 1，变量 msgID 作为消息的

标识符 ID。因为 FIFO0 的筛选器设置为只接收标识符 ID 为奇数的消息，所以只有 msgID 为奇数的消息才会被接收和显示。

18.5 示例 2：中断方式 CAN 通信

18.5.1 示例功能和 CubeMX 项目设置

在实际的 CAN 通信中，使用轮询方式发送消息，使用中断方式接收消息更加实用和普遍。本节再设计一个 CAN 通信示例 Demo18_2Interrupt，使用中断方式接收消息，并且测试在两个 FIFO 上使用不同的筛选器。示例的功能和使用流程如下。

- 使用 CAN1 的回环模式自发自收。
- 开启 FIFO0 的接收中断，开启 FIFO1 的接收中断。
- 为 FIFO0 设置筛选器，只接收标识符 ID 为奇数的消息；为 FIFO1 设置筛选器，接收所有消息。
- 使用随机数生成器（Random Number Generator，RNG），在发送消息时，用随机数作为帧的数据。

我们将项目 Demo18_1Poll 复制为项目 Demo18_2Interrupt（操作方法见附录 B），在 CubeMX 中打开文件 Demo18_2Interrupt.ioc，在原来的基础上进行一些修改。

CAN1 模块的参数设置与前一个示例完全相同，参数设置结果如图 18-10 所示。本示例要使用 CAN1 模块的接收中断，打开 CAN1 RX0 中断和 CAN1 RX1 中断，两个中断的抢占优先级都设置为 1，中断设置结果如图 18-11 所示。一个 CAN 模块有 4 个中断，RX0 中断是 FIFO 0 的中断，RX1 中断是 FIFO1 的中断，每个中断有几个中断事件和对应的回调函数，详见表 18-10 和表 18-11。

Parameter Settings | User Constants | NVIC Settings | GPIO Settings

NVIC Interrupt Table	Enabled	Preemption Priority	Sub Priority
CAN1 TX interrupts	☐	0	0
CAN1 RX0 interrupts	☑	1	0
CAN1 RX1 interrupt	☑	1	0
CAN1 SCE interrupt	☐	0	0

图 18-11　CAN1 的 NVIC 设置结果

这个示例还用了 RNG，在 CubeMX 组件面板的 Security 组里启用 RNG 即可，RNG 没有任何参数设置。RNG 是基于连续模拟噪声的随机数发生器，可以产生 32 位的随机数。示例中用 RNG 产生的 32 位随机数作为 CAN 数据帧传输的数据。

18.5.2 程序功能实现

1. 主程序

我们在 CubeMX 里生成代码后，在 CubeIDE 中打开项目，修改主程序代码。完成后的主程序代码如下：

```
/* 文件： main.c  ----------------------------------------------------------------*/
#include "main.h"
#include "can.h"
#include "rng.h"
#include "gpio.h"
#include "fsmc.h"
/* USER CODE BEGIN Includes */
#include "tftlcd.h"
#include "keyled.h"
```

```
/* USER CODE END Includes */

int main(void)
{
	HAL_Init();
	SystemClock_Config();
	/* Initialize all configured peripherals */
	MX_GPIO_Init();
	MX_FSMC_Init();
	MX_CAN1_Init();			//CAN1 初始化
	MX_RNG_Init();			//RNG 初始化

	/* USER CODE BEGIN 2 */
	TFTLCD_Init();
	LCD_ShowStr(10,10, (uint8_t *)"Demo18_2:CAN Interrupt");
	LCD_ShowStr(10,LCD_CurY+LCD_SP15, (uint8_t *)"Test mode:Loopback");
	if (CAN_SetFilters() == HAL_OK)	//设置筛选器组
		LCD_ShowStr(10,LCD_CurY+LCD_SP10, (uint8_t *)"ID Filter: Only Odd IDs");
	if (HAL_CAN_Start(&hcan1) == HAL_OK)
		LCD_ShowStr(10,LCD_CurY+LCD_SP10, (uint8_t *)"CAN is started");
	LCD_ShowStr(10,LCD_CurY+LCD_SP15, (uint8_t *)"[1]KeyUp  = Send a Data Frame");

	//必须开启 FIFO 接收消息中断事件，使其可以产生硬件中断
	__HAL_CAN_ENABLE_IT(&hcan1, CAN_IT_RX_FIFO0_MSG_PENDING);
	__HAL_CAN_ENABLE_IT(&hcan1, CAN_IT_RX_FIFO1_MSG_PENDING);
	uint16_t InfoStartPosY=LCD_CurY+LCD_SP15;		//信息显示起始行
	LcdFRONT_COLOR=lcdColor_WHITE;
	/* USER CODE END 2 */

	/* Infinite loop */
	/* USER CODE BEGIN WHILE */
	uint8_t msgID=1;
	while (1)
	{
		KEYS  curKey=ScanPressedKey(KEY_WAIT_ALWAYS);//检测按键输入
		LCD_ClearLine(InfoStartPosY, LCD_H, LcdBACK_COLOR);
		LCD_CurY= InfoStartPosY; //设置 LCD 当前行
		if (curKey==KEY_UP)
			CAN_SendMsg(msgID++, CAN_RTR_DATA);	//发送数据帧
		HAL_Delay(500);			//延时，消除按键抖动影响
	/* USER CODE END WHILE */
	}
}
```

在外设初始化部分，函数 MX_RNG_Init()用于 RNG 的初始化，函数 MX_CAN1_Init()用于 CAN1 模块的初始化。

函数 CAN_SetFilters()用于设置 FIFO0 和 FIFO1 的筛选器组，与前一示例的同名函数代码不同。要使用中断方式进行消息接收，还需要开启 FIFO0 和 FIFO1 的接收新消息的中断事件，即

```
__HAL_CAN_ENABLE_IT(&hcan1, CAN_IT_RX_FIFO0_MSG_PENDING);
__HAL_CAN_ENABLE_IT(&hcan1, CAN_IT_RX_FIFO1_MSG_PENDING);
```

其中的两个宏分别是 FIFO0 和 FIFO1 接收新消息的中断事件使能控制位的宏定义，也作为中断事件类型宏定义，如表 18-10 和表 18-11 所示。

主程序的 while()循环中调用自定义函数 CAN_SendMsg()以轮询方式发送一个数据帧，接收数据帧在中断里处理。

2. CAN1 初始化

文件 can.c 中的函数 MX_CAN1_Init()完成 CAN1 模块的初始化，该函数及相关代码如下：

```
/* 文件：can.c  ---------------------------------------------------------------*/
#include "can.h"
CAN_HandleTypeDef  hcan1;          //CAN1 模块的外设对象变量

void MX_CAN1_Init(void)
{
    hcan1.Instance = CAN1;
    hcan1.Init.Prescaler = 5;
    hcan1.Init.Mode = CAN_MODE_LOOPBACK;
    hcan1.Init.SyncJumpWidth = CAN_SJW_1TQ;
    hcan1.Init.TimeSeg1 = CAN_BS1_4TQ;
    hcan1.Init.TimeSeg2 = CAN_BS2_3TQ;
    hcan1.Init.TimeTriggeredMode = DISABLE;
    hcan1.Init.AutoBusOff = DISABLE;
    hcan1.Init.AutoWakeUp = ENABLE;
    hcan1.Init.AutoRetransmission = ENABLE;
    hcan1.Init.ReceiveFifoLocked = DISABLE;
    hcan1.Init.TransmitFifoPriority = DISABLE;
    if (HAL_CAN_Init(&hcan1) != HAL_OK)
        Error_Handler();
}

/*  CAN 模块的 MSP 初始化函数，在 HAL_CAN_Init()函数中被调用  */
void HAL_CAN_MspInit(CAN_HandleTypeDef* canHandle)
{
    GPIO_InitTypeDef GPIO_InitStruct = {0};
    if(canHandle->Instance==CAN1)
    {
        __HAL_RCC_CAN1_CLK_ENABLE();      /*  CAN1 时钟使能  */
        __HAL_RCC_GPIOA_CLK_ENABLE();
        /** CAN1 GPIO 配置  PA11---> CAN1_RX,  PA12---> CAN1_TX  */
        GPIO_InitStruct.Pin = GPIO_PIN_11|GPIO_PIN_12;
        GPIO_InitStruct.Mode = GPIO_MODE_AF_PP;
        GPIO_InitStruct.Pull = GPIO_NOPULL;
        GPIO_InitStruct.Speed = GPIO_SPEED_FREQ_VERY_HIGH;
        GPIO_InitStruct.Alternate = GPIO_AF9_CAN1;
        HAL_GPIO_Init(GPIOA, &GPIO_InitStruct);

        /*  CAN1 中断初始化  */
        HAL_NVIC_SetPriority(CAN1_RX0_IRQn, 1, 0);
        HAL_NVIC_EnableIRQ(CAN1_RX0_IRQn);
        HAL_NVIC_SetPriority(CAN1_RX1_IRQn, 1, 0);
        HAL_NVIC_EnableIRQ(CAN1_RX1_IRQn);
    }
}
```

本示例中 CAN1 的参数设置与示例 Demo18_1Poll 完全相同，只是开启了 CAN1_RX0 和 CAN1_RX1 中断。函数 MX_CAN1_Init()的代码与前一示例完全相同，函数 HAL_CAN_MspInit()中增加了两个中断的初始化设置。

3. RNG 初始化和随机数产生

RNG 是处理器的一个内部单元，其初始化很简单，就是定义了 RNG 模块的外设对象变量，开启其时钟。相关代码如下：

```
#include "rng.h"

RNG_HandleTypeDef  hrng;      //RNG 模块的外设对象变量

/*  RNG 初始化函数  */
void MX_RNG_Init(void)
{
     hrng.Instance = RNG;
     if (HAL_RNG_Init(&hrng) != HAL_OK)
          Error_Handler();
}

/*  RNG 的 MSP 初始化函数，在 HAL_RNG_Init()中被调用  */
void HAL_RNG_MspInit(RNG_HandleTypeDef* rngHandle)
{
     if(rngHandle->Instance==RNG)
     __HAL_RCC_RNG_CLK_ENABLE();          /* RNG 时钟使能 */
}
```

可以使用轮询方式或中断方式产生 32 位的随机数，分别对应两个函数。

- HAL_RNG_GenerateRandomNumber()，轮询方式产生随机数。
- HAL_RNG_GetRandomNumber_IT()，中断方式产生随机数。

HAL_RNG_GenerateRandomNumber()的函数原型如下：

```
HAL_StatusTypeDef HAL_RNG_GenerateRandomNumber(RNG_HandleTypeDef *hrng, uint32_t *
random32bit)
```

其中，参数 hrng 是 RNG 外设对象指针，参数 random32bit 用于返回产生的 32 位随机数。

RNG 由时钟树中的 48MHz 时钟信号 PLL48CLK 驱动，典型值是 48MHz，这个时钟频率不能太低，在本示例的时钟树设置中，这个时钟频率是 40MHz。产生两个连续随机数的最小间隔是 40 个 PLL48CLK 周期。

4. 筛选器组设置

在文件 can.h 中，自定义的函数 CAN_SetFilters()用于对 FIFO0 和 FIFO1 进行筛选器设置，实现代码（代码写在文件 can.c 的沙箱段内）如下：

```
/* USER CODE BEGIN 1 */
/*  设置筛选器，需要在完成 CAN 初始化之后调用此函数  */
HAL_StatusTypeDef  CAN_SetFilters()
{
     CAN_FilterTypeDef canFilter;
//1. 设置 FIFO0 的筛选器
     canFilter.FilterBank = 0;                          //筛选器组编号
     canFilter.FilterMode = CAN_FILTERMODE_IDMASK;      //ID 掩码模式
     canFilter.FilterScale = CAN_FILTERSCALE_32BIT;     //32 位长度
     //只接收 StdID 为奇数的帧
     canFilter.FilterIdHigh = 0x0020;          //CAN_FxR1 寄存器的高 16 位
     canFilter.FilterIdLow = 0x0000;           //CAN_FxR1 寄存器的低 16 位
     canFilter.FilterMaskIdHigh = 0x0020;      //CAN_FxR2 寄存器的高 16 位
     canFilter.FilterMaskIdLow = 0x0000;       //CAN_FxR2 寄存器的低 16 位

     canFilter.FilterFIFOAssignment = CAN_FILTER_FIFO0;          //应用于 FIFO0
     canFilter.FilterActivation = ENABLE;      //使用筛选器
     canFilter.SlaveStartFilterBank = 14;      //CAN1 控制器筛选器起始的 Bank
```

```
    HAL_StatusTypeDef result=HAL_CAN_ConfigFilter(&hcan1, &canFilter);

//2. 设置 FIFO 1 的筛选器
    canFilter.FilterBank = 1;                    //筛选器组编号
    //接收所有帧
    canFilter.FilterIdHigh = 0x0000;             //CAN_FxR1 寄存器的高 16 位
    canFilter.FilterIdLow = 0x0000;              //CAN_FxR1 寄存器的低 16 位
    canFilter.FilterMaskIdHigh = 0x0000;         //CAN_FxR2 寄存器的高 16 位，所有位任意
    canFilter.FilterMaskIdLow = 0x0000;          //CAN_FxR2 寄存器的低 16 位，所有位任意

    canFilter.FilterFIFOAssignment = CAN_FILTER_FIFO1;          //应用于 FIFO1
    result=HAL_CAN_ConfigFilter(&hcan1, &canFilter);
    return result;
}
/* USER CODE END 1 */
```

这个函数为 FIFO0 设置的筛选器是只接收标识符 ID 为奇数的消息，为 FIFO1 设置的筛选器是可以接收任何消息。注意，可以为一个 FIFO 设置多个筛选器，但是一个筛选器只能用于一个 FIFO，所以，这两个筛选器的 FilterBank 必须不同。结构体 CAN_FilterTypeDef 各成员变量的意义以及筛选器的设置原理见前面相关内容，在此不再赘述。

5. 发送消息

在主程序中调用函数 CAN_SendMsg()发送数据帧，这个自定义函数的实现代码与前一示例不同。文件 can.c 中这个函数的实现代码（代码写在沙箱段内）如下：

```
/* USER CODE BEGIN 1 */
void CAN_SendMsg(uint8_t msgID, uint8_t frameType)
{
    CAN_TxHeaderTypeDef  TxHeader;
    TxHeader.StdId = msgID;                  //StdID
    TxHeader.RTR = frameType;                //数据帧，CAN_RTR_DATA
    TxHeader.IDE = CAN_ID_STD;               //标准格式
    TxHeader.DLC =4;                         //数据长度
    TxHeader.TransmitGlobalTime = DISABLE;

    uint32_t rand;
    HAL_RNG_GenerateRandomNumber(&hrng, &rand);      //产生 32 位随机数
    uint8_t TxData[8];                       //最多 8 字节
    TxData[3] = rand & 0x000000FF;
    TxData[2] = (rand & 0x0000FF00)>>8;
    TxData[1] = (rand & 0x00FF0000)>>16;
    TxData[0] = (rand & 0xFF000000)>>24;

    while(HAL_CAN_GetTxMailboxesFreeLevel(&hcan1) < 1) {
    }       //等待有可用的发送邮箱
    LCD_ShowStr(10,LCD_CurY, (uint8_t *)"Send MsgID= ");
    LCD_ShowUint(LCD_CurX, LCD_CurY, msgID);

    uint32_t TxMailbox;              //临时变量，用于返回使用的邮箱编号
    /*  发送到邮箱，由 CAN 模块负责发送到 CAN 总线上  */
    if(HAL_CAN_AddTxMessage(&hcan1, &TxHeader, TxData, &TxMailbox) != HAL_OK)
        LCD_ShowStr(10,LCD_CurY+LCD_SP10, (uint8_t *)"Send to mailbox error");
}
/* USER CODE END 1 */
```

上述程序调用函数 HAL_RNG_GenerateRandomNumber()产生一个 32 位随机数，然后分解为 4 字节存入发送数据缓冲区。程序仍然是用函数 HAL_CAN_AddTxMessage()将需要发送的消息写入发送邮箱，由 CAN 模块自动将消息发送到 CAN 总线上。函数 CAN_SendMsg()只管发送

消息，接收消息由中断去处理。

6. 中断方式接收消息

由于开启了 CAN1 的 RX0 中断和 RX1 中断，在文件 stm32f4xx_it.c 中自动生成了这两个中断的 ISR 框架。代码如下：

```
/* 文件：stm32f4xx_it.c  -------------------------------------------------------*/
void CAN1_RX0_IRQHandler(void)
{
     HAL_CAN_IRQHandler(&hcan1);
}

void CAN1_RX1_IRQHandler(void)
{
     HAL_CAN_IRQHandler(&hcan1);
}
```

我们在 18.2.7 节分析过 CAN 的中断事件和回调函数。CAN1_RX0 是 FIFO0 接收消息、满或上溢时产生的中断，接收消息中断事件对应的回调函数是 HAL_CAN_RxFifo0MsgPendingCallback()。同样的，FIFO1 接收消息中断事件对应的回调函数是 HAL_CAN_RxFifo1MsgPendingCallback()。CAN1_RX0 和 CAN1_RX1 中断事件与回调函数的对应关系如表 18-10 和表 18-11 所示。

所以，要使用中断方式处理 FIFO0 和 FIFO1 接收的消息，只需重新实现这两个回调函数即可。在文件 can.c 中重新实现这两个回调函数，相关代码（代码写在沙箱段内）如下：

```
/* USER CODE BEGIN 1 */
//读取和显示 FIFO0 或 FIFO1 的消息
//参数 FIFO_num 是 FIFO 编号，CAN_RX_FIFO0 或 CAN_RX_FIFO1
void  CAN_ReadMsg(uint32_t FIFO_num)
{
     CAN_RxHeaderTypeDef  RxHeader;
     uint8_t  RxData[8];          //接收数据缓冲区，最多 8 字节
     if (FIFO_num==CAN_RX_FIFO0)
     {
          LCD_ShowStr(10,LCD_CurY+LCD_SP15, (uint8_t *)"Msg received by FIFO0");
          if(HAL_CAN_GetRxMessage(&hcan1, CAN_RX_FIFO0, &RxHeader, RxData) != HAL_OK)
          {
               LCD_ShowStr(10,LCD_CurY+LCD_SP10, (uint8_t *)"Read FIFO0 error");
               return;
          }
     }
     else
     {
          LCD_ShowStr(10,LCD_CurY+LCD_SP15, (uint8_t *)"Msg received by FIFO 1");
          if(HAL_CAN_GetRxMessage(&hcan1, CAN_RX_FIFO1, &RxHeader, RxData) != HAL_OK)
          {
               LCD_ShowStr(10,LCD_CurY+LCD_SP10, (uint8_t *)"Read FIFO1 error");
               return;
          }
     }

     //显示读取的消息
     LCD_ShowStr(30, LCD_CurY+LCD_SP15, (uint8_t *)"StdID= ");
     LCD_ShowUint(LCD_CurX, LCD_CurY, RxHeader.StdId);

     LCD_ShowStr(30, LCD_CurY+LCD_SP10, (uint8_t *)"RTR(0=Data,2=Remote)= ");
     LCD_ShowUint(LCD_CurX, LCD_CurY, RxHeader.RTR);
```

```
    LCD_ShowStr(30, LCD_CurY+LCD_SP10, (uint8_t *)"IDE(0=Std,4=Ext)= ");
    LCD_ShowUint(LCD_CurX, LCD_CurY, RxHeader.IDE);

    LCD_ShowStr(30, LCD_CurY+LCD_SP10, (uint8_t *)"FilterMatchIndex= ");
    LCD_ShowUint(LCD_CurX, LCD_CurY, RxHeader.FilterMatchIndex);

    LCD_ShowStr(30, LCD_CurY+LCD_SP15, (uint8_t *)"DLC(Data length)= ");
    LCD_ShowUint(LCD_CurX, LCD_CurY, RxHeader.DLC);

    LCD_ShowStr(30, LCD_CurY+LCD_SP10, (uint8_t *)"Data = ");
    uint16_t xpos=LCD_CurX;
    for (uint8_t i=0; i<4; i++)
    {
        LCD_ShowUintHex(xpos, LCD_CurY, RxData[i], 0);
        xpos += 25;
    }
    LCD_ShowStr(10,LCD_CurY+LCD_SP20,(uint8_t*)"** Reselect menu or reset **");
}

//FIFO0 接收新消息事件中断回调函数
void HAL_CAN_RxFifo0MsgPendingCallback(CAN_HandleTypeDef *hcan)
{
    CAN_ReadMsg(CAN_RX_FIFO0);
}

//FIFO1 接收新消息事件中断回调函数
void HAL_CAN_RxFifo1MsgPendingCallback(CAN_HandleTypeDef *hcan)
{
    CAN_ReadMsg(CAN_RX_FIFO1);
}
/* USER CODE END 1 */
```

两个回调函数都调用了同一个函数 CAN_ReadMsg()，只是传递了相应的 FIFO 编号。

函数 CAN_ReadMsg()负责读取 FIFO0 或 FIFO1 的消息并显示。读取 FIFO 里面收到的消息仍然使用函数 HAL_CAN_GetRxMessage()，消息头结构体 CAN_RxHeaderTypeDef 的意义见 18.2.5 节的解释。这里显示了一个成员变量 FilterMatchIndex 的值，这是接收消息的 FIFO 内接收了消息的筛选器的序号，是在一个 FIFO 内的筛选器的序号，而不是筛选器的 FilterBank 属性值。

7. 运行与测试

构建项目无误后，我们将其下载到开发板上并予以测试。每次按下 KeyUp 键可以发送一个标准格式数据帧，msgID 加 1，msgID 作为数据帧的标识符 ID。

运行时会发现，msgID 为奇数时，是由 FIFO0 接收消息，msgID 为偶数时，是由 FIFO1 接收消息。因为在设置筛选器组时，设置 FIFO0 只能接收标识符 ID 为奇数的消息，FIFO1 可以接收任意标识符 ID 的消息。当标识符 ID 为偶数时，只能由 FIFO1 接收，当标识符 ID 为奇数时，两个 FIFO 都可以接收，但是由 FIFO0 优先接收。

不管是哪个 FIFO 接收的消息，显示的 FilterMatchIndex 的值都是 0，因为它们都只有一个筛选器。

第19章　FSMC连接外部SRAM

我们在第8章介绍了FSMC的基本功能，并用FSMC的Bank1子区4连接了TFT LCD。FSMC的Bank 1还可以用于连接外部的SRAM、NOR FLASH、PSRAM等存储器。STM32F407ZG有192KB的SRAM存储器，一般的应用程序足够用了，但是在使用GUI等需要大量内存的功能时，可能就需要扩展SRAM了。在本章中，我们介绍使用FSMC连接外部SRAM存储器的原理和使用方法。

19.1　FSMC连接外部SRAM的原理

19.1.1　FSMC控制区域的划分

FSMC控制器的存储区分为4个区（Bank），每个区256MB（见图8-1）。其中，Bank 1可以用于连接SRAM、NOR FLASH、PSRAM，还可以连接TFT LCD。Bank 1的地址范围是0x60000000～0x6FFFFFFF。Bank 1又分为4个子区，每个子区寻址空间是64MB，占用26位地址线。4个子区的地址范围分别如下。

- Bank 1子区1：0x60000000～0x63FFFFFF。
- Bank 1子区2：0x64000000～0x67FFFFFF。
- Bank 1子区3：0x68000000～0x6BFFFFFF（开发板上用于外扩SRAM）。
- Bank 1子区4：0x6C000000～0x6FFFFFFF（开发板上用于连接TFT LCD）。

每个子区有一个专用的片选信号。我们在第8章介绍了使用Bank 1子区4连接TFT LCD的原理，在本章将使用Bank 1子区3连接一个1MB的SRAM芯片，为系统扩展内存。

19.1.2　SRAM芯片与MCU的连接

在开发板上有一个SRAM芯片IS62WV51216，这是一个16位宽512K容量（512K×16位，即1024KB）的静态内存芯片。它与MCU的连接电路如图19-1所示。芯片几个主要管脚的功能，以及与MCU的连接原理如下。

- A0至A18是19根地址线，连接FSMC的19根地址线，即FSMC_A0至FSMC_A18。
- I/O0至I/O15是16位数据线，连接FSMC的FSMC_D0至FSMC_D15数据线。
- $\overline{CE}$是芯片的片选信号，连接MCU的FSMC_NE3（PG10引脚），也就是Bank 1子区3的片选信号。
- $\overline{OE}$是输出使能信号，连接MCU的FSMC_NOE（PD4引脚），是读数据时的使能信号。
- $\overline{WE}$是写使能信号，连接MCU的FSMC_NWE（PD5引脚），是写数据使能信号。

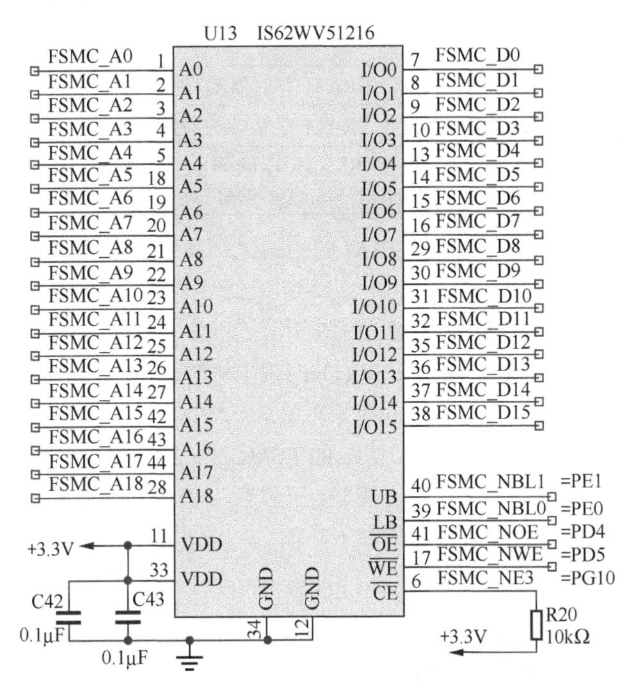

图 19-1　SRAM 芯片的连接电路

- UB 是高字节使能信号，连接 MCU 的 FSMC_NBL1（PE1 引脚）；LB 是低字节使能信号，连接 MCU 的 FSMC_NBL0（PE0 引脚）。通过 UB 和 LB 的控制可以只读取一个地址的高字节（I/O15～I/O8）或低字节（I/O7～I/O0）数据，或读取 16 位数据。

IS62WV51216 有 19 根地址线，能表示的地址范围是 512K，偏移地址范围是 0x00000～0x7FFFF。但是 IS62WV51216 的数据宽度是 16 位，实际存储容量是 1024KB，按字节寻址范围是 1024K，偏移地址范围是 0x00000～0xFFFFF。因为 Bank 1 子区 3 的起始地址是 0x68000000，所以 IS62WV51216 全部 1024KB 的地址范围是 0x68000000～0x680FFFFF。FSMC_NBL1 和 FSMC_NBL0 控制高位字节和低位字节访问，实现全部 1024KB 存储空间的访问。

19.2 访问外部 SRAM 的 HAL 驱动程序

19.2.1 外部 SRAM 初始化与控制

访问外部 SRAM 的 HAL 驱动程序头文件是 stm32f4xx_hal_sram.h，包括 SRAM 初始化函数、控制函数、读写函数和 DMA 方式读写函数等。SRAM 初始化和控制的函数如表 19-1 所示。

表 19-1　外部 SRAM 初始化和控制函数

函数名	功能描述
HAL_SRAM_Init()	外部 SRAM 初始化函数，主要是 FSMC 访问接口的定义
HAL_SRAM_MspInit()	外部 SRAM 初始化 MSP 函数，需重新实现，主要是 GPIO 配置和中断设置

续表

函数名	功能描述
HAL_SRAM_WriteOperation_Enable()	使能 SRAM 存储器的写操作
HAL_SRAM_WriteOperation_Disable()	禁止 SRAM 存储器的写操作
HAL_SRAM_GetState()	返回 SRAM 存储器的当前状态，返回值是枚举类型 HAL_SRAM_StateTypeDef

函数 HAL_SRAM_Init()用于外部 SRAM 的初始化，其原型定义如下：

```
HAL_StatusTypeDef HAL_SRAM_Init(SRAM_HandleTypeDef *hsram, FMC_NORSRAM_TimingTypeDef
*Timing, FMC_NORSRAM_TimingTypeDef *ExtTiming);
```

其中，参数 hsram 是 SRAM_HandleTypeDef 结构体类型指针，是 FSMC 子区对象的指针；Timing 和 ExtTiming 是 FSMC 读写时序的对象指针。

函数 HAL_SRAM_Init()由 CubeMX 生成的 FSMC 外设初始化函数调用。初始化程序文件里会定义一个 FSMC 子区外设对象变量，例如，开发板上使用 FSMC Bank 1 的子区 3 访问外部 SRAM，定义的 FSMC 子区外设对象变量如下：

```
SRAM_HandleTypeDef   hsram3;   //访问外部 SRAM 的 FSMC 子区外设对象变量
```

结构体 SRAM_HandleTypeDef 和 FMC_NORSRAM_TimingTypeDef 各成员变量的意义在 CubeMX 图形化设置和示例代码里解释。

表 19-1 的其他函数都是需要一个 SRAM_HandleTypeDef 类型指针作为函数参数，例如，使能 SRAM 写操作和禁止 SRAM 写操作的两个函数的原型定义如下：

```
HAL_StatusTypeDef HAL_SRAM_WriteOperation_Enable(SRAM_HandleTypeDef *hsram);
HAL_StatusTypeDef HAL_SRAM_WriteOperation_Disable(SRAM_HandleTypeDef *hsram);
```

19.2.2 外部 SRAM 读写函数

文件 stm32f4xx_hal_sram.h 定义了几个读写外部 SRAM 数据的函数，如表 19-2 所示。

表 19-2　读写外部 SRAM 的函数

函数名	功能描述
HAL_SRAM_Read_8b()	从指定地址读取指定长度的 8 位数据，存储到一个缓冲区
HAL_SRAM_Write_8b()	向指定地址写入一定长度的 8 位数据
HAL_SRAM_Read_16b()	从指定地址读取指定长度的 16 位数据，存储到一个缓冲区
HAL_SRAM_Write_16b()	向指定地址写入一定长度的 16 位数据
HAL_SRAM_Read_32b()	从指定地址读取指定长度的 32 位数据，存储到一个缓冲区
HAL_SRAM_Write_32b()	向指定地址写入一定长度的 32 位数据

这些函数可用于读写 8 位、16 位、32 位的数据，这几个函数的输入参数形式是相似的。例如，向外部 SRAM 写入 8 位数据的函数 HAL_SRAM_Write_8b()的原型定义如下：

```
HAL_StatusTypeDef HAL_SRAM_Write_8b(SRAM_HandleTypeDef *hsram, uint32_t *pAddress,
uint8_t *pSrcBuffer, uint32_t BufferSize)
```

其中，hsram 是 FSMC 子区对象指针，pAddress 是需要写入的 SRAM 目标地址指针，pSrcBuffer 是源数据的缓冲区地址指针，BufferSize 是源数据缓冲区长度（数据点个数）。

开发板上使用 FSMC 的 Bank 1 子区 3 访问外部 SRAM，Bank 1 子区 3 的起始地址是 0x68000000，

那么向这个起始地址的外部SRAM写入一个字符串的示意代码如下：

```
uint32_t *pAddr=(uint32_t *)(0x68000000);   //给指针赋值
uint8_t  strIn[]="Moment in UPC";            //准备写入的字符串
uint16_t dataLen=sizeof(strIn);              //数据长度，包括最后的结束符'\0'
HAL_SRAM_Write_8b(&hsram3, pAddr, strIn, dataLen);
```

其中，第一行语句定义一个指向uint32_t类型数据的指针pAddr，指针的地址就是0x68000000。函数HAL_SRAM_Write_8b()写入的数据是以字节为单位的，其内部会将指向uint32_t类型数据的指针转换为指向uint8_t类型数据的指针，函数HAL_SRAM_Write_8b()中的第一行代码如下：

```
__IO uint8_t * pSramAddress = (uint8_t *)pAddress;
```

注意，因为STM32是32位处理器，所以指针总是32位的，因为指针保存的是地址数据。

另两个写数据的函数的原型定义如下：

```
HAL_StatusTypeDef HAL_SRAM_Write_16b(SRAM_HandleTypeDef *hsram, uint32_t *pAddress,
uint16_t *pSrcBuffer, uint32_t BufferSize)

HAL_StatusTypeDef HAL_SRAM_Write_32b(SRAM_HandleTypeDef *hsram, uint32_t *pAddress,
uint32_t *pSrcBuffer, uint32_t BufferSize)
```

读取8位数据的函数HAL_SRAM_Read_8b()的原型定义如下：

```
HAL_StatusTypeDef HAL_SRAM_Read_8b(SRAM_HandleTypeDef *hsram, uint32_t *pAddress,
uint8_t *pDstBuffer, uint32_t BufferSize);
```

其中，pAddress是需要读取的SRAM目标地址指针，pDstBuffer是读出数据的缓冲区，BufferSize是缓冲区长度，即数据点个数。

例如，从SRAM起始地址偏移1024字节处读取一个uint8_t类型数组数据的示意代码如下：

```
uint32_t *pAddr=(uint32_t *)(0x68000000+1024);        //给指针赋值
uint8_t  strOut[30];
uint16_t dataLen=30;     //数据点个数
HAL_SRAM_Read_8b(&hsram3, pAddr, strOut, dataLen);
```

另两个读数据的函数的原型定义如下：

```
HAL_StatusTypeDef HAL_SRAM_Read_16b(SRAM_HandleTypeDef *hsram, uint32_t *pAddress,
uint16_t *pDstBuffer, uint32_t BufferSize)

HAL_StatusTypeDef HAL_SRAM_Read_32b(SRAM_HandleTypeDef *hsram, uint32_t *pAddress,
uint32_t *pDstBuffer, uint32_t BufferSize)
```

这些读写函数中的参数BufferSize是缓冲区数据点个数，而不是字节数。传递给函数的SRAM目标地址指针都是uint32_t类型指针，函数内部会进行转换。SRAM目标地址指针应该注意数据对齐，不要使用奇数开始的地址。

19.2.3 直接通过指针访问外部SRAM

用户还可以直接使用指针访问外部SRAM的数据，实际上，HAL提供的前述几个数据读写函数就是用指针实现数据访问的。例如，向SRAM一个目标地址写入一批uint16_t类型数据的示意代码如下。

```
uint16_t num=1000;
uint16_t *pAddr_16b=(uint16_t *)(0x68000000);     //16位数据的指针
```

```
for(uint16_t i=0; i<10; i++)         //连续写入 10 个 16 位整数
{
      num += 5;
      *pAddr_16b =num;          //直接向指针所指的地址写入数据
      pAddr_16b++;               //++一次，地址加 2，因为是 16 位数据
      LCD_ShowUint(50,LCD_CurY+20, num);
}
```

同样地，也可以通过指针读出数据，示意代码如下。

```
uint16_t num=0, data[10];
uint16_t  *pAddr_16b=(uint16_t *)(0x68000000);          //指针赋值
for(uint16_t i=0; i<10; i++)
{
      num=*pAddr_16b;            //直接从指针所指的地址读数
      data[i]=num;
      pAddr_16b++;               //++一次，地址加 2，因为是 16 位数据
}
```

直接使用指针访问外部 SRAM 的数据时，要注意指针指向数据的类型。前面的示意代码里是要访问 16 位数据，所以定义为 uint16_t 类型指针，如果要访问 8 位数据，就需要定义为 uint8_t 类型指针。

19.2.4　DMA 方式读写外部 SRAM

外部 SRAM 还可以通过 DMA 方式读写，DMA2 控制器具有存储器到存储器的 DMA 流。文件 stm32f4xx_hal_sram.h 定义了两个 DMA 方式读写数据的函数和相关的回调函数，如表 19-3 所示。

表 19-3　DMA 方式访问外部 SRAM 的函数

函数名	功能
HAL_SRAM_Read_DMA()	以 DMA 方式从指定地址读取一定长度的 32 位数据
HAL_SRAM_Write_DMA()	以 DMA 方式向指定地址写入一定长度的 32 位数据
HAL_SRAM_DMA_XferCpltCallback()	DMA 流传输完成事件中断的回调函数
HAL_SRAM_DMA_XferErrorCallback()	DMA 流传输错误事件中断的回调函数

一个 FSMC 子区只能关联一个 DMA 流，而且不区分发送和接收，所以这两个 DMA 读写函数在传输完成时的回调函数都是 HAL_SRAM_DMA_XferCpltCallback()，需要用户在程序里添加代码进行 DMA 传输方向识别和控制。

函数 HAL_SRAM_Write_DMA()的原型定义如下：

```
HAL_StatusTypeDef HAL_SRAM_Write_DMA(SRAM_HandleTypeDef *hsram, uint32_t *pAddress,
uint32_t *pSrcBuffer, uint32_t BufferSize)
```

其中，hsram 是 FSMC 子区对象指针，pAddress 是 SRAM 目标地址指针，pSrcBuffer 是源数据缓冲区指针，BufferSize 是缓冲区长度，是数据点个数，而不是字节数。

函数 HAL_SRAM_Read_DMA()的原型定义如下：

```
HAL_StatusTypeDef HAL_SRAM_Read_DMA(SRAM_HandleTypeDef *hsram, uint32_t *pAddress,
uint32_t *pDstBuffer, uint32_t BufferSize)
```

注意，这两个 DMA 方式读写函数只能读写 uint32_t 类型数据，参数 BufferSize 是缓冲区数据点个数，而不是字节数。

19.3 示例 1：轮询方式读写外部 SRAM

19.3.1 示例功能和 CubeMX 项目设置

在本节中，我们将创建一个示例 Demo19_1SRAM，演示连接外部 SRAM 的 FSMC 接口设置以及轮询方式读写外部 SRAM 的方法，并用 HAL 函数读写数据和直接用指针读写数据。

本示例需要用到 LCD 和 4 个按键，所以选择 CubeMX 模板项目文件 M4_LCD_KeyLED.ioc 创建本项目文件 Demo19_1SRAM.ioc，操作方法见附录 A。

本示例还用到 RNG，在组件面板 Security 分组里有 RNG 模块，启用 RNG 即可。RNG 需要用到 48MHz 时钟，时钟树上可能提示错误。单击时钟树界面上方的 Resolve Clock Issues 按钮，让 CubeMX 自动解决时钟配置问题。

1. FSMC 的 Bank 1 子区 3 模式设置

本项目的重点是配置连接外部 SRAM 的 FSMC 子区的参数。在文件 Demo19_1SRAM.ioc 中，FSMC 的 Bank 1 子区 4 已经有与 TFT LCD 连接的配置。开发板上使用 Bank 1 子区 3 连接外部 SRAM，所以对 NOR Flash/PSRAM/SRAM/ROM/LCD 3 进行配置。模式设置的界面如图 19-2 所示。

根据图 19-1 的实际电路，模式设置内容如下。

- Chip Select 设置为 NE3，也就是使用 FSMC_NE3 作为 SRAM 芯片的片选信号。
- Memory type 设置为 SRAM。
- Address 设置为 19bits，因为用到了 FSMC_A0 至 FSMC_A18 共 19 根地址线。
- Data 设置为 16bits，因为使用了 16 位数据线。
- Wait 设置为 Disable。Wait 是 PSRAM 芯片发给 FSMC 的等待输入信号，本示例电路中 IS62WV51216 芯片没有这个输出信号。
- Byte enable 需要勾选，表示允许字节访问。允许字节访问时，将通过芯片的 UB 和 LB 信号控制访问高位字节和低位字节。

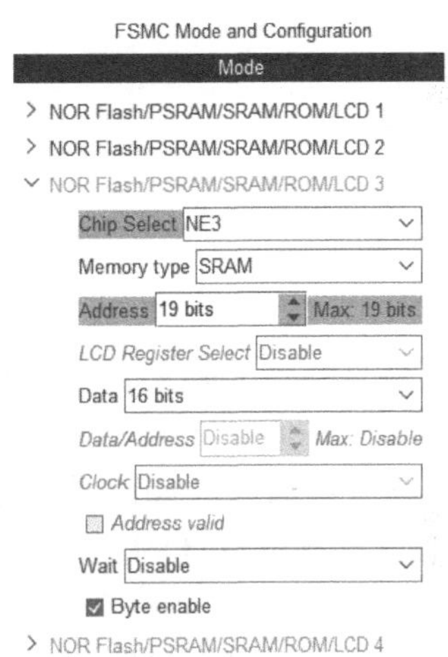

图 19-2 Bank 1 子区 3 的模式设置

这样设置后，在引脚视图上将自动标出使用的各 FSMC 引脚。其中，FSMC_D0 至 FSMC_D15 是 LCD 和 SRAM 共用的 16 位数据线，FSMC_NOE 和 FSMC_NWE 是共用的控制信号线。FSMC_NE4 用于 TFT LCD 片选，FSMC_NE3 用于 SRAM 片选。FSMC_NBL1 和 FSMC_NBL0 是 SRAM 的高低字节选择信号。FSMC_A0 至 FSMC_A18 共 19 根地址线的 GPIO 引脚分配如图 19-3 所示，自动分配的 GPIO 引脚与实际电路的引脚是一致的，所以无须更改。

2. FSMC 的 Bank 1 子区 3 参数设置

在模式设置中启用 Bank 1 子区 3 之后，在参数设置部分会出现 NOR/PSRAM 3 参数设置页面，在这个页面设置 SRAM 的控制和时序参数，设置结果如图 19-4 所示。

（1）NOR/PSRAM control 组，子区控制参数。

- Memory type 只能选择 SRAM，因为在模式配置部分已设置为 SRAM。

NOR/PSRAM 3 | NOR/PSRAM 4 | User Constants | GPIO Settings

Pin Name	Signal on Pin	GPIO mode	GPIO Pull-up/Pull-down	Maximum output speed
PF0	FSMC_A0	Alternate Function Push Pull	No pull-up and no pull-down	Very High
PF1	FSMC_A1	Alternate Function Push Pull	No pull-up and no pull-down	Very High
PF2	FSMC_A2	Alternate Function Push Pull	No pull-up and no pull-down	Very High
PF3	FSMC_A3	Alternate Function Push Pull	No pull-up and no pull-down	Very High
PF4	FSMC_A4	Alternate Function Push Pull	No pull-up and no pull-down	Very High
PF5	FSMC_A5	Alternate Function Push Pull	No pull-up and no pull-down	Very High
PF12	FSMC_A6	Alternate Function Push Pull	No pull-up and no pull-down	Very High
PF13	FSMC_A7	Alternate Function Push Pull	No pull-up and no pull-down	Very High
PF14	FSMC_A8	Alternate Function Push Pull	No pull-up and no pull-down	Very High
PF15	FSMC_A9	Alternate Function Push Pull	No pull-up and no pull-down	Very High
PG0	FSMC_A10	Alternate Function Push Pull	No pull-up and no pull-down	Very High
PG1	FSMC_A11	Alternate Function Push Pull	No pull-up and no pull-down	Very High
PG2	FSMC_A12	Alternate Function Push Pull	No pull-up and no pull-down	Very High
PG3	FSMC_A13	Alternate Function Push Pull	No pull-up and no pull-down	Very High
PG4	FSMC_A14	Alternate Function Push Pull	No pull-up and no pull-down	Very High
PG5	FSMC_A15	Alternate Function Push Pull	No pull-up and no pull-down	Very High
PD11	FSMC_A16	Alternate Function Push Pull	No pull-up and no pull-down	Very High
PD12	FSMC_A17	Alternate Function Push Pull	No pull-up and no pull-down	Very High
PD13	FSMC_A18	Alternate Function Push Pull	No pull-up and no pull-down	Very High

图 19-3　FSMC 的 19 根地址线的 GPIO 引脚配置

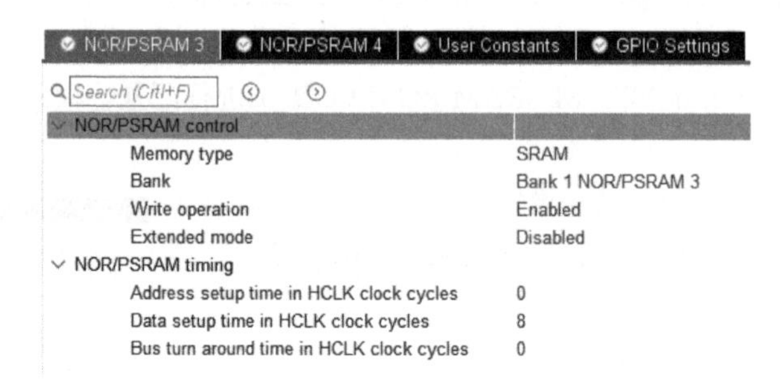

图 19-4　Bank 1 子区 3 参数设置

- Bank 只能选择为 Bank 1 NOR/PSRAM 3，是与模式设置部分对应的。
- Write operation 设置为 Enabled，表示允许写操作。
- Extended mode 设置为 Disabled。FSMC 自动使用模式 A 对 SRAM 进行操作。SRAM 的读操作和写操作的速度基本相同，所以读写操作可以使用相同的时序参数，无须使用扩展模式单独设置读时序和写时序。

（2）NOR/PSRAM timing 组，读写操作时序参数。

- Address setup time in HCLK clock cycles，即地址建立时间参数 ADDSET，设置范围为 0～15，设置为 0 即可。
- Data setup time in HCLK clock cycles，即数据建立时间参数 DATAST，设置范围为 1～255，设置为 8。
- Bus turn around time in HCLK clock cycles，总线翻转时间，设置范围为 0～15，设置为 0 即可。

FSMC 参数设置部分没有 DMA 设置页面，但是 SRAM 的 HAL 驱动程序中有 DMA 方式进行数据读写的函数，其 DMA 方式的设置与其他外设稍有不同，在后面的示例中会介绍。

将本示例的 CubeMX 文件 Demo19_1SRAM.ioc 复制到公共驱动程序目录 PublicDrivers 下的子目录 CubeMX_Template 里，并更名为 M6_LCD_KeyLED_SRAM.ioc，作为其他需要同时使用 TFT LCD 和外部 SRAM 的项目的模板，例如，需要进行 GUI 设计的项目。

19.3.2 程序功能实现

1. 主程序

在 CubeMX 中完成设置后生成代码，我们在 CubeIDE 中打开项目，首先将 PublicDrivers 目录下的 TFT_LCD 和 KEY_LED 目录添加到项目搜索路径（操作方法见附录 A）。在主程序中添加用户功能代码，完成后的主程序代码如下：

```
/* 文件：main.c  --------------------------------------------------------------*/
#include "main.h"
#include "rng.h"
#include "gpio.h"
#include "fsmc.h"
/* USER CODE BEGIN Includes */
#include "tftlcd.h"
#include "keyled.h"
/* USER CODE END Includes */

/* Private define ------------------------------------------------------------*/
/* USER CODE BEGIN PD */
#define SRAM_ADDR_BEGIN        0x68000000UL  //Bank1 子区 3 的 SRAM 起始地址
#define SRAM_ADDR_HALF         0x68080000UL  //SRAM 中间地址，一半是 512KB
#define SRAM_ADDR_END          0x680FFFFFUL  //SRAM 结束地址，共 1024KB
/* USER CODE END PD */

int main(void)
{
     HAL_Init();
     SystemClock_Config();
     /* Initialize all configured peripherals */
     MX_GPIO_Init();
     MX_FSMC_Init();          //FSMC Bank1 子区 3（SRAM）和子区 4（TFT LCD）初始化
     MX_RNG_Init();           //RNG 初始化

     /* USER CODE BEGIN 2 */
     TFTLCD_Init();
     LCD_ShowStr(10,10, (uint8_t *)"Demo19_1: External SRAM");
     LCD_ShowStr(10,LCD_CurY+LCD_SP10, (uint8_t *)"Read/Write SRAM by polling");

     //显示菜单
     LCD_ShowStr(10,LCD_CurY+LCD_SP20,(uint8_t *)"[1]KeyUp   = Write by HAL functions");
     LCD_ShowStr(10,LCD_CurY+LCD_SP10,(uint8_t *)"[2]KeyDown = Read by HAL functions");
     LCD_ShowStr(10,LCD_CurY+LCD_SP10,(uint8_t *)"[3]KeyLeft = Write by pointer");
     LCD_ShowStr(10,LCD_CurY+LCD_SP10,(uint8_t *)"[4]KeyRight= Read by pointer");
     uint16_t InfoStartPosY=LCD_CurY+LCD_SP15;      //信息显示起始行
     LcdFRONT_COLOR=lcdColor_WHITE;
     /* USER CODE END 2 */

     /* Infinite loop */
     /* USER CODE BEGIN WHILE */
     while (1)
     {
          KEYS  curKey=ScanPressedKey(KEY_WAIT_ALWAYS);
          LCD_ClearLine(InfoStartPosY, LCD_H,LcdBACK_COLOR);      //清除信息显示区域
          LCD_CurY= InfoStartPosY;      //设置 LCD 当前行
          switch(curKey)
          {
          case KEY_UP:
```

```
                SRAM_WriteByFunc();          //Write by HAL functions
                break;

            case KEY_DOWN:
                SRAM_ReadByFunc();           //Read by HAL functions
                break;

            case KEY_LEFT:
                SRAM_WriteByPointer();       //Write by pointer
                break;

            case KEY_RIGHT:
                SRAM_ReadByPointer();        //Read by pointer
            }
            LCD_ShowStr(10,LCD_CurY+LCD_SP20,(uint8_t*)"** Reselect menu or reset **");
            HAL_Delay(500);                  //延时，消除按键抖动影响
            /* USER CODE END WHILE */
        }
    }
```

IS62WV51216 的 19 根地址线表示地址范围是 512K，但是它的数据宽度是 16 位，所以总容量是 1024KB。FSMC 控制器使用 19 根地址线，再结合 FSMC_NBL1 和 FSMC_NBL0 引脚，可以对全部 1024KB 存储空间寻址。

在文件中定义了 3 个宏表示外部 SRAM 的起始地址、中间地址和结束地址，以便在后面的程序中使用。Bank 1 子区 3 的起始地址是 0x68000000，前 512KB 的地址范围是 0x68000000～0x6807FFFF，1024KB 存储空间的截止地址是 0x680FFFFF。

在 main()函数的外设初始化部分，MX_FSMC_Init()用于 FSMC 的初始化，包括用于连接外部 SRAM 存储器的 Bank 1 子区 3 和连接 TFT LCD 的 Bank 1 子区 4 的初始化。函数 MX_RNG_Init()用于 RNG 的初始化，在 18.5 节首次用到 RNG 时，我们展示了其初始化代码，因此本示例不再展示。

主程序显示了一个菜单，通过 4 个按键选择操作。4 个按键的响应代码是 4 个自定义函数，在后面介绍这 4 个自定义函数的代码。

2. FSMC 初始化

进行 FSMC 外设初始化的函数 MX_FSMC_Init()在文件 fsmc.c 中实现，这个函数相关代码如下：

```
/* 文件:fsmc.c --------------------------------------------------------------*/
#include "fsmc.h"
SRAM_HandleTypeDef  hsram3;         //Bank1 子区 3 的外设对象变量，用于外部 SRAM
SRAM_HandleTypeDef  hsram4;         //Bank1 子区 4 的外设对象变量，用于 TFT LCD

/* FSMC 初始化函数 */
void MX_FSMC_Init(void)
{
    FSMC_NORSRAM_TimingTypeDef Timing = {0};        //基本时序
    FSMC_NORSRAM_TimingTypeDef ExtTiming = {0};     //扩展时序

    /*  子区 3 初始化，用于外部 SRAM 存储器  */
    hsram3.Instance = FSMC_NORSRAM_DEVICE;          //FSMC Bank1 寄存器基址
    hsram3.Extended = FSMC_NORSRAM_EXTENDED_DEVICE;
    /*  hsram3.Init 参数设置  */
    hsram3.Init.NSBank = FSMC_NORSRAM_BANK3;        //Bank1 子区 3
    hsram3.Init.DataAddressMux = FSMC_DATA_ADDRESS_MUX_DISABLE;
```

```
hsram3.Init.MemoryType = FSMC_MEMORY_TYPE_SRAM;            //SRAM 类型
hsram3.Init.MemoryDataWidth = FSMC_NORSRAM_MEM_BUS_WIDTH_16;    //数据宽度 16 位
hsram3.Init.BurstAccessMode = FSMC_BURST_ACCESS_MODE_DISABLE;
hsram3.Init.WaitSignalPolarity = FSMC_WAIT_SIGNAL_POLARITY_LOW;
hsram3.Init.WrapMode = FSMC_WRAP_MODE_DISABLE;
hsram3.Init.WaitSignalActive = FSMC_WAIT_TIMING_BEFORE_WS;
hsram3.Init.WriteOperation = FSMC_WRITE_OPERATION_ENABLE;  //允许写操作
hsram3.Init.WaitSignal = FSMC_WAIT_SIGNAL_DISABLE;          //禁用 Wait 信号
hsram3.Init.ExtendedMode = FSMC_EXTENDED_MODE_DISABLE;      //禁用扩展模式
hsram3.Init.AsynchronousWait = FSMC_ASYNCHRONOUS_WAIT_DISABLE;
hsram3.Init.WriteBurst = FSMC_WRITE_BURST_DISABLE;
hsram3.Init.PageSize = FSMC_PAGE_SIZE_NONE;
/*  时序设置  */
Timing.AddressSetupTime = 0;       //地址建立时间
Timing.AddressHoldTime = 15;       //地址保持时间，模式 A 下无效
Timing.DataSetupTime = 8;          //数据建立时间
Timing.BusTurnAroundDuration = 0; //总线翻转时间
Timing.CLKDivision = 16;           //时钟分频，模式 A 下无效
Timing.DataLatency = 17;           //模式 A 下无效
Timing.AccessMode = FSMC_ACCESS_MODE_A;            //时序模式 A
if (HAL_SRAM_Init(&hsram3, &Timing, NULL) != HAL_OK)
    Error_Handler( );   //HAL_SRAM_Init()里会调用  HAL_SRAM_MspInit()

/* *子区 4 初始化，用于 TFT LCD */
hsram4.Instance = FSMC_NORSRAM_DEVICE;           //FSMC Bank1 寄存器基址
hsram4.Extended = FSMC_NORSRAM_EXTENDED_DEVICE;
/* hsram4.Init 参数设置*/
hsram4.Init.NSBank = FSMC_NORSRAM_BANK4;         //Bank1 子区 4
hsram4.Init.DataAddressMux = FSMC_DATA_ADDRESS_MUX_DISABLE;
hsram4.Init.MemoryType = FSMC_MEMORY_TYPE_SRAM;
hsram4.Init.MemoryDataWidth = FSMC_NORSRAM_MEM_BUS_WIDTH_16;
hsram4.Init.BurstAccessMode = FSMC_BURST_ACCESS_MODE_DISABLE;
hsram4.Init.WaitSignalPolarity = FSMC_WAIT_SIGNAL_POLARITY_LOW;
hsram4.Init.WrapMode = FSMC_WRAP_MODE_DISABLE;
hsram4.Init.WaitSignalActive = FSMC_WAIT_TIMING_BEFORE_WS;
hsram4.Init.WriteOperation = FSMC_WRITE_OPERATION_ENABLE;
hsram4.Init.WaitSignal = FSMC_WAIT_SIGNAL_DISABLE;
hsram4.Init.ExtendedMode = FSMC_EXTENDED_MODE_ENABLE;
hsram4.Init.AsynchronousWait = FSMC_ASYNCHRONOUS_WAIT_DISABLE;
hsram4.Init.WriteBurst = FSMC_WRITE_BURST_DISABLE;
hsram4.Init.PageSize = FSMC_PAGE_SIZE_NONE;
/* 时序设置 */
Timing.AddressSetupTime = 2;
Timing.AddressHoldTime = 15;
Timing.DataSetupTime = 16;
Timing.BusTurnAroundDuration = 0;
Timing.CLKDivision = 16;
Timing.DataLatency = 17;
Timing.AccessMode = FSMC_ACCESS_MODE_A;
/* 扩展时序设置 */
ExtTiming.AddressSetupTime = 4;
ExtTiming.AddressHoldTime = 15;
ExtTiming.DataSetupTime = 9;
ExtTiming.BusTurnAroundDuration = 0;
ExtTiming.CLKDivision = 16;
ExtTiming.DataLatency = 17;
ExtTiming.AccessMode = FSMC_ACCESS_MODE_A;
if (HAL_SRAM_Init(&hsram4, &Timing, &ExtTiming) != HAL_OK)
    Error_Handler( );  //HAL_SRAM_Init()里会调用 HAL_SRAM_MspInit()
```

```
}

static uint32_t FSMC_Initialized = 0;      //静态变量，表示是否进行过 MSP 初始化

/* SRAM 的 MSP 初始化函数，在 HAL_SRAM_Init()里被调用 */
void HAL_SRAM_MspInit(SRAM_HandleTypeDef* sramHandle)
{
    HAL_FSMC_MspInit();
}

/* FSMC 接口 GPIO 初始化，在 HAL_SRAM_MspInit()里被调用 */
static void HAL_FSMC_MspInit(void)
{
    GPIO_InitTypeDef GPIO_InitStruct = {0};
    if (FSMC_Initialized)              //FSMC 接口的 GPIO 初始化只需执行一次
        return;

    FSMC_Initialized = 1;              //表示已经进行了 FSMC 接口的 GPIO 初始化
    __HAL_RCC_FSMC_CLK_ENABLE();       //FSMC 时钟使能
    /** FSMC GPIO 引脚配置
    PF0   ------> FSMC_A0
    PF1   ------> FSMC_A1
    PF2   ------> FSMC_A2
    PF3   ------> FSMC_A3
    PF4   ------> FSMC_A4
    PF5   ------> FSMC_A5
    PF12   ------> FSMC_A6
    PF13   ------> FSMC_A7
    PF14   ------> FSMC_A8
    PF15   ------> FSMC_A9
    PG0   ------> FSMC_A10
    PG1   ------> FSMC_A11
    PE7   ------> FSMC_D4
    PE8   ------> FSMC_D5
    PE9   ------> FSMC_D6
    PE10   ------> FSMC_D7
    PE11   ------> FSMC_D8
    PE12   ------> FSMC_D9
    PE13   ------> FSMC_D10
    PE14   ------> FSMC_D11
    PE15   ------> FSMC_D12
    PD8   ------> FSMC_D13
    PD9   ------> FSMC_D14
    PD10   ------> FSMC_D15
    PD11   ------> FSMC_A16
    PD12   ------> FSMC_A17
    PD13   ------> FSMC_A18
    PD14   ------> FSMC_D0
    PD15   ------> FSMC_D1
    PG2   ------> FSMC_A12
    PG3   ------> FSMC_A13
    PG4   ------> FSMC_A14
    PG5   ------> FSMC_A15
    PD0   ------> FSMC_D2
    PD1   ------> FSMC_D3
    PD4   ------> FSMC_NOE
    PD5   ------> FSMC_NWE
    PG10   ------> FSMC_NE3
    PG12   ------> FSMC_NE4
```

```
    PE0   ------> FSMC_NBL0
    PE1   ------> FSMC_NBL1      */
    /* GPIO_InitStruct */
    GPIO_InitStruct.Pin = GPIO_PIN_0|GPIO_PIN_1|GPIO_PIN_2|GPIO_PIN_3
              |GPIO_PIN_4|GPIO_PIN_5|GPIO_PIN_12|GPIO_PIN_13
              |GPIO_PIN_14|GPIO_PIN_15;
    GPIO_InitStruct.Mode = GPIO_MODE_AF_PP;
    GPIO_InitStruct.Pull = GPIO_NOPULL;
    GPIO_InitStruct.Speed = GPIO_SPEED_FREQ_VERY_HIGH;
    GPIO_InitStruct.Alternate = GPIO_AF12_FSMC;
    HAL_GPIO_Init(GPIOF, &GPIO_InitStruct);

    /* GPIO_InitStruct */
    GPIO_InitStruct.Pin = GPIO_PIN_0|GPIO_PIN_1|GPIO_PIN_2|GPIO_PIN_3
              |GPIO_PIN_4|GPIO_PIN_5|GPIO_PIN_10|GPIO_PIN_12;
    GPIO_InitStruct.Mode = GPIO_MODE_AF_PP;
    GPIO_InitStruct.Pull = GPIO_NOPULL;
    GPIO_InitStruct.Speed = GPIO_SPEED_FREQ_VERY_HIGH;
    GPIO_InitStruct.Alternate = GPIO_AF12_FSMC;
    HAL_GPIO_Init(GPIOG, &GPIO_InitStruct);

    /* GPIO_InitStruct */
    GPIO_InitStruct.Pin = GPIO_PIN_7|GPIO_PIN_8|GPIO_PIN_9|GPIO_PIN_10
              |GPIO_PIN_11|GPIO_PIN_12|GPIO_PIN_13|GPIO_PIN_14
              |GPIO_PIN_15|GPIO_PIN_0|GPIO_PIN_1;
    GPIO_InitStruct.Mode = GPIO_MODE_AF_PP;
    GPIO_InitStruct.Pull = GPIO_NOPULL;
    GPIO_InitStruct.Speed = GPIO_SPEED_FREQ_VERY_HIGH;
    GPIO_InitStruct.Alternate = GPIO_AF12_FSMC;
    HAL_GPIO_Init(GPIOE, &GPIO_InitStruct);

    /* GPIO_InitStruct */
    GPIO_InitStruct.Pin = GPIO_PIN_8|GPIO_PIN_9|GPIO_PIN_10|GPIO_PIN_11
              |GPIO_PIN_12|GPIO_PIN_13|GPIO_PIN_14|GPIO_PIN_15
              |GPIO_PIN_0|GPIO_PIN_1|GPIO_PIN_4|GPIO_PIN_5;
    GPIO_InitStruct.Mode = GPIO_MODE_AF_PP;
    GPIO_InitStruct.Pull = GPIO_NOPULL;
    GPIO_InitStruct.Speed = GPIO_SPEED_FREQ_VERY_HIGH;
    GPIO_InitStruct.Alternate = GPIO_AF12_FSMC;
    HAL_GPIO_Init(GPIOD, &GPIO_InitStruct);
}
```

上述程序中有两个SRAM_HandleTypeDef类型的外设对象变量：hsram3表示Bank1子区3，用于访问外部SRAM存储器；hsram4表示Bank1子区4，用于访问TFT LCD。

函数MX_FSMC_Init()用于hsram3和hsram4的初始化设置，包括FSMC的参数设置和时序设置。函数代码与CubeMX中的设置是对应的，在第8章介绍FSMC连接TFT LCD时，我们详细介绍过这些参数的意义，此处不再赘述。

函数HAL_FSMC_MspInit()用于FSMC复用引脚的GPIO配置，这个函数被HAL_SRAM_MspInit()调用，而HAL_SRAM_MspInit()又被HAL_SRAM_Init()调用。

3. 外部SRAM数据读写

main()函数中在进入while循环之前，显示了一个菜单，响应这4个菜单项的函数原型在文件main.h中声明，在文件main.c中实现这4个函数。这4个函数的代码如下：

```
/* USER CODE BEGIN 4 */
/*  用HAL函数写入数据   */
```

```
void  SRAM_WriteByFunc()
{
//1. 写入字符串
    uint32_t *pAddr=(uint32_t *)(SRAM_ADDR_BEGIN);          //给指针赋值
    uint8_t  strIn[]="Moment in UPC";
    uint16_t dataLen=sizeof(strIn);          //数据长度，字节数，包括最后的结束符'\0'
    if (HAL_SRAM_Write_8b(&hsram3, pAddr, strIn, dataLen)==HAL_OK)
    {
        LCD_ShowStr(0,LCD_CurY, (uint8_t *)"Write string at 0x6800 0000");
        LCD_ShowStr(50,LCD_CurY+LCD_SP10, strIn);
    }

//2. 写入一个随机数
    uint32_t num=0;
    pAddr=(uint32_t *)(SRAM_ADDR_BEGIN+256);          //指针重新赋值，指向新的地址
    HAL_RNG_GenerateRandomNumber(&hrng, &num);        //产生一个 32 位随机数
    if (HAL_SRAM_Write_32b(&hsram3, pAddr, &num, 1) ==HAL_OK)
    {
        LCD_ShowStr(0,LCD_CurY+30, (uint8_t *)"Write 32b number at 0x6800 0100");
        LCD_ShowUintHex(50,LCD_CurY+LCD_SP10, num, 1);   //十六进制显示，显示前缀 0x
    }
}

/*  用 HAL 函数读取数据  */
void  SRAM_ReadByFunc()
{
//1. 读取字符串
    uint32_t *pAddr=(uint32_t *)(SRAM_ADDR_BEGIN);          //给指针赋值
    uint8_t  strOut[30];
    uint16_t dataLen=30;
    if (HAL_SRAM_Read_8b(&hsram3, pAddr, strOut, dataLen)==HAL_OK)
    {
        LCD_ShowStr(0,LCD_CurY, (uint8_t *)"Read string at 0x6800 0000");
        LCD_ShowStr(50,LCD_CurY+LCD_SP10, strOut);          //显示自动以'\0'结束
    }

//2. 读取一个 uint32_t 类型的数
    uint32_t num=0;
    pAddr=(uint32_t *)(SRAM_ADDR_BEGIN+256);     //指针重新赋值，指向一个新的地址
    if (HAL_SRAM_Read_32b(&hsram3, pAddr, &num, 1)==HAL_OK)
    {
        LCD_ShowStr(0,LCD_CurY+30, (uint8_t *)"Read 32b number at 0x6800 0100");
        LCD_ShowUintHex(50,LCD_CurY+LCD_SP10, num, 1);
    }
}

/*  直接通过指针写数据  */
void  SRAM_WriteByPointer()
{
    LCD_ShowStr(10,LCD_CurY, (uint8_t *)"Write five uint16_t numbers");
    LCD_ShowStr(20,LCD_CurY+LCD_SP10, (uint8_t *)"start from 0x6808 0000");
    uint16_t num=1000;
    uint16_t *pAddr_16b=(uint16_t *)(SRAM_ADDR_HALF);     //uint16_t 类型数据指针
    for(uint8_t i=0; i<5; i++)          //连续写入 5 个 16 位整数
    {
        num += 5;
        *pAddr_16b =num;       //直接向指针所指的地址写入数据
        pAddr_16b++;           //++一次，地址加 2，因为是 uint16_t 类型
        LCD_ShowUint(50,LCD_CurY+LCD_SP10, num);
```

```
        }
    }

    /*  直接通过指针读取数据  */
    void  SRAM_ReadByPointer()
    {
        LCD_ShowStr(10,LCD_CurY, (uint8_t *)"Read five uint16_t numbers");
        LCD_ShowStr(20,LCD_CurY+LCD_SP10, (uint8_t *)"start from 0x6808 0000");
        uint16_t  num=0;
        uint16_t  *pAddr_16b=(uint16_t *)(SRAM_ADDR_HALF);    //uint16_t 类型数据指针
        for(uint8_t i=0; i<5; i++)
        {
            num=*pAddr_16b;         //直接从指针所指的地址读数
            pAddr_16b++;            //++一次，地址加 2，因为是 uint16_t 类型
            LCD_ShowUint(50,LCD_CurY+LCD_SP10, num);
        }
    }
    /* USER CODE END 4 */
```

使用 HAL 函数读写外部 SRAM 的数据，就是使用表 19-2 中的函数读写 SRAM 的数据。注意，给这些函数传递的 SRAM 目标地址必须是 uint32_t 类型指针，如下所示：

```
uint32_t *pAddr=(uint32_t *)(SRAM_ADDR_BEGIN);         //给指针赋值
pAddr=(uint32_t *)(SRAM_ADDR_BEGIN+256);               //指针重新赋值，指向新的地址
```

而在使用指针直接访问 SRAM 时，指针类型需要与实际访问的数据类型一致，例如，访问的数据是 uint16_t 类型，就应该定义如下的指针：

```
uint16_t *pAddr_16b=(uint16_t *)(SRAM_ADDR_HALF);      //uint16_t 类型数据指针
```

4. 运行与测试

构建项目无误后，我们将其下载到开发板上并予以测试。按照菜单提示写入数据后再读出，我们发现读出的数据与写入的数据一致。

按复位键后直接读取，原来写入的数据还在，因为复位时芯片 IS62WV51216 并没有掉电，所以写入的数据还在。但如果关闭电源，然后打开电源后直接读取 SRAM 的内容，会发现读取的内容是乱的，因为 SRAM 芯片的内容在掉电后丢失了。

19.4　示例 2：DMA 方式读写外部 SRAM

19.4.1　示例功能和 CubeMX 项目设置

外部 SRAM 还可以通过 DMA 方式访问，HAL 驱动程序中提供了 HAL_SRAM_Write_DMA() 和 HAL_SRAM_Read_DMA()两个函数用于外部 SRAM 的 DMA 方式读写数据。但是在 FSMC 的参数设置界面并没有 DMA 设置界面（见图 19-4），外部 SRAM 的 DMA 配置方法与一般的外设不同。

在本节中，我们再设计一个示例 Demo19_2SRAM_DMA，演示如何使用 DMA 方式读写外部 SRAM。本项目与前一示例 Demo19_1SRAM 的 CubeMX 设置基本相同，所以我们直接将项目 Demo19_1SRAM 复制为项目 Demo19_2SRAM_DMA（项目复制操作方法见附录 B）。

在 CubeMX 里打开文件 Demo19_2SRAM_DMA.ioc 进行设置，时钟树的设置、FSMC Bank 1 子区 3 和子区 4 的模式和参数设置都无须修改。本示例不再使用 RNG，所以取消 RNG。

在 FSMC 组件的配置界面没有 DMA 设置页面，为此我们需要在 CubeMX 里单独创建一个 DMA 流，然后在程序里编写少量代码将创建的 DMA 流与 Bank 1 子区 3 对象关联。

1. 创建 MemToMem 类型 DMA 流

在组件面板的 System Core 分组里有一个 DMA 组件，用户可以在这里管理已经为外设的 DMA 请求配置好的 DMA 流，也可以在这里直接创建 DMA 配置。DMA 组件没有任何模式参数需要设置，界面如图 19-5 所示。

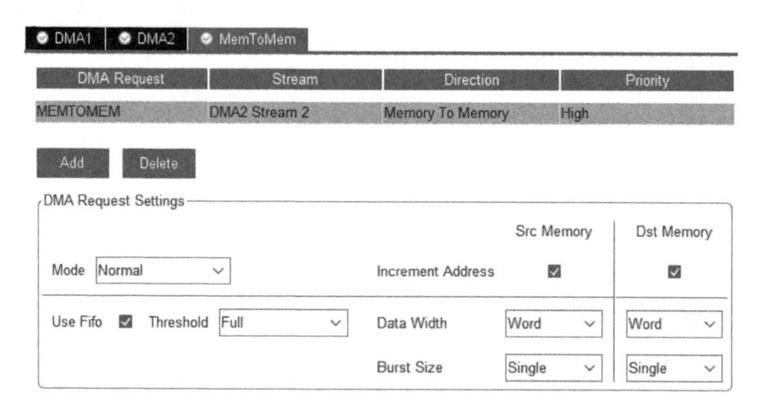

图 19-5　创建 MemToMem 类型 DMA 的配置

访问外部 SRAM 的 DMA 传输方向是 Memory To Memory（存储器到存储器），只有 DMA2 控制器支持这种类型的 DMA 传输，在 MemToMem 页面配置的 DMA 流会自动显示在 DMA2 页面。

本示例创建的 DMA 配置结果如图 19-5 所示。DMA 请求只能选择为 MEMTOMEM，选择一个流 DMA2 Stream2（只能是 DMA2 控制器的 DMA 流），传输方向是 Memory To Memory。

这个 DMA 流的属性参数设置需要注意以下事项。

- DMA 流的工作模式（Mode）只能设置为正常（Normal）模式，不能设置为循环模式。
- DMA 流会自动使用 FIFO，且不能关闭。
- 源存储器和目标存储器的数据宽度（Data Width）设置为 Word，这是因为函数 HAL_SRAM_Write_DMA()和HAL_SRAM_Read_DMA()只支持uint32_t类型的数据缓冲区。
- 源存储器和目标存储器都应该开启地址自增功能。

CubeMX 会为这样配置的一个 DMA 流生成初始化代码，也就是会定义 DMA_HandleTypeDef 类型的 DMA 流对象变量，并根据 CubeMX 里的设置生成赋值代码，用函数 HAL_DMA_Init() 进行 DMA 流的初始化，但是不会生成代码将 DMA 流对象与外设关联，也就是不会生成调用函数__HAL_LINKDMA()的代码，需要用户自己在程序中编写代码将 DMA 流对象与 FSMC Bank 1 子区 3 对象关联。这与前面介绍过的一些外设使用 DMA 的配置方法有差异。

2. 开启 DMA 流的中断

前面创建的 DMA 配置中用到 DMA2 Stream2 流，这个 DMA 流的中断并不会自动打开。不打开 DMA 流的中断，DMA 传输完成中断事件的回调函数就不会被调用。所以，我们还需要在 NVIC 管理界面开启 DMA2 Stream2 的全局中断，如图 19-6 所示。将这个中断的抢占优先级设置为 1，以防回调函数里直接或间接用到延时函数 HAL_Delay()。

NVIC Interrupt Table	Enabled	Preemption Priority
Non maskable interrupt	☑	0
Hard fault interrupt	☑	0
Memory management fault	☑	0
Pre-fetch fault, memory access fault	☑	0
Undefined instruction or illegal state	☑	0
System service call via SWI instruction	☑	0
Debug monitor	☑	0
Pendable request for system service	☑	0
Time base: System tick timer	☑	0
DMA2 stream2 global interrupt	☑	1

图 19-6　开启 DMA 流的中断并设置抢占优先级为 1

19.4.2　程序功能实现

1. 主程序

在 CubeMX 里完成配置后生成代码，我们在 CubeIDE 里打开项目，删除文件 main.h 和 main.c 中原项目中的 4 个自定义函数，再根据本示例的设计目的添加用户功能代码。完成后主程序的代码如下：

```
/* 文件:main.c  -----------------------------------------------------------------*/
#include "main.h"
#include "dma.h"
#include "gpio.h"
#include "fsmc.h"
/* USER CODE BEGIN Includes */
#include "tftlcd.h"
#include "keyled.h"
/* USER CODE END Includes */

/* Private define ------------------------------------------------------------*/
/* USER CODE BEGIN PD */
#define SRAM_ADDR_BEGIN        0x68000000UL   //Bank1 子区 3 的 SRAM 起始地址
#define SRAM_ADDR_HALF         0x68080000UL   //SRAM 中间地址，一半是 512KB
#define SRAM_ADDR_END          0x680FFFFFUL   //SRAM 结束地址，共 1024KB
/* USER CODE END PD */

/* Private variables ---------------------------------------------------------*/
/* USER CODE BEGIN PV */
#define      COUNT           5      //缓冲区数据点个数
uint32_t     txBuffer[COUNT];      //DMA 发送缓冲区
uint32_t     rxBuffer[COUNT];      //DMA 接收缓冲区
uint8_t      DMA_Direction=1;      //DMA 传输方向，1=write，0=read
uint8_t      DMA_Busy=0;           //DMA 工作状态，1=busy，0=idle
/* USER CODE END PV */

int main(void)
{
     HAL_Init();
     SystemClock_Config();
     /* Initialize all configured peripherals */
     MX_GPIO_Init();
     MX_DMA_Init();              //DMA 初始化
     MX_FSMC_Init();             //FSMC 初始化

     /* USER CODE BEGIN 2 */
     //将 DMA 流对象 hdma_m2m_sram 与外设 hsram3 关联
     __HAL_LINKDMA(&hsram3, hdma, hdma_m2m_sram);
```

```
    TFTLCD_Init();
    LCD_ShowStr(10,10, (uint8_t *)"Demo19_2:External SRAM");
    LCD_ShowStr(10,LCD_CurY+LCD_SP10, (uint8_t *)"Read/Write SRAM by DMA");
    //显示菜单
    LCD_ShowStr(10,LCD_CurY+LCD_SP20,(uint8_t *)"[1]KeyUp   = Write directly");
    LCD_ShowStr(10,LCD_CurY+LCD_SP10,(uint8_t *)"[2]KeyDown = Write by DMA");
    LCD_ShowStr(10,LCD_CurY+LCD_SP10,(uint8_t *)"[3]KeyRight= Read by DMA");
    uint16_t InfoStartPosY=LCD_CurY+ LCD_SP15;   //信息显示起始行
    LcdFRONT_COLOR=lcdColor_WHITE;
    /* USER CODE END 2 */

    /* Infinite loop */
    /* USER CODE BEGIN WHILE */
    while (1)
    {
        KEYS  curKey=ScanPressedKey(KEY_WAIT_ALWAYS);
        LCD_ClearLine(InfoStartPosY, LCD_H,LcdBACK_COLOR);   //清除信息显示区域
        LCD_CurY= InfoStartPosY;        //设置 LCD 当前行
        switch(curKey)
        {
        case KEY_UP:
            SRAM_WriteDirect();         //Write directly
            break;
        case KEY_DOWN:
            SRAM_WriteDMA();            //Write by DMA
            break;
        case KEY_RIGHT:
            SRAM_ReadDMA();             //Read by DMA
        }
        HAL_Delay(500);                 //延时，消除按键抖动影响
    /* USER CODE END WHILE */
    }
}
```

文件 main.c 定义了几个全局变量用于 DMA 数据传输。在后面介绍 DMA 传输实现代码时，读者会看到这些变量的作用。

在外设初始化部分，MX_DMA_Init()用于 DMA 初始化，就是初始化 CubeMX 中定义的 MemToMem 类型的 DMA 流对象。MX_FSMC_Init()用于 FSMC 初始化，这个函数的代码与前一示例的完全相同。

外设初始化完成后，要调用函数__HAL_LINKDMA()将 DMA 流对象 hdma_m2m_sram 与 FSMC Bank 1 子区 3 对象 hsram3 关联。

主程序里显示了一个菜单，while 循环里通过检测按键对菜单做出响应，响应代码中用到 3 个自定义函数，在后面会介绍这几个函数的实现代码。

2. DMA 初始化

DMA 初始化函数 MX_DMA_Init()在文件 dma.h 中定义。文件 dma.c 中这个函数的代码如下：

```
/* 文件：dma.c   -----------------------------------------------------------*/
#include "dma.h"
DMA_HandleTypeDef  hdma_m2m_sram;          //DMA 流对象变量

void  MX_DMA_Init(void)
{
    __HAL_RCC_DMA2_CLK_ENABLE();            //DMA2 控制器时钟使能
```

```
    /*  配置 DMA 流对象 hdma_m2m_sram  */
    hdma_m2m_sram.Instance = DMA2_Stream2;                     //DMA 流寄存器基址
    hdma_m2m_sram.Init.Channel = DMA_CHANNEL_0;                //DMA 通道，即外设 DMA 请求
    hdma_m2m_sram.Init.Direction = DMA_MEMORY_TO_MEMORY;       //传输方向
    hdma_m2m_sram.Init.PeriphInc = DMA_PINC_ENABLE;            //地址自增
    hdma_m2m_sram.Init.MemInc = DMA_MINC_ENABLE;               //地址自增
    hdma_m2m_sram.Init.PeriphDataAlignment = DMA_PDATAALIGN_WORD;
    hdma_m2m_sram.Init.MemDataAlignment = DMA_MDATAALIGN_WORD;
    hdma_m2m_sram.Init.Mode = DMA_NORMAL;                      //正常模式
    hdma_m2m_sram.Init.Priority = DMA_PRIORITY_HIGH;
    hdma_m2m_sram.Init.FIFOMode = DMA_FIFOMODE_ENABLE;
    hdma_m2m_sram.Init.FIFOThreshold = DMA_FIFO_THRESHOLD_FULL;
    hdma_m2m_sram.Init.MemBurst = DMA_MBURST_SINGLE;
    hdma_m2m_sram.Init.PeriphBurst = DMA_PBURST_SINGLE;
    if (HAL_DMA_Init(&hdma_m2m_sram) != HAL_OK)                //DMA 流初始化
        Error_Handler();

    /*  DMA2_Stream2_IRQn 中断配置  */
    HAL_NVIC_SetPriority(DMA2_Stream2_IRQn, 1, 0);
    HAL_NVIC_EnableIRQ(DMA2_Stream2_IRQn);
}
```

上述程序里有一个变量 hdma_m2m_sram，这是 DMA 流对象变量。CubeMX 自动生成的代码中原始的变量名是 hdma_memtomem_dma2_stream2，但是这个变量名太长，文字表述和排版不方便，所以用 refactor 方法将其更名为 hdma_m2m_sram。但要注意，CubeMX 重新生成代码后又会变为原始的变量名。

函数 MX_DMA_Init()设置了流对象变量 hdma_m2m_sram 各成员变量的值，定义了 DMA 传输的特性，各成员变量的赋值代码与 CubeMX 里的设置对应。函数 MX_DMA_Init()完成了 DMA 流对象的初始化配置，还设置了 DMA 流的中断优先级，开启 DMA 流中断。

在 main()函数里完成外设初始化后，执行了下面一行语句：

```
__HAL_LINKDMA(&hsram3, hdma, hdma_m2m_sram);
```

从第 13 章的分析可知，执行这行语句相当于执行了下面两行语句：

```
(&hsram3)->hdma =&(hdma_m2m_sram);    //hsram3 的 hdma 指向具体的 DMA 流对象
(hdma_m2m_sram).Parent=(&hsram3);     //DMA 流对象的 Parent 指向具体外设 hsram3
```

所以，其功能就是将 DMA 流对象 hdma_m2m_sram 与外设 hsram3 互相关联。

如果仔细对比第 13 章初始化函数 HAL_UART_MspInit()的代码，会发现本示例就是将初始化 DMA 流对象的代码放到了函数 MX_DMA_Init()里，没有自动生成调用__HAL_LINKDMA()的代码实现 DMA 流与外设的互相关联。所以在 main()函数里，需要调用函数__HAL_LINKDMA()将外设 hsram3 与 DMA 流对象 hdma_m2m_sram 关联起来。

3. DMA 方式读写外部 SRAM

main()函数中响应 3 个按键的代码中调用的 3 个函数是在 main.h 中定义的。文件 main.c 中的实现代码如下：

```
/* USER CODE BEGIN 4 */
/*  直接写入 SRAM  */
void  SRAM_WriteDirect()
{
    LCD_ShowStr(10,LCD_CurY, (uint8_t *)"Write 32bit array directly");
    uint32_t Value=1000;      //初始值
```

```
		for(uint8_t i=0; i<COUNT; i++)
		{
			txBuffer[i]=Value;
			LCD_ShowUint(50,LCD_CurY+LCD_SP10, Value);
			Value += 5;
		}

		uint32_t *pAddr_32b=(uint32_t *)(SRAM_ADDR_BEGIN);		//给指针赋值
		if (HAL_SRAM_Write_32b(&hsram3, pAddr_32b, txBuffer, COUNT)==HAL_OK)
			LCD_ShowStr(10,LCD_CurY+LCD_SP15, (uint8_t *)"Array is written successfully");
	}

	/*  DMA 方式写入 SRAM  */
	void  SRAM_WriteDMA()
	{
		LCD_ShowStr(10,LCD_CurY, (uint8_t *)"Write 32bit array by DMA");
		uint32_t Value=3000;	//初始值
		for(uint8_t i=0; i<COUNT; i++)		//准备数组数据
		{
			txBuffer[i]=Value;
			LCD_ShowUint(50,LCD_CurY+LCD_SP10, Value);
			Value += 6;
		}

		DMA_Direction=1;		//DMA 传输方向，1=write，0=read
		DMA_Busy=1;		//表示 DMA 正在传输，1=working,0=idle
		uint32_t *pAddr_32b=(uint32_t *)(SRAM_ADDR_BEGIN);		//给指针赋值
		HAL_SRAM_Write_DMA(&hsram3, pAddr_32b, txBuffer, COUNT);	//DMA 方式写入 SRAM
	}

	/*  DMA 方式读取 SRAM  */
	void  SRAM_ReadDMA()
	{
		LCD_ShowStr(10,LCD_CurY, (uint8_t *)"Read 32bit array by DMA");
		DMA_Direction=0;	//DMA 传输方向，1=write，0=read
		DMA_Busy=1;		//表示 DMA 正在传输，1=working，0=idle
		uint32_t *pAddr_32b=(uint32_t *)(SRAM_ADDR_BEGIN);		//给指针赋值
		HAL_SRAM_Read_DMA(&hsram3, pAddr_32b, rxBuffer, COUNT);	//DMA 方式读取 SRAM
	}

	/*  DMA 传输完成事件中断回调函数  */
	void HAL_SRAM_DMA_XferCpltCallback(DMA_HandleTypeDef *hdma)
	{
		if (DMA_Direction)	//DMA 传输方向，1=write，0=read
			LCD_ShowStr(10,LCD_CurY+LCD_SP15, (uint8_t *)"Written by DMA complete.");
		else
		{
			LCD_ShowStr(10,LCD_CurY+LCD_SP15, (uint8_t *)"Read by DMA complete.");
			for(uint8_t i=0; i<COUNT; i++)
				LCD_ShowUint(50,LCD_CurY+LCD_SP10, rxBuffer[i]);
		}
		DMA_Busy=0;		//表示 DMA 传输结束了，1=working，0=idle
	}
	/* USER CODE END 4 */
```

按下 KeyUp 键后，调用函数 SRAM_WriteDirect()，其功能是调用函数 HAL_SRAM_Write_32b() 向外部 SRAM 写入一个数组的数据，主要是为了测试 DMA 方式读出的数据是否正确。

hsram3 关联的 DMA 流是 MemToMem 类型的，使用函数 HAL_SRAM_Write_DMA()以 DMA

方式写入数据，或使用函数 HAL_SRAM_Read_DMA()以 DMA 方式读取数据时，都使用这个 DMA 流，回调函数都是 HAL_SRAM_DMA_XferCpltCallback()。所以，定义了两个全局变量表示 DMA 传输方向和 DMA 工作状态。

- 全局变量 DMA_Direction 表示 DMA 传输方向：DMA_Direction 为 1 时，表示数据写入；为 0 时，表示数据读出。
- 全局变量 DMA_Busy 表示是否正在进行 DMA 传输：DMA_Busy 为 1 时，表示正在进行 DMA 传输；为 0 时，表示空闲。

按下 KeyDown 键时，调用函数 SRAM_WriteDMA()，其功能是调用 HAL_SRAM_Write_DMA()以 DMA 方式向外部 SRAM 写入一个数组的数据。在开启 DMA 传输之前，将全局变量 DMA_Direction 设置为 1，表示写入操作，将 DMA_Busy 设置为 1。

按下 KeyRight 键时，调用函数 SRAM_ReadDMA()，其功能是调用函数 HAL_SRAM_Read_DMA()，以 DMA 方式从外部 SRAM 读取一批数据。在开启 DMA 传输之前，将全局变量 DMA_Direction 设置为 0，表示读取操作，将 DMA_Busy 设置为 1。

函数 HAL_SRAM_Write_DMA()和 HAL_SRAM_Read_DMA()启动的 DMA 传输完成后，会触发 DMA 流的传输完成事件中断，会调用相同的一个回调函数 HAL_SRAM_DMA_XferCpltCallback()，所以需要在这个回调函数区分 DMA 传输方向。通过全局变量 DMA_Direction 可以判断 DMA 传输方向，从而做出相应的响应。回调函数处理完成后，将全局变量 DMA_Busy 的值设置为 0，表示 DMA 传输完成。

在函数 SRAM_WriteDMA()和 SRAM_ReadDMA()中启动 DMA 传输之前，理论上还应该判断变量 DMA_Busy 的值。如果 DMA_Busy 为 1，表示有未完成的 DMA 传输，需要等待 DMA_Busy 变为 0 之后再启动一次 DMA 传输。本示例中使用按键启动 DMA 传输，手动操作速度很慢，所以未做判断处理。

4. 运行与测试

构建项目无误后，我们将其下载到开发板上并予以测试，运行时按照 LCD 上的提示进行操作。

按下 KeyUp 键会直接写入一批数据，按下 KeyRight 键以 DMA 方式读出数据，读出的数据与写入的数据一致；按下 KeyDown 键以 DMA 方式写入另一批数据，按下 KeyRight 键以 DMA 方式读出数据，读出的数据与写入的数据一致。测试说明 DMA 方式读写外部 SRAM 的程序功能是正确的。

第 20 章　独立看门狗

看门狗（Watchdog）就是 MCU 上的一种特殊的定时器，用于监视系统的运行，在发生错误（例如程序出现死循环）时，能自动使系统复位。STM32F407 上有 1 个独立看门狗和 1 个窗口看门狗，这两个看门狗的作用不一样。我们在本章中介绍独立看门狗的功能和使用，在第 21 章介绍窗口看门狗。

20.1　独立看门狗的工作原理

独立看门狗（Independent Watchdog，IWDG）是由内部 32kHz 低速时钟 LSI 驱动的自由运行的 12 位递减计数器。LSI 在时钟树上的位置如图 20-1 所示。本章后面有时会将“独立看门狗”简称为“看门狗”。

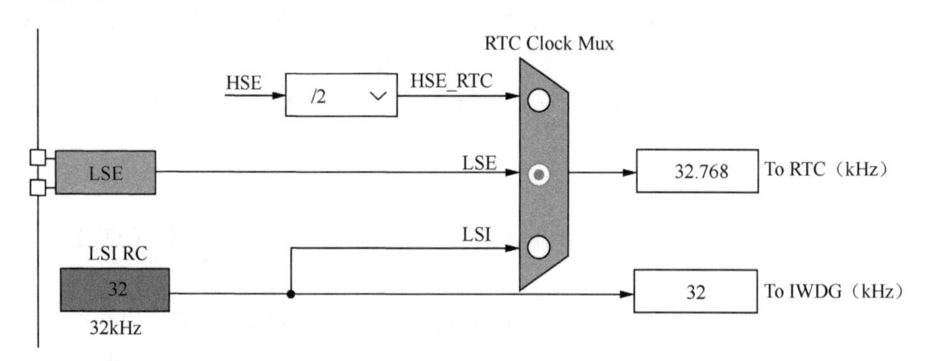

图 20-1　驱动独立看门狗的 LSI 时钟

独立看门狗内部还可以对 LSI 时钟进行分频，分频后的时钟作为计数器的时钟信号。在预分频器寄存器 IWDG_PR 里，有 PR[2:0]用于设置分频系数，分频系数从 4、8、16 到 256。

系统复位时，IWDG 的 12 位递减计数器的值是 4095。启动 IWDG 后，计数器就递减计数，当计数器值变为 0 的时候，就会使系统产生复位。

独立看门狗有一个重载寄存器 IWDG_RLR，可以设置一个 12 位的重载值，例如 4000。在看门狗的递减计数器的值变为 0 之前，将 IWDG_RLR 里的值重新载入看门狗计数器，就可以避免产生复位。

独立看门狗还有一个关键字寄存器 IWDG_KR，其 KEY[15:0]是一个只可以写的关键字。写入不同的关键字有不同的作用。

- 写入 0xAAAA 时，重载寄存器 IWDG_RLR 中的 12 位值就会被写入计数器，从而使计数器从头开始递减计数，避免系统复位。此操作称为刷新看门狗。

- 写入 0x5555 后，才可以修改预分频器寄存器 IWDG_PR 和重载寄存器 IWDG_RLR 的内容。
- 写入 0xCCCC 时，启动独立看门狗。

LSI 时钟频率是 32kHz，看门狗最大重载值是 4095（对应 0xFFF），根据预分频系数可以计算出 IWDG 的最长超时（timeout），如表 20-1 所示。注意，MCU 内部的 LSI 时钟频率不是非常准确，例如，STM32F407 的 LSI 频率范围是 17kHz～47kHz，所以在设置刷新独立看门狗的周期时，要留出一定的余量。

表 20-1 重载值为 4095 时独立看门狗的超时

预分频系数	超时/ms
/4	512
/8	1024
/16	2048
/32	4096
/64	8192
/128	16384
/256	32768

20.2 独立看门狗的 HAL 驱动程序

独立看门狗的 HAL 驱动程序头文件是 stm32f4xx_hal_iwdg.h，独立看门狗的驱动函数比较少，只有 2 个常规函数和几个宏函数。独立看门狗没有中断。

1. 初始化函数 HAL_IWDG_Init()

函数 HAL_IWDG_Init()用于初始化独立看门狗，其原型定义如下：

```
HAL_StatusTypeDef HAL_IWDG_Init(IWDG_HandleTypeDef *hiwdg);
```

其中，参数 hiwdg 是 IWDG_HandleTypeDef 结构体指针，是看门狗对象指针。独立看门狗初始化后就自动启动了，且无法关闭。

在 CubeMX 生成的外设初始化代码中，会定义一个独立看门狗外设对象变量，即

```
IWDG_HandleTypeDef  hiwdg;        //独立看门狗外设对象变量
```

结构体 IWDG_HandleTypeDef 的定义如下，各成员变量的意义见注释：

```
typedef struct
{
    IWDG_TypeDef          *Instance;          //IWDG 寄存器基址
    IWDG_InitTypeDef      Init;               //IWDG 的参数
} IWDG_HandleTypeDef;
```

其中的成员变量 Init 是结构体类型 IWDG_InitTypeDef，它定义了 IWDG 的参数，这个结构体定义如下，各成员变量的意义见注释：

```
typedef struct
{
    uint32_t Prescaler;          //IWDG 预分频系数，也就是预分频寄存器 IWDG_PR 里的 PR[2:0]
    uint32_t Reload;             //IWDG 计数器重载值，也就是重载寄存器 IWDG_RLR 的值
} IWDG_InitTypeDef;
```

2. 刷新看门狗的函数 HAL_IWDG_Refresh()

函数 HAL_IWDG_Refresh()用于刷新看门狗，就是将重载寄存器 IWDG_RLR 的值重新载入看门狗计数器，避免产生系统复位。函数 HAL_IWDG_Refresh()的原型定义如下，只需使用 IWDG 对象指针作为函数参数：

```
HAL_StatusTypeDef HAL_IWDG_Refresh(IWDG_HandleTypeDef *hiwdg);
```

3. 几个宏函数

文件 stm32f4xx_hal_iwdg.h 还有几个主要的宏函数，这些函数的输入参数__HANDLE__是独立看门狗对象指针。

- __HAL_IWDG_START(__HANDLE__)，启动独立看门狗，就是向关键字寄存器 IWDG_KR 写入 0x0000CCCC。
- __HAL_IWDG_RELOAD_COUNTER(__HANDLE__)，重置看门狗计数器的值，就是向关键字寄存器 IWDG_KR 写入 0x0000AAAA，这会导致重载寄存器 IWDG_RLR 中的值载入看门狗计数器。这个宏函数与函数 HAL_IWDG_Refresh()的功能相同。
- IWDG_ENABLE_WRITE_ACCESS(__HANDLE__)，使预分频寄存器 IWDG_PR 和重载寄存器 IWDG_RLR 变为可写的，其代码就是向关键字寄存器 IWDG_KR 写入 0x00005555。
- IWDG_DISABLE_WRITE_ACCESS(__HANDLE__)，使预分频寄存器 IWDG_PR 和重载寄存器 IWDG_RLR 变为不可写的，其代码就是向关键字寄存器 IWDG_KR 写入 0x00000000。

20.3 独立看门狗使用示例

20.3.1 示例功能和 CubeMX 项目设置

在本节中，我们设计一个示例 Demo20_1IWDG，演示独立看门狗的使用方法。本示例具有如下的功能和操作。

- 配置独立看门狗的超时为 8192ms。
- 使用 RTC 周期唤醒功能，唤醒周期为 1s，使用一个全局变量 Seconds 进行秒计时。
- 按下任何一个按键时，刷新看门狗，使全局变量 Seconds 归零。
- 超过 8s 无按键刷新看门狗，系统将复位。

本示例用到 LCD 和 4 个按键，从 CubeMX 模板项目文件 M4_LCD_KeyLED.ioc 创建本示例的 CubeMX 文件 Demo20_1IWDG.ioc（操作方法见附录 A）。

在 RCC 组件中设置 LSE 为 Crystal/Ceramic Resonator。开启 RTC 的时钟源和日历，在时钟树上设置 LSE 为 RTC 的时钟源。开启 RTC 的周期唤醒功能，设置唤醒时钟为 1Hz 信号，唤醒周期为 1s。开启 RTC 周期唤醒中断，设置 RTC 的周期唤醒中断抢占优先级为 1。RTC 设置结果如图 20-2 所示，RTC 的设置原理详见 11.2.4 节。

对独立看门狗 IWDG 的设置界面如图 20-3 所示。在模式设置部分只需激活 IWDG 即可，参数设置部分只有两个参数。

- IWDG counter clock prescaler，独立看门狗计数器的预分频系数，可选值为 4～256。这里设置为 64，因为 LSI 是 32kHz，所以看门狗计数器的时钟信号频率是 500Hz。

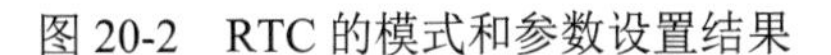

图 20-2 RTC 的模式和参数设置结果

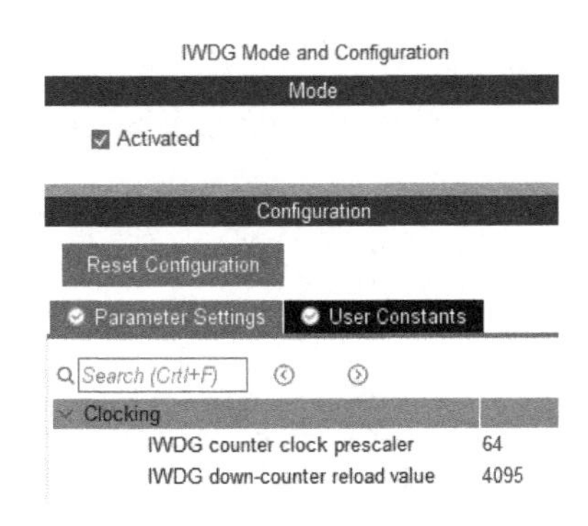

图 20-3 独立看门狗 IWDG 的设置

- IWDG down-counter reload value，递减计数器的重载值，可输入范围是 0～4095，这里设置为 4095。

经过这样的设置后，递减计数器的时钟信号周期是 2ms，所以独立看门狗的超时是 8192ms，也就是大约 8s。如果超过 8s 不刷新独立看门狗，系统就会复位。

20.3.2 程序功能实现

1. 主程序

在 CubeMX 中完成设置后生成代码，我们在 CubeIDE 中打开项目，将 PublicDrivers 目录下的 TFT_LCD 和 KEY_LED 目录添加到项目的搜索路径（操作方法见附录 A）。在主程序中添加用户功能代码，在文件 main.c 中重新实现 RTC 周期唤醒中断回调函数。完成后 main.c 的代码如下：

```
/* 文件:main.c  ----------------------------------------------------------------*/
#include "main.h"
#include "iwdg.h"
#include "rtc.h"
#include "gpio.h"
#include "fsmc.h"
/* USER CODE BEGIN Includes */
#include "tftlcd.h"
#include "keyled.h"
/* USER CODE END Includes */

/* Private variables -----------------------------------------------------------*/
/* USER CODE BEGIN PV */
uint8_t     Seconds=0;          //秒计数器
uint16_t    PosX,PosY;          //记录 LCD 显示位置
/* USER CODE END PV */

int main(void)
{
    HAL_Init();
    SystemClock_Config();
    /* Initialize all configured peripherals */
    MX_GPIO_Init();
    MX_FSMC_Init();
    MX_IWDG_Init();          //独立看门狗初始化，IWDG 初始化后就已经启动，且无法停止
```

```
        MX_RTC_Init();

        /* USER CODE BEGIN 2 */
        TFTLCD_Init();
        LCD_ShowStr(10,10, (uint8_t *)"Demo20_1:Independent Watchdog");
        LCD_ShowStr(10,LCD_CurY+LCD_SP15, (uint8_t *)"IWDG should be refreshed in 8s");
        LCD_ShowStr(10,LCD_CurY+LCD_SP15, (uint8_t *)"Press any key to refresh IWDG");

        LCD_ShowStr(10,LCD_CurY+LCD_SP20, (uint8_t *)"Seconds after last refresh: ");
        PosX=LCD_CurX;          //记录 LCD 显示位置
        PosY=LCD_CurY;
        /* USER CODE END 2 */

        /* Infinite loop */
        /* USER CODE BEGIN WHILE */
        while (1)
        {
             KEYS  curKey=ScanPressedKey(KEY_WAIT_ALWAYS);
             switch(curKey)
             {
             case KEY_DOWN:
             case KEY_UP:
                  HAL_IWDG_Refresh(&hiwdg);              //刷新看门狗
                  break;

             case KEY_LEFT:
             case KEY_RIGHT:
                  __HAL_IWDG_RELOAD_COUNTER(&hiwdg);     //刷新看门狗
             }
             Seconds=0;      //秒计数值清零
             LCD_ShowStr(30,PosY+LCD_SP20, (uint8_t *)"IWDG is refreshed");
             HAL_Delay(500);//消除按键抖动影响
        /* USER CODE END WHILE */
        }
}

/* USER CODE BEGIN 4 */
/* RTC 周期唤醒中断回调函数 */
void HAL_RTCEx_WakeUpTimerEventCallback(RTC_HandleTypeDef *hrtc)
{
     Seconds++;          //秒计数值
     LCD_ShowUintX(PosX,PosY,Seconds,3);
}
/* USER CODE END 4 */
```

在外设初始化部分，函数 MX_IWDG_Init()用于初始化独立看门狗。看门狗初始化后就自动启动了，且无法停止。

在 main()函数的 while 循环中检测按键输入，4 个按键中有任何一个按下时，就会调用函数 HAL_IWDG_Refresh()或宏函数__HAL_IWDG_RELOAD_COUNTER()刷新看门狗，并且使全局变量 Seconds 清零。这两个函数的功能是完全一样的。

文件 main.c 还实现了 RTC 周期唤醒中断的回调函数 HAL_RTCEx_WakeUpTimerEventCallback()，在这个回调函数里将全局变量 Seconds 加 1，并且在 LCD 上显示。

本示例的用户功能代码都放在文件 main.c 里。构建项目后，我们可以将其下载到开发板上并予以测试。运行时，LCD 上会显示秒计数值，如果计数值超过 8 还未按下任何键，系统就会复位。如果在计数值达到 8 之前按任何键就会刷新看门狗，并且重新开始秒计数。

2. 独立看门狗初始化

函数 MX_IWDG_Init()是 CubeMX 自动生成的独立看门狗初始化函数。其在文件 iwdg.c 中的实现代码如下：

```
/* 文件：iwdg.c  -----------------------------------------------------------*/
#include "iwdg.h"
IWDG_HandleTypeDef  hiwdg;            //IWDG 外设对象变量

/* IWDG 初始化函数 */
void MX_IWDG_Init(void)
{
    hiwdg.Instance = IWDG;            //寄存器基址
    hiwdg.Init.Prescaler = IWDG_PRESCALER_64;           //分频系数
    hiwdg.Init.Reload = 4095;         //重载入值
    if (HAL_IWDG_Init(&hiwdg) != HAL_OK)
        Error_Handler();
}
```

上述程序定义了 IWDG_HandleTypeDef 结构体类型的变量 hiwdg，用于作为 IWDG 的外设对象变量。

函数 MX_IWDG_Init()对 hiwdg 的成员变量赋值，只需设置分频系数和计数器重载入值，然后执行 HAL_IWDG_Init(&hiwdg)，就可以对独立看门狗进行初始化。

第 21 章　窗口看门狗

窗口看门狗（Window Watchdog，WWDG）是 STM32F407 上的另一个看门狗，通常用来监测由外部干扰或不可预见的逻辑条件造成的应用程序软件故障。在本章中，我们介绍窗口看门狗的原理和使用示例。

21.1　窗口看门狗的工作原理

窗口看门狗的内部结构如图 21-1 所示。我们分几个部分来解释其工作原理。如无特殊说明，本章后面所说的“看门狗”就是指“窗口看门狗”。

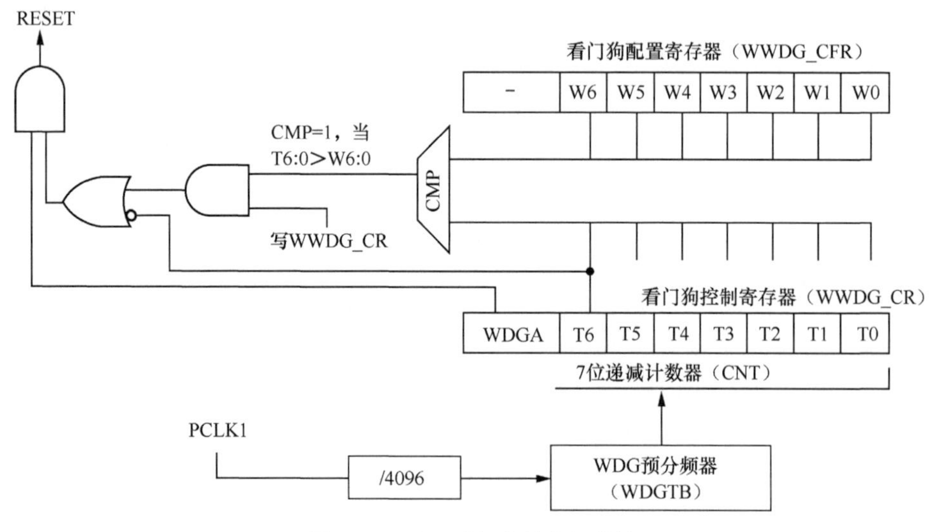

图 21-1　窗口看门狗的内部结构

1. 递减计数器

窗口看门狗内部有一个 7 位递减计数器，控制寄存器 WWDG_CR 中的 T[6:0]位是计数器的计数值。7 位计数器的时钟信号来源于 PCLK1，看门狗内部首先对 PCLK1 进行 4096 分频，然后再经过可配置的预分频器分频，因此 7 位递减计数器的时钟频率是

$$f_{\text{CNT}} = \frac{f_{\text{PCLK1}}}{4096 \times DIV}$$

f_{PCLK1}是时钟信号 PCLK1 的频率，4096 是看门狗的固定分频系数，DIV 是可设置的分频系数，由寄存器 WWDG_CFR 的 WDGTB[1:0]位决定，DIV 可取值为 1、2、4、8。

7 位递减计数器在 T6 位由 1 变为 0 时，就会使系统产生复位（看门狗必须是激活的，也就是控制寄存器 WWDG_CR 中的 WDGA 位是 1），也就是计数值由 0x40 变为 0x3F 时，产生复位。要避免系统复位，就必须在计数值变为 0x3F 之前重置计数器，重置计数器的值必须大于 0x3F。

窗口看门狗的递减计数器是自由运行计数器，即使没有开启看门狗，这个计数器也是在计数的。所以，在启动看门狗之前，应该重置计数器的值，以避免因为 T6 位是 0 而立刻复位。

2. 窗口值和比较器

在配置寄存器 WWDG_CFR 中，有个 7 位的窗口值 W[6:0]，这个值用来与计数器的当前值 T[6:0]进行比较。

窗口看门狗的工作时序图如图 21-2 所示。当 T[6:0]>W[6:0]时，比较器输出为 1，这时不允许重置计数器的值，也就是不允许写 WWDG_CR，否则系统复位。只有当 T[6:0]≤W[6:0]时，才可以重置计数器的值，如果在 T[6:0]变化到 0x3F 之前没有重置计数器，就会产生系统复位信号。所以，只能在这样一个窗口期重置看门狗计数器，这也是称为“窗口看门狗”的原因。

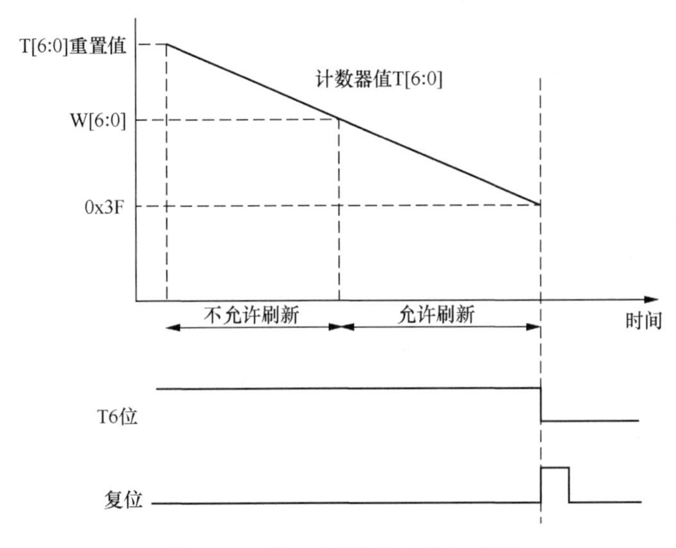

图 21-2　窗口看门狗的工作时序图

根据窗口看门狗的工作特点，在初始化设置时，窗口值 W[6:0]必须小于或等于递减计数器的重置值。窗口看门狗的超时（timeout）就是计数器重置后，计数值变化为 0x3F 的这段时间长度，也就是图 21-2 中不允许刷新和允许刷新两段的时间长度之和。用户可以根据计数器的时钟信号频率和 T[6:0]的重置值计算超时。例如，设置计数器重置值为最大值 0x7F，变化到 0x3F 时的计数周期个数是

$$\varDelta = \text{0x7F} - \text{0x3F} = \text{0x40}$$

计数器的时钟周期是

$$T_{\text{CNT}} = \frac{1}{f_{\text{CNT}}} = \frac{4096DIV}{f_{\text{PCLK1}}}$$

所以，看门狗的超时是

$$timeout = \Delta T_{\text{CNT}} = \frac{4096DIV \times \varDelta}{f_{\text{PCLK1}}}$$

同样，也可以计算出不允许刷新的时间段的长度。

3. 看门狗的启动

控制寄存器 WWDG_CR 中的位 WDGA 用于启动看门狗。系统复位后 WDGA 被硬件清零，通过向 WDGA 写 1 可启动看门狗。此外，启动看门狗后就无法再停止，除非系统复位。

根据窗口看门狗的特点，用户可以使用软件使系统立刻复位。具体的操作方法是将 WDGA 位置 1（启动窗口看门狗），并将 T6 位清零（使看门狗立刻产生复位），也就是设置一个小于 0x3F 的重置值即可。

4. 提前唤醒中断

窗口看门狗有一个提前唤醒中断（Early Wakeup Interrupt，EWI）事件，如果已开启此中断事件源，且启动了看门狗，在递减计数器的值变为 0x40 时，就会触发此中断。

用户可在此中断服务程序里执行系统复位之前的一些关键操作，但是执行时间有限，只有一个计数器时钟周期。当然，用户也可以在此中断服务程序里重置计数器的值，避免系统复位，但是这样似乎就违背了使用窗口看门狗的初衷。

21.2 窗口看门狗的 HAL 驱动程序

窗口看门狗的驱动程序的头文件是 stm32f4xx_hal_wwdg.h，WWDG 的驱动函数不多。

1. 窗口看门狗初始化

使用函数 HAL_WWDG_Init()进行窗口看门狗初始化，其原型定义如下：

```
HAL_StatusTypeDef    HAL_WWDG_Init(WWDG_HandleTypeDef *hwwdg);
```

其中，hwwdg 是 WWDG_HandleTypeDef 结构体类型指针，是窗口看门狗外设对象指针。CubeMX 生成的 WWDG 外设初始化文件 wwdg.c 中会定义 WWDG 外设对象变量，定义如下：

```
WWDG_HandleTypeDef   hwwdg;    //WWDG 外设对象变量
```

结构体 WWDG_HandleTypeDef 的定义如下：

```
typedef struct
{
     WWDG_TypeDef          *Instance;          //寄存器基址
     WWDG_InitTypeDef      Init;               //WWDG 的参数
} WWDG_HandleTypeDef;
```

其成员变量 Init 是结构体类型 WWDG_InitTypeDef，包含 WWDG 的参数。该结构体定义如下，各成员变量意义见注释：

```
typedef struct
{
     uint32_t Prescaler;          //WWDG 时钟预分频系数
     uint32_t Window;             //WWDG 窗口值，设定值范围为 0x40～0x7F
     uint32_t Counter;            //WWDG 自由运行递减计数器的重载值，设定值范围为 0x40～0x7F
     uint32_t EWIMode ;           //WWDG 的 EWI 中断模式，开启或禁止
} WWDG_InitTypeDef;
```

2. 窗口看门狗刷新

函数 HAL_WWDG_Refresh()用于刷新窗口看门狗，其原型定义如下：

```
HAL_StatusTypeDef    HAL_WWDG_Refresh(WWDG_HandleTypeDef *hwwdg);
```

其功能就是将计数器重置值加载到看门狗的递减计数器，以避免看门狗触发系统复位。但是要注意，只能在图 21-2 中的允许刷新时间段才能刷新看门狗。

3. EWI 中断及其处理

WWDG 有一个全局中断，只有一个提前唤醒中断（EWI）事件。驱动程序头文件定义了 EWI 中断事件使能位的宏，也作为中断事件类型定义。

```
#define  WWDG_IT_EWI      WWDG_CFR_EWI      //EWI 中断事件使能位，也作为中断事件类型
```

有一个宏函数用于开启 EWI 中断事件，即

```
__HAL_WWDG_ENABLE_IT(__HANDLE__, __INTERRUPT__)
```

参数__HANDLE__是 WWDG 对象指针，__INTERRUPT__就使用 WWDG_IT_EWI 作为参数值。EWI 中断事件开启后就不能关闭，只能在硬件复位时才关闭，所以没有关闭 EWI 中断事件的函数。

WWDG 全局中断 ISR 里调用的通用处理函数是 HAL_WWDG_IRQHandler()，对应于 EWI 事件中断的回调函数是 HAL_WWDG_EarlyWakeupCallback()，其原型定义如下：

```
void  HAL_WWDG_EarlyWakeupCallback(WWDG_HandleTypeDef *hwwdg);
```

若要对 EWI 事件中断做出处理，重新实现这个回调函数即可。

21.3 窗口看门狗使用示例

21.3.1 示例功能和 CubeMX 项目设置

在本节中，我们将创建一个示例项目 Demo22_1WWDG，只需用到两个 LED，不需要使用 LCD，因为程序可能会频繁复位，所以在 CubeMX 里选择 STM32F407ZG 创建一个项目，设置 Debug 接口为 Serial Wire，设置 HSE 为 Crystal/Ceramic Resonator。

本示例要用到两个 LED，配置 PF9 和 PF10 引脚，设置初始输出为高电平，两个 LED 的 GPIO 引脚的配置结果如图 21-3 所示，这样仍然可以使用 keyled.h 中的 LED 驱动函数。

Pin Name	User Label	GPIO output level	GPIO mode	GPIO Pull-up/Pull-down
PF9	LED1	High	Output Push Pull	No pull-up and no pull-down
PF10	LED2	High	Output Push Pull	No pull-up and no pull-down

图 21-3 两个 LED 的 GPIO 引脚的配置结果

配置时钟树，设置 HSE 为 8MHz，HCLK 为 32MHz，设置 APB1 Prescaler 为 16，使 PCLK1 为 2MHz（见图 21-4）。这是因为窗口看门狗要用到 PCLK1 时钟，使 PCLK1 为 2MHz 是为得到一个较低频率时钟信号，用于看门狗的递减计数器，便于观察程序运行效果。

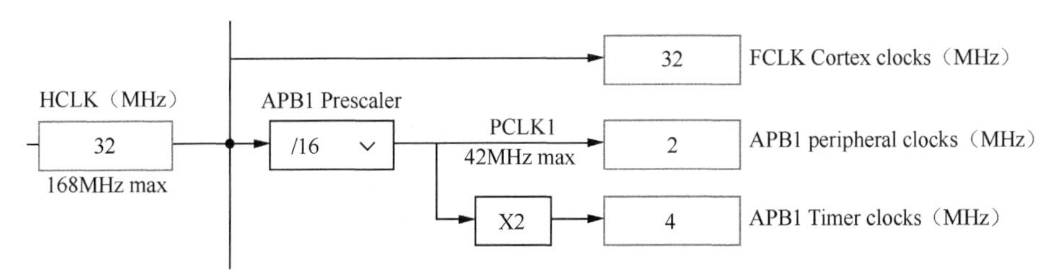

图 21-4 时钟树上的配置

对窗口看门狗的设置如图 21-5 所示。在模式设置部分只需激活 WWDG 即可，参数设置部分的几个参数决定看门狗的特性。

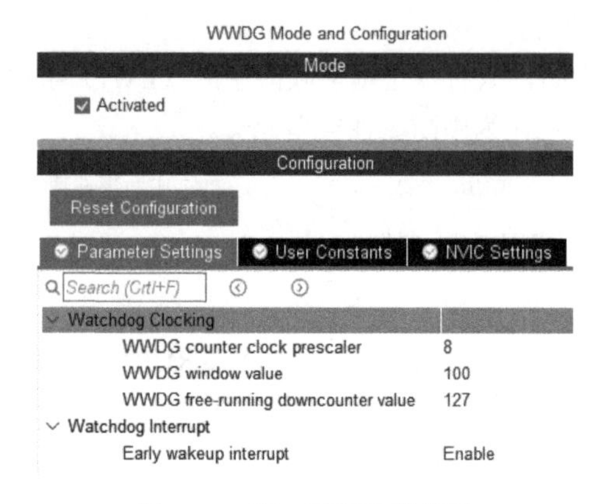

图 21-5 窗口看门狗的设置

- WWDG counter clock prescaler，看门狗计数器预分频系数，有 1、2、4、8 几个可选值。
- WWDG window value，窗口值，也就是 W[6:0]的值。这个值必须小于计数器的重置值，也必须大于 0x3F（十进制值 63）。
- WWDG free-running downcounter value，递减计数器 T[6:0]的重置值，最大值为 127（也就是 0x7F），必须大于 W[6:0]的值。

根据图 21-5 中设置的参数以及 PCLK1 为 2MHz，可以计算出看门狗的超时为

$$timeout = \frac{4096 \times DIV\varDelta}{f_{\mathrm{PCLK1}}} = \frac{4096 \times 8 \times (127-63)}{2 \times 10^6}\mathrm{s} \approx 1049\mathrm{ms}$$

计数器重置后不允许刷新的时间段长度是

$$Time_{\text{不允许刷新}} = \frac{4096 \times 8 \times (127-100)}{2 \times 10^6}\mathrm{s} \approx 442\mathrm{ms}$$

对照图 21-2 理解这两个时间对看门狗的意义。看门狗在启动或上次刷新后，在 442ms 之内不能再刷新，在 443ms 至 1049ms 之内可以刷新看门狗，如果超过 1049ms 没有刷新看门狗，看门狗就会使系统复位。

- Early wakeup interrupt，是否开启提前唤醒中断。这里开启 EWI 中断。

用户还需要在 WWDG 的 NVIC Settings 页面开启 WWDG 的全局中断，使用默认的优先级即可。

21.3.2 不使用 EWI 中断

1. 主程序

在 CubeMX 里完成设置后生成代码，我们在 CubeIDE 里打开项目，先将 PublicDrivers 目录下的 KEY_LED 目录添加到项目的搜索路径（操作方法见附录 A）；然后，先不为窗口看门狗的 EWI 中断编写程序，而是先在主程序中加入用户功能代码。完成后的主程序代码如下：

```
/* 文件：main.c   -----------------------------------------------------------*/
#include "main.h"
#include "wwdg.h"
#include "gpio.h"
/* USER CODE BEGIN Includes */
```

```
#include "keyled.h"
/* USER CODE END Includes */

int main(void)
{
    HAL_Init();
    SystemClock_Config();
    /* Initialize all configured peripherals */
    MX_GPIO_Init();
    MX_WWDG_Init();             //窗口看门狗初始化

    /* Infinite loop */
    /* USER CODE BEGIN WHILE */
    LED1_ON();
    while (1)
    {
        HAL_Delay(800);         //1.在允许刷新的时间段内，看门狗不会触发复位，LED1 闪烁
        //HAL_Delay(1200);      //2.超时，看门狗会触发系统复位，LED1 总是亮
        HAL_WWDG_Refresh(&hwwdg);       //刷新看门狗，也就是重置计数器的值
        LED1_Toggle();
    /* USER CODE END WHILE */
    }
}
```

在外设初始化部分，函数 MX_WWDG_Init()用于窗口看门狗的初始化，其代码参见后文。

根据窗口看门狗的工作特性，在 while 循环部分，写入不同的代码可以测试 3 种情况。

（1）看门狗在允许刷新的时间段内及时刷新。如果在 while 循环内调用 HAL_Delay(800)延时 800ms，然后调用 HAL_WWDG_Refresh()刷新看门狗，则可以观察到 LED1 一直慢速闪烁。因为延时 800ms 后进入允许刷新的时间段（大于 442ms），也没有超过看门狗的超时时间（1049ms），这时候调用 HAL_WWDG_Refresh()是可以刷新看门狗的，程序能一直正常运行，所以 LED1 闪烁，闪烁周期为 800ms。

（2）看门狗超时自动复位。如果将程序中的延时改为 1200ms，则运行时会看到 LED1 一直亮着。因为在延时 1200ms 的过程中，看门狗已经超时导致系统复位，while 循环里使 LED1 输出翻转的代码不会被执行。

（3）在不允许刷新的时间段内刷新看门狗。将 main()函数中 while 循环内的代码修改为如下内容：

```
    /* USER CODE BEGIN WHILE */
    LED1_ON();
    while (1)
    {
        HAL_Delay(200);             //前延时 200ms
        LED1_Toggle();
        HAL_Delay(200);             //后延时 200ms
        HAL_WWDG_Refresh(&hwwdg);//3.在不允许刷新的时间段内刷新看门狗，会导致系统复位
        HAL_Delay(500);             //这行代码不会被执行
    /* USER CODE END WHILE */
    }
```

上述程序在运行时，LED1 会快速闪烁。在执行 LED1_Toggle()前后各延时 200ms 是为了看到 LED1 的闪烁效果，这两个延时合计 400ms，还在不允许刷新时间段内（小于 442ms），这时调用 HAL_WWDG_Refresh()刷新看门狗会使系统复位，后面的 HAL_Delay(500)是不会被执行的。

使用窗口看门狗的目的就是监测一个程序段的执行是否正常。例如，估计一个程序段正常

运行时间是 800ms，设置的窗口看门狗的超时略大于程序段的执行时间（如 1049ms）。程序段开始时启动看门狗，程序段运行结束后刷新看门狗。如果程序段运行正常（示例程序中用延时 800ms 模拟），程序段运行后看门狗能及时刷新，就不会产生复位；如果程序段运行出现异常，导致运行时间超过了看门狗的超时（示例程序中用延时 1200ms 模拟），不能及时刷新看门狗，看门狗就会产生系统复位。窗口看门狗的这种功能可以用于监测某段关键代码的运行，例如，在严格要求实时性的系统里。

2. WWDG 初始化

CubeMX 自动生成 WWDG 初始化函数 MX_WWDG_Init()。文件 wwdg.c 中的函数代码如下：

```
/* 文件：wwdg.c    -------------------------------------------------------------*/
#include "wwdg.h"
WWDG_HandleTypeDef hwwdg;                        //WWDG 外设对象变量

/* WWDG 初始化函数 */
void MX_WWDG_Init(void)
{
    hwwdg.Instance = WWDG;                       //寄存器基址
    hwwdg.Init.Prescaler = WWDG_PRESCALER_8;//预分频系数
    hwwdg.Init.Window = 100;                     //窗口值，W[6:0]的值
    hwwdg.Init.Counter = 127;                    //计数器重置值
    hwwdg.Init.EWIMode = WWDG_EWI_ENABLE;         //开启 EWI 中断
    if (HAL_WWDG_Init(&hwwdg) != HAL_OK)
        Error_Handler();
}

/* WWDG 的 MSP 初始化函数，在 HAL_WWDG_Init()中被调用 */
void HAL_WWDG_MspInit(WWDG_HandleTypeDef* wwdgHandle)
{
    if(wwdgHandle->Instance==WWDG)
    {
        __HAL_RCC_WWDG_CLK_ENABLE();   //WWDG 时钟使能
        /* WWDG 中断初始化*/
        HAL_NVIC_SetPriority(WWDG_IRQn, 0, 0);
        HAL_NVIC_EnableIRQ(WWDG_IRQn);
    }
}
```

上述程序定义了一个 WWDG_HandleTypeDef 结构体类型的变量 hwwdg，这是表示窗口看门狗外设对象的变量。

函数 MX_WWDG_Init()对 hwwdg 的各成员变量赋值，赋值语句与 CubeMX 中的设置是对应的。函数 HAL_WWDG_Init()对窗口看门狗进行初始化，其内部会调用函数 HAL_WWDG_MspInit()。

21.3.3 使用 EWI 中断

本示例在 CubeMX 中开启了窗口看门狗的 EWI 中断，但是前面的程序并没有对 EWI 中断进行处理。EWI 中断事件的回调函数是 HAL_WWDG_EarlyWakeupCallback()，下面我们来修改主程序，并且在文件 main.c 中重新实现这个回调函数。完成后文件 main.c 的代码如下：

```
/* 文件：main.c    -------------------------------------------------------------*/
#include "main.h"
#include "wwdg.h"
#include "gpio.h"
/* USER CODE BEGIN Includes */
```

```
#include "keyled.h"
/* USER CODE END Includes */

int main(void)
{
     HAL_Init();
     SystemClock_Config();
     /* Initialize all configured peripherals */
     MX_GPIO_Init();
     MX_WWDG_Init();

     /* Infinite loop */
     /* USER CODE BEGIN WHILE */
     LED1_ON();
     LED2_OFF();
     while (1)
     {
          HAL_Delay(1200);          //超时
          LED1_Toggle();            //不会被执行
          HAL_WWDG_Refresh(&hwwdg);//刷新看门狗，不会被执行
     /* USER CODE END WHILE */
     }
}

/* USER CODE BEGIN 4 */
/* EWI 中断回调函数 */
void HAL_WWDG_EarlyWakeupCallback(WWDG_HandleTypeDef *hwwdg)
{
     LED2_ON();      //模拟系统复位前紧急处理
}
/* USER CODE END 4 */
```

上述程序运行时的效果是 LED1 常亮，LED2 闪烁，但是 LED2 亮的时间很短，灭的时间长。

观察主程序和回调函数的代码。主程序中进入 while 循环之前，LED1 点亮，LED2 熄灭。主程序 while 循环中延时 1200ms，这会使看门狗超时而导致系统复位，所以 LED1 无法闪烁。回调函数中点亮 LED2。

看门狗的 EWI 中断是在递减计数器的值变为 0x40 时触发的，而递减计数器的值变为 0x3F 时就会导致系统复位。所以，EWI 中断相当于在系统复位之前的一个预警，用户可以在此中断里做一些紧急处理，例如关闭某个开关，但是处理时间只有 1 个计数周期。示例的 EWI 中断回调函数里点亮了 LED2，模拟了一个紧急处理。

第 22 章　电源管理和低功耗模式

电池供电的嵌入式系统一般非常注意功耗控制，尽量使系统的功耗最低。STM32F4 系列 MCU 提供了多种运行模式，CubeMX 也提供了功耗分析的功能。在本章中，我们介绍 STM32F4 的不同功耗模式，以及如何通过这些功耗模式的控制实现系统的低功耗。

22.1　电源系统和低功耗模式

22.1.1　STM32F4 的电源系统

STM32F407 的电源系统框图结构如图 22-1 所示。MCU 的外部电源主要有 3 个部分。

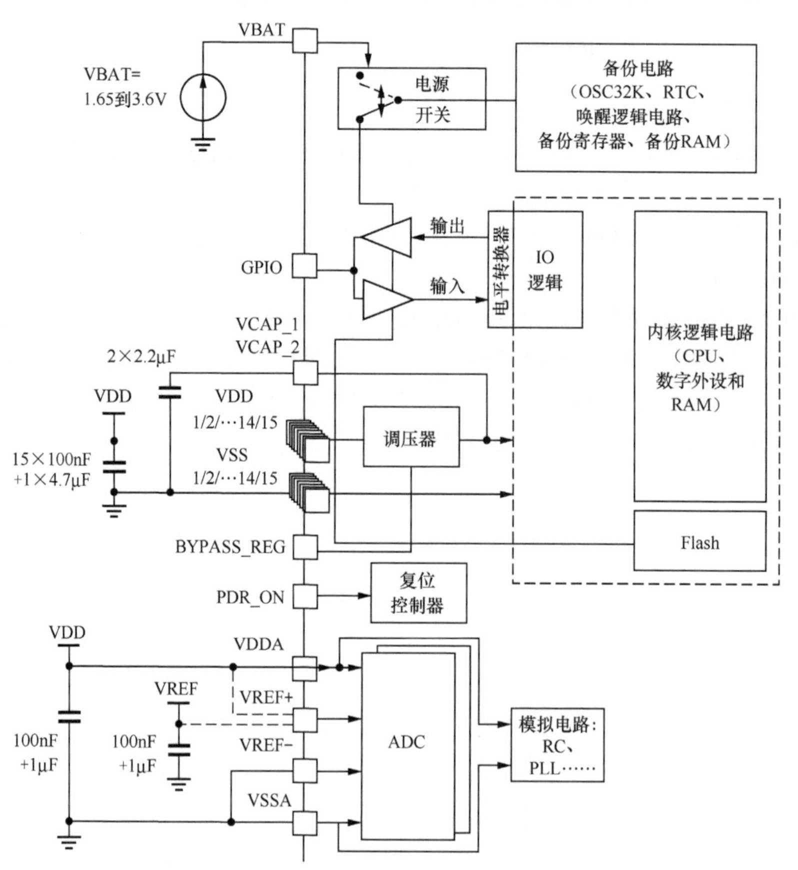

图 22-1　STM32F407 的电源系统框图结构

（1）数字电源 VDD，是 1.8V～3.3V 的外部电源。MCU 内部还有一个调压器，用于将 VDD 调节为 1.2V，给处理器内的数字电路供电，包括 CPU 内核、数字外设和 RAM 等，这些数字逻辑部分统称为 1.2V 域。MCU 内部的调压器具有运行模式、停止模式和待机模式。MCU 的低功耗控制主要是通过 1.2V 域的电源控制来实现的。

（2）备用电源 VBAT，一般外接一个纽扣电池。在 VDD 断电时，VBAT 可以为 RTC、RTC 备份寄存器和备份 SRAM 供电。在 VDD 正常时，这些部分由 VDD 供电。

（3）ADC 模拟电源和参考电压。要减少模拟部分和数字部分之间的干扰，可以为 ADC 部分提供单独的模拟电源 VDDA 和参考电压 VREF+。在 ADC 转换精度要求不高的情况下，在电路设计时可以使用 VDD 作为 VDDA 和 VREF+。

在一个 MCU 的供电系统中，VDD 是必不可少的，MCU 的低功耗也主要是通过内部调压器和 1.2V 域数字电路的功耗控制来实现的。调压器有如下 3 种工作模式。

- 运行模式：调压器为 1.2V 域（内核、存储器和数字外设）提供全功率。在此模式下，调压器的输出电压还可以通过软件配置为不同级别，如 STM32F405/407 可以配置为级别 1（高功耗）或级别 2（中等功耗）。
- 停止模式：调压器为 1.2V 域提供低功率，保留寄存器和内部 SRAM 中的内容，关闭 1.2V 域的所有时钟，停止外设工作。
- 待机模式：调压器掉电，整个 1.2V 域都断电，该区域的内核寄存器和 SRAM 的内容都丢失。

STM32F4 系列 MCU 内部还有一个可编程电压检测器（Programmable Voltage Detector，PVD），用户可以通过设置不同阈值对 VDD 的电压进行监测，例如，VDD 下降到低于某个电压值时发出提示信息。

22.1.2 STM32F4 的低功耗模式

系统复位后，MCU 处于正常运行模式。在正常运行模式下，CPU 由 HCLK 时钟信号驱动连续执行程序指令。用户可以采取一些措施降低系统正常运行时的功耗，例如，可以降低 HCLK 时钟频率，或者将不使用的外设的时钟信号关闭。

从前面所有示例程序的 main()函数的代码可以看出，在执行完各种初始化后，最后都是执行一个 while()死循环。在 while()循环里，通过轮询方式处理各种事务，或通过中断响应处理各种事务。在正常运行模式下，while()循环里的程序代码是一直执行的，即使一行代码都没有。所以在正常运行模式下，一般的嵌入式系统的 CPU 计算时间都是浪费的。

除了正常运行模式，STM32F4 系列 MCU 还有 3 种低功耗模式。

（1）睡眠（Sleep）模式：Cortex-M4 内核时钟停止，1.2V 调压器正常工作，外设保持运行。通过 WFI（wait for interrupt）或 WFE（wait for event）指令进入睡眠模式。进入睡眠模式后，CPU 不再执行新的代码。CPU 可以被中断或事件唤醒，唤醒后继续执行进入睡眠点之后的代码。

（2）停止（Stop）模式：1.2V 域所有时钟都停止，所有外设停止工作，内部调压器可以处于运行或低功耗模式，内部 SRAM 和寄存器的内容被保留，HSI 和 HSE 振荡器关闭。通过 EXTI 中断或 EXTI 事件唤醒，CPU 从停止处继续执行代码。

（3）待机（Standby）模式：调压器停止，1.2V 域断电，内部 SRAM 和寄存器的内容丢失。只能通过 SYS_WKUP 引脚的上升沿、RTC 闹钟事件、RTC 唤醒事件、RTC 入侵事件、NRST 引脚外部复位等唤醒。从待机模式唤醒相当于系统复位，程序从头开始执行。

在这 3 种低功耗模式中，待机模式功耗最低，但是从待机模式唤醒相当于系统复位，程序从头开始执行。睡眠模式和停止模式都能停止 CPU 的程序执行，被唤醒后，从程序停止处继续执行。应根据系统的实际功能需求选择合适的低功耗模式。

22.2　CubeMX 的功耗计算器

22.2.1　PCC 界面概述

CubeMX 具有功耗计算功能，可以计算运行模式和各种低功耗模式下的系统功耗，还可以根据 CPU 主频、使用的外设计算功耗，使开发者对系统各种情况下的功耗有比较清楚和直观的了解。

将 CubeMX 模板项目文件 M4_LCD_KeyLED.ioc 复制为本测试项目文件 Demo22_0PCC.ioc，这个项目无须生成代码，只是为了测试 CubeMX 的功耗计算工具。在使用功耗计算工具之前，先设置启用多种外设，例如，启用 USRAT1、I2C1、RTC、TIM7 等。启用这些外设只是为了计算这些外设的功耗，并不实际使用。

图 22-2 是 CubeMX 的功耗计算器（Power Consumption Calculator，PCC）界面。这个界面上已经输入了一些设置。这个界面主要由以下几个区域组成。

（1）左侧是 MCU 和电池信息界面，这里显示了 MCU 的型号、环境温度、电源 VDD 电压等信息，还可以为系统选择供电电池（见图 22-3）。选择电池后，可以设置电池并联和串联个数，软件会根据系统的功耗和电池的电量自动估算电池能持续使用的时间，如图 22-2 界面下方显示的信息“Battery Life Estimation　2 months, 14 days, 22 hours”。

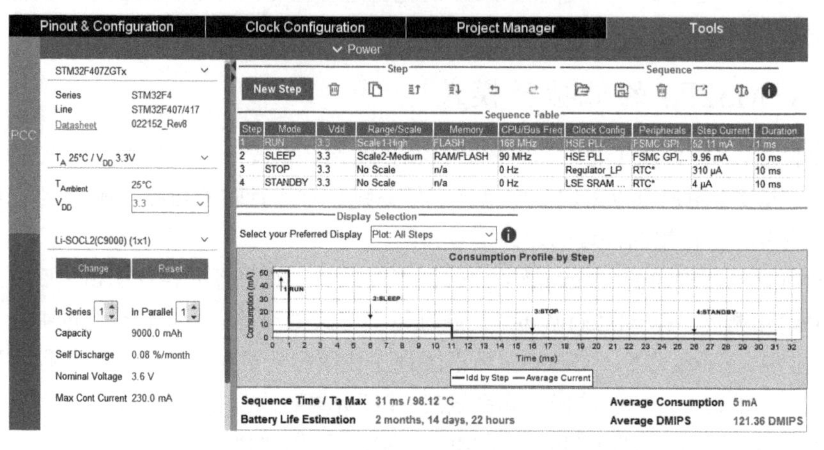

图 22-2　CubeMX 中计算功耗的界面

（2）右侧上方的工具栏。工具栏的按钮分为 Step（步骤）和 Sequence（序列）两个部分。一个步骤就是一种功耗模式，如运行模式、睡眠模式等，一个序列是多个步骤的组合。例如，一个系统运行 1ms，睡眠 10ms，这就组成一个序列。CubeMX 可以计算每个步骤的功耗，也能计算一个序列的功耗。

（3）Sequence Table（序列表格）。位于工具栏下方的是一个序列的各个步骤的表格，通过单击工具栏上的 New Step 按钮创建步骤，在表格中双击一个步骤可以编辑其属性。

（4）功耗的图形显示。位于序列表格下方的是一个图形显示区，可以用多种图形显示系统的功耗，便于直观分析系统的功耗。

（5）信息显示区。位于界面最下方的是信息显示，包括整个的序列时间（Sequence Time）、最高环境温度、平均功耗、电池续航时间估计等。

STM32CubeMX PCC: Battery Database Management

User Battery

Add User Battery　Edit

Batteries Table

Used	Name	Capacity (...	Self Discharge ...	Nominal Voltag...	Max Cont Curr...	Max Pulse Curr...	Database
	Alkaline(AA LR6)	2850.0	0.3	1.5	1000.0	0.0	Default
	Alkaline(AAA LR03)	1250.0	0.3	1.5	400.0	0.0	Default
	Alkaline(C LR14)	8350.0	0.3	1.5	3000.0	0.0	Default
	Alkaline(D LR20)	20500.0	0.3	1.5	7500.0	0.0	Default
	Alkaline(9V)	625.0	0.3	9.0	200.0	0.0	Default
	Li-MnO2(CR1225)	48.0	0.12	3.0	1.0	5.0	Default
	Li-MnO2(CR1632)	125.0	0.12	3.0	1.5	10.0	Default
	Li-MnO2(CR2032)	225.0	0.12	3.0	3.0	15.0	Default
	Li-MnO2(CR2430)	285.0	0.12	3.0	4.0	20.0	Default
	Li-MnO2(CR2477)	850.0	0.12	3.0	2.0	10.0	Default
	Li-SOCL2(AAA700)	700.0	0.08	3.6	10.0	30.0	Default
	Li-SOCL2(A3400)	3400.0	0.08	3.6	100.0	200.0	Default
✓	Li-SOCL2(C9000)	9000.0	0.08	3.6	230.0	400.0	Default
	Li-SOCL2(D19000)	19000.0	0.08	3.6	230.0	500.0	Default
	Li-SOCL2(DD36000)	36000.0	0.08	3.6	450.0	1000.0	Default
	Ni-Cd(AA1100)	1100.0	20.0	1.2	220.0	0.0	Default
	Ni-Cd(A1700)	1700.0	20.0	1.2	340.0	0.0	Default
	Ni-Cd(C3000)	3000.0	20.0	1.2	600.0	0.0	Default
	Ni-Cd(D4400)	4400.0	20.0	1.2	880.0	0.0	Default
	Ni-Cd(F7000)	7000.0	20.0	1.2	1400.0	0.0	Default

* The Battery selection is optional　OK　Cancel

图 22-3　选择供电电池的对话框

22.2.2　步骤和序列管理

单击工具栏上的 New Step 按钮，可以新建一个步骤；双击序列表格中的一个步骤，可以对其进行编辑。新建步骤和编辑步骤的对话框的界面相同，如图 22-4 所示。步骤就是持续一段时间的一种功耗模式，图 22-4 中的设置功能分为几个部分。

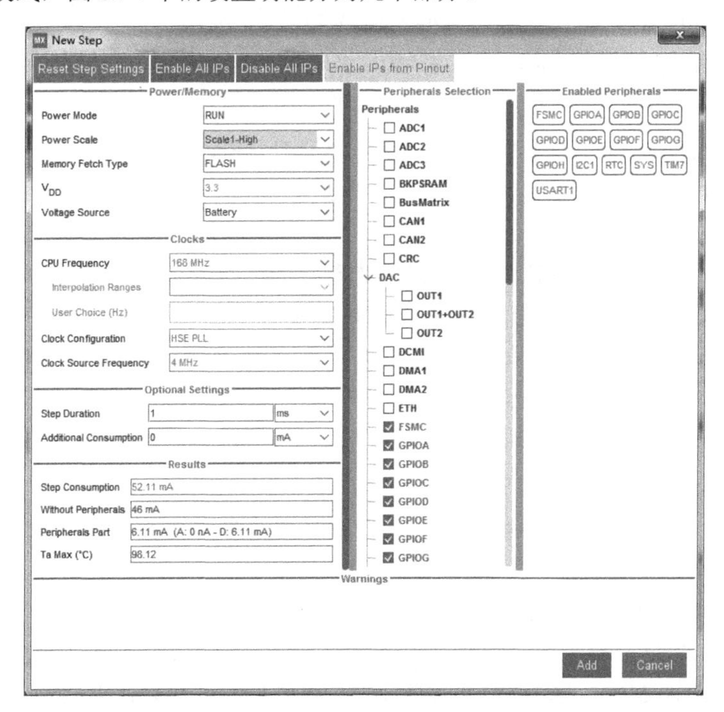

图 22-4　新建步骤的对话框（RUN 功耗模式）

1. Power/Memory（功耗/存储器）

- Power Mode，功耗模式选择。这是决定一个步骤功耗的主要选项，有运行模式和几种低功耗模式供选择，下拉列表框中的选项如下。

◆ RUN，运行模式。
◆ SLEEP，睡眠模式。
◆ STOP，停止模式。
◆ STANDBY，待机模式。
◆ VBAT，备用电源模式，只计算 VBAT 供电部分的功耗。

- Power Scale，内部调压器的功耗级别，有 Scale 1-High（高功耗）和 Scale 2-Medium（中等功耗）两种选项。
- Memory Fetch Type，存储器访问模式，有 FLASH 和 RAM/FLASH/ART 两种选项。
- V_{DD}，数字电源电压，就是固定的 3.3V。
- Voltage Source，电压来源，有 Battery 和 Vbus 两个选项。Battery 就是电池供电，Vbus 是从 USB 接口取电。

2. Clocks（**时钟**）

- CPU Frequency，CPU 时钟频率，也就是时钟树中的 HCLK 时钟频率。在 RUN 模式下，如果功耗级别设置为 Scale 1-High，CPU 频率只能固定为 168MHz；如果功耗级别设置为 Scale 2-Medium，则可以选择几种典型的 CPU 时钟频率，如 2MHz、8MHz、90MHz、144MHz 等。
- Clock Configuration，在 RUN 功耗模式和 SLEEP 功耗模式下，这个参数是固定的；在 STOP 模式下，这个参数设置调压器和 Flash 的工作状态，有如下 4 个选项。

◆ Regulator_LP，调压器处于低功耗模式。
◆ Regulator_LP Flash-PwrDwn，调压器处于低功耗模式，Flash 存储器掉电。
◆ Regulator_ON，调压器开启。
◆ Regulator_ON Flash-PwrDwn，调压器开启，Flash 存储器掉电。

在 STANDBY 模式下，1.2V 域的所有时钟都已关闭，这个参数用于设置备份域的时钟，有如下 4 个选项。

◆ ALL CLOCKS OFF，备份域所有的时钟关闭。
◆ LSE RTC，保留备份域 RTC 的 LSE 时钟。
◆ LSE SRAM RTC，保留备份域的 RTC 和 SRAM 的时钟。
◆ SRAM，保留备份域的 SRAM 时钟。

Clocks 组的其他几个参数都是自动设置的，此处不再说明。

3. Optional Settings（**可选设置**）

- Step Duration，步骤持续的时间，单位 ms。这个参数用于表示这种功耗模式运行的时间长度，例如，在一个序列里，RUN 模式持续 1ms，SLEEP 模式持续 100ms。这样便于 CubeMX 计算总的功耗和平均功耗。
- Additional Consumption，额外的功耗。除了 MCU，电路上还有其他的功耗。CubeMX 里只能计算 MCU 的功耗，电路板上其他器件的功耗可以作为额外功耗填写在这里，以便 CubeMX 计算总的功耗和电池使用时间。

4. Peripherals Selection（**外设选择**）**和** Enabled Peripherals（**已启用外设**）

图 22-4 中间的 Peripherals Selection 目录树列出了 MCU 的所有外设，每个外设前面有一个复选

框。绿色字体的外设表示在 MCU 配置里已经启用的外设。在此目录树里勾选一个外设，就会将此外设添加到右边的 Enabled Peripherals 清单里。只有添加到这个清单里的外设才会计算功耗。

图 22-4 对话框的上方有几个工具栏按钮，这几个按钮的功能描述如下。

- Reset Step Settings，复位当前步骤的所有设置。
- Enable All IPs，将外设选择目录树里所有的外设都添加到已启用外设清单里。
- Disable All IPs，清空已启用外设清单里的内容。
- Enable IPs from Pinout，将 MCU 配置里已经启用的外设添加到已启用外设清单里。

5. Results（计算结果）

计算结果里包含以下几个参数。

- Step Consumption，当前步骤的耗电流。
- Without Peripherals，不包含外设时的耗电流。
- Peripherals Part，外设的耗电流。
- Ta Max(℃)，最高环境温度。功耗越小，允许的最高环境温度越高。

在修改了当前步骤的某个参数设置后，CubeMX 将立刻更新计算结果。

用户可以为一个系统的不同功耗模式创建步骤，以便观察不同功耗模式下的功耗。例如，在图 22-2 的 Sequence Table 中有 4 个步骤，其中，RUN 模式的耗电流是 52.11mA，SLEEP 模式的耗电流是 9.96mA，STOP 模式的耗电流是 310μA，STANDBY 模式的耗电流是 4μA。

图 22-2 窗口上方的工具栏中 Step 部分的按钮可以对步骤进行管理，包括新建、删除、复制、上移、下移等。

用户可以将在 PCC 里配置的多个步骤组成一个序列，并将其保存为扩展名为 pcs 的文件，也可以载入一个 pcs 文件，以便对不同配置进行功耗分析。工具栏上 Sequence 部分的按钮可以进行序列的管理，功能比较简单，此处不再赘述。

22.2.3　功耗分析

在配置了序列的各个步骤后，图 22-2 窗口中间会有功耗的图形显示。用户通过下拉列表框可以选择不同的图形显示。典型的几个图的分析如下。

（1）Plot: All Steps，显示所有步骤的曲线。

此选项绘制的图如图 22-5 所示，绘制的是各个步骤的耗电流，其中横坐标是时间，纵坐标是耗电流，从图中可以直观地看出各个步骤的运行时间和耗电流大小。

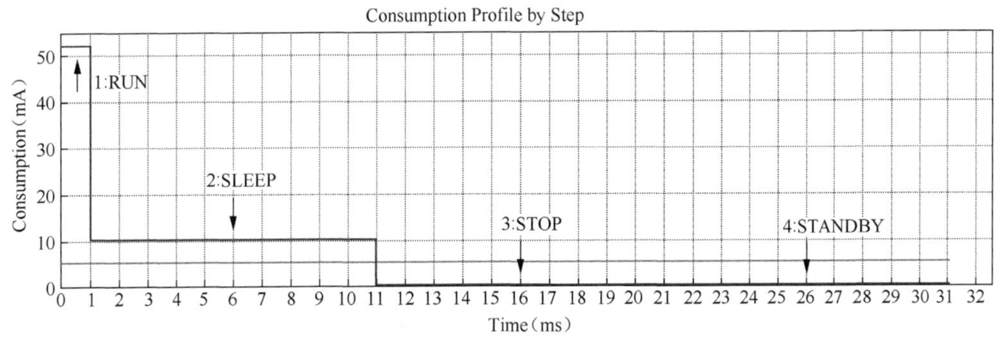

图 22-5　各个步骤的耗电流

（2）Pie: All Modes，所有模式的能耗饼图表示。

此选项绘制的图如图 22-6 所示，绘制的是所有模式的能耗饼图。注意，能耗等于步骤的耗电流乘以持续时间。

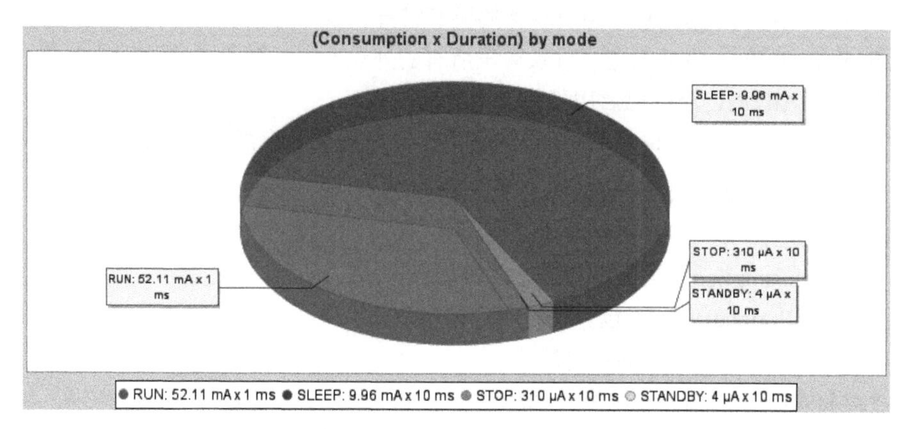

图 22-6　所有模式的能耗饼图

（3）IP Consumption: All，所有外设的耗电流对比柱状图。

此选项绘制所有外设的耗电流对比柱状图，如图 22-7 所示，可以选择绘制水平柱状图或垂直柱状图。从柱状图可以直观地看出哪种外设耗电流比较大，例如，在图 22-7 中，FSMC 的耗电流最大。

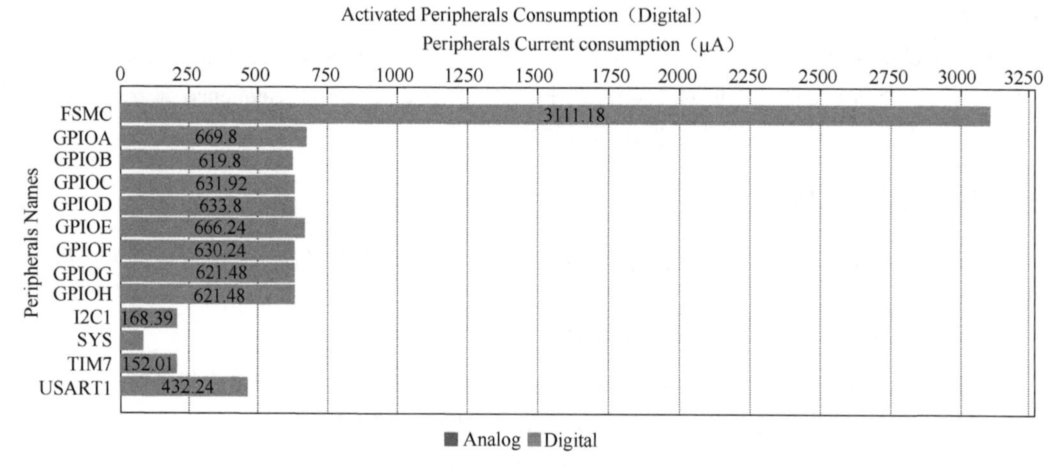

图 22-7　所有外设的耗电流对比柱状图

22.3　睡眠模式

22.3.1　睡眠模式的特点和操作

1. 进入睡眠模式

通过执行 Cortex-M4 内核的 WFI 指令或 WFE 指令可以进入睡眠模式。根据 Cortex-M4F 系统控制寄存器（System Control Register，SCR）的 SLEEPONEXIT 位的设置，有两种进入睡眠模式的方式。

- 立即睡眠：如果 SLEEPONEXIT 位是 0，MCU 在执行 WFI 指令或 WFE 指令时，立即进入睡眠模式。
- 退出时睡眠：如果 SLEEPONEXIT 位是 1，MCU 在退出优先级最低的中断 ISR 后，立即进入睡眠模式。

在进入睡眠模式之前，可以调用 HAL 的驱动函数设置 SLEEPONEXIT 的值，这两个函数原型如下：

```
void HAL_PWR_EnableSleepOnExit(void)        //将 SLEEPONEXIT 位置 1
void HAL_PWR_DisableSleepOnExit(void)       //将 SLEEPONEXIT 位清零
```

进入睡眠模式的 HAL 函数是 HAL_PWR_EnterSLEEPMode()，其源代码如下：

```
void HAL_PWR_EnterSLEEPMode(uint32_t Regulator, uint8_t SLEEPEntry)
{
      /*  检查参数  */
      assert_param(IS_PWR_REGULATOR(Regulator));
      assert_param(IS_PWR_SLEEP_ENTRY(SLEEPEntry));

      /*  清除 Cortex 系统控制寄存器中的 SLEEPDEEP 位    */
      CLEAR_BIT(SCB->SCR, ((uint32_t)SCB_SCR_SLEEPDEEP_Msk));

      /*  选择进入 SLEEP 模式的方式  */
      if(SLEEPEntry == PWR_SLEEPENTRY_WFI)
      {
            /* Request Wait For Interrupt */
            __WFI();
      }
      else
      {
            /* Request Wait For Event */
            __SEV();
            __WFE();
            __WFE();
      }
}
```

其中，参数 Regulator 表示调压器在睡眠模式下的状态。其取值使用如下宏定义常量。

- PWR_MAINREGULATOR_ON，调压器正常运行。
- PWR_LOWPOWERREGULATOR_ON，调压器处于低功耗模式。

但是参数 Regulator 的取值在这个函数中并没有意义，因为 STM32F4 系列 MCU 在睡眠模式下，调压器总是处于运行状态，而不能是低功耗状态。这个参数是为了与低功耗系列的 STM32F MCU 的驱动函数相兼容。

参数 SLEEPEntry 表示以何种指令进入睡眠模式，WFI 指令或 WFE 指令。其取值使用如下宏定义常量。

- PWR_SLEEPENTRY_WFI，使用 WFI 指令进入睡眠模式。
- PWR_SLEEPENTRY_WFE，使用 WFE 指令进入睡眠模式。

函数 HAL_PWR_EnterSLEEPMode()内部会首先将系统控制寄存器 SCR 的 SLEEPDEEP 位清零，这个位如果置 1 就是深度睡眠模式，在进入停止模式时才将 SLEEPDEEP 位置 1。

2. 睡眠模式的状态

进入睡眠模式后，系统的状态如下。

- CPU 的时钟关闭，CPU 停止运行，也就是程序暂停。

- 所有外设的时钟不停止，外设正常运行，所有 I/O 引脚的状态与运行时相同。
- 调压器正常运行。

3. 退出睡眠模式

如果使用 WFI 指令进入睡眠模式，则 NVIC 确认的任何外设中断都可以将 MCU 唤醒。由中断唤醒后，先执行中断的 ISR，然后执行 WFI 指令后面的程序。

如果使用 WFE 指令进入睡眠模式，MCU 将在有事件发生时立即退出睡眠模式，并执行 WFE 后的程序。唤醒事件可以通过以下方式产生。

- 在外设的控制寄存器中使能一个中断事件，但是不在 NVIC 中使能其全局中断，同时使能系统控制寄存器 SCR 中的 SEVONPEND（Send Event on Pending bit）位。当 MCU 从 WFE 恢复时，需要清除相应外设的事件中断标志位和外设 NVIC 中断挂起位。
- 配置一个外部或内部 EXTI 线为事件模式。当 CPU 从 WFE 中恢复时，因为对应事件线的挂起位没有被置位，不必清除相应外设的中断标志位或 NVIC 中断通道挂起位。

HAL 库中有两个函数用于设置系统控制寄存器 SCR 中的 SEVONPEND 位的值。

```
void HAL_PWR_EnableSEVOnPend(void)       //SEVONPEND 位置 1
void HAL_PWR_DisableSEVOnPend(void)      //SEVONPEND 位清零
```

从睡眠模式唤醒的响应没有任何延迟，是 3 种低功耗模式中唤醒响应最快的。

4. SysTick 的影响

有一点需要非常注意，由于睡眠模式可以由任意中断或事件唤醒，而 MCU 在 HAL 初始化时就开启了 Cortex-M 内核的 SysTick 定时器，这个定时器每隔 1ms 中断一次。如果 MCU 处于睡眠状态，SysTick 定时器的中断会将 MCU 从睡眠模式唤醒。

如果要使睡眠模式不受 SysTick 中断的影响，需要在进入睡眠状态之前停止 SysTick 定时器，从睡眠状态恢复后又立即开启 SysTick 定时器，因为延时函数 HAL_Delay()需要用到 SysTick 定时器。文件 stmf4xx_hal.h 定义了两个控制 SysTick 定时器的函数，两个函数原型定义如下：

```
void HAL_SuspendTick(void);            //暂停 SysTick 定时器的运行
void HAL_ResumeTick(void);             //恢复 SysTick 定时器的运行
```

22.3.2 睡眠模式编程示例

1. 示例功能和 CubeMX 项目设置

在本节中，我们创建一个示例项目 Demo22_1Sleep，测试系统的睡眠模式。示例功能和操作流程如下。

- 将连接 KeyRight 键的 PE2 引脚配置为外部中断 EXTI2。
- 在主程序的 while 循环里，使系统进入睡眠状态后，按下 KeyRight 键把系统从睡眠状态唤醒。

本示例要用到 LCD、LED1 和 KeyRight 键，所以从 CubeMX 模板项目文件 M4_LCD_KeyLED.ioc 创建本项目文件 Demo22_1Sleep.ioc（操作方法见附录 A）。

先清除 4 个按键的 GPIO 设置，因为原来连接 4 个按键的 GPIO 设置为 GPIO_Input。本示例需要用到 KeyRight 键，但是需要将连接 KeyRight 键的 PE2 引脚重新设置为外部中断线 EXTI2，并设置上拉和下跳沿触发中断。本示例中 KeyRight 和 LED1 的引脚 GPIO 设置结果如图 22-8 所示。用户还需要在 NVIC 中开启 EXTI2 的中断。

Pin Name	User Label	GPIO mode	GPIO Pull-up/Pull-down
PE2	KeyRight	External Interrupt Mode with Falling edge trigger detection	Pull-up
PF9	LED1	Output Push Pull	No pull-up and no pull-down

图 22-8 KeyRight 和 LED1 的 GPIO 设置结果

2. 程序功能实现

在 CubeMX 中生成代码，我们在 CubeIDE 中打开项目，先将 TFT_LCD 和 KEY_LED 驱动程序路径添加到项目搜索路径（操作方法见附录 A）。在主程序中添加用户代码，完成后主程序的代码如下：

```
/* 文件：main.c   --------------------------------------------------------------*/
#include "main.h"
#include "gpio.h"
#include "fsmc.h"
/* USER CODE BEGIN Includes */
#include "tftlcd.h"
#include "keyled.h"
/* USER CODE END Includes */

int main(void)
{
    HAL_Init();
    SystemClock_Config();
    /* Initialize all configured peripherals */
    MX_GPIO_Init();
    MX_FSMC_Init();
    /* USER CODE BEGIN 2 */
    TFTLCD_Init();
    LCD_ShowStr(10,10, (uint8_t *)"Demo22_1:Sleep Mode");
    LED1_ON();
    HAL_Delay(1000);       //系统复位后，LED1 亮 1 秒后进入睡眠状态
    /* USER CODE END 2 */

    /* Infinite loop */
    /* USER CODE BEGIN WHILE */
    while (1)
    {
        LCD_ShowStr(10,LCD_CurY+LCD_SP20, (uint8_t *)"Press KeyRight to wake up");
        LED1_OFF();
        HAL_SuspendTick();              //使 SysTick 定时器暂停
        /*  进入睡眠状态，对于正常的中断，WFI 和 WFE 两种参数都可以唤醒  */
        HAL_PWR_EnterSLEEPMode(PWR_LOWPOWERREGULATOR_ON, PWR_SLEEPENTRY_WFI);

        /*  按键的 EXTI 中断唤醒后执行下面的代码  */
        HAL_ResumeTick();              //恢复 SysTick 定时器
        LCD_ShowStr(10,LCD_CurY+LCD_SP10, (uint8_t *)"Resume after sleep");
        for(uint8_t i=0; i<9;i++)   //使 LED1 闪烁几次，延时也可消除按键抖动影响
        {
            LED1_Toggle();
            HAL_Delay(500);
        }
    /* USER CODE END WHILE */
    }
}
```

GPIO 和 FSMC 初始化函数代码无须再展示了，本示例也无须为外部中断 EXTI2 编写回调函数代码，所有用户代码都在 main()函数里。

在 while 循环里，在使系统进入睡眠状态之前先熄灭 LED1，调用函数 HAL_SuspendTick()

使 SysTick 定时器暂停，然后调用 HAL_PWR_EnterSLEEPMode()函数，用 WFI 指令进入睡眠模式。在进入睡眠模式后，CPU 时钟停止，程序就暂停了。

在用户按下 KeyRight 键时产生 EXTI 中断，系统被唤醒，继续执行后面的代码。程序先调用函数 HAL_ResumeTick()恢复 SysTick 定时器的运行，因为后面的代码里需要使用 HAL_Delay()函数，要用到 SysTick 定时器。

本示例在执行函数 HAL_PWR_EnterSLEEPMode()进入睡眠模式时，使用 WFI 方式或 WFE 方式的效果是一样的，因为中断必然是事件引起的，而事件不一定产生中断。

3. 运行与测试

构建项目无误后，我们将其下载到开发板上并予以测试，运行时可以看到它是按期望运行的。系统提示进入睡眠模式后，按 KeyRight 键可唤醒系统，唤醒后显示提示信息，并且使 LED1 闪烁几次，然后又进入睡眠状态。要唤醒系统，需要再按 KeyRight 键。

如果将程序中调用函数 HAL_SuspendTick()的那行语句注释掉，也就是不暂停 SysTick 定时器，会发现运行时 LED1 一直闪烁。这是因为在进入睡眠状态后，SysTick 定时器中断就将系统唤醒了，而 SysTick 定时器中断的触发周期是 1ms，所以系统睡眠不超过 1ms 就被唤醒了。

在这个程序中，while 循环里的代码不会被 CPU 一直高速循环执行，进入睡眠模式会使 CPU 暂停执行程序，被唤醒后才继续执行睡眠点之后的代码。本示例为了演示的需要，在系统被唤醒后，用 for 循环执行了约 4000ms 的程序（也起到消除按键抖动影响的作用）。在实际的系统中，程序可能大部分时间处于睡眠状态，执行程序的时间可能很短，例如，睡眠 1000ms，执行程序才 1ms，这样可以大大降低系统的功耗。

在 CubeMX 中，为本项目进行功耗计算，我们只设置了 RUN 和 SLEEP 两种步骤，步骤设置中只开启系统实际用到的外设。运行模式下的耗电流是 50.76mA，而睡眠模式下的电流是 16.76mA，如图 22-9 所示。

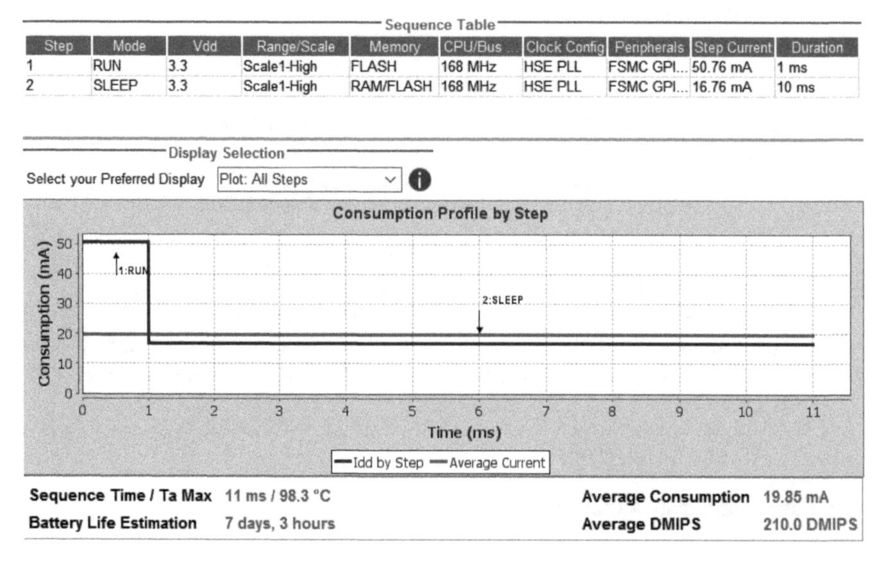

Sequence Table

Step	Mode	Vdd	Range/Scale	Memory	CPU/Bus ...	Clock Config	Peripherals	Step Current	Duration
1	RUN	3.3	Scale1-High	FLASH	168 MHz	HSE PLL	FSMC GPI...	50.76 mA	1 ms
2	SLEEP	3.3	Scale1-High	RAM/FLASH	168 MHz	HSE PLL	FSMC GPI...	16.76 mA	10 ms

图 22-9 示例 Demo22_1Sleep 的功耗计算

在编写低功耗程序的时候需要注意：当 MCU 处于睡眠、停止或待机等低功耗模式时，MCU 是无法与仿真器通信的，不能通过仿真器下载程序，也不能从仿真器的调试模式停止。当 MCU 处于低功耗状态时，如果要通过仿真器下载程序，必须使 MCU 硬件复位。在 CubeIDE 的 Debug

Configurations 对话框中，有一个 Reset behaviour 选项，在调试低功耗程序时，这个选项必须设置为 Connect under reset（见图 22-10），也就是连接时使 MCU 硬件复位，这样才能正常下载程序。TrueSTUDIO 软件的 Debug Configurations 对话框中没有这个选项功能，在 MCU 处于低功耗状态时，就无法下载程序。

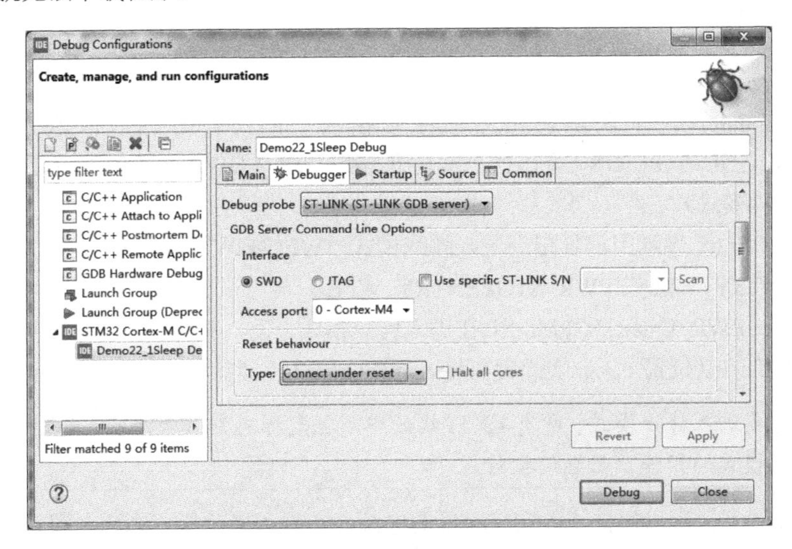

图 22-10　调试低功耗程序时，Reset behaviour 必须设置为 Connect under reset

22.4　停止模式

22.4.1　停止模式的特点和操作

1. 进入停止模式

用户可以通过执行 WFI 指令或 WFE 指令进入停止模式。进入停止模式之前，用户需要将 Cortex-M4F 系统控制寄存器 SCR 的 SLEEPDEEP 位置 1，内部调压器可以设置为正常运行或低功耗模式。

函数 HAL_PWR_EnterSTOPMode()用于进入停止模式，其源代码如下：

```
void HAL_PWR_EnterSTOPMode(uint32_t Regulator, uint8_t STOPEntry)
{
    /* Check the parameters */
    assert_param(IS_PWR_REGULATOR(Regulator));
    assert_param(IS_PWR_STOP_ENTRY(STOPEntry));

    /* 设置调压器的模式：根据参数 Regulator 设置 PDDS 位和 LPDS 位*/
    MODIFY_REG(PWR->CR, (PWR_CR_PDDS | PWR_CR_LPDS), Regulator);

    /* 将 Cortex 系统控制寄存器 SCR 的 SLEEPDEEP 位置 1 */
    SET_BIT(SCB->SCR, ((uint32_t)SCB_SCR_SLEEPDEEP_Msk));

    /* Select Stop mode entry */
    if(STOPEntry == PWR_STOPENTRY_WFI)
    {
        /* Request Wait For Interrupt */
        __WFI();
    }
    else
```

```
	{
		/* Request Wait For Event */
		__SEV();
		__WFE();
		__WFE();
	}
	/* 唤醒后，将 SLEEPDEEP 位清零 */
	CLEAR_BIT(SCB->SCR, ((uint32_t)SCB_SCR_SLEEPDEEP_Msk));
}
```

参数 Regulator 用于表示调压器在停止模式下的工作方式，取值为宏定义常量 PWR_MAINREGULATOR_ON（调压器正常运行）或 PWR_LOWPOWERREGULATOR_ON（调压器处于低功耗模式）。

参数 STOPEntry 表示用何种指令进入睡眠模式，WFI 或 WFE 指令。其取值为宏定义常量 PWR_STOPENTRY_WFI 或 PWR_STOPENTRY_WFE。

函数 HAL_PWR_EnterSTOPMode()在进入停止模式之前，将 Cortex-M4F 系统控制寄存器 SCR 的 SLEEPDEEP 位置 1，被唤醒后再将 SLEEPDEEP 位清零。

要进入停止模式，所有 EXTI 线的中断挂起标志都必须清零，否则，将忽略进入停止模式的操作，而继续执行程序。

在停止模式下，可以保持或关闭 Flash 的电源，在进入停止模式之前，可以使用以下两个函数进行设置。

```
HAL_PWREx_EnableFlashPowerDown();          //关闭 Flash 的电源
HAL_PWREx_DisableFlashPowerDown();         //不关闭 Flash 的电源
```

2. 停止模式的状态

进入停止模式后，系统的状态如下。

- CPU 的时钟关闭，CPU 停止运行，也就是程序暂停。
- 所有 1.2V 域外设的时钟停止，外设停止工作。
- ADC 和 DAC 不会自动停止工作，需要编程使其停止。
- 1.2V 调压器开启或处于低功耗状态，所有寄存器、SRAM 的内容保留。
- Flash 处于正常模式或掉电模式。
- HSI 振荡器和 HSE 振荡器关闭。

3. 退出停止模式

如果使用 WFI 指令进入停止模式，所有配置为中断模式的 EXTI 线都可以唤醒系统。由中断唤醒后，先执行中断的 ISR，然后执行 WFI 指令后面的程序。

如果使用 WFE 指令进入停止模式，所有配置为事件模式的 EXTI 线都可以唤醒系统，唤醒后执行 WFE 后面的程序。

EXTI 线共 23 根，EXTI 线 0:15 对应于外部引脚中断，EXTI 线 16:22 对应一些内部事件，如 RTC 闹钟事件、RTC 周期唤醒事件等。

从停止模式唤醒时，系统有一定的唤醒延迟时间，包括以下几个时间。

- HSI 振荡器的启动时间。系统将重新启动 HSI 振荡器，并且将 HSI 作为 HCLK 的时钟源。对 STM32F407 来说，HSI 频率为 16MHz，使用 HSI 作为时钟源的 HCLK 最高频率为 16MHz。如果需要系统从停止模式唤醒后使用更高频率的 HCLK，需要重新配置系统时钟。

- 如果调压器处于低功耗模式，需要从低功耗模式恢复到正常模式的时间。
- 若 Flash 处于掉电模式，需要从掉电模式恢复到正常模式的时间。

在停止模式下，如果调压器处于低功耗模式、Flash 处于掉电模式，则可以降低停止模式的功耗，但这同时也会增加唤醒延迟。

4. SysTick 定时器的影响

MCU 进入停止模式后，将只会由 EXTI 中断或事件唤醒，而不受 SysTick 定时器的影响。此外，在进入停止模式后，所有的 1.2V 域外设都会停止工作，SysTick 定时器其实也停止了。

22.4.2 停止模式编程示例

1. 示例功能和 CubeMX 项目配置

在本节中，我们将创建一个示例 Demo22_2Stop，演示 MCU 的停止模式。示例的功能和操作流程如下。

- 在主程序的 while 循环里，让 MCU 进入停止模式。
- 使用 RTC 的周期唤醒中断，使 MCU 从停止模式唤醒，RTC 唤醒周期为 5s。
- MCU 从停止模式唤醒后，进行一次轮询方式 ADC 转换。

从 CubeMX 模板项目文件 M4_LCD_KeyLED.ioc 创建本示例 CubeMX 文件 Demo22_2Stop.ioc。清除 4 个按键的 GPIO 设置，因为本示例不需要使用 4 个按键。接下来所做的设置如下。

（1）禁用 HSE，将 HSI 直接作为 HCLK 时钟源，HCLK 设置为 16MHz（见图 22-11）。因为 MCU 从停止模式唤醒后，自动使用 HSI 作为 SYSCLK 时钟源，所以，如果要使用 HSE 或更高频率的 HCLK，需要重新配置系统时钟。本示例在系统唤醒后，不再配置 HCLK 时钟频率，故正常运行时也使用 HSI 作为 HCLK 时钟源。

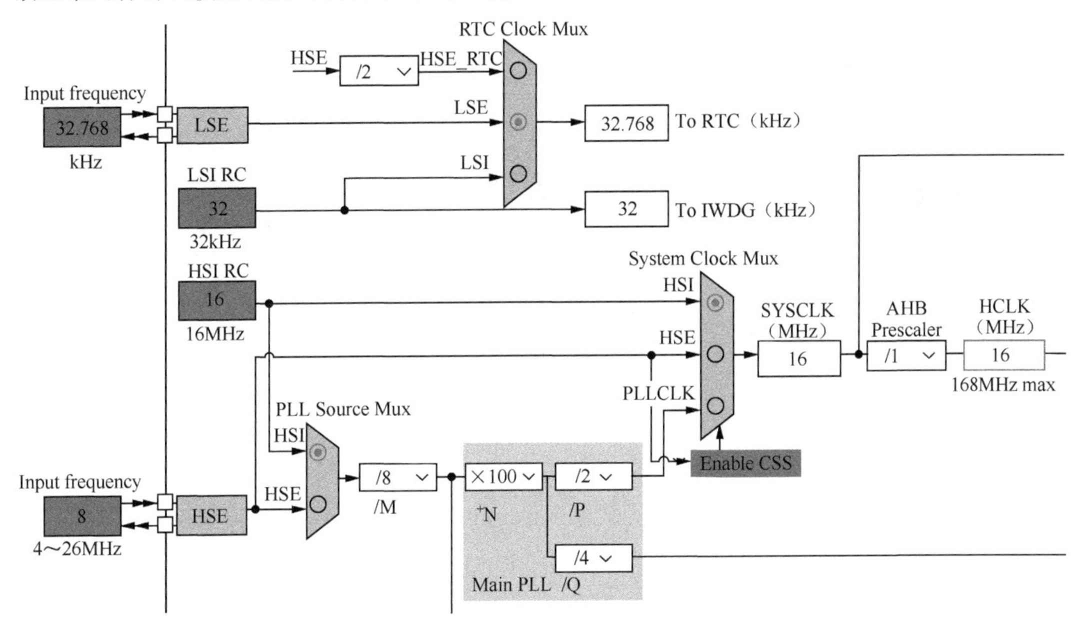

图 22-11 示例 Demo22_2Stop 的时钟树设置

（2）启用 RTC，并使用 LSE 作为 RTC 的时钟源（见图 22-11）。开启 RTC 的周期唤醒功能，并设置唤醒时钟为 1Hz 信号，唤醒计数值为 4（见图 22-12）。RTC 的周期唤醒使用的是 EXTI

线 22 中断，在 NVIC 中开启 RTC 周期唤醒中断，设置其抢占优先级为 1。这样设置后，每 5s 发生一次 EXTI 线 22 中断。RTC 周期唤醒的工作原理和设置方法详见第 11 章。

（3）启用 ADC1 的 IN5 通道，设置为 12 位精度、右对齐、软件触发转换。ADC1 的参数设置结果如图 22-13 所示，ADC1 的参数设置原理详见 14.3 节。

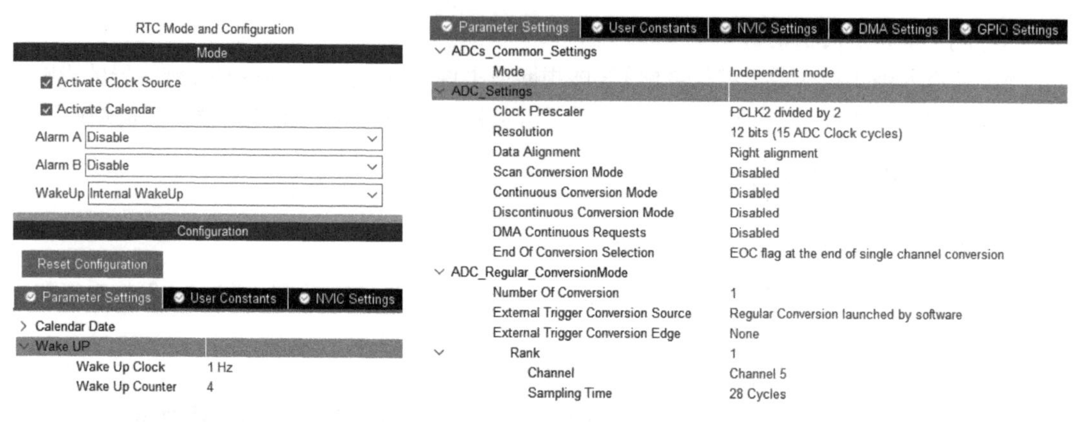

图 22-12　RTC 配置结果

图 22-13　ADC1 的参数设置结果

2. 程序功能实现

在 CubeMX 中生成代码，我们在 CubeIDE 中打开项目，将 TFT_LCD 和 KEY_LED 驱动程序目录添加到项目的搜索路径（操作方法见附录 A）。在文件 main.c 中添加用户功能代码，完成后文件 main.c 的内容如下：

```
/* 文件：main.c  -------------------------------------------*/
#include "main.h"
#include "adc.h"
#include "rtc.h"
#include "gpio.h"
#include "fsmc.h"
/* USER CODE BEGIN Includes */
#include "keyled.h"
#include "tftlcd.h"
#include <stdio.h>            //用到函数 sprintf()
/* USER CODE END Includes */

/* Private variables ---------------------------------------------------------*/
/* USER CODE BEGIN PV */
uint16_t     LcdX,LcdY;      //存储 LCD 显示位置
/* USER CODE END PV */

int main(void)
{
    HAL_Init();
    SystemClock_Config();
    /* Initialize all configured peripherals */
    MX_GPIO_Init();
    MX_FSMC_Init();
    MX_ADC1_Init();
    MX_RTC_Init();

    /* USER CODE BEGIN 2 */
    TFTLCD_Init();
    LCD_ShowStr(10,10, (uint8_t *)"Demo22_2:Stop Mode");
    LCD_ShowStr(10,LCD_CurY+LCD_SP15, (uint8_t *)"Woken up by RTC every 5s");
```

```
    LCD_ShowStr(10,LCD_CurY+LCD_SP20, (uint8_t *)"RTC current time: ");
    LcdX=LCD_CurX;                              //保存 LCD 显示位置
    LcdY=LCD_CurY;
    LCD_ShowStr(10,LCD_CurY+LCD_SP20, (uint8_t *)"ADC Voltage(mV) = ");

    HAL_PWREx_EnableFlashPowerDown();           //在停止模式下关闭 Flash 电源
    //HAL_PWREx_DisableFlashPowerDown();        //不关闭 Flash 电源
    /* USER CODE END 2 */

    /* Infinite loop */
    /* USER CODE BEGIN WHILE */
    while (1)
    {
        LED1_OFF();
        EXTI->PR = 0;      //EXTI Pending Register 清零，确保能进入 STOP 模式
        //进入停止模式，WFI 指令进入
        HAL_PWR_EnterSTOPMode(PWR_LOWPOWERREGULATOR_ON,PWR_STOPENTRY_WFI);

        //被 RTC 唤醒中断(EXTI22)唤醒
        LED1_ON();
        HAL_ADC_Start(&hadc1);      //启动 ADC1 并开始转换
        if (HAL_ADC_PollForConversion(&hadc1,200)==HAL_OK)
        {
            uint32_t  val=HAL_ADC_GetValue(&hadc1);           //12 位数
            uint32_t  Volt=3300*val;           //单位：mV
            Volt=Volt>>12;           //除以 2^12
            LCD_ShowUintX(LcdX,LcdY+LCD_SP20,Volt,4);
        }
        HAL_ADC_Stop(&hadc1);      //停止 ADC1
        HAL_Delay(500);            //使 LED1 亮 500ms
        /* USER CODE END WHILE */
    }
}

/* USER CODE BEGIN 4 */
/* RTC 周期唤醒中断的回调函数 */
void HAL_RTCEx_WakeUpTimerEventCallback(RTC_HandleTypeDef *hrtc)
{
    RTC_TimeTypeDef sTime;
    RTC_DateTypeDef sDate;
    if (HAL_RTC_GetTime(hrtc, &sTime,  RTC_FORMAT_BIN) == HAL_OK)
    {
        HAL_RTC_GetDate(hrtc, &sDate,  RTC_FORMAT_BIN);
        uint8_t  str[30];
        sprintf(str,"%2d:%2d:%2d",sTime.Hours,sTime.Minutes,sTime.Seconds);
        LCD_ShowStr(LcdX,LcdY,str);
    }
}
/* USER CODE END 4 */
```

CubeMX 自动生成的 RTC、ADC1 等外设的初始化函数代码无须再展示和解释了。读者可查看本示例源代码，初始化代码的原理可参考前面相应章节的介绍。

在进入 while 循环之前，调用了函数 HAL_PWREx_EnableFlashPowerDown()，这可以在 MCU 进入停止模式后，关闭 Flash 存储器的电源，进一步降低功耗。也可以不关闭 Flash 存储器电源，也就是调用函数 HAL_PWREx_DisableFlashPowerDown()。

在 while 循环里，调用函数 HAL_PWR_EnterSTOPMode()使系统进入停止模式。必须在所有 EXTI 线中断的挂起标志位清零的情况下，才能进入停止模式。为此，直接将外部中断挂起标志寄存器 PR 的内容清零，即执行语句：

```
EXTI->PR = 0;
```

进入停止模式后，CPU 停止运行，程序暂停，所有外设停止工作，但 RTC 仍能正常工作。

停止模式可以由任意 EXTI 线的中断或事件唤醒，RTC 的周期唤醒中断是 EXTI 线 22。本示例中设置的 RTC 唤醒周期是 5s，所以，在发生 RTC 周期唤醒中断时系统会被唤醒，但是会先执行 RTC 中断的 ISR，也就是会执行 RTC 周期唤醒回调函数 HAL_RTCEx_WakeUpTimerEventCallback()，这个回调函数里读取 RTC 当前时间并显示在 LCD 上。RTC 中断的 ISR 退出后，再继续执行 WFI 指令后面的程序。后面的程序用轮询方式进行一次 ADC 转换，将结果显示在 LCD 上。ADC 转换结束后停止，然后 MCU 又进入停止模式。

3. 运行与测试

构建项目无误后，我们将其下载到开发板上并予以测试。运行时会发现：每隔 5s，LCD 上刷新显示一次 RTC 时间和 ADC 转换结果，LED1 点亮 500ms 后熄灭。

停止模式比较适合于需要周期性唤醒，执行完一些操作后又进入低功耗模式的应用。例如，网络化的温度监测，可能每隔 60s 才需要测量一次数据并通过网络发送出去，使用周期唤醒的停止模式就可以大大降低功耗。

同样，用户可以在 CubeMX 里对本示例进行功耗计算，如图 22-14 所示。因为使用了 16MHz 的 HCLK，RUN 模式下的耗电流是 9.04mA，STOP 模式下的耗电流是 280μA。选用 3400mAh 的锂电池供电，如果一个序列中 RUN 模式持续 10ms，STOP 模式持续 100ms，电池可以用 4 个月零 9 天；若修改为 STOP 模式持续 1000ms，其他参数不变，电池可以用 1 年零 17 天，可见降低功耗的效果是非常明显的。

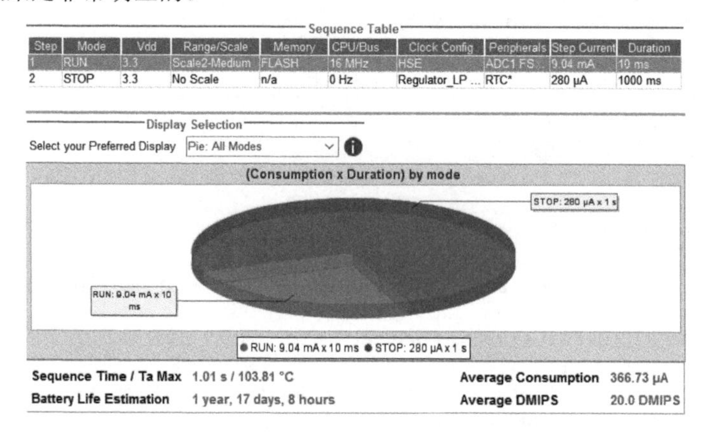

图 22-14　示例 Demo22_2Stop 的功耗计算

22.5　待机模式

22.5.1　待机模式的特点和操作

1. 进入待机模式

待机模式是几种低功耗模式中功耗最低的。要通过 WFI 指令或 WFE 指令进入待机模式，需要将系统控制寄存器 SCR 中的 SLEEPDEEP 位置 1，将电源控制寄存器 PWR_CR 中的 PDDS 位置 1。函数 HAL_PWR_EnterSTANDBYMode()实现进入待机模式的功能，其源代码如下：

```
void HAL_PWR_EnterSTANDBYMode(void)
{
	/*  选择 STANDBY 模式  */
	SET_BIT(PWR->CR, PWR_CR_PDDS);

	/*  将 Cortex 系统控制寄存器的 SLEEPDEEP 位置 1  */
	SET_BIT(SCB->SCR, ((uint32_t)SCB_SCR_SLEEPDEEP_Msk));

	/*  下面的选项用于确保完成了保存操作  */
#if defined ( __CC_ARM)
	__force_stores();
#endif
	/* Request Wait For Interrupt */
	__WFI();
}
```

函数 HAL_PWR_EnterSTANDBYMode()没有任何参数，直接使用 WFI 指令进入待机模式。

2. 待机模式的状态

进入待机模式后，系统的状态如下。

- 1.2V 调压器关闭，1.2V 域全部断电，寄存器和 SRAM 的内容丢失。
- PLL、HSI 振荡器、HSE 振荡器都关闭。
- VBAT 供电的 RTC 寄存器、备份域 SRAM 的内容保留，RTC 可继续工作。
- 所有外设停止工作，除了复位引脚、SYS_WKUP 引脚（PA0）和 RTC 的输出复用引脚，其他引脚都是高阻态。

3. 退出待机模式

用户可以通过以下方式中的任何一种退出待机模式。

- NRST 引脚的外部硬件复位。
- 独立看门狗复位。
- SYS_WKUP 引脚（PA0 引脚）上升沿信号。
- RTC 的闹钟事件、周期唤醒事件、入侵事件或时间戳事件。

系统从待机模式唤醒后，不是从进入待机模式处的代码继续执行，而是整个系统复位，从头开始执行，所以其唤醒延迟时间就是复位阶段的时间。

通常使用 SYS_WKUP 引脚连接的按键使系统从待机模式唤醒，HAL 库有两个函数设置启用或禁用 SYS_WKUP 引脚，两个函数的调用代码如下：

```
HAL_PWR_EnableWakeUpPin(PWR_WAKEUP_PIN1);		//启用 SYS_WKUP 引脚
HAL_PWR_DisableWakeUpPin(PWR_WAKEUP_PIN1);		//禁用 SYS_WKUP 引脚
```

其中，PWR_WAKEUP_PIN1 是宏定义常量，STM32F40x 系列只有一个 SYS_WKUP 引脚。启用或禁用 SYS_WKUP 引脚就是设置电源控制/状态寄存器 PWR_CSR 中的 EWUP 位为 1 或 0。

注意，SYS_WKUP 引脚是 PA0 引脚，也就是 KeyUp 键连接的引脚。当 PA0 作为 SYS_WKUP 时，KeyUp 键就不能作为一个普通按键，不能用轮询或中断方式检测其输入。

22.5.2 待机模式编程示例

1. 示例功能和 CubeMX 项目设置

在本节中，我们将创建一个示例 Demo22_3StandBy，演示如何使用待机模式。示例功能和使用流程如下。

- 在 CubeMX 中配置 PA0 为 SYS_WKUP 信号，用于使系统在待机模式下唤醒。
- 程序运行时，检测到 KeyRight 键按下后，就进入待机模式。
- 在待机模式下，按下 KeyUp 键使系统唤醒。

我们使用 CubeMX 模板文件 M4_LCD_KeyLED.ioc 创建本示例 CubeMX 文件 Demo22_3StandBy.ioc（操作方法见附录 A）。保留 LED1 和 KeyRight 键的 GPIO 设置，删除 LED2 和其他 3 个按键的 GPIO 设置。

在 SYS 组件的模式设置部分勾选 System Wake-Up 复选框，如图 22-15 所示，这样 PA0 就会作为 SYS_WKUP 引脚，无须再为 PA0 进行 GPIO 设置。

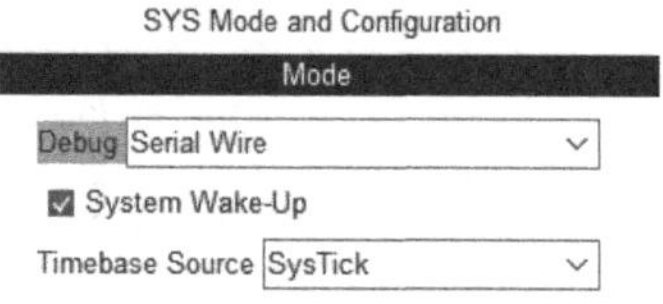

图 22-15　在 SYS 组件设置中勾选 System Wake-Up

2. 程序功能实现

在 CubeMX 中生成代码后，我们在 CubeIDE 里打开项目，将驱动程序目录 TFT_LCD 和 KEY_LED 添加到项目搜索路径（操作方法见附录 A）。添加用户功能代码后的主程序代码如下：

```
/* 文件：main.c ---------------------------------------------------------------*/
#include "main.h"
#include "gpio.h"
#include "fsmc.h"
/* USER CODE BEGIN Includes */
#include "tftlcd.h"
#include "keyled.h"
/* USER CODE END Includes */

int main(void)
{
    HAL_Init();
    SystemClock_Config();
    /* Initialize all configured peripherals */
    MX_GPIO_Init();             //只对 KeyRight，LED1 的 GPIO 引脚初始化
    MX_FSMC_Init();

    /* USER CODE BEGIN 2 */
    TFTLCD_Init();
    LCD_ShowStr(10,10, (uint8_t *)"Demo22_3:Standby Mode");

    if (__HAL_PWR_GET_FLAG(PWR_FLAG_WU)==SET)       //被 WKUP、RTC 事件唤醒
    {
        LCD_ShowStr(10,LCD_CurY+LCD_SP15, (uint8_t *)"[Msg1]Be woken up by WKUP");
        __HAL_PWR_CLEAR_FLAG(PWR_FLAG_WU);          //必须清除 WUF，否则连续唤醒
    }

    if (__HAL_PWR_GET_FLAG(PWR_FLAG_SB)==SET)       //从 StandBy 模式复位
    {
        HAL_PWR_DisableWakeUpPin(PWR_WAKEUP_PIN1);//禁止 SYS_WKUP 引脚，消除抖动影响
        LCD_ShowStr(10,LCD_CurY+LCD_SP15, (uint8_t *)"[Msg2]Reset from Standby mode");
        __HAL_PWR_CLEAR_FLAG(PWR_FLAG_SB);          //清除标志位 SBF
    }
    LCD_ShowStr(10,LCD_CurY+ LCD_SP20, (uint8_t *)"Press KeyRight to enter Standby");
    LED1_ON();
    /* USER CODE END 2 */

    /* Infinite loop */
```

```
    /* USER CODE BEGIN WHILE */
    while (1)
    {
        KEYS  curKey=ScanPressedKey(KEY_WAIT_ALWAYS);
        if (curKey==KEY_RIGHT)    //KeyRight 键按下
        {
            HAL_PWR_EnableWakeUpPin(PWR_WAKEUP_PIN1); //使能 SYS_WKUP 引脚,必须执行
            LCD_ShowStr(10,LCD_CurY+LCD_SP20, (uint8_t*)"Be in Standby mode now");
            LCD_ShowStr(10,LCD_CurY+LCD_SP10, (uint8_t*)"Press KeyUp to wake up, or");
            LCD_ShowStr(10,LCD_CurY+LCD_SP10, (uint8_t *)"press Reset to reset system.");
            HAL_PWR_EnterSTANDBYMode();            //进入待机模式，唤醒就是使系统复位
            //LED1 自动灭，因为待机模式下引脚是高阻态
        }
    /* USER CODE END WHILE */
    }
}
```

系统在待机模式下被唤醒后，系统复位并从头开始执行程序。程序在复位并完成初始化后，需要对电源控制/状态寄存器 PWR_CSR 中的 WUF（唤醒标志）位和 SBF（待机标志）位进行检测和清除。

- WUF（Wakeup Flag）位是由硬件置 1 的。如果 WUF 位是 1，表示器件复位前发生了待机模式的唤醒事件，如 SYS_WKUP、RTC 闹钟、RTC 入侵事件、RTC 时间戳事件、RTC 周期唤醒，但是不包括复位引脚 NRST 导致的复位。要清除 WUF 位，需要向电源控制寄存器 PWR_CR 的 CWUF 位写 1。所以，查询和清除 WUF 位的代码如下：

```
if (__HAL_PWR_GET_FLAG(PWR_FLAG_WU)==SET)      //被 WKUP、RTC 事件唤醒
{
    LCD_ShowStr(10,LCD_CurY+LCD_SP15, (uint8_t *)"[Msg1]Be woken up by WKUP");
    __HAL_PWR_CLEAR_FLAG(PWR_FLAG_WU);          //必须清除 WUF，否则连续唤醒
}
```

如果 WUF 位是 1，必须清除这个位；否则，在后面再进入待机模式后，会立刻被唤醒。

- SBF（StandBy Flag）位是由硬件置 1 的。如果 SBF 位是 1，表示器件在复位前进入了待机模式；如果 SBF 位是 0，表示器件复位前未进入待机模式。要清除 SBF 位，需要向电源控制寄存器 PWR_CR 的 CSBF 位写 1。所以，查询和清除 SBF 位的代码段如下：

```
if (__HAL_PWR_GET_FLAG(PWR_FLAG_SB)==SET)       //从 StandBy 模式复位
{
    HAL_PWR_DisableWakeUpPin(PWR_WAKEUP_PIN1);//禁止 SYS_WKUP 引脚，消除抖动影响
    LCD_ShowStr(10,LCD_CurY+LCD_SP15, (uint8_t *)"[Msg2]Reset from Standby mode");
    __HAL_PWR_CLEAR_FLAG(PWR_FLAG_SB);          //清除 SBF 位
}
```

在判断是从待机模式复位后，程序还立刻禁用了 SYS_WKUP 引脚。如果 SYS_WKUP 引脚已经被启用，即使没有进入待机状态，按一下 KeyUp 键也会被记录一次唤醒操作，那么在按下 KeyRight 键进入待机模式后会立即被唤醒。所以，在正常运行模式下，应该禁用 SYS_WKUP 引脚，只有在进入待机模式之前才启用 SYS_WKUP 引脚。

完成这些检测后，在 while 循环中检测按键输入，在 KeyRight 键被按下后，启用 SYS_WKUP 引脚，然后调用函数 HAL_PWR_EnterSTANDBYMode()进入待机模式。进入待机模式后，与 LED1 连接的 PF9 引脚变成高阻态，LED1 自然就熄灭了。

3. 运行与测试

构建项目无误后，我们将其下载到开发板上并予以测试，应该退出调试模式后独立运行，

运行时会发现以下现象。其中的 Msg1 指 LCD 上显示的信息字符串“[Msg1]Be woken up by WKUP”，Msg2 指 LCD 上显示的信息字符串“[Msg2]Reset from Standby mode”。

- 首次上电，或在运行模式下按复位键，不显示 Msg1 和 Msg2，因为复位前不是待机模式，也不是被 WKUP 事件唤醒的。
- 按下 KeyRight 键进入待机模式后，LED1 灭，因为 PF9 引脚在待机模式下变成了高阻态。
- 在待机模式下按 KeyUp 键，系统复位，显示 Msg1 和 Msg2。
- 在待机模式下按复位键，系统复位，只显示 Msg2，不显示 Msg1。

用户可以在 CubeMX 里对本示例进行功耗计算，如图 22-16 所示。RUN 模式下的耗电流是 50.76mA，STANDBY 模式下的耗电流是 2.2μA。选用 3400mAh 的锂电池供电，做各种序列的计算。

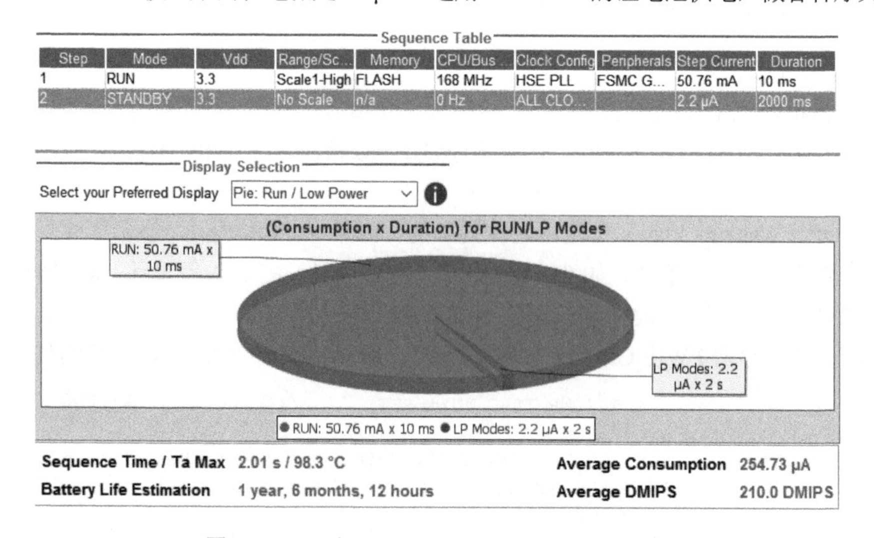

图 22-16　示例 Demo22_3StandBy 的功耗计算

- 如果序列里只有 RUN 模式，电池只能用 2 天零 18 小时。
- 如果一个序列中 RUN 模式持续 10ms，STANDBY 模式持续 2000ms，电池可以用 1 年零 6 个月。
- 如果在上个序列基础上，将 RUN 模式的 CPU 频率降为 25MHz，则电池可以用 6 年零 7 个月。

所以，使用低功耗模式对提高电池续航能力是非常重要的。一个序列中 RUN 模式和低功耗模式所占的时间长度比例的不同，会导致功耗差异较大，CPU 的频率对功耗影响也很大。在对功耗敏感的嵌入式系统设计中，要选择合适的低功耗模式，在满足性能需求的情况下，使用尽量低的 CPU 频率，以最大限度地提高电池续航能力。

本章的几个示例为了显示信息，使用了 LCD，而且在 MCU 进入低功耗模式后，并没有关闭 LCD。但是，LCD 的功耗是比较大的，在实际的应用设计中，还应该在 MCU 进入低功耗模式时，使 LCD 也进入低功耗模式，例如，关闭 LCD 显示，以进一步降低系统功耗。

附录 A　CubeMX 模板项目和公共驱动程序的使用

A.1　公共驱动程序的目录组成

在本书中，我们将一些典型器件的驱动程序和一些常用的 CubeMX 项目文件整理到一个公共驱动程序目录下，以便在示例项目里使用。全书程序的根目录是“D:\CubeDemo”，公共驱动程序目录是“D:\CubeDemo\PublicDrivers”，建议读者将本书配套源代码复制到本机上时，也放置在 D 盘同名目录下。因为在示例项目中，设置驱动程序搜索路径时，使用了绝对路径。如果实际的驱动程序路径与项目中设置的绝对路径不一致，需要手动重新设置。

公共驱动程序目录“D:\CubeDemo\PublicDrivers”下有多个子目录，如图 A-1 所示。这里包括《基础篇》和《高级篇》中的所有驱动程序和 CubeMX 模板项目文件夹。

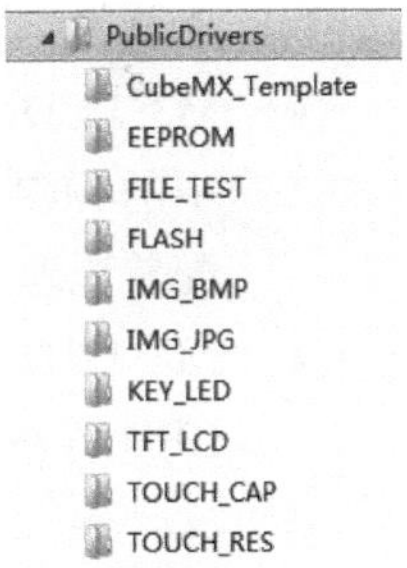

PublicDrivers
CubeMX_Template
EEPROM
FILE_TEST
FLASH
IMG_BMP
IMG_JPG
KEY_LED
TFT_LCD
TOUCH_CAP
TOUCH_RES

图 A-1　PublicDrivers 目录下的文件夹

- CubeMX_Template，这个目录下有多个 CubeMX 项目，可以复制为新项目，或在新建项目时导入。
- EEPROM，这个目录下有文件 24cxx.h 和 24cxx.c，是 I2C 接口的 EEPROM 存储器芯片 24C02 的驱动程序文件，在《基础篇》第 17 章创建。
- FILE_TEST，这个目录下有文件 file_opera.h 和 file_opera.c，在《高级篇》讲 FatFS 文件管理的各章中用到。
- FLASH，这个目录下有文件 w25flash.h 和 w25flash.c，是 SPI 接口的 Flash 存储芯片 W25Q128 的驱动程序文件，在《基础篇》第 16 章创建，在《高级篇》第 12 章中要用到。
- IMG_BMP，这个目录下有文件 bmp_opera.h 和 bmp_opera.c，包含读写 BMP 图片文件、在 LCD 上显示 BMP 图片、将 LCD 截屏保存为 BMP 图片等功能函数。在《高级篇》第 18 章创建，在《高级篇》第 20 章和第 21 章用到。
- IMG_JPG，这个目录下有文件 jpg_opera.h 和 jpg_opera.c，包含读写 JPG 图片文件、在 LCD 上显示 JPG 图片、将 LCD 截屏保存为 JPG 图片等功能函数。在《高级篇》第 19 章创建。
- KEY_LED，这个目录下有文件 keyled.h 和 keyled.c，是蜂鸣器、4 个按键和 2 个 LED 的驱动程序，在《基础篇》第 6 章创建，在很多示例里用到。
- TFT_LCD，这个目录下有文件 tftlcd.h、tftlcd.h 和 font.h，是 TFT LCD 模块的驱动程序文件。在《基础篇》第 8 章创建，大部分示例需要使用 LCD 的驱动程序。
- TOUCH_CAP，这个目录下是电容式触摸面板的驱动程序文件，在《高级篇》第 21 章创建。

- TOUCH_RES，目录下是电阻式触摸面板的驱动程序文件，在《高级篇》第 20 章创建。

A.2　CubeMX 模板项目

在\PublicDrivers\CubeMX_Template 目录下，有整理好的多个 CubeMX 模板项目文件，如图 A-2 所示。这些 CubeMX 项目里包含一些设计好的配置，例如，包括按键和 LED 的配置，或 FSMC 连接 TFT LCD 的配置。在新建 CubeMX 项目时，用户可以从某个 CubeMX 模板项目复制，或者从某个 CubeMX 模板项目文件导入。

名称	类型
M1_KeyLED.ioc	STM32CubeMX
M2_KeyLED_Buzzer.ioc	STM32CubeMX
M3_LCD_Only.ioc	STM32CubeMX
M4_LCD_KeyLED.ioc	STM32CubeMX
M5_LCD_KeyLED_Buzzer.ioc	STM32CubeMX
M6_LCD_KeyLED_SRAM.ioc	STM32CubeMX

图 A-2　整理的 CubeMX 模板项目

图 A-2 中这些 CubeMX 项目模板文件包含的配置简介如下。

- M1_KeyLED.ioc，包含了 4 个按键和 2 个 LED 的 GPIO 配置。项目使用 STM32F407ZG，包含 MCU 基础配置，即 Debug 接口设置为 Serial Wire，RCC 中 HSE 设置为 Crystal/Ceramic Resonator，在时钟树上设置 HSE 为 8MHz，HCLK 为 168MHz，设置 HSE 为主锁存器时钟源。设置了 4 个按键和 2 个 LED 的 GPIO 引脚，定义了用户标签。按键和 LED 的电路如图 6-2 所示，GPIO 设置结果如表 6-2 所示。
- M2_KeyLED_Buzzer.ioc，在文件 M1_KeyLED.ioc 的基础上，增加了蜂鸣器连接 GPIO 引脚的配置。蜂鸣器的电路如图 6-2 所示，GPIO 引脚设置如表 6-2 所示。
- M3_LCD_Only.ioc，包含 FSMC 连接 TFT LCD 的接口配置，还包含文件 M1_KeyLED.ioc 中的 MCU 基础配置，但是不包含按键和 LED 的 GPIO 配置。FSMC 连接 TFT LCD 的配置原理和配置结果见《基础篇》第 8 章。
- M4_LCD_KeyLED.ioc，在文件 M3_LCD_Only.ioc 的基础上，增加了 4 个按键和两个 LED 的 GPIO 配置。一般新建 CubeMX 项目时，都使用这个文件作为模板，或从这个文件导入。
- M5_LCD_KeyLED_Buzzer.ioc，在文件 M4_LCD_KeyLED.ioc 的基础上，增加了蜂鸣器的 GPIO 配置。
- M6_LCD_KeyLED_SRAM.ioc，在文件 M4_LCD_KeyLED.ioc 的基础上，增加了 FSMC 连接外部 SRAM 的配置。FSMC 连接外部 SRAM 的原理和配置结果见《基础篇》第 19 章。

A.3　新建 CubeMX 项目后导入模板项目的配置

在 CubeMX 中，用户可以使用导入功能，将一个已有的 CubeMX 文件中的配置导入新建的 CubeMX 项目中。例如，在需要使用 LCD、按键和 LED 的项目中，可以在 CubeMX 创建项目后，首先导入 CubeMX 模板项目文件 M4_LCD_KeyLED.ioc 的内容。这样导入后，新项目就包含了 4 个按键和 2 个 LED，以及 FSMC 连接 TFT LCD 的接口配置，只需在此基础上进行其他配置就可以了。

例如，第 9 章的示例项目 Demo9_1TIM_LED 需要使用 LCD、KeyRight 键和 2 个 LED。可以按如下操作导入 CubeMX 项目：在 CubeMX 中，选择 STM32F407ZG 创建一个项目，创建项目后，先不要做任何修改；单击菜单项 File→Import Project，打开图 A-3 所示的对话框；对话框最上方的文本框里显示的是要导入的项目的名称，单击右侧的按钮选择 CubeMX 模板项目文件 M4_LCD_KeyLED.ioc；界面上其他选项都用默认设置，不需要勾选 Import Project Settings；单击 OK 按钮就可以开始导入，导入完成后提示导入成功；对于不需要用到的其他 3 个按键的 GPIO 引脚，复位其配置即可，也就是在引脚的弹出菜单中单击 Reset_State。

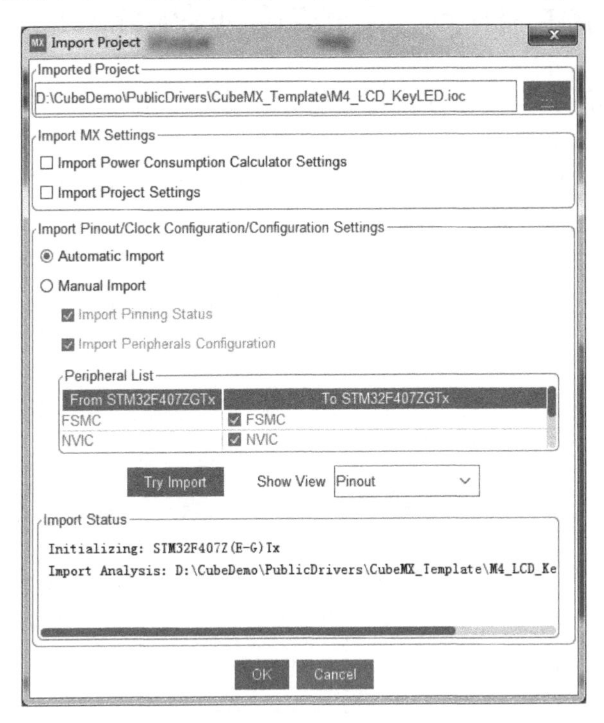

图 A-3 CubeMX 中导入项目配置的对话框

进行导入项目的操作时要注意以下问题。

- 只有在新建一个项目且没有做任何修改的情况下，才可以导入项目，导入后就不能再导入了。
- 成功导入项目后，新建项目里会包含模板项目里的各种设置，但是时钟树上的 HSE 的数值不会自动导入，需要手动修改 HSE 为 8MHz。
- 新建项目选择的 MCU 型号必须与导入项目的 MCU 型号一致。
- 导入项目也有可能失败。在 CubeMX 5.6 中，导入包含 FSMC 连接 LCD 配置的项目就会出现失败，但是在 CubeMX 5.5 中，一直使用类似的导入操作就没问题。这应该是 CubeMX 5.6 的 bug，在未来版本中可能会解决。如果导入失败，可以使用复制模板项目文件的方法新建项目。

A.4 复制模板项目以新建 CubeMX 项目

用户还可以用复制模板项目的方法新建项目，具体操作方法如下。

- 先为要新建的项目创建一个文件夹，文件夹名称就是新建项目的名称，例如，在第 9 章示例目录下，新建一个文件夹 Demo9_1TIM_LED。
- 将 CubeMX 模板文件 M4_LCD_KeyLED.ioc 复制到文件夹 Demo9_1TIM_LED 下面，

然后将其更名为 Demo9_1TIM_LED.ioc。

这种方式操作简单，不会出现失败的情况。但一定要注意，CubeMX 文件名称必须与文件夹同名。

A.5　在 CubeIDE 中设置驱动程序搜索路径

不管是采用导入的方式，还是采用复制的方式，新建 CubeMX 文件后都可以进行进一步的配置，都可以生成代码。如果 CubeIDE 项目中需要用到一些公共驱动程序，例如，很多 CubeIDE 项目中需要用到\PublicDrivers\KEY_LED 目录和\PublicDrivers\TFT_LCD 目录下的驱动程序，这就还需要将这两个目录添加到 CubeIDE 项目的头文件和源程序搜索路径里。

在 CubeIDE 里打开项目后，打开项目的属性设置对话框，单击左侧目录树中节点 C/C++ General 下的 Paths and Symbols 节点，切换到 Includes 页面。图 A-4 所示的是已经添加了两个驱动程序路径的界面。

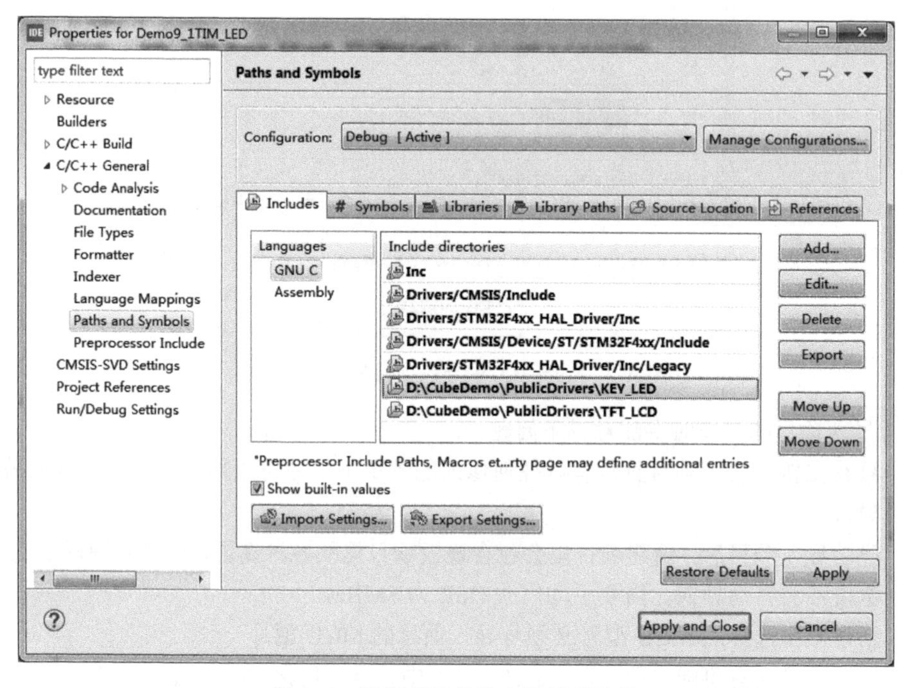

图 A-4　设置项目的头文件搜索路径

要添加头文件搜索路径时，单击图 A-4 界面右侧的 Add 按钮，会打开图 A-5 所示的 Add directory path 对话框。在此对话框里，单击 File system 按钮，在弹出的对话框里选择\PublicDrivers\TFT_LCD 文件夹，使这个文件夹的绝对路径为“D:\CubeDemo\PublicDrivers\TFT_LCD”，就可以添加到项目的头文件搜索路径里。

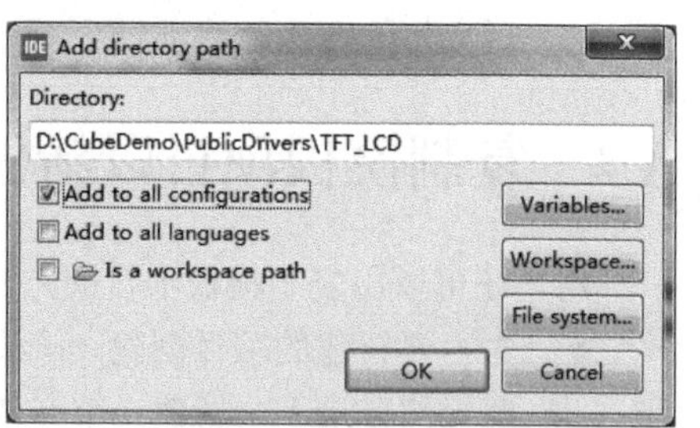

图 A-5　选择头文件目录

在图 A-5 中，如果勾选了 Add to all configurations 复选框，目录将会被添加到 Debug 和 Release 两种模式的配置里。如果需要添加的目录是本项目的子目录，直接输入子文件夹名称即可。

还需要设置源程序搜索路径，请切换到 Source Location 页面。图 A-6 所示的是已经添加了两个驱动程序目录的界面。

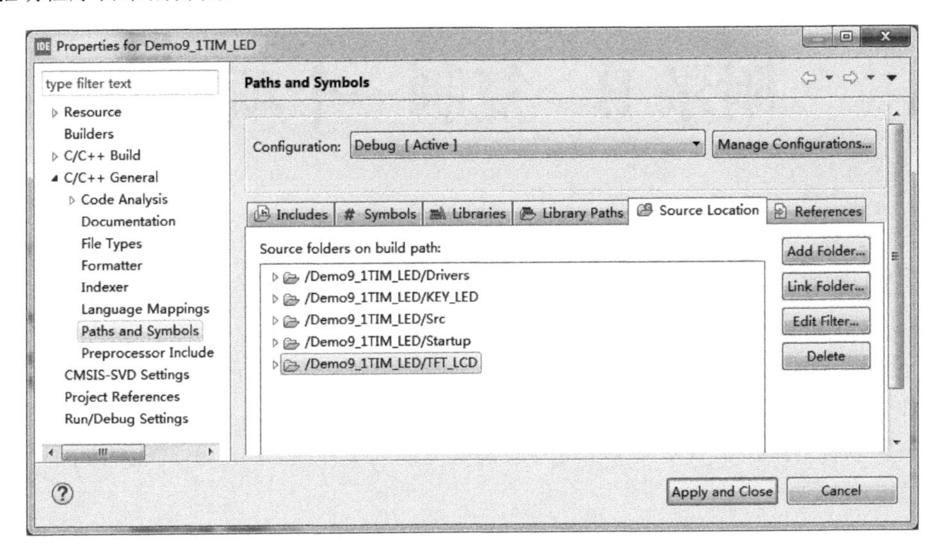

图 A-6　设置源程序搜索路径

要添加公共驱动程序的源程序路径，请单击图 A-6 界面右侧的 Link Folder 按钮，打开图 A-7 所示的 New Folder 对话框。若没有显示下半部分界面，则单击 Advanced 按钮。在图 A-7 中单击 Browse 按钮，选择文件夹“D:\CubeDemo\PublicDrivers\TFT_LCD”，再单击 OK 按钮即可。

执行同样的操作，将目录“D:\CubeDemo\PublicDrivers\KEY_LED”添加到头文件和源程序搜索路径。添加完两个驱动程序的路径后，项目浏览器中的目录和文件结构如图 A-8 所示。在项目中增加了 KEY_LED 和 TFT_LCD 两个虚拟文件夹，会显示文件夹里的文件，也可以打开和编辑这两个虚拟文件夹下的文件。

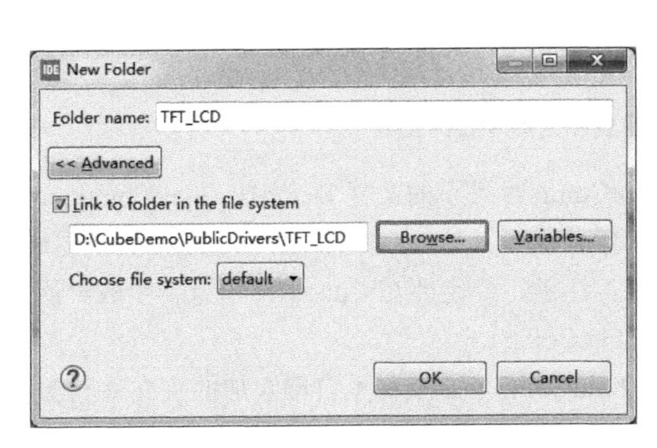

图 A-7　添加源程序路径的对话框

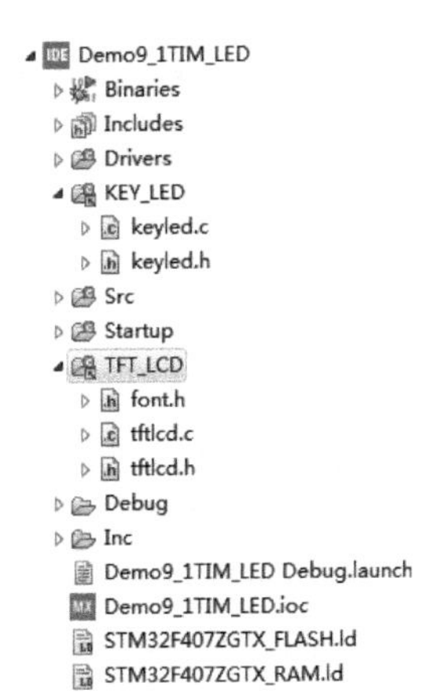

图 A-8　添加驱动程序文件夹后的项目目录构成

这样导入驱动程序头文件和源程序搜索路径后，程序就可以包含驱动程序的头文件，并在程序中使用驱动程序里的各种结构体、变量和函数了。

附录 B　复制一个项目

有时候，需要设计的新项目的功能与已有项目的差不多，只需做少量修改，这时用户可以在原有项目的基础上复制一个项目，避免一些重复设置和编写代码的工作。让我们以从项目 Demo10_1PWM_Out 复制为项目 Demo10_2OutComp 为例，说明项目复制的操作过程以及注意事项。

操作步骤如下。

（1）将项目 Demo10_1PWM_Out 整个文件夹复制为文件夹 Demo10_2OutComp。两个项目文件夹可以不在同一个根目录下。

（2）将目录 Demo10_2OutComp 下的文件 Demo10_1PWM_Out.ioc 更名为 Demo10_2OutComp.ioc，因为.ioc 文件的名称必须和项目文件夹同名。

（3）删除目录 Demo10_2OutComp 下原项目的项目管理相关文件，需要删除的文件就是图 B-1 中选中的文件，如果有 Release 模式的构建结果目录，还需要删除 Release 目录。

名称	类型
.settings	文件夹
Debug	文件夹
Drivers	文件夹
Inc	文件夹
Src	文件夹
Startup	文件夹
.cproject	CPROJECT 文件
.mxproject	MXPROJECT 文件
.project	PROJECT 文件
Demo10_1PWM_Out Debug.launch	LAUNCH 文件
Demo10_2OutComp.ioc	STM32CubeMX
STM32F407ZGTX_FLASH.ld	LD 文件
STM32F407ZGTX_RAM.ld	LD 文件

图 B-1　需要删除的原项目的文件

（4）在 CubeMX 里，打开 Demo10_2OutComp 目录下的文件 Demo10_2OutComp.ioc，会发现在项目管理器里自动设置了新项目名称和保存路径，单击 GENERATE CODE 按钮生成代码。然后就可以在 CubeMX 里更改 MCU 配置了。注意，一定要在 CubeMX 里重新生成一次代码，否则在 CubeIDE 里无法打开项目 Demo10_2OutComp。

（5）在 CubeIDE 里打开项目 Demo10_2OutComp，原项目里自己添加的头文件和源程序搜索路径设置都丢失了，需要重新设置（设置的方法参考附录 A）。

附录 C　本书示例项目列表

本书示例项目列表见表 C-1。

表 C-1　本书示例项目列表

章节	示例项目	示例功能和知识点
第 1 章 概述	无	
第 2 章 STM32F407 和开发板	无	
第 3 章 STM32CubeMX 的使用	Demo3_1LED	• STM32CubeMX 的基本使用 • STM32F407ZG 的最小系统配置 • 连接 LED 的 GPIO 引脚配置
第 4 章 STM32CubeIDE 的使用	Demo3_1LED	• 分析 CubeIDE 项目的文件组成 • CubeIDE 项目管理、构建和调试完整流程
	Demo4_2EmbedMX	• 使用 CubeIDE 内置的 STM32CubeMX 创建项目
第 5 章 STM32Cube Monitor 的使用	Demo5_1ADC	• 使用 STM32CubeMonitor 进行 ADC 输入电压监测
	Demo5_2TriangWave	• 使用 STM32CubeMonitor 监测 DAC 输出的三角波
第 6 章 GPIO 输入/输出	Demo6_1KeyLED	• 按键、LED、蜂鸣器连接的 GPIO 引脚的配置 • 按键、LED、蜂鸣器驱动程序的编写和使用 • 按键抖动的原因和软件消抖方法
第 7 章 中断系统和外部中断	Demo7_1EXTI	• 外部中断方式检测按键输入控制 LED • HAL 中断处理程序的基本流程，中断回调函数的概念 • 按键抖动对中断方式检测按键输入的影响及解决方法
第 8 章 FSMC 连接 TFT LCD	Demo8_1TFTLCD	• FSMC 连接 TFT LCD 的原理和配置 • TFT LCD 驱动程序的基本原理和使用 • 将 TFT LCD 的标准库驱动程序改写为 HAL 库驱动程序的方法
第 9 章 基础定时器	Demo9_1TIM_LED	• 定时器周期设置和中断处理 • 单次触发定时器
第 10 章 通用定时器	Demo10_1PWM_Out	• 使用定时器输出 PWM 波 • PWM 波可调占空比
	Demo10_2OutComp	• 定时器的输出比较功能
	Demo10_3PWM_In	• 测量输入 PWM 波的周期和脉宽
第 11 章 实时时钟	Demo11_1RTC_Alarm	• RTC 周期唤醒功能的使用 • 闹钟的设置和中断处理
	Demo11_2RTC_BKUP	• 使用备份寄存器保存参数
	Demo11_3RTC_Tamper	• RTC 入侵检测功能的使用

续表

章节	示例项目	示例功能和知识点
第 12 章 USART/UART 通信	Demo12_1CH340	● 通过串口与 PC 端的串口监视软件通信 ● 串口通信协议的设计与使用
	Demo12_2VaryLen	● 对可变长度串口通信协议的处理
第 13 章 DMA	Demo13_1USART_DMA	● 串口使用 DMA 方式进行数据发送和接收
第 14 章 ADC	Demo14_1ADC_Poll	● 软件方式启动 ADC 转换 ● 轮询方式查询 ADC 转换结果
	Demo14_2TimTrigger	● 定时器周期性触发进行 ADC 转换
	Demo14_3Scan_DMA	● 多通道扫描方式 ADC 转换 ● DMA 方式数据传输
	Demo14_4DualADCSimu	● 双重 ADC 同步转换 ● DMA 方式数据传输
第 15 章 DAC	Demo15_1SoftTrig	● 软件触发 DAC 转换
	Demo15_2TriangWave	● DAC 输出三角波
	Demo15_3SawtoothDMA	● 输出自定义锯齿波 ● 使用 DMA 方式输出数据
第 16 章 SPI 通信	Demo16_1FlashSPI	● 读写 SPI 接口 Flash 芯片 W25Q128 ● 编写 W25Q128 的驱动程序
	Demo16_2FlashSPI_DMA	● 以 DMA 方式读写 W25Q128
第 17 章 I2C 通信	Demo17_1EEPROM	● 读写 I2C 接口的 EEPROM 芯片 24C02 ● 编写 24C02 的驱动程序
第 18 章 CAN 总线通信	Demo18_1Poll	● 轮询方式 CAN 接口自发自收
	Demo18_2Interrupt	● 中断方式 CAN 接口自发自收
第 19 章 FSMC 连接外部 SRAM	Demo19_1SRAM	● 通过 FSMC 访问外部 SRAM 存储器 ● 使用 1024KB 的外部 SRAM 芯片 IS62WV51216 ● 通过 HAL 驱动函数或指针访问外部 SRAM
	Demo19_2SRAM_DMA	● 通过 DMA 方式读写外部 SRAM ● 使用 MemToMem 类型的 DMA
第 20 章 独立看门狗	Demo20_1IWDG	● 独立看门狗的使用
第 21 章 窗口看门狗	Demo21_1WWDG	● 窗口看门狗的使用
第 22 章 电源管理和低功耗模式	Demo22_1Sleep	● 睡眠模式的使用 ● 通过 KeyRight 的外部中断将系统从睡眠状态唤醒 ● SysTick 定时器的暂停和恢复
	Demo22_2Stop	● 停止模式的使用 ● 通过 RTC 周期唤醒中断将系统从停止状态唤醒
	Demo22_3StandBy	● 待机模式的使用 ● 通过 WKUP 引脚将系统从待机状态唤醒

附录D 缩 略 词

（以缩略词的字母顺序排序）

ADC，Analog-to-digital Converter，模数转换器

AHB，Advanced High Performance Bus，高级高性能总线

ANSI，American National Standards Institute，美国国家标准协会

APB，Advanced Peripheral Bus，高级外设总线

API，Application Programming Interface，应用编程接口

ARM，Advanced RISC Machines，高级 RISC 机器

ARR，Auto Reload Register，（定时器的）自动重载寄存器

ART Accelerator，Adaptive Real-time Accelerator，自适应实时加速器

BCD，Binary Coded Decimal，二进制编码十进制数，即 BCD 码

BLE，Bluetooth Low Energy，低功耗蓝牙

BSP，Board Support Package，板级支持包

CAN，Controller Area Network，控制器区域网络

CCR，Capture/Compare Register，（定时器的）捕获/比较寄存器

CMSIS，Cortex Microcontroller Software Interface Standard，Cortex 微控制器软件接口标准

CPU，Central Processing Unit，中央处理器单元

CRC，Cyclic Redundancy Check，循环冗余校验

CSS，Clock Security System，时钟安全系统

CSSI，Clock Security System Interrupt，时钟安全系统中断

DAC，Digital-to-Analog Converter，数模转换器

DCMI，Digital Camera Module Interface，数字摄像头模块接口

DMA，Direct Memory Access，直接存储器存取

DMP，Digital Motion Processor，数字运动处理器

DSP，Digital Signal Processing，数字信号处理

EEPROM，Electrically Erasable Programmable Read Only Memory，电可擦除可编程只读存储器

FCLK，Free-running Clock，自由运行时钟信号

FIFO，First Input First Output，先进先出

FMC，Flexible Memory Controller，可变存储控制器

FPU，Float Point Unit，浮点数单元

FSMC，Flexible Static Memory Controller，可变静态存储控制器

GCC，GNU Compiler Collection，GNU 编译器套件
GPIO，General Purpose Input/Output，通用输入/输出
GUI，Graphical User Interface，图形用户界面
HAL/LL，Hardware Abstract Layer/Low-layer，硬件抽象层/底层
HSE，High Speed External，外部高速（时钟信号）
HSI，High Speed Internal，内部高速（时钟信号）
IDE，Integrated Development Environment，集成开发环境
ISR，Interrupt Service Routine，中断服务例程
IWDG，Independent Watchdog，独立看门狗
JRE，Java Runtime Environment，Java 运行环境
JSON，JavaScript Object Notation, JavaScript 对象表示法
JTAG，Joint Test Action Group，联合测试工作组
LCD，Liquid Crystal Display，液晶显示屏
LFSR，Linear Feedback Shift Register，线性反馈移位寄存器
LSB，Least Significant Bit，最低有效位
LSE，Low Speed External，外部低速（时钟信号）
LSI，Low Speed Internal，内部低速（时钟信号）
MAC，Media Access Control，介质访问控制
MCO，Master Clock Output，主机时钟输出
MCU，Microcontroller Unit，微控制器单元，也就是单片机
MEMS，Micro-Electro-Mechanical System，微机电系统
MISO，Mater Input Slave Output，主设备输入/从设备输出信号线
MMC，Multimedia Card，多媒体卡
MOSI，Mater Output Slave Input，主设备输出/从设备输入信号线
MPU，Microprocessor Unit，微处理器单元
MQTT，Message Queuing Telemetry Transport，消息队列遥测传输
MSB，Most Significant Bit，最高有效位
MSP，MCU Specific Package，MCU 特定程序包
NFC，Near Field Communication，近场通信
NVIC，Nested Vectored Interrupt Controller，嵌套向量中断控制器
PCC，Power Consumption Calculator，功耗计算器
PLL，Phase Locked Loop，锁相环
PSRAM，Pseudo Static Random Access Memory，伪静态随机存储器
PTP，Precision Time Protocol，精确时间协议
PVD，Programmable Voltage Detector，可编程电压检测器
PWM，Pulse Width Modulation，脉冲宽度调制
RCC，Reset and Clock Control，复位和时钟控制
RNG，Random Number Generator，随机数生成器
RTC，Real Time Clock，实时时钟
RTOS，Real Time Operating System，实时操作系统

SDIO，Secure Digital Input/Output，安全数字输入/输出
SDRAM，Synchronous Dynamic Random Access Memory，同步动态随机存储器
SPI，Serial Peripheral Interface，串行外设接口
SPL，Standard Peripheral Library，标准外设库
SRAM，Static Random Access Memory，静态随机存储器
SSL，Secure Socket Layer，安全套接层协议
TFT LCD，Thin Film Transistor LCD，薄膜晶体管 LCD
TLS，Transport Layer Security，传输层安全协议
TTL，Transistor-transistor Logic，晶体管-晶体管逻辑电平
UART，Universal Asynchronous Receiver Transmitter，通用异步收发器
UEV，Update Event，（定时器的）更新事件
USART，Universal Synchronous/Asynchronous Receiver Transmitter，通用同步/异步收发器
USB，Universal Serial Bus，通用串行总线
USB OTG，USB on-the-go，一种既可做主机又可做从机的 USB 接口和协议
WWDG，Window watchdog，窗口看门狗

参 考 文 献

[1] 杨百军. 轻松玩转 STM32Cube [M]. 北京：电子工业出版社，2017.

[2] 刘火良，杨森. STM32 库（标准库）开发实战指南——基于 STM32F4[M]. 北京：机械工业出版社，2017.

[3] 张洋，刘军，严汉宇，等. 精通 STM32F4（库函数版）. 2 版[M]. 北京：北京航空航天大学出版社，2019.

[4] 张洋，左忠凯，刘军. STM32F7 原理与应用——HAL 库版（上）[M]. 北京：北京航空航天大学出版社，2017.

[5] ST 公司，Reference Manual RM0090，STM32F405/407 中文参考手册.

[6] ST 公司，Reference Manual RM0090，STM32F405/407 英文参考手册.

[7] ST 公司，STM32F405xx/407xx 英文数据手册.

[8] ST 公司，Application Note AN4488, Getting started with STM32F4xxxx MCU hardware development.

[9] ST 公司，User Manual UM1725, Description of STM32F4 HAL and LL drivers.